安徽省研究生规划教材

矩阵分析及其应用

范自强 编著

中国科学技术大学出版社

内 容 简 介

本书是安徽省研究生规划教材。全书共6章,包括矩阵代数、线性空间与内积空间、线性映射与线性变换、矩阵相似标准形、矩阵分解与广义逆、函数矩阵微积分。

本书适合高等院校工学硕士、工程硕士研究生使用,也可作为工程领域的参考教材,还可作为数学系高年级本科生复习考研的参考书。

图书在版编目(CIP)数据

矩阵分析及其应用 / 范自强编著. -- 合肥：中国科学技术大学出版社，2024.
12. -- ISBN 978-7-312-06139-4

Ⅰ. O151.21

中国国家版本馆 CIP 数据核字第 20247K2Z68 号

矩阵分析及其应用

JUZHEN FENXI JI QI YINGYONG

出版 中国科学技术大学出版社
安徽省合肥市金寨路 96 号，230026
http://press.ustc.edu.cn
https://zgkxjsdxcbs.tmall.com

印刷 合肥市宏基印刷有限公司

发行 中国科学技术大学出版社

开本 787 mm×1092 mm 1/16

印张 16.5

字数 422 千

版次 2024 年 12 月第 1 版

印次 2024 年 12 月第 1 次印刷

定价 54.00 元

前　言

可以不夸张地说，现代数学的进步和发展离不开微积分和线性代数的支持，而线性代数的主体是矩阵理论及其应用，但矩阵理论和方法不仅仅在数学领域有广泛应用，许多现代科学的新理论、新方法和新技术的产生和发展都是矩阵理论的创造性应用和推广的自然结果，在工程领域亦是如此，例如在力学(特别是张量分析和有限元分析)、信号系统和信号处理、图像分析与图像压缩、通信工程、电子工程、系统工程、控制工程、模式识别、土木工程、机电工程、航天工程、航海工程等领域起着不可替代的作用.

本教材是笔者在多年从事矩阵分析和工程数学的教学的基础上，根据矩阵理论的基本内容，在与许多教学同事以及同行充分讨论并采纳其建议的情况下编写而成的. 我们认为，与工学硕士研究生相适应的教材，应具备一定的理论深度、广度，除此之外，行文应该深入浅出，简洁、易读，适于自学. 与其他同类教科书相比，其特点如下：

(1) 例题、习题经典. 配备相当数量的例题、习题，使得读者易于理解、掌握基本理论的内容、方法. 例题、习题的编写是教材编写中的重要工作. 我们编写例题的原则是：内容经典，讲解透彻，过程详细；选择习题的原则是：题型丰富，难度适中，编排合理.

例题中不仅包括矩阵分析的典型例题，还涉及应用实例，以开阔学生的视野. 习题多数为基本题，大多数学生在掌握基本概念和方法后都能完成. 少量习题有一定难度，主要引导学生“再向前走一步”或“再想下去”，以加深和拓宽对概念、方法的理解和掌握.

(2) 内容编排有一定创新. 在内容编排方面，本教材做了一定的调整，在讨论过特征值和特征向量后，紧接着安排正规矩阵的酉相似标准形，由于 Hermite 矩阵是特殊的正规矩阵，接下来安排 Hermite 二次型的相关知识，Rayleigh 商以及矩阵张量积放在第 1 章后面讨论，将一般线性空间和内积空间安排在第 2 章，将一般线性空间上的线性映射和内积空间上的特殊线性变换安排在第 3 章，这样把矩阵的相关内容安排在一起,有一定的连贯性.

(3) 注重应用. 为了使学生体验到“矩阵分析是重要的,更是有用的”,在教材中会介绍矩阵分析的若干应用实例. 具体来说:

第 1 章的“矩阵与行列式”一节,基于工程背景,给出了插值的定义,增加了在优化理论中常用的线性规划和单纯形法.

第 2 章的“线性子空间”一节中安排了多项式插值的构造,在“内积空间”一节中介绍了最优化中的最小二乘法.

第 4 章以经济学理论中的边际成本为开端,引出矩阵相似标准形的必要性,最后讨论产品的具体变换关系.

第 5 章的“矩阵的奇异值分解”一节中讨论了图片压缩问题,在矩阵的酉三角分解中介绍了求矩阵特征值的 QR 方法.

第 6 章的“矩阵微分方程”一节,将复杂弹簧振子和复杂电路问题引入矩阵微分方程组,最后求解矩阵微分方程组.

(4) 通俗易懂. 在编写本教材时有一个指导思想:力争使教材通俗易懂,易于自学. 具体做法有:

对于一些重要概念和方法都是通过浅显易懂的具体实例引入的,以使学生更好地理解这些重要概念和方法,同时也使学生明白:数学概念和方法不是数学家凭空想象出来的,而是来源于实际的.

在提出章节的主要问题和给出某些定理时,特别注意解说性的文字,使学生能很容易明白为什么要讨论这个问题,这个问题与其他问题有什么联系,等等.

本教材适合 50～60 学时教学之用,教师可以根据具体情况选用. 本书难免有许多缺点、错误,望读者批评指正.

编　者

2024 年 7 月

目　　录

第1章 矩阵代数

本章包括集合、映射、多项式、矩阵、线性方程组的一些相关知识,这些知识是学习矩阵理论的重要基础. 多项式的相关结论读者可以查阅高等代数的教材,矩阵和线性方程组的结论,在任何一本线性代数教材中均可以找到,所以我们仅罗列出, 以方便读者在学习矩阵理论时查阅,而未给出证明,如果读者想知道证明,可以参考线性代数和高等代数的教材.第1.6节和第1.7节是线性代数,有些甚至是高等代数中不讨论的内容,但对工科专业确实是很重要的,这两节的结论我们给出了证明.

1.1 集合与映射

1.1.1 集合

将在一定范围内讨论的对象的全体称为一个**集合**(简称**集**),常用大写拉丁字母 $A,B,C,\cdots$表示.集合中的每个对象叫作这个集合的元素(简称元),用小写拉丁字母 $a,b,x,y,\cdots$ 表示集合中的元素.若 a 是集合A 中的元素,记为 $a\in A$,若 a 不是集合A 中的元素,记为 $a\notin A$.

一个没有元素的集合叫作空集,记为$\varnothing$.

值得注意的是:集合的元素要具有确定性、相异性、无序性.

集合可以通过列举其元素的方法给定,例如 $A=\{a,b,c\}$,这就是所谓的列举法;也可以通过描述元素具有的性质的方法给定,即 $A=\{a\mid p(a)\}$,其中 $p(a)$是集合 A 中元素a具有的性质,这是所谓的描述法;还可以用韦恩图(Venn Diagram)形象地表现出集合的特征及集合之间的关系.

常用的数集:全体自然数的集合,表示为 $\mathbb{N}$,全体整数的集合,表示为 $\mathbb{Z}$,全体有理数的集合,表示为 $\mathbb{Q}$,全体实数的集合,表示为 $\mathbb{R}$,全体复数的集合,表示为 $\mathbb{C}$.

若集合 A 与B 中元素完全相同,则称集合 A 与 B 相等,记作 $A=B$.若集 B 中每个元素都属于集A,则称 B 是A 的子集,记为 $B\subset A$,否则说 B 不是A 的子集,记为 $B\not\subset A$.显然$\varnothing$是任一集合的子集.

设集合 A 与B,将 A 与B 的所有元素放在一起构成的新的集合称为集合A 与B 的并(集),记为 $A\cup B$;将 A 与 B 的公共元素放在一起构成的新的集合称为集合A 与B 的交

(集),记为 $A\cap B$,称集合

$$A\times B=\{(a,b)\mid a\in A,b\in B\}$$

为集合 A 与 B 的卡氏积,事实上,$A\times B$ 中的元素可看成以 A 的元素在 x 轴和以 B 的元素在 y 轴所张成的平面上的点.

1.1.2 映射

定义 1.1 设 A,B 是两个非空的集合,而 f 是从集合 A 到集合 B 的一个对应法则,若对任意的 $x\in A$,按照对应法则 f,在集合 B 中存在唯一的元素 y 与之对应,则称 f 为从 A 到 B 的一个映射.

记 B 中元素 y 为 $y=f(x)$. 其中 A 称为映射 f 的定义域,B 称为映射 f 的值域. 这时 y 叫作 x 在 f 之下的像,x 叫作 y 在 f 之下的原像.

用字母 $f,g,h,\cdots$ 表示映射. 用记号

$$f:A\rightarrow B \text{ 或 } A\xrightarrow{f}B$$

表示 f 从 A 到 B 一个映射.

设 f 是从 A 到 B 一个映射,与 A 中元素 x 对应的 B 中元素是 y,那么记作 $f:x\mapsto y$.

显然对任意的 $x\in A$,从 A 到 A 的对应法则 $f(x)=x$ 是一个 A 到 A 的映射,我们称为恒等映射,记作 1_A,即任意的 $x\in A$,有 $1_A(x)=x$.

例如,设 $A=\{-1,0,1,2,3\}$,$B=\{-1,0,1,2,4,9\}$,则从 A 到 B 的对应法则 $f(x)=x^2$ 为从 A 到 B 一个映射,而从 A 到 B 的对应法则 $g(x)=x-1$ 不是从 A 到 B 一个映射,因为 $g(-1)=-2\notin B$,即 -1 在 B 中没有像. 又如,设 $A=\{1,2,3\}$,$B=\{a,b,c\}$,则图 1.1 是从 A 到 B 的映射,但图 1.2 不是从 A 到 B 的映射,因为 1 即对应于 a,又对应于 b,也就是说 1 在 B 有两个像,而映射要求定义域中每一个元素的像是唯一的.

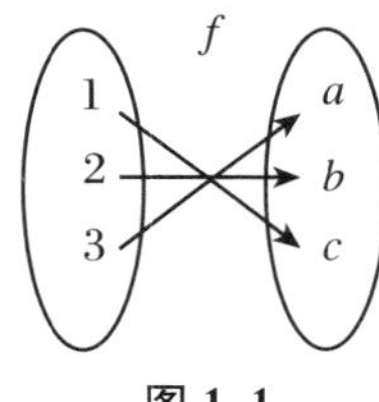

图 1.1

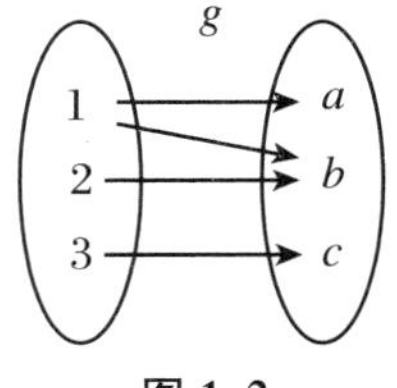

图 1.2

设 f,g 是 A 到 B 的两个映射,如果对于任意的 $x\in A$,都有 $f(x)=g(x)$,那么称映射 f,g 是相等的,即 f,g 是同一个映射,记作 $f=g$.

设 A,B,C 是非空集合,而 $f:A\rightarrow B$ 是从 A 到 B 的映射,$g:B\rightarrow C$ 是从 B 到 C 的映射. 则对任意 $x\in A$,按照对应法则 f,在 B 中存在唯一的 $y=f(x)$ 与 x 对应,再按照对应法则 g,在 C 中存在唯一的 $z=g(y)=g(f(x))$ 与 y,进而与 x 对应,从而得到一个从 A 到 C 的映射,又由于这个映射是由 $f:A\rightarrow B$ 和 $g:B\rightarrow C$ 所决定的,则称该映射为 f 与 g 的**合成**(或**乘积**),记作 $g\cdot f$ 或 gf,即

$$g\cdot f(x)=gf(x)=g(f(x))$$

注意,若 $f:A\rightarrow A$,$g:A\rightarrow A$ 均是从 A 到 A 的映射(也称 A 上的映射),则一般 $fg\neq gf$.

设 f 是从集合 A 到 B 的映射,如果对任意的 $y\in B$,均在 A 中存在 x 对应于 y,称映射 f 是 A 到 B 的**满映射**,或称 f 是一个**满射**;如果对 A 中任意不同元素 x_1,x_2(即 $x_1\neq x_2$),它们

在 B 中的像也不同(即 $f(x_1)\neq f(x_2)$),或者等价地说,对任意 $x_1,x_2\in A$,若

$$f(x_1)=f(x_2)$$

必有 $x_1=x_2$,即像相同,必有原像相同,称映射 f 是 A 到 B 的**单映射**,或称 f 是一个**单射**;若映射 f 既是单射,也是满射,称 f 是一个双射.

设 f 是从集合 A 到 B 的映射,若存在从 B 到 A 的映射 g,使得

$$fg=1_B,\quad gf=1_A$$

称映射 f 是**可逆映射**,映射 g 称为映射 f 的**逆**.

可以证明:

(1) 若 f 可逆,则 f 的逆是唯一的,记 f 的逆为 f^{-1}.

(2) 映射 f 可逆的充要条件 f 是双射.

1.2 数域上的多项式

1.2.1 数域

设 F 是由一些复数组成的数集.0 和 1 在 F 中,若 F 中任意两个数的和、差、积、商(除数不为零)仍然是 F 中的数,则称 F 关于数的加、减、乘、除封闭,即对任意 $a,b\in F$,有

$$a+b\in F,\quad a-b\in F,\quad ab\in F,\quad \frac{a}{b}\in F(b\neq 0)$$

那么称 F 是一个**数域**.

由定义不难看出:全体有理数组成的集合、全体实数组成的集合、全体复数组成的集合都是数域,分别称为有理数域 $\mathbb{Q}$、实数域 $\mathbb{R}$、复数域 $\mathbb{C}$.但是全体整数组成的集合不是数域,因为不是任意两个整数的商都是整数.

例 1.1 数集 $\mathbb{Q}(\mathrm{i})=\{a+b\mathrm{i}\mid a,b\in\mathbb{Q}\}(\mathrm{i}^2=-1)$为一数域.这是因为 $0=0+0\mathrm{i}\in\mathbb{Q}(\mathrm{i})$,$1=1+0\mathrm{i}\in Q(\mathrm{i})$,若 $a+b\mathrm{i},c+d\mathrm{i}\in\mathbb{Q}(\mathrm{i})$,其中 $a,b,c,d\in\mathbb{Q}$,则

$$(a+b\mathrm{i})\pm(c+d\mathrm{i})=(a\pm c)+(b\pm d)\mathrm{i}\in\mathbb{Q}(\mathrm{i})$$

$$(a+b\mathrm{i})(c+d\mathrm{i})=(ac-bd)+(ad+bc)\mathrm{i}\in\mathbb{Q}(\mathrm{i})$$

若 $a+b\mathrm{i},c+d\mathrm{i}\in\mathbb{Q}(\mathrm{i})$,且 $c+d\mathrm{i}\neq 0$,则

$$\frac{a+b\mathrm{i}}{c+d\mathrm{i}}=\frac{(a+b\mathrm{i})(c-d\mathrm{i})}{(c+d\mathrm{i})(c-d\mathrm{i})}=\frac{ac+bd}{c^2+d^2}+\frac{bc-ad}{c^2+d^2}\mathrm{i}\in\mathbb{Q}(\mathrm{i})$$

1.2.2 多项式

设 F 是一个数域,x 是一个未知数,n 为一非负整数,称

$$f(x)=a_nx^n+a_{n-1}x^{n-1}+\cdots+a_1x+a_0$$

是 F 上的**一元多项式**,其中 $a_0,a_1,\cdots,a_n\in F$,a_ix^i 称为多项式 $f(x)$ 的第 i 项,当 $a_n\neq 0$ 时,a_nx^n 称为 $f(x)$ 的首项,a_n 是首项系数,也称 $f(x)$ 是 n 次多项式,n 称为次数,多项式 $f(x)$ 也记为

$$f(x)=\sum_{i=0}^{n}a_ix^i$$

数域 F 上的所有多项式构成的集合记作 $F[x]$.

注意:若某一项的系数为 0,在书写多项式时,既可写出该项,也可不写出该项,例如,$2+0x+0x^2+0.3x^3+x^4=2+0.3x^3+x^4$.

多项式的加减法就是中学学过的整式的加法,即合并同类项.多项式的乘法就是将多项式看成整式,其中一个多项式的每一项乘以另一个多项式的每一项,然后合并同类项.

定理 1.1(带余除法) 对于 $F[x]$中任意两个多项式 $f(x)$和 $g(x)$,其中 $g(x)\neq0$,一定有 $F[x]$中的多项式 $q(x)$,$r(x)$存在,使得

$$f(x)=q(x)g(x)+r(x)$$

成立.其中 $r(x)=0$ 或 $r(x)$次数小于 $g(x)$的次数,并且这样的 $q(x)$,$r(x)$是唯一决定的,$q(x)$称为商式,$r(x)$称为余式.

例如,$f(x)=3x^3-4x^2-9x+6$,$g(x)=x^2-3x+1$,则

$$f(x)=(3x+5)g(x)+6x+1$$

其中 $q(x)=3x+5$,$r(x)=6x+1$.

设 $f(x)$,$g(x)$是数域 F 上的多项式,若 $f(x)$可以表示成

$$f(x)=g(x)h(x)$$

其中 $h(x)$也是数域 F 上的多项式,称 $g(x)$是 $f(x)$的因式,$f(x)$是 $g(x)$的倍式.

例如,$f(x)=x^3+4x^2-11x+6$,$g(x)=x^2-2x+1$,则 $f(x)=g(x)(x+6)$.

设 $f(x)$,$g(x)$是数域 F 上的多项式.若 F 上的多项式 $h(x)$既是 $f(x)$的因式,也是 $g(x)$的因式,即 $h(x)$同时整除 $f(x)$和 $g(x)$,则称 $h(x)$是 $f(x)$和 $g(x)$的一个公因式,$f(x)$,$g(x)$的次数最高的公因式称为 $f(x)$和 $g(x)$的最大公因式.注意,最大公因式不唯一,例如

$$(x-1)(x+2)^3,\quad (x+3)(x+2)^2$$

的最大公因式为$(x+2)^2$,也可以是 $a(x+2)^2(a\neq0)$. $f(x)$和 $g(x)$的首项系数是 1 的最大公因式是唯一的,记作

$$(f(x),g(x))$$

当$(f(x),g(x))=1$,即 $f(x)$和 $g(x)$的最大公因式是非零常数时,称 $f(x)$和 $g(x)$是互素的.

引理 1.1 设 $f(x)$和 $g(x)$是数域 F 上的两个多项式,且 $f(x)=q(x)g(x)+r(x)$,则 $f(x)$,$g(x)$的公因式与 $g(x)$,$r(x)$的公因式相同,自然最大公因式也相同.

在等式 $f(x)=g(x)h(x)$中,若多项式 $g(x)$,$h(x)$都不是常数,即都是次数大于 0 的多项式,则称 $f(x)$是可以分解的多项式或可约多项式,若次数大于 0 的多项式 $p(x)$不能分解为次数较低的多项式相乘,则称 $p(x)$是不可分解的多项式或不可约多项式.例如,x^4+1 在有理数域上不可分解,在实数域上可以分解,因为

$$x^4+1=(x^2+\sqrt{2}x+1)(x^2-\sqrt{2}x+1)$$

从这个例子可知,一个多项式可不可分解与所讨论的数域有关.

关于多项式的分解,我们有如下定理:

定理 1.2(因式分解定理) 数域 F 上每一个次数大于等于 1 的多项式 $f(x)$都可以唯一地分解成数域 F 上有限不可分解多项式的乘积,在不计因子次序和首项系数的条件下,分解

具有唯一性.

设 $p_1(x), p_2(x), \cdots, p_r(x)$ 是多项式 $f(x)$ 在数域 $\boldsymbol{F}$ 上的两两不同的首项系数为1的不可约因式,则 $f(x)$ 可表示为

$$f(x) = ap_1^{t_1}(x)p_2^{t_2}(x)\cdots p_r^{t_r}(x)$$

其中 a 是 $f(x)$ 的首项系数, $t_1, t_2, \cdots, t_r$ 是正整数,称上式为 $f(x)$ 的**标准分解**.

若 $x = \alpha$ 时 $f(\alpha) = 0$,则 α 称为 $f(x)$ 的一个根或零点.显然 α 为 $f(x)$ 的根的充要条件是 $x - \alpha$ 是 $f(x)$ 的因式,因而 $f(x) = (x - \alpha)g(x)$,而 $g(x)$ 是数域 $\boldsymbol{F}$ 上的另一个多项式.

若 $(x - \alpha)^k$ 是 $f(x)$ 的因式,但 $(x - \alpha)^{k+1}$ 不是 $f(x)$ 的因式,则称 α 为 $f(x)$ 的 k 重根.显然 α 是 $f(x)$ 的 k 重根的充要条件是 $f(x)$ 可分解:

$$f(x) = (x - \alpha)^k h(x) \quad (h(\alpha) \neq 0)$$

而 $h(x)$ 是满足 $h(\alpha) \neq 0$ 的因式.

例如, $f(x) = x^3 + 4x^2 - 11x + 6 = (x - 1)^2(x + 6)$,故1是 $f(x)$ 的二重根.

具体到复数域上,我们有

定理1.3(代数基本定理) 每个次数≥1的复系数多项式在复数域内有一根.

推论1.1 n 次复系数多项式在复数域内有 n 个根.

故复数域上的不可约多项式只有一次多项式.于是分解定理在复数域上可叙述为:

复系数多项式因式分解定理 每个次数≥1的复系数多项式在复数域中都可以唯一地分解为一次因式的乘积.

因此,复系数多项式具有标准分解式: $f(x) = a_n(x - \alpha_1)^{l_1}(x - \alpha_2)^{l_2}\cdots(x - \alpha_s)^{l_s}$,其中 $\alpha_1, \cdots, \alpha_s$ 是不同的复数, $l_1, \cdots, l_s$ 是正整数,标准分解式说明每个 n 次复系数多项式恰有 n 个根(重根按重数计算).

1.3 矩阵与行列式

1.3.1 矩阵

由数域 $\boldsymbol{F}$ 上 $m \times n$ 个数 $a_{ij}(i = 1,2,\cdots,m; j = 1,2,\cdots,n)$ 排成的 m 行 n 列的数表

$$\begin{pmatrix} a_{11} & a_{12} & \cdots & a_{1n} \\ a_{21} & a_{22} & \cdots & a_{2n} \\ \vdots & \vdots & \ddots & \vdots \\ a_{m1} & a_{m2} & \cdots & a_{mn} \end{pmatrix}$$

称为数域 $\boldsymbol{F}$ 上的 $m \times n$ 矩阵,元素 a_{ij} 的下标 i 表示该元素位于矩阵的第 i 行, j 表示该元素位于矩阵的第 j 列.

一般用大写的拉丁字母表示矩阵,例如 $\boldsymbol{A}, \boldsymbol{B}$. 为了指出元素,或者指出行数与列数,又写作 $\boldsymbol{A} = (a_{ij})_{m \times n}$,或者 $\boldsymbol{A} = (a_{ij})$. 所有数域 $\boldsymbol{F}$ 上的 $m \times n$ 矩阵的全体构成的集合记作 $\boldsymbol{M}_{m \times n}(\boldsymbol{F})$.

只有一行的矩阵称为行矩阵(也称为行向量),记为

$$A=(a_1,a_2,\cdots,a_n) \quad 或 \quad A=(a_1\ \ a_2\ \ \cdots\ \ a_n)$$

只有一列的矩阵称为列矩阵(也称为列向量),记为

$$A=\begin{pmatrix} a_1 \\ a_2 \\ \vdots \\ a_n \end{pmatrix}$$

行向量或列向量常用小写希腊字母 $\boldsymbol{\alpha},\boldsymbol{\beta},\cdots$表示.

行数与列数相等的矩阵称为**方阵**.例如

$$A=\begin{pmatrix} a_{11} & a_{12} & \cdots & a_{1n} \\ a_{21} & a_{22} & \cdots & a_{2n} \\ \vdots & \vdots & \ddots & \vdots \\ a_{n1} & a_{n2} & \cdots & a_{nn} \end{pmatrix}$$

为 $n\times n$ 方阵,常称为 n 阶**方阵**或 n 阶**矩阵**,简记为 $A=(a_{ij})_n$.在 n 阶方阵 A 中,元素 a_{11},a_{22},$\cdots$,a_{nn}所在的对角线称为**主对角线**.主对角线上的元素称为**主对角元**.所有数域 F 上的 n 阶矩阵的全体构成的集合记作 $M_n(F)$.

若一个矩阵的所有元素都为零,则称这个矩阵为**零矩阵**.例如,一个 $m\times n$ 的零矩阵可记为

$$O_{m\times n}=\begin{pmatrix} 0 & 0 & \cdots & 0 \\ 0 & 0 & \cdots & 0 \\ \vdots & \vdots & \ddots & \vdots \\ 0 & 0 & \cdots & 0 \end{pmatrix}$$

在不会引起混淆的情况下,也可记为 O.

主对角元以外的元素全为零的方阵称为**对角矩阵**.例如

$$A=\begin{pmatrix} a_{11} & 0 & \cdots & 0 \\ 0 & a_{22} & \cdots & 0 \\ \vdots & \vdots & \ddots & \vdots \\ 0 & 0 & \cdots & a_{nn} \end{pmatrix}$$

为 n 阶对角矩阵.主对角元全相等的对角矩阵称为**数量矩阵**.例如

$$A=\begin{pmatrix} a & 0 & \cdots & 0 \\ 0 & a & \cdots & 0 \\ \vdots & \vdots & \ddots & \vdots \\ 0 & 0 & \cdots & a \end{pmatrix}$$

为一 n 阶数量矩阵.特别地,当数量矩阵主对角元 a 等于 1 时,这样的矩阵称为**单位矩阵**.n 阶单位矩阵一般记为 E_n(或 I_n),即

$$E_n=\begin{pmatrix} 1 & 0 & \cdots & 0 \\ 0 & 1 & \cdots & 0 \\ \vdots & \vdots & \ddots & \vdots \\ 0 & 0 & \cdots & 1 \end{pmatrix}_n$$

主对角线下(上)方的元素全为零的方阵称为上(下)三角矩阵.例如

$$\boldsymbol{A}=\begin{pmatrix} a_{11} & a_{12} & \cdots & a_{1n} \\ 0 & a_{22} & \cdots & a_{2n} \\ \vdots & \vdots & \ddots & \vdots \\ 0 & 0 & \cdots & a_{nn} \end{pmatrix}$$

为 n 阶上三角矩阵.而

$$\boldsymbol{B}=\begin{pmatrix} a_{11} & 0 & \cdots & 0 \\ a_{21} & a_{22} & \cdots & 0 \\ \vdots & \vdots & \ddots & \vdots \\ a_{n1} & a_{n2} & \cdots & a_{nn} \end{pmatrix}$$

为 n 阶下三角矩阵.

设 $\boldsymbol{A}=(a_{ij})_{m\times n}$ 与 $\boldsymbol{B}=(b_{ij})_{m\times n}$ 是同型矩阵(即行数、列数相同的矩阵),以 $\boldsymbol{A},\boldsymbol{B}$ 对应位置的元素相加为元素的矩阵称为矩阵 $\boldsymbol{A}$ 与 $\boldsymbol{B}$ 的和,记为 $\boldsymbol{A}+\boldsymbol{B}$,即

$$\boldsymbol{A}+\boldsymbol{B}=\begin{pmatrix} a_{11}+b_{11} & a_{12}+b_{12} & \cdots & a_{1n}+b_{1n} \\ a_{21}+b_{21} & a_{22}+b_{22} & \cdots & a_{2n}+b_{2n} \\ \vdots & \vdots & \ddots & \vdots \\ a_{m1}+b_{m1} & a_{m2}+b_{m2} & \cdots & a_{mn}+b_{mn} \end{pmatrix}$$

由定义不难验证,矩阵的加法满足下列运算规律:设 $\boldsymbol{A},\boldsymbol{B},\boldsymbol{C}$ 是同型矩阵,则

(1) $\boldsymbol{A}+\boldsymbol{B}=\boldsymbol{B}+\boldsymbol{A}$(加法交换律);

(2) $(\boldsymbol{A}+\boldsymbol{B})+\boldsymbol{C}=\boldsymbol{A}+(\boldsymbol{B}+\boldsymbol{C})$(加法结合律);

(3) $\boldsymbol{A}+\boldsymbol{O}=\boldsymbol{A}$,其中 $\boldsymbol{O}$ 是与 $\boldsymbol{A}$ 同规模的零矩阵.

设 k 是数,$\boldsymbol{A}=(a_{ij})_{m\times n}$,称以 $ka_{ij}(i=1,\cdots,m,j=1,\cdots,n)$ 为元素的矩阵为 k 与 $\boldsymbol{A}$ 的**数乘** $k\boldsymbol{A}$,即

$$k\boldsymbol{A}=\begin{pmatrix} ka_{11} & ka_{12} & \cdots & ka_{1n} \\ ka_{21} & ka_{22} & \cdots & ka_{2n} \\ \vdots & \vdots & \ddots & \vdots \\ ka_{m1} & ka_{m2} & \cdots & ka_{mn} \end{pmatrix}$$

由定义不难验证,矩阵的数乘满足下列运算规律:设 $\boldsymbol{A},\boldsymbol{B}$ 是同型的矩阵,k,l 是常数,则

(1) $1\boldsymbol{A}=\boldsymbol{A}$;

(2) $k(l\boldsymbol{A})=(kl)\boldsymbol{A}$;

(3) $k(\boldsymbol{A}+\boldsymbol{B})=k\boldsymbol{A}+k\boldsymbol{B}$;

(4) $(k+l)\boldsymbol{A}=k\boldsymbol{A}+l\boldsymbol{A}$;

(5) $k\boldsymbol{A}=\boldsymbol{O}$,当且仅当 $k=0$ 或 $\boldsymbol{A}=\boldsymbol{O}$.

设 $\boldsymbol{A}=(a_{ij})_{m\times s}$ 是 $m\times s$ 矩阵,$\boldsymbol{B}=(B_{ij})_{sn}$ 是 $s\times n$ 矩阵,令

$$c_{ij}=a_{i1}b_{1j}+a_{i2}b_{2j}+\cdots+a_{is}b_{sj}=\sum_{k=1}^{s}a_{ik}b_{kj}\quad(i=1,2,\cdots,m;j=1,2,\cdots,n)$$

以 c_{ij} 为元素的 $m\times n$ 矩阵 $\boldsymbol{C}=(c_{ij})_{m\times n}$ 称为矩阵 $\boldsymbol{A}$ 与 $\boldsymbol{B}$ 的**乘积**,记作

$$\boldsymbol{C}=\boldsymbol{AB}$$

定义表明,乘积矩阵 $\boldsymbol{AB}$ 的 i 行 j 列位置上的元素是 $\boldsymbol{A}$ 的第 i 行与 $\boldsymbol{B}$ 的第 j 列对应元素乘积之和.

例如,设 $\boldsymbol{A}=\begin{pmatrix}2 & 0 & -1\\ 1 & -1 & 3\end{pmatrix}$,$\boldsymbol{B}=\begin{pmatrix}-1 & 0\\ 0 & 2\\ 1 & 1\end{pmatrix}$,则 $\boldsymbol{AB}=\begin{pmatrix}-3 & -1\\ 2 & 1\end{pmatrix}$,$\boldsymbol{BA}=\begin{pmatrix}-2 & 0 & 1\\ 2 & -2 & 6\\ 3 & -1 & 2\end{pmatrix}$.

关于矩阵乘积,需要注意的是:

(1) 不是任何两个矩阵都可以相乘.

从矩阵乘法的定义可知,只有当**左边的矩阵的列数等于右边矩阵的行数**时,这两个矩阵的乘积才有意义.

(2) 矩阵的乘法不满足交换律.

从矩阵乘法的规定可知,$\boldsymbol{AB}$ 有意义,但 $\boldsymbol{BA}$ 不一定有意义.当 $\boldsymbol{AB}$,$\boldsymbol{BA}$ 都有意义时,两个不同次序的乘积矩阵也不一定有相同的规模,因而更谈不上相等.即使 $\boldsymbol{AB}$ 与 $\boldsymbol{BA}$ 两者都有意义并且也有相同的规模,乘积矩阵往往也是不等的.

例如,$\boldsymbol{A}=\begin{pmatrix}2 & 1\\ 1 & 0\end{pmatrix}$,$\boldsymbol{B}=\begin{pmatrix}1 & -1\\ 1 & 1\end{pmatrix}$,则 $\boldsymbol{AB}=\begin{pmatrix}1 & -1\\ 1 & 1\end{pmatrix}$,$BA=\begin{pmatrix}3 & -1\\ 3 & -1\end{pmatrix}$,显然 $\boldsymbol{AB}\neq\boldsymbol{BA}$.

可见,矩阵乘积的结果是跟乘积的次序有关的.如果两个矩阵的乘积满足 $\boldsymbol{AB}=\boldsymbol{BA}$,则称 $\boldsymbol{A}$,$\boldsymbol{B}$ 是**可交换的**.不难证明,数量矩阵与同阶的任何方阵是可交换的.

(3) 两个非零矩阵的乘积可能是零矩阵.

例如,$\boldsymbol{A}=\begin{pmatrix}2 & 2\\ -1 & -1\end{pmatrix}$,$\boldsymbol{B}=\begin{pmatrix}3 & 1\\ -3 & -1\end{pmatrix}$,$\boldsymbol{A}\neq 0$,$\boldsymbol{B}\neq 0$,但是 $\boldsymbol{AB}=\begin{pmatrix}0 & 0\\ 0 & 0\end{pmatrix}$.

(4) 矩阵的乘法不满足消去律.

即若 $\boldsymbol{AC}=\boldsymbol{BC}$,且 $\boldsymbol{C}\neq 0$,一般推不出 $\boldsymbol{A}=\boldsymbol{B}$.

例如,$\boldsymbol{A}=\begin{pmatrix}4 & 1\\ 5 & 8\end{pmatrix}$,$\boldsymbol{B}=\begin{pmatrix}2 & 1\\ 3 & 8\end{pmatrix}$,$\boldsymbol{C}=\begin{pmatrix}0 & 0\\ 2 & 3\end{pmatrix}$,验证有 $\boldsymbol{AC}=\boldsymbol{BC}=\begin{pmatrix}2 & 3\\ 16 & 24\end{pmatrix}$,且 $\boldsymbol{C}\neq 0$,但是 $\boldsymbol{A}\neq\boldsymbol{B}$.

以上四点说明了矩阵乘法与数的乘法运算的不同之处,初学者应予特别注意.

但矩阵的乘法运算有下列运算规律:

(1) 设 $\boldsymbol{A}$,$\boldsymbol{B}$,$\boldsymbol{C}$ 分别是 $m\times n$,$n\times p$,$p\times q$ 矩阵,则

$$(\boldsymbol{AB})\boldsymbol{C}=\boldsymbol{A}(\boldsymbol{BC})\quad\text{(乘法结合律)}$$

(2) 设 $\boldsymbol{A}$,$\boldsymbol{B}$,$\boldsymbol{C}$,$\boldsymbol{D}$ 分别是 $m\times n$,$m\times n$,$n\times p$,$s\times m$ 矩阵,则

$$(\boldsymbol{A}+\boldsymbol{B})\boldsymbol{C}=\boldsymbol{AC}=\boldsymbol{BC}\quad\text{(右乘分配律)}$$

$$\boldsymbol{D}(\boldsymbol{A}+\boldsymbol{B})=\boldsymbol{DA}+\boldsymbol{DB}\quad\text{(左乘分配律)}$$

(3) 设 $\boldsymbol{A}$,$\boldsymbol{B}$ 分别是 $m\times n$,$n\times p$ 矩阵,k 是常数,则

$$k(\boldsymbol{AB})=(k\boldsymbol{A})\boldsymbol{B}=\boldsymbol{A}(k\boldsymbol{B})$$

如果 $\boldsymbol{A}$ 是 n 阶矩阵(即方阵),则有限个矩阵 $\boldsymbol{A}$ 的乘积是有意义的,结果也是确定的.设 m 是正整数,记

$$\boldsymbol{A}^m=\boldsymbol{AA}\cdots\boldsymbol{A}\quad(m\text{ 个})$$

叫作 $\boldsymbol{A}$ 的 m **次幂**.另外还规定:

$$\boldsymbol{A}^0=\boldsymbol{E}$$

设 $f(x)=a_nx^n+\cdots+a_1x+a_0$ 是一个多项式,$\boldsymbol{A}$ 是方阵,则

$$f(\boldsymbol{A})=a_n\boldsymbol{A}^n+\cdots+a_1\boldsymbol{A}+a_0\boldsymbol{E}$$

称为矩阵多项式.

由于矩阵乘法不满足交换律，所以一般来讲$(\boldsymbol{AB})^m \neq \boldsymbol{A}^m\boldsymbol{B}^n$，但若$\boldsymbol{A},\boldsymbol{B}$是可交换的，那么关系式$(\boldsymbol{AB})^m = \boldsymbol{A}^m\boldsymbol{B}^n$必然成立.证明留给读者.若$\boldsymbol{A},\boldsymbol{B}$是不可交换的，则中学的公式对$\boldsymbol{A}$，$\boldsymbol{B}$不一定成立，但若$\boldsymbol{A},\boldsymbol{B}$是可交换的，则中学的公式对$\boldsymbol{A},\boldsymbol{B}$也均成立.

设$f(x)$，$g(x)$是多项式，而$h(x)=f(x)+g(x)$，$d(x)=f(x)g(x)$，$\boldsymbol{A}$是方阵，则

$$h(\boldsymbol{A}) = f(\boldsymbol{A}) + g(\boldsymbol{A}), \quad d(\boldsymbol{A}) = f(\boldsymbol{A})g(\boldsymbol{A})$$

显然$f(\boldsymbol{A})g(\boldsymbol{A}) = g(\boldsymbol{A})f(\boldsymbol{A})$.

将$m\times n$矩阵$\boldsymbol{A}=(a_{ij})_{m\times n}$的行列互换，得到的$m\times n$矩阵称为矩阵$\boldsymbol{A}$的**转置矩阵**，记为$\boldsymbol{A}^{\mathrm{T}}$，有的书上也记作$\boldsymbol{A}'$，即

$$\boldsymbol{A}^{\mathrm{T}} = \begin{pmatrix} a_{11} & a_{21} & \cdots & a_{m1} \\ a_{12} & a_{22} & \cdots & a_{m2} \\ \vdots & \vdots & \ddots & \vdots \\ a_{1n} & a_{2n} & \cdots & a_{mn} \end{pmatrix}$$

例如，$\boldsymbol{A}=\begin{pmatrix} 2 & -3 \\ -1 & 4 \end{pmatrix}$，则$\boldsymbol{A}^{\mathrm{T}}=\begin{pmatrix} 2 & -1 \\ -3 & 4 \end{pmatrix}$，矩阵的转置有下列运算规律：设$\boldsymbol{A},\boldsymbol{B}$是矩阵，它们的行数与列数使相应的运算有意义，$k$是常数，则

(1) $(\boldsymbol{A}^{\mathrm{T}})^{\mathrm{T}} = \boldsymbol{A}$；

(2) $(\boldsymbol{A}+\boldsymbol{B})^{\mathrm{T}} = \boldsymbol{A}^{\mathrm{T}} + \boldsymbol{B}^{\mathrm{T}}$

(3) $(k\boldsymbol{A})^{\mathrm{T}} = k\boldsymbol{A}^{\mathrm{T}}$；

(4) $(\boldsymbol{AB})^{\mathrm{T}} = \boldsymbol{B}^{\mathrm{T}}\boldsymbol{A}^{\mathrm{T}}$.

设$\boldsymbol{A}$是方阵，若$\boldsymbol{A}$的转置等于$\boldsymbol{A}$(即$\boldsymbol{A}^{\mathrm{T}}=\boldsymbol{A}$)，则称$\boldsymbol{A}$是**对称阵**，若$\boldsymbol{A}$的转置等于$-\boldsymbol{A}$(即$\boldsymbol{A}^{\mathrm{T}}=-\boldsymbol{A}$)，则称$\boldsymbol{A}$是**反对称阵**.

例如

$$\boldsymbol{A} = \begin{pmatrix} 0 & 1 & 3 \\ 1 & -2 & -5 \\ 3 & -5 & 4 \end{pmatrix}, \quad \boldsymbol{B} = \begin{pmatrix} 0 & -1 & 2 \\ 1 & 0 & 3 \\ -2 & -3 & 0 \end{pmatrix}$$

分别是对称矩阵和反对称矩阵.

显然，设$\boldsymbol{A}=(a_{ij})_n$，$\boldsymbol{A}$是对称矩阵的充要条件是$a_{ij}=a_{ji}(i,j=1,2,\cdots,n)$；$\boldsymbol{A}$是反对称矩阵的充要条件是$a_{ij}=-a_{ji}(i,j=1,2,\cdots,n)$.

将$m\times n$复矩阵$\boldsymbol{A}=(a_{ij})_{m\times n}$的每个元素变成共轭复数，然后再行列互换，再得到的$m\times n$矩阵称为矩阵$\boldsymbol{A}$的**共轭转置矩阵**，记为$\boldsymbol{A}^{\mathrm{H}}$，即

$$\boldsymbol{A}^{\mathrm{H}} = \begin{pmatrix} \bar{a}_{11} & \bar{a}_{21} & \cdots & \bar{a}_{m1} \\ \bar{a}_{12} & \bar{a}_{22} & \cdots & \bar{a}_{m2} \\ \vdots & \vdots & \ddots & \vdots \\ \bar{a}_{1n} & \bar{a}_{2n} & \cdots & \bar{a}_{mn} \end{pmatrix}$$

例如，设$\boldsymbol{A}=\begin{pmatrix} -1-\mathrm{i} & 2+\mathrm{i} \\ 3\mathrm{i} & 3-5\mathrm{i} \end{pmatrix}$，则$\boldsymbol{A}$的共轭转置为$\boldsymbol{A}^{\mathrm{H}}=\begin{pmatrix} -1+\mathrm{i} & -3\mathrm{i} \\ 2-\mathrm{i} & 3+5\mathrm{i} \end{pmatrix}$，矩阵的转置有下列运算规律：设$\boldsymbol{A},\boldsymbol{B}$是复矩阵，它们的行数与列数使相应的运算有意义，$k$是常数，则

(1) $(\boldsymbol{A}^{\mathrm{H}})^{\mathrm{H}} = \boldsymbol{A}$；

(2) $(\boldsymbol{A}+\boldsymbol{B})^{\mathrm{H}} = \boldsymbol{A}^{\mathrm{H}} + \boldsymbol{B}^{\mathrm{H}}$；

(3) $(kA)^{\mathrm{H}}=\bar{k}A^{\mathrm{H}}$;

(4) $(AB)^{\mathrm{H}}=B^{\mathrm{H}}A^{\mathrm{H}}$.

设 A 是复方阵,若 A 的共轭转置等于 A(即 $A^{\mathrm{H}}=A$),则称 A 是 Hermite 阵,若 A 的共轭转置等于 $-A$(即 $A^{\mathrm{H}}=-A$),则称 A 是反 Hermite 阵. 例如

$$A=\begin{pmatrix}1 & 1+\mathrm{i} & 3-2\mathrm{i}\\ 1-\mathrm{i} & -2 & -5-3\mathrm{i}\\ 3+2\mathrm{i} & -5+3\mathrm{i} & 4\end{pmatrix},\quad B=\begin{pmatrix}0 & 1+\mathrm{i} & 3-2\mathrm{i}\\ -1+\mathrm{i} & 0 & -5-3\mathrm{i}\\ -3-2\mathrm{i} & 5-3\mathrm{i} & 0\end{pmatrix}$$

分别是 **Hermite 矩阵**和**反 Hermite 矩阵**.

设 $A=(a_{ij})_n$ 是复方阵,A 是 Hermite 矩阵的充要条件是 $a_{ij}=\bar{a}_{ji}(i,j=1,2,\cdots,n)$;$A$ 是反 Hermite 矩阵的充要条件是 $a_{ij}=-\bar{a}_{ji}(i,j=1,2,\cdots,n)$.

1.3.2 方阵的行列式

设 $A=(a_{ij})_n$ 为 n 阶方阵,矩阵 A 的行列式

$$|A|=\begin{vmatrix}a_{11} & a_{12} & \cdots & a_{1n}\\ a_{21} & a_{22} & \cdots & a_{2n}\\ \vdots & \vdots & \ddots & \vdots\\ a_{n1} & a_{n2} & \cdots & a_{nn}\end{vmatrix}=\sum_{\text{所有}n\text{ 阶排列}i_1i_2\cdots i_n}(-1)^{\tau(i_1i_2\cdots i_n)}a_{1i_1}a_{2i_2}\cdots a_{ni_n}$$

方阵的行列式有如下性质:

(1) $|A|=|A^{\mathrm{T}}|$.

(2) 设 A,B 是同型方阵,则 $|AB|=|A||B|$.

设 A 是矩阵,取矩阵 A 的任意 k 行和任意 k 列,由位于这 k 行,k 列交点的 k^2 个元素按原顺序排列成的 k 阶行列式称为 A 的一个 k 阶子式. 在 $A=(a_{ij})_n$ 中,元素 a_{ij} 的余子式 M_{ij} 就是去掉 a_{ij} 所在的第 i 行,第 j 列,将剩余的元素按照位置 A 中的构成的 $n-1$ 阶子式,而代数余子式 $A_{ij}=(-1)^{i+j}M_{ij}$.

(3) 展开定理.

设 $A=(a_{ij})_n$ 为 n 阶方阵,则

$$\sum_{j=1}^{n}a_{ij}A_{kj}=\begin{cases}|A| & (i=k)\\ 0 & (i\neq k)\end{cases}$$

我们看一个来自实际中的一个问题:现用仪器测得从地面到井下 500 m 每隔 50 m 的瓦斯浓度数据 (x_i,y_i) $(i=1,2,\cdots 10)$,根据这些数据,预测从地面到井下 500 m 之间任意一点处的瓦斯浓度. 我们知道矿井中某处的瓦斯浓度 y 与该处距地面的距离 x(称为深度)有一定关系,肯定是深度 x 的函数,记作 $y=y(x)$,但这个函数很难精确求出表达式,我们的做法是找一个表达式清楚的函数 $p(x)$ 近似代替函数 $y(x)$. 由 $y(x)$ 在 x_i 处的函数值 y_i 知道,所求函数应满足在 x_i 处的函数值 $p(x_i)$ 等于 $y(x)$ 在 x_i 处的函数值 y_i,这是插值问题.

定义 1.2 设 $y=y(x)$ 在 $[a,b]$ 中 $n+1$ 个点 $x_0<x_1<\cdots<x_{n-1}<x_n$ 处的值 $y=y(x_i)$ 为已知,现根据上述数据构造一个简单函数 $p(x)$,使 $p(x_i)=y_i$,这种问题称为插值问题. 其中 $y(x)$ 称为被插值函数,$p(x)$ 称为插值函数,x_i 称为插值节点和 $p(x_i)=y_i$ 称为插值条件. 若 $p(x)$ 为多项式,则此问题称为多项式插值或代数插值.

定理 1.4 在插值节点 $x_0,x_1,\cdots,x_n$ 处,取给定值 $y_0,y_1,\cdots,y_n$,且次数不高于 n 的插值多项式是存在且唯一的.

证 令多项式 $p(x)=a_0+a_1x+\cdots+a_nx^n$，则根据插值条件 $p(x_i)=y_i$ 有下列等式：

$$\begin{cases} p(x_0)=a_0+a_1x_0+\cdots+a_nx_0^n=y_0 \\ p(x_1)=a_0+a_1x_1+\cdots+a_nx_1^n=y_1 \\ \cdots\cdots \\ p(x_n)=a_0+a_1x_n+\cdots+a_nx_n^n=y_n \end{cases}$$

这是一个以 a_i 的 $n+1$ 阶线性方程组，其系数行列式是范德蒙(Vandermonde)行列式：

$$D=\begin{vmatrix} 1 & x_0 & \cdots & x_0^n \\ 1 & x_1 & \cdots & x_1^n \\ \vdots & \vdots & \ddots & \vdots \\ 1 & x_n & \cdots & x_n^n \end{vmatrix}=\prod_{n\geqslant i>j\geqslant 1}(x_i-x_j)\neq 0$$

根据 Cramer 法则，此方程组存在唯一解 $a_0,a_1,\cdots,a_n$，即 $p(x)$存在且唯一. □

注意，当插值节点比较多时，通过 Cramer 法则求出插值多项式的系数是不可行的，我们将在下一章通过基函数的方式求出插值多项式.

1.3.3 可逆矩阵

定义 1.3 设 $\boldsymbol{A}$ 是 n 阶方阵，如果存在一个 n 阶方阵 $\boldsymbol{B}$，使得

$$\boldsymbol{AB}=\boldsymbol{BA}=\boldsymbol{E}$$

则称 $\boldsymbol{A}$ 是**可逆的**，并称 $\boldsymbol{B}$ 是 $\boldsymbol{A}$ 的**逆矩阵**，否则称矩阵 $\boldsymbol{A}$ 是**不可逆的**.

易证，若如果 $\boldsymbol{A}$ 可逆，则 $\boldsymbol{A}$ 的逆是唯一的，记作 $\boldsymbol{B}=\boldsymbol{A}^{-1}$.

设 $\boldsymbol{A}$ 是 n 阶方阵，A_{ij} 是行列式 $|\boldsymbol{A}|$ 中元素 a_{ij} 的代数余子式，称矩阵 $\boldsymbol{A}$ 的**伴随矩阵** $\boldsymbol{A}^*$ 为

$$\boldsymbol{A}^*=\begin{pmatrix} A_{11} & A_{21} & \cdots & A_{n1} \\ A_{12} & A_{22} & \cdots & A_{n2} \\ \vdots & \vdots & \ddots & \vdots \\ A_{1n} & A_{2n} & \cdots & A_{nn} \end{pmatrix}$$

关于矩阵的逆，有如下结论：

(1) 矩阵 $\boldsymbol{A}$ 与伴随矩阵 $\boldsymbol{A}^*$ 满足

$$\boldsymbol{AA}^*=\boldsymbol{A}^*\boldsymbol{A}=|\boldsymbol{A}|\boldsymbol{E}$$

(2) n 阶矩阵 $\boldsymbol{A}$ 可逆的充要条件是 $|\boldsymbol{A}|\neq 0$，而且此时

$$\boldsymbol{A}^{-1}=\frac{1}{|\boldsymbol{A}|}\boldsymbol{A}^*$$

(3) 若 $\boldsymbol{A},\boldsymbol{B}$ 是同阶可逆矩阵，则 $(\boldsymbol{AB})^{-1}=\boldsymbol{B}^{-1}\boldsymbol{A}^{-1}$.

1.3.4 分块矩阵

所谓矩阵分块，就是将矩阵用若干条横直线和纵直线分成许多小矩阵，每个小矩阵称为原来矩阵的子阵或子块，以这些子块为元素所构成的矩阵，称为分块矩阵.

设 $\boldsymbol{A}=\begin{pmatrix} a_{11} & a_{22} & \cdots & a_{1n} \\ a_{21} & a_{22} & \cdots & a_{2n} \\ \vdots & \vdots & \ddots & \vdots \\ a_{m1} & a_{m2} & \cdots & a_{mn} \end{pmatrix}$，称 $\boldsymbol{\alpha}_1=\begin{pmatrix} a_{11} \\ \vdots \\ a_{m1} \end{pmatrix}$，$\boldsymbol{\alpha}_2=\begin{pmatrix} a_{12} \\ \vdots \\ a_{m2} \end{pmatrix}$，$\cdots$，$\boldsymbol{\alpha}_n=\begin{pmatrix} a_{1n} \\ \vdots \\ a_{mn} \end{pmatrix}$ 为 $\boldsymbol{A}$ 的列向

量组,称 $\boldsymbol{\beta}_1=(a_{11},\cdots,a_{1n}),\boldsymbol{\beta}_2=(a_{21},\cdots,a_{2n}),\cdots,\boldsymbol{\beta}_m=(a_{m1},\cdots,a_{mn})$为 $\boldsymbol{A}$ 的行向量组,则 $\boldsymbol{A}$ 可表示为 $\boldsymbol{A}=(\boldsymbol{\alpha}_1\quad\boldsymbol{\alpha}_2\quad\cdots\quad\boldsymbol{\alpha}_n)=\begin{pmatrix}\boldsymbol{\beta}_1\\ \boldsymbol{\beta}_2\\ \vdots\\ \boldsymbol{\beta}_m\end{pmatrix}$.若 $\boldsymbol{A}$ 是方阵,则 $\boldsymbol{A}$ 的行列式可表示为

$$|\boldsymbol{A}|=|\boldsymbol{\alpha}_1\quad\boldsymbol{\alpha}_2\quad\cdots\quad\boldsymbol{\alpha}_n|=\begin{vmatrix}\boldsymbol{\beta}_1\\ \boldsymbol{\beta}_2\\ \vdots\\ \boldsymbol{\beta}_n\end{vmatrix}$$

设矩阵 $\boldsymbol{A},\boldsymbol{B}$ 是同型矩阵,且采用相同的分块方法,则

$$\boldsymbol{A}+\boldsymbol{B}=\begin{pmatrix}\boldsymbol{A}_{11}+\boldsymbol{B}_{11} & \boldsymbol{A}_{12}+\boldsymbol{B}_{12} & \cdots & \boldsymbol{A}_{1s}+\boldsymbol{B}_{1s}\\ \vdots & \vdots & \ddots & \vdots\\ \boldsymbol{A}_{r1}+\boldsymbol{B}_{r1} & \boldsymbol{A}_{r2}+\boldsymbol{B}_{r2} & \cdots & \boldsymbol{A}_{rs}+\boldsymbol{B}_{rs}\end{pmatrix}$$

设 k 为任意常数,而 $\boldsymbol{A}=\begin{pmatrix}\boldsymbol{A}_{11} & \boldsymbol{A}_{12} & \cdots & \boldsymbol{A}_{1s}\\ \vdots & \vdots & \ddots & \vdots\\ \boldsymbol{A}_{r1} & \boldsymbol{A}_{r2} & \cdots & \boldsymbol{A}_{rs}\end{pmatrix}$,则

$$k\boldsymbol{A}=\begin{pmatrix}k\boldsymbol{A}_{11} & k\boldsymbol{A}_{12} & \cdots & k\boldsymbol{A}_{1s}\\ \vdots & \vdots & \ddots & \vdots\\ k\boldsymbol{A}_{r1} & k\boldsymbol{A}_{r2} & \cdots & k\boldsymbol{A}_{rs}\end{pmatrix}$$

设 $\boldsymbol{A}$ 是 $m\times l$ 矩阵,$\boldsymbol{B}$ 是 $l\times n$ 矩阵,把它们分块成

$$\boldsymbol{A}=\begin{pmatrix}\boldsymbol{A}_{11} & \boldsymbol{A}_{12} & \cdots & \boldsymbol{A}_{1s}\\ \vdots & \vdots & \ddots & \vdots\\ \boldsymbol{A}_{r1} & \boldsymbol{A}_{r2} & \cdots & \boldsymbol{A}_{rs}\end{pmatrix},\quad \boldsymbol{B}=\begin{pmatrix}\boldsymbol{B}_{11} & \cdots & \boldsymbol{B}_{1t}\\ \boldsymbol{B}_{21} & \cdots & \boldsymbol{B}_{2t}\\ \vdots & \ddots & \vdots\\ \boldsymbol{B}_{s1} & \cdots & \boldsymbol{B}_{st}\end{pmatrix}$$

其中矩阵 $\boldsymbol{A}$ 列的分法与矩阵 $\boldsymbol{B}$ 行的分法相同.则

$$\boldsymbol{AB}=\begin{pmatrix}\boldsymbol{C}_{11} & \cdots & \boldsymbol{C}_{1t}\\ \vdots & \ddots & \vdots\\ \boldsymbol{C}_{r1} & \cdots & \boldsymbol{C}_{rt}\end{pmatrix}$$

其中

$$\boldsymbol{C}_{ij}=\sum_{k=1}^{s}\boldsymbol{A}_{ik}\boldsymbol{B}_{kj}\quad(i=1,2,\cdots,r;j=1,2,\cdots,t)$$

称 $\boldsymbol{A}=\begin{pmatrix}\boldsymbol{A}_{11} & \boldsymbol{A}_{12} & \cdots & \boldsymbol{A}_{1r}\\ & \boldsymbol{A}_{22} & \cdots & \boldsymbol{A}_{2r}\\ & & \ddots & \vdots\\ & & & \boldsymbol{A}_{rr}\end{pmatrix}$为准上三角阵,$\boldsymbol{A}=\begin{pmatrix}\boldsymbol{A}_{11} & & & \\ \boldsymbol{A}_{21} & \boldsymbol{A}_{22} & & \\ \vdots & \vdots & \ddots & \\ \boldsymbol{A}_{r1} & \boldsymbol{A}_{r2} & \cdots & \boldsymbol{A}_{rr}\end{pmatrix}$为准下三角阵,称

$\boldsymbol{A}=\begin{pmatrix}\boldsymbol{A}_{11} & & & \\ & \boldsymbol{A}_{22} & & \\ & & \ddots & \\ & & & \boldsymbol{A}_{rr}\end{pmatrix}$为准对角阵,其中 $\boldsymbol{A}_{ij}$ 均为方阵.

有下列性质：

(1) $\boldsymbol{A}=\begin{pmatrix}\boldsymbol{A}_{11} & \boldsymbol{A}_{12} & \cdots & \boldsymbol{A}_{1r}\\ & \boldsymbol{A}_{22} & \cdots & \boldsymbol{A}_{2r}\\ & & \ddots & \vdots\\ & & & \boldsymbol{A}_{rr}\end{pmatrix}$ 或 $\boldsymbol{A}=\begin{pmatrix}\boldsymbol{A}_{11} & & & \\ \boldsymbol{A}_{21} & \boldsymbol{A}_{22} & & \\ \vdots & \vdots & \ddots & \\ \boldsymbol{A}_{r1} & \boldsymbol{A}_{r2} & \cdots & \boldsymbol{A}_{rr}\end{pmatrix}$，则

$$|\boldsymbol{A}|=|\boldsymbol{A}_{11}||\boldsymbol{A}_{12}|\cdots|\boldsymbol{A}_{rr}|$$

(2) 设

$$\boldsymbol{A}=\begin{pmatrix}\boldsymbol{A}_1 & & & \\ & \boldsymbol{A}_2 & & \\ & & \ddots & \\ & & & \boldsymbol{A}_r\end{pmatrix},\quad \boldsymbol{B}=\begin{pmatrix}\boldsymbol{B}_1 & & & \\ & \boldsymbol{B}_2 & & \\ & & \ddots & \\ & & & \boldsymbol{B}_r\end{pmatrix}$$

其中 $\boldsymbol{A}_i,\boldsymbol{B}_i(i=1,2,\cdots,r)$是同阶的子方阵，则

$$\boldsymbol{AB}=\begin{pmatrix}\boldsymbol{A}_1\boldsymbol{B}_1 & & & \\ & \boldsymbol{A}_2\boldsymbol{B}_2 & & \\ & & \ddots & \\ & & & \boldsymbol{A}_r\boldsymbol{B}_r\end{pmatrix}$$

(3) 设 $\boldsymbol{A}$ 是分块对角矩阵，若 $\boldsymbol{A}$ 的每个子块 $\boldsymbol{A}_i(i=1,2,\cdots,r)$都是可逆矩阵，则 $\boldsymbol{A}$ 可逆，且

$$\boldsymbol{A}^{-1}=\begin{pmatrix}\boldsymbol{A}_1^{-1} & & & \\ & \boldsymbol{A}_2^{-1} & & \\ & & \ddots & \\ & & & \boldsymbol{A}_r^{-1}\end{pmatrix}$$

1.3.5 矩阵的初等变换与初等矩阵

对矩阵的行(列)施行的下列三种变换，称为矩阵的**初等行(列)变换**：

(1) 交换矩阵中两行(列)元素的位置；

(2) 用一个非零常数乘以矩阵的某一行(列)中的每个元素；

(3) 将矩阵的某一行(列)的元素乘以同一个数，并加到矩阵的另一行(列)上去.

注意：矩阵的初等行变换、初等列变换统称矩阵的**初等变换**.

矩阵 $\boldsymbol{A}$ 经初等变换变为 $\boldsymbol{B}$，记作 $\boldsymbol{A}\to\boldsymbol{B}$.

若矩阵 $\boldsymbol{\Gamma}$ 满足：

(1) 若 $\boldsymbol{\Gamma}$ 有零行，则零行在 $\boldsymbol{\Gamma}$ 的下方；

(2) 若 $\boldsymbol{\Gamma}$ 有非零行，则非零行从左侧起第一个非零元(称为该行的首元)的列标随行标严格递增，

则称 $\boldsymbol{\Gamma}$ 为(行)阶梯形矩阵. 若阶梯形矩阵 $\boldsymbol{\Gamma}$ 再满足：

(3) 非零行的首元为1；

(4) 非零行的首元所在列的其他元素均是0，

则称阶梯型矩阵 $\boldsymbol{\Gamma}$ 为行最简(或简化)阶梯形矩阵.

定理 1.5 任何一个矩阵 $\boldsymbol{A}$ 可经过有限次初等行变换，将其化为阶梯形矩阵，进而可化

为行最简阶梯形矩阵.进一步地,再通过有限次初等变换,将其可化为形如

$$\begin{pmatrix} \boldsymbol{E}_r & 0 \\ 0 & 0 \end{pmatrix}_{m\times n}$$

的矩阵.

矩阵的初等变换也可以用矩阵的运算来等价地描述.为此要介绍初等矩阵的概念.

初等矩阵 由单位矩阵经过一次初等变换而得到的矩阵.

初等矩阵都是方阵,共有三种类型分别记作:$T(i,j)$,$T(i(k))$,$T_{ij}(l)$.每一种初等矩阵都是可逆的.

初等变换与初等矩阵有如下关系:

性质 1.1 设 $\boldsymbol{A}$ 是 $m\times n$ 的矩阵,在 $\boldsymbol{A}$ 的左边乘上一个 m 阶初等矩阵相当于对矩阵 $\boldsymbol{A}$ 作相应的初等行变换;在 $\boldsymbol{A}$ 的右边乘上一个 n 阶初等矩阵相当于对矩阵 $\boldsymbol{A}$ 作相应的初等列变换.

利用初等矩阵的概念,本节前面的定理 1.1 又可进一步表述为

定理 1.6 设 $\boldsymbol{A}$ 是任一 $m\times n$ 的矩阵,则必定存在一些列的 m 阶初等矩阵 $\boldsymbol{P}_1,\boldsymbol{P}_2,\cdots,\boldsymbol{P}_s$ 以及 n 阶初等矩阵 $\boldsymbol{Q}_1,\boldsymbol{Q}_2,\cdots,\boldsymbol{Q}_t$ 使得

$$\boldsymbol{P}_1\boldsymbol{P}_2\cdots\boldsymbol{P}_s\boldsymbol{A}\boldsymbol{Q}_1\boldsymbol{Q}_2\cdots\boldsymbol{Q}_t = \begin{pmatrix} \boldsymbol{E}_r & 0 \\ 0 & 0 \end{pmatrix}$$

其中 r 由 $\boldsymbol{A}$ 唯一确定,称$\begin{pmatrix} \boldsymbol{E}_r & 0 \\ 0 & 0 \end{pmatrix}$为 $\boldsymbol{A}$ 的等价标准形.

定义 1.4 设 $m\times n$ 的矩阵 $\boldsymbol{A},\boldsymbol{B}$,若存在一个 m 阶可逆矩阵 $\boldsymbol{P}$ 和 n 阶可逆矩阵 $\boldsymbol{Q}$ 使得

$$\boldsymbol{PAQ} = \boldsymbol{B}$$

则称 $\boldsymbol{A}$ 与 $\boldsymbol{B}$ 等价或相抵,记作 $\boldsymbol{A}\simeq\boldsymbol{B}$.

矩阵的等价具有如下性质:

(1) $\boldsymbol{A}\simeq\boldsymbol{A}$.

(2) 若 $\boldsymbol{A}\simeq\boldsymbol{B}$,则 $\boldsymbol{B}\simeq\boldsymbol{A}$.

(3) 若 $\boldsymbol{A}\simeq\boldsymbol{B}$,$\boldsymbol{B}\simeq\boldsymbol{C}$,则 $\boldsymbol{A}\simeq\boldsymbol{C}$.

(4) $\boldsymbol{A}\simeq\boldsymbol{B}$ 的充要条件是 $\boldsymbol{A}$ 可以经过有限次初等变换必为 $\boldsymbol{B}$.

1.3.6 矩阵的秩

矩阵的行秩和列秩统称为矩阵 $\boldsymbol{A}$ 的**秩**,记作 $r(\boldsymbol{A})$或秩$(\boldsymbol{A})$.

关于矩阵的秩,有下面几个常用的性质:

(1) $r(\boldsymbol{A}) = r(\boldsymbol{A}^{\mathrm{T}})$.

(2) 设 $\boldsymbol{A}$ 是 $m\times n$ 矩阵,$\boldsymbol{B}$ 是 $n\times s$ 矩阵,则 $r(\boldsymbol{AB}) = \min\{r(\boldsymbol{A}), r(\boldsymbol{B})\}$.

(3) 设 $\boldsymbol{A}$ 是 $m\times n$ 矩阵,$\boldsymbol{P}$,$\boldsymbol{Q}$ 分别是 m 阶,n 阶可逆矩阵,则

$$r(\boldsymbol{PAQ}) = r(\boldsymbol{PA}) = r(\boldsymbol{AQ}) = r(\boldsymbol{A})$$

即等价的矩阵有相同的秩.

(4) 矩阵 $\boldsymbol{A}$ 的秩等于 r 的充要条件是 $\boldsymbol{A}$ 有一个 r 阶子式不等于零,所有 $r+1$ 阶子式都为零.

1.4 线性方程组

设由 m 个方程 n 个未知数组成的 n 元一次方程组：

$$\begin{cases} a_{11}x_1 + a_{12}x_2 + \cdots + a_{1n}x_n = b_1 \\ a_{21}x_1 + a_{22}x_2 + \cdots + a_{2n}x_n = b_2 \\ \cdots\cdots \\ a_{m1}x_1 + a_{m2}x_2 + \cdots + a_{mn}x_n = b_m \end{cases}$$

其系数矩阵和增广矩阵分别为

$$\boldsymbol{A} = \begin{pmatrix} a_{11} & a_{12} & \cdots & a_{1n} \\ a_{21} & a_{22} & \cdots & a_{2n} \\ \vdots & \vdots & \ddots & \vdots \\ a_{m1} & a_{m2} & \cdots & a_{mn} \end{pmatrix}, \quad \widetilde{\boldsymbol{A}} = \begin{pmatrix} a_{11} & a_{12} & \cdots & a_{1n} & b_1 \\ a_{21} & a_{22} & \cdots & a_{2n} & b_2 \\ \vdots & \vdots & \ddots & \vdots & \vdots \\ a_{m1} & a_{m2} & \cdots & a_{mn} & b_m \end{pmatrix}$$

记 $\boldsymbol{X}=(x_1,x_2,\cdots,x_n)^{\mathrm{T}}$，$\boldsymbol{b}=(b_1,b_2,\cdots,b_m)^{\mathrm{T}}$，$\boldsymbol{\alpha}_1=(a_{11},a_{21},\cdots,a_{m1})^{\mathrm{T}}$，$\boldsymbol{\alpha}_2=(a_{12},a_{22},\cdots,a_{m2})^{\mathrm{T}}$，$\cdots$，$\boldsymbol{\alpha}_n==(a_{1n},a_{2n},\cdots,a_{mn})^{\mathrm{T}}$，即 $\boldsymbol{\alpha}_1,\boldsymbol{\alpha}_2,\cdots,\boldsymbol{\alpha}_n$ 分别是 $x_1,x_2,\cdots,x_n$ 的系数，也分别是系数矩阵的第 $1,2,\cdots,n$ 列.

$\boldsymbol{AX}=\boldsymbol{b}$ 称为线性方程组的**矩阵形式**.

$x_1\boldsymbol{\alpha}_1+x_2\boldsymbol{\alpha}_2+\cdots+x_n\boldsymbol{\alpha}_n=\boldsymbol{b}$ 称为线性方程组的**向量形式**.

关于线性方程组的解有如下结论：

定理 1.7 n 个方程 n 个未知数的线性方程组 $\boldsymbol{AX}=0$ 有非零解的充要条件是 $|\boldsymbol{A}|=0$.

定理 1.8 线性方程组 $\boldsymbol{AX}=\boldsymbol{b}$ 有解的充要条件是系数矩阵的秩等于增广矩阵的秩，即

$$r(\boldsymbol{A}) = r(\widetilde{\boldsymbol{A}})$$

定理 1.9 设 $\boldsymbol{A}$ 是 $m\times n$ 矩阵. 若 $r(\boldsymbol{A})=r<n$，则齐次线性方程组 $\boldsymbol{AX}=0$ 存在基础解系，且基础解系含 $n-r$ 个解向量.

定理 1.10 若 $\boldsymbol{AX}=\boldsymbol{b}$ 有解，则其全部解为

$$\boldsymbol{X} = \boldsymbol{X}_0 + \boldsymbol{X}^*$$

其中 $\boldsymbol{X}_0$ 是 $\boldsymbol{AX}=\boldsymbol{b}$ 的一个特解，而 $\boldsymbol{X}^*$ 是 $\boldsymbol{AX}=0$ 的解.

1.5 矩阵的特征值与特征向量

1.5.1 特征值与特征向量

定义 1.5 设 $\boldsymbol{A}$ 是 n 阶方阵，如果存在数 λ_0 和非零的 n 维向量 $\boldsymbol{\alpha}$，使得

$$\boldsymbol{A}\boldsymbol{\alpha} = \lambda_0\boldsymbol{\alpha}$$

则称 λ_0 为矩阵 $\boldsymbol{A}$ 的一个**特征值**,而称 $\boldsymbol{\alpha}$ 为 $\boldsymbol{A}$ 的属于特征值 λ_0 的一个**特征向量**.

从几何上看,矩阵 $\boldsymbol{A}$ 的特征向量 $\boldsymbol{\alpha}$ 经过矩阵 $\boldsymbol{A}$ 作用后所得到的向量 $\lambda_0\boldsymbol{\alpha}$ 与特征向量 $\boldsymbol{\alpha}$ 共线,而比例系数 λ_0 就是特征向量 $\boldsymbol{\alpha}$ 所属的特征值.

定义 1.6 对于 n 阶矩阵 $\boldsymbol{A}=(a_{ij})_n$,

$$f(\lambda) = |\boldsymbol{A} - \lambda\boldsymbol{E}| = \begin{vmatrix} a_{11}-\lambda & a_{12} & \cdots & a_{1n} \\ a_{21} & a_{22}-\lambda & \cdots & a_{2n} \\ \vdots & \vdots & \ddots & \vdots \\ a_{n1} & a_{n2} & \cdots & a_{nn}-\lambda \end{vmatrix}$$

是 λ 的 n 次多项式,称其为方阵 $\boldsymbol{A}$ 的**特征多项式**,方程 $f(\lambda)=0$ 称为方阵 $\boldsymbol{A}$ 的**特征方程**.

根据前面的讨论,得到求矩阵 $\boldsymbol{A}$ 的特征值和特征向量的具体步骤:

(1) 写出矩阵 $\boldsymbol{A}$ 的特征多项式 $f(\lambda)=|\boldsymbol{A}-\lambda\boldsymbol{E}|$.

(2) 求出特征方程 $f(\lambda)=0$ 的全部根.这些根就是 $\boldsymbol{A}$ 的全部特征值 $\lambda_1,\lambda_2,\cdots,\lambda_s$.

(3) 对所求得的每一个特征值 λ_i,代入齐次线性方程组 $(\boldsymbol{A}-\lambda_i\boldsymbol{E})\boldsymbol{X}=0$,求出一个基础解系 $\boldsymbol{\eta}_1,\boldsymbol{\eta}_2,\cdots,\boldsymbol{\eta}_t$,则 $k_1\boldsymbol{\eta}_1+k_2\boldsymbol{\eta}_2+\cdots+k_t\boldsymbol{\eta}_t$($k_1,k_2,\cdots,k_t$ 不全为 0)便是 $\boldsymbol{A}$ 的属于特征值 λ_i 的全部特征向量.

例 1.2 求矩阵

$$\boldsymbol{A} = \begin{pmatrix} 2 & 3 & 2 \\ 1 & 4 & 2 \\ 1 & -3 & 1 \end{pmatrix}$$

的特征值和特征向量.

解 $\boldsymbol{A}$ 的特征多项式为

$$f(\lambda) = |\boldsymbol{A} - \lambda\boldsymbol{E}| = \begin{vmatrix} 2-\lambda & 3 & 2 \\ 1 & 4-\lambda & 2 \\ 1 & -3 & 1-\lambda \end{vmatrix} = (1-\lambda)(3-\lambda)^2$$

所以 $\boldsymbol{A}$ 的特征方程为 $(1-\lambda)(3-\lambda)^2=0$,得 $\boldsymbol{A}$ 的特征值 $\lambda_1=1,\lambda_2=\lambda_3=3$.

对于 $\lambda_1=1$ 时,解方程 $(\boldsymbol{A}-\boldsymbol{E})\boldsymbol{X}=0$,由

$$\boldsymbol{A}-\boldsymbol{E} = \begin{pmatrix} 1 & 3 & 2 \\ 1 & 3 & 2 \\ 1 & -3 & 0 \end{pmatrix} \rightarrow \begin{pmatrix} 1 & 0 & 1 \\ 0 & 3 & 1 \\ 0 & 0 & 0 \end{pmatrix}$$

得基础解系 $\boldsymbol{\eta}_1=(-3,-1,3)^{\mathrm{T}}$,所以属于特征值 $\lambda_1=1$ 的全部特征向量是 $k_1\boldsymbol{\eta}_1=k_1(-3,-1,3)^{\mathrm{T}}$,其中 $k_1\neq 0$,k_1 为实数.

对于 $\lambda_2=\lambda_3=3$,解方程 $(\boldsymbol{A}-3\boldsymbol{E})\boldsymbol{X}=0$,由

$$\boldsymbol{A}-3\boldsymbol{E} = \begin{pmatrix} -1 & 3 & 2 \\ 1 & 1 & 2 \\ 1 & -3 & -2 \end{pmatrix} \rightarrow \begin{pmatrix} 1 & 0 & 1 \\ 0 & 1 & 1 \\ 0 & 0 & 0 \end{pmatrix}$$

得基础解系 $\boldsymbol{\eta}_2=(-1,-1,1)^{\mathrm{T}}$,所以属于特征值 $\lambda_2=\lambda_3=3$ 的全部特征向量是 $k_2\boldsymbol{\eta}_2=k_2(-1,-1,1)^{\mathrm{T}}$,其中 $k_2\neq 0$,k_2 为实数.

结论:设 n 阶矩阵 $\boldsymbol{A}=(a_{ij})_n$ 有 n 个特征值为 $\lambda_1,\lambda_2,\cdots,\lambda_n$($k$ 重特征值算作 k 个特征值),则

(1) $\sum_{i=1}^{n}\lambda_i = \sum_{i=1}^{n}a_{ii}$;

(2) $\sum_{i=1}^{n}\lambda_i = |\boldsymbol{A}|$.

其中 $\sum_{i=1}^{n}a_{ii}$ 是$\boldsymbol{A}$ 的主对角线元素之和,称为矩阵$\boldsymbol{A}$ 的迹,记作 $\mathrm{tr}(\boldsymbol{A})$.

定理 1.11 设 $\lambda_1,\lambda_2,\cdots,\lambda_s$ 是矩阵$\boldsymbol{A}$ 的互不相同的特征值,$\boldsymbol{\alpha}_1,\boldsymbol{\alpha}_2,\cdots,\boldsymbol{\alpha}_s$ 是其对应的特征向量,则 $\boldsymbol{\alpha}_1,\boldsymbol{\alpha}_2,\cdots,\boldsymbol{\alpha}_s$ 是线性无关的.

1.5.2 相似矩阵和矩阵的对角化

定义 1.7 设$\boldsymbol{A}$,$\boldsymbol{B}$ 都是n 阶方阵,若存在可逆矩阵$\boldsymbol{P}$,使

$$\boldsymbol{P}^{-1}\boldsymbol{AP} = \boldsymbol{B}$$

则称矩阵$\boldsymbol{A}$ 与$\boldsymbol{B}$ 相似,或$\boldsymbol{A}$,$\boldsymbol{B}$ 是**相似矩阵**,记为$\boldsymbol{A}\sim\boldsymbol{B}$,将可逆矩阵$\boldsymbol{P}$ 称为把$\boldsymbol{A}$ 变换成$\boldsymbol{B}$ 的**相似变换矩阵**.

关于矩阵相似,有如下结论:

(1) 相似矩阵有相同的特征多项式,从而也有相同的特征值.

(2) 相似矩阵的行列式相同,迹相同,秩也相同.

定理 1.12 n 阶矩阵$\boldsymbol{A}$ 可对角化的充要条件是$\boldsymbol{A}$ 有n 个线性无关的特征向量.

1.6 正规矩阵的相似标准形

在线性代数我们学过实对称阵的相关内容:任何一个实对称阵可以正交对角化,本节将实对称阵的相关结论推广到复数域上.

1.6.1 向量的内积

向量的内积:设 $\boldsymbol{\alpha}=(a_1,a_2,\cdots,a_n)^{\mathrm{T}}$,$\boldsymbol{\beta}=(b_1,b_2,\cdots,b_n)^{\mathrm{T}}$ 是 $\mathbb{R}^n$(或 $\mathbb{C}^n$)的两个向量,称

$$(\boldsymbol{\alpha},\boldsymbol{\beta}) = a_1b_1 + a_2b_2 + \cdots + a_nb_n = \boldsymbol{\alpha}^{\mathrm{T}}\boldsymbol{\beta}$$

$$(\text{或}(\boldsymbol{\alpha},\boldsymbol{\beta}) = \bar{a}_1b_1 + \bar{a}_2b_2 + \cdots + \bar{a}_nb_n = \boldsymbol{\alpha}^{\mathrm{H}}\boldsymbol{\beta})$$

根据内积的定义,容易证明以下性质:

性质 1.2 设$\boldsymbol{\alpha}$,$\boldsymbol{\beta}$ 为n 维向量,k 为实数(或复数),则

(1) $(\boldsymbol{\alpha},\boldsymbol{\beta})=(\boldsymbol{\beta},\boldsymbol{\alpha})$(或$(\boldsymbol{\alpha},\boldsymbol{\beta})=\overline{(\boldsymbol{\beta},\boldsymbol{\alpha})}$);

(2) $(\boldsymbol{\alpha},k\boldsymbol{\beta})=k(\boldsymbol{\alpha},\boldsymbol{\beta})$;

(3) $(\boldsymbol{\alpha}+\boldsymbol{\beta},\boldsymbol{\gamma})=(\boldsymbol{\alpha},\boldsymbol{\gamma})+(\boldsymbol{\beta},\boldsymbol{\gamma})$;

(4) $(\boldsymbol{\alpha},\boldsymbol{\alpha})\geqslant 0$,其中$(\boldsymbol{\alpha},\boldsymbol{\alpha})=0$ 的充要条件是 $\boldsymbol{\alpha}=0$.

向量的模或长度:设 $\boldsymbol{\alpha}=(a_1,a_2,\cdots,a_n)$是 $\mathbb{R}^n$(或 $\mathbb{C}^n$)的向量,$\boldsymbol{\alpha}$ 的模为

$$|\boldsymbol{\alpha}| = \sqrt{(\boldsymbol{\alpha},\boldsymbol{\alpha})} = \sqrt{\bar{a}_1a_1 + \bar{a}_2a_2 + \cdots + \bar{a}_na_n}$$

若$|\boldsymbol{\alpha}|=1$,则称$\boldsymbol{\alpha}$为**单位向量**.

向量的长度满足以下性质:

性质 1.2 设$\boldsymbol{\alpha},\boldsymbol{\beta}$为$n$维向量,$k$为实数(或复数),则

(1) 非负性:当$\boldsymbol{\alpha}\neq 0$时,$|\boldsymbol{\alpha}|>0$,当$\boldsymbol{\alpha}=0$时,$|\boldsymbol{\alpha}|=0$;

(2) 齐次性:$|k\boldsymbol{\alpha}|=|k||\boldsymbol{\alpha}|$;

(3) 柯西不等式:$|(\boldsymbol{\alpha},\boldsymbol{\beta})|\leqslant|\boldsymbol{\alpha}|\cdot|\boldsymbol{\beta}|$;

(4) 三角不等式:$|\boldsymbol{\alpha}+\beta|\leqslant|\boldsymbol{\alpha}|+|\boldsymbol{\beta}|$.

定义 1.8 非零向量$\boldsymbol{\alpha},\boldsymbol{\beta}$,如果$(\boldsymbol{\alpha},\boldsymbol{\beta})=0$,则称向量$\boldsymbol{\alpha}$与$\boldsymbol{\beta}$**正交**.一组非零的$n$维向量,如果它们两两正交,则称之为**正交向量组**.如果正交组中每个向量是单位向量,则称为**单位正交组**(或称为**标准正交组**).

容易证明:正交向量组是线性无关组.

如果正交向量组构成$\mathbb{R}^n$($\mathbb{C}^n$)的基,称这组基为**正交基**,正交基中每个向量如果是单位向量,则称这组基为**标准正交基**或**规范基**.

1.6.2 施密特(Schmit)正交化方法

设$\boldsymbol{\alpha}_1,\boldsymbol{\alpha}_2,\cdots,\boldsymbol{\alpha}_r$是$\mathbb{R}^n$(或$\mathbb{C}^n$)的线性无关组.令

$$\boldsymbol{\beta}_1=\boldsymbol{\alpha}_1$$

$$\boldsymbol{\beta}_t=\boldsymbol{\alpha}_t-\frac{(\boldsymbol{\beta}_1,\boldsymbol{\alpha}_t)}{(\boldsymbol{\beta}_1,\boldsymbol{\beta}_1)}\boldsymbol{\beta}_1-\frac{(\boldsymbol{\beta}_2,\boldsymbol{\alpha}_t)}{(\boldsymbol{\beta}_2,\boldsymbol{\beta}_2)}\boldsymbol{\beta}_2-\cdots-\frac{(\boldsymbol{\beta}_{r-1},\boldsymbol{\alpha}_t)}{(\boldsymbol{\beta}_{t-1},\boldsymbol{\beta}_{t-1})}\boldsymbol{\beta}_{t-1}\quad(t=2,3,\cdots,r)$$

得到一组正交向量组$\boldsymbol{\beta}_1,\boldsymbol{\beta}_2,\cdots,\boldsymbol{\beta}_r$.

再将$\boldsymbol{\beta}_1,\boldsymbol{\beta}_2,\cdots,\boldsymbol{\beta}_r$单位化,得到一个标准正交组:

$$\frac{\boldsymbol{\beta}_1}{|\boldsymbol{\beta}_1|},\frac{\boldsymbol{\beta}_2}{|\boldsymbol{\beta}|_2},\cdots,\frac{\boldsymbol{\beta}_r}{|\boldsymbol{\beta}_r|}$$

上述向量空间基的正交化方法称为**施密特正交化方法**.

1.6.3 正交阵与酉阵

定义 1.9 设方阵$\boldsymbol{U}$,如果$\boldsymbol{U}^{\mathrm{T}}\boldsymbol{U}=\boldsymbol{E}$(或$\boldsymbol{U}^{\mathrm{H}}\boldsymbol{U}=\boldsymbol{E}$),则称$\boldsymbol{U}$为**正交阵(或酉阵)**.

定理 1.13 $\boldsymbol{U}$为n阶正交阵(或酉阵)的充要条件是$\boldsymbol{U}$的列(或行)向量组为$\mathbb{R}^n$(或$\mathbb{C}^n$)的一组标准正交组.

定理 1.14 设$\boldsymbol{U}$为n阶正交阵(或酉阵),则

(1) $|\boldsymbol{U}|=1$或$|\boldsymbol{U}|=-1$;

(2) $\boldsymbol{U}^{-1}=\boldsymbol{U}^{\mathrm{T}}$(或$\boldsymbol{U}^{-1}=\boldsymbol{U}^{\mathrm{H}}$);

(3) $\boldsymbol{U}^{\mathrm{T}}$也为$n$阶正交阵(或酉阵);

(4) 设$\boldsymbol{U}_1,\boldsymbol{U}_2$是同阶酉(正交)阵,则$\boldsymbol{U}_1\boldsymbol{U}_2$也是酉(正交)阵;

(5) 设$\boldsymbol{U}=\begin{pmatrix}\boldsymbol{U}_1 & \boldsymbol{O}\\ \boldsymbol{O} & \boldsymbol{U}_2\end{pmatrix}$,则$\boldsymbol{U}$是酉(正交)阵的充要条件是$\boldsymbol{U}_1,\boldsymbol{U}_2$是酉(正交)阵.

由线性代数知识,我们知道关于实对称阵的相关结论:

(1) 实对称矩阵$\boldsymbol{A}$的特征值都是实数.

(2) 实对称矩阵$\boldsymbol{A}$不同特征值对应的特征向量$\boldsymbol{\alpha}_1,\boldsymbol{\alpha}_2$必正交.

(3) 对于任一个n阶实对称矩阵$\boldsymbol{A}$,都存在正交矩阵$\boldsymbol{Q}$,使得

$$Q^{T}AQ = Q^{-1}AQ = \Lambda$$

其中 Λ 是由 A 的 n 个特征值构成的对角矩阵.

关于可对角化的问题,我们有如下一些结论.

1.6.4 正规矩阵的对角化

定义 1.10 复(或实)方阵 A,若满足 $AA^{H}=A^{H}A$(或 $AA^{T}=A^{T}A$),则 A 为复(或实)正规阵.

显然,Hermite 矩阵、反 Hermite 厄米矩阵、酉矩阵均为复正规矩阵.实对称矩阵、实反对称矩阵、正交矩阵均为实正规矩阵.

若 A 是正规矩阵,对任意酉(正交)阵 U,则 $U^{H}AU$(或 $U^{T}AU$)是正规矩阵.

引理 1.2(Schur) 若 n 阶复矩阵 A 的特征值为 $\lambda_1,\lambda_2,\cdots,\lambda_n$,则存在酉阵 U,使

$$U^{H}AU = \begin{pmatrix} \lambda_1 & * & * \\ 0 & \ddots & * \\ 0 & 0 & \lambda_n \end{pmatrix}$$

证明 当 $n=1$ 时,结论显然,因为1阶矩阵是对角阵,1且正交或酉阵是1.假设结论对满足条件的 $n-1$ 阶矩阵成立.对 n 阶复(或实)矩阵 A.设 η_1 是 A 的属于特征值 λ_1 的单位特征向量(若不是单位特征向量,单位化后仍然是特征向量),则

$$A\eta_1 = \lambda_1\eta_1, \quad \eta_1^{H}A\eta_1 = \eta_1^{H}\lambda_1\eta_1 = \lambda_1\eta_1^{H}\eta_1 = \lambda_1$$

将 η_1 扩充为一组基,再正交化,单位化得标准正交向量 $\eta_1,\eta_2,\cdots,\eta_n$,

$$\eta_i^{H}A\eta_1 = \eta_i^{H}\lambda_1\eta_1 = \lambda_1\eta_i^{H}\eta_1 = 0 \quad (i\neq 1)$$

令 $U_0=(\eta_1,\eta_2,\cdots,\eta_n)$,$U_0$ 为酉矩阵,对 A 进行酉相似变换:

$$U_0^{H}AU_0 = \begin{pmatrix} \eta_1^{H} \\ \eta_2^{H} \\ \vdots \\ \eta_n^{H} \end{pmatrix} A(\eta_1,\eta_2,\cdots,\eta_n) = \begin{pmatrix} \eta_1^{H}A\eta_1 & \eta_1^{H}A\eta_2 & \cdots & \eta_1^{H}A\eta_n \\ \eta_2^{H}A\eta_1 & \eta_2^{H}A\eta_2 & \cdots & \eta_2^{H}A\eta_n \\ \vdots & \vdots & \ddots & \vdots \\ \eta_n^{H}A\eta_1 & \eta_n^{H}A\eta_2 & \cdots & \eta_n^{H}A\eta_n \end{pmatrix} = \begin{pmatrix} \lambda_1 & \alpha \\ 0 & A_1 \end{pmatrix}$$

其中

$$\alpha = (\eta_1^{H}A\eta_2,\cdots,\eta_1^{H}A\eta_n), \quad A_1 = \begin{pmatrix} \eta_2^{H}A\eta_2 & \cdots & \eta_2^{H}A\eta_n \\ \vdots & \ddots & \vdots \\ \eta_n^{H}A\eta_2 & \cdots & \eta_n^{H}A\eta_n \end{pmatrix}$$

由于 A 与 $U_0^{H}AU_0$ 相似,有相同得特征值,故 A_1 的特征值是 $\lambda_2,\cdots,\lambda_n$,由归纳假设可知存在酉阵 U_1,使得

$$U_1^{H}AU_1 = \begin{pmatrix} \lambda_2 & * & * \\ 0 & \ddots & * \\ 0 & 0 & \lambda_n \end{pmatrix}$$

令 $U=U_0\begin{pmatrix} 1 & 0 \\ 0 & U_1 \end{pmatrix}$,则

$$U^{H}AU = \begin{pmatrix} 1 & 0 \\ 0 & U_1^{H} \end{pmatrix} U_0^{H}AU_0 \begin{pmatrix} 1 & 0 \\ 0 & U_1 \end{pmatrix} = \begin{pmatrix} 1 & 0 \\ 0 & U_1^{H} \end{pmatrix} \begin{pmatrix} \lambda_1 & \alpha \\ 0 & A_1 \end{pmatrix} \begin{pmatrix} 1 & 0 \\ 0 & U_1 \end{pmatrix}$$

$$= \begin{pmatrix} \lambda_1 & \boldsymbol{\alpha U} \\ 0 & \boldsymbol{U}_1^{\mathrm{H}}\boldsymbol{A}_1\boldsymbol{U}_1 \end{pmatrix} = \begin{pmatrix} \lambda_1 & * & \cdots & * \\ 0 & \lambda_2 & \ddots & \vdots \\ \vdots & \ddots & \ddots & * \\ 0 & \cdots & 0 & \lambda_n \end{pmatrix}$$ □

什么样的矩阵能够通过酉相似变换成为对角阵呢?

注意:若实矩阵 $\boldsymbol{A}$ 的特征值都是实数,则存在正交阵存在 $\boldsymbol{U}$,使 $\boldsymbol{U}^{\mathrm{T}}\boldsymbol{AU}$ 是上三角阵.

引理 1.3 若 $\boldsymbol{A}=(a_{ij})_n$ 酉相似于 $\boldsymbol{B}=(b_{ij})_n$,则

$$\sum_{i,j=1}^{n} |a_{ij}|^2 = \sum_{i,j=1}^{n} |b_{ij}|^2$$

证明 $\boldsymbol{A},\boldsymbol{B}$ 酉相似,存在酉阵 $\boldsymbol{U}$,使得 $\boldsymbol{U}^{\mathrm{H}}\boldsymbol{AU}=\boldsymbol{B}$,则

$$\boldsymbol{B}^{\mathrm{H}}\boldsymbol{B} = (\boldsymbol{U}^{\mathrm{H}}\boldsymbol{AU})^{\mathrm{H}}(\boldsymbol{U}^{\mathrm{H}}\boldsymbol{AU}) = \boldsymbol{U}^{\mathrm{H}}\boldsymbol{A}^{\mathrm{H}}\boldsymbol{AU}$$

即 $\boldsymbol{B}^{\mathrm{H}}\boldsymbol{B},\boldsymbol{A}^{\mathrm{H}}\boldsymbol{A}$ 相似,其迹相等,于是

$$\sum_{i,j=1}^{n} |a_{ij}|^2 = \mathrm{tr}(\boldsymbol{A}^{\mathrm{H}}\boldsymbol{A}) = \mathrm{tr}(\boldsymbol{B}^{\mathrm{H}}\boldsymbol{B}) = \sum_{i,j=1}^{n} |b_{ij}|^2$$ □

推论 1.2 若 n 阶复矩阵 $\boldsymbol{A}=(a_{ij})$ 的特征值为 $\lambda_1,\lambda_2,\cdots,\lambda_n$,则

$$\sum_{i=1}^{n} |\lambda_i|^2 \leqslant \sum_{i,j=1}^{n} |a_{ij}|^2$$

证明 由 Schur 引理,$\boldsymbol{A}$ 酉相似于上三角阵 $\begin{pmatrix} \lambda_1 & b_{12} & \cdots & b_{1n} \\ 0 & \lambda_2 & \ddots & \vdots \\ \vdots & \ddots & \ddots & b_{n-1,n} \\ 0 & \cdots & 0 & \lambda_n \end{pmatrix}$,应用上面的引理

$$\sum_{i=1}^{n} |\lambda_i|^2 \leqslant \sum_{i=1}^{n} |\lambda_i|^2 + \sum_{i,j} |b_{ij}|^2 = \sum_{i,j=1}^{n} |a_{ij}|^2$$ □

定理 1.15(正规阵结构定理) 设 $\boldsymbol{A}$ 是 n 阶方阵.则 $\boldsymbol{A}$ 酉相似于对角阵的充要条件是 $\boldsymbol{A}$ 为正规阵.

证明 n 阶方阵 $\boldsymbol{A}$ 的特征多项式 n 次多项式,在复数域 $\mathbb{C}$ 有 n 个根,即 $\boldsymbol{A}$ 有 n 个特征值,设为 $\lambda_1,\lambda_2,\cdots,\lambda_n$,由 Schur 引理,存在酉矩阵 $\boldsymbol{U}$,使得

$$\boldsymbol{\Lambda} = \boldsymbol{U}^{\mathrm{H}}\boldsymbol{AU} = \begin{pmatrix} \lambda_1 & t_{12} & \cdots & t_{1n} \\ 0 & \lambda_2 & \cdots & t_{2n} \\ \vdots & \vdots & \ddots & \vdots \\ 0 & 0 & \cdots & \lambda_n \end{pmatrix}, \quad \boldsymbol{\Lambda}^{\mathrm{H}} = (\boldsymbol{U}^{\mathrm{H}}\boldsymbol{AU})^{\mathrm{H}} = \begin{pmatrix} \bar{\lambda}_1 & 0 & \cdots & 0 \\ \bar{t}_{12} & \bar{\lambda}_2 & \ddots & \vdots \\ \vdots & \vdots & \ddots & 0 \\ \bar{t}_{1n} & \bar{t}_{2n} & \cdots & \bar{\lambda}_n \end{pmatrix}$$

必要性.已知 $\boldsymbol{A}$ 为正规阵,$\boldsymbol{A}^{\mathrm{H}}\boldsymbol{A}=\boldsymbol{AA}^{\mathrm{H}}$,从而

$$\boldsymbol{\Lambda\Lambda}^{\mathrm{H}} = \boldsymbol{U}^{\mathrm{H}}\boldsymbol{AA}^{\mathrm{H}}\boldsymbol{U} = \boldsymbol{U}^{\mathrm{H}}\boldsymbol{A}^{\mathrm{H}}\boldsymbol{AU} = \boldsymbol{\Lambda}^{\mathrm{H}}\boldsymbol{\Lambda}$$

于是

$$\begin{pmatrix} \lambda_1\bar{\lambda}_1 + \sum_{i=2}^{n} t_{1i}\bar{t}_{1i} & * & \cdots & * \\ * & \lambda_2\bar{\lambda}_2 + \sum_{i=3}^{n} t_{2j}\bar{t}_{2i} & \cdots & * \\ \vdots & \vdots & \ddots & \vdots \\ * & * & \cdots & \lambda_n\bar{\lambda}_n \end{pmatrix}$$

$$=\begin{pmatrix}\lambda_1\bar{\lambda}_1 & * & \cdots & * \\ * & \lambda_2\bar{\lambda}_2+\bar{t}_{12}t_{12} & \cdots & * \\ \vdots & \vdots & \ddots & \vdots \\ * & * & \cdots & \lambda_n\bar{\lambda}_n+\sum_{i=1}^{n-1}t_{in}\bar{t}_{in}\end{pmatrix}$$

对比对角线对应位置的元素,注意到 $t_{kl}\bar{t}_{kl}=|t_{kl}|^2\geqslant 0$,可得

$$\sum_{i=1}^{n}t_{1i}\bar{t}_{1i}=0\Rightarrow t_{1i}=0\quad(i=2,3,\cdots,n)$$

$$\sum_{i=3}^{n}t_{2i}\bar{t}_{2i}=0\Rightarrow t_{2i}=0\quad(i=3,\cdots,n)$$

$$\cdots$$

$$t_{n-1,n}=0$$

即 $\boldsymbol{\Lambda}$ 是对角阵.

充分性.已知存在酉矩阵 $\boldsymbol{U}$ 使 $\boldsymbol{U}^{\mathrm{H}}\boldsymbol{A}\boldsymbol{U}=\begin{bmatrix}\lambda_1 & 0 & \cdots & 0 \\ 0 & \lambda_2 & \cdots & 0 \\ \vdots & \vdots & \ddots & \vdots \\ 0 & 0 & \cdots & \lambda_n\end{bmatrix}=\boldsymbol{\Lambda}$,则

$$\boldsymbol{\Lambda}\boldsymbol{\Lambda}^{\mathrm{H}}=\begin{pmatrix}|\lambda_1|^2 & 0 & \cdots & 0 \\ 0 & |\lambda_2|^2 & \cdots & 0 \\ \vdots & \vdots & \ddots & \vdots \\ 0 & 0 & \cdots & |\lambda_n|^2\end{pmatrix}=\boldsymbol{\Lambda}^{\mathrm{H}}\boldsymbol{\Lambda}$$

则 $\boldsymbol{U}^{\mathrm{H}}\boldsymbol{A}\boldsymbol{A}^{\mathrm{H}}\boldsymbol{U}=\boldsymbol{U}^{\mathrm{H}}\boldsymbol{A}^{\mathrm{H}}\boldsymbol{A}\boldsymbol{U}\Rightarrow\boldsymbol{A}\boldsymbol{A}^{\mathrm{H}}=\boldsymbol{A}^{\mathrm{H}}\boldsymbol{A}$,$\boldsymbol{A}$ 为正规矩阵. □

推论 1.3 若 $\boldsymbol{\alpha}$ 是正规阵 $\boldsymbol{A}$ 的特征值 λ_1 的特征向量,则 $\boldsymbol{\alpha}$ 也是 $\boldsymbol{A}^{\mathrm{H}}$ 的特征值 $\bar{\lambda}_1$ 的特征向量.

证明 不妨设 $\boldsymbol{\alpha}$ 是单位向量,存在以 $\boldsymbol{\alpha}$ 为第一列的酉阵 $\boldsymbol{U}$,使得

$$\boldsymbol{U}^{\mathrm{H}}\boldsymbol{A}\boldsymbol{U}=\begin{pmatrix}\lambda_1 & 0 & \cdots & 0 \\ 0 & \lambda_2 & \cdots & 0 \\ \vdots & \vdots & \ddots & \vdots \\ 0 & 0 & \cdots & \lambda_n\end{pmatrix}$$

两边取共轭得

$$\boldsymbol{U}^{\mathrm{H}}\boldsymbol{A}^{\mathrm{H}}\boldsymbol{U}=\begin{pmatrix}\bar{\lambda}_1 & 0 & \cdots & 0 \\ 0 & \bar{\lambda}_2 & \cdots & 0 \\ \vdots & \vdots & \ddots & \vdots \\ 0 & 0 & \cdots & \bar{\lambda}_n\end{pmatrix}\Rightarrow\boldsymbol{A}^{\mathrm{H}}\boldsymbol{U}=\boldsymbol{U}\begin{pmatrix}\bar{\lambda}_1 & 0 & \cdots & 0 \\ 0 & \bar{\lambda}_2 & \cdots & 0 \\ \vdots & \vdots & \ddots & \vdots \\ 0 & 0 & \cdots & \bar{\lambda}_n\end{pmatrix}$$

由此可得

$$\boldsymbol{A}^{\mathrm{H}}\boldsymbol{\alpha}=\bar{\lambda}_1\boldsymbol{\alpha}$$ □

推论 1.4 正规矩阵的不同特征值对应的特征向量正交.

证明 设 $\boldsymbol{\alpha}_1,\boldsymbol{\alpha}_2$ 是正规矩阵 $\boldsymbol{A}$ 的不同特征值 λ_1,λ_2 的特征向量,则

$$A\boldsymbol{\alpha}_1 = \lambda_1\boldsymbol{\alpha}_1,\quad A\boldsymbol{\alpha}_2 = \lambda_2\boldsymbol{\alpha}_2$$

则

$$\begin{aligned}\lambda_2(\boldsymbol{\alpha}_1,\boldsymbol{\alpha}_2) &= (\boldsymbol{\alpha}_1,\lambda_2\boldsymbol{\alpha}_2) = (\boldsymbol{\alpha}_1,A\boldsymbol{\alpha}_2) = \boldsymbol{\alpha}_2^{\mathrm{H}}A^{\mathrm{H}}\boldsymbol{\alpha}_1 = (\boldsymbol{\alpha}_2^{\mathrm{H}}A^{\mathrm{H}}\boldsymbol{\alpha}_1)^{\mathrm{T}} \\ &= \boldsymbol{\alpha}_1^{\mathrm{T}}\bar{A}\bar{\boldsymbol{\alpha}}_2 = \overline{\boldsymbol{\alpha}_1^{\mathrm{H}}A\boldsymbol{\alpha}_2} = \overline{(A^{\mathrm{H}}\boldsymbol{\alpha}_1)^{\mathrm{H}}\boldsymbol{\alpha}_2} = \overline{(\bar{\lambda}_1\boldsymbol{\alpha}_1)^{\mathrm{H}}\boldsymbol{\alpha}_2} = \overline{(\boldsymbol{\alpha}_2,\bar{\lambda}_1\boldsymbol{\alpha}_1)} \\ &= \overline{\bar{\lambda}_1(\boldsymbol{\alpha}_2,\boldsymbol{\alpha}_1)} = \lambda_1\overline{(\boldsymbol{\alpha}_2,\boldsymbol{\alpha}_1)} = \lambda_1(\boldsymbol{\alpha}_1,\boldsymbol{\alpha}_2)\end{aligned}$$

于是$(\lambda_2-\lambda_1)(\boldsymbol{\alpha}_1,\boldsymbol{\alpha}_2)=0$，而$\lambda_2-\lambda_1\neq 0$，故$(\boldsymbol{\alpha}_1,\boldsymbol{\alpha}_2)=0$. □

对正规矩阵$\boldsymbol{A}$，求酉阵$\boldsymbol{U}$，使$\boldsymbol{U}^{\mathrm{H}}\boldsymbol{A}\boldsymbol{U}$为对角阵的步骤：

(1) 求出$\boldsymbol{A}$的特征值.设$\lambda_1,\lambda_2,\cdots,\lambda_r$是$\boldsymbol{A}$的全部不同的特征值.

(2) 对于每个$\lambda_i(i=1,2,\cdots,r)$，解特征方程组

$$(\lambda_i\boldsymbol{E}-\boldsymbol{A})\boldsymbol{X}=0$$

求出一个基础解系，对该基础解系正交化，单位化得标准正交组$\boldsymbol{\eta}_{i1},\boldsymbol{\eta}_{i2},\cdots,\boldsymbol{\eta}_{is_i}$.

(3) 将上述标准正交组构成酉阵

$$\boldsymbol{U}=(\boldsymbol{\eta}_{11},\boldsymbol{\eta}_{12},\cdots,\boldsymbol{\eta}_{1s_1},\cdots,\boldsymbol{\eta}_{r1},\boldsymbol{\eta}_{r2},\cdots,\boldsymbol{\eta}_{rs_r})$$

则

$$\boldsymbol{U}^{\mathrm{H}}\boldsymbol{A}\boldsymbol{U}=\begin{pmatrix}\lambda\boldsymbol{E}_{s_1} & 0 & \cdots & 0\\ 0 & \lambda\boldsymbol{E}_{s_2} & \cdots & 0\\ \vdots & \vdots & \ddots & \vdots\\ 0 & 0 & \cdots & \lambda_r\boldsymbol{E}_{s_r}\end{pmatrix}$$

例 1.3 验证矩阵

$$\boldsymbol{A}=\begin{pmatrix}-1 & \mathrm{i} & 0\\ -\mathrm{i} & 0 & -\mathrm{i}\\ 0 & \mathrm{i} & -1\end{pmatrix}$$

是否是正规矩阵，若是，求酉阵$\boldsymbol{U}$，使$\boldsymbol{U}^{\mathrm{H}}\boldsymbol{A}\boldsymbol{U}$为对角阵酉阵.

解 简单验证可得$\boldsymbol{A}^{\mathrm{H}}\boldsymbol{A}=\boldsymbol{A}\boldsymbol{A}^{\mathrm{H}}$，故$\boldsymbol{A}$是正规矩阵，但$\boldsymbol{A}$不是Hermite矩阵、反Hermite厄米矩阵、酉矩阵、实对称矩阵、实反对称矩阵和正交矩阵.

$$|\lambda\boldsymbol{E}-\boldsymbol{A}|=\begin{vmatrix}\lambda & 1 & -\mathrm{i}\\ -1 & \lambda & 0\\ -\mathrm{i} & 0 & \lambda\end{vmatrix}=\lambda(\lambda-\sqrt{2}\mathrm{i})(\lambda+\sqrt{2}\mathrm{i})$$

所以$\boldsymbol{A}$的特征值为$0,\sqrt{2}\mathrm{i},-\sqrt{2}\mathrm{i}$，则：

当$\lambda=0$时，$(0\boldsymbol{E}-\boldsymbol{A})\boldsymbol{X}=0$，基础解系$\boldsymbol{\beta}_1=(0,\mathrm{i},1)^{\mathrm{T}}$，单位化$\boldsymbol{\eta}_1=\frac{1}{\sqrt{2}}(0,\mathrm{i},1)^{\mathrm{T}}$；

当$\lambda=\sqrt{2}\mathrm{i}$时，$(\sqrt{2}\mathrm{i}\boldsymbol{E}-\boldsymbol{A})\boldsymbol{X}=0$，基础解系$\boldsymbol{\beta}_2=(\sqrt{2}\mathrm{i},1,-\mathrm{i})^{\mathrm{T}}$，单位化$\boldsymbol{\eta}_2=\frac{1}{2}(\sqrt{2}\mathrm{i},1,-\mathrm{i})^{\mathrm{T}}$；

当$\lambda=-\sqrt{2}\mathrm{i}$时，$(-\sqrt{2}\mathrm{i}\boldsymbol{E}-\boldsymbol{A})\boldsymbol{X}=0$，基础解系$\boldsymbol{\beta}_3=(\sqrt{2}\mathrm{i},-1,\mathrm{i})^{\mathrm{T}}$，单位化$\boldsymbol{\eta}_2=\frac{1}{2}(\sqrt{2}\mathrm{i},-1,\mathrm{i})^{\mathrm{T}}$.因为$\boldsymbol{A}$的特征值是两两不同的，故这三个特征向量两两正交，令

$$U=\begin{pmatrix} 0 & \frac{\sqrt{2}\mathrm{i}}{2} & -\frac{\sqrt{2}\mathrm{i}}{2} \\ \frac{\mathrm{i}}{\sqrt{2}} & \frac{1}{2} & \frac{1}{2} \\ \frac{1}{\sqrt{2}} & -\frac{\mathrm{i}}{2} & -\frac{\mathrm{i}}{2} \end{pmatrix}$$

是酉阵,且

$$U^{\mathrm{H}}AU=\begin{pmatrix} 0 & 0 & 0 \\ 0 & \sqrt{2}\mathrm{i} & 0 \\ 0 & 0 & -\sqrt{2}\mathrm{i} \end{pmatrix}$$

推论 1.5 若 n 阶正规矩阵 $\boldsymbol{A}=(a_{ij})$ 的特征值为 $\lambda_1,\lambda_2,\cdots,\lambda_n$,则

$$\sum_{i=1}^{n}|\lambda_i|^2=\sum_{i,j=1}^{n}|a_{ij}|^2$$

证明 由正规矩阵结构定理知 $\boldsymbol{A}$ 酉相似于对角阵 $\begin{pmatrix} \lambda_1 & 0 & \cdots & 0 \\ 0 & \lambda_2 & \cdots & 0 \\ \vdots & \vdots & \ddots & \vdots \\ 0 & 0 & \cdots & \lambda_n \end{pmatrix}$,由 Schur 引理知结论成立. □

由于 Hermite 矩阵、反 Hermite 厄米矩阵、酉矩阵、实对称矩阵、实反对称矩阵、正交矩阵都是正规矩阵,由正规矩阵结构定理立刻得到如下推论:

推论 1.6 Hermite 矩阵、反 Hermite 厄米矩阵、酉矩阵、实对称矩阵、实反对称矩阵、正交矩阵均可酉对角化.

推论 1.7 实反对称矩阵的特征值都是零或纯虚数.

推论 1.8 设 $\boldsymbol{A}$ 是正规矩阵,则

(1) $\boldsymbol{A}$ 是 Hermite 矩阵的充要条件 $\boldsymbol{A}$ 的特征值均是实数;

(2) $\boldsymbol{A}$ 是反 Hermite 厄米矩阵的充要条件 $\boldsymbol{A}$ 的特征值都是零或纯虚数;

(3) $\boldsymbol{A}$ 是酉阵的充要条件 $\boldsymbol{A}$ 的特征值的模是 1.

证明 对于矩阵 $\boldsymbol{A}$,存在酉阵 $\boldsymbol{U}$,使得

$$U^{\mathrm{H}}AU=\boldsymbol{\Lambda}=\begin{pmatrix} \lambda_1 & 0 & \cdots & 0 \\ 0 & \lambda_2 & \cdots & 0 \\ \vdots & \vdots & \ddots & \vdots \\ 0 & 0 & \cdots & \lambda_n \end{pmatrix}$$

(1) $\boldsymbol{A}$ 是 Hermite 矩阵,即 $\boldsymbol{A}^{\mathrm{H}}=\boldsymbol{A}$,充要条件的特征值 $\boldsymbol{\Lambda}^{\mathrm{H}}=\boldsymbol{\Lambda}$,等价于 $\lambda_i=\bar{\lambda}_i$,等价于 λ_i 是实数;

(2) 同理,$\boldsymbol{A}$ 是反 Hermite 厄米矩阵等价于 $\lambda_i=-\bar{\lambda}_i$,等价于 λ_i 是零或纯虚数;

(3) $\boldsymbol{A}$ 是酉阵,即 $\boldsymbol{A}^{\mathrm{H}}\boldsymbol{A}=\boldsymbol{E}$ 等价于 $\lambda_i\bar{\lambda}_i=1$,即 λ_i 的模为 1. □

说明:(1) 不能酉对角化的矩阵仍有可能采用其他可逆变换将其对角化,例如

$$A=\begin{pmatrix} 1 & 0 \\ 3 & 2 \end{pmatrix},\quad A^{\mathrm{T}}=\begin{pmatrix} 1 & 3 \\ 0 & 2 \end{pmatrix},\quad AA^{\mathrm{T}}=\begin{pmatrix} 1 & 3 \\ 3 & 13 \end{pmatrix}\neq A^{\mathrm{T}}A=\begin{pmatrix} 10 & 6 \\ 6 & 4 \end{pmatrix}$$

故 $\boldsymbol{A}$ 不是正规矩阵，由于 $\boldsymbol{A}$ 的特征值是 1，3，不相同，所以可以相似对角化，但不能酉对角化.

（2）实正规矩阵一般不能通过正交相似变换对角化（但若特征值全为实数，则可正交相似对角化）如 $\boldsymbol{A}=\begin{pmatrix}1 & 1\\ -1 & 1\end{pmatrix}$，特征值为 $1\pm \mathrm{i}$，又 $\boldsymbol{A}\boldsymbol{A}^{\mathrm{T}}=\begin{pmatrix}2 & 0\\ 0 & 2\end{pmatrix}=\boldsymbol{A}^{\mathrm{T}}\boldsymbol{A}$，$\boldsymbol{A}$ 是正规矩阵，但不可能正交对角化.

不能对角化的矩阵一定具有多重特征值，对于不能对角化的矩阵也希望找到某种标准形式，使之尽量接近对角化的形式——Jordan 标准形.

下面讨论两个矩阵同时对角化的问题.

定理 1.16　设 $\boldsymbol{A},\boldsymbol{B}$ 均是正规矩阵，则 $\boldsymbol{A},\boldsymbol{B}$ 可以同时酉对角化的充要条件是 $\boldsymbol{AB}=\boldsymbol{BA}$，所谓同时酉对角化是说，存在酉阵 $\boldsymbol{U}$，使得

$$\boldsymbol{U}^{\mathrm{H}}\boldsymbol{A}\boldsymbol{U}=\boldsymbol{\Lambda}_1,\quad \boldsymbol{U}^{\mathrm{H}}\boldsymbol{B}\boldsymbol{U}=\boldsymbol{\Lambda}_2$$

均是对角矩阵.

证明　必要性. 若存在酉阵 $\boldsymbol{U}$，使得 $\boldsymbol{U}^{\mathrm{H}}\boldsymbol{A}\boldsymbol{U}=\boldsymbol{\Lambda}_1$，$\boldsymbol{U}^{\mathrm{H}}\boldsymbol{B}\boldsymbol{U}=\boldsymbol{\Lambda}_2$，注意到对角阵是交换的，故

$$\boldsymbol{U}^{\mathrm{H}}\boldsymbol{A}\boldsymbol{B}\boldsymbol{U}=\boldsymbol{U}^{\mathrm{H}}\boldsymbol{A}\boldsymbol{U}\boldsymbol{U}^{\mathrm{H}}\boldsymbol{B}\boldsymbol{U}=\boldsymbol{\Lambda}_1\boldsymbol{\Lambda}_2=\boldsymbol{\Lambda}_1\boldsymbol{\Lambda}_2=\boldsymbol{U}^{\mathrm{H}}\boldsymbol{B}\boldsymbol{U}\boldsymbol{U}^{\mathrm{H}}\boldsymbol{A}\boldsymbol{U}=\boldsymbol{U}^{\mathrm{H}}\boldsymbol{B}\boldsymbol{A}\boldsymbol{U}$$

又 $\boldsymbol{U}$ 可逆，于是 $\boldsymbol{AB}=\boldsymbol{BA}$.

充分性. 由于 $\boldsymbol{A}$ 是正规矩阵，可以酉对角化. 设 $\lambda_1,\cdots,\lambda_r$ 是 $\boldsymbol{A}$ 的两两不同的特征值. 通过调整 $\boldsymbol{A}$ 的线性无关组的单位特征向量（即酉矩阵的列）和的特征值和次序，使得相同的特征值在对角阵的对角线上连在一起，这时构成的子块是单位矩阵，因而可设存在酉阵 $\boldsymbol{U}_1$，使得

$$\boldsymbol{U}_1^{\mathrm{H}}\boldsymbol{A}\boldsymbol{U}_1=\begin{pmatrix}\lambda_1\boldsymbol{E}_{k_1} & \cdots & 0\\ \vdots & \ddots & \vdots\\ 0 & \cdots & \lambda_r\boldsymbol{E}_{k_r}\end{pmatrix}=\boldsymbol{\Lambda}$$

记 $\boldsymbol{U}_1^{\mathrm{H}}\boldsymbol{B}\boldsymbol{U}_1=\boldsymbol{D}$，则

$$\boldsymbol{\Lambda}\boldsymbol{D}=\boldsymbol{U}_1^{\mathrm{H}}\boldsymbol{A}\boldsymbol{U}_1\boldsymbol{U}_1^{\mathrm{H}}\boldsymbol{B}\boldsymbol{U}_1=\boldsymbol{U}_1^{\mathrm{H}}\boldsymbol{A}\boldsymbol{B}\boldsymbol{U}_1=\boldsymbol{U}_1^{\mathrm{H}}\boldsymbol{B}\boldsymbol{A}\boldsymbol{U}_1=\boldsymbol{U}_1^{\mathrm{H}}\boldsymbol{B}\boldsymbol{U}_1\boldsymbol{U}_1^{\mathrm{H}}\boldsymbol{A}\boldsymbol{U}_1=\boldsymbol{D}\boldsymbol{\Lambda}$$

即 $\boldsymbol{\Lambda},\boldsymbol{D}$ 是交换的，对 $\boldsymbol{D}=(\boldsymbol{D}_{ij})$ 作适当分块，也可以与分块矩阵 $\boldsymbol{\Lambda}$ 相乘，则

$$\boldsymbol{\Lambda}\boldsymbol{D}=\begin{pmatrix}\lambda_1\boldsymbol{D}_{11} & \cdots & \lambda_1\boldsymbol{D}_{1r}\\ \vdots & \ddots & \vdots\\ \lambda_r\boldsymbol{D}_{r1} & \cdots & \lambda_r\boldsymbol{D}_{rr}\end{pmatrix}=\boldsymbol{D}\boldsymbol{\Lambda}=\begin{pmatrix}\lambda_1\boldsymbol{D}_{11} & \cdots & \lambda_r\boldsymbol{D}_{1r}\\ \vdots & \ddots & \vdots\\ \lambda_1\boldsymbol{D}_{r1} & \cdots & \lambda_r\boldsymbol{D}_{rr}\end{pmatrix}$$

则 $\lambda_i\boldsymbol{D}_{ij}=\lambda_j\boldsymbol{D}_{ij}$，于是当 $i\neq j$ 时，$\boldsymbol{D}_{ij}=\boldsymbol{O}$，即

$$\boldsymbol{D}=\begin{pmatrix}\boldsymbol{D}_{11} & \cdots & 0\\ \vdots & \ddots & \vdots\\ 0 & \cdots & \boldsymbol{D}_{rr}\end{pmatrix}=\boldsymbol{U}_1^{\mathrm{H}}\boldsymbol{B}\boldsymbol{U}_1$$

由于 $\boldsymbol{B}$ 是正规矩阵，$\boldsymbol{U}_1$ 是酉阵，故 $\boldsymbol{U}_1^{\mathrm{H}}\boldsymbol{B}\boldsymbol{U}_1=\boldsymbol{D}$ 也是正规矩阵，从而 $\boldsymbol{D}_{ii}$ 也是正规矩阵，可以酉对角化，存在酉阵 $\boldsymbol{U}_{ii}$，使得 $\boldsymbol{U}_{ii}^{\mathrm{H}}\boldsymbol{D}_{ii}\boldsymbol{U}_{ii}=\boldsymbol{\Lambda}_{ii}\ (i=1,2,\cdots,r)$ 是对角阵.

由于 $\boldsymbol{U}_{ii}$ 是酉阵，以它们为对角块的准对角阵也是酉阵，$\boldsymbol{U}_1$ 也是酉阵，故

$$\boldsymbol{U}=\boldsymbol{U}_1\begin{pmatrix}\boldsymbol{U}_{11} & \cdots & 0\\ \vdots & \ddots & \vdots\\ 0 & \cdots & \boldsymbol{U}_{rr}\end{pmatrix}=\boldsymbol{U}_1\boldsymbol{U}_2$$

且

$$U^{\mathrm{H}}BU = U_2^{\mathrm{H}}DU_2D = \begin{pmatrix} U_{11}^{\mathrm{H}}D_{11}U_{11} & \cdots & 0 \\ \vdots & \ddots & \vdots \\ 0 & \cdots & U_{rr}^{\mathrm{H}}D_{rr}U_{rr} \end{pmatrix} = \begin{pmatrix} \Lambda_{11} & \cdots & 0 \\ \vdots & \ddots & \vdots \\ 0 & \cdots & \Lambda_{rr} \end{pmatrix}$$

为对角阵,同时

$$U^{\mathrm{H}}AU = U_2^{\mathrm{H}}U_1^{\mathrm{H}}AU_1U_2 = \begin{pmatrix} U_{11}^{\mathrm{H}}\lambda_1 E_{k_1}U_{11} & \cdots & 0 \\ \vdots & \ddots & \vdots \\ 0 & \cdots & U_{rr}^{\mathrm{H}}\lambda_r E_{kr}U_{rr} \end{pmatrix} = \begin{pmatrix} \lambda_1 E_{k_1} & \cdots & 0 \\ \vdots & \ddots & \vdots \\ 0 & \cdots & \lambda_r E_{kr} \end{pmatrix}$$

也是对角矩阵. □

1.7 Hermite 二次型

在线性代数我们学过实二次型的相关内容:任何一个实二次型可以通过线性替代化为对角型,本节将实二次型的相关结论推广到复数域中的 Hermite 二次型上.

1.7.1 Hermite 二次型及其矩阵表示

以复数域 $\mathbb{C}$ 中的元素为系数的 n 元二次多项式:

$$\begin{aligned} f(x_1,x_2,\cdots,x_n) = {} & a_{11}\bar{x}_1x_1 + a_{12}\bar{x}_1x_2 + \cdots + a_{1n}\bar{x}_1x_n \\ & + a_{21}\bar{x}_2x_1 + a_{22}\bar{x}_2x_2 + \cdots + a_{2n}\bar{x}_2x_n \\ & + \cdots + a_{n1}\bar{x}_nx_1 + a_{n2}\bar{x}_nx_2 + \cdots + a_{nn}\bar{x}_nx_n \end{aligned}$$

称为复数域 $\mathbb{C}$ 上的 **n 元 Hermite 二次型**,其中未知数的系数满足 $a_{ij} = \bar{a}_{ji}$. 如果二次型中只含有平方项,即

$$f(x_1,x_2,\cdots,x_n) = \lambda_1\bar{x}_1x_1 + \lambda_2\bar{x}_2x_2 + \cdots + \lambda_n\bar{x}_nx_n$$

称为标准形式的二次型,简称为**标准形**或**对角形**.

例如

$$\begin{aligned} f(x_1,x_2,x_3) = {} & \bar{x}_1x_1 - \mathrm{i}\bar{x}_1x_2 + (1+\mathrm{i})\bar{x}_1x_3 + \mathrm{i}\bar{x}_2x_1 + 2\bar{x}_2x_2 + (1+\mathrm{i})\bar{x}_1x_3 \\ & + (3-\mathrm{i})\bar{x}_2x_3 + (1-\mathrm{i})\bar{x}_3x_1 + (3+\mathrm{i})\bar{x}_3x_2 + \bar{x}_3x_3 \end{aligned}$$

是一个三个未知数的 Hermite 二次型.

在 Hermite 二次型 $f(x_1,x_2,\cdots,x_n)$ 中,记矩阵

$$\boldsymbol{A} = \begin{pmatrix} a_{11} & a_{12} & \cdots & a_{1n} \\ a_{21} & a_{22} & \cdots & a_{2n} \\ \vdots & \vdots & \ddots & \vdots \\ a_{n1} & a_{n2} & \cdots & a_{nn} \end{pmatrix}, \quad \boldsymbol{x} = \begin{pmatrix} x_1 \\ x_2 \\ \vdots \\ x_n \end{pmatrix}$$

则 $\boldsymbol{A}^{\mathrm{H}} = \boldsymbol{A}$ 是 Hermite 矩阵,这时 Hermite 二次型可以表示为矩阵形式

$$f(x_1,x_2,\cdots,x_n) = \boldsymbol{x}^{\mathrm{H}}\boldsymbol{A}\boldsymbol{x}$$

也记 $f(x_1,x_2,\cdots,x_n) = f(\boldsymbol{x})$.

说明:任给一个 Hermite 二次型就可唯一地确定一个 Hermite 矩阵. 反之,任给一个 Hermite 矩阵可唯一地确定一个 Hermite 二次型. 因此, Hermite 二次型与 Hermite 矩阵之间有着一一对应的关系. 把 Hermite 矩阵 $\boldsymbol{A}$ 称为二次型 $f(x_1,x_2,\cdots,x_n)$ 的矩阵,也把 $f(x_1,x_2,\cdots,x_n)$ 称为 Hermite 矩阵 $\boldsymbol{A}$ 的二次型. 称矩阵 $\boldsymbol{A}$ 的秩为**二次型的秩**.

设 $\mathbb{C}$ 是 n 阶可逆矩阵,而 $\boldsymbol{x}=(x_1,x_2,\cdots,x_n)^{\mathrm{T}}$, $\boldsymbol{y}=(y_1,y_2,\cdots,y_n)^{\mathrm{T}}$,称

$$\boldsymbol{x}=\boldsymbol{C}\boldsymbol{y}$$

为**线性变换或线性替代,而矩阵** $\boldsymbol{C}$ 为线性变换的矩阵. 当线性变换的矩阵 $\boldsymbol{C}$ 为正交矩阵,称线性变换 $\boldsymbol{x}=\boldsymbol{C}\boldsymbol{y}$ 为**正交变换**,$\boldsymbol{C}$ 为酉阵,称线性变换 $\boldsymbol{x}=\boldsymbol{C}\boldsymbol{y}$ 为**酉变换**.

对于 Hermite 二次型 $f(\boldsymbol{x})=\boldsymbol{x}^{\mathrm{H}}\boldsymbol{A}\boldsymbol{x}$,作线性变换 $\boldsymbol{x}=\boldsymbol{C}\boldsymbol{y}$,则

$$f(\boldsymbol{x})=\boldsymbol{x}^{\mathrm{H}}\boldsymbol{A}\boldsymbol{x}=(\boldsymbol{C}\boldsymbol{y})^{\mathrm{H}}\boldsymbol{A}(\boldsymbol{C}\boldsymbol{y})=\boldsymbol{y}^{\mathrm{H}}(\boldsymbol{C}^{\mathrm{H}}\boldsymbol{A}\boldsymbol{C})\boldsymbol{y}$$

令 $\boldsymbol{B}=\boldsymbol{C}^{\mathrm{H}}\boldsymbol{A}\boldsymbol{C}$, 则有

$$\boldsymbol{B}^{\mathrm{H}}=(\boldsymbol{C}^{\mathrm{H}}\boldsymbol{A}\boldsymbol{C})^{\mathrm{H}}=\boldsymbol{C}^{\mathrm{H}}\boldsymbol{A}^{\mathrm{H}}\boldsymbol{C}=\boldsymbol{C}^{\mathrm{H}}\boldsymbol{A}\boldsymbol{C}=\boldsymbol{B}$$

即 $\boldsymbol{B}$ 是 Hermite 矩阵. 这样,线性变换将 Hermite 二次型化为 Hermite 二次型.

定义 1.11 设 $\boldsymbol{A},\boldsymbol{B}$ 是复数域 $\mathbb{C}$ 上的 n 阶方阵,如果存在 $\mathbb{C}$ 上的 n 阶可逆矩阵 $\boldsymbol{C}$,使得

$$\boldsymbol{B}=\boldsymbol{C}^{\mathrm{H}}\boldsymbol{A}\boldsymbol{C}$$

则称矩阵 $\boldsymbol{A}$ 与 $\boldsymbol{B}$ **合同**, 记作 $\boldsymbol{A}\cong\boldsymbol{B}$.

矩阵的合同具有如下性质:

(1) $\boldsymbol{A}\cong\boldsymbol{A}$;

(2) 若 $\boldsymbol{A}\cong\boldsymbol{B}$,则 $\boldsymbol{B}\cong\boldsymbol{A}$;

(3) 若 $\boldsymbol{A}\cong\boldsymbol{B}$,$\boldsymbol{B}\cong\boldsymbol{C}$,则 $\boldsymbol{A}\cong\boldsymbol{C}$;

(4) 若 $\boldsymbol{A}\cong\boldsymbol{B}$,则 $r(\boldsymbol{A})=r(\boldsymbol{B})$.

1.7.2 化二次型为标准形

1. 配方法

定理 1.17 任意 Hermite 二次型 $f(x_1,x_2,\cdots,x_n)=\boldsymbol{x}^{\mathrm{H}}\boldsymbol{A}\boldsymbol{x}$ 都可以经过非退化的线性变换化为标准形,即存在线性变换 $\boldsymbol{x}=\boldsymbol{C}\boldsymbol{y}$,使得在此线性变换下该二次型可化为

$$f(x_1,x_2,\cdots,x_n)=d_1\bar{x}_1x_1+d_2\bar{x}_2x_2+\cdots+d_n\bar{x}_nx_n$$

只含有平方项.

证明 对二次型中未知数的个数 n 作数学归纳法,当 $n=1$ 时,则 $f(x_1)=a_{11}\bar{x}_1x_1$ 是对角型,$d_1=a_{11}$结论成立. 假设结论对当有 $n-1$ 个未知数时成立,可通过线性替换化为对角形.

当二次型有 n 个未知数时,则存在 $a_{kn}\neq0$.

(1) 若 $a_{nn}\neq0$,令 $\begin{cases}x_n=y_n-a_{nn}^{-1}\sum\limits_{l=1}^{n-1}a_{nl}y_l\\x_{n-1}=y_{n-1},\cdots,x_1=y_1\end{cases}$,则

$$\begin{aligned}f(x_1,x_2,\cdots,x_n)&=\sum_{k,l=1}^{n-1}a_{kl}\bar{x}_kx_l+\Big(\sum_{k=1}^{n-1}a_{kn}\bar{x}_k\Big)x_n+\bar{x}_n\Big(\sum_{k=1}^{n-1}a_{nk}x_k\Big)+a_{nn}\bar{x}_nx_n\\&=\sum_{k,l=1}^{n-1}a_{kl}\bar{y}_ky_l+\Big(\sum_{k=1}^{n-1}a_{kn}\bar{y}_k\Big)\Big(y_n-a_{nn}^{-1}\sum_{k=1}^{n-1}a_{nk}y_k\Big)\end{aligned}$$

$$+\left(\bar{y}_n-a_{nn}^{-1}\sum_{k=1}^{n-1}a_{nk}\bar{y}_k\right)\left(\sum_{k=1}^{n-1}a_{kn}y_k\right)$$

$$+a_{nn}\left(\bar{y}_n-a_{nn}^{-1}\sum_{k=1}^{n-1}a_{nk}\bar{y}_k\right)\left(y_n-a_{nn}^{-1}\sum_{k=1}^{n-1}a_{kn}y_k\right)$$

$$=\sum_{k,l=1}^{n-1}a_{kl}\bar{y}_ky_l-a_{nn}^{-1}\left(\sum_{k=1}^{n-1}a_{kn}\bar{y}_k\right)\left(\sum_{k=1}^{n-1}a_{nk}y_k\right)+a_{nn}\bar{y}_ny_n$$

$$=\sum_{k,l=1}^{n-1}(a_{kl}+a_{nn}^{-1}a_{kn}a_{nl})\bar{y}_ky_l+a_{nn}\bar{y}_ny_n$$

$d_n=a_{nn}$，而 $\sum_{k,l=1}^{n-1}(a_{kl}-a_{nn}^{-1}a_{kn}a_{nl})\bar{y}_ky_l$ 是 $n-1$ 个未知数的二次型，由归纳假设，再通过一个线性替换将 $\sum_{k,l=1}^{n-1}(a_{kl}+a_{nn}^{-1}a_{kn}a_{nl})\bar{y}_ky_l$ 变为

$$\sum_{k,l=1}^{n-1}(a_{kl}+a_{nn}^{-1}a_{kn}a_{nl})\bar{y}_ky_l=\lambda_1\bar{z}_1z_1+\cdots+\lambda_{n-1}\bar{z}_{n-1}z_{n-1}$$

令 $y_n=z_n$，则 $f(x_1,x_2,\cdots,x_n)$ 变化为

$$f(x_1,x_2,\cdots,x_n)=\lambda_1\bar{z}_1z_1+\cdots+\lambda_{n-1}\bar{z}_{n-1}z_{n-1}+a_{nn}\bar{z}_nz_n$$

(2) 当 $a_{nn}=0$，而 $a_{kn}=a+b\mathrm{i}(a\neq 0)$，令变换

$$x_n=y_n+y_k,\quad x_k=y_n-y_k,\quad x_l=y_k\quad(l\neq k,n)$$

则

$$f(x_1,x_2,\cdots,x_n)=\sum_{j,l=1}^{n-1}a_{jl}\bar{x}_jx_l+\left(\sum_{j=1,j\neq k}^{n-1}a_{jn}\bar{x}_j\right)x_n+\bar{x}_n\left(\sum_{j=1,j\neq k}^{n-1}a_{nj}x_j\right)$$

$$+a_{kn}\bar{x}_kx_n+a_{nk}\bar{x}_nx_k$$

$$=\sum_{j,l=1}^{n-1}a_{jl}\bar{y}_jy_l+\left(\sum_{j=1,j\neq k}^{n-1}a_{jn}\bar{x}_j\right)(y_n+y_k)+(\bar{y}_n+\bar{y}_k)\left(\sum_{j=1,j\neq k}^{n-1}a_{nj}x_j\right)$$

$$+a_{kn}(\bar{y}_n-\bar{y}_k)(y_n+y_k)+a_{nk}(\bar{y}_n+\bar{y}_k)(y_n-y_k)$$

$$=\sum_{j,l=1}^{n-1}b_{kl}\bar{y}_jy_l+\left(\sum_{j=1}^{n-1}b_{jn}\bar{y}_j\right)y_n+\bar{y}_n\left(\sum_{j=1}^{n-1}b_{nj}y_j\right)+2a\bar{y}_ny_n$$

$d_n=2a$，化为(1)的情况.

(3) 当 $a_{nn}=0$，而 $a_{kn}=a+b\mathrm{i}(a=0,b\neq 0)$，令变换

$$x_n=y_n+y_k,\quad x_k=\mathrm{i}y_n+y_k,\quad x_l=y_k\quad(l\neq k,n)$$

则

$$f(x_1,x_2,\cdots,x_n)=\sum_{j,l=1}^{n-1}a_{jl}\bar{x}_jx_l+\left(\sum_{j=1,j\neq k}^{n-1}a_{jn}\bar{x}_j\right)x_n+\bar{x}_n\left(\sum_{j=1,j\neq k}^{n-1}a_{nj}x_j\right)$$

$$+a_{kn}\bar{x}_kx_n+a_{nk}\bar{x}_nx_k$$

$$=\sum_{j,l=1}^{n-1}a_{jl}\bar{y}_jy_l+\left(\sum_{j=1,j\neq k}^{n-1}a_{jn}\bar{x}_j\right)(y_n+y_k)+(\bar{y}_n+\bar{y}_k)\left(\sum_{j=1,j\neq k}^{n-1}a_{nj}x_j\right)$$

$$+a_{kn}(-\mathrm{i}\bar{y}_n+\bar{y}_k)(y_n+y_k)+a_{nk}(\bar{y}_n+\bar{y}_k)(\mathrm{i}y_n+y_k)$$

$$=\sum_{j,l=1}^{n-1}b_{kl}\bar{y}_jy_l+\left(\sum_{j=1}^{n-1}b_{jn}\bar{y}_j\right)y_n+\bar{y}_n\left(\sum_{j=1}^{n-1}b_{nj}y_j\right)-2b\bar{y}_ny_n$$

$d_n=-2b$，化为(1)的情况. □

例 1.4 用配方法化下面 Hermite 二次型为标准形

$$f(x_1,x_2,x_3)=\bar{x}_1x_1-\mathrm{i}\bar{x}_1x_2+(1+\mathrm{i})\bar{x}_1x_3+\mathrm{i}\bar{x}_2x_1+2\bar{x}_2x_2$$
$$+(3-\mathrm{i})\bar{x}_2x_3+(1-\mathrm{i})\bar{x}_3x_1+(3+\mathrm{i})\bar{x}_3x_2+\bar{x}_3x_3$$

解 $f(x_1,x_2,x_3)=\bar{x}_1x_1-\mathrm{i}\bar{x}_1x_2+\mathrm{i}\bar{x}_2x_1+2\bar{x}_2x_2$
$$+((1+\mathrm{i})\bar{x}_1+(3-\mathrm{i})\bar{x}_2)x_3+\bar{x}_3((1-\mathrm{i})x_1+(3+\mathrm{i})x_2)+\bar{x}_3x_3$$

令 $x_1=y_1,x_2=y_2,x_3=y_3-(1-\mathrm{i})y_1-(3+\mathrm{i})y_2$,代入整理得

$$f(x_1,x_2,x_3)=-\bar{y}_1y_1-8\bar{y}_2y_2-(2+5\mathrm{i})\bar{y}_1y_2-(2-5\mathrm{i})\bar{y}_2y_1+\bar{y}_3y_3$$

令 $y_1=z_1,y_2=z_2-\frac{1}{8}(2-5\mathrm{i})z_1,y_3=z_3$,代入整理得

$$f(x_1,x_2,x_3)=\frac{21}{8}\bar{z}_1z_1-8\bar{z}_2z_2+\bar{z}_3z_3$$

例 1.5 用配方法化下面 Hermite 二次型为标准形:

$$f(x_1,x_2,x_3)=-\mathrm{i}\bar{x}_1x_2-\mathrm{i}\bar{x}_1x_3+\mathrm{i}\bar{x}_2x_1-\mathrm{i}\bar{x}_2x_3+\mathrm{i}\bar{x}_3x_1+\mathrm{i}\bar{x}_3x_2$$

解 令 $x_3=y_3+y_2,x_2=\mathrm{i}y_3+y_2,x_1=y_1$,代入整理得

$$f(x_1,x_2,x_3)=-2\mathrm{i}\bar{y}_1y_2+2\mathrm{i}\bar{y}_2y_1+\bar{y}_3((1+\mathrm{i})y_1+(-1+\mathrm{i})y_2)$$
$$+((1-\mathrm{i})\bar{y}_1+(-1-\mathrm{i})\bar{y}_2)y_3-2\bar{y}_3y_3$$

令 $y_3=z_3+\frac{1}{2}((1+\mathrm{i})z_1+(-1-\mathrm{i})z_2),y_2=z_2,y_1=z_1$,代入整理得

$$f(x_1,x_2,x_3)=\bar{z}_1z_1-\mathrm{i}\bar{z}_1z_2+\mathrm{i}\bar{z}_2z_1+\bar{z}_2z_2-2\bar{z}_3z_3$$

令 $z_2=t_2-\mathrm{i}t_1,z_3=t_3,z_1=t_1$,代入整理得

$$f(x_1,x_2,x_3)=0\bar{t}_1t_1+\bar{t}_2t_2-2\bar{t}_3t_3$$

2. *初等变换法*

定理 1.18 数域 $\mathbb{C}$ 上任意一个 Hermite 矩阵 $\boldsymbol{A}$ 都合同于一对角矩阵 $\boldsymbol{D}$. 即存在可逆矩阵 $\boldsymbol{C}$,使得

$$\boldsymbol{C}^{\mathrm{H}}\boldsymbol{A}\boldsymbol{C}=\boldsymbol{D}$$

证明 对矩阵 $\boldsymbol{A}$ 的阶数 n 作数学归纳法,显然当 $n=1$ 时,1 阶矩阵是对角阵,命题已经成立,这时的矩阵 $\boldsymbol{C}$ 仍取 1 即可. 假设结论对 $n-1$ 阶 Hermite 矩阵成立,即 $n-1$ 阶 Hermite 矩阵合同于对角阵. 对 n 阶 Hermite 矩阵 $\boldsymbol{A}=(a_{ij})$,当每一个 $a_{in}=0$,则 $a_{ni}=0$,这时

$$\boldsymbol{A}=\begin{pmatrix}\boldsymbol{A}_1 & 0\\ 0 & 0\end{pmatrix}$$

而 $\boldsymbol{A}_1$ 是 $n-1$ 阶 Hermite 矩阵,存在 $n-1$ 阶可逆矩阵 $\boldsymbol{C}_1$,使得 $\boldsymbol{C}_1^{\mathrm{H}}\boldsymbol{A}_1\boldsymbol{C}_1=\boldsymbol{D}_1$ 对角阵,令

$$\boldsymbol{C}=\begin{pmatrix}\boldsymbol{C}_1 & 0\\ 0 & 1\end{pmatrix}$$

则

$$\boldsymbol{C}^{\mathrm{H}}\boldsymbol{A}\boldsymbol{C}=\begin{bmatrix}\boldsymbol{C}_1^{\mathrm{H}} & 0\\ 0 & 1\end{bmatrix}\begin{pmatrix}\boldsymbol{A}_1 & 0\\ 0 & 0\end{pmatrix}\begin{pmatrix}\boldsymbol{C}_1 & 0\\ 0 & 1\end{pmatrix}=\begin{bmatrix}\boldsymbol{C}_1^{\mathrm{H}}\boldsymbol{A}_1\boldsymbol{C}_1 & 0\\ 0 & 0\end{bmatrix}=\begin{pmatrix}\boldsymbol{D}_1 & 0\\ 0 & 0\end{pmatrix}$$

故命题成立,若存在 $a_{in}\neq0$,分下列三种情况:

(1) $a_{nn}\neq0$,将 $\boldsymbol{A}$ 作如下分块:

$$\boldsymbol{A}=\begin{bmatrix}\boldsymbol{A}_1 & \boldsymbol{\alpha}\\ \boldsymbol{\alpha}^{\mathrm{H}} & a_{nn}\end{bmatrix}$$

则

$$\begin{pmatrix} \boldsymbol{E}_{n-1} & -a_{nn}^{-1}\boldsymbol{\alpha} \\ 0 & 1 \end{pmatrix}\begin{pmatrix} \boldsymbol{A}_1 & \boldsymbol{\alpha} \\ \boldsymbol{\alpha}^{\mathrm{H}} & a_{nn} \end{pmatrix}\begin{pmatrix} \boldsymbol{E}_{n-1} & 0 \\ -a_{nn}^{-1}\boldsymbol{\alpha}^{\mathrm{H}} & 1 \end{pmatrix} = \begin{pmatrix} \boldsymbol{A}_1 - a_{nn}^{-1}\boldsymbol{\alpha}\boldsymbol{\alpha}^{\mathrm{H}} & 0 \\ 0 & a_{nn} \end{pmatrix}$$

而

$$(\boldsymbol{A}_1 - a_{nn}^{-1}\boldsymbol{\alpha}\boldsymbol{\alpha}^{\mathrm{H}})^{\mathrm{H}} = \boldsymbol{A}_1^{\mathrm{H}} - a_{nn}^{-1}\boldsymbol{\alpha}\boldsymbol{\alpha}^{\mathrm{H}} = \boldsymbol{A}_1 - a_{nn}^{-1}\boldsymbol{\alpha}\boldsymbol{\alpha}^{\mathrm{H}}$$

故 $\boldsymbol{A}_1 - a_{nn}^{-1}\boldsymbol{\alpha}\boldsymbol{\alpha}^{\mathrm{H}}$ 是 $n-1$ 阶 Hermite 矩阵,存在 $n-1$ 阶可逆矩阵 $\boldsymbol{C}_1$,使得

$$\boldsymbol{C}_1^{\mathrm{H}}(\boldsymbol{A}_1 - a_{nn}^{-1}\boldsymbol{\alpha}\boldsymbol{\alpha}^{\mathrm{H}})\boldsymbol{C}_1 = \boldsymbol{D}_1$$

是对角阵,令

$$\boldsymbol{C} = \begin{pmatrix} \boldsymbol{E}_{n-1} & 0 \\ -a_{nn}^{-1}\boldsymbol{\alpha}^{\mathrm{H}} & 1 \end{pmatrix}\begin{pmatrix} \boldsymbol{C}_1 & 0 \\ 0 & 1 \end{pmatrix}$$

则

$$\boldsymbol{C}^{\mathrm{H}}\boldsymbol{A}\boldsymbol{C} = \begin{pmatrix} \boldsymbol{D}_1 & 0 \\ 0 & a_{nn} \end{pmatrix}$$

是对角阵. 当 $a_{nn}=0$,而 $a_{kn}\neq 0$ 时,将 $\boldsymbol{A}$ 作如下分块:

$$\boldsymbol{A} = \begin{pmatrix} \boldsymbol{A}_{11} & \boldsymbol{\alpha}_{12} & \boldsymbol{A}_{13} & \boldsymbol{\alpha}_{14} \\ \boldsymbol{\alpha}_{12}^{\mathrm{H}} & a_{kk} & \boldsymbol{\alpha}_{23} & a_{kn} \\ \boldsymbol{A}_{13}^{\mathrm{H}} & \boldsymbol{\alpha}_{23}^{\mathrm{H}} & \boldsymbol{A}_{33} & a_{34} \\ \boldsymbol{\alpha}_{14}^{\mathrm{H}} & \bar{a}_{kn} & \boldsymbol{\alpha}_{34}^{\mathrm{H}} & 0 \end{pmatrix}$$

(2) 当 $a_{nn}=0$,而 $a_{kn}=a+b\mathrm{i}(a\neq 0)$时,令

$$\boldsymbol{C}_1 = \begin{pmatrix} \boldsymbol{E}_1 & 0 & 0 & 0 \\ 0 & 1 & 0 & 1 \\ 0 & 0 & \boldsymbol{E}_3 & 0 \\ 0 & 1 & 0 & 1 \end{pmatrix}$$

则

$$\boldsymbol{C}_1^{\mathrm{H}}\boldsymbol{A}\boldsymbol{C}_1 = \begin{pmatrix} \boldsymbol{A}_{11} & \boldsymbol{\alpha}_{12} & \boldsymbol{A}_{13} & \boldsymbol{\alpha}'_{14} \\ \boldsymbol{\alpha}_{12}^{\mathrm{H}} & a_{kk} & \boldsymbol{\alpha}_{23} & a'_{kn} \\ \boldsymbol{A}_{13}^{\mathrm{H}} & \boldsymbol{\alpha}_{23}^{\mathrm{H}} & \boldsymbol{A}_{33} & a'_{34} \\ \boldsymbol{\alpha}'_{14} & \bar{a}'_{kn} & \boldsymbol{\alpha}'^{\mathrm{H}}_{34} & 2a \end{pmatrix}$$

其中 $\boldsymbol{\alpha}'_{14}=\boldsymbol{\alpha}_{14}+\boldsymbol{\alpha}_{12}$, $a'_{kn}=a_{kn}+a_{kk}$, $\boldsymbol{\alpha}'_{34}=\boldsymbol{\alpha}_{34}+\boldsymbol{\alpha}_{23}^{\mathrm{H}}$,化为(1)的情况.

(3) 当 $a_{nn}=0$,而 $a_{kn}=a+b\mathrm{i}(a=0,b\neq 0)$时,令

$$\boldsymbol{C}_1 = \begin{pmatrix} \boldsymbol{E}_1 & 0 & 0 & 0 \\ 0 & 1 & 0 & i \\ 0 & 0 & \boldsymbol{E}_3 & 0 \\ 0 & -\mathrm{i} & 0 & 1 \end{pmatrix}$$

则

$$\boldsymbol{C}_1^{\mathrm{H}}\boldsymbol{A}\boldsymbol{C}_1 = \begin{pmatrix} \boldsymbol{A}_{11} & \boldsymbol{\alpha}_{12} & \boldsymbol{A}_{13} & \boldsymbol{\alpha}'_{14} \\ \boldsymbol{\alpha}_{12}^{\mathrm{H}} & a_{kk} & \boldsymbol{\alpha}_{23} & a_{kn} \\ \boldsymbol{A}_{13}^{\mathrm{H}} & \boldsymbol{\alpha}_{23}^{\mathrm{H}} & \boldsymbol{A}_{33} & a'_{34} \\ \boldsymbol{\alpha}'_{14} & a'^{\mathrm{H}}_{kn} & \boldsymbol{\alpha}'^{\mathrm{H}}_{34} & 2a \end{pmatrix}$$

其中 $\boldsymbol{\alpha}'_{14}=\boldsymbol{\alpha}_{14}+\mathrm{i}\boldsymbol{\alpha}_{12}$，$a'_{kn}=a_{kn}-\mathrm{i}a_{kk}$，$\boldsymbol{\alpha}'_{34}=\boldsymbol{\alpha}_{34}-\mathrm{i}\boldsymbol{\alpha}^{\mathrm{H}}_{23}$，其中化为(1)的情况. □

定义 1.12 对矩阵进行如下变换：

(1) 第 i 行加上第 j 行的 u 倍，同时第 i 列加上第 j 列的 $\bar{u}$ 倍，其中 $u\in\mathbb{C}$；

(2) 第 i 行乘以 u 倍，同时第 i 列乘以 u 倍，其中 $u\in\mathbb{R}$.

称为矩阵的**对称初等变换**.

由于 Hermite 矩阵 $\boldsymbol{A}$ 都合同于一对角矩阵 $\boldsymbol{D}$. 即存在可逆矩阵 $\boldsymbol{C}$，使得 $\boldsymbol{C}^{\mathrm{H}}\boldsymbol{A}\boldsymbol{C}=\boldsymbol{D}$，$\boldsymbol{C}$ 可表示为有限个初等阵之积 $\boldsymbol{C}=\boldsymbol{P}_1\boldsymbol{P}_2\cdots\boldsymbol{P}_s$，则 $\boldsymbol{C}=\boldsymbol{P}_s^{\mathrm{H}}\boldsymbol{P}_{s-1}^{\mathrm{H}}\cdots\boldsymbol{P}_1^{\mathrm{H}}$，于是构作 $\begin{pmatrix}\boldsymbol{A}\\ \boldsymbol{E}\end{pmatrix}$，则

$$\begin{pmatrix}\boldsymbol{P}_1^{\mathrm{H}} & \\ & \boldsymbol{E}\end{pmatrix}\begin{pmatrix}\boldsymbol{A}\\ \boldsymbol{E}\end{pmatrix}\boldsymbol{P}_1=\begin{pmatrix}\boldsymbol{P}_1^{\mathrm{H}}\boldsymbol{A}\boldsymbol{P}_1\\ \boldsymbol{P}_1\end{pmatrix}$$

由初等变换与初等阵的关系可知，上式乘积即是对 $\begin{pmatrix}\boldsymbol{A}\\ \boldsymbol{E}\end{pmatrix}$ 作一次对称初等变换，而

$$\begin{pmatrix}\boldsymbol{C}^{\mathrm{H}} & 0\\ 0 & \boldsymbol{E}\end{pmatrix}\begin{pmatrix}\boldsymbol{A}\\ \boldsymbol{E}\end{pmatrix}\boldsymbol{C}=\begin{pmatrix}\boldsymbol{C}^{\mathrm{H}}\boldsymbol{A}\boldsymbol{C}\\ \boldsymbol{C}\end{pmatrix}=\begin{pmatrix}\boldsymbol{D}\\ \boldsymbol{C}\end{pmatrix}$$

就是对 $\begin{pmatrix}\boldsymbol{A}\\ \boldsymbol{E}\end{pmatrix}$ 作一系列次 $\boldsymbol{P}_1,\boldsymbol{P}_2,\cdots,\boldsymbol{P}_s$ 对应的对称初等变换，将 $\boldsymbol{A}$ 变成对角阵，而 $\boldsymbol{E}$ 变为变换矩阵，因而初等变换法的具体做法：写出 Hermite 二次型 $f(\boldsymbol{x})$ 的矩阵形式 $f(\boldsymbol{x})=\boldsymbol{x}^{\mathrm{H}}\boldsymbol{A}\boldsymbol{x}$，求出其矩阵 $\boldsymbol{A}$，然后

$$\begin{pmatrix}\boldsymbol{A}\\ \boldsymbol{E}\end{pmatrix}\xrightarrow{\text{作对称初等变换}}\begin{pmatrix}\boldsymbol{D}\\ \boldsymbol{C}\end{pmatrix}$$

令 $\boldsymbol{x}=\boldsymbol{C}\boldsymbol{y}$，则 $f(\boldsymbol{x})$ 在线性变换 $\boldsymbol{x}=\boldsymbol{C}\boldsymbol{y}$ 变为对角型 $f(\boldsymbol{x})=\boldsymbol{y}^{\mathrm{H}}\boldsymbol{D}\boldsymbol{y}$.

例 1.6 用初等变换法化下面 Hermite 二次型为标准形：

$$\begin{aligned}f(x_1,x_2,x_3)=&\ \bar{x}_1x_1-\mathrm{i}\bar{x}_1x_2+(1+\mathrm{i})\bar{x}_1x_3+\mathrm{i}\bar{x}_2x_1+2\bar{x}_2x_2\\&+(3-\mathrm{i})\bar{x}_2x_3+(1-\mathrm{i})\bar{x}_3x_1+(3+\mathrm{i})\bar{x}_3x_2+\bar{x}_3x_3\end{aligned}$$

解 将二次型化为矩阵形式

$$f(x_1,x_2,x_3)=(\bar{x}_1,\bar{x}_2,\bar{x}_3)\begin{pmatrix}1 & -\mathrm{i} & 1+\mathrm{i}\\ \mathrm{i} & 2 & 3-\mathrm{i}\\ 1-\mathrm{i} & 3+\mathrm{i} & 1\end{pmatrix}\begin{pmatrix}x_1\\ x_2\\ x_3\end{pmatrix},\quad \boldsymbol{A}=\begin{pmatrix}1 & -\mathrm{i} & 1+\mathrm{i}\\ \mathrm{i} & 2 & 3-\mathrm{i}\\ 1-\mathrm{i} & 3+\mathrm{i} & 1\end{pmatrix}$$

令矩阵 $\begin{pmatrix}\boldsymbol{A}\\ \boldsymbol{E}\end{pmatrix}$，作对称初等变换

$$\begin{pmatrix}\boldsymbol{A}\\ \boldsymbol{E}\end{pmatrix}=\begin{pmatrix}1 & -\mathrm{i} & 1+\mathrm{i}\\ \mathrm{i} & 2 & 3-\mathrm{i}\\ 1-\mathrm{i} & 3+\mathrm{i} & 1\\ 1 & 0 & 0\\ 0 & 1 & 0\\ 0 & 0 & 1\end{pmatrix}\Rightarrow\begin{pmatrix}1 & 0 & 0\\ 0 & 1 & 0\\ 0 & 0 & -21\\ 1 & \mathrm{i} & -3-5\mathrm{i}\\ 0 & 1 & -4+2\mathrm{i}\\ 0 & 0 & 1\end{pmatrix}$$

令 $\begin{pmatrix}x_1\\ x_2\\ x_3\end{pmatrix}=\begin{pmatrix}1 & \mathrm{i} & -3-5\mathrm{i}\\ 0 & 1 & -4+2\mathrm{i}\\ 0 & 0 & 1\end{pmatrix}\begin{pmatrix}y_1\\ y_2\\ y_3\end{pmatrix}$，在该变换下

$$f(x_1,x_2,x_3)=\bar{y}_1y_1+\bar{y}_2y_2-21\bar{y}_3y_3$$

例 1.7 用初等酉变换法化下面 Hermte 二次型为标准形：

$$f(x_1,x_2,x_3)=-\mathrm{i}\bar{x}_1x_2-\mathrm{i}\bar{x}_1x_3+\mathrm{i}\bar{x}_2x_1-\mathrm{i}\bar{x}_2x_3+\mathrm{i}\bar{x}_3x_1+\mathrm{i}\bar{x}_3x_2$$

解 将二次型化为矩阵形式

$$f(x_1,x_2,x_3)=(\bar{x}_1,\bar{x}_2,\bar{x}_3)\begin{pmatrix}0&-\mathrm{i}&-\mathrm{i}\\\mathrm{i}&0&-\mathrm{i}\\\mathrm{i}&\mathrm{i}&0\end{pmatrix}\begin{pmatrix}x_1\\x_2\\x_3\end{pmatrix},\quad \boldsymbol{A}=\begin{pmatrix}0&-\mathrm{i}&-\mathrm{i}\\\mathrm{i}&0&-\mathrm{i}\\\mathrm{i}&\mathrm{i}&0\end{pmatrix}$$

令矩阵$\begin{pmatrix}\boldsymbol{A}\\\boldsymbol{E}\end{pmatrix}$,作对称初等变换

$$\begin{pmatrix}\boldsymbol{A}\\\boldsymbol{E}\end{pmatrix}=\begin{pmatrix}0&-\mathrm{i}&-\mathrm{i}\\\mathrm{i}&0&-\mathrm{i}\\\mathrm{i}&\mathrm{i}&0\\1&0&0\\0&1&0\\0&0&1\end{pmatrix}\Rightarrow\begin{pmatrix}2&0&0\\0&-\frac{1}{2}&0\\0&0&0\\1&\frac{1}{2}\mathrm{i}&1\\\mathrm{i}&\frac{1}{2}&-1\\0&0&1\end{pmatrix}$$

令$\begin{pmatrix}x_1\\x_2\\x_3\end{pmatrix}=\begin{pmatrix}1&\frac{\mathrm{i}}{2}&1\\\mathrm{i}&\frac{1}{2}&-1\\0&0&1\end{pmatrix}\begin{pmatrix}y_1\\y_2\\y_3\end{pmatrix}$,在该变换下

$$f(x_1,x_2,x_3)=2\bar{y}_1y_1-\frac{1}{2}\bar{y}_2y_2+0\bar{y}_3y_3$$

3. 酉变换法

设 $f(\boldsymbol{x})=\boldsymbol{x}^{\mathrm{H}}\boldsymbol{A}\boldsymbol{x}$ 是 Hermite 二次型,则 $\boldsymbol{A}$ 是 Hermite 矩阵,存在酉阵 $\boldsymbol{C}$,使得

$$\boldsymbol{C}^{\mathrm{H}}\boldsymbol{A}\boldsymbol{C}=\boldsymbol{D}$$

其中 $\boldsymbol{D}$ 是 $\boldsymbol{A}$ 的特征值为对角线元素的对角阵,令 $\boldsymbol{x}=\boldsymbol{C}\boldsymbol{y}$ 为酉变换,则

$$f(\boldsymbol{x})=\boldsymbol{y}^{\mathrm{H}}\boldsymbol{D}\boldsymbol{y}$$

具体地,步骤如下:

(1) 求出 Hermite 二次型 $f(x_1,x_2,\cdots,x_n)$的矩阵 $\boldsymbol{A}$,以及特征多项式$|\lambda\boldsymbol{E}-\boldsymbol{A}|=0$ 所有的根,设方程的两两不同的特征值为 $\lambda_1,\lambda_2,\cdots,\lambda_s$,它们也是矩阵 $\boldsymbol{A}$ 的两两不同特征值.

(2) 对每个特征值 $\lambda_i(i=1,2,\cdots s)$求出$(\lambda\boldsymbol{E}-\boldsymbol{A})\boldsymbol{X}=0$ 的基础解系,该基础解系为特征值 λ_i 的所对应的线性无关的特征向量, 利用正交化方法, 把它们正交化, 然后单位化,得到单位正交的特征向量.

(3) 把所有这些单位正交特征向量放在一起, 得到矩阵 $\boldsymbol{A}$ 的 n 个相互正交的单位特征向量,以它们作为矩阵的列, 得酉阵 $\boldsymbol{C}$, 且

$$\boldsymbol{C}^{\mathrm{H}}\boldsymbol{A}\boldsymbol{C}=\boldsymbol{D}$$

(4) 令 $\boldsymbol{x}=\boldsymbol{C}\boldsymbol{y}$,则 $f(\boldsymbol{x})$在酉变换 $\boldsymbol{x}=\boldsymbol{C}\boldsymbol{y}$ 变为对角形$f(\boldsymbol{x})=\boldsymbol{y}^{\mathrm{H}}\boldsymbol{D}\boldsymbol{y}$.

例 1.8 用酉变换法化下面 Hermite 二次型为标准形:

$$f(x_1,x_2,x_3)=-\mathrm{i}\bar{x}_1x_2-\mathrm{i}\bar{x}_1x_3+\mathrm{i}\bar{x}_2x_1-\mathrm{i}\bar{x}_2x_3+\mathrm{i}\bar{x}_3x_1+\mathrm{i}\bar{x}_3x_2$$

解 将二次型化为矩阵形式

$$f(x_1,x_2,x_3)=(\bar{x}_1,\bar{x}_2,\bar{x}_3)\begin{pmatrix}0&-\mathrm{i}&-\mathrm{i}\\ \mathrm{i}&0&-\mathrm{i}\\ \mathrm{i}&\mathrm{i}&0\end{pmatrix}\begin{pmatrix}x_1\\x_2\\x_3\end{pmatrix},\quad \boldsymbol{A}=\begin{pmatrix}0&-\mathrm{i}&-\mathrm{i}\\ \mathrm{i}&0&-\mathrm{i}\\ \mathrm{i}&\mathrm{i}&0\end{pmatrix}$$

则 $|\lambda\boldsymbol{E}-\boldsymbol{A}|=\begin{vmatrix}\lambda&\mathrm{i}&\mathrm{i}\\-\mathrm{i}&\lambda&\mathrm{i}\\-\mathrm{i}&-\mathrm{i}&\lambda\end{vmatrix}=\lambda(\lambda+\sqrt{3})(\lambda-\sqrt{3})$，故 $\boldsymbol{A}$ 的特征值为 $0,\sqrt{3},-\sqrt{3}$，0 对应的单位特征向量 $\boldsymbol{\eta}_1=\dfrac{1}{\sqrt{3}}(1,-1,1)^{\mathrm{T}}$，$\sqrt{3}$对应的单位特征向量 $\boldsymbol{\eta}_2=\dfrac{1}{\sqrt{3}}(\omega^2,-\omega,1)^{\mathrm{T}}$，$-\sqrt{3}$对应的单位特征向量 $\boldsymbol{\eta}_3=\dfrac{1}{\sqrt{3}}(-\omega,-\omega^2,1)^{\mathrm{T}}$，令酉阵 $\boldsymbol{U}=(\boldsymbol{\eta}_1,\boldsymbol{\eta}_2,\boldsymbol{\eta}_3)$，则在酉变换 $\boldsymbol{x}=\boldsymbol{U}\boldsymbol{y}$ 下，二次型化为

$$f(x_1,x_2,x_3)=0\bar{y}_1y_1+\sqrt{3}\bar{y}_2y_2-\sqrt{3}\bar{y}_3y_3$$

1.7.3 惯性定理

Hermite 二次型 $f(x_1,x_2,\cdots,x_n)=\boldsymbol{x}^{\mathrm{H}}\boldsymbol{A}\boldsymbol{x}$，存在线性变换 $\boldsymbol{x}=\boldsymbol{C}\boldsymbol{y}$，在该线性变换下将其化为对角形

$$f(x_1,x_2,\cdots,x_n)=d_1\bar{y}_1y_1+d_2\bar{y}_2y_2+\cdots+d_n\bar{y}_ny_n$$

不妨设 $d_1>0,\cdots,d_p>0,d_{p+1}<0,\cdots,d_r<0,d_{r+1}=\cdots=d_n=0$，令

$$z_1=\sqrt{d_1}y_1,\cdots,z_p=\sqrt{d_p}y_p,z_{p+1}=\sqrt{-d_{p+1}}y_{p+1},\cdots$$
$$z_r=\sqrt{-d_r}y_r,z_{r+1}=y_{r+1},\cdots,z_n=y_n$$

这是一个线性变换，该线性变换与 $\boldsymbol{x}=\boldsymbol{C}\boldsymbol{y}$ 的合成得到的线性变换记为 $\boldsymbol{x}=\boldsymbol{U}\boldsymbol{y}$，在线性变换 $\boldsymbol{x}=\boldsymbol{U}\boldsymbol{y}$ 下化为系数只有 $1,-1$ 或 0 的二次型

$$f(x_1,x_2,\cdots,x_n)=\bar{z}_1z_1+\cdots+\bar{z}_pz_p-\bar{z}_{p+1}z_{p+1}-\cdots-\bar{z}_rz_r$$

称 $f(x_1,x_2,\cdots,x_n)=\bar{z}_1z_1+\cdots+\bar{z}_pz_p-\bar{z}_{p+1}z_{p+1}-\cdots-\bar{z}_rz_r$ 为 Hermite 二次型的**规范形**.

于是下面定理的第一部分：

定理 1.19(惯性定理) 任意 n 元 Hermite 二次型 $f(x_1,x_2,\cdots,x_n)$均存在一个线性变换，在该线性变换下将二次型化为规范形

$$\bar{y}_1y_1+\cdots+\bar{y}_py_p-\bar{y}_{p+1}y_{p+1}-\cdots-\bar{y}_ry_r$$

且规范性是由二次型唯一确定的，所谓唯一性，即若化为规范形

$$\bar{z}_1z_1+\cdots+\bar{z}_qz_q-\bar{z}_{q+1}z_{q+1}-\cdots-\bar{z}_sz_s$$

则 $r=s,p=q$.

证明 由此前的讨论，任何一个 Hermite 二次型均存在一个线性变换，将二次型化为规范性，所以设 Hermite 二次型 $f(x_1,x_2,\cdots,x_n)=\boldsymbol{x}^{\mathrm{H}}\boldsymbol{A}\boldsymbol{x}$，在线性变换 $\boldsymbol{x}=\boldsymbol{C}\boldsymbol{y}$ 下化为规范形

$$\bar{y}_1y_1+\cdots+\bar{y}_py_p-\bar{y}_{p+1}y_{p+1}-\cdots-\bar{y}_ry_r$$

若在线性变换 $\boldsymbol{x}=\boldsymbol{U}\boldsymbol{z}$ 化为另一个规范形

$$\bar{z}_1z_1+\cdots+\bar{z}_qz_q-\bar{z}_{q+1}z_{q+1}-\cdots-\bar{z}_sz_s$$

令 $\boldsymbol{D}=\boldsymbol{C}^{-1}\boldsymbol{U}=(d_{ij})$，则线性变换 $\boldsymbol{y}=\boldsymbol{D}\boldsymbol{z}$ 将上一个规范形变为下一个规范形，即

$$\bar{y}_1y_1+\cdots+\bar{y}_py_p-\bar{y}_{p+1}y_{p+1}-\cdots-\bar{y}_ry_r=\bar{z}_1z_1+\cdots+\bar{z}_qz_q-\bar{z}_{q+1}z_{q+1}-\cdots-\bar{z}_sz_s$$

由于线性变换不改变二次型的秩，则 $r=s$，下证 $p=q$. 若 $p>q$.

令 $z_1=\cdots=z_q=0$，以及 $y_{p+1}=\cdots=y_n=0$，由于 $p>q$，如下方程组：

$$\begin{cases}d_{11}y_1+d_{12}y_2+\cdots+d_{1p}y_p=0\\ d_{21}y_1+d_{22}y_2+\cdots+d_{2p}y_p=0\\ \cdots\cdots\\ d_{q1}y_1+d_{q2}y_2+\cdots+d_{qp}y_p=0\end{cases}$$

有非零解 $y_1,\cdots,y_p$，则 $\boldsymbol{y}_0=(y_1,\cdots,y_p,0,\cdots,0)^{\mathrm{T}}$ 不为零，代入 $\boldsymbol{y}_0=\boldsymbol{D}\boldsymbol{z}$，由于 $\boldsymbol{D}$ 可逆，

$$\boldsymbol{z}_0=\boldsymbol{D}^{-1}\boldsymbol{y}_0=(0,\cdots,0,z_{q+1},\cdots,z_r,0,\cdots,0)^{\mathrm{T}}$$

代入 $\bar{y}_1y_1+\cdots+\bar{y}_py_p>0$，而 $-\bar{z}_{q+1}z_{q+1}-\cdots-\bar{z}_rz_r<0$，矛盾. 类似可证，若 $p<q$，也矛盾，故 $p=q$. □

定义 1.13 在 Hermite 二次型的规范形 $f(x_1,x_2,\cdots,x_n)=y_1^2+\cdots+y_p^2-y_{p+1}^2-\cdots-y_r^2$ 中，称 r 是该**二次型的秩**，p 是它的**正惯性指数**，$q=r-p$ 是**负惯性指数**，$s=p-q$ 称为 f 的**符号差**.

1.7.4 正定二次型

在 Hermite 二次型中，正定二次型占有特殊的地位. 所以本节主要介绍实二次型，并讨论它们的正定性.

定义 1.14 设 $f(\boldsymbol{x})=\boldsymbol{x}^{\mathrm{H}}\boldsymbol{A}\boldsymbol{x}$ 是一个 n 元 Hermite 二次型，如果对任意 n 维列向量 $\boldsymbol{x}\neq 0$ 都有：

(1) $f(\boldsymbol{x})>0$，则称 $f(\boldsymbol{x})$ 为正定二次型，并称 Hermite 矩阵 $\boldsymbol{A}$ 为正定矩阵；

(2) $f(\boldsymbol{x})<0$，则称 $f(\boldsymbol{x})$ 为负定二次型，并称 Hermite 矩阵 $\boldsymbol{A}$ 为负定矩阵；

(3) $f(\boldsymbol{x})\geqslant 0$，则称 $f(\boldsymbol{x})$ 为半正定二次型，并称 Hermite 矩阵 $\boldsymbol{A}$ 为半正定矩阵；

(4) $f(\boldsymbol{x})\leqslant 0$，则称 $f(\boldsymbol{x})$ 为半负定二次型，并称 Hermite 矩阵 $\boldsymbol{A}$ 为半负定矩阵；

(5) $f(\boldsymbol{x})$ 既不满足(3)，又不满足(4)，则称 $f(\boldsymbol{x})$ 为不定二次型，并称 Hermite 实对称矩阵 $\boldsymbol{A}$ 为不定矩阵.

显然，对角形

$$f(x_1,x_2,\cdots,x_n)=d_1\bar{x}_1x_1+d_2\bar{x}_2x_2+\cdots+d_n\bar{x}_nx_n$$

正定的充要条件是 $d_1>0,d_2>0,\cdots,d_n>0$.

定理 1.20 n 元 Hermite 二次型 $f(\boldsymbol{x})=\boldsymbol{x}^{\mathrm{H}}\boldsymbol{A}\boldsymbol{x}$ 正定的充要条件对任意线性变换 $\boldsymbol{x}=\boldsymbol{C}\boldsymbol{y}$ 均有 $f(\boldsymbol{x})=\boldsymbol{y}^{\mathrm{H}}(\boldsymbol{C}^{\mathrm{H}}\boldsymbol{A}\boldsymbol{C})\boldsymbol{y}$ 正定，即 Hermite 矩阵 $\boldsymbol{A}$ 正定的充要条件对任意可逆矩阵 $\boldsymbol{C}$ 均有 $\boldsymbol{C}^{\mathrm{H}}\boldsymbol{A}\boldsymbol{C}$ 正定.

定理 1.21 n 元 Hermite 二次型 $f(\boldsymbol{x})=\boldsymbol{x}^{\mathrm{H}}\boldsymbol{A}\boldsymbol{x}$ 正定的充要条件是下列条件之一成立：

(1) f 的正惯性指数为 n；

(2) $\boldsymbol{A}$ 合同于 $\boldsymbol{E}$；

(3) $\boldsymbol{A}$ 的特征值全大于零；

(4) 存在可逆 Hermite 矩阵 $\boldsymbol{P}$，使得 $\boldsymbol{A}=\boldsymbol{P}^2$；

(5) 存在对角线上元素大于零的三角矩阵 $\boldsymbol{R}$（这样的矩阵称为正线上三角阵），使得 $\boldsymbol{A}=\boldsymbol{R}^{\mathrm{H}}\boldsymbol{R}$.

证明 对 Hermite 二次型 $f(\boldsymbol{x})=\boldsymbol{x}^{\mathrm{H}}\boldsymbol{A}\boldsymbol{x}$，存在线性变换 $\boldsymbol{x}=\boldsymbol{C}\boldsymbol{y}$ 将二次型变为

$$f(x_1,x_2,\cdots,x_n)=d_1\bar{y}_1y_1+d_2\bar{y}_2y_2+\cdots+d_n\bar{y}_ny_n$$

则 $f(\boldsymbol{x})=\boldsymbol{x}^{\mathrm{H}}\boldsymbol{A}\boldsymbol{x}$ 正定等价于 $d_1\bar{y}_1y_1+d_2\bar{y}_2y_2+\cdots+d_n\bar{y}_ny_n$ 正定等价于 $d_1>0,\cdots,d_n>0$，从而 $f(\boldsymbol{x})=\boldsymbol{x}^{\mathrm{H}}\boldsymbol{A}\boldsymbol{x}$ 的规范形为 $\bar{z}_1z_1+\cdots+\bar{z}_nz_n$，正惯性指数是 n，自然其矩阵 $\boldsymbol{A}$ 合同于 $\boldsymbol{E}$，故(1)，(2)成立.

对 Hermite 二次型 $f(\boldsymbol{x})=\boldsymbol{x}^{\mathrm{H}}\boldsymbol{A}\boldsymbol{x}$，存在酉变换 $\boldsymbol{x}=\boldsymbol{U}\boldsymbol{y}$ 将二次型变为

$$f(x_1,x_2,\cdots,x_n)=\lambda_1\bar{y}_1y_1+\lambda_2\bar{y}_2y_2+\cdots+\lambda_n\bar{y}_ny_n$$

其中 $\lambda_1,\lambda_2,\cdots,\lambda_n$ 是矩阵 $\boldsymbol{A}$ 的特征值，则 $f(\boldsymbol{x})=\boldsymbol{x}^{\mathrm{H}}\boldsymbol{A}\boldsymbol{x}$ 正定等价于 $\lambda_1>0,\cdots,\lambda_n>0$，故(3)成立.

下面我们采用(3)→(4)→(5)→$f(x)=\boldsymbol{x}^{\mathrm{H}}\boldsymbol{A}\boldsymbol{x}$ 正定的循环论证.

(3)→(4) 存在酉阵 $\boldsymbol{U}$，以及 $\lambda_i>0$，使得

$$\boldsymbol{A}=\boldsymbol{U}\begin{pmatrix}\lambda_1 & \cdots & 0\\ \vdots & \ddots & \vdots\\ 0 & \cdots & \lambda_n\end{pmatrix}\boldsymbol{U}^{\mathrm{H}}=\boldsymbol{U}\begin{pmatrix}\sqrt{\lambda_1} & \cdots & 0\\ \vdots & \ddots & \vdots\\ 0 & \cdots & \sqrt{\lambda_n}\end{pmatrix}\begin{pmatrix}\sqrt{\lambda_1} & \cdots & 0\\ \vdots & \ddots & \vdots\\ 0 & \cdots & \sqrt{\lambda_n}\end{pmatrix}\boldsymbol{U}^{\mathrm{H}}$$

$$=\boldsymbol{U}\begin{pmatrix}\sqrt{\lambda_1} & \cdots & 0\\ \vdots & \ddots & \vdots\\ 0 & \cdots & \sqrt{\lambda_n}\end{pmatrix}\boldsymbol{U}^{\mathrm{H}}\boldsymbol{U}\begin{pmatrix}\sqrt{\lambda_1} & \cdots & 0\\ \vdots & \ddots & \vdots\\ 0 & \cdots & \sqrt{\lambda_n}\end{pmatrix}\boldsymbol{U}^{\mathrm{H}}$$

记矩阵

$$\boldsymbol{U}\begin{pmatrix}\sqrt{\lambda_1} & \cdots & 0\\ \vdots & \ddots & \vdots\\ 0 & \cdots & \sqrt{\lambda_n}\end{pmatrix}\boldsymbol{U}^{\mathrm{H}}=\boldsymbol{P}$$

注意到 $\boldsymbol{U}$ 是酉阵，而 $\sqrt{\lambda_i}$ 是实数，故 $\boldsymbol{P}^{\mathrm{H}}=\boldsymbol{P}$ 且 $\boldsymbol{A}=\boldsymbol{P}^2$.

(4)→(5) 设 $\boldsymbol{P}=(\boldsymbol{\alpha}_1,\boldsymbol{\alpha}_2,\cdots,\boldsymbol{\alpha}_n)$，由 $\boldsymbol{P}$ 可逆，$\boldsymbol{\alpha}_1,\boldsymbol{\alpha}_2,\cdots,\boldsymbol{\alpha}_n$ 线性无关组，正交化，即令

$$\boldsymbol{\beta}_1=\boldsymbol{\alpha}_1,\quad \boldsymbol{\beta}_2=\boldsymbol{\alpha}_2-\frac{(\boldsymbol{\alpha}_2,\boldsymbol{\beta}_1)}{(\boldsymbol{\beta}_1,\boldsymbol{\beta}_1)}\boldsymbol{\beta}_1,\quad \cdots,\quad \boldsymbol{\beta}_n=\boldsymbol{\alpha}_n-\frac{(\boldsymbol{\alpha}_n,\boldsymbol{\beta}_1)}{(\boldsymbol{\beta}_1,\boldsymbol{\beta}_1)}\boldsymbol{\beta}_1-\cdots-\frac{(\boldsymbol{\alpha}_n,\boldsymbol{\beta}_{n-1})}{(\boldsymbol{\beta}_{n-1},\boldsymbol{\beta}_{n-1})}\boldsymbol{\beta}_{n-1}$$

令 $a_{ij}=\dfrac{(\boldsymbol{\alpha}_i,\boldsymbol{\beta}_j)}{(\boldsymbol{\beta}_j,\boldsymbol{\beta}_j)}|\boldsymbol{\beta}_j|\,(j\neq i)$，$\boldsymbol{\eta}_i=\dfrac{\boldsymbol{\beta}_i}{|\boldsymbol{\beta}_i|}\,(i=1,2,\cdots,n)$，则 $\boldsymbol{\eta}_1,\boldsymbol{\eta}_2,\cdots,\boldsymbol{\eta}_n$ 是 $\mathbb{C}^n$ 的标准正交基，$\boldsymbol{U}=(\boldsymbol{\eta}_1,\boldsymbol{\eta}_2,\cdots,\boldsymbol{\eta}_n)$ 是酉阵，而

$$\boldsymbol{\alpha}_1=a_{11}\boldsymbol{\eta}_1,\cdots,\boldsymbol{\alpha}_i=a_{i1}\boldsymbol{\eta}_1+\cdots+a_{ii}\boldsymbol{\eta}_i\quad(i=1,2,\cdots,n)$$

于是

$$\boldsymbol{P}=(\boldsymbol{\alpha}_1,\boldsymbol{\alpha}_2,\cdots,\boldsymbol{\alpha}_n)=(\boldsymbol{\eta}_1,\boldsymbol{\eta}_2,\cdots,\boldsymbol{\eta}_n)\begin{pmatrix}a_{11} & a_{21} & \cdots & a_{n1}\\ 0 & a_{22} & \cdots & a_{n2}\\ \vdots & \vdots & \ddots & \vdots\\ 0 & 0 & \cdots & a_{nn}\end{pmatrix}=\boldsymbol{U}\boldsymbol{R}$$

矩阵 $\boldsymbol{R}$ 是正线上三角阵，且

$$\boldsymbol{A}=\boldsymbol{P}^2=\boldsymbol{P}^{\mathrm{H}}\boldsymbol{P}=(\boldsymbol{U}\boldsymbol{R})^{\mathrm{T}}(\boldsymbol{U}\boldsymbol{R})=\boldsymbol{R}^{\mathrm{H}}\boldsymbol{U}^{\mathrm{H}}\boldsymbol{U}\boldsymbol{R}=\boldsymbol{R}^{\mathrm{H}}\boldsymbol{R}$$

(5)→$f(\boldsymbol{x})=\boldsymbol{x}^{\mathrm{H}}\boldsymbol{A}\boldsymbol{x}$ 正定，设 $\boldsymbol{A}=\boldsymbol{R}^{\mathrm{H}}\boldsymbol{R}$，其中 $\boldsymbol{R}$ 是正线上三角阵，故可逆. 对任意 $\boldsymbol{x}\neq 0$，则 $\boldsymbol{R}\boldsymbol{x}=(x_1,\cdots,x_n)^{\mathrm{T}}\neq 0$，于是

$$\boldsymbol{x}^{\mathrm{H}}\boldsymbol{A}\boldsymbol{x}=\boldsymbol{x}^{\mathrm{H}}\boldsymbol{R}^{\mathrm{H}}\boldsymbol{R}\boldsymbol{x}=\bar{x}_1x_1+\cdots+\bar{x}_nx_n>0$$

故 $f(\boldsymbol{x})=\boldsymbol{x}^{\mathrm{H}}\boldsymbol{A}\boldsymbol{x}$ 是正定 Hermite 二次型. □

推论 1.9 Hermite 矩阵 $\boldsymbol{A}$ 为正定矩阵,则 $\det(\boldsymbol{A})>0$.

证明 $\boldsymbol{A}$ 是正定的,则其特征值大于零,$\boldsymbol{A}$ 的行列式大于其特征值之积,自然也大于零. □

推论 1.10 设 $\boldsymbol{A}_1,\boldsymbol{A}_2$ 是 Hermite 矩阵,则 $\boldsymbol{A}=\begin{pmatrix}\boldsymbol{A}_1 & 0\\ 0 & \boldsymbol{A}_2\end{pmatrix}$ 是正定矩阵的充要条件 $\boldsymbol{A}_1,\boldsymbol{A}_2$ 均正定.

证明 由于

$$|\lambda\boldsymbol{E}-\boldsymbol{A}|=\begin{vmatrix}\lambda\boldsymbol{E}_1-\boldsymbol{A}_1 & 0\\ 0 & \lambda\boldsymbol{E}_2-\boldsymbol{A}_2\end{vmatrix}=|\lambda\boldsymbol{E}_1-\boldsymbol{A}_1|\cdot|\lambda\boldsymbol{E}_2-\boldsymbol{A}_2|$$

故 $|\lambda\boldsymbol{E}-\boldsymbol{A}|=0$ 当且仅当 $|\lambda\boldsymbol{E}_1-\boldsymbol{A}_1|=0$ 或 $|\lambda\boldsymbol{E}_2-\boldsymbol{A}_2|=0$,即 $\boldsymbol{A}$ 的特征值是由 $\boldsymbol{A}_1$ 的特征值和 $\boldsymbol{A}_2$ 的特征值构成的,自然 $\boldsymbol{A}$ 的特征值均大于零当且仅当 $\boldsymbol{A}_1$ 的特征值和 $\boldsymbol{A}_2$ 的特征值均大于零,进一步地,$\boldsymbol{A}$ 是正定矩阵的充要条件 $\boldsymbol{A}_1,\boldsymbol{A}_2$ 均正定. □

定义 1.15 设矩阵 $\boldsymbol{A}=(a_{ij})_n$,称下列子式

$$\boldsymbol{V}_i=\begin{vmatrix}a_{11} & a_{12} & \cdots & a_{1i}\\ a_{21} & a_{22} & \cdots & a_{2i}\\ \vdots & \vdots & \ddots & \vdots\\ a_{i1} & a_{i2} & \cdots & a_{ii}\end{vmatrix}\quad(i=1,2,\cdots,n)$$

为矩阵 $\boldsymbol{A}$ 的第 i 个顺序主子式.

定理 1.22 Hermite 矩阵 $\boldsymbol{A}$ 是正定矩阵的充分必要条件是矩阵的所有顺序主子式全大于零.

证明 设 $\boldsymbol{A}=(a_{ij})_n$.

必要性.设 Hermite 矩阵 $\boldsymbol{A}$ 是正定的对任意 $1\leqslant i\leqslant n$,对 $\boldsymbol{A}$ 分块

$$\boldsymbol{A}=\begin{pmatrix}\boldsymbol{A}_i & \boldsymbol{A}_{i2}\\ \boldsymbol{A}_{2i}^{\mathrm{H}} & \boldsymbol{A}_{22}\end{pmatrix}$$

其中 $\boldsymbol{A}_i$ 是由 $\boldsymbol{A}$ 的前 i 行,前 i 列构成的子式.对任意 i 维非零列向量 $\boldsymbol{x}_i$,则在 $\boldsymbol{x}_i$ 下方添加 $n-i$ 个零而得到的 n 维向量 $\boldsymbol{x}=\begin{pmatrix}x_i\\ 0\end{pmatrix}$ 也不是零向量,由 $\boldsymbol{A}$ 是正定,故

$$0<\boldsymbol{x}^{\mathrm{H}}\boldsymbol{A}\boldsymbol{x}=(\boldsymbol{x}_i^{\mathrm{H}},0^{\mathrm{H}})\begin{pmatrix}\boldsymbol{A}_i & \boldsymbol{A}_{i2}\\ \boldsymbol{A}_{2i}^{\mathrm{H}} & \boldsymbol{A}_{22}\end{pmatrix}\begin{pmatrix}\boldsymbol{x}_i\\ 0\end{pmatrix}=\boldsymbol{x}_i^{\mathrm{H}}\boldsymbol{A}_i\boldsymbol{x}_i$$

即 $\boldsymbol{x}_i^{\mathrm{H}}\boldsymbol{A}_i\boldsymbol{x}_i>0$,于是 $\boldsymbol{A}_i$ 是正定的,由推论知,$\boldsymbol{V}_i=|\boldsymbol{A}_i|>0$.

充分性.对 $\boldsymbol{A}$ 的阶数 n 作数学归纳法.当 $n=1$ 时,$\boldsymbol{A}$ 是 1 阶矩阵 a_{11},只有一个子式,是 $a_{11}>0$,其特征值也是 a_{11},故 $\boldsymbol{A}=a_{11}$ 正定,假设结论对 $n-1$ 阶 Hermite 矩阵成立,即若其所有顺序主子式全大于零,可得该矩阵是正定的.对 n 阶矩阵 $\boldsymbol{A}$,对 $\boldsymbol{A}$ 分块

$$\boldsymbol{A}=\begin{pmatrix}\boldsymbol{A}_{n-1} & \boldsymbol{\alpha}\\ \boldsymbol{\alpha}^{\mathrm{H}} & a_{nn}\end{pmatrix}$$

其中 $\boldsymbol{A}_{n-1}$ 是由 $\boldsymbol{A}$ 的前 $n-1$ 行,前 $n-1$ 列构成的子式.$\boldsymbol{A}$ 的前 $n-1$ 个顺序主子式是 $n-1$ 阶矩阵 $\boldsymbol{A}_{n-1}$ 的顺序主子式,也都大于零,$\boldsymbol{A}_{n-1}$ 正定,也可逆,记 $\boldsymbol{C}=\begin{pmatrix}\boldsymbol{E}_{n-1} & -\boldsymbol{A}_{n-1}^{-1}\boldsymbol{\alpha}\\ 0 & 1\end{pmatrix}$,则

$$\boldsymbol{C}^{\mathrm{H}}\boldsymbol{A}\boldsymbol{C}=\begin{pmatrix}\boldsymbol{E}_{n-1} & 0\\ -\boldsymbol{\alpha}^{\mathrm{H}}\boldsymbol{A}_{n-1}^{-1} & 1\end{pmatrix}\begin{pmatrix}\boldsymbol{A}_{n-1} & \boldsymbol{\alpha}\\ \boldsymbol{\alpha}^{\mathrm{H}} & a_{nn}\end{pmatrix}\begin{pmatrix}\boldsymbol{E}_{n-1} & -\boldsymbol{A}_{n-1}^{-1}\boldsymbol{\alpha}\\ 0 & 1\end{pmatrix}=\begin{pmatrix}\boldsymbol{A}_{n-1} & 0\\ 0 & a_{nn}-\boldsymbol{\alpha}^{\mathrm{H}}\boldsymbol{A}_{n-1}^{-1}\boldsymbol{\alpha}\end{pmatrix}$$

则

$$|\boldsymbol{A}_{n-1}|(a_{nn}-\boldsymbol{\alpha}^{\mathrm{H}}\boldsymbol{A}_{n-1}^{-1}\boldsymbol{\alpha})=|\boldsymbol{C}^{\mathrm{H}}\boldsymbol{A}\boldsymbol{C}|=|\boldsymbol{A}|\cdot|\boldsymbol{C}|^{2}>0$$

又$|\boldsymbol{A}_{n-1}|>0$,故 $a_{nn}-\boldsymbol{\alpha}^{\mathrm{H}}\boldsymbol{A}_{n-1}^{-1}\boldsymbol{\alpha}>0$,是 1 阶矩阵,正定,故 $\boldsymbol{C}^{\mathrm{H}}\boldsymbol{A}\boldsymbol{C}$,又由于合同矩阵有相同的正定性,故 $\boldsymbol{A}$ 正定. □

例 1.9 判断下面 Hermite 矩阵是否正定:

$$\boldsymbol{A}=\begin{pmatrix}1 & -\mathrm{i} & -\mathrm{i}\\ \mathrm{i} & 2 & -\mathrm{i}\\ \mathrm{i} & \mathrm{i} & 4\end{pmatrix}$$

解 矩阵 $\boldsymbol{A}$ 的顺序主子式,

$$\Delta_1=1>0,\quad \Delta_2=\begin{vmatrix}1 & -\mathrm{i}\\ \mathrm{i} & 2\end{vmatrix}=1>0,\quad \Delta_3=\begin{vmatrix}1 & -\mathrm{i} & -\mathrm{i}\\ \mathrm{i} & 2 & -\mathrm{i}\\ \mathrm{i} & \mathrm{i} & 4\end{vmatrix}=1>0$$

故 $\boldsymbol{A}$ 正定.

下面我们不加证明地给出:

定理 1.23 n 元实二次型 $f(x_1,x_2,\cdots,x_n)=\boldsymbol{x}^{\mathrm{T}}\boldsymbol{A}\boldsymbol{x}$ 负定的充要条件是下列条件之一成立:

(1) f 的负惯性指数为 n;

(2) $\boldsymbol{A}$ 的特征值全为负数;

(3) $\boldsymbol{A}$ 合同于 $-\boldsymbol{E}$;

(4) $\boldsymbol{A}$ 的各阶顺序主子式负正相间,即奇数阶顺序主子式为负数,偶数阶顺序主子式为正数.

1.7.5 Hermite 矩阵偶在复相合下的标准形

耦合关系是指两个事物之间存在一种相互作用、相互影响的关系.这种耦合关系在电学里面经常存在.两个矩阵之间的关联性就是耦合关系的一种反映.下面我们讨论特殊的耦合,即两个 Hermite 矩阵同时合同对角化问题,它在振动理论,物理及其他工程中有重要的应用.

定理 1.24 设 $\boldsymbol{A},\boldsymbol{B}$ 为 n 阶 Hermite 矩阵,且 $\boldsymbol{A}$ 是正定的,则存在可逆 $\boldsymbol{P}$,使得

$$\boldsymbol{P}^{\mathrm{H}}\boldsymbol{A}\boldsymbol{P}=\boldsymbol{E}$$

$$\boldsymbol{P}^{\mathrm{H}}\boldsymbol{B}\boldsymbol{P}=\begin{pmatrix}\lambda_1 & \cdots & 0\\ \vdots & \ddots & \vdots\\ 0 & \cdots & \lambda_n\end{pmatrix}$$

其中 $\lambda_1,\lambda_2,\cdots,\lambda_n$ 是方程$|\lambda\boldsymbol{A}-\boldsymbol{B}|=0$ 的根.

证明 由 $\boldsymbol{A}$ 是正定 Hermite 矩阵,故存在可逆矩阵 $\boldsymbol{P}_1$,使得 $\boldsymbol{P}_1^{\mathrm{H}}\boldsymbol{A}\boldsymbol{P}_1=\boldsymbol{E}$,而 $\boldsymbol{P}_1^{\mathrm{H}}\boldsymbol{B}\boldsymbol{P}_1$ 是 Hermite 矩阵,存在酉阵 $\boldsymbol{P}_2$,使得

$$\boldsymbol{P}_2^{\mathrm{H}}\boldsymbol{P}_1^{\mathrm{H}}\boldsymbol{B}\boldsymbol{P}_1\boldsymbol{P}_2=\begin{pmatrix}\lambda_1 & \cdots & 0\\ \vdots & \ddots & \vdots\\ 0 & \cdots & \lambda_n\end{pmatrix}$$

其中 $\lambda_1,\lambda_2,\cdots,\lambda_n$ 是 $\boldsymbol{P}_1^{\mathrm{H}}\boldsymbol{B}\boldsymbol{P}_1$ 的特征值,令 $\boldsymbol{P}=\boldsymbol{P}_1\boldsymbol{P}_2$,则

$$\boldsymbol{P}^{\mathrm{H}}\boldsymbol{A}\boldsymbol{P}=\boldsymbol{P}_2^{\mathrm{H}}(\boldsymbol{P}_1^{\mathrm{H}}\boldsymbol{A}\boldsymbol{P}_1)\boldsymbol{P}_2=\boldsymbol{P}_2^{\mathrm{H}}\boldsymbol{E}\boldsymbol{P}_2=\boldsymbol{E}$$

$\lambda_1,\lambda_2,\cdots,\lambda_n$ 是 $\boldsymbol{P}_1^{\mathrm{H}}\boldsymbol{B}\boldsymbol{P}_1$ 的特征值,故 $\lambda_1,\lambda_2,\cdots,\lambda_n$ 是 $\boldsymbol{P}_1^{\mathrm{H}}\boldsymbol{B}\boldsymbol{P}_1$ 的特征方程 $|\lambda\boldsymbol{E}-\boldsymbol{P}_1^{\mathrm{H}}\boldsymbol{B}\boldsymbol{P}_1|=0$ 的根,而

$$0=|\lambda\boldsymbol{E}-\boldsymbol{P}_1^{\mathrm{H}}\boldsymbol{B}\boldsymbol{P}_1|=|\lambda\boldsymbol{P}_1^{\mathrm{H}}\boldsymbol{A}\boldsymbol{P}-\boldsymbol{P}_1^{\mathrm{H}}\boldsymbol{B}\boldsymbol{P}_1|=|\boldsymbol{P}_1^{\mathrm{H}}(\lambda\boldsymbol{A}-\boldsymbol{B})\boldsymbol{P}_1|=|\boldsymbol{P}_1^{\mathrm{H}}||\lambda\boldsymbol{A}-\boldsymbol{B}||\boldsymbol{P}_1|$$
$$\Leftrightarrow\quad|\lambda\boldsymbol{A}-\boldsymbol{B}|=0$$

从而 $\lambda_1,\lambda_2,\cdots,\lambda_n$ 也是方程 $|\lambda\boldsymbol{A}-\boldsymbol{B}|=0$ 的根. □

注意 在定理中,将 Hermite 矩阵 $\boldsymbol{A}$ 改为负定矩阵时,Hermite 矩阵 $\boldsymbol{A},\boldsymbol{B}$ 也可同时合同对角化,即存在可逆 $\boldsymbol{P}$,使得

$$\boldsymbol{P}^{\mathrm{H}}\boldsymbol{A}\boldsymbol{P}=-\boldsymbol{E}$$
$$\boldsymbol{P}^{\mathrm{H}}\boldsymbol{B}\boldsymbol{P}=\begin{pmatrix}\lambda_1&\cdots&0\\\vdots&\ddots&\vdots\\0&\cdots&\lambda_n\end{pmatrix}$$

其中 $\lambda_1,\lambda_2,\cdots,\lambda_n$ 是方程 $|\lambda\boldsymbol{A}+\boldsymbol{B}|=0$ 的根.

推论 1.11 设 $\boldsymbol{A},\boldsymbol{B}$ 为 n 阶 Hermite 矩阵,且 $\boldsymbol{A}$ 是正定的,则存在可逆 $\boldsymbol{U}$ 满足 $|\boldsymbol{U}|=1$,使得

$$\boldsymbol{U}^{\mathrm{H}}\boldsymbol{A}\boldsymbol{U}=\begin{pmatrix}a_1&\cdots&0\\\vdots&\ddots&\vdots\\0&\cdots&a_n\end{pmatrix}$$
$$\boldsymbol{U}^{\mathrm{H}}\boldsymbol{B}\boldsymbol{U}=\begin{pmatrix}b_1&\cdots&0\\\vdots&\ddots&\vdots\\0&\cdots&b_n\end{pmatrix}$$

其中 $a_1,a_2,\cdots,a_n$ 非负,而 $b_1,b_2,\cdots,b_n$ 是实数.

证明 对定理中的可逆阵 $\boldsymbol{P}$,而且可以使 $|\boldsymbol{P}|>0$,这是因为 $\boldsymbol{P}=\boldsymbol{P}_1\boldsymbol{P}_2$ 中 $\boldsymbol{P}_1$ 的第 i 列是 $\boldsymbol{P}_1^{\mathrm{H}}\boldsymbol{B}\boldsymbol{P}_1$ 的特征值 λ_i 的单位特征向量,若 $|\boldsymbol{P}|<0$,令 $\boldsymbol{P}_1$ 的第 1 列数乘 -1(仍是 λ_1 的单位特征向量)即可.取 $\boldsymbol{U}=\sqrt[n]{|\boldsymbol{P}|^{-1}}\boldsymbol{P}$,则 $|\boldsymbol{U}|=1$,则

$$\boldsymbol{U}^{\mathrm{H}}\boldsymbol{A}\boldsymbol{U}=\sqrt[n]{|\boldsymbol{P}|^{-2}}\boldsymbol{E}$$
$$\boldsymbol{U}^{\mathrm{H}}\boldsymbol{B}\boldsymbol{U}=\sqrt[n]{|\boldsymbol{P}|^{-2}}\begin{pmatrix}\lambda_1&\cdots&0\\\vdots&\ddots&\vdots\\0&\cdots&\lambda_n\end{pmatrix}$$

令 $a_i=\sqrt[n]{|\boldsymbol{P}|^{-2}},b_i=\sqrt[n]{|\boldsymbol{P}|^{-2}}\lambda_i(i=1,2,\cdots,n)$ 即可. □

由 Hermite 二次型与 Hermite 矩阵之间的关系,立刻得如下推论:

推论 1.12 设 $\boldsymbol{x}^{\mathrm{H}}\boldsymbol{A}\boldsymbol{x},\boldsymbol{x}^{\mathrm{H}}\boldsymbol{B}\boldsymbol{x}$ 是 Hermite 二次型,而 $\boldsymbol{x}^{\mathrm{H}}\boldsymbol{A}\boldsymbol{x}$ 是正定的,则存在线性变换 $\boldsymbol{x}=\boldsymbol{P}\boldsymbol{y}$,在该线性变换下

$$\boldsymbol{x}^{\mathrm{H}}\boldsymbol{A}\boldsymbol{x}=\bar{y}_1y_1+\bar{y}_2y_2+\cdots+\bar{y}_ny_n$$
$$\boldsymbol{x}^{\mathrm{H}}\boldsymbol{B}\boldsymbol{x}=\lambda_1\bar{y}_1y_1+\lambda_2\bar{y}_2y_2+\cdots+\lambda_n\bar{y}_ny_n$$

其中 $\lambda_1,\lambda_2,\cdots,\lambda_n$ 是方程 $|\lambda\boldsymbol{A}-\boldsymbol{B}|=0$ 的根.

例 1.10 设矩阵

$$\boldsymbol{A}=\begin{pmatrix}1&\mathrm{i}\\-\mathrm{i}&3\end{pmatrix},\quad\boldsymbol{B}=\begin{pmatrix}1&1-\mathrm{i}\\1+\mathrm{i}&1\end{pmatrix}$$

试验证 $\boldsymbol{A}$ 正定,求可逆阵 $\boldsymbol{P}$,使得 $\boldsymbol{P}^{\mathrm{H}}\boldsymbol{A}\boldsymbol{P}=\boldsymbol{E}$,而 $\boldsymbol{P}^{\mathrm{H}}\boldsymbol{B}\boldsymbol{P}$ 是对角阵.

解 $\boldsymbol{A}$ 的各阶顺序主子式$\Delta_1=1>0,\Delta_2=2>0$,故 $\boldsymbol{A}$ 正定,

$$\begin{pmatrix}1 & \mathrm{i}\\ -\mathrm{i} & 3\\ 1 & 0\\ 0 & 1\end{pmatrix}\xrightarrow{\text{对称初等变换}}\begin{pmatrix}1 & 0\\ 0 & 1\\ 1 & -\dfrac{\mathrm{i}}{2}\\ 0 & \dfrac{1}{2}\end{pmatrix}$$

令 $\boldsymbol{P}_1=\begin{pmatrix}1 & -\dfrac{\mathrm{i}}{2}\\ 0 & \dfrac{1}{2}\end{pmatrix}$,则 $\boldsymbol{P}_1^{\mathrm{H}}\boldsymbol{A}\boldsymbol{P}_1=\boldsymbol{E}_2$,令 $\boldsymbol{P}_1^{\mathrm{H}}\boldsymbol{B}\boldsymbol{P}_1=\begin{pmatrix}1 & \dfrac{1}{2}-\mathrm{i}\\ \dfrac{1}{2}+\mathrm{i} & 1\end{pmatrix}$,则

$$|\lambda\boldsymbol{E}-\boldsymbol{P}_1^{\mathrm{H}}\boldsymbol{B}\boldsymbol{P}_1|=\begin{vmatrix}\lambda-1 & -\dfrac{1}{2}+\mathrm{i}\\ -\dfrac{1}{2}-\mathrm{i} & \lambda-1\end{vmatrix}=\left(\lambda-1-\frac{\sqrt{5}}{2}\right)\left(\lambda-1+\frac{\sqrt{5}}{2}\right)$$

$\boldsymbol{P}_1^{\mathrm{H}}\boldsymbol{B}\boldsymbol{P}_1$ 的特征值为 $1-\dfrac{\sqrt{5}}{2},1+\dfrac{\sqrt{5}}{2}$,而 $1-\dfrac{\sqrt{5}}{2}$的单位特征向量$\left(\dfrac{1-2\mathrm{i}}{\sqrt{10}},\dfrac{1}{\sqrt{2}}\right)^{\mathrm{T}}$,$1+\dfrac{\sqrt{5}}{2}$的单位特征向量$\left(\dfrac{1}{\sqrt{2}},\dfrac{2\mathrm{i}-1}{\sqrt{10}}\right)^{\mathrm{T}}$,则

$$\boldsymbol{P}_2=\begin{pmatrix}\dfrac{1}{\sqrt{2}} & -\dfrac{1-2\mathrm{i}}{\sqrt{10}}\\ \dfrac{1-2\mathrm{i}}{\sqrt{10}} & \dfrac{1}{\sqrt{2}}\end{pmatrix}$$

是酉阵,令

$$\boldsymbol{P}=\boldsymbol{P}_1\boldsymbol{P}_2=\begin{pmatrix}\dfrac{\sqrt{5}-1}{\sqrt{10}}-\dfrac{\mathrm{i}}{\sqrt{40}} & -\dfrac{1}{\sqrt{10}}+\dfrac{4-\sqrt{5}}{\sqrt{40}}\mathrm{i}\\ \dfrac{1-2\mathrm{i}}{\sqrt{40}} & \dfrac{1}{2\sqrt{2}}\end{pmatrix}$$

则

$$\boldsymbol{P}^{\mathrm{H}}\boldsymbol{A}\boldsymbol{P}=\begin{pmatrix}1 & 0\\ 0 & 1\end{pmatrix},\quad \boldsymbol{P}^{\mathrm{H}}\boldsymbol{B}\boldsymbol{P}=\begin{pmatrix}1-\dfrac{1}{\sqrt{5}} & 0\\ 0 & 1+\dfrac{1}{\sqrt{5}}\end{pmatrix}$$

定义 1.16 设 $\boldsymbol{A},\boldsymbol{B}$ 为 n 阶 Hermite 矩阵,且 $\boldsymbol{A}$ 是正定的,若 n 维非零列向量 $\boldsymbol{\alpha}$ 及复数 λ_0,满足

$$\boldsymbol{B}\boldsymbol{\alpha}=\lambda_0\boldsymbol{A}\boldsymbol{\alpha}$$

称数 λ_0 是矩阵 $\boldsymbol{B}$ 相对于矩阵 $\boldsymbol{A}$ 的广义特征值,而 $\boldsymbol{\alpha}$ 是 $\boldsymbol{B}$ 相对于 $\boldsymbol{A}$ 的广义特征值 λ_0 的广义特征向量.

定理 1.25 设 $\boldsymbol{A},\boldsymbol{B}$ 为 n 阶 Hermite 矩阵,且 $\boldsymbol{A}$ 是正定的,则 $\boldsymbol{B}$ 相对于 $\boldsymbol{A}$ 的广义特征值,广义特征向量有如下性质:

(1) 有 n 个实的广义特征值 $\lambda_1,\lambda_2,\cdots,\lambda_n$;

(2) 有 n 个线性无关的广义特征向量 $\boldsymbol{\alpha}_1,\boldsymbol{\alpha}_2,\cdots,\boldsymbol{\alpha}_n$,即

$$B\boldsymbol{\alpha}_i = \lambda_i A\boldsymbol{\alpha}_i \quad (i = 1,2,\cdots,n)$$

(3) 这 n 个广义特征向量可以这样选取,使其满足

$$\boldsymbol{\alpha}_i^{\mathrm{H}} A\boldsymbol{\alpha}_j = \begin{cases} 0 & (i \neq j) \\ 1 & (i = j) \end{cases}$$

$$\boldsymbol{\alpha}_i^{\mathrm{H}} B\boldsymbol{\alpha}_j = \begin{cases} 0 & (i \neq j) \\ \lambda_j & (i = j) \end{cases}$$

证明 (1) 由定理的证明过程可知.

(2) 由定理的证明,存在可逆 $\boldsymbol{P}_1$,使得 $\boldsymbol{P}_1^{\mathrm{H}}\boldsymbol{AP}_1 = \boldsymbol{E}$,而 $\boldsymbol{P}_1^{\mathrm{H}}\boldsymbol{BP}_1$ 是 Hermite 矩阵,可对角化,有 n 个线性无关组的特征向量,且任意广义特征值就是 $\boldsymbol{P}_1^{\mathrm{H}}\boldsymbol{BP}_1$ 的特征值.对任意广义特征值 λ_i,对应 $\boldsymbol{P}_1^{\mathrm{H}}\boldsymbol{BP}_1$ 的特征值 λ_i 的特征向量为 $\boldsymbol{\beta}_i$,即

$$\boldsymbol{P}_1^{\mathrm{H}}\boldsymbol{BP}_1\boldsymbol{\beta}_i = \lambda_i\boldsymbol{\beta}_i$$

$\boldsymbol{\beta}_1,\boldsymbol{\beta}_2,\cdots,\boldsymbol{\beta}_n$ 线性无关.记 $\boldsymbol{P}_1\boldsymbol{\beta}_i = \boldsymbol{\alpha}_i$,而 $\boldsymbol{P}_1$ 可逆,故 $\boldsymbol{\alpha}_i \neq 0$,因 $\boldsymbol{\beta}_i \neq 0$,于是

$$\boldsymbol{P}_1^{\mathrm{H}}\boldsymbol{B}\boldsymbol{\alpha}_i = \lambda_i\boldsymbol{\beta}_i = \lambda_i\boldsymbol{P}_1^{\mathrm{H}}\boldsymbol{AP}_1\boldsymbol{\beta}_i = \lambda_i\boldsymbol{P}_1^{\mathrm{H}}\boldsymbol{A}\boldsymbol{\alpha}_i$$

从而 $\boldsymbol{P}_1^{\mathrm{H}}\boldsymbol{B}\boldsymbol{\alpha}_i = \lambda_i\boldsymbol{P}_1^{\mathrm{H}}\boldsymbol{A}\boldsymbol{\alpha}_i$,左乘矩阵 $\boldsymbol{P}_1^{\mathrm{H}}$ 的逆,得

$$\boldsymbol{B}\boldsymbol{\alpha}_i = \lambda_i\boldsymbol{A}\boldsymbol{\alpha}_i$$

从而 $\boldsymbol{\alpha}_i (i = 1,2,\cdots,n)$ 是 $\boldsymbol{B}$ 相对于 $\boldsymbol{A}$ 的广义特征值 λ_i 的广义特征向量,故 $\boldsymbol{B}$ 有 n 个广义特征向量 $\boldsymbol{\alpha}_1,\boldsymbol{\alpha}_2,\cdots,\boldsymbol{\alpha}_n$.由 $\boldsymbol{\beta}_1,\boldsymbol{\beta}_2,\cdots,\boldsymbol{\beta}_n$ 线性无关和 $\boldsymbol{P}_1$ 可逆知 $\boldsymbol{\alpha}_1,\boldsymbol{\alpha}_2,\cdots,\boldsymbol{\alpha}_n$ 线性无关组.

(3) 由定理的证明可知,存在可逆 $\boldsymbol{P}_1$,使得 $\boldsymbol{P}_1^{\mathrm{H}}\boldsymbol{AP}_1 = \boldsymbol{E}$,而 $\boldsymbol{P}_1^{\mathrm{H}}\boldsymbol{BP}_1$ 的 n 个线性无关组的特征向量 $\boldsymbol{\beta}_1,\boldsymbol{\beta}_2,\cdots,\boldsymbol{\beta}_n$ 可以选为标准正交组,即

$$\boldsymbol{\beta}_i^{\mathrm{H}}\boldsymbol{\beta}_j = \begin{cases} 0 & (i \neq j) \\ 1 & (i = j) \end{cases}$$

注意到 $\boldsymbol{A} = (\boldsymbol{P}_1^{\mathrm{H}})^{-1}\boldsymbol{P}_1^{-1}$,$\boldsymbol{\alpha}_i = \boldsymbol{P}_1\boldsymbol{\beta}_i$,故

$$\boldsymbol{\beta}_i^{\mathrm{H}}\boldsymbol{\beta}_j = \boldsymbol{\beta}_i^{\mathrm{H}}\boldsymbol{P}_1^{\mathrm{H}}((\boldsymbol{P}_1^{\mathrm{H}})^{-1}\boldsymbol{P}_1^{-1})\boldsymbol{P}_1\boldsymbol{\beta}_j = \boldsymbol{\alpha}_i^{\mathrm{H}}\boldsymbol{A}\boldsymbol{\alpha}_j = \begin{cases} 0 & (i \neq j) \\ 1 & (i = j) \end{cases}$$

注意到 $\boldsymbol{P}_1^{\mathrm{H}}\boldsymbol{BP}_1\boldsymbol{\beta}_j = \lambda_j\boldsymbol{\beta}_j$,可得 $\boldsymbol{\beta}_i^{\mathrm{H}}\boldsymbol{P}_1^{\mathrm{H}}\boldsymbol{BP}_1\boldsymbol{\beta}_j = \lambda_j\boldsymbol{\beta}_i^{\mathrm{H}}\boldsymbol{\beta}_j = \boldsymbol{\alpha}_i^{\mathrm{H}}\boldsymbol{B}\boldsymbol{\alpha}_j$,故

$$\boldsymbol{\alpha}_i^{\mathrm{H}}\boldsymbol{B}\boldsymbol{\alpha}_j = \lambda_j\boldsymbol{\beta}_i^{\mathrm{H}}\boldsymbol{\beta}_j = \begin{cases} 0 & (i \neq j) \\ \lambda_j & (i = j) \end{cases}$$ □

1.8 Rayleigh 商

本节仅讨论 Hermite 矩阵的 Rayleigh 商,所得结论对实对称阵也成立.设 $\boldsymbol{A}$ 是 Hermite 矩阵,$\boldsymbol{X}$ 是复列向量,由 $\boldsymbol{X}^{\mathrm{H}}\boldsymbol{AX}$ 是一个数,故 $(\boldsymbol{X}^{\mathrm{H}}\boldsymbol{AX})^{\mathrm{T}} = \boldsymbol{X}^{\mathrm{H}}\boldsymbol{AX}$,于是

$$\overline{\boldsymbol{X}^{\mathrm{H}}\boldsymbol{AX}} = \overline{(\boldsymbol{X}^{\mathrm{H}}\boldsymbol{AX})^{\mathrm{T}}} = (\overline{\boldsymbol{X}^{\mathrm{H}}\boldsymbol{AX}})^{\mathrm{T}} = (\boldsymbol{X}^{\mathrm{H}}\boldsymbol{AX})^{\mathrm{T}} = \boldsymbol{X}^{\mathrm{H}}\boldsymbol{A}^{\mathrm{H}}\boldsymbol{X} = \boldsymbol{X}^{\mathrm{H}}\boldsymbol{AX}$$

从而可知 $\boldsymbol{X}^{\mathrm{H}}\boldsymbol{AX}$ 是一个实数,而 $\boldsymbol{X}^{\mathrm{H}}\boldsymbol{X}$ 也是实数.

定义 1.17 设方阵 $\boldsymbol{A}$ 是 n 阶 Hermite 矩阵,$\boldsymbol{X}$ 是 n 维非零列复向量,称实数

$$R(\boldsymbol{X}) = \frac{\boldsymbol{X}^{\mathrm{H}}\boldsymbol{AX}}{\boldsymbol{X}^{\mathrm{H}}\boldsymbol{X}}$$

为 Hermite 矩阵 $\boldsymbol{A}$ 的 Rayleigh 商.

注意到,对任意数 $k\neq0$,有

$$R(k\boldsymbol{X})=\frac{(k\boldsymbol{X})^{\mathrm{H}}\boldsymbol{A}(k\boldsymbol{X})}{(k\boldsymbol{X})^{\mathrm{H}}(k\boldsymbol{X})}=\frac{(\bar{k}\cdot k)(\boldsymbol{X}^{\mathrm{H}}\boldsymbol{A}\boldsymbol{X})}{(\bar{k}\cdot k)(\boldsymbol{X}^{\mathrm{H}}\boldsymbol{X})}=\frac{\boldsymbol{X}^{\mathrm{H}}\boldsymbol{A}\boldsymbol{X}}{\boldsymbol{X}^{\mathrm{H}}\boldsymbol{X}}=R(\boldsymbol{X})$$

因而在定义中可以取 $\boldsymbol{X}$ 是单位向量,Hermite 矩阵 $\boldsymbol{A}$ 的 Rayleigh 商 $R(\boldsymbol{X})$也可以说 $\boldsymbol{A}$ 在向量 $\boldsymbol{X}$ 方向上的 Rayleigh 商,这时 $R(\boldsymbol{X})=\boldsymbol{X}^{\mathrm{H}}\boldsymbol{A}\boldsymbol{X}$.

定理 1.26 方阵 $\boldsymbol{A}$ 是 n 阶 Hermite 矩阵,令

$$\lambda_m=\min\{\lambda\mid \boldsymbol{A}\boldsymbol{X}=\lambda\boldsymbol{X}(\boldsymbol{X}\neq0)\},\quad \lambda_M=\max\{\lambda\mid \boldsymbol{A}\boldsymbol{X}=\lambda\boldsymbol{X}(\boldsymbol{X}\neq0)\}$$

即 λ_m,λ_M 是分别矩阵 $\boldsymbol{A}$ 的最小、最大特征值.则对任意非零向量 $\boldsymbol{X}$ 有 $R(\boldsymbol{X})\in[\lambda_m,\lambda_M]$,而且可以取到区间内的任意一个值.

证明 Hermite 矩阵可以酉对角化,存在酉阵 $\boldsymbol{P}$,使得

$$\boldsymbol{A}=\boldsymbol{P}\begin{pmatrix}\lambda_1&\cdots&0\\\vdots&\ddots&\vdots\\0&0&\lambda_n\end{pmatrix}\boldsymbol{P}^{\mathrm{H}}$$

λ_i 是均是 $\boldsymbol{A}$ 的特征值,其特征向量为 $\boldsymbol{P}$ 的对应列,而且可以通过调整酉阵 $\boldsymbol{P}$ 的列的次序,到达调整对角阵的对角线上元素的位置,因而不妨设 $\lambda_1=\min\{\lambda_i\}$,$\lambda_n=\max\{\lambda_i\}$,又对任意单位向量 $\boldsymbol{X}$.令 $\boldsymbol{P}^{\mathrm{H}}\boldsymbol{X}=\boldsymbol{Y}=(y_1,y_2,\cdots,y_n)^{\mathrm{T}}$,由 $\boldsymbol{P}$ 是酉阵,有 $\boldsymbol{Y}^{\mathrm{H}}\boldsymbol{Y}=\boldsymbol{X}^{\mathrm{H}}\boldsymbol{X}=1$,而

$$R(\boldsymbol{X})=\boldsymbol{X}^{\mathrm{H}}\boldsymbol{A}\boldsymbol{X}=\boldsymbol{Y}^{\mathrm{H}}\begin{pmatrix}\lambda_1&\cdots&0\\\vdots&\ddots&\vdots\\0&\cdots&\lambda_n\end{pmatrix}\boldsymbol{Y}=\lambda_1\bar{y}_1y_1+\lambda_2\bar{y}_2y_2+\cdots+\lambda_n\bar{y}_ny_n$$

于是

$$\lambda_1=\lambda_1(\bar{y}_1y_1+\bar{y}_2y_2+\cdots+\bar{y}_ny_n)\leqslant R(\boldsymbol{X})\leqslant\lambda_n(\bar{y}_1y_1+\bar{y}_2y_2+\cdots+\bar{y}_ny_n)=\lambda_n$$

取 $\boldsymbol{X}_1$ 为 λ_1 的单位特征向量,则 $R(\boldsymbol{X}_1)=\boldsymbol{X}_1^{\mathrm{H}}\boldsymbol{A}\boldsymbol{X}_1=\lambda_1\boldsymbol{X}^{\mathrm{H}}\boldsymbol{X}_1=\lambda_1$;取 $\boldsymbol{X}_n$ 为 λ_n 的单位特征向量,则 $R(\boldsymbol{X}_n)=\lambda_n$,而且对任意 $t\in[0,1]$,函数

$$f(t)=R((1-t)\boldsymbol{X}_1+t\boldsymbol{X}_n)$$

是 t 在区间$[0,1]$上的连续函数,而且 $f(0)=R(\boldsymbol{X}_1)=\lambda_1$,$f(1)=R(\boldsymbol{X}_n)=\lambda_n$,由介值定理,对任意 $a\in[\lambda_1,\lambda_n]$,存在 t_0 使得

$$f(t_0)=R((1-t_0)\boldsymbol{X}_1+t_0\boldsymbol{X}_n)=a$$ □

从现在开始,将 Hermite 矩阵 $\boldsymbol{A}$ 的 n 个特征值按大小次序排列,设为

$$\lambda_1\leqslant\lambda_2\leqslant\cdots\leqslant\lambda_n$$

而 $\boldsymbol{X}_1,\boldsymbol{X}_2,\cdots,\boldsymbol{X}_n$ 分别是特征值 $\lambda_1,\lambda_2,\cdots,\lambda_n$ 对应的正交的单位特征向量.对任意 $1\leqslant k\leqslant n$,记 R_k 是由 $\boldsymbol{X}_k,\boldsymbol{X}_{k+1},\cdots,X_n$ 生成的子空间,V_k 是由 $\boldsymbol{X}_1,\boldsymbol{X}_2,\cdots,\boldsymbol{X}_k$ 生成的子空间,即

$$R_k=\langle\boldsymbol{X}_k,\boldsymbol{X}_{k+1},\cdots,\boldsymbol{X}_n\rangle,\quad V_k=\langle\boldsymbol{X}_1,\boldsymbol{X}_2,\cdots,\boldsymbol{X}_k\rangle$$

显然 R_k 与 V_{k-1}互为正交补空间,R_k 是 $n-k+1$ 维子空间,R_k 和 V_k 均是 $\boldsymbol{A}$-不变子空间(这里矩阵 $\boldsymbol{A}$ 与矩阵 $\boldsymbol{A}$ 在向量空间 $\mathbb{C}^n$ 以及其基 $\boldsymbol{X}_1,\boldsymbol{X}_2,\cdots,\boldsymbol{X}_n$ 下对应的线性变换等同).对任意 $\boldsymbol{X}\in R_k$ 的 Rayleigh 商 $R(\boldsymbol{X})$等于 $\boldsymbol{X}\in\mathbb{C}^n$ 的 Rayleigh 商 $R(\boldsymbol{X})$.由上定理可得:

定理 1.27 对任意 $1\leqslant k\leqslant n$,有

$$\lambda_k=\min_{0\neq\boldsymbol{X}\in R_k}\{R(\boldsymbol{X})\},\quad \lambda_n=\max_{0\neq\boldsymbol{X}\neq R_k}\{R(\boldsymbol{X})\}$$

进一步,对 $1\leqslant i_1<i_2<\cdots<i_k\leqslant n$,令 $W=\langle X_{i_1},X_{i_2},\cdots,X_{i_k}\rangle$,有

$$\lambda_{i_1} = \min_{0\neq \boldsymbol{X}\in W}\{R(\boldsymbol{X})\},\quad \lambda_{i_k} = \max_{0\neq \boldsymbol{X}\in W}\{R(\boldsymbol{X})\}$$

定理 1.28 对任意 $1\leqslant k\leqslant n$，记 W_k 是 $\mathbb{C}^n$ 的任意 k 维子空间，则有

(1) 极小极大原理：$\lambda_k = \min\limits_{\forall W_k}(\max\limits_{\forall \boldsymbol{X}\in W_k}\{R(\boldsymbol{X})\})$；

(2) 极大极小原理：$\lambda_k = \max\limits_{\forall W_{n-k+1}}(\min\limits_{\forall \boldsymbol{X}\in W_{n-k+1}}\{R(\boldsymbol{X})\})$.

证明 (1) 注意到对任意的 W_k，存在 $0\neq \boldsymbol{Y}_k\in W_k\cap R_k$，由 $\boldsymbol{Y}_k\in R_k$ 可知

$$\lambda_k = \min_{\boldsymbol{X}\in R_k}(R(\boldsymbol{X}))\leqslant R(\boldsymbol{Y}_k)$$

又 $Y_k\in W_k$ 知

$$R(\boldsymbol{Y}_k)\leqslant \max_{\boldsymbol{X}\in W_k}(R(\boldsymbol{X}))$$

由此可知

$$\lambda_k\leqslant R(\boldsymbol{Y}_k)\leqslant \min_{\forall W_k}(\max\{R(\boldsymbol{X})\mid \forall \boldsymbol{X}\in W_k\})$$

又

$$\lambda_k = \max_{\boldsymbol{X}\in V_k}(R(\boldsymbol{X}))\geqslant \min_{\forall W_k}(\max\{R(\boldsymbol{X})\mid \forall \boldsymbol{X}\in W_k\})$$

故

$$\lambda_k = \min_{\forall W_k}(\max\{R(\boldsymbol{X})\mid \forall \boldsymbol{X}\in W_k\})$$

(2) 令 $\boldsymbol{B}=-\boldsymbol{A}$，对 $\boldsymbol{B}$ 应用(1)所得结论即可. □

最后应用 Rayleigh 商研究 Hermite 矩阵特征值的摄动定理，即讨论矩阵的元素发生微小变化时对应矩阵特征值的变化范围.

定理 1.29 设 $\boldsymbol{A},\boldsymbol{B}$ 是 Hermite 矩阵，$\lambda_i(\boldsymbol{A}),\lambda_i(\boldsymbol{B})$ 与 $\lambda_i(\boldsymbol{A}+\boldsymbol{B})$ 分别表示矩阵 $\boldsymbol{A},\boldsymbol{B}$ 与 $\boldsymbol{A}+\boldsymbol{B}$ 的特征值，且特征值从小到大按递增顺序排列. 则对于每一个 i，有

$$\lambda_i(\boldsymbol{A})+\lambda_1(\boldsymbol{B})\leqslant \lambda_i(\boldsymbol{A}+\boldsymbol{B})\leqslant \lambda_i(\boldsymbol{A})+\lambda_n(\boldsymbol{B})$$

证明 由极大极小定理得

$$\begin{aligned}
\lambda_i(\boldsymbol{A}+\boldsymbol{B}) &= \max_{\forall W_{n-i+1}}\left(\min_{\forall \boldsymbol{X}\in W_{n-i+1}}\left\{\frac{\boldsymbol{X}^{\mathrm{H}}(\boldsymbol{A}+\boldsymbol{B})\boldsymbol{X}}{\boldsymbol{X}^{\mathrm{H}}\boldsymbol{X}}\right\}\right)\\
&= \max_{\forall W_{n-i+1}}\left(\min_{\forall \boldsymbol{X}\in W_{n-i+1}}\left\{\frac{\boldsymbol{X}^{\mathrm{H}}\boldsymbol{A}\boldsymbol{X}}{\boldsymbol{X}^{\mathrm{H}}\boldsymbol{X}}+\frac{\boldsymbol{X}^{\mathrm{H}}\boldsymbol{B}\boldsymbol{X}}{\boldsymbol{X}^{\mathrm{H}}\boldsymbol{X}}\right\}\right)\\
&\leqslant \max_{\forall W_{n-i+1}}\left(\min_{\forall \boldsymbol{X}\in W_{n-i+1}}\left\{\frac{\boldsymbol{X}^{\mathrm{H}}\boldsymbol{A}\boldsymbol{X}}{\boldsymbol{X}^{\mathrm{H}}\boldsymbol{X}}+\lambda_n(\boldsymbol{B})\right\}\right)\\
&= \max_{\forall W_{n-i+1}}\left(\min_{\forall \boldsymbol{X}\in W_{n-i+1}}\left\{\frac{\boldsymbol{X}^{\mathrm{H}}\boldsymbol{A}\boldsymbol{X}}{\boldsymbol{X}^{\mathrm{H}}\boldsymbol{X}}\right\}\right)+\lambda_n(\boldsymbol{B})\\
&= \lambda_i(\boldsymbol{A})+\lambda_n(\boldsymbol{B})
\end{aligned}$$

类似地，有

$$\begin{aligned}
\lambda_i(\boldsymbol{A}+\boldsymbol{B}) &= \max_{\forall W_{n-i+1}}\left(\min_{\forall \boldsymbol{X}\in W_{n-i+1}}\left\{\frac{\boldsymbol{X}^{\mathrm{H}}\boldsymbol{A}\boldsymbol{X}}{\boldsymbol{X}^{\mathrm{H}}\boldsymbol{X}}+\frac{\boldsymbol{X}^{\mathrm{H}}\boldsymbol{B}\boldsymbol{X}}{\boldsymbol{X}^{\mathrm{H}}\boldsymbol{X}}\right\}\right)\geqslant \max_{\forall W_{n-i+1}}\left(\min_{\forall \boldsymbol{X}\in W_{n-i+1}}\left\{\frac{\boldsymbol{X}^{\mathrm{H}}\boldsymbol{A}\boldsymbol{X}}{\boldsymbol{X}^{\mathrm{H}}\boldsymbol{X}}+\lambda_1(\boldsymbol{B})\right\}\right)\\
&= \max_{\forall W_{n-i+1}}\left(\min_{\forall \boldsymbol{X}\in W_{n-i+1}}\left\{\frac{\boldsymbol{X}^{\mathrm{H}}\boldsymbol{A}\boldsymbol{X}}{\boldsymbol{X}^{\mathrm{H}}\boldsymbol{X}}\right\}\right)+\lambda_n(\boldsymbol{B}) = \lambda_i(\boldsymbol{A})+\lambda_n(\boldsymbol{B})
\end{aligned}$$

□

在实际应用中，Rayleigh 商可以用于分析和优化结构的振动特性. 例如，在工程上，Rayleigh 商可以用来评估建筑物或桥梁的结构设计，以确定其对地震或其他外部扰动的响应，又如在分子物理学或凝聚态物理学中，Rayleigh 商可以用来描述分子或晶体的振动模式

和能谱以及薛定谔方程的能量本征值.总之,Rayleigh 商在科技领域中是一个重要的概念,用于描述物理系统的振动特性和动力学性质.它可以帮助研究人员理解和预测系统的行为,并为设计优化和控制系统提供指导.

1.9 矩阵的张量积

随着科学的进步与技术的发展,使用矩阵的张量积作为工具的情况越来越多,例如,在信号处理中,矩阵的张量积用于多通道信号处理,提高信号处理的效率;在图像处理中,矩阵的张量积用于图像融合、图像增强等方面;在量子计算中,矩阵的张量积用于描述量子态的演化等.矩阵的张量积也称 Kronecker 积,本节我们先引入矩阵的张量积的概念,并简单讨论其性质,最后应用张量积研究一些简单矩阵方程.

1.9.1 矩阵的张量积

不同于两个矩阵的乘法(并不是所有两个矩阵可以相乘,必须满足:前一个矩阵的列数等于后一个矩阵的行数),我们给出两个矩阵的张量积的概念如下:

定义 1.18 设 $\boldsymbol{A}=(a_{ij})_{m\times n}$,$\boldsymbol{B}=(b_{ij})_{s\times t}$,称以 $a_{ij}\boldsymbol{B}$ 为子矩阵的矩阵为 $\boldsymbol{A}$,$\boldsymbol{B}$ 的张量积,记作 $\boldsymbol{A}\otimes\boldsymbol{B}$,即

$$\boldsymbol{A}\otimes\boldsymbol{B}=\begin{pmatrix} a_{11}\boldsymbol{B} & a_{12}\boldsymbol{B} & \cdots & a_{1n}\boldsymbol{B} \\ a_{21}\boldsymbol{B} & a_{22}\boldsymbol{B} & \cdots & a_{2n}\boldsymbol{B} \\ \vdots & \vdots & \ddots & \vdots \\ a_{m1}\boldsymbol{B} & a_{m2}\boldsymbol{B} & \cdots & a_{mn}\boldsymbol{B} \end{pmatrix}$$

显然,① $\boldsymbol{A}\otimes\boldsymbol{B}$ 是一个 $ms\times nt$ 矩阵;② 任何两个矩阵总可以求其张量积,这和矩阵乘法不同.③ 矩阵的张量积不满足交换性,即一般 $\boldsymbol{A}\otimes\boldsymbol{B}\neq\boldsymbol{B}\otimes\boldsymbol{A}$.但是由下面定理可知它们相似.

例 1.11 设 $\boldsymbol{A}=\begin{pmatrix} 2 & -1 \\ 3 & 7 \end{pmatrix}$,$\boldsymbol{B}=(a,b,c)$,则

$$\boldsymbol{A}\otimes\boldsymbol{B}=\begin{pmatrix} 2(a,b,c) & -1(a,b,c) \\ 3(a,b,c) & 7(a,b,c) \end{pmatrix}=\begin{pmatrix} 2a & 2b & 2c & -a & -b & -c \\ 3a & 3b & 3c & 7a & 7b & 7c \end{pmatrix}$$

例 1.12 设 $\boldsymbol{\alpha}=(x_1,x_2,\cdots,x_n)^{\mathrm{T}}$,$\boldsymbol{\beta}=(y_1,y_2,\cdots,y_m)^{\mathrm{T}}$,则

$$\boldsymbol{\alpha}\otimes\boldsymbol{\beta}=(x_1y_1,x_1y_2,\cdots,x_1y_m,x_2y_1,x_2y_2,\cdots,x_2y_m,\cdots,x_ny_1,x_ny_2,\cdots,x_ny_m)^{\mathrm{T}}$$

从而可知若 $\boldsymbol{\alpha}\neq0$,$\boldsymbol{\beta}\neq0$,存在 $x_i\neq0$,$y_j\neq0$,则 $\boldsymbol{\alpha}\otimes\boldsymbol{\beta}$ 的分量 $x_iy_j\neq0$,即 $\boldsymbol{\alpha}\otimes\boldsymbol{\beta}\neq0$.

容易验证张量积的下述性质:

(1) $(k\boldsymbol{A})\otimes\boldsymbol{B}=k(\boldsymbol{A}\otimes\boldsymbol{B})=\boldsymbol{A}\otimes(k\boldsymbol{B})$;

(2) $(\boldsymbol{A}+\boldsymbol{B})\otimes\boldsymbol{C}=\boldsymbol{A}\otimes\boldsymbol{C}+\boldsymbol{B}\otimes\boldsymbol{C}$,$\boldsymbol{A}\otimes(\boldsymbol{B}+\boldsymbol{C})=\boldsymbol{A}\otimes\boldsymbol{B}+\boldsymbol{A}\otimes\boldsymbol{C}$;

(3) $(\boldsymbol{A}\otimes\boldsymbol{B})\otimes\boldsymbol{C}=\boldsymbol{A}\otimes(\boldsymbol{B}\otimes\boldsymbol{C})$;

(4) $\boldsymbol{E}_m\otimes\boldsymbol{E}_n=\boldsymbol{E}_{mn}$.

张量积的下列性质是极其重要的:

定理 1.30 对任意 $m\times n$ 矩阵 $\boldsymbol{A}$, $p\times q$ 矩阵 $\boldsymbol{B}$, $n\times s$ 矩阵 $\boldsymbol{C}$, $q\times t$ 矩阵 $\boldsymbol{D}$,有

$$(\boldsymbol{A}\otimes\boldsymbol{B})(\boldsymbol{C}\otimes\boldsymbol{D})=(\boldsymbol{AC})\otimes(\boldsymbol{BD})$$

证明 设 $\boldsymbol{A}=(a_{ij})$, $\boldsymbol{C}=(c_{ij})$,则

$$\boldsymbol{A}\otimes\boldsymbol{B}=\begin{pmatrix} a_{11}\boldsymbol{B} & a_{12}\boldsymbol{B} & \cdots & a_{1n}\boldsymbol{B}\\ a_{21}\boldsymbol{B} & a_{22}\boldsymbol{B} & \cdots & a_{2n}\boldsymbol{B}\\ \vdots & \vdots & \ddots & \vdots\\ a_{m1}\boldsymbol{B} & a_{m2}\boldsymbol{B} & \cdots & a_{mn}\boldsymbol{B}\end{pmatrix},\quad \boldsymbol{C}\otimes\boldsymbol{D}=\begin{pmatrix} c_{11}\boldsymbol{D} & c_{12}\boldsymbol{D} & \cdots & c_{1s}\boldsymbol{D}\\ c_{21}\boldsymbol{D} & c_{22}\boldsymbol{D} & \cdots & c_{2s}\boldsymbol{D}\\ \vdots & \vdots & \ddots & \vdots\\ c_{n1}\boldsymbol{D} & c_{n2}\boldsymbol{D} & \cdots & c_{ns}\boldsymbol{D}\end{pmatrix}$$

则

$$(\boldsymbol{A}\otimes\boldsymbol{B})(\boldsymbol{C}\otimes\boldsymbol{D})=\begin{pmatrix} a_{11}\boldsymbol{B} & a_{12}\boldsymbol{B} & \cdots & a_{1n}\boldsymbol{B}\\ a_{21}\boldsymbol{B} & a_{22}\boldsymbol{B} & \cdots & a_{2n}\boldsymbol{B}\\ \vdots & \vdots & \ddots & \vdots\\ a_{m1}\boldsymbol{B} & a_{m2}\boldsymbol{B} & \cdots & a_{mn}\boldsymbol{B}\end{pmatrix}\begin{pmatrix} c_{11}\boldsymbol{D} & c_{12}\boldsymbol{D} & \cdots & c_{1s}\boldsymbol{D}\\ c_{21}\boldsymbol{D} & c_{22}\boldsymbol{D} & \cdots & c_{2s}\boldsymbol{D}\\ \vdots & \vdots & \ddots & \vdots\\ c_{n1}\boldsymbol{D} & c_{n2}\boldsymbol{D} & \cdots & c_{ns}\boldsymbol{D}\end{pmatrix}$$

$$=\begin{pmatrix} \left(\sum_{i=1}^n a_{1i}c_{i1}\right)\boldsymbol{BD} & \left(\sum_{i=1}^n a_{1i}c_{i2}\right)\boldsymbol{BD} & \cdots & \left(\sum_{i=1}^n a_{1i}c_{is}\right)\boldsymbol{BD}\\ \left(\sum_{i=1}^n a_{2i}c_{i1}\right)\boldsymbol{BD} & \left(\sum_{i=1}^n a_{2i}c_{i2}\right)\boldsymbol{BD} & \cdots & \left(\sum_{i=1}^n a_{2i}c_{is}\right)\boldsymbol{BD}\\ \vdots & \vdots & \ddots & \vdots\\ \left(\sum_{i=1}^n a_{mi}c_{i1}\right)\boldsymbol{BD} & \left(\sum_{i=1}^n a_{mi}c_{i2}\right)\boldsymbol{BD} & \cdots & \left(\sum_{i=1}^n a_{mi}c_{is}\right)\boldsymbol{BD}\end{pmatrix}$$

$$=\begin{pmatrix} \sum_{i=1}^n a_{1i}c_{i1} & \sum_{i=1}^n a_{1i}c_{i2} & \cdots & \sum_{i=1}^n a_{1i}c_{is}\\ \sum_{i=1}^n a_{2i}c_{i1} & \sum_{i=1}^n a_{2i}c_{i2} & \cdots & \sum_{i=1}^n a_{2i}c_{is}\\ \vdots & \vdots & \ddots & \vdots\\ \sum_{i=1}^n a_{mi}c_{i1} & \sum_{i=1}^n a_{mi}c_{i2} & \cdots & \sum_{i=1}^n a_{mi}c_{is}\end{pmatrix}\otimes(\boldsymbol{BD})$$

$$=(\boldsymbol{AC})\otimes(\boldsymbol{BD})$$ □

定理 1.31 设 $\boldsymbol{A}$ 是 n 阶方阵, $\boldsymbol{B}$ 是 m 阶方阵,有 $\boldsymbol{A}\otimes\boldsymbol{B}$, $\boldsymbol{B}\otimes\boldsymbol{A}$ 相似.

证明 首先 $\boldsymbol{A}\otimes\boldsymbol{B}=(\boldsymbol{AE}_n)\otimes(\boldsymbol{E}_m\boldsymbol{B})=(\boldsymbol{A}\otimes\boldsymbol{E}_m)(\boldsymbol{E}_n\otimes\boldsymbol{B})$. 设 $\boldsymbol{A}=(a_{ij})$,则

$$\boldsymbol{A}\otimes\boldsymbol{E}=\begin{pmatrix} a_{11}\boldsymbol{E} & a_{12}\boldsymbol{E} & \cdots & a_{1n}\boldsymbol{E}\\ a_{21}\boldsymbol{E} & a_{22}\boldsymbol{E} & \cdots & a_{2n}\boldsymbol{E}\\ \vdots & \vdots & \ddots & \vdots\\ a_{m1}\boldsymbol{E} & a_{m2}\boldsymbol{E} & \cdots & a_{mn}\boldsymbol{E}\end{pmatrix},\quad \boldsymbol{E}\otimes\boldsymbol{A}=\begin{pmatrix} \boldsymbol{A} & \boldsymbol{O} & \cdots & \boldsymbol{O}\\ \boldsymbol{O} & \boldsymbol{A} & \cdots & \boldsymbol{O}\\ \vdots & \vdots & \ddots & \vdots\\ \boldsymbol{O} & \boldsymbol{O} & \cdots & \boldsymbol{A}\end{pmatrix}$$

易得存在 mn 阶置换矩阵(即有限个互换两行或两列的初等变换对应的初等矩阵之积) $\boldsymbol{P}$,使得 $\boldsymbol{P}(\boldsymbol{A}\otimes\boldsymbol{E}_m)\boldsymbol{P}^{\mathrm{T}}=\boldsymbol{E}_m\otimes\boldsymbol{A}$,可以验证 $\boldsymbol{P}(\boldsymbol{E}_n\otimes\boldsymbol{B})\boldsymbol{P}^{\mathrm{T}}=\boldsymbol{B}\otimes\boldsymbol{E}_n$,于是

$$\boldsymbol{P}(\boldsymbol{A}\otimes\boldsymbol{B})\boldsymbol{P}^{\mathrm{T}}=\boldsymbol{P}(\boldsymbol{A}\otimes\boldsymbol{E}_m)\boldsymbol{P}^{\mathrm{T}}\boldsymbol{P}(\boldsymbol{E}_n\otimes\boldsymbol{B})\boldsymbol{P}^{\mathrm{T}}=(\boldsymbol{E}_m\otimes\boldsymbol{A})(\boldsymbol{B}\otimes\boldsymbol{E}_n)=\boldsymbol{B}\otimes\boldsymbol{A}$$ □

定理 1.32 对任意矩阵 $\boldsymbol{A}$, $\boldsymbol{B}$,有

$$(\boldsymbol{A}\otimes\boldsymbol{B})^{\mathrm{H}}=(\boldsymbol{A}^{\mathrm{H}})\otimes(\boldsymbol{B}^{\mathrm{H}})$$

证明 设 $\boldsymbol{A}=(a_{ij})$，则

$$\boldsymbol{A}\otimes\boldsymbol{B}=\begin{pmatrix} a_{11}\boldsymbol{B} & a_{12}\boldsymbol{B} & \cdots & a_{1n}\boldsymbol{B} \\ a_{21}\boldsymbol{B} & a_{22}\boldsymbol{B} & \cdots & a_{2n}\boldsymbol{B} \\ \vdots & \vdots & \ddots & \vdots \\ a_{m1}\boldsymbol{B} & a_{m2}\boldsymbol{B} & \cdots & a_{mn}\boldsymbol{B} \end{pmatrix}$$

于是

$$(\boldsymbol{A}\otimes\boldsymbol{B})^{\mathrm{H}}=\begin{pmatrix} a_{11}\boldsymbol{B} & a_{12}\boldsymbol{B} & \cdots & a_{1n}\boldsymbol{B} \\ a_{21}\boldsymbol{B} & a_{22}\boldsymbol{B} & \cdots & a_{2n}\boldsymbol{B} \\ \vdots & \vdots & \ddots & \vdots \\ a_{m1}\boldsymbol{B} & a_{m2}\boldsymbol{B} & \cdots & a_{mn}\boldsymbol{B} \end{pmatrix}^{\mathrm{H}}=\begin{pmatrix} \bar{a}_{11}\boldsymbol{B}^{\mathrm{H}} & \bar{a}_{21}\boldsymbol{B}^{\mathrm{H}} & \cdots & \bar{a}_{m1}\boldsymbol{B}^{\mathrm{H}} \\ \bar{a}_{12}\boldsymbol{B}^{\mathrm{H}} & \bar{a}_{22}\boldsymbol{B}^{\mathrm{H}} & \cdots & \bar{a}_{m2}\boldsymbol{B}^{\mathrm{H}} \\ \vdots & \vdots & \ddots & \vdots \\ \bar{a}_{1n}\boldsymbol{B}^{\mathrm{H}} & \bar{a}_{2n}\boldsymbol{B}^{\mathrm{H}} & \cdots & \bar{a}_{mn}\boldsymbol{B}^{\mathrm{H}} \end{pmatrix}$$

$$=\boldsymbol{A}^{\mathrm{H}}\otimes\boldsymbol{B}^{\mathrm{H}}$$ □

由上两个定理，易得如下推论：

推论 1.13 矩阵的张量积有如下等式成立：

(1) 若 $\boldsymbol{A},\boldsymbol{B}$ 可逆，则 $\boldsymbol{A}\otimes\boldsymbol{B}$ 可逆，且 $(\boldsymbol{A}\otimes\boldsymbol{B})^{-1}=\boldsymbol{A}^{-1}\otimes\boldsymbol{B}^{-1}$.

(2) $\mathrm{tr}(\boldsymbol{A}\otimes\boldsymbol{B})=\mathrm{tr}(\boldsymbol{A})\cdot\mathrm{tr}(\boldsymbol{B})$，其中 $\mathrm{tr}(\boldsymbol{A})$ 表示矩阵 $\boldsymbol{A}$ 的迹.

(3) 若 $\boldsymbol{A},\boldsymbol{B}$ 是(反)实对称阵，则 $\boldsymbol{A}\otimes\boldsymbol{B}$ 也是实对称阵.

(4) 若 $\boldsymbol{A},\boldsymbol{B}$ 是正规矩阵，则 $\boldsymbol{A}\otimes\boldsymbol{B}$ 也是正规矩阵.

(5) 若 $\boldsymbol{A},\boldsymbol{B}$ 是(反)Hermite 矩阵，则 $\boldsymbol{A}\otimes\boldsymbol{B}$ 也是 Hermite 矩阵.

(6) 若 $\boldsymbol{A},\boldsymbol{B}$ 是酉阵(或正交阵)，则 $\boldsymbol{A}\otimes\boldsymbol{B}$ 也是酉阵(或正交阵).

定理 1.33 对任意矩阵 $\boldsymbol{A},\boldsymbol{B}$，有

$$r(\boldsymbol{A}\otimes\boldsymbol{B})=r(\boldsymbol{A})\cdot r(\boldsymbol{B})$$

证明 设 $r(\boldsymbol{A})=r,r(\boldsymbol{B})=s$，则存在可逆阵 $\boldsymbol{P},\boldsymbol{Q},\boldsymbol{P}',\boldsymbol{Q}'$，使得

$$\boldsymbol{PAQ}=\begin{pmatrix} \boldsymbol{E}_r & \boldsymbol{O} \\ \boldsymbol{O} & \boldsymbol{O} \end{pmatrix},\quad \boldsymbol{P}'\boldsymbol{BQ}'=\begin{pmatrix} \boldsymbol{E}_s & \boldsymbol{O} \\ \boldsymbol{O} & \boldsymbol{O} \end{pmatrix}$$

则

$$(\boldsymbol{P}\otimes\boldsymbol{P}')(\boldsymbol{A}\otimes\boldsymbol{B})(\boldsymbol{Q}\otimes\boldsymbol{Q}')$$

$$(\boldsymbol{PAQ})\otimes(\boldsymbol{P}'\boldsymbol{BQ}')=\begin{pmatrix} \boldsymbol{E}_r & \boldsymbol{O} \\ \boldsymbol{O} & \boldsymbol{O} \end{pmatrix}\otimes\begin{pmatrix} \boldsymbol{E}_s & \boldsymbol{O} \\ \boldsymbol{O} & \boldsymbol{O} \end{pmatrix}=\begin{pmatrix} \boldsymbol{E}_r\otimes\boldsymbol{E}_s & \boldsymbol{O} \\ \boldsymbol{O} & \boldsymbol{O} \end{pmatrix}$$

而 $\boldsymbol{P}\otimes\boldsymbol{P}',\boldsymbol{Q}\otimes\boldsymbol{Q}'$ 可逆，故

$$r(\boldsymbol{A}\otimes\boldsymbol{B})=r\begin{pmatrix} \boldsymbol{E}_r\otimes\boldsymbol{E}_s & \boldsymbol{O} \\ \boldsymbol{O} & \boldsymbol{O} \end{pmatrix}=r(\boldsymbol{A})\cdot r(\boldsymbol{B})$$ □

上例中将向量作为矩阵的张量积，我们也直接称为向量的张量积，我们有如下结论：

定理 1.34 设 n 维向量 $\boldsymbol{\alpha}_1,\boldsymbol{\alpha}_2,\cdots,\boldsymbol{\alpha}_p$，$m$ 维向量 $\boldsymbol{\beta}_1,\boldsymbol{\beta}_2,\cdots,\boldsymbol{\beta}_q$，则 $\boldsymbol{\alpha}_1,\boldsymbol{\alpha}_2,\cdots,\boldsymbol{\alpha}_p$ 线性无关组；$\boldsymbol{\beta}_1,\boldsymbol{\beta}_2,\cdots,\boldsymbol{\beta}_q$ 也线性无关组的充要条件 $\boldsymbol{\alpha}_i\otimes\boldsymbol{\beta}_j(i=1,2,\cdots p;j=1,2,\cdots,q)$ 线性无关组.

证明 若 $\boldsymbol{\alpha}_i\otimes\boldsymbol{\beta}_j$ 线性无关组，若 $\sum\limits_{i=1}^{p}x_i\boldsymbol{\alpha}_i=0$，则对任意固定的 j，有

$$0=0\otimes\boldsymbol{\beta}_j=\left(\sum_{i=1}^{p}x_i\boldsymbol{\alpha}_i\right)\otimes\boldsymbol{\beta}_j=\sum_{i=1}^{p}x_i(\boldsymbol{\alpha}_i\otimes\boldsymbol{\beta}_j)$$

由于 $\boldsymbol{\alpha}_1\otimes\boldsymbol{\beta}_j,\boldsymbol{\alpha}_2\otimes\boldsymbol{\beta}_j,\cdots,\boldsymbol{\alpha}_p\otimes\boldsymbol{\beta}_j$ 是 $\boldsymbol{\alpha}_i\otimes\boldsymbol{\beta}_j(i=1,2,\cdots p;j=1,2,\cdots,q)$ 的部分组，线性无关

组,故每一个 $x_i=0$,于是 $\boldsymbol{\alpha}_1,\boldsymbol{\alpha}_2,\cdots,\boldsymbol{\alpha}_p$ 线性无关组,同理可证 $\boldsymbol{\beta}_1,\boldsymbol{\beta}_2,\cdots,\boldsymbol{\beta}_q$ 也线性无关组.

若 $\boldsymbol{\alpha}_1,\boldsymbol{\alpha}_2,\cdots,\boldsymbol{\alpha}_p$ 线性无关组,$\boldsymbol{\beta}_1,\boldsymbol{\beta}_2,\cdots,\boldsymbol{\beta}_q$ 也线性无关组,令

$$\boldsymbol{A}=(\boldsymbol{\alpha}_1,\boldsymbol{\alpha}_2,\cdots,\boldsymbol{\alpha}_p),\quad \boldsymbol{B}=(\boldsymbol{\beta}_1,\boldsymbol{\beta}_2,\cdots,\boldsymbol{\beta}_q)$$

则 $r(\boldsymbol{A})=p,r(\boldsymbol{B})=q$,由上定理知,$r(\boldsymbol{A}\otimes\boldsymbol{B})=pq$,而

$$\boldsymbol{A}\otimes\boldsymbol{B}=(\boldsymbol{\alpha}_1\otimes\boldsymbol{\beta}_1,\boldsymbol{\alpha}_1\otimes\boldsymbol{\beta}_2,\cdots,\boldsymbol{\alpha}_1\otimes\boldsymbol{\beta}_q,\cdots,\boldsymbol{\alpha}_p\otimes\boldsymbol{\beta}_1,\boldsymbol{\alpha}_p\otimes\boldsymbol{\beta}_2,\cdots,\boldsymbol{\alpha}_p\otimes\boldsymbol{\beta}_q)$$

共 pq 列,由矩阵的秩的定义,$\boldsymbol{\alpha}_i\otimes\boldsymbol{\beta}_j(i=1,2,\cdots p;j=1,2,\cdots,q)$线性无关组. □

定理 1.35 设 $\boldsymbol{A}$ 是 n 阶方阵,$\boldsymbol{B}$ 是 m 阶方阵,有

$$|\boldsymbol{A}\otimes\boldsymbol{B}|=|\boldsymbol{A}|^m\cdot|\boldsymbol{B}|^n$$

证明 将矩阵 $\boldsymbol{A}$ 看作复数域上的矩阵,由 Schur 引理知,存在酉阵 $\boldsymbol{P}$,使得

$$\boldsymbol{PAP}^{-1}=\begin{pmatrix}\lambda_1 & * & * \\ \vdots & \ddots & * \\ 0 & \cdots & \lambda_n\end{pmatrix}=\boldsymbol{J}_A$$

是上三角阵,则

$$(\boldsymbol{P}\otimes\boldsymbol{E})(\boldsymbol{A}\otimes\boldsymbol{B})(\boldsymbol{P}^{-1}\otimes\boldsymbol{E})=(\boldsymbol{PAP}^{-1})\otimes\boldsymbol{B}=\boldsymbol{J}_A\otimes\boldsymbol{B}$$

于是$|\boldsymbol{A}\otimes\boldsymbol{B}|=|\boldsymbol{J}_A\otimes\boldsymbol{B}|$,而$|\boldsymbol{A}|=|\boldsymbol{J}_A|=\lambda_1\cdots\lambda_n$.则

$$\boldsymbol{J}_A\otimes\boldsymbol{B}=\begin{pmatrix}\lambda_1\boldsymbol{B} & *\boldsymbol{B} & \cdots & *\boldsymbol{B} \\ 0 & \lambda_2\boldsymbol{B} & \cdots & *\boldsymbol{B} \\ \vdots & \vdots & \ddots & \vdots \\ 0 & 0 & \cdots & \lambda_n\boldsymbol{J}_B\end{pmatrix}$$

是准上三角矩阵,于是

$$|\boldsymbol{A}\otimes\boldsymbol{B}|=\prod_{i=1}^{n}|\lambda_i\boldsymbol{B}|=\prod_{i=1}^{n}(\lambda_i^m|\boldsymbol{B}|)=(\prod_{i=1}^{n}\lambda_i)^m$$

$$=(\prod_{i=1}^{s}\lambda_i^{r_i})^m|\boldsymbol{B}|^n=|\boldsymbol{A}|^m\cdot|\boldsymbol{B}|^n$$ □

1.9.2 张量积的特征值

定理 1.36 设向量 $\boldsymbol{\alpha}$ 是 n 阶矩阵 $\boldsymbol{A}$ 的特征值 λ_0 的特征向量,而 $\boldsymbol{\beta}$ 是 m 阶方阵 $\boldsymbol{B}$ 的特征值 μ_0 的特征向量,则 $\boldsymbol{\alpha}\otimes\boldsymbol{\beta}$ 是矩阵 $\boldsymbol{A}\otimes\boldsymbol{B}$ 的特征值 $\lambda_0\mu_0$ 的特征向量.

证明 由已知条件可得 $\boldsymbol{A\alpha}=\lambda_0\boldsymbol{\alpha},\boldsymbol{B\beta}=\mu_0\boldsymbol{\beta}$,由于 $\boldsymbol{\alpha},\boldsymbol{\beta}$ 均是矩阵的特征向量,故 $\boldsymbol{\alpha}\neq0$,且 $\boldsymbol{\beta}\neq0$,从而 $\boldsymbol{\alpha}\otimes\boldsymbol{\beta}\neq0$,于是

$$(\boldsymbol{A}\otimes\boldsymbol{B})(\boldsymbol{\alpha}\otimes\boldsymbol{\beta})=(\boldsymbol{A\alpha})\otimes(\boldsymbol{B\beta})=(\lambda_0\boldsymbol{\alpha})\otimes(\mu_0\boldsymbol{\beta})=\lambda_0\mu_0(\boldsymbol{\alpha}\otimes\boldsymbol{\beta})$$

即 $\boldsymbol{\alpha}\otimes\boldsymbol{\beta}$ 是矩阵 $\boldsymbol{A}\otimes\boldsymbol{B}$ 的特征值 $\lambda_0\mu_0$ 的特征向量. □

由定理立刻得到如下推论:

推论 1.14 设矩阵 $\boldsymbol{A}$ 的不同特征值 $\lambda_1,\lambda_2,\cdots,\lambda_t$ 对应的特征向量 $\boldsymbol{\alpha}_1,\boldsymbol{\alpha}_2,\cdots,\boldsymbol{\alpha}_t$,矩阵 $\boldsymbol{B}$ 的不同特征值 $\mu_1,\mu_2,\cdots,\mu_s$ 对应的特征向量 $\boldsymbol{\beta}_1,\boldsymbol{\beta}_2,\cdots,\boldsymbol{\beta}_s$. 则矩阵 $\boldsymbol{A}\otimes\boldsymbol{B}$ 有 ts 个不同特征值 $\lambda_i\mu_j$,对应的特征向量分别为 $\boldsymbol{\alpha}_i\otimes\boldsymbol{\beta}_j(i=1,2,\cdots,t;j=1,2,\cdots,s)$.

推论 1.15 设矩阵 $\boldsymbol{A}$ 的不同特征值 $\lambda_1,\lambda_2,\cdots,\lambda_t$ 对应的特征向量 $\boldsymbol{\alpha}_1,\boldsymbol{\alpha}_2,\cdots,\boldsymbol{\alpha}_t$,矩阵 $\boldsymbol{B}$ 的不同特征值 $\mu_1,\mu_2,\cdots,\mu_s$ 对应的特征向量 $\boldsymbol{\beta}_1,\boldsymbol{\beta}_2,\cdots,\boldsymbol{\beta}_s$. 则矩阵 $\boldsymbol{A}\otimes\boldsymbol{E}_m+\boldsymbol{E}_n\otimes\boldsymbol{B}$ 有 ts 个不同特征值 $\lambda_i+\mu_j$,对应的特征向量分别为 $\boldsymbol{\alpha}_i\otimes\boldsymbol{\beta}_j(i=1,2,\cdots,t;j=1,2,\cdots,s)$.

1.9.3 矩阵的行(列)展开

定义 1.19 设将矩阵 $\boldsymbol{A}$ 的各行依次写出,成为一个行向量,称为矩阵的行展开,记作 $\mathrm{rs}(\boldsymbol{A})$;同理将矩阵 $\boldsymbol{A}$ 的各列依次写出,成为一个列向量,称为矩阵的列展开,记作 $\mathrm{cs}(\boldsymbol{A})$.

例如,设 $\boldsymbol{A}=(a_{ij})_{m\times n}$,则 $\boldsymbol{A}$ 的行展开为

$$\mathrm{rs}(\boldsymbol{A}) = (a_{11},a_{12},\cdots,a_{1n},\cdots,a_{m1},a_{m2},\cdots,a_{mn})_{1\times mn}$$

$\boldsymbol{A}$ 的列展开为

$$\mathrm{cs}(\boldsymbol{A}) = (a_{11},a_{21},\cdots,a_{m1},\cdots,a_{1n},a_{2n},\cdots,a_{mn})^{\mathrm{T}}_{mn\times 1}$$

显然

$$\mathrm{rs}(\boldsymbol{A}^{\mathrm{T}}) = (\mathrm{cs}(\boldsymbol{A}))^{\mathrm{T}},\quad \mathrm{cs}(\boldsymbol{A}^{\mathrm{T}}) = (\mathrm{rs}(\boldsymbol{A}))^{\mathrm{T}}$$

下面我们给出矩阵乘法的行(列)展开:设 $\boldsymbol{A}$ 是 $m\times n$ 矩阵,$\boldsymbol{B}$ 是 $n\times s$ 矩阵,记 $\boldsymbol{A}_i$ 为 $\boldsymbol{A}$ 的第 i 行,$\boldsymbol{B}=(\boldsymbol{B}_1,\boldsymbol{B}_2,\cdots,\boldsymbol{B}_s)$,$\boldsymbol{B}_j$ 为 $\boldsymbol{B}$ 的第 j 列.则 $\boldsymbol{AB}$ 的第 i 行的元素 $c_{ij}=\boldsymbol{A}_i\boldsymbol{B}_j$,故 $\boldsymbol{AB}$ 的第 i 行为

$$(c_{i1},c_{i2},\cdots,c_{is}) = (\boldsymbol{A}_i\boldsymbol{B}_1,\boldsymbol{A}_i\boldsymbol{B}_2,\cdots,\boldsymbol{A}_i\boldsymbol{B}_s) = \boldsymbol{A}_i\boldsymbol{B}$$

于是

$$\mathrm{rs}(\boldsymbol{AB}) = (\boldsymbol{A}_1\boldsymbol{B},\boldsymbol{A}_2\boldsymbol{B},\cdots,\boldsymbol{A}_m\boldsymbol{B})$$

设 $\boldsymbol{A}$ 是 $m\times n$ 矩阵,$\boldsymbol{B}$ 是 $n\times s$ 矩阵,$\boldsymbol{C}$ 是 $s\times t$ 矩阵,记 $\boldsymbol{A}_i$ 为 $\boldsymbol{A}$ 的第 i 行,$\boldsymbol{BC}=(\boldsymbol{D}_1,\boldsymbol{D}_2,\cdots,\boldsymbol{D}_t)$,$\boldsymbol{D}_j$ 为 $\boldsymbol{BC}$ 的第 j 列.则

$$\mathrm{rs}(\boldsymbol{ABC}) = (\boldsymbol{A}_1\boldsymbol{BC},\boldsymbol{A}_2\boldsymbol{BC},\cdots,\boldsymbol{A}_m\boldsymbol{BC})$$

设 $\boldsymbol{A}_i=(a_{i1},a_{i2},\cdots,a_{in})$,$\boldsymbol{B}=\begin{pmatrix}\boldsymbol{B}_1\\ \vdots\\ \boldsymbol{B}_n\end{pmatrix}$ 其中 $\boldsymbol{B}_j$ 是 $\boldsymbol{B}$ 的第 j 行,则

$$\begin{aligned}\boldsymbol{A}_i\boldsymbol{BC} &= (a_{i1},a_{i2},\cdots,a_{in})\begin{pmatrix}\boldsymbol{B}_1\boldsymbol{C}\\ \vdots\\ \boldsymbol{B}_n\boldsymbol{C}\end{pmatrix} = (a_{i1}\boldsymbol{B}_1\boldsymbol{C}+\cdots+a_{in}\boldsymbol{B}_s\boldsymbol{C})\\ &= (\boldsymbol{B}_1a_{i1}\boldsymbol{C}+\cdots+\boldsymbol{B}_sa_{in}\boldsymbol{C}) = (\boldsymbol{B}_1,\cdots,\boldsymbol{B}_n)\begin{pmatrix}a_{i1}\boldsymbol{C}\\ \vdots\\ a_{in}\boldsymbol{C}\end{pmatrix}\end{aligned}$$

于是

$$\begin{aligned}\mathrm{rs}(\boldsymbol{ABC}) &= \left((\boldsymbol{B}_1,\cdots,\boldsymbol{B}_n)\begin{pmatrix}a_{11}\boldsymbol{C}\\ \vdots\\ a_{1n}\boldsymbol{C}\end{pmatrix},\cdots,(\boldsymbol{B}_1,\cdots,\boldsymbol{B}_n)\begin{pmatrix}a_{m1}\boldsymbol{C}\\ \vdots\\ a_{mn}\boldsymbol{C}\end{pmatrix}\right)\\ &= (\boldsymbol{B}_1,\cdots,\boldsymbol{B}_n)\begin{pmatrix}a_{11}\boldsymbol{C} & \cdots & a_{m1}\boldsymbol{C}\\ \vdots & \ddots & \vdots\\ a_{1n}\boldsymbol{C} & \cdots & a_{mn}\boldsymbol{C}\end{pmatrix} = \mathrm{rs}(\boldsymbol{B})\begin{pmatrix}a_{11} & \cdots & a_{m1}\\ \vdots & \ddots & \vdots\\ a_{1n} & \cdots & a_{mn}\end{pmatrix}\otimes\boldsymbol{C}\\ &= \mathrm{rs}(\boldsymbol{B})(\boldsymbol{A}^{\mathrm{T}}\otimes\boldsymbol{C})\end{aligned}$$

即

$$\mathrm{rs}(\boldsymbol{ABC}) = \mathrm{rs}(\boldsymbol{B})(\boldsymbol{A}^{\mathrm{T}}\otimes\boldsymbol{C})$$

同理,我们有

$$\mathrm{cs}(\boldsymbol{ABC}) = (\boldsymbol{C}^{\mathrm{T}} \otimes \boldsymbol{A})\mathrm{cs}(\boldsymbol{B})$$

定理 1.37 设 $\boldsymbol{A}$ 是 $m\times n$ 矩阵，$\boldsymbol{B}$ 是 $n\times s$ 矩阵，$\boldsymbol{C}$ 是 $s\times t$ 矩阵. 则

$$\mathrm{rs}(\boldsymbol{ABC}) = \mathrm{rs}(\boldsymbol{B})(\boldsymbol{A}^{\mathrm{T}} \otimes \boldsymbol{C}),\quad \mathrm{cs}(\boldsymbol{ABC}) = (\boldsymbol{C}^{\mathrm{T}} \otimes \boldsymbol{A})\mathrm{cs}(\boldsymbol{B})$$

推论 1.16 设 $\boldsymbol{A}$ 是 m 阶矩阵，$\boldsymbol{B}$ 是 n 阶矩阵，$\boldsymbol{C}$ 是 $m\times n$ 矩阵. 则

(1) $\mathrm{cs}(\boldsymbol{AC}) = (\boldsymbol{E}_n\otimes\boldsymbol{A})\mathrm{cs}(\boldsymbol{C})$；

(2) $\mathrm{cs}(\boldsymbol{CB}) = (\boldsymbol{B}^{\mathrm{T}}\otimes\boldsymbol{E}_m)\mathrm{cs}(\boldsymbol{C})$；

(3) $\mathrm{cs}(\boldsymbol{AC}+\boldsymbol{CB}) = (\boldsymbol{E}_n\otimes\boldsymbol{A}+\boldsymbol{B}^{\mathrm{T}}\otimes\boldsymbol{E}_m)\mathrm{cs}(\boldsymbol{C})$.

1.9.4 Sylvester 线性代数矩阵方程

设 $\boldsymbol{A}_i\,(i=1,2,\cdots,p)$ 是 m 阶矩阵，$\boldsymbol{B}_i$ 是 n 阶矩阵，$\boldsymbol{X},\boldsymbol{C}$ 是 $m\times n$ 矩阵，其中 $\boldsymbol{X}$ 未知，称

$$\boldsymbol{A}_1\boldsymbol{X}\boldsymbol{B}_1 + \boldsymbol{A}_2\boldsymbol{X}\boldsymbol{B}_2 + \cdots + \boldsymbol{A}_p\boldsymbol{X}\boldsymbol{B}_p = \boldsymbol{C}$$

为 Sylvester 线性代数矩阵方程.

在方程两边作列展开，有

$$\begin{aligned}\mathrm{cs}(\boldsymbol{C}) &= \mathrm{cs}(\boldsymbol{A}_1\boldsymbol{X}\boldsymbol{B}_1 + \boldsymbol{A}_2\boldsymbol{X}\boldsymbol{B}_2 + \cdots + \boldsymbol{A}_p\boldsymbol{X}\boldsymbol{B}_p)\\ &= \mathrm{cs}(\boldsymbol{A}_1\boldsymbol{X}\boldsymbol{B}_1) + \mathrm{cs}(\boldsymbol{A}_2\boldsymbol{X}\boldsymbol{B}_2) + \cdots + \mathrm{cs}(\boldsymbol{A}_p\boldsymbol{X}\boldsymbol{B}_p)\\ &= (\boldsymbol{B}_1^{\mathrm{T}}\otimes\boldsymbol{A}_1)\mathrm{cs}(\boldsymbol{X}) + (\boldsymbol{B}_2^{\mathrm{T}}\otimes\boldsymbol{A}_2)\mathrm{cs}(\boldsymbol{X}) + \cdots + (\boldsymbol{B}_p^{\mathrm{T}}\otimes\boldsymbol{A}_p)\mathrm{cs}(\boldsymbol{X})\\ &= (\boldsymbol{B}_1^{\mathrm{T}}\otimes\boldsymbol{A}_1 + \boldsymbol{B}_2^{\mathrm{T}}\otimes\boldsymbol{A}_2 + \cdots + \boldsymbol{B}_p^{\mathrm{T}}\otimes\boldsymbol{A}_p)\mathrm{cs}(\boldsymbol{X}) = \Big(\sum_{i=1}^{p}\boldsymbol{B}_i^{\mathrm{T}}\otimes\boldsymbol{A}_i\Big)\mathrm{cs}(\boldsymbol{X})\end{aligned}$$

于是得到关于 Sylvester 线性代数矩阵方程有解，有如下定理：

定理 1.38 设 $\boldsymbol{A}_i\,(i=1,2,\cdots p)$ 是 m 阶矩阵，$\boldsymbol{B}_i$ 是 n 阶矩阵，$\boldsymbol{C}$ 是 $m\times n$ 矩阵，方程组

$$\boldsymbol{A}_1\boldsymbol{X}\boldsymbol{B}_1 + \boldsymbol{A}_2\boldsymbol{X}\boldsymbol{B}_2 + \cdots + \boldsymbol{A}_p\boldsymbol{X}\boldsymbol{B}_p = \boldsymbol{C}$$

有解的充要条件是方程组

$$\Big(\sum_{i=1}^{p}\boldsymbol{B}_i^{\mathrm{T}}\otimes\boldsymbol{A}_i\Big)\mathrm{cs}(\boldsymbol{X}) = \mathrm{cs}(\boldsymbol{C})$$

有解.

这样，将矩阵方程组化为线性方程组.

定理 1.39 设 $\boldsymbol{A}$ 是 m 阶矩阵，$\boldsymbol{B}$ 是 n 阶矩阵，$\boldsymbol{C}$ 是 $m\times n$ 矩阵，方程组

$$\boldsymbol{AX} + \boldsymbol{XB} = \boldsymbol{C}$$

有唯一解的充要条件是 $\boldsymbol{A},\boldsymbol{B}$ 的特征值 $\lambda_i(\boldsymbol{A}),\mu_j(\boldsymbol{B})$ 满足

$$\lambda_i(\boldsymbol{A}) + \mu_j(\boldsymbol{B}) \neq 0\quad(\forall\, i,j)$$

证明 方程组 $\boldsymbol{AX}+\boldsymbol{XB}=\boldsymbol{C}$ 有唯一解解的充要条件

$$(\boldsymbol{E}_n\otimes\boldsymbol{A} + \boldsymbol{B}^{\mathrm{T}}\otimes\boldsymbol{E}_m)\mathrm{cs}(\boldsymbol{X}) = \mathrm{cs}(\boldsymbol{C})$$

有唯一解，进一步地，充要条件 $\boldsymbol{E}_n\otimes\boldsymbol{A}+\boldsymbol{B}^{\mathrm{T}}\otimes\boldsymbol{E}_m$ 的特征值 $\lambda_i(\boldsymbol{A})+\mu_j(\boldsymbol{B})$ 均不为零. □

定理 1.40 设 $\boldsymbol{A}$ 是 m 阶矩阵，$\boldsymbol{B}$ 是 n 阶矩阵，$\boldsymbol{C}$ 是 $m\times n$ 矩阵，方程组

$$\boldsymbol{X} + \boldsymbol{AXB} = \boldsymbol{C}$$

有唯一解的充要条件是 $\boldsymbol{A},\boldsymbol{B}$ 的特征值 $\lambda_i(\boldsymbol{A}),\mu_j(\boldsymbol{B})$ 满足

$$\lambda_i(\boldsymbol{A})\cdot\mu_j(\boldsymbol{B}) \neq -1\quad(\forall\, i,j)$$

证明 方程组 $\boldsymbol{X}+\boldsymbol{AXB}=\boldsymbol{C}\Leftrightarrow\boldsymbol{E}_m\boldsymbol{X}\boldsymbol{E}_m+\boldsymbol{AXB}=\boldsymbol{C}$ 有唯一解的充要条件

$$(\boldsymbol{E}_n\otimes\boldsymbol{E}_m + \boldsymbol{B}^{\mathrm{T}}\otimes\boldsymbol{A})\mathrm{cs}(\boldsymbol{X}) = \mathrm{cs}(\boldsymbol{C})$$

有唯一解，进一步地，充要条件 $\boldsymbol{E}_n\otimes\boldsymbol{E}_m+\boldsymbol{B}^{\mathrm{T}}\otimes\boldsymbol{A}$ 的特征值 $1+\lambda_i(\boldsymbol{A})\cdot\mu_j(\boldsymbol{B})\neq 0$ 均不为零. □

习　题　1

映射

1. 判断对应 $f:\mathbb{Q}\to\mathbb{Z}, f\left(\frac{m}{n}\right)=m$ 是否是映射？并说明理由.

2. 映射 $f:\mathbb{Z}\to\mathbb{Q}, f(n)=\frac{n}{1}$是单射还是满射？

3. 映射 $f:\mathbb{R}^2\to\mathbb{R}^2, f(x,y)=(x-3y,2x+y)$是单射还是满射？

4. 证明：映射 $f:\mathbb{R}\to\mathbb{R}^+, f(x)=\mathrm{e}^x$ 是双射，其中 $\mathbb{R}^+=\{x\mid x\in\mathbb{R}, x>0\}$.

5. 设 A 是由有限个元素构成的集合，而 $f:A\to A$ 是映射. 证明：f 是单射当且仅当 f 是满射，也就是说，对有限集上的映射，单射，满射，双射是等价的.

6. 设 $f:A\to B$ 是从集合 A 到集合 B 的映射. 证明：f 是可逆映射的充要条件 f 是双射.

多项式

7. 数集 $\mathbb{Z}[\mathrm{i}]=\{a+b\mathrm{i}\mid a,b\in\mathbb{Z}\}$关于数的加，减，乘，除是数域吗？说明理由.

8. 证明：数集 $\mathbb{Q}(\sqrt{-2})=\{a+b\sqrt{-2}\mid a,b\in\mathbb{Q}\}$关于数的加，减，乘，除是一个数域.

9. 将下列数域 F 上的多项式$f(x)$表示为 $f(x)=q(x)g(x)+r(x)$，其中 $r(x)$为零多项式或其次数小于 $f(x)$的次数：

(1) $f(x)=3x^3+2x+4, g(x)=x-5$;

(2) $f(x)=x^3-3x^2-x-1, g(x)=3x^2-2x+1$;

(3) $f(x)=x^4-2x+5, g(x)=x^2-x+2$;

(4) $f(x)=x^3-x^2-x, g(x)=x-1+2i$.

10. 求 $f(x)$与 $g(x)$的最大公因式：

(1) $f(x)=x^4+x^3-3x^2-4x-1, g(x)=x^3+x^2-x-1$;

(2) $f(x)=x^4-4x^3+1, g(x)=x^3-3x^2+1$.

11. 判断 2 是多项式 $f(x)=x^5-5x^4+7x^3-2x^2+4x-8$ 的几重根.

12. 求一个一次函数 $L(x)$，满足

$$L(0)=-7,\quad L(2)=5$$

13. 求一个二次多项式 $p(x)$，使得

$$p(1)=1,\quad p(2)=6,\quad p(3)=4$$

矩阵与行列式

14. 计算：

(1) $\begin{pmatrix}2&1&1\\3&1&0\\0&1&2\end{pmatrix}^2$;　　(2) $\begin{pmatrix}1&1\\0&1\end{pmatrix}^n$;　　(3) $\begin{pmatrix}\cos\varphi&-\sin\varphi\\\sin\varphi&\cos\varphi\end{pmatrix}^n$;

(4) $\begin{pmatrix} \lambda & 1 & 0 \\ 0 & \lambda & 1 \\ 0 & 0 & \lambda \end{pmatrix}^n$；　　(5) $\begin{pmatrix} \lambda_0 & 1 & \cdots & 0 \\ 0 & \lambda_0 & \ddots & \vdots \\ \vdots & \ddots & \ddots & 1 \\ 0 & \cdots & 0 & \lambda_0 \end{pmatrix}_n^k$.

15. 设 $f(\lambda)=\lambda^2-5\lambda+3$，$\boldsymbol{A}=\begin{pmatrix} 2 & -1 \\ -3 & 3 \end{pmatrix}$，计算 $f(\boldsymbol{A})$.

16. 设 $\boldsymbol{A},\boldsymbol{B}$ 是 n 阶复矩阵，则 $(\boldsymbol{AB})^{\mathrm{H}}=\boldsymbol{B}^{\mathrm{H}}\boldsymbol{A}^{\mathrm{H}}$.

17. 用 $\boldsymbol{E}_{ij}$ 表示 i 行 j 列的元素(即 (i,j) 元)为 1，而其余元素全为零的 $n\times n$ 矩阵，而 $\boldsymbol{A}=(a_{ij})_{n\times n}$. 证明：

(1) 如果 $\boldsymbol{AE}_{12}=\boldsymbol{E}_{12}\boldsymbol{A}$，那么当 $k\neq 1$ 时 $a_{k1}=0$，当 $k\neq 2$ 时 $a_{2k}=0$；

(2) 如果 $\boldsymbol{AE}_{ij}=\boldsymbol{E}_{ij}\boldsymbol{A}$，那么当 $k\neq i$ 时 $a_{ki}=0$，当 $k\neq j$ 时 $a_{jk}=0$，且 $a_{ii}=a_{jj}$；

(3) 如果 $\boldsymbol{A}$ 与所有的 n 阶矩阵可交换，那么 $\boldsymbol{A}$ 一定是数量矩阵，即 $\boldsymbol{A}=a\boldsymbol{E}$；

(4) $\boldsymbol{A}=\sum\limits_{i,j=1}^{n} a_{ij}\boldsymbol{E}_{ij}$.

18. 求 $\boldsymbol{A}^{-1}$，其中

(1) $\boldsymbol{A}=\begin{pmatrix} 1 & 1 & -1 \\ 2 & 1 & 0 \\ 1 & -1 & 0 \end{pmatrix}$；　　(2) $\boldsymbol{A}=\begin{pmatrix} 1 & 2 & 3 & 4 \\ 2 & 3 & 1 & 2 \\ 1 & 1 & 1 & -1 \\ 1 & 0 & -2 & -6 \end{pmatrix}$.

19. 解矩阵方程：

(1) $\begin{pmatrix} 2 & 5 \\ 1 & 3 \end{pmatrix}\boldsymbol{X}=\begin{pmatrix} 4 & -6 \\ 2 & 1 \end{pmatrix}$；　　(2) $\boldsymbol{X}\begin{pmatrix} 1 & 1 & -1 \\ 0 & 2 & 2 \\ 1 & -1 & 0 \end{pmatrix}=\begin{pmatrix} 1 & -1 & 1 \\ 1 & 1 & 0 \\ 2 & 1 & 1 \end{pmatrix}$.

20. 设矩阵 $\boldsymbol{A}=(a_{ij})_n$.

(1) 若对任意 $1\leqslant i\leqslant n$，$|a_{ii}|>\sum\limits_{j=1,j\neq i}^{n}|a_{ij}|$(称 $\boldsymbol{A}$ 是主对角占优矩阵)，证明：$|\boldsymbol{A}|\neq 0$；

(2) 若对任意 $1\leqslant i\leqslant n$，$a_{ii}>\sum\limits_{j=1,j\neq i}^{n}|a_{ij}|$(称 $\boldsymbol{A}$ 是严格主对角占优矩阵)，证明：$|\boldsymbol{A}|>0$.

21. 证明：

(1) 设 $\boldsymbol{A}$ 可逆，$\boldsymbol{D}$ 是方阵，则 $\begin{vmatrix} \boldsymbol{A} & \boldsymbol{B} \\ \boldsymbol{C} & \boldsymbol{D} \end{vmatrix}=|\boldsymbol{A}|\cdot|\boldsymbol{D}-\boldsymbol{CA}^{-1}\boldsymbol{B}|$；

(2) 设 $\boldsymbol{A},\boldsymbol{D}$ 可逆，，则 $|\boldsymbol{A}|\cdot|\boldsymbol{D}-\boldsymbol{CA}^{-1}\boldsymbol{B}|=|\boldsymbol{D}|\cdot|\boldsymbol{A}-\boldsymbol{BD}^{-1}\boldsymbol{C}|$.

22. 设 $\boldsymbol{A}$ 是 $m\times n$ 矩阵，$\boldsymbol{B}$ 是 $n\times m$ 矩阵. 证明：若 $\boldsymbol{E}_m-\boldsymbol{AB}$ 可逆，则 $\boldsymbol{E}_n-\boldsymbol{BA}$ 可逆.

23. 设 $\boldsymbol{A}$ 可逆，$\boldsymbol{D}$ 是方阵. 证明：$\begin{pmatrix} \boldsymbol{A} & \boldsymbol{B} \\ \boldsymbol{C} & \boldsymbol{D} \end{pmatrix}$可逆当且仅当 $\boldsymbol{D}-\boldsymbol{CA}^{-1}\boldsymbol{B}$ 可逆.

24. 设 $\boldsymbol{A}$ 是 $m\times n$ 矩阵，$\boldsymbol{B}$ 是 $n\times m$ 矩阵，且 $m\geqslant n$ 证明：

$$|\lambda\boldsymbol{E}_m-\boldsymbol{AB}|=\lambda^{m-n}|\lambda\boldsymbol{E}_n-\boldsymbol{BA}|$$

25. 求矩阵的秩，其中

(1) $\begin{pmatrix} 0 & 1 & 1 & -1 & 2 \\ 0 & 2 & -2 & -2 & 0 \\ 0 & -1 & -1 & 1 & 1 \\ 1 & 1 & 0 & 1 & -1 \end{pmatrix}$；　　(2) $\begin{pmatrix} 1 & -1 & 2 & 1 & 0 \\ 2 & -2 & 4 & -2 & 0 \\ 3 & 0 & 6 & -1 & 1 \\ 0 & 3 & 0 & 0 & 1 \end{pmatrix}$.

26. 设 $\boldsymbol{A}$ 是 $m\times n$ 矩阵,$\boldsymbol{B}$ 是 $n\times s$ 矩阵.证明:

(1) 若 $r(\boldsymbol{A})=n$,由 $\boldsymbol{AB}=\boldsymbol{O}$ 可得 $\boldsymbol{B}=\boldsymbol{O}$;

(2) 若 $r(\boldsymbol{A})=n$,由 $\boldsymbol{AB}=\boldsymbol{A}$ 可得 $\boldsymbol{B}=\boldsymbol{E}_n$;

(3) 若 $r(\boldsymbol{B})=n$,由 $\boldsymbol{AB}=\boldsymbol{B}$ 可得 $\boldsymbol{A}=\boldsymbol{E}_n$.

27. 证明:

$$\text{rank}(\boldsymbol{A}+\boldsymbol{B})\leqslant\text{rank}(\boldsymbol{A})+\text{rank}(\boldsymbol{B}).$$

28. 设 $\boldsymbol{A}$ 是 $m\times n$ 矩阵,$\boldsymbol{B}$ 是 $n\times l$ 矩阵.证明:$r(\boldsymbol{AB})=r(\boldsymbol{B})$的充要条件:方程组

$$\boldsymbol{ABX}=0 \text{ 与 } \boldsymbol{BX}=0$$

同解.

线性方程组

29. 设 $\boldsymbol{\alpha}_1,\boldsymbol{\alpha}_2,\cdots,\boldsymbol{\alpha}_s$ 线性无关,证明:$\boldsymbol{\alpha}_1+\boldsymbol{\alpha}_2,\boldsymbol{\alpha}_2+\boldsymbol{\alpha}_3,\cdots,\boldsymbol{\alpha}_{s-1}+\boldsymbol{\alpha}_s,\boldsymbol{\alpha}_s+\boldsymbol{\alpha}_1$,当 s 是奇数时线性无关,当 s 是偶数时线性相关.

30. 求向量组

$$\boldsymbol{\alpha}_1=(6,4,-1,2)^{\mathrm{T}},\quad \boldsymbol{\alpha}_2=(1,0,2,3,-4)^{\mathrm{T}}$$
$$\boldsymbol{\alpha}_3=(1,4,-9,-16,22)^{\mathrm{T}},\quad \boldsymbol{\alpha}_4=(7,1,0,-1,3)^{\mathrm{T}}$$

的一个向量组的极大线性无关组和它的秩.

31. 设向量组为

$$\boldsymbol{\alpha}_1=(1,-1,2,4)^{\mathrm{T}},\quad \boldsymbol{\alpha}_2=(0,3,1,2)^{\mathrm{T}},\quad \boldsymbol{\alpha}_3=(3,0,7,14)^{\mathrm{T}}$$
$$\boldsymbol{\alpha}_4=(1,-1,2,0)^{\mathrm{T}},\quad \boldsymbol{\alpha}_5=(2,1,5,6)^{\mathrm{T}}$$

(1) 证明:$\boldsymbol{\alpha}_1,\boldsymbol{\alpha}_2$ 线性无关;

(2) 把 $\boldsymbol{\alpha}_1,\boldsymbol{\alpha}_2$ 扩充成一极大线性无关组.

32. 讨论 λ 取什么值时,下列方程有解:

(1) $\begin{cases}\lambda x_1+x_2+x_2=1\\ x_1+\lambda x_2+x_3=\lambda\\ x_1+x_2+\lambda x_3=\lambda^2\end{cases}$;　(2) $\begin{cases}(\lambda+3)x_1+x_2+x_2=\lambda\\ \lambda x_1+(\lambda\text{-}1)x_2+x_3=2\lambda\\ 3(\lambda+1)x_1+\lambda x_2+(\lambda+3)x_3=3\end{cases}$.

33. 求齐次线性方程组的一个基础解系,并用之表示方程组的通解:

(1) $\begin{cases}x_1+x_2-3x_4-x_5=0\\ x_1-x_2+2x_3-x_4=0\\ 4x_1-2x_2+6x_3+3x_4-4x_5=0\\ 2x_1+4x_2-2x_3+4x_4-7x_5=0\end{cases}$;　(2) $\begin{cases}x_1-2x_2+x_3-x_4+x_5=0\\ 2x_1+x_2-x_3+2x_4-3x_5=0\\ 3x_1-2x_2-x_3+x_4-2x_5=0\\ 2x_1-5x_2+x_3-2x_4+2x_5=0\end{cases}$.

34. 求下列线性方程组的通解,其中

(1) $\begin{cases}x_1+3x_2+5x_3-4x_4=1\\ x_1+3x_2+2x_3-2x_4+x_5=-1\\ x_1-2x_2+x_3-x_4-x_5=3\end{cases}$;　(2) $\begin{cases}x_1+2x_2+3x_3-x_4=1\\ 3x_1+2x_2+x_3-x_4=1\\ 2x_1+3x_2+x_3+x_4=1\end{cases}$.

35. 证明:与基础解系等价的线性无关向量组也是基础解系.

特征值特征向量

36. 已知 n 阶方阵 $\boldsymbol{A}$ 的元素全是 a,其中 $a\neq0$,求 $\boldsymbol{A}$ 的 n 个特征值.

37. 已知 3 阶矩阵 $\boldsymbol{A}$ 的特征值为 $-1,2,-3$,$\boldsymbol{B}=2\boldsymbol{A}^3+\boldsymbol{A}^2$,确定 $\boldsymbol{B}$ 的特征值.

38. x,y 取何值,$\boldsymbol{A}=\begin{pmatrix}-2&0&0\\3&x&2\\-5&1&1\end{pmatrix}$ 与 $\boldsymbol{B}=\begin{pmatrix}-1&0&0\\0&2&0\\0&0&y\end{pmatrix}$ 相似.

39. 将矩阵看成复数域上的矩阵,求其特征值与特征向量,其中:

(1) $\boldsymbol{A}=\begin{pmatrix}5&6&-3\\-1&0&1\\1&2&-1\end{pmatrix}$; (2) $\boldsymbol{A}=\begin{pmatrix}0&2&1\\-2&0&3\\-1&-3&0\end{pmatrix}$; (3) $\boldsymbol{A}=\begin{pmatrix}3&1&0\\-4&-1&0\\4&-8&-2\end{pmatrix}$.

40. 已知 $\boldsymbol{\xi}=\begin{pmatrix}1\\1\\-1\end{pmatrix}$ 是矩阵 $\boldsymbol{A}=\begin{pmatrix}2&-1&2\\5&a&3\\-1&b&-2\end{pmatrix}$ 的一个特征向量.

(1) 求参数 a,b 及特征向量 $\boldsymbol{\xi}$ 所对应的特征值;

(2) 问 $\boldsymbol{A}$ 能否对角化?说明理由.

41. 设方阵 $\boldsymbol{A}=\begin{pmatrix}1&-1&1\\x&4&y\\-3&-3&5\end{pmatrix}$ 有3个线性无关的特征向量,$\lambda=2$ 是 $\boldsymbol{A}$ 的二重特征值,求可逆阵 $\boldsymbol{P}$,使 $\boldsymbol{P}^{-1}\boldsymbol{AP}$ 为对角阵.

42. 设 $\boldsymbol{A}$ 为3阶矩阵,$\boldsymbol{\alpha}_1,\boldsymbol{\alpha}_2$ 为 $\boldsymbol{A}$ 的分别属于特征值 $-1,1$ 的特征向量,向量 $\boldsymbol{\alpha}_3$ 满足 $\boldsymbol{A\alpha}_3=\boldsymbol{\alpha}_2+\boldsymbol{\alpha}_3$.

(1) 证明 $\boldsymbol{\alpha}_1,\boldsymbol{\alpha}_2,\boldsymbol{\alpha}_3$ 线性无关;

(2) 令 $\boldsymbol{P}=(\boldsymbol{\alpha}_1,\boldsymbol{\alpha}_2,\boldsymbol{\alpha}_3)$,求 $\boldsymbol{P}^{-1}\boldsymbol{AP}$.

43. 设矩阵 $\boldsymbol{A}=\begin{pmatrix}1&2&-3\\-1&4&-3\\1&a&5\end{pmatrix}$ 的特征方程有一个二重根,求 a 的值,并讨论 $\boldsymbol{A}$ 是否可相似对角化.

44. 设3阶实对称矩阵 $\boldsymbol{A}$ 的特征值 $\lambda_1=1,\lambda_2=2,\lambda_3=-2$,且 $\boldsymbol{\alpha}_1=(1,-1,1)^{\mathrm{T}}$ 是 $\boldsymbol{A}$ 的属于 λ_1 的一个特征向量,记 $\boldsymbol{B}=\boldsymbol{A}^5-4\boldsymbol{A}^3+\boldsymbol{E}$,其中 $\boldsymbol{E}$ 为3阶单位矩阵.

(1) 验证 $\boldsymbol{\alpha}_1$ 是矩阵 $\boldsymbol{B}$ 的特征向量,并求 $\boldsymbol{B}$ 的全部特征值与特征向量;

(2) 求矩阵 $\boldsymbol{B}$.

45. 已知3阶实对称阵 $\boldsymbol{A}$ 的特征值为1,1,0,特征值0的特征向量为 $\boldsymbol{p}_1=(-2,-1,2)^{\mathrm{T}}$.

(1) 求特征值1的特征向量 $\boldsymbol{p}_2,\boldsymbol{p}_3$,使 $\boldsymbol{p}_1,\boldsymbol{p}_2,\boldsymbol{p}_3$ 两两正交;

(2) 求矩阵 $\boldsymbol{A}$.

46. 设3阶实对称矩阵 $\boldsymbol{A}$ 的各行元素之和均为3,向量 $\boldsymbol{\alpha}_1=(-1,2,-1)^{\mathrm{T}}$,$\alpha_2=(0,-1,1)^{\mathrm{T}}$ 是线性方程组 $\boldsymbol{Ax}=0$ 的两个解.

(1) 求 $\boldsymbol{A}$ 的特征值和特征向量;

(2) 求正交矩阵 $\boldsymbol{Q}$ 和对角矩阵 $\boldsymbol{\Lambda}$,使得 $\boldsymbol{Q}^{\mathrm{T}}\boldsymbol{AQ}=\boldsymbol{\Lambda}$.

正规矩阵

47. 已知 $\boldsymbol{\alpha}=(1-\mathrm{i},3-2\mathrm{i},4)^{\mathrm{T}}$,$\boldsymbol{\beta}=(2+\mathrm{i},1+3\mathrm{i},1-3\mathrm{i})^{\mathrm{T}}$,计算 $(\boldsymbol{\alpha},\boldsymbol{\beta})$,$|\boldsymbol{\alpha}|$,$|\boldsymbol{\beta}|$ 以及 $|\boldsymbol{\alpha}+\boldsymbol{\beta}|$.

48. 对向量组 $\boldsymbol{\alpha}_1=(\mathrm{i},-1,0)$,$\boldsymbol{\alpha}_2=(1,0,\mathrm{i})$,$\boldsymbol{\alpha}_3=(1-\mathrm{i},\mathrm{i},\mathrm{i})$,用 Schmidt 正交化,求一组

标准正交基.

49. 验证矩阵 $\boldsymbol{A}=\begin{pmatrix}-1 & 1\\ -1 & -1\end{pmatrix}$ 是实正规矩阵.

50. 验证矩阵 $\boldsymbol{A}=\begin{pmatrix}0 & -\mathrm{i} & -1\\ \mathrm{i} & 0 & -\mathrm{i}\\ -1 & \mathrm{i} & 0\end{pmatrix}$ 是正规矩阵.

51. 设 $\boldsymbol{\alpha}$ 是单位列向量,证明:矩阵 $\boldsymbol{E}_n-2\boldsymbol{\alpha}\boldsymbol{\alpha}^{\mathrm{H}}$ 是酉阵.

52. 求正交矩阵 $\boldsymbol{P}$,使得 $\boldsymbol{P}^{\mathrm{T}}\boldsymbol{A}\boldsymbol{P}$ 是对角矩阵,其中

(1) $\boldsymbol{A}=\begin{pmatrix}2 & 1 & 1\\ 1 & 2 & 1\\ 1 & 1 & 2\end{pmatrix}$;　　(2) $\boldsymbol{A}=\begin{pmatrix}2 & -2 & 0\\ -2 & 1 & -2\\ 0 & -2 & 0\end{pmatrix}$.

53. 求酉阵 $\boldsymbol{P}$,使得 $\boldsymbol{P}^{\mathrm{T}}\boldsymbol{A}\boldsymbol{P}$ 是上三角矩阵,其中

(1) $\boldsymbol{A}=\begin{pmatrix}3 & 0 & 8\\ 3 & -1 & 6\\ 2 & 0 & -5\end{pmatrix}$;　　(2) $\boldsymbol{A}=\begin{pmatrix}1 & -3 & 0 & 3\\ -2 & 6 & 0 & 13\\ 0 & -3 & 1 & 3\\ -1 & -4 & 0 & 8\end{pmatrix}$.

54. 对第 49 题中的正规矩阵 $\boldsymbol{A}$,求酉阵 $\boldsymbol{P}$,使得 $\boldsymbol{P}^{\mathrm{T}}\boldsymbol{A}\boldsymbol{P}$ 是对角矩阵.

55. 对第 50 题中的正规矩阵 $\boldsymbol{A}$,求酉阵 $\boldsymbol{P}$,使得 $\boldsymbol{P}^{\mathrm{T}}\boldsymbol{A}\boldsymbol{P}$ 是对角矩阵.

56. 验证矩阵 $\boldsymbol{A}=\begin{pmatrix}4+3\mathrm{i} & 4\mathrm{i} & -6-2\mathrm{i}\\ -4\mathrm{i} & 4-3\mathrm{i} & -2-6\mathrm{i}\\ 6+2\mathrm{i} & -2-6\mathrm{i} & 0\end{pmatrix}$ 是正规矩阵,求酉阵 $\boldsymbol{P}$,使得 $\boldsymbol{P}^{\mathrm{T}}\boldsymbol{A}\boldsymbol{P}$ 是对角矩阵.

57. 设 $\boldsymbol{A},\boldsymbol{B}$ 是同阶实对称矩阵.证明:$\boldsymbol{A}$ 与 $\boldsymbol{B}$ 相似的充要条件是 $\boldsymbol{A}$ 与 $\boldsymbol{B}$ 的特征值相同.

58. 设 $\boldsymbol{A},\boldsymbol{B}$ 是同阶 Hermite 矩阵(或正规矩阵).证明:$\boldsymbol{A}$ 与 $\boldsymbol{B}$ 酉相似的充要条件是 $\boldsymbol{A}$ 与 $\boldsymbol{B}$ 的特征值相同.

Hermite 二次型

59. 写出 Hermite 二次型

$$f(x_1,x_2)=2x_1\bar{x}_1+(1+\mathrm{i})x_1\bar{x}_2+(1-\mathrm{i})x_2\bar{x}_1+3x_2\bar{x}_2$$

的矩阵.

60. 用配方法化下列 Hermite 二次型为标准形:

(1) $f(x_1,x_2,x_3)=-\mathrm{i}x_1\bar{x}_2-x_1\bar{x}_3+\mathrm{i}x_2\bar{x}_1-\mathrm{i}x_2\bar{x}_3-x_3\bar{x}_1+\mathrm{i}x_3\bar{x}_2$;

(2) $f(x_1,x_2,x_3)=\dfrac{1}{2}x_1\bar{x}_1+\dfrac{3}{2}\mathrm{i}x_1\bar{x}_3+2x_2\bar{x}_2-\dfrac{3}{2}\mathrm{i}x_1\bar{x}_3+\dfrac{1}{2}x_3\bar{x}_3$.

61. 用初等变换的方法化 Hermite 二次型

$$f(x_1,x_2,x_3)=\frac{1}{2}x_1\bar{x}_1+\frac{3}{2}\mathrm{i}x_1\bar{x}_3+2x_2\bar{x}_2-\frac{3}{2}\mathrm{i}x_1\bar{x}_3+\frac{1}{2}x_3\bar{x}_3$$

为标准形.

62. 用酉变换的方法化 Hermite 二次型为标准形

$$f(x_1,x_2,x_3)=-\mathrm{i}x_1\bar{x}_2-x_1\bar{x}_3+\mathrm{i}x_2\bar{x}_1-\mathrm{i}x_2\bar{x}_3-x_3\bar{x}_1+\mathrm{i}x_3\bar{x}_2$$

为标准形.

63. 设 $\boldsymbol{A}$ 为 3 阶 Hermite 矩阵,且满足 $\boldsymbol{A}^3+2\boldsymbol{A}^2-2\boldsymbol{A}+3\boldsymbol{E}=\boldsymbol{O}$,则 Hermite 二次型 $\boldsymbol{X}^{\mathrm{H}}\boldsymbol{A}\boldsymbol{X}$ 经酉变换后的为标准形?

64. Hermite 二次型

$$f(x_1,x_2,x_3)=2(a_1x_1+a_2x_2+a_3x_3)\overline{(a_1x_1+a_2x_2+a_3x_3)}+(b_1x_1+b_2x_2+b_3x_3)\overline{(b_1x_1+b_2x_2+b_3x_3)}$$

记 $\boldsymbol{\alpha}=(a_1,a_2,a_3)$,$\boldsymbol{\beta}=(b_1,b_2,b_3)$.

(1) 证明二次型 f 对应的矩阵为 $2\boldsymbol{\alpha}^{\mathrm{H}}\boldsymbol{\alpha}+\boldsymbol{\beta}^{\mathrm{H}}\boldsymbol{\beta}$;

(2) 若 $\boldsymbol{\alpha}$,$\boldsymbol{\beta}$ 正交且为单位向量,证明 f 在酉变换下的标准形为 $2y_1\bar{y}_1+y_2\bar{y}_2$.

65. 设 $f(x_1,x_2,\cdots,x_n)=\boldsymbol{x}^{\mathrm{T}}\boldsymbol{A}\boldsymbol{x}$ 是 Hermite 二次型,$\lambda_1,\lambda_2,\cdots,\lambda_n$ 为 $\boldsymbol{A}$ 的特征值,且

$$\lambda_1\leqslant\lambda_2\leqslant\cdots\leqslant\lambda_n$$

证明:对于任一 n 维列向量 $\boldsymbol{x}$,有 $\lambda_1\boldsymbol{x}^{\mathrm{T}}\boldsymbol{x}\leqslant\boldsymbol{x}^{\mathrm{T}}\boldsymbol{A}\boldsymbol{x}\leqslant\lambda_n\boldsymbol{x}^{\mathrm{T}}\boldsymbol{x}$.

66. 设 $\boldsymbol{A}$ 为 Hermite 矩阵,证明:存在实数 t,使得 $t\boldsymbol{E}+\boldsymbol{A}$ 是正定 Hermite 矩阵.

67. 设 $\boldsymbol{A}$ 为半正定 Hermite 矩阵,证明:$|\boldsymbol{E}+\boldsymbol{A}|>0$.

68. 设 $\boldsymbol{A}$ 为正定 Hermite 矩阵,$\boldsymbol{B}$ 为半正定 Hermite 矩阵,且 $\boldsymbol{B}\neq\boldsymbol{O}$. 证明:$|\boldsymbol{A}+\boldsymbol{B}|>|\boldsymbol{B}|$.

69. 设 $\boldsymbol{A}$ 为正定 Hermite 矩阵,$\boldsymbol{B}$ 为反 Hermite 矩阵. 证明:$\boldsymbol{AB}$,$\boldsymbol{BA}$ 的特征值的实部均为零.

70. 设 $\boldsymbol{A}$ 为正定 Hermite 矩阵,$\boldsymbol{B}$ 为 Hermite 矩阵. 证明:$\boldsymbol{AB}$,$\boldsymbol{BA}$ 的特征值均是实数.

71. 设矩阵

$$\boldsymbol{A}=\begin{pmatrix}2 & \mathrm{i}\\ -\mathrm{i} & 2\end{pmatrix},\quad \boldsymbol{B}=\begin{pmatrix}-3 & 1-2\mathrm{i}\\ 1+2\mathrm{i} & 1\end{pmatrix}$$

试验证 $\boldsymbol{A}$ 正定,求可逆阵 $\boldsymbol{P}$,使得 $\boldsymbol{P}^{\mathrm{H}}\boldsymbol{A}\boldsymbol{P}=\boldsymbol{E}$,而 $\boldsymbol{P}^{\mathrm{H}}\boldsymbol{B}\boldsymbol{P}$ 是对角阵.

Rayleigh 商

72. 设

$$\boldsymbol{A}=\begin{pmatrix}4 & 4\mathrm{i} & -6-2\mathrm{i}\\ -4\mathrm{i} & 4 & -2+6\mathrm{i}\\ -6+2\mathrm{i} & -2-6\mathrm{i} & 0\end{pmatrix}$$

而 $\boldsymbol{X}=(1,-1,2+\mathrm{i})$,求 $\boldsymbol{A}$ 的 Rayleig 商 $R(\boldsymbol{X})$.

73. 设

$$\boldsymbol{A}=\begin{pmatrix}2 & -1 & 0\\ -1 & 4 & 0\\ 0 & 0 & 5\end{pmatrix}$$

而 $\boldsymbol{X}=(2,1,-3)$,求 $\boldsymbol{A}$ 的 Rayleig 商 $R(\boldsymbol{X})$.

74. 设

$$\boldsymbol{A}=\begin{pmatrix}2 & 2 & -2\\ 2 & 5 & -4\\ -2 & -4 & 5\end{pmatrix}$$

W_2 是 $\mathbb{R}^3$ 的任意 2 为子空间,计算 $\min\limits_{\forall W_2}\{\max\limits_{\forall \boldsymbol{X}\in W_2}\{R(\boldsymbol{X})\}\}$ 和 $\max\limits_{\forall W_2}\{\min\limits_{\forall \boldsymbol{X}\in W_2}\{R(\boldsymbol{X})\}\}$.

张量积

75. 设 $\boldsymbol{\alpha}=(-3,2,1)$,$\boldsymbol{\beta}=(0.5,3)$,计算 $\boldsymbol{\alpha}\otimes\boldsymbol{\beta}$.

76. 设3阶矩阵$\boldsymbol{A}$的特征值为$-7,3,2+\mathrm{i}$,2阶矩阵$\boldsymbol{B}$的特征值为$1-\mathrm{i},1+\mathrm{i}$,试确定$\boldsymbol{A}\otimes\boldsymbol{B}$.

77. 设$\boldsymbol{\alpha}$是矩阵$\boldsymbol{A}$的特征向量,$\boldsymbol{\beta}$是矩阵$\boldsymbol{B}$的特征向量,证明:$\boldsymbol{\alpha}\otimes\boldsymbol{\beta}$是$\boldsymbol{A}\otimes\boldsymbol{B}$的特征向量.

78. 设m维向量$\boldsymbol{\alpha}$的2范数是3,n维向量$\boldsymbol{\alpha}$的2范数是2,求$\boldsymbol{\alpha}\otimes\boldsymbol{\beta}$的2范数.

79. 设矩阵

$$\boldsymbol{A}=\begin{pmatrix}1 & -3+\mathrm{i}\\ -1-2\mathrm{i} & 0\end{pmatrix}$$

求$\boldsymbol{A}^{\mathrm{T}}$的行展开$\mathrm{rs}(\boldsymbol{A}^{\mathrm{T}})$,$\mathrm{cs}(\boldsymbol{A}^{\mathrm{T}})$.

80. 设$\boldsymbol{A}$是m阶正交阵,$\boldsymbol{B}$是n阶酉阵,求$\boldsymbol{A}\otimes\boldsymbol{B}$的2范数.

81. 设$\boldsymbol{A},\boldsymbol{B}$是$m$阶正交阵.证明:方程组

$$\boldsymbol{A}^2\boldsymbol{X}+\boldsymbol{X}\boldsymbol{B}^2-2\boldsymbol{A}\boldsymbol{X}\boldsymbol{B}=\boldsymbol{O}$$

有非零解的充要条件是$\boldsymbol{A},\boldsymbol{B}$有公共特征值.

第2章　线性空间与内积空间

线性空间既是线性代数非常基本的概念，也是现代数学的基石，许多数学理论都是建立在线性空间上的，是学习现代矩阵论的重要基础.本章先通过几个具体例子引入线性空间的概念，然后系统讨论线性空间的基与维数、坐标与坐标变换、子空间的相关理论.

2.1　线性空间的定义及性质

2.1.1　线性空间

例 2.1　设 F 是域，记集合 $F^n=\{(x_1,\cdots,x_n)^{\mathrm{T}}\mid x_i\in F\}$，对集合 F^n 中任意向量 $\boldsymbol{\alpha}=(x_1,\cdots,x_n)^{\mathrm{T}}$，$\boldsymbol{\beta}=(y_1,\cdots,y_n)^{\mathrm{T}}$，作加法，数乘如下：

$$\boldsymbol{\alpha}+\boldsymbol{\beta}=(x_1+y_1,\cdots,x_n+y_n)^{\mathrm{T}},\quad k\boldsymbol{\alpha}=(kx_1,\cdots,kx_n)^{\mathrm{T}}\quad(k\in F)$$

利用数的加法满足交换律，结合律，有数 0，每个数有相反数，容易验证下列等式成立($\boldsymbol{\gamma}\in F^n$，$l\in F$)：

(1) $\boldsymbol{\alpha}+\boldsymbol{\beta}=\boldsymbol{\beta}+\boldsymbol{\alpha}$；

(2) $(\boldsymbol{\alpha}+\boldsymbol{\beta})+\boldsymbol{\gamma}=\boldsymbol{\alpha}+(\boldsymbol{\beta}+\boldsymbol{\gamma})$；

(3) $\boldsymbol{\alpha}+0=0+\boldsymbol{\alpha}=\boldsymbol{\alpha}$；

(4) $\boldsymbol{\alpha}+(-\boldsymbol{\alpha})=0$；

(5) $1\boldsymbol{\alpha}=\boldsymbol{\alpha}$；

(6) $k(\boldsymbol{\alpha}+\boldsymbol{\beta})=k\boldsymbol{\alpha}+k\boldsymbol{\beta}$；

(7) $(k+l)\boldsymbol{\alpha}=k\boldsymbol{\alpha}+l\boldsymbol{\alpha}$；

(8) $(kl)\boldsymbol{\alpha}=k(l\boldsymbol{\alpha})$.

例 2.2　设 F 是域，记集合 $F[x]=\{f(x)\mid f(x)$是 F 上的多项式$\}$，对集合 $F[x]$中任意多项式

$$f(x)=a_0+a_1x+\cdots+a_nx^n,\quad g(x)=b_0+b_1x+\cdots+b_nx^n$$

作加法，数乘，即

$$f(x)+g(x)=(a_0+b_0)+(a_1+b_0)x+\cdots+(a_n+b_n)x^n$$
$$kf(x)=ka_0+ka_1x+\cdots+ka_nx^n\quad(k\in F)$$

容易验证在 $F[x]$中下列等式成立($h(x)\in F[x]$，$l\in F$)：

(1) $f(x)+g(x)=g(x)+f(x)$;

(2) $(f(x)+g(x))+h(x)=f(x)+(g(x)+h(x))$;

(3) $f(x)+0=0+f(x)=f(x)$;

(4) $f(x)+(-f(x))=0$;

(5) $1f(x)=f(x)$;

(6) $k(f(x)+g(x))=kf(x)+kg(x)$;

(7) $(k+l)f(x)=kf(x)+lf(x)$;

(8) $(kl)f(x)=k(lf(x))$.

例 2.3 设 F 是域,记集合 $M_{m\times n}=\{\boldsymbol{A}|\boldsymbol{A}$ 是 F 上的 $m\times n$ 矩阵$\}$,对集合 $M_{m\times n}$ 中任意

$$\boldsymbol{A}=(a_{ij}),\quad \boldsymbol{B}=(b_{ij})$$

作加法,数乘,即

$$\boldsymbol{A}+\boldsymbol{B}=(a_{ij}+b_{ij}),\quad k\boldsymbol{A}=(ka_{ij})\quad (k\in F)$$

由矩阵的加法和数乘的定义易得下列等式成立($\boldsymbol{C}\in M_{m\times n}, l\in F$):

(1) $\boldsymbol{A}+\boldsymbol{B}=\boldsymbol{B}+\boldsymbol{A}$;

(2) $(\boldsymbol{A}+\boldsymbol{B})+\boldsymbol{C}=\boldsymbol{A}+(\boldsymbol{B}+\boldsymbol{C})$;

(3) $\boldsymbol{A}+\boldsymbol{O}=\boldsymbol{O}+\boldsymbol{A}=\boldsymbol{A}$;

(4) $\boldsymbol{A}+(-\boldsymbol{A})=\boldsymbol{O}$;

(5) $1\boldsymbol{A}=\boldsymbol{A}$;

(6) $k(\boldsymbol{A}+\boldsymbol{B})=k\boldsymbol{A}+k\boldsymbol{B}$;

(7) $(k+l)\boldsymbol{A}=k\boldsymbol{A}+l\boldsymbol{A}$;

(8) $(kl)\boldsymbol{A}=k(l\boldsymbol{A})$.

例 2.4 设 $\mathbb{R}$ 是实数域,记集合 $C_{[a,b]}=\{f(x)\mid f(x)$是$[a,b]$上的连续函数$\}$,对任意 $f(x),g(x)\in C_{[a,b]}$,作加法,数乘如下:

$$(f+g)(x)=f(x)+g(x),\quad (kf)(x)=kf(x)\quad (k\in\mathbb{R})$$

容易验证下列等式成立($h(x)\in C_{[a,b]}, l\in\mathbb{R}$):

(1) $f(x)+g(x)=g(x)+f(x)$;

(2) $(f(x)+g(x))+h(x)=f(x)+(g(x)+h(x))$;

(3) $f(x)+0=0+f(x)=f(x)$;

(4) $f(x)+(-f(x))=0$;

(5) $1f(x)=f(x)$;

(6) $k(f(x)+g(x))=kf(x)+kg(x)$;

(7) $(k+l)f(x)=kf(x)+lf(x)$;

(8) $(kl)f(x)=k(lf(x))$.

以上例子来自 n 维向量、多项式、矩阵以及闭区间上的连续函数构成的不同集合,在这些集合上都定义了两种运算,集合中两个元素的加法以及集合中一个元素和数域中一个元素的乘法,尽管定义方式不同,但它们满足的性质却是相同的,我们将之进一步抽象,得到一般的线性空间的定义.

定义 2.1 设 V 是一个非空集合,F 是一个数域.在 V 中定义了一种运算,称为加法,即对 V 中任意两个元素 $\boldsymbol{\alpha},\boldsymbol{\beta}$,有 $\boldsymbol{\alpha}+\boldsymbol{\beta}\in V$;另一种运算,称为数乘,对 V 中任意一个元素 $\boldsymbol{\alpha}$,与 F 中任意一个数 k,有 $k\boldsymbol{\alpha}\in V$.如果 V 关于这两种运算满足以下八条运算规律,则称 V

是F上的一个线性空间：

（1）加法结合律：$\boldsymbol{\alpha}+(\boldsymbol{\beta}+\boldsymbol{\gamma})=(\boldsymbol{\alpha}+\boldsymbol{\beta})+\boldsymbol{\gamma}$，对任意$\boldsymbol{\alpha},\boldsymbol{\beta},\boldsymbol{\gamma}\in V$；

（2）加法交换律：$\boldsymbol{\alpha}+\boldsymbol{\beta}=\boldsymbol{\beta}+\boldsymbol{\alpha}$，对任意$\boldsymbol{\alpha},\boldsymbol{\beta}\in V$；

（3）加法零元律：在V中存在零元素$\boldsymbol{\theta}$，使$\boldsymbol{\alpha}+\boldsymbol{\theta}=\boldsymbol{\theta}+\boldsymbol{\alpha}=\boldsymbol{\alpha}$，对任意$\boldsymbol{\alpha}\in V$；

（4）加法负元律：对于任意元素$\boldsymbol{\alpha}\in V$，在V中存在一元素$\boldsymbol{\beta}\in V$，使

$$\boldsymbol{\alpha}+\boldsymbol{\beta}=\boldsymbol{\beta}+\boldsymbol{\alpha}=\boldsymbol{\theta}$$

称$\boldsymbol{\beta}$为$\boldsymbol{\alpha}$的负元素；

（5）数乘恒等律：$1\boldsymbol{\alpha}=\boldsymbol{\alpha}$对任意$\boldsymbol{\alpha}\in V$（数域中一定有1）；

（6）数因子分配律：$k(\boldsymbol{\alpha}+\boldsymbol{\beta})=k\boldsymbol{\alpha}+k\boldsymbol{\beta}$，对任意$\boldsymbol{\alpha},\boldsymbol{\beta}\in V,k\in F$；

（7）元素因子分配律：$(k+l)\boldsymbol{\alpha}=k\boldsymbol{\alpha}+l\boldsymbol{\alpha}$，对任意$\boldsymbol{\alpha}\in V,k,l\in F$；

（8）数乘结合律：$k(l\boldsymbol{\alpha})=(kl)\boldsymbol{\alpha}$，对任意$\boldsymbol{\alpha}\in V,k,l\in F$.

注意以下几点：

（1）线性空间定义中的八条称为线性空间的八条公理.

（2）线性空间是基于给定数域来的.同一个集合，对于不同数域，下面有例子表明可能构成不同的线性空间，甚至对有的数域能构成线性空间，而对其他数域不能构成线性空间.

（3）两种运算、八条公理.数域F中的运算是具体的四则运算，而V中所定义的加法运算和数乘运算则是抽象的、形式的，有些是人为定义的.

（4）由定义中的(2)关于加法满足交换律，因而在(3)可变为$\boldsymbol{\alpha}+\boldsymbol{\theta}=\boldsymbol{\alpha}$，(4)变为$\boldsymbol{\alpha}+\boldsymbol{\beta}=\boldsymbol{\theta}$.

（5）当数域F为实数域时，V就称为实线性空间；F为复数域，V就称为复线性空间.

例2.5　实数域$\mathbb{R}$按照实数间的加法与乘法，构成一个自身上的线性空间，仍记为$\mathbb{R}$.

例2.6　设F是一个数域，F上的全体次数不大于n的一元多项式构成的集合$F_n[x]$，关于多项式的加法，F中元素与多项式的乘法构成F上的线性空间.

注意：(1)显然设F是域，则F^n是F上线性空间.当$F=\mathbb{C}$时，F^n称为n元复线性空间，记作$\mathbb{C}^n$；当$F=\mathbb{R}$时，F^n称为n元实线性空间，记作$\mathbb{R}^n$.

（2）设F是域，则$M_{m\times n}(F)$，$F[x]$均是F上线性空间.

（3）$C_{[a,b]}$均是实数域$\mathbb{R}$上线性空间.

（4）设F是域，V是F上线性空间，V中的元素统称为向量.

例2.7　设$\mathbb{C}=\{a+b\mathrm{i}\mid a,b\in\mathbb{R}\}$，$F=\mathbb{R}$是实数域.对任意$\boldsymbol{\alpha}=a+b\mathrm{i},\boldsymbol{\beta}=c+d\mathrm{i}\in\mathbb{C}$，以及任意$k\in\mathbb{R}$，定义$\mathbb{C}$的加法是复数加法，数乘就是实数乘以复数，即

$$\boldsymbol{\alpha}+\boldsymbol{\beta}=(a+c)+(b+d)\mathrm{i},\quad k\boldsymbol{\alpha}=(ka)+(kb)\mathrm{i}$$

则$\mathbb{C}$是$\mathbb{R}$上的线性空间.

例2.8　设$\mathbb{C}=\{a+b\mathrm{i}\mid a,b\in\mathbb{R}\}$，$F=\mathbb{C}$是复数域.对任意$\alpha=a+b\mathrm{i},\beta=c+d\mathrm{i}\in\mathbb{C}$，以及任意，$k=x+y\mathrm{i}\in\mathbb{C}=F$，定义$\mathbb{C}$的加法是复数加法，数乘就是复数的乘积，即

$$\boldsymbol{\alpha}+\boldsymbol{\beta}=(a+c)+(b+d)\mathrm{i},\quad k\boldsymbol{\alpha}=(xa-yb)+(xb+ya)\mathrm{i}$$

则$\mathbb{C}$是$\mathbb{C}$上的线性空间.

例2.9　设$V=\{a\mid a\in R,a\neq 0\}$，$F=\mathbb{R}$是实数域.对任意$a,b\in V$，定义

$$a\oplus b=ab(\text{数相乘}),\quad k\odot a=a^k(\text{数的幂})\quad(k\in F)$$

则V是$\mathbb{R}$上的线性空间.

证明　首先对任意$a,b\in V$，任意$k\in\mathbb{R}$，由于$a>0,b>0$，它们唯一的乘积$ab\in V$，a的k次幂$a^k\in V$，因而加法$\oplus$与数乘$\odot$运算$a\oplus b=ab,k\odot a=a^k$是没有问题的.现在验证

八条公理($c\in V, l\in\mathbb{R}$):

(1) $a\oplus(b\oplus c)=a(bc)=(ab)c=(a\oplus b)\oplus c$;

(2) $a\oplus b=ab=ba=b\oplus a$;

(3) 1 是零元素,因为 $a\oplus 1=a\cdot 1=a=1\cdot a=1\oplus a$;

(4) a 的负元是 a^{-1},这是因为 $a\oplus a^{-1}=a\cdot a^{-1}=1=a^{-1}\cdot a=a^{-1}\oplus a$;

(5) $1\odot a=a^1=a$;

(6) $k\odot(a\oplus b)=k\odot(ab)=(ab)^k=a^kb^k=a^k\oplus b^k=(k\odot a)\oplus(k\odot b)$;

(7) $(k+l)\odot a=a^{k+l}=a^ka^l=a^k\oplus a^l=(k\odot a)\oplus(l\odot a)$;

(8) $k\odot(l\odot a)=(l\odot a)^k=(a^l)^k=a^{kl}=(kl)\odot a$.

由此可证,$\mathbb{R}^+$ 是实数域 $\mathbb{R}$ 上的线性空间.注意到在(3)中的 1 是 $\mathbb{R}^+$ 中的 1,这里是向量,但在(5) 中的 1 却是 $\mathbb{R}$ 中的 1,也就是这里的 1 是数.

注意:(1) 在线性空间中的加法,数乘不要仅仅认为就是向量或数的乘法、数乘,这里的加法,数乘是抽象的,有些是人为定义的.

(2) 同一个集合上,对域不同,可以定义不同的线性空间,而且既是同一个域,定义不同的运算都可以构成线性空间.

例 2.10 设 $V=\mathbb{R}^2$ 上,域 $F=\mathbb{R}$ 是实数域,对 V 中任意元素 (x_1,x_2),(y_1,y_2),定义

$$(x_1,x_2)\oplus(y_1,y_2)=(x_1+y_1,x_2+y_2+x_1y_1)$$

$$k\otimes(x_1,x_2)=\left(kx_1,kx_2+\frac{k(k-1)}{2}x_1^2\right)$$

V 关于上述运算是线性空间.这和通常的加法,数乘不同.

证明 首先对任意元素 (x_1,x_2),$(y_1,y_2)\in V$,任意 $k\in\mathbb{R}$,它们的加法$\oplus$与数乘$\otimes$的运算结果 $(x_1+y_1,x_2+y_2+x_1y_1)$,$\left(kx_1,kx_2+\dfrac{k(k-1)}{2}x_1^2\right)$均在 V 中.而且由 (x_1,x_2),(y_1,y_2)和 k 唯一确定.因而运算定义是没有问题的.现在验证八条公理:对任意 $k,l\in\mathbb{R}$ 和 V 任意两个元素 (x_1,x_2),(y_1,y_2),(z_1,z_2),

(1) 我们先计算

$$(x_1,x_2)\oplus(y_1,y_2)=(x_1+y_1,x_2+y_2+x_1y_1)$$

$$(y_1,y_2)\oplus(z_1,z_2)=(y_1+z_1,y_2+z_2+y_1z_1)$$

于是有

$$((x_1,x_2)\oplus(y_1,y_2))\oplus(z_1,z_2)=(x_1+y_1+z_1,x_2+y_2+z_2+x_1y_1+x_1y_1+y_1z_1)$$

以及

$$(x_1,x_2)\oplus((y_1,y_2)\oplus(z_1,z_2))=(x_1+y_1+z_1,x_2+y_2+z_2+x_1y_1+x_1z_1+y_1z_1)$$

故

$$(x_1,x_2)\oplus((y_1,y_2)\oplus(z_1,z_2))=((x_1,x_2)\oplus(y_1,y_2))\oplus(z_1,z_2)$$

(2) 简单计算,有

$$\begin{aligned}(x_1,x_2)\oplus(y_1,y_2)&=(x_1+y_1,x_2+y_2+x_1y_1)\\&=(y_1+x_1,y_2+x_2+y_1x_1)=(y_1,y_2)\oplus(x_1,x_2)\end{aligned}$$

(3) $(0,0)$是零元素,因为$(x_1,x_2)\oplus(0,0)=(x_1+0,x_2+0+x_10)=(x_1,x_2)$;

(4) (x_1,x_2)的负元是$(-x_1,-x_2+x_1^2)$,这是因为

$$(x_1,x_2)\oplus(-x_1,-x_2+x_1^2)=(x_1-x_1,x_2-x_2+x_1^2-x_1^2)=(0,0)$$

(5) $1\otimes(x_1,x_2)=(1x_1,1x_2+\frac{1(1-1)}{2}x_1^2)=(x_1,x_2)$；

(6) 我们分别计算

$$
\begin{aligned}
&k\otimes((x_1,x_2)\oplus(y_1,y_2))\\
&=\left(kx_1+ky_1,kx_2+ky_2+kx_1y_1+\frac{k(k-1)}{2}(x_1+y_1)^2\right)\\
&=\left(kx_1+ky_1,kx_2+ky_2+\frac{k(k-1)}{2}x_1^2+\frac{k(k-1)}{2}y_1^2+k^2x_1y_1\right)
\end{aligned}
$$

和

$$
k\otimes(x_1,x_2)=\left(kx_1,kx_2+\frac{k(k-1)}{2}x_1^2\right),\quad k\otimes(y_1,y_2)=\left(ky_1,ky_2+\frac{k(k-1)}{2}y_1^2\right)
$$

于是

$$
\begin{aligned}
&(k\otimes(x_1,x_2))\oplus(k\otimes(y_1,y_2))\\
&=\left(kx_1+ky_1,kx_2+ky_2+\frac{k(k-1)}{2}x_1^2+\frac{k(k-1)}{2}y_1^2+k^2y_1x_1\right)
\end{aligned}
$$

故

$$
k\otimes((x_1,x_2)\oplus(y_1,y_2))=(k\otimes(x_1,x_2))\oplus(k\otimes(y_1,y_2))
$$

(7) 我们分别计算

$$
(k+l)\otimes(x_1,x_2)=\left((k+l)x_1,(k+l)x_2+\frac{(k+l)(k+l-1)}{2}x_1^2\right)
$$

和

$$
k\otimes(x_1,x_2)=\left(kx_1,kx_2+\frac{k(k-1)}{2}x_1^2\right),\quad l\otimes(x_1,x_2)=\left(lx_1,lx_2+\frac{l(l-1)}{2}x_1^2\right)
$$

于是

$$
\begin{aligned}
&(k\otimes(x_1,x_2))\oplus(l\otimes(x_1,x_2))\\
&=\left(kx_1+lx_1,kx_2+lx_2+\frac{k(k-1)}{2}x_1^2+\frac{l(l-1)}{2}x_1^2+klx_1^2\right)\\
&=\left(kx_1+lx_1,kx_2+lx_2+(\frac{k(k-1)}{2}+\frac{l(l-1)}{2}+kl)x_1^2\right)\\
&=\left(kx_1+lx_1,kx_2+lx_2+\frac{(k+l)(k+l-1)}{2}x_1^2\right)
\end{aligned}
$$

故

$$
(k+l)\otimes(x_1,x_2)=(k\otimes(x_1,x_2))\oplus(l\otimes(x_1,x_2))
$$

(8) 我们分别计算

$$
l\otimes(x_1,x_2)=\left(lx_1,lx_2+\frac{l(l-1)}{2}x_1^2\right)
$$

进一步地，

$$
\begin{aligned}
k\otimes(l\otimes(x_1,x_2))&=\left(klx_1,klx_2+k\frac{l(l-1)}{2}x_1^2+\frac{k(k-1)}{2}l^2x_1^2\right)\\
&=\left(klx_1,klx_2+\frac{kl(kl-1)}{2}x_1^2\right)
\end{aligned}
$$

和

$$(kl)\otimes(x_1,x_2)=\left(klx_1,klx_2+\frac{kl(kl-1)}{2}x_1^2\right)$$

故

$$k\otimes(l\otimes(x_1,x_2))=(kl)\otimes(x_1,x_2)$$

2.1.2 线性空间的性质

(1) 零元素是唯一的.

证明 若 $\boldsymbol{\theta}_1,\boldsymbol{\theta}_2\in V$ 是线性空间 V 的零元素,由零元律,对任意 $\boldsymbol{\alpha}\in V$,

$$\boldsymbol{\alpha}+\boldsymbol{\theta}_1=\boldsymbol{\alpha},\quad \boldsymbol{\alpha}+\boldsymbol{\theta}_2=\alpha$$

在前一个式子中,令 $\boldsymbol{\alpha}=\boldsymbol{\theta}_2$,前一个式子中,令 $\boldsymbol{\alpha}=\boldsymbol{\theta}_1$,则有

$$\boldsymbol{\theta}_2=\boldsymbol{\theta}_2+\boldsymbol{\theta}_1=\boldsymbol{\theta}_1+\boldsymbol{\theta}_2=\boldsymbol{\theta}_1$$

故以后记 V 的零元素,简称零元,为 0.

(2) V 中任一元素的负元素是唯一的.

证明 V 中任一元素 $\boldsymbol{\alpha}$,若 $\boldsymbol{\beta}_1,\boldsymbol{\beta}_2\in V$ 是 $\boldsymbol{\alpha}$ 的负元,由负元律,有

$$\boldsymbol{\alpha}+\boldsymbol{\beta}_1=0,\quad \boldsymbol{\alpha}+\boldsymbol{\beta}_2=0$$

则有

$$\boldsymbol{\beta}_2=\boldsymbol{\beta}_2+0=\boldsymbol{\beta}_2+(\boldsymbol{\alpha}+\boldsymbol{\theta}_1)=(\boldsymbol{\beta}_2+\boldsymbol{\alpha})+\boldsymbol{\theta}_1=0+\boldsymbol{\theta}_1=\boldsymbol{\theta}_1$$

在上式中,依次用到零元律、结合律、零元律.

以后记元素 $\boldsymbol{\alpha}$ 的负元为 $-\boldsymbol{\alpha}$.

(3) 对任意 $\boldsymbol{\alpha}\in V$,有 $0\boldsymbol{\alpha}=0$,$(-1)\boldsymbol{\alpha}=-\boldsymbol{\alpha}$.

证明 $0\boldsymbol{\alpha}=(0+0)\boldsymbol{\alpha}=0\boldsymbol{\alpha}+0\boldsymbol{\alpha}$,于是

$$0\boldsymbol{\alpha}=0+0\boldsymbol{\alpha}=(-0\boldsymbol{\alpha}+0\boldsymbol{\alpha})+0\boldsymbol{\alpha}=-0\boldsymbol{\alpha}+(0\boldsymbol{\alpha}+0\boldsymbol{\alpha})=-0\boldsymbol{\alpha}+0\boldsymbol{\alpha}=0$$

上式中依次用到零元律,结合律,零元律.而

$$\boldsymbol{\alpha}+(-1)\boldsymbol{\alpha}=1\boldsymbol{\alpha}+(-1)\boldsymbol{\alpha}=(1-1)\boldsymbol{\alpha}=0\boldsymbol{\alpha}=0$$

故$(-1)\boldsymbol{\alpha}$ 是 $\boldsymbol{\alpha}$ 的负元,又负元的唯一性,得$(-1)\boldsymbol{\alpha}=-\boldsymbol{\alpha}$.

(4) 任意 $k\in \boldsymbol{F}$,有 $k0=0$.

证明 $k0=k(0+0)=k0+k0$,同(3)的证法可得 $k0=0$.

(5) 如果 $k\boldsymbol{\alpha}=0$,则 $k=0$ 或 $\boldsymbol{\alpha}=0$.

证明 若 $k\neq0$,则 $\boldsymbol{\alpha}=1\boldsymbol{\alpha}=(k^{-1}k)\boldsymbol{\alpha}=k^{-1}(k\boldsymbol{\alpha})=k^{-1}0=0$,若 $\boldsymbol{\alpha}\neq0$,可以用反证法得到 $k=0$.

2.1.3 向量的线性相关性

在线性空间中向量之间可以定义向量的线性相关性、极大线性无关组、向量组的秩等概念,这些概念与线性代数中向量组线性相关性概念类似.

定义 2.2 设 $\boldsymbol{\alpha}_1,\boldsymbol{\alpha}_2,\cdots,\boldsymbol{\alpha}_m$ 是数域F 上的线性空间 V 中的一组向量,$k_1,k_2,\cdots,k_m$ 是数域F 中的一组数,如果 V 中向量$\boldsymbol{\beta}$ 可以表示为

$$\boldsymbol{\beta}=k_1\boldsymbol{\alpha}_1+k_2\boldsymbol{\alpha}_2+\cdots+k_m\boldsymbol{\alpha}_m$$

则称$\boldsymbol{\beta}$可由$\boldsymbol{\alpha}_1,\boldsymbol{\alpha}_2,\cdots,\boldsymbol{\alpha}_m$ 线性表示,也称向量$\boldsymbol{\beta}$是$\boldsymbol{\alpha}_1,\boldsymbol{\alpha}_2,\cdots,\boldsymbol{\alpha}_m$ 的一个线性组合.

定义 2.3 设 $\boldsymbol{X}$ 及 $\boldsymbol{Y}$ 是线性空间 V 中向量组,若 $\boldsymbol{X}$ 中的每个向量都能由向量组 $\boldsymbol{Y}$ 线性表示,则称向量组 $\boldsymbol{X}$ 可由向量组 $\boldsymbol{Y}$ 线性表示;如果向量组 $\boldsymbol{X}$ 与向量组 $\boldsymbol{Y}$ 可以相互线性表示,

则称向量组 $\boldsymbol{X}$ 与 $\boldsymbol{Y}$ 是等价的

向量组之间的等价关系具有如下性质：

(1) 反身性　每一个向量组都与它自身等价；

(2) 对称性　如果向量组 $\boldsymbol{X}$ 与 $\boldsymbol{Y}$ 等价，则 $\boldsymbol{Y}$ 与 $\boldsymbol{X}$ 等价；

(3) 传递性　如果向量组 $\boldsymbol{X}$ 与 $\boldsymbol{Y}$ 等价，且 $\boldsymbol{Y}$ 与 $\boldsymbol{Z}$ 等价，则 $\boldsymbol{X}$ 与 $\boldsymbol{Z}$ 等价.

定义 2.4　设 $\boldsymbol{\alpha}_1,\boldsymbol{\alpha}_2,\cdots,\boldsymbol{\alpha}_m$ 是数域 F 上的线性空间 V 中的一组向量，如果存在一组不全为零的数 $k_1,k_2,\cdots,k_m\in F$，使得等式

$$k_1\boldsymbol{\alpha}_1+k_2\boldsymbol{\alpha}_2+\cdots+k_m\boldsymbol{\alpha}_m=0$$

成立，则称向量组 $\boldsymbol{\alpha}_1,\boldsymbol{\alpha}_2,\cdots,\boldsymbol{\alpha}_m$ 线性相关，否则，即不存在不全为零的数 $k_1,k_2,\cdots,k_m\in F$，使得

$$k_1\boldsymbol{\alpha}_1+k_2\boldsymbol{\alpha}_2+\cdots+k_m\boldsymbol{\alpha}_m=0$$

或者仅当 $k_1=k_2=\cdots=k_m=0$，才有

$$k_1\boldsymbol{\alpha}_1+k_2\boldsymbol{\alpha}_2+\cdots+k_m\boldsymbol{\alpha}_m=0$$

又或者若

$$k_1\boldsymbol{\alpha}_1+k_2\boldsymbol{\alpha}_2+\cdots+k_m\boldsymbol{\alpha}_m=0$$

一定有 $k_1=k_2=\cdots=k_m=0$，称向量组 $\boldsymbol{\alpha}_1,\boldsymbol{\alpha}_2,\cdots,\boldsymbol{\alpha}_m$ 线性无关.

由这定义得知，如果向量 $\boldsymbol{\alpha}_1,\boldsymbol{\alpha}_2,\cdots,\boldsymbol{\alpha}_m$ 线性相关，则存在不全为 0 的数 $k_1,k_2,\cdots,k_m$ 使上式成立，比如 $k_1\neq 0$，则有

$$\boldsymbol{\alpha}_1=-\frac{k_2}{k_1}\boldsymbol{\alpha}_2-\cdots-\frac{k_m}{k_1}\boldsymbol{\alpha}_m$$

所以向量 $\boldsymbol{\alpha}_1$ 可由 $\boldsymbol{\alpha}_2,\cdots,\boldsymbol{\alpha}_m$ 线性表示，反之 $\boldsymbol{\alpha}_1,\boldsymbol{\alpha}_2,\cdots,\boldsymbol{\alpha}_m$ 线性相关.

定理 2.1　向量组 $\boldsymbol{\alpha}_1,\boldsymbol{\alpha}_2,\cdots,\boldsymbol{\alpha}_m(m\geqslant 2)$ 线性相关的充分必要条件是向量组中至少有一个向量能由其余 $m-1$ 个向量线性表示.

定理 2.2　向量组 $\boldsymbol{\alpha}_1,\boldsymbol{\alpha}_2,\cdots,\boldsymbol{\alpha}_m(m\geqslant 1)$ 线性无关，而向量组 $\boldsymbol{\alpha}_1,\boldsymbol{\alpha}_2,\cdots,\boldsymbol{\alpha}_m,\boldsymbol{\beta}$ 线性相关，则 $\boldsymbol{\beta}$ 可唯一表示为

$$\boldsymbol{\beta}=x_1\boldsymbol{\alpha}_1+x_2\boldsymbol{\alpha}_2+\cdots+x_m\boldsymbol{\alpha}_m$$

在 n 维向量空间中向量组的判定方法只要不涉及具体分量都可以用于线性空间中线性相关性的判定，例如：

结论：设向量组 $\boldsymbol{Y}$ 是向量组 $\boldsymbol{X}$ 的部分组. 则若 $\boldsymbol{Y}$ 线性相关，有 $\boldsymbol{X}$ 线性相关；反之，若 $\boldsymbol{X}$ 线性无关，有 $\boldsymbol{Y}$ 线性无关.

设向量组 $\boldsymbol{\alpha}_1,\boldsymbol{\alpha}_2,\cdots,\boldsymbol{\alpha}_r$ 可由向量组 $\boldsymbol{\beta}_1,\boldsymbol{\beta}_2,\cdots,\boldsymbol{\beta}_s$ 线性表出. 若 $r>s$，则向量组 $\boldsymbol{\alpha}_1,\boldsymbol{\alpha}_2,\cdots,\boldsymbol{\alpha}_r$ 线性相关.

推论 2.1　设向量组 $\boldsymbol{X}$ 与向量组 $\boldsymbol{Y}$ 等价，向量组 $\boldsymbol{X}$ 和 $\boldsymbol{Y}$ 均线性无关. 则 $\boldsymbol{X}$ 和 $\boldsymbol{Y}$ 有相同的向量个数.

定义 2.5　向量组 $\boldsymbol{X}$ 的部分组 $\boldsymbol{Y}$ 线性无关组，且 $\boldsymbol{X}$ 中任意一个向量均是 $\boldsymbol{Y}$ 的线性组合，称部分组 $\boldsymbol{Y}$ 是向量组 $\boldsymbol{X}$ 的极大线性无关组，$\boldsymbol{Y}$ 中的向量个数称为向量组 $\boldsymbol{X}$ 的秩，记作 $r(\boldsymbol{X})$.

向量组的线性相关性概念是个非常重要的概念，有了线性相关性才有下面的线性空间的维数、基和坐标.

2.2 线性空间的基与维数

2.2.1 基与维数

一般来说，线性空间及其元素是抽象的对象，不同空间的元素完全可以千差万别. 我们将通过坐标表示将它们统一起来，而基是连接向量与其坐标表示的桥梁，几何空间中的 $\vec{i}$，$\vec{j}$，$\vec{k}$ 就是一般线性空间的基的特殊情况.

定义 2.6 设 V 是数域 F 上的一个线性空间，若 V 中的向量构成的向量组 S 满足：

(1) S 中任意有限个向量均线性无关；

(2) V 中任一向量 $\boldsymbol{\alpha}$ 总可由 S 中有限个向量的线性表示.

那么 S 称为线性空间 V 的一个基，当 S 有 n 个元素时，称 n 为线性空间 V 的维数，记为 $\dim V=n$. 维数为 n 的线性空间称为 n 维线性空间，有时候为了强调维数时，记为 V^n，也称 V 是有限维线性空间. 当 S 不是有限集时，称 V 不是有限维线性空间.

例 2.11 设 $\boldsymbol{M}_{m\times n}(F)$ 是数域 F 上一切 $m\times n$ 矩阵构成的线性空间，求它的一个基及维数.

解 一个直接的方法就是找一个最大线性无关组，其元素尽可能简单. 令 $\boldsymbol{E}_{ij}$ 为这样的一个 $m\times n$ 矩阵，其 (i,j) 位置元素为 1，其余位置元素均为零. 这样的矩阵共有 $m\times n$ 个，由这 $m\times n$ 个矩阵构成的集合为

$$S=\{\boldsymbol{E}_{11},\boldsymbol{E}_{12},\cdots,\boldsymbol{E}_{1n};\boldsymbol{E}_{21},\boldsymbol{E}_{22},\cdots,\boldsymbol{E}_{2n};\cdots;\boldsymbol{E}_{m1},\boldsymbol{E}_{m2},\cdots,\boldsymbol{E}_{mn}\}$$

下面证明它构成 $\boldsymbol{M}_{m\times n}(F)$ 的一组基，若

$$\sum_{i=1}^{m}\sum_{j=1}^{n}x_{ij}\boldsymbol{E}_{ij}=(x_{ij})_{m\times n}=\boldsymbol{O}_{m\times n}$$

注意到 $\boldsymbol{M}_{m\times n}(F)$ 的零元为零矩阵，由矩阵相等，对应位置的元素相等可知一定有

$$x_{ij}=0\quad(i=1,2,\cdots,m;j=1,2,\cdots,n)$$

故 S 线性无关向量组. 另一方面，对于任意的 $\boldsymbol{A}=(a_{ij})_{m\times n}$，有

$$\boldsymbol{A}=\sum_{i=1}^{m}\sum_{j=1}^{n}a_{ij}\boldsymbol{E}_{ij}$$

故 $\{\boldsymbol{E}_{ij}\mid i=1,2,\cdots,m;j=1,2,\cdots,n\}$ 是 $\boldsymbol{M}_{m\times n}(F)$ 的一组基，所以该空间的维数为 $m\times n$.

本课程没有特别说明的条件下，只考虑有限维情况.

例 2.12 在 F^n 中的 n 个向量 $\boldsymbol{\varepsilon}_i^n=(0,\cdots,0,1,0,\cdots,0)^{\mathrm{T}}(i=1,2,\cdots,n)$，其中 1 位于 $\boldsymbol{\varepsilon}_i^n$ 的第 i 位置，其余位置元素为 0，这样的矩阵共有 n 个，由这 n 个 n 维向量构成的集合为

$$S=\{\boldsymbol{\varepsilon}_1^n,\boldsymbol{\varepsilon}_2^n,\cdots,\boldsymbol{\varepsilon}_n^n\}$$

下面证明它构成 F^n 的一组基，称为 F^n 的标准基，这是因为，若

$$x_1\boldsymbol{\varepsilon}_1^n+x_2\boldsymbol{\varepsilon}_2^n+\cdots+x_n\boldsymbol{\varepsilon}_n^n=(x_1,x_2,\cdots,x_n)^{\mathrm{T}}=(0,0,\cdots,0)^{\mathrm{T}}$$

由向量相等，对应位置的元素相等可知一定有

$$x_1=x_2=\cdots=x_n=0$$

故 S 线性无关向量组.另一方面,对于任意的 $\boldsymbol{\alpha}=(a_1,a_2,\cdots,a_n)^{\mathrm{T}}$,有

$$\boldsymbol{\alpha} = a_1\boldsymbol{\varepsilon}_1^n + a_2\boldsymbol{\varepsilon}_2^n + \cdots + a_n\boldsymbol{\varepsilon}_n^n$$

故 S 是 $\boldsymbol{F}^n$ 的一组基,所以该空间的维数为 n.

以后为方便起见,在列向量空间 $\boldsymbol{F}^n$ 的标准基元素 $\boldsymbol{\varepsilon}_i^n$ 记为 $\boldsymbol{\varepsilon}_i$.行向量空间 $\boldsymbol{F}^n$ 的标准基元素 $\boldsymbol{e}_i^n$,当不需要指出维数 n 时记为 $\boldsymbol{e}_i$.

2.2.2　坐标

设 V 是数域 F 上的 n 维线性空间,其基 $S=\{\boldsymbol{\alpha}_1,\boldsymbol{\alpha}_2,\cdots,\boldsymbol{\alpha}_n\}$,为了定义向量的坐标,将基元素固定一个次序,这时我们也直接称 $\boldsymbol{\alpha}_1,\boldsymbol{\alpha}_2,\cdots,\boldsymbol{\alpha}_n$ 是线性空间的基,对于任意的 $\boldsymbol{\alpha}\in V$,有且仅有一个有序数组 $x_1,x_2,\cdots,x_n$,使得

$$\boldsymbol{\alpha} = x_1\boldsymbol{\alpha}_1 + x_2\boldsymbol{\alpha}_2 + \cdots + x_n\boldsymbol{\alpha}_n$$

成立,我们称由 $x_1,x_2,\cdots,x_n$ 构成的有序数组 $\boldsymbol{X}=(x_1,x_2,\cdots,x_n)^{\mathrm{T}}$ 为元素 $\boldsymbol{\alpha}$ 在基 S 下的**坐标**.

采用矩阵记法为

$$\boldsymbol{\alpha} = (\boldsymbol{\alpha}_1,\cdots,\boldsymbol{\alpha}_n)\begin{pmatrix} x_1 \\ \vdots \\ x_n \end{pmatrix} = (\boldsymbol{\alpha}_1,\cdots,\boldsymbol{\alpha}_n)\boldsymbol{X}$$

注意:(1) 在线性空间给定基及基元素次序下,任意一个向量的**坐标是唯一确定**的,我们有时称由这组基确定了一个坐标系.

(2) 向量的坐标是在给定一组基以及给定基向量的次序的条件意义下向量的坐标,同一组基,基向量的次序不同,同一个向量的坐标是不同的.

例如,在例 2.12 中,由于 $\boldsymbol{\varepsilon}_1,\boldsymbol{\varepsilon}_2,\cdots,\boldsymbol{\varepsilon}_n$ 是 F^n 的一组基,而 F^n 中任意 $\boldsymbol{\alpha}=(a_1,a_2,\cdots,a_n)^{\mathrm{T}}$,由于在该基下可唯一表示为

$$\boldsymbol{\alpha} = a_1\boldsymbol{\varepsilon}_1 + a_2\boldsymbol{\varepsilon}_2 + \cdots + a_n\boldsymbol{\varepsilon}_n$$

所以 $\boldsymbol{\alpha}$ 在基 $\boldsymbol{\varepsilon}_1,\boldsymbol{\varepsilon}_2,\cdots,\boldsymbol{\varepsilon}_n$ 下的坐标为 $(a_1,a_2,\cdots,a_n)^{\mathrm{T}}$,在新次序 $\boldsymbol{\varepsilon}_n,\boldsymbol{\varepsilon}_{n-1},\cdots,\boldsymbol{\varepsilon}_1$ 下坐标为 $(a_n,a_{n-1},\cdots,a_1)^{\mathrm{T}}$.

(3) 以后本书所说的**线性空间的基总是指给定基元素的排列次序的基**.

例 2.13　求线性空间 $F_n[x]$ 的一个基、维数以及向量 $\boldsymbol{\alpha}$(即零次多项式)在该基下的坐标.

解　我们知道 $F_n[x]$ 中任意个次数不大于 n 多项式 $f(x)$ 可表示为

$$f(x) = a_0 + a_1x + \cdots + a_nx^n$$

因而,我们只要证明 $1,x,\cdots,x^n$ 线性无关,则 $F_n[x]$ 的一组基为 $1,x,\cdots,x^n$.若 $1,x,\cdots,x^n$ 的线性组合

$$k_0 + k_1x + \cdots + k_nx^n = 0 = 0 + 0x + \cdots + 0x^n$$

由多项式相等,对应项系数相等,得 $k_0=k_1=\cdots=k_n=0$,故 $1,x,\cdots,x^n$ 线性无关.

由于 $F_n[x]$ 中任意 $f(x)=a_0+a_1x+\cdots+a_nx^n$ 在该基下的坐标为 $(a_0,a_1,\cdots,a_n)^{\mathrm{T}}$,从而向量 $\boldsymbol{\alpha}$ 在该基下的坐标为 $(a,0,\cdots,0)^{\mathrm{T}}$.

例 2.14　求线性空间 $\mathbb{C}$ 作为实数域 $\mathbb{R}$ 的一个基、维数以及向量 $\boldsymbol{\alpha}=a+b\mathrm{i}$ 在该基下的坐标.

解　注意 $\mathbb{C}$ 作为实数域 $\mathbb{R}$ 上的线性空间,$\mathbb{C}$ 中的元素是向量,而 $\mathbb{R}$ 中的元素是数.任意

一个复数 $\alpha=a+b\mathrm{i}(a,b\in\mathbb{R})$ 均可由 1,i 表示,因而只有证明 1,i 线性无关组即可得到 1,i 是 $\mathbb{C}$ 的基,若 1,i 的 $\mathbb{R}$-线性组合

$$x\cdot 1+y\cdot \mathrm{i}=x+y\mathrm{i}=0=0+0\mathrm{i}$$

则由复数相等的充要条件是实部,虚部分别相等可得 $x=0,y=0$,从而 1,i 线性无关组,1,i 是 $\mathbb{C}$ 的基,称为 $\mathbb{C}$ 的 $\mathbb{R}$-基,$\mathbb{C}$ 作为实数域 $\mathbb{R}$ 上的线性空间是 2 维的. 而任意一个复数 $\alpha=a+b\mathrm{i}$ 在基 1,i 下的坐标为 $(a,b)^{\mathrm{T}}$.

例 2.15 求线性空间 $\mathbb{C}$ 作为复数域 $\mathbb{C}$ 的一个基、维数以及复数 $\alpha=a+b\mathrm{i}$ 在该基下的坐标.

解 注意 $\mathbb{C}$ 作为复数域 $\mathbb{C}$ 上的线性空间,$\mathbb{C}$ 中的元素是向量,也是数. 任意一个复数 $\alpha=\alpha\cdot 1(\alpha\in\mathbb{C})$ 均可有 1 表示,因而只有证明 1 线性无关组即可得到 1 是 $\mathbb{C}$ 的基,若 1 的 $\mathbb{C}$-线性组合 $x\cdot 1=0$,显然 $x=x\cdot 1=0$,从而 1 线性无关组,1 是 $\mathbb{C}$ 的基,称为 $\mathbb{C}$ 的 $\mathbb{C}$－基,$\mathbb{C}$ 作为复数域 $\mathbb{C}$ 上的线性空间是 1 维的. 而任意一个复数 α 在基 1 下的坐标为 α.

从例 2.14 和例 2.15 可以看出 $\mathbb{C}$ 作为实数域 $\mathbb{R}$ 上的线性空间和 $\mathbb{C}$ 作为复数域 $\mathbb{C}$ 上的线性空间的维数是不同的.

例 2.16 设 $V=\{a\mid a\in\mathbb{R},a>0\}$,$F=\mathbb{R}$ 是实数域. 对任意 $a,b\in V$,定义

$$a\oplus b=ab(\text{数相乘}),\quad k\odot a=a^{k}(\text{数的幂})\quad (k\in F)$$

则 V 是 $\mathbb{R}$ 上的线性空间. 求一组基及维数.

解 注意 V 作为实数域 $\mathbb{R}$ 上的线性空间,V 中的元素是向量,而 $\mathbb{R}$ 中的元素是数,V 中的零元是 1. 任意一个 V 中元素 $\alpha=\mathrm{e}^{\ln\boldsymbol{\alpha}}=\ln\boldsymbol{\alpha}\odot\mathrm{e}(\ln\alpha\in\mathbb{R})$ 均可由 e 表示,因而只有证明 e 是线性无关组即可得到 e 是 V 的基,若 e 的 $\mathbb{R}$－线性组合

$$x\odot\mathrm{e}=\mathrm{e}^{x}=1\quad (x\in\mathbb{R})$$

则由指数函数的性质可知 $x=0$,从而 e 是线性无关组,e 是 V 的基,V 作为实数域 $\mathbb{R}$ 上的线性空间是 1 维的. 而 V 中元素 $\alpha=\ln\alpha\odot\mathrm{e}$ 在基 e 下的坐标为 $\ln\alpha$.

例 2.17 设 $\boldsymbol{M}_{m\times n}(F)$ 是数域 F 上一切 $m\times n$ 矩阵构成的线性空间,由例 2.1 知

$$\boldsymbol{E}_{11},\boldsymbol{E}_{12},\cdots,\boldsymbol{E}_{1n},\boldsymbol{E}_{21},\boldsymbol{E}_{22},\cdots,\boldsymbol{E}_{2n},\cdots,\boldsymbol{E}_{m1},\boldsymbol{E}_{m2},\cdots,\boldsymbol{E}_{mn}$$

为 $\boldsymbol{M}_{m\times n}(F)$ 的基,$\boldsymbol{M}_{m\times n}(F)$ 中任意的 $\boldsymbol{A}=(a_{ij})$,有

$$\boldsymbol{A}=a_{11}\boldsymbol{E}_{11}+a_{12}\boldsymbol{E}_{12}+\cdots+a_{1n}\boldsymbol{E}_{1n}+\cdots+a_{m1}\boldsymbol{E}_{m1}+a_{m2}\boldsymbol{E}_{m2}+\cdots+a_{mn}\boldsymbol{E}_{mn}$$

故 $\boldsymbol{A}=(a_{ij})$ 在该基下的坐标为

$$(a_{11},a_{12},\cdots,a_{1n},\cdots,a_{m1},a_{m2},\cdots,a_{mn})^{\mathrm{T}}$$

具体来说,当 $n=m=2$ 时,则下列 4 个矩阵:

$$\boldsymbol{E}_{11}=\begin{pmatrix}1&0\\0&0\end{pmatrix},\quad \boldsymbol{E}_{12}=\begin{pmatrix}0&1\\0&0\end{pmatrix},\quad \boldsymbol{E}_{21}=\begin{pmatrix}0&0\\1&0\end{pmatrix},\quad \boldsymbol{E}_{22}=\begin{pmatrix}0&0\\0&1\end{pmatrix}$$

是 $\boldsymbol{M}_2(F)$ 的一组基,$\boldsymbol{A}=\begin{pmatrix}-1&3\\5&7\end{pmatrix}$ 在该基下的坐标为 $(-1,3,5,7)^{\mathrm{T}}$. 在线性空间 $\boldsymbol{M}_2(F)$ 中. 我们已经知道

$$\boldsymbol{E}_{11}=\begin{pmatrix}1&0\\0&0\end{pmatrix},\quad \boldsymbol{E}_{12}=\begin{pmatrix}0&1\\0&0\end{pmatrix},\quad \boldsymbol{E}_{21}=\begin{pmatrix}0&0\\1&0\end{pmatrix},\quad \boldsymbol{E}_{22}=\begin{pmatrix}0&0\\0&1\end{pmatrix}$$

是 $\boldsymbol{M}_2(F)$ 的一组基,容易验证

$$\boldsymbol{D}_{11}=\begin{pmatrix}1&0\\0&0\end{pmatrix},\quad \boldsymbol{D}_{12}=\begin{pmatrix}1&1\\0&0\end{pmatrix},\quad \boldsymbol{D}_{21}=\begin{pmatrix}1&1\\1&0\end{pmatrix},\quad \boldsymbol{D}_{22}=\begin{pmatrix}1&1\\1&1\end{pmatrix}$$

也是 $M_2(F)$ 的一组基，$\boldsymbol{A}=\begin{pmatrix}-1 & 3\\ 5 & 7\end{pmatrix}$ 在基 $\boldsymbol{E}_{11},\boldsymbol{E}_{12},\boldsymbol{E}_{21},\boldsymbol{E}_{22}$ 下的坐标为 $(-1,3,5,7)^{\mathrm{T}}$，在基 $\boldsymbol{D}_{11},\boldsymbol{D}_{12},\boldsymbol{D}_{21},\boldsymbol{D}_{22}$ 下的坐标为 $(-4,-2,-2,7)^{\mathrm{T}}$.

例 2.18　已知线性空间 $\mathbb{R}_n[x]$ 的一个基是

$$p_0, p_1 = x, p_2 = x^2, \cdots, p_n = x^n$$

取定 $a\neq 0$，易验证

$$q_1 = 1, q_1 = x-a, q_2 = (x-a)^2, \cdots, q_n = (x-a)^n$$

也是 $\mathbb{R}_n[x]$ 的基，任何次数不大于 n 的多项式

$$f(x) = a_0 + a_1x + a_2x^2 + \cdots + a_nx^n$$

可以表示为

$$f(x) = a_0p_0 + a_1p_1 + a_2p_2 + \cdots + a_np_n$$

所以 $f(x)$ 在基 $p_0,p_1,p_2,\cdots,p_n$ 下的坐标为 $(a_0,a_1,a_2,\cdots,a_n)^{\mathrm{T}}$.

利用 Taylor 公式，有

$$f(x) = f(a) + f'(a)(x-a) + \frac{f''(a)}{2}(x-a)^2 + \cdots + \frac{f^{(n)}(a)}{n!}(x-a)^n + \frac{f^{(n+1)}(\xi)}{(n+1)!}$$

由于 $f(x)$ 是次数不大于 n 的多项式，而多项式每求一次导数，多项式的次数降低一次，因而 $f^{(n+1)}(x)=0$，故

$$f(x) = f(a) + f'(a)(x-a) + \frac{f''(a)}{2}(x-a)^2 + \cdots + \frac{f^{(n)}(a)}{n!}(x-a)^n$$

由此可知 $f(x)$ 在基 $q_1,q_1,q_2,\cdots,q_n$ 下的坐标为

$$\left(f(a), f'(a), \frac{f''(a)}{2}, \cdots, \frac{f^{(n)}(a)}{n!}\right)$$

事实上，例 2.18 中的实数域可以改为任意数域，只是改为任意数域时，多项式 $f(x)$ 的导数改为导式即可.

设 n 维线性空间 V^n 的向量 $\boldsymbol{\alpha},\boldsymbol{\beta}$ 在基 $\boldsymbol{\alpha}_1,\boldsymbol{\alpha}_2,\cdots,\boldsymbol{\alpha}_n$ 下的坐标分别为

$$\boldsymbol{X} = (x_1,x_2,\cdots,x_n)^{\mathrm{T}},\quad \boldsymbol{Y} = (y_1,y_2,\cdots,y_n)^{\mathrm{T}}$$

则有 $\boldsymbol{\alpha}=x_1\boldsymbol{\alpha}_1+x_2\boldsymbol{\alpha}_2+\cdots+x_n\boldsymbol{\alpha}_n$，$\boldsymbol{\beta}=y_1\boldsymbol{\alpha}_1+y_2\boldsymbol{\alpha}_2+\cdots+y_n\boldsymbol{\alpha}_n$. 则利用线性空间中元素的交换性和元素因子分配律，有

$$\boldsymbol{\alpha}+\boldsymbol{\beta} = (x_1+y_1)\boldsymbol{\alpha}_1 + (x_2+y_2)\boldsymbol{\alpha}_2 + \cdots + (x_n+y_n)\boldsymbol{\alpha}_n$$

$$k\boldsymbol{\alpha} = (kx_1)\boldsymbol{\alpha}_1 + (kx_2)\boldsymbol{\alpha}_2 + \cdots + (kx_n)\boldsymbol{\alpha}_n$$

即 $\boldsymbol{\alpha}+\boldsymbol{\beta}, k\boldsymbol{\alpha}$ 在基 $\boldsymbol{\alpha}_1,\boldsymbol{\alpha}_2,\cdots,\boldsymbol{\alpha}_n$ 下的坐标分别 $\boldsymbol{X}+\boldsymbol{Y}, k\boldsymbol{X}$. 于是得到如下的定理：

定理 2.3　设 V 是数域 F 上的 n 维线性空间，而 $\boldsymbol{\alpha}_1,\boldsymbol{\alpha}_2,\cdots,\boldsymbol{\alpha}_n$ 是 V 的一个基，向量 $\boldsymbol{\alpha},\boldsymbol{\beta}\in V$ 在基 $\boldsymbol{\alpha}_1,\boldsymbol{\alpha}_2,\cdots,\boldsymbol{\alpha}_n$ 的坐标分别是 $\boldsymbol{X},\boldsymbol{Y}$，则 $\boldsymbol{\alpha}+\boldsymbol{\beta}, k\boldsymbol{\alpha}$ 在基 $\boldsymbol{\alpha}_1,\boldsymbol{\alpha}_2,\cdots,\boldsymbol{\alpha}_n$ 下的坐标分别 $\boldsymbol{X}+\boldsymbol{Y}, k\boldsymbol{X}$.

注意：该定理表明，任意线性空间，在给定基和基元素次序条件下，向量通过线性表示将原本抽象的“加法”及“数乘”经过坐标表示就演化为向量加法及数对向量的数乘.

正如前文的例 2.17 和例 2.18 所说，同一元素在不同坐标系中的坐标是不同的. 因而我们有必要研究不同基之间，不同坐标之间的变换关系.

2.2.3　基变换与坐标变换

设 $\boldsymbol{\alpha}_1,\boldsymbol{\alpha}_2\cdots,\boldsymbol{\alpha}_n$ 是 V^n 的基，而 $\boldsymbol{\beta}_1,\boldsymbol{\beta}_2\cdots,\boldsymbol{\beta}_n$ 是 V^n 的另一组基，由于 $\boldsymbol{\alpha}_1,\boldsymbol{\alpha}_2\cdots,\boldsymbol{\alpha}_n$ 是 V^n 的

基,则 V^n 中每一个向量均可由该基线性表示,故基 $\boldsymbol{\beta}_1,\boldsymbol{\beta}_2\cdots,\boldsymbol{\beta}_n$ 中每一个基元素亦可由基 $\boldsymbol{\alpha}_1,\boldsymbol{\alpha}_2\cdots,\boldsymbol{\alpha}_n$ 线性表示,且其表示系数是唯一确定的,即

$$\begin{cases}\boldsymbol{\beta}_1 = c_{11}\boldsymbol{\alpha}_1 + c_{21}\boldsymbol{\alpha}_2 + \cdots + c_{n1}\boldsymbol{\alpha}_n \\ \boldsymbol{\beta}_2 = c_{12}\boldsymbol{\alpha}_1 + c_{22}\boldsymbol{\alpha}_2 + \cdots + c_{n2}\boldsymbol{\alpha}_n \\ \cdots\cdots \\ \boldsymbol{\beta}_n = c_{1n}\boldsymbol{\alpha}_1 + c_{2n}\boldsymbol{\alpha}_2 + \cdots + c_{nn}\boldsymbol{\alpha}_n\end{cases}$$

将上式写成矩阵乘积的形式

$$(\boldsymbol{\beta}_1,\boldsymbol{\beta}_2,\cdots,\boldsymbol{\beta}_n) = (\boldsymbol{\alpha}_1,\boldsymbol{\alpha}_2,\cdots,\boldsymbol{\alpha}_n)\begin{pmatrix} c_{11} & c_{12} & \cdots & c_{1n} \\ c_{21} & c_{22} & \cdots & c_{2n} \\ \vdots & \vdots & \ddots & \vdots \\ c_{n1} & c_{n2} & \cdots & c_{nn}\end{pmatrix}$$

记矩阵 $\boldsymbol{C}=(c_{ij})$,则

$$(\boldsymbol{\beta}_1,\boldsymbol{\beta}_2,\cdots,\boldsymbol{\beta}_n) = (\boldsymbol{\alpha}_1,\boldsymbol{\alpha}_2,\cdots,\boldsymbol{\alpha}_n)\boldsymbol{C}$$

称矩阵 $\boldsymbol{C}$ 为从基 $\boldsymbol{\alpha}_1,\boldsymbol{\alpha}_2\cdots,\boldsymbol{\alpha}_n$ 到基 $\boldsymbol{\beta}_1,\boldsymbol{\beta}_2\cdots,\boldsymbol{\beta}_n$ 的过渡矩阵.

注意:(1) 从过渡矩阵的定义可以看出,从基 $\boldsymbol{\alpha}_1,\boldsymbol{\alpha}_2\cdots,\boldsymbol{\alpha}_n$ 到基 $\boldsymbol{\beta}_1,\boldsymbol{\beta}_2\cdots,\boldsymbol{\beta}_n$ 的过渡矩阵 $\boldsymbol{C}$ 的第 $1,2,\cdots,n$ 列分别是基元素 $\boldsymbol{\beta}_1,\boldsymbol{\beta}_2\cdots,\boldsymbol{\beta}_n$ 在基 $\boldsymbol{\alpha}_1,\boldsymbol{\alpha}_2\cdots,\boldsymbol{\alpha}_n$ 下的坐标.

(2) 由任意一个向量在基下的坐标的唯一性可知,从基 $\boldsymbol{\alpha}_1,\boldsymbol{\alpha}_2\cdots,\boldsymbol{\alpha}_n$ 到基 $\boldsymbol{\beta}_1,\boldsymbol{\beta}_2\cdots,\boldsymbol{\beta}_n$ 的过渡矩阵 $\boldsymbol{C}$ 是由这两组基唯一确定的.

例 2.19 已知线性空间 $M_2(F)$ 的两组基

$$\boldsymbol{E}_{11} = \begin{pmatrix}1 & 0 \\ 0 & 0\end{pmatrix},\quad \boldsymbol{E}_{12} = \begin{pmatrix}0 & 1 \\ 0 & 0\end{pmatrix},\quad \boldsymbol{E}_{21} = \begin{pmatrix}0 & 0 \\ 1 & 0\end{pmatrix},\quad \boldsymbol{E}_{22} = \begin{pmatrix}0 & 0 \\ 0 & 1\end{pmatrix}$$

$$\boldsymbol{D}_{11} = \begin{pmatrix}1 & 0 \\ 0 & 0\end{pmatrix},\quad \boldsymbol{D}_{12} = \begin{pmatrix}1 & 1 \\ 0 & 0\end{pmatrix},\quad \boldsymbol{D}_{21} = \begin{pmatrix}1 & 1 \\ 1 & 0\end{pmatrix},\quad \boldsymbol{D}_{22} = \begin{pmatrix}1 & 1 \\ 1 & 1\end{pmatrix}$$

确定从基 $\boldsymbol{E}_{11},\boldsymbol{E}_{12},\boldsymbol{E}_{21},\boldsymbol{E}_{22}$ 到基 $\boldsymbol{D}_{11},\boldsymbol{D}_{12},\boldsymbol{D}_{21},\boldsymbol{D}_{22}$ 的过渡矩阵.

解 显然

$$\begin{cases}\boldsymbol{D}_{11} = 1\boldsymbol{E}_{11} + 0\boldsymbol{E}_{12} + 0\boldsymbol{E}_{21} + 0\boldsymbol{E}_{22} \\ \boldsymbol{D}_{11} = 1\boldsymbol{E}_{11} + 1\boldsymbol{E}_{12} + 0\boldsymbol{E}_{21} + 0\boldsymbol{E}_{22} \\ \boldsymbol{D}_{11} = 1\boldsymbol{E}_{11} + 1\boldsymbol{E}_{12} + 1\boldsymbol{E}_{21} + 0\boldsymbol{E}_{22} \\ \boldsymbol{D}_{11} = 1\boldsymbol{E}_{11} + 1\boldsymbol{E}_{12} + 1\boldsymbol{E}_{21} + 1\boldsymbol{E}_{22}\end{cases}$$

故从基 $\boldsymbol{E}_{11},\boldsymbol{E}_{12},\boldsymbol{E}_{21},\boldsymbol{E}_{22}$ 到基 $\boldsymbol{D}_{11},\boldsymbol{D}_{12},\boldsymbol{D}_{21},\boldsymbol{D}_{22}$ 的过渡矩阵

$$\boldsymbol{C} = \begin{pmatrix}1 & 1 & 1 & 1 \\ 0 & 1 & 1 & 1 \\ 0 & 0 & 1 & 1 \\ 0 & 0 & 0 & 1\end{pmatrix}$$

例 2.20 已知线性空间 $F_3[x]$ 的一个基是

$$1,x,x^2,x^3$$

取定 $a\neq0$,易验证

$$p_0 = 1,p_1 = x + a,p_2 = (x + a)^2,p_3 = (x + a)^3$$

也是 $F_3[x]$ 的基,求从 $1,x,x^2,x^3$ 到基 p_0,p_1,p_2,p_3 的过渡矩阵.

解　利用二项式定理知

$$\begin{cases} p_0 = 1 = 1 \cdot 1 + 0x + 0x^2 + 0x^3 \\ p_1 = x + a = a \cdot 1 + 1x + 0x^2 + 0x^3 \\ p_2 = (x+a)^2 = a^2 \cdot 1 + 2ax + 1x^2 + 0x^3 \\ p_3 = (x+a)^3 = a^3 \cdot 1 + 3a^2 x + 3ax^2 + 1x^3 \end{cases}$$

故从基 $1, x, x^2, x^3$ 到基 p_0, p_1, p_2, p_3 的过渡矩阵

$$\boldsymbol{C} = \begin{pmatrix} 1 & a & a^2 & a^3 \\ 0 & 1 & 2a & 3a^2 \\ 0 & 0 & 1 & 3a \\ 0 & 0 & 0 & 1 \end{pmatrix}$$

下面讨论坐标变换：

设矩阵 $\boldsymbol{C}$ 是线性空间 V 的从基 $\boldsymbol{\alpha}_1, \boldsymbol{\alpha}_2, \cdots, \boldsymbol{\alpha}_n$ 到基 $\boldsymbol{\beta}_1, \boldsymbol{\beta}_2 \cdots, \boldsymbol{\beta}_n$ 的过渡矩阵，而 V 中向量 $\boldsymbol{\alpha}$ 在基 $\boldsymbol{\alpha}_1, \boldsymbol{\alpha}_2, \cdots, \boldsymbol{\alpha}_n$ 下的坐标为 $\boldsymbol{X}$，在基 $\boldsymbol{\beta}_1, \boldsymbol{\beta}_2 \cdots, \boldsymbol{\beta}_n$ 下的坐标为 $\boldsymbol{Y}$. 则

$$\begin{aligned} &(\boldsymbol{\beta}_1, \boldsymbol{\beta}_2 \cdots, \boldsymbol{\beta}_n) = (\boldsymbol{\alpha}_1, \boldsymbol{\alpha}_2, \cdots, \boldsymbol{\alpha}_n)\boldsymbol{C} \\ &\boldsymbol{\alpha} = (\boldsymbol{\alpha}_1, \boldsymbol{\alpha}_2, \cdots, \boldsymbol{\alpha}_n)\boldsymbol{X} = (\boldsymbol{\beta}_1, \boldsymbol{\beta}_2 \cdots, \boldsymbol{\beta}_n)\boldsymbol{Y} = ((\boldsymbol{\alpha}_1, \boldsymbol{\alpha}_2, \cdots, \boldsymbol{\alpha}_n)\boldsymbol{C})\boldsymbol{Y} \\ &\quad = (\boldsymbol{\alpha}_1, \boldsymbol{\alpha}_2, \cdots, \boldsymbol{\alpha}_n)(\boldsymbol{C}\boldsymbol{Y}) \end{aligned}$$

由坐标的唯一性，得

$$\boldsymbol{X} = \boldsymbol{C}\boldsymbol{Y}$$

于是得到：

定理 2.4　设 V 是数域 F 上的一个 n 维线性空间，向量 $\boldsymbol{\alpha}$ 在基 $\boldsymbol{\alpha}_1, \boldsymbol{\alpha}_2, \cdots, \boldsymbol{\alpha}_n$ 下的坐标为 $\boldsymbol{X}$，在基 $\boldsymbol{\beta}_1, \boldsymbol{\beta}_2 \cdots, \boldsymbol{\beta}_n$ 下的坐标为 $\boldsymbol{Y}$，而 $\boldsymbol{C}$ 是线性空间 V 的从基 $\boldsymbol{\alpha}_1, \boldsymbol{\alpha}_2, \cdots, \boldsymbol{\alpha}_n$ 到基 $\boldsymbol{\beta}_1, \boldsymbol{\beta}_2 \cdots, \boldsymbol{\beta}_n$ 的过渡矩阵，则 $\boldsymbol{\alpha}$ 在这两组基下的坐标满足

$$\boldsymbol{X} = \boldsymbol{C}\boldsymbol{Y}$$

下面讨论过渡矩阵的性质：

命题 2.1　设 $\{\boldsymbol{\alpha}_1, \boldsymbol{\alpha}_2, \cdots, \boldsymbol{\alpha}_n\}$，$\{\boldsymbol{\beta}_1, \boldsymbol{\beta}_2, \cdots, \boldsymbol{\beta}_n\}$，$\{\boldsymbol{\gamma}_1, \boldsymbol{\gamma}_2, \cdots, \boldsymbol{\gamma}_n\}$ 是线性空间 V 的三组基；并且矩阵 $\boldsymbol{A}$ 是从基 $\boldsymbol{\alpha}_1, \boldsymbol{\alpha}_2, \cdots, \boldsymbol{\alpha}_n$ 到基 $\boldsymbol{\beta}_1, \boldsymbol{\beta}_2, \cdots, \boldsymbol{\beta}_n$ 的过渡矩阵，矩阵 $\boldsymbol{B}$ 是从基 $\boldsymbol{\beta}_1, \boldsymbol{\beta}_2, \cdots, \boldsymbol{\beta}_n$ 到基 $\boldsymbol{\gamma}_1, \boldsymbol{\gamma}_2, \cdots, \boldsymbol{\gamma}_n$ 的过渡矩阵，则基 $\boldsymbol{\alpha}_1, \boldsymbol{\alpha}_2, \cdots, \boldsymbol{\alpha}_n$ 到基 $\boldsymbol{\gamma}_1, \boldsymbol{\gamma}_2, \cdots, \boldsymbol{\gamma}_n$ 的过渡矩阵 $\boldsymbol{AB}$.

证明　事实上，我们有

$$(\boldsymbol{\beta}_1, \boldsymbol{\beta}_2, \cdots, \boldsymbol{\beta}_n) = (\boldsymbol{\alpha}_1, \boldsymbol{\alpha}_2, \cdots, \boldsymbol{\alpha}_n)\boldsymbol{A}, \quad (\boldsymbol{\gamma}_1, \boldsymbol{\gamma}_2, \cdots, \boldsymbol{\gamma}_n) = (\boldsymbol{\beta}_1, \boldsymbol{\beta}_2, \cdots, \boldsymbol{\beta}_n)\boldsymbol{B}$$

所以

$$(\boldsymbol{\gamma}_1, \boldsymbol{\gamma}_2, \cdots, \boldsymbol{\gamma}_n) = (\boldsymbol{\beta}_1, \boldsymbol{\beta}_2, \cdots, \boldsymbol{\beta}_n)\boldsymbol{B} = (\boldsymbol{\alpha}_1, \boldsymbol{\alpha}_2, \cdots, \boldsymbol{\alpha}_n)\boldsymbol{AB}$$

由过渡矩阵的唯一性知，基 $\boldsymbol{\alpha}_1, \boldsymbol{\alpha}_2, \cdots, \boldsymbol{\alpha}_n$ 到基 $\boldsymbol{\gamma}_1, \boldsymbol{\gamma}_2, \cdots, \boldsymbol{\gamma}_n$ 的过渡矩阵 $\boldsymbol{AB}$. □

命题 2.2　过渡矩阵是可逆矩阵.

证明　矩阵 $\boldsymbol{A}$ 是线性空间 V 的从基 $\boldsymbol{\alpha}_1, \boldsymbol{\alpha}_2, \cdots, \boldsymbol{\alpha}_n$ 到基 $\boldsymbol{\beta}_1, \boldsymbol{\beta}_2, \cdots, \boldsymbol{\beta}_n$ 的过渡矩阵，而 $\boldsymbol{B}$ 是从基 $\boldsymbol{\beta}_1, \boldsymbol{\beta}_2, \cdots, \boldsymbol{\beta}_n$ 到基 $\boldsymbol{\alpha}_1, \boldsymbol{\alpha}_2, \cdots, \boldsymbol{\alpha}_n$ 的过渡矩阵，由命题 1 知，从基 $\boldsymbol{\alpha}_1, \boldsymbol{\alpha}_2, \cdots, \boldsymbol{\alpha}_n$ 到基 $\boldsymbol{\alpha}_1, \boldsymbol{\alpha}_2, \cdots, \boldsymbol{\alpha}_n$ 的过渡矩阵 $\boldsymbol{AB}$，基 $\boldsymbol{\beta}_1, \boldsymbol{\beta}_2, \cdots, \boldsymbol{\beta}_n$ 到基 $\boldsymbol{\beta}_1, \boldsymbol{\beta}_2 \cdots, \boldsymbol{\beta}_n$ 的过渡矩阵是 $\boldsymbol{BA}$，显然

$$(\boldsymbol{\alpha}_1, \boldsymbol{\alpha}_2, \cdots, \boldsymbol{\alpha}_n) = (\boldsymbol{\alpha}_1, \boldsymbol{\alpha}_2, \cdots, \boldsymbol{\alpha}_n)\boldsymbol{E}, \quad (\boldsymbol{\beta}_1, \boldsymbol{\beta}_2, \cdots, \boldsymbol{\beta}_n) = (\boldsymbol{\beta}_1, \boldsymbol{\beta}_2, \cdots, \boldsymbol{\beta}_n)\boldsymbol{E}$$

即 $\boldsymbol{E}$ 既是从 $\boldsymbol{\alpha}_1, \boldsymbol{\alpha}_2, \cdots, \boldsymbol{\alpha}_n$ 到 $\boldsymbol{\alpha}_1, \boldsymbol{\alpha}_2, \cdots, \boldsymbol{\alpha}_n$，也是 $\boldsymbol{\beta}_1, \boldsymbol{\beta}_2 \cdots, \boldsymbol{\beta}_n$ 到 $\boldsymbol{\beta}_1, \boldsymbol{\beta}_2, \cdots, \boldsymbol{\beta}_n$ 的过渡矩阵，由过渡矩阵的唯一性，有

$$\boldsymbol{AB} = \boldsymbol{E}, \quad \boldsymbol{BA} = \boldsymbol{E}$$

即可逆，且 $\boldsymbol{B}=\boldsymbol{A}^{-1}$. □

推论 2.2 矩阵 $\boldsymbol{A}$ 是从基 $\boldsymbol{\alpha}_1,\boldsymbol{\alpha}_2,\cdots,\boldsymbol{\alpha}_n$ 到基 $\boldsymbol{\beta}_1,\boldsymbol{\beta}_2,\cdots,\boldsymbol{\beta}_n$ 的过渡矩阵. 则从 $\boldsymbol{\beta}_1,\boldsymbol{\beta}_2,\cdots,\boldsymbol{\beta}_n$ 到基 $\boldsymbol{\alpha}_1,\boldsymbol{\alpha}_2,\cdots,\boldsymbol{\alpha}_n$ 的过渡矩阵是 $\boldsymbol{A}^{-1}$.

命题 2.3 设 $\boldsymbol{A}$ 是 n 阶可逆矩阵，$\boldsymbol{\alpha}_1,\boldsymbol{\alpha}_2,\cdots,\boldsymbol{\alpha}_n$ 是线性空间 V 一组基，而

$$(\boldsymbol{\beta}_1,\boldsymbol{\beta}_2,\cdots,\boldsymbol{\beta}_n)=(\boldsymbol{\alpha}_1,\boldsymbol{\alpha}_2,\cdots,\boldsymbol{\alpha}_n)\boldsymbol{A}$$

则 $\boldsymbol{\beta}_1,\boldsymbol{\beta}_2\cdots,\boldsymbol{\beta}_n$ 是 V 中一个基.

证明 对任意 $\boldsymbol{\alpha}\in V$，由于 $\boldsymbol{\alpha}_1,\boldsymbol{\alpha}_2,\cdots,\boldsymbol{\alpha}_n$ 是 V 的基，而 n 维列向量 $\boldsymbol{X}$ 是 $\boldsymbol{\alpha}$ 在 $\boldsymbol{\alpha}_1,\boldsymbol{\alpha}_2,\cdots,\boldsymbol{\alpha}_n$ 下的坐标，又由 $\boldsymbol{A}$ 可逆，则

$$\boldsymbol{\alpha}=(\boldsymbol{\alpha}_1,\boldsymbol{\alpha}_2,\cdots,\boldsymbol{\alpha}_n)\boldsymbol{X}=(\boldsymbol{\beta}_1,\boldsymbol{\beta}_2,\cdots,\boldsymbol{\beta}_n)\boldsymbol{A}^{-1}\boldsymbol{X}$$

故 $\boldsymbol{\alpha}\in V$ 可由 $\boldsymbol{\beta}_1,\boldsymbol{\beta}_2,\cdots,\boldsymbol{\beta}_n$ 线性表出. 下面证明 $\boldsymbol{\beta}_1,\boldsymbol{\beta}_2,\cdots,\boldsymbol{\beta}_n$ 线性无关. 若

$$0=x_1\boldsymbol{\beta}_1+x_2\boldsymbol{\beta}_2+\cdots+x_n\boldsymbol{\beta}_n=(\boldsymbol{\beta}_1,\boldsymbol{\beta}_2,\cdots,\boldsymbol{\beta}_n)\boldsymbol{X}=(\boldsymbol{\alpha}_1,\boldsymbol{\alpha}_2,\cdots,\boldsymbol{\alpha}_n)\boldsymbol{A}\boldsymbol{X}$$

其中 $\boldsymbol{X}=(x_1,x_2,\cdots,x_n)^{\mathrm{T}}$. 由于 $\boldsymbol{\alpha}_1,\boldsymbol{\alpha}_2,\cdots,\boldsymbol{\alpha}_n$ 是 V 的基，线性无关，故 $\boldsymbol{A}\boldsymbol{X}=0$，又 $\boldsymbol{A}$ 可逆，故 $\boldsymbol{X}=0$，即 $x_1=x_2=\cdots=x_n=0$. □

推论 2.3 任意一个 n 阶可逆矩阵都可以作为 n 维线性空间中一个基到另一个基的过渡矩阵.

例 2.21 设向量组 $\boldsymbol{\alpha}_1=(1,0,2)^{\mathrm{T}},\boldsymbol{\alpha}_2=(0,2,4)^{\mathrm{T}},\boldsymbol{\alpha}_3=(-1,-3,2)^{\mathrm{T}}$ 是数域 F 上的向量组. 证明：$\boldsymbol{\alpha}_1,\boldsymbol{\alpha}_2,\boldsymbol{\alpha}_3$ 是 F^3 的一个基，并求出向量 $\boldsymbol{\alpha}=(2,3,-1)^{\mathrm{T}}$ 在此基下的坐标.

解 取 F^3 中的标准基 $\boldsymbol{\varepsilon}_1=(1,0,0)^{\mathrm{T}},\boldsymbol{\varepsilon}_2=(0,1,0)^{\mathrm{T}},\boldsymbol{\varepsilon}_3=(0,0,1)^{\mathrm{T}}$；令

$$\boldsymbol{A}=\begin{pmatrix}1&0&-1\\0&2&-3\\2&4&2\end{pmatrix}$$

由于 $|\boldsymbol{A}|=20$，故 $\boldsymbol{A}$ 可逆，又 $(\boldsymbol{\alpha}_1,\boldsymbol{\alpha}_2,\boldsymbol{\alpha}_3)=(\boldsymbol{\varepsilon}_1,\boldsymbol{\varepsilon}_2,\boldsymbol{\varepsilon}_3)\boldsymbol{A}$，由命题 3 可知，$\boldsymbol{\alpha}_1,\boldsymbol{\alpha}_2,\boldsymbol{\alpha}_3$ 是 F^3 的一个基，且 $\boldsymbol{A}$ 是从标准基 $\boldsymbol{\varepsilon}_1,\boldsymbol{\varepsilon}_2,\boldsymbol{\varepsilon}_3$ 到基 $\boldsymbol{\alpha}_1,\boldsymbol{\alpha}_2,\boldsymbol{\alpha}_3$ 的过渡矩阵.

又 $\boldsymbol{\alpha}$ 是 $\boldsymbol{\alpha}$ 在标准基 $\boldsymbol{\varepsilon}_1,\boldsymbol{\varepsilon}_2,\boldsymbol{\varepsilon}_3$ 的坐标，设 $\boldsymbol{\alpha}$ 关于基 $\boldsymbol{\alpha}_1,\boldsymbol{\alpha}_2,\boldsymbol{\alpha}_3$ 的坐标为 $\boldsymbol{X}$，则由坐标变换公式知，$\boldsymbol{\alpha}=\boldsymbol{A}\boldsymbol{X}$，即

$$\boldsymbol{X}=\boldsymbol{A}^{-1}\boldsymbol{\alpha}=\left(\frac{9}{10},-\frac{3}{20},-\frac{11}{10}\right)$$

例 2.22 在数域 F 上的向量空间 F^3 中的两组向量：

$$\boldsymbol{\alpha}_1=(1,1,0)^{\mathrm{T}},\quad \boldsymbol{\alpha}_2=(0,-1,1)^{\mathrm{T}},\quad \boldsymbol{\alpha}_1=(1,-2,2)^{\mathrm{T}}$$

$$\boldsymbol{\beta}_1=(1,0,2)^{\mathrm{T}},\quad \boldsymbol{\beta}_2=(0,2,4)^{\mathrm{T}},\quad \boldsymbol{\beta}_1=(-1,-3,2)^{\mathrm{T}}$$

证明：$\boldsymbol{\alpha}_1,\boldsymbol{\alpha}_2,\boldsymbol{\alpha}_3$ 和 $\boldsymbol{\beta}_1,\boldsymbol{\beta}_2,\boldsymbol{\beta}_3$ 都是 F^3 的基，并求从 $\boldsymbol{\alpha}_1,\boldsymbol{\alpha}_2,\boldsymbol{\alpha}_3$ 到 $\boldsymbol{\beta}_1,\boldsymbol{\beta}_2,\boldsymbol{\beta}_3$ 的过渡矩阵.

证明 记矩阵

$$\boldsymbol{A}=\begin{pmatrix}1&0&1\\1&-1&-2\\0&1&2\end{pmatrix},\quad \boldsymbol{B}=\begin{pmatrix}1&0&-1\\0&2&-3\\2&4&2\end{pmatrix}$$

由于 $|\boldsymbol{A}|=5,|\boldsymbol{B}|=20$，故 $\boldsymbol{A},\boldsymbol{B}$ 可逆，而

$$(\boldsymbol{\alpha}_1,\boldsymbol{\alpha}_2,\boldsymbol{\alpha}_3)=(\boldsymbol{\varepsilon}_1,\boldsymbol{\varepsilon}_2,\boldsymbol{\varepsilon}_3)\boldsymbol{A},\quad (\boldsymbol{\beta}_1,\boldsymbol{\beta}_2,\boldsymbol{\beta}_3)=(\boldsymbol{\varepsilon}_1,\boldsymbol{\varepsilon}_2,\boldsymbol{\varepsilon}_3)\boldsymbol{B}$$

故 $\boldsymbol{\alpha}_1,\boldsymbol{\alpha}_2,\boldsymbol{\alpha}_3$ 和 $\boldsymbol{\beta}_1,\boldsymbol{\beta}_2,\boldsymbol{\beta}_3$ 都是 F^3 的基，设从 $\boldsymbol{\alpha}_1,\boldsymbol{\alpha}_2,\boldsymbol{\alpha}_3$ 到 $\boldsymbol{\beta}_1,\boldsymbol{\beta}_2,\boldsymbol{\beta}_3$ 的过渡矩阵为 $\boldsymbol{C}$，则

$$(\boldsymbol{\beta}_1,\boldsymbol{\beta}_2,\boldsymbol{\beta}_3)=(\boldsymbol{\alpha}_1,\boldsymbol{\alpha}_2,\boldsymbol{\alpha}_3)\boldsymbol{C}$$

于是

$$(\boldsymbol{\varepsilon}_1,\boldsymbol{\varepsilon}_2,\boldsymbol{\varepsilon}_3)\boldsymbol{AC} = (\boldsymbol{\varepsilon}_1,\boldsymbol{\varepsilon}_2,\boldsymbol{\varepsilon}_3)\boldsymbol{B}$$

故 $\boldsymbol{AC}=\boldsymbol{B}$,即

$$\boldsymbol{C} = \boldsymbol{A}^{-1}\boldsymbol{B} = \begin{pmatrix} 2 & 6 & -1 \\ 4 & 16 & 2 \\ -1 & -6 & 0 \end{pmatrix}$$

2.3　线性子空间

2.3.1　线性子空间

已知数域 F 上的向量空间 F^3 的向量加法是分量相加,而数乘 k 则是每个分量均乘以数 k.令

$$X = \{(x,0,0) \mid x \in F\}.$$

显然 X 是 F^3 的非空子集.对集合 X 中的元素的加法和数乘与 F^3 的向量加法和数乘相同,即加法是分量相加,数乘 k 是每个分量均乘以数 k,可以通过简单验证,X 也是数域 F 上的线性空间,称 X 是 F^3 的子空间.

定义 2.7　设 V_1 是数域 F 上的线性空间 V 的一个非空子集,若 V_1 关于线性空间 V 的加法和数乘仍构成 F 上的线性空间,称 V_1 是线性空间 V 的线性子空间,简称子空间.

注意:验证线性空间 V 的一个非空子集是子空间 V_1,就必须验证 V_1 中任意两个元素的对 V 的加法和数乘所得结果仍然在 V_1 中,即 V_1 关于线性空间 V 的加法和数乘是封闭的,还必须验证满足线性空间定义中的八条公理,每次的验证是比较啰嗦的,为方便起见,我们不加证明地给出 V 的非空子集是子空间的条件:

定理 2.5　V_1 是线性空间 V 的非空子集,则 V_1 是 V 的子空间的充要条件是 V_1 满足以下条件:

(1) 对任意 $\boldsymbol{\alpha},\boldsymbol{\beta}\in V_1$,有 $\boldsymbol{\alpha}+\boldsymbol{\beta}\in V_1$;

(2) 对任意 $\boldsymbol{\alpha}\in V_1$ 以及 $k\in F$,有 $k\boldsymbol{\alpha}\in V_1$.

例 2.23　V,$\{0\}$是数域 F 上的线性空间 V 的子空间,称为 V 的平凡子空间,称$\{0\}$是 V 的零子空间,以后记零子空间为 0.

除平凡子空间以外的其他子空间为非平凡子空间.

例 2.24　设 $\boldsymbol{A}$ 是数域 F 上的 $m\times n$ 矩阵,其秩 $r(\boldsymbol{A})<n$,由线性代数知识知,齐次线性方程组 $\boldsymbol{AX}=0$ 有非零解,令

$$W = \{\boldsymbol{\alpha} \mid \boldsymbol{A\alpha} = 0\}$$

即 W 是 $\boldsymbol{AX}=0$ 的所有解构成的集合,则 W 是 F 上向量空间 F^n 的非空子集,对任意 $\boldsymbol{\alpha},\boldsymbol{\beta}\in W$,以及 $k\in F$,即 $\boldsymbol{A\alpha}=0$,$\boldsymbol{A\beta}=0$,则

$$A(\boldsymbol{\alpha}+\boldsymbol{\beta}) = \boldsymbol{A\alpha}+\boldsymbol{A\beta} = 0+0 = 0,\quad \boldsymbol{A}(k\boldsymbol{\alpha}) = k\boldsymbol{A\alpha} = k0 = 0$$

从而 $\boldsymbol{\alpha}+\boldsymbol{\beta}\in W$,$k\alpha\in W$,$W$ 是 F 上向量空间 F^n 的子空间,称为齐次线性方程组 $\boldsymbol{AX}=0$ 的解空间.由于 $\boldsymbol{AX}=0$ 的每一个解均可由基础解系表示,而基础解系线性无关,也就是说,$\boldsymbol{AX}$

$=0$ 的基础解系是解空间 W 的一组基,从而 $\dim(W)=n-r(\boldsymbol{A})$.

子空间的性质:

(1) 任意 V 的子空间 W 包含 V 的零元;

(2) 子空间 W 中任意元素的负元素仍在 W 中.

证明 (1) 任意给定 $\boldsymbol{\alpha}\in W\subset V$,故 $\boldsymbol{\alpha}\in V$,又 $0\in F$,由 W 是子空间,因而 $0=0\boldsymbol{\alpha}\in W$.

(3) 任意给定 $\boldsymbol{\alpha}\in W\subset V$,由(1) $0\in W$ 以及 W 是子空间知 $-\boldsymbol{\alpha}=0-\boldsymbol{\alpha}\in W$.

2.3.2 生成子空间

设 $\boldsymbol{\alpha}_1,\boldsymbol{\alpha}_2,\cdots,\boldsymbol{\alpha}_s$ 是数域 F 是线性空间 V 中的向量,记它们的所有线性组合的集合

$$\langle\boldsymbol{\alpha}_1,\boldsymbol{\alpha}_2,\cdots,\boldsymbol{\alpha}_s\rangle=\{k_1\boldsymbol{\alpha}_1+k_2\boldsymbol{\alpha}_2+\cdots+k_s\boldsymbol{\alpha}_s \mid \forall k_1,k_2,\cdots,k_s\in F\}$$

有的书上也记作 $L(\boldsymbol{\alpha}_1,\boldsymbol{\alpha}_2,\cdots,\boldsymbol{\alpha}_s)$ 或 $\mathrm{span}(\boldsymbol{\alpha}_1,\boldsymbol{\alpha}_2,\cdots,\boldsymbol{\alpha}_s)$. 对任意 $\boldsymbol{\alpha},\boldsymbol{\beta}\in\langle\boldsymbol{\alpha}_1,\boldsymbol{\alpha}_2,\cdots,\boldsymbol{\alpha}_s\rangle$ 及任意 $k\in F$,$\boldsymbol{\alpha},\boldsymbol{\beta}$ 是 $\boldsymbol{\alpha}_1,\boldsymbol{\alpha}_2,\cdots,\boldsymbol{\alpha}_s$ 的线性组合,即

$$\boldsymbol{\alpha}=k_1\boldsymbol{\alpha}_1+k_2\boldsymbol{\alpha}_2+\cdots+k_s\boldsymbol{\alpha}_s,\quad \boldsymbol{\beta}=l_1\boldsymbol{\alpha}_1+l_2\boldsymbol{\alpha}_2+\cdots+l_s\boldsymbol{\alpha}_s(\exists k_i,l_i\in F)$$

则

$$\boldsymbol{\alpha}+\boldsymbol{\beta}=(k_1+l_1)\boldsymbol{\alpha}_1+(k_2+l_2)\boldsymbol{\alpha}_2+\cdots+(k_s+l_s)\boldsymbol{\alpha}_s\in\langle\boldsymbol{\alpha}_1,\boldsymbol{\alpha}_2,\cdots,\boldsymbol{\alpha}_s\rangle$$

$$k\boldsymbol{\alpha}=(kk_1)\boldsymbol{\alpha}_1+(kk_2)\boldsymbol{\alpha}_2+\cdots+(kk_s)\boldsymbol{\alpha}_s\in\langle\boldsymbol{\alpha}_1,\boldsymbol{\alpha}_2,\cdots,\boldsymbol{\alpha}_s\rangle$$

从而 $\langle\boldsymbol{\alpha}_1,\boldsymbol{\alpha}_2,\cdots,\boldsymbol{\alpha}_s\rangle$ 是 V 的线性子空间,称为由 $\boldsymbol{\alpha}_1,\boldsymbol{\alpha}_2,\cdots,\boldsymbol{\alpha}_s$ 生(张)成的**生成子空间**. 其中元素 $\{\boldsymbol{\alpha}_1,\boldsymbol{\alpha}_2,\cdots,\boldsymbol{\alpha}_s\}$ 称为生成子空间 $\langle\boldsymbol{\alpha}_1,\boldsymbol{\alpha}_2,\cdots,\boldsymbol{\alpha}_s\rangle$ 的生成元集.

显然 F^n 是由 $\boldsymbol{\varepsilon}_1,\boldsymbol{\varepsilon}_2,\cdots,\boldsymbol{\varepsilon}_n$ 生成的线性空间,而 F^n 的子空间

$$W=\{(x_1,\cdots,x_r,0,\cdots,0)\mid \forall x_i\in F\}$$

是由 $\boldsymbol{\varepsilon}_1,\cdots,\boldsymbol{\varepsilon}_r$ 生成的子空间.

例 2.25 多项式空间 $F[x]$ 中所有次数不大于 n 的全体多项式构成的集合 $F_n[x]$ 是 $F[x]$ 的一个子空间,并且由 $1,x,\cdots,x^n$ 生成的子空间.

命题 2.4 设 $\boldsymbol{\alpha}_1,\boldsymbol{\alpha}_2,\cdots,\boldsymbol{\alpha}_s$ 是数域 F 是线性空间 V 中的向量,则 $\boldsymbol{\alpha}_1,\boldsymbol{\alpha}_2,\cdots,\boldsymbol{\alpha}_s$ 的极大无关组构成生成子空间 $\langle\boldsymbol{\alpha}_1,\boldsymbol{\alpha}_2,\cdots,\boldsymbol{\alpha}_s\rangle$ 的基,$\langle\boldsymbol{\alpha}_1,\boldsymbol{\alpha}_2,\cdots,\boldsymbol{\alpha}_s\rangle$ 的维数等于 $\boldsymbol{\alpha}_1,\boldsymbol{\alpha}_2,\cdots,\boldsymbol{\alpha}_s$ 的秩,即

$$\dim\langle\boldsymbol{\alpha}_1,\boldsymbol{\alpha}_2,\cdots,\boldsymbol{\alpha}_s\rangle=r(\boldsymbol{\alpha}_1,\boldsymbol{\alpha}_2,\cdots,\boldsymbol{\alpha}_s)$$

证明 不妨设 $\boldsymbol{\alpha}_1,\cdots,\boldsymbol{\alpha}_r$ 是 $\boldsymbol{\alpha}_1,\boldsymbol{\alpha}_2,\cdots,\boldsymbol{\alpha}_s$ 的极大无关组,下面证明 $\boldsymbol{\alpha}_1,\cdots,\boldsymbol{\alpha}_r$ 是 $\langle\boldsymbol{\alpha}_1,\boldsymbol{\alpha}_2,\cdots,\boldsymbol{\alpha}_s\rangle$ 的基. 显然 $\boldsymbol{\alpha}_1,\cdots,\boldsymbol{\alpha}_r$ 是线性无关的,且 $\boldsymbol{\alpha}_{r+1},\cdots,\boldsymbol{\alpha}_s$ 中每一个向量均是 $\boldsymbol{\alpha}_1,\boldsymbol{\alpha}_2,\cdots,\boldsymbol{\alpha}_r$ 的线性组合,即

$$\boldsymbol{\alpha}_j=\sum_{i=1}^{r}a_{ji}\boldsymbol{\alpha}_i\quad(j=r+1,\cdots,s)$$

对任意 $\boldsymbol{\alpha}\in\langle\boldsymbol{\alpha}_1,\boldsymbol{\alpha}_2,\cdots,\boldsymbol{\alpha}_s\rangle$,则存在 $k_1,k_2,\cdots,k_s\in F$,使得

$$\begin{aligned}\boldsymbol{\alpha}&=\sum_{i=1}^{s}k_i\boldsymbol{\alpha}_i=\sum_{i=1}^{r}k_i\boldsymbol{\alpha}_i+\sum_{j=r+1}^{s}k_j\boldsymbol{\alpha}_j=\sum_{i=1}^{r}k_i\boldsymbol{\alpha}_i+\sum_{j=r+1}^{s}k_j\sum_{i=1}^{r}a_{ji}\boldsymbol{\alpha}_i\\&=\sum_{i=1}^{r}\left(k_i+\sum_{j=r+1}^{s}k_ja_{ji}\right)\alpha_i\end{aligned}$$

□

定理 2.6(基扩定理) 设 $\boldsymbol{\alpha}_1,\boldsymbol{\alpha}_2,\cdots,\boldsymbol{\alpha}_r$ 是数域 F 是 n 维线性空间 V 中的线性无关的向量组,则存在 $\boldsymbol{\alpha}_{r+1},\boldsymbol{\alpha}_{r+2},\cdots,\boldsymbol{\alpha}_n$,使得

$$\boldsymbol{\alpha}_1,\boldsymbol{\alpha}_2,\cdots,\boldsymbol{\alpha}_r,\boldsymbol{\alpha}_{r+1},\boldsymbol{\alpha}_{r+2},\cdots,\boldsymbol{\alpha}_n$$

构成 V 的基,即 V 的任意线性无关组可以扩充为 V 的基.

证明 显然当 $r=n$ 时，$\boldsymbol{\alpha}_1,\boldsymbol{\alpha}_2,\cdots,\boldsymbol{\alpha}_n$ 就是 V 的一组基，命题成立，因而可设 $r<n$，显然由 $\boldsymbol{\alpha}_1,\cdots,\boldsymbol{\alpha}_r$ 生成的子空间 $\langle\boldsymbol{\alpha}_1,\cdots,\boldsymbol{\alpha}_r\rangle\subsetneq V$，存在 $\boldsymbol{\alpha}_{r+1}\in V$，但 $\boldsymbol{\alpha}_{r+1}\notin\langle\boldsymbol{\alpha}_1,\cdots,\boldsymbol{\alpha}_r\rangle$，下面用反证法验证 $\boldsymbol{\alpha}_1,\cdots,\boldsymbol{\alpha}_r,\boldsymbol{\alpha}_{r+1}$ 线性无关，若该向量组线性相关，则在数域 F 中一定存在不全为零的 $k_1,k_2,\cdots,k_r,k_{r+1}$，使得

$$k_1\boldsymbol{\alpha}_1+k_2\boldsymbol{\alpha}_2+\cdots+k_r\boldsymbol{\alpha}_r+k_{r+1}\boldsymbol{\alpha}_{r+1}=0$$

若 $k_{r+1}=0$，则 $k_1,k_2,\cdots,k_r$ 不全为零，使得 $k_1\boldsymbol{\alpha}_1+k_2\boldsymbol{\alpha}_2+\cdots+k_r\boldsymbol{\alpha}_r=0$，这与向量组 $\boldsymbol{\alpha}_1,\boldsymbol{\alpha}_2,\cdots,\boldsymbol{\alpha}_r$ 线性无关组矛盾；若 $k_{r+1}\neq0$，则

$$\boldsymbol{\alpha}_{r+1}=-\frac{k_1}{k_{r+1}}\boldsymbol{\alpha}_1-\frac{k_2}{k_{r+1}}\boldsymbol{\alpha}_2-\cdots-\frac{k_r}{k_{r+1}}\boldsymbol{\alpha}_r\in\langle\boldsymbol{\alpha}_1,\cdots,\boldsymbol{\alpha}_r\rangle$$

这与 $\boldsymbol{\alpha}_{r+1}\notin\langle\boldsymbol{\alpha}_1,\cdots,\boldsymbol{\alpha}_r\rangle$ 矛盾. 这时由 $\boldsymbol{\alpha}_1,\cdots,\boldsymbol{\alpha}_r,\boldsymbol{\alpha}_{r+1}$ 生成的子空间 $\langle\boldsymbol{\alpha}_1,\cdots,\boldsymbol{\alpha}_r,\boldsymbol{\alpha}_{r+1}\rangle$ 只有两种情况：若 $\langle\boldsymbol{\alpha}_1,\cdots,\boldsymbol{\alpha}_r,\boldsymbol{\alpha}_{r+1}\rangle=V$，这时 $\boldsymbol{\alpha}_1,\cdots,\boldsymbol{\alpha}_r,\boldsymbol{\alpha}_{r+1}$ 是 V 的一组基，否则，有

$$\langle\boldsymbol{\alpha}_1,\cdots,\boldsymbol{\alpha}_r,\boldsymbol{\alpha}_{r+1}\rangle\subsetneq V$$

这时同上讨论存在 $\boldsymbol{\alpha}_{r+2}\in V$，但 $\boldsymbol{\alpha}_{r+2}\notin\langle\boldsymbol{\alpha}_1,\cdots,\boldsymbol{\alpha}_r,\boldsymbol{\alpha}_{r+1}\rangle$，则 $\boldsymbol{\alpha}_1,\cdots,\boldsymbol{\alpha}_r,\boldsymbol{\alpha}_{r+1},\boldsymbol{\alpha}_{r+2}$ 是线性无关组，由 $\boldsymbol{\alpha}_1,\cdots,\boldsymbol{\alpha}_r,\boldsymbol{\alpha}_{r+1},\boldsymbol{\alpha}_{r+2}$ 生成的子空间 $\langle\boldsymbol{\alpha}_1,\cdots,\boldsymbol{\alpha}_r,\boldsymbol{\alpha}_{r+1},\boldsymbol{\alpha}_{r+2}\rangle$ 只有两种情况，由于 V 是 n 维线性空间，在 V 中的线性无关组最多只有 n 个，上述步骤一定在有限步后满足

$$\langle\boldsymbol{\alpha}_1,\cdots,\boldsymbol{\alpha}_r,\boldsymbol{\alpha}_{r+1},\cdots,\boldsymbol{\alpha}_{r+t}\rangle=V$$

而 $\boldsymbol{\alpha}_1,\cdots,\boldsymbol{\alpha}_r,\boldsymbol{\alpha}_{r+1},\cdots,\boldsymbol{\alpha}_{r+t}$ 线性无关，是 V 的一组基，且 $r+t=n$. □

2.3.2 矩阵的四个子空间

设 $\boldsymbol{A}$ 是 $m\times n$ 矩阵，称

$$R(\boldsymbol{A})=\{\boldsymbol{y}=\boldsymbol{A}\boldsymbol{x}\in F^m\mid\forall\boldsymbol{x}\in F^n\}$$

称为矩阵 $\boldsymbol{A}$ 的列空间或 $\boldsymbol{A}$ 的值域. 称

$$R(\boldsymbol{A}^{\mathrm{T}})=\{\boldsymbol{A}^{\mathrm{T}}\boldsymbol{X}\mid\boldsymbol{X}\in F^m\}=\{\boldsymbol{X}^{\mathrm{T}}\boldsymbol{A}\mid\boldsymbol{X}\in F^m\}$$

称为矩阵 $\boldsymbol{A}$ 的行空间. 称

$$N(\boldsymbol{A})=\{\boldsymbol{\alpha}\in F^n\mid\boldsymbol{A}\boldsymbol{\alpha}=0\}$$

是矩阵 $\boldsymbol{A}$ 的核，是线性方程组 $\boldsymbol{AX}=0$ 的解空间. 称

$$N(\boldsymbol{A}^{\mathrm{T}})=\{\boldsymbol{\alpha}\mid\boldsymbol{A}^{\mathrm{T}}\boldsymbol{\alpha}=0,\boldsymbol{\alpha}\in F^m\}=\{\boldsymbol{\alpha}\mid\boldsymbol{\alpha}^{\mathrm{T}}\boldsymbol{A}=0,\boldsymbol{\alpha}\in F^m\}$$

是矩阵 $\boldsymbol{A}$ 的左核，是线性方程组 $\boldsymbol{A}^{\mathrm{T}}\boldsymbol{X}=0$ 的解空间.

例 2.26 设

$$\boldsymbol{A}=\begin{pmatrix}1&3&4&1\\0&1&1&1\\2&5&7&1\end{pmatrix}$$

求 $R(\boldsymbol{A})$，$R(\boldsymbol{A}^{\mathrm{T}})$ 的基和维数，以及 $N(\boldsymbol{A})$，$N(\boldsymbol{A}^{\mathrm{T}})$ 的基和维数.

解 矩阵 $\boldsymbol{A}$ 作初等行变换，化为行最简阶梯形矩阵

$$\boldsymbol{A}=\begin{pmatrix}1&3&4&1\\0&1&1&1\\2&5&7&1\end{pmatrix}\rightarrow\begin{pmatrix}1&0&1&-2\\0&1&1&1\\0&0&0&0\end{pmatrix}$$

故 $\boldsymbol{A}$ 的第1,2列是极大线性无关组，故 $R(\boldsymbol{A})$ 的基是 $(1,0,2)^{\mathrm{T}}$，$(3,1,5)^{\mathrm{T}}$，$R(\boldsymbol{A})$ 的维数为2；而 $\boldsymbol{A}x=0$ 等价于 $\begin{cases}x_1+x_3-2x_4=0\\x_2+x_3+x_4=0\end{cases}$，$W$ 的基础解系 $\boldsymbol{\eta}_1=(-1,-1,1,0)^{\mathrm{T}}$，$\boldsymbol{\eta}_2=(2,-1,0,1)^{\mathrm{T}}$，也是

$N(\boldsymbol{A})$的基,$N(\boldsymbol{A})$的维数为 2.

对矩阵 $\boldsymbol{A}^{\mathrm{T}}$ 作初等行变换,化为行最简阶梯形矩阵

$$\boldsymbol{A}^{\mathrm{T}}=\begin{pmatrix}1&0&2\\3&1&5\\4&1&7\\1&1&1\end{pmatrix}\to\begin{pmatrix}1&0&2\\0&1&-1\\0&0&0\\0&0&0\end{pmatrix}$$

故 $\boldsymbol{A}^{\mathrm{T}}$ 的第 1,2 列(即 A 的 1,2 行)是 $\boldsymbol{A}^{\mathrm{T}}$ 的列向量组(即 $\boldsymbol{A}$ 的行向量组)极大线性无关组,故 $R(\boldsymbol{A}^{\mathrm{T}})$的基是

$$(1,3,4,1)^{\mathrm{T}},\quad (0,1,1,1)^{\mathrm{T}}$$

则 $R(\boldsymbol{A})^{\mathrm{T}}$ 维数为 2;$\boldsymbol{A}^{\mathrm{T}}\boldsymbol{X}$ 等价于$\begin{cases}x_1+2x_3=0\\x_2-x_3=0\end{cases}$,其基础解系为$(-2,1,1)^{\mathrm{T}}$,也是 $N(\boldsymbol{A}^{\mathrm{T}})$的基,$N(\boldsymbol{A}^{\mathrm{T}})$的维数为 1.

2.3.3 子空间的交与和

我们知道,不同集合有交集、并集等概念,线性空间的子空间是线性空间的子集,也有对应的概念.

设 U,W 是数域F 上线性空间 V 的两个子空间,U,W 作为集合的交集

$$U\cap W=\{\boldsymbol{\alpha}\mid\forall\boldsymbol{\alpha}\in U,\boldsymbol{\alpha}\in U\}$$

则 $U\cap W$ 仍是线性空间 V 的子空间,这时因为:对任意 $\boldsymbol{\alpha},\boldsymbol{\beta}\in U\cap W$,即 $\boldsymbol{\alpha},\boldsymbol{\beta}\in U$ 且 $\boldsymbol{\alpha},\boldsymbol{\beta}\in W$,以及任意 $k\in F$,由于 U,W 是子空间,故

$$\boldsymbol{\alpha}+\boldsymbol{\beta}\in U,\quad k\boldsymbol{\alpha}\in U;\quad \boldsymbol{\alpha}+\boldsymbol{\beta}\in W,\quad k\boldsymbol{\alpha}\in W$$

于是 $\boldsymbol{\alpha}+\boldsymbol{\beta}\in U\cap W,k\boldsymbol{\alpha}\in U\cap W$,即 $U\cap W$ 是 V 的子空间.称 $U\cap W$ 是子空间 U,W 的交空间或简称 U,W 的交.

例 2.27 设 $\boldsymbol{A},\boldsymbol{B}$ 是数域F 上的 $m\times n$ 矩阵,记 U,W 分别是齐次线性方程组

$$\boldsymbol{AX}=0,\quad \boldsymbol{BX}=0$$

的解空间,它们都是向量空间 F^n 的子空间,容易验证 $U\cap W$ 是齐次线性方程组

$$\begin{cases}\boldsymbol{AX}=0\\\boldsymbol{BX}=0\end{cases}\quad 即\quad \begin{pmatrix}\boldsymbol{A}\\\boldsymbol{B}\end{pmatrix}\boldsymbol{X}=\begin{pmatrix}0\\0\end{pmatrix}$$

的解空间.

线性空间 V 的子空间 U,W 的并集 $U\cup W$ 一般不是 V 的子空间,例如 F^2 的子空间

$$W=\{(x,0)^{\mathrm{T}}\mid x\in F\},\quad U=\{(0,y)^{\mathrm{T}}\mid y\in F\},$$

则 $W\cup U=\{(x,y)^{\mathrm{T}}\mid x,y\in F,x=0 或 y=0\}$,而 $W\cup U$ 中的元素$(1,0)^{\mathrm{T}},(0,1)^{\mathrm{T}}$,但是其和$(1,0)^{\mathrm{T}}+(0,1)^{\mathrm{T}}=(1,1)^{\mathrm{T}}$ 不在 $W\cup U$,因而 $W\cup U$ 不封闭,不是 F^2 的子空间.要给出类似于并集的子空间,必须两个子空间中各任意取一个元素,将它们的和包括进去,为此我们定义给出:

设 U,W 是数域F 上线性空间 V 的两个子空间,令集合

$$U+W=\{\boldsymbol{\alpha}_1+\boldsymbol{\alpha}_2\mid\forall\boldsymbol{\alpha}_1\in U,\forall\boldsymbol{\alpha}_2\in W\}$$

则 $U+W$ 是线性空间 V 的子空间,这时因为:对任意 $\boldsymbol{\alpha},\boldsymbol{\beta}\in U+W$,由 $U+W$ 的定义知,$\boldsymbol{\alpha}=\boldsymbol{\alpha}_1+\boldsymbol{\alpha}_2,\boldsymbol{\beta}=\boldsymbol{\beta}_1+\boldsymbol{\beta}_2$,其中 $\boldsymbol{\alpha}_1,\boldsymbol{\beta}_1\in U,\boldsymbol{\alpha}_2,\boldsymbol{\beta}_2\in W$,以及任意 $k\in F$,由于 U,W 是子空间,故

$$\boldsymbol{\alpha}_1+\boldsymbol{\beta}_1\in U,\quad k\boldsymbol{\alpha}_1\in U,\quad \boldsymbol{\alpha}_2+\boldsymbol{\beta}_2\in W,\quad k\boldsymbol{\alpha}_2\in W$$

于是

$$\boldsymbol{\alpha}+\boldsymbol{\beta}=(\boldsymbol{\alpha}_1+\boldsymbol{\beta}_1)+(\boldsymbol{\alpha}_2+\boldsymbol{\beta}_2)\in U+W,\quad k\boldsymbol{\alpha}=(k\boldsymbol{\alpha}_1)+(k\boldsymbol{\alpha}_2)\in U+W$$

即 $U+W$ 是 V 的子空间.称 $U+W$ 是子空间 U,W 的**和空间**或简称 U,W 的**和**.

例 2.28 设 F^4 中的向量

$$\boldsymbol{\alpha}_1=(1,2,1,0)^{\mathrm T},\boldsymbol{\alpha}_2=(-1,1,1,1)^{\mathrm T},\boldsymbol{\beta}_1=(2,-1,0,1)^{\mathrm T},\boldsymbol{\beta}_2=(1,-1,3,7)^{\mathrm T}$$

求 $V_1=\langle\boldsymbol{\alpha}_1,\boldsymbol{\alpha}_2\rangle$ 与 $V_2=\langle\boldsymbol{\beta}_1,\boldsymbol{\beta}_2\rangle$ 的和与交的维数以及它们的基.

解 (1) 先求 V_1,V_2 的和.因为

$$V_1+V_2=\langle\boldsymbol{\alpha}_1,\boldsymbol{\alpha}_2\rangle+\langle\boldsymbol{\beta}_1,\boldsymbol{\beta}_2\rangle=\langle\boldsymbol{\alpha}_1,\boldsymbol{\alpha}_2,\boldsymbol{\beta}_1,\boldsymbol{\beta}_2\rangle$$

对由 $\boldsymbol{\alpha}_1,\boldsymbol{\alpha}_2,\boldsymbol{\beta}_1,\boldsymbol{\beta}_2$ 构成的矩阵作初等行变换,化为行最简阶梯形矩阵为

$$\begin{pmatrix}1&0&0&-1\\0&1&0&4\\0&0&1&3\\0&0&0&0\end{pmatrix}$$

故向量组 $\boldsymbol{\alpha}_1,\boldsymbol{\alpha}_2,\boldsymbol{\beta}_1,\boldsymbol{\beta}_2$ 的秩为3,并且 $\boldsymbol{\alpha}_1,\boldsymbol{\alpha}_2,\boldsymbol{\beta}_1$ 是一个极大线性无关组,所以 $\boldsymbol{\alpha}_1,\boldsymbol{\alpha}_2,\boldsymbol{\beta}_1$ 是 V_1+V_2 的基,其维数为3,于是 $V_1+V_2=\langle\boldsymbol{\alpha}_1,\boldsymbol{\alpha}_2,\boldsymbol{\beta}_1\rangle$.

(2) 再求 V_1,V_2 的交.对 $V_1\cap V_2$ 中的任意元素 $\boldsymbol{\alpha}$,存在数域 F 中的数 k_1,k_2,l_1,l_2,使得 $\boldsymbol{\alpha}=k_1\boldsymbol{\alpha}_1+k_2\boldsymbol{\alpha}_2=-l_1\boldsymbol{\beta}_1-l_2\boldsymbol{\beta}_2$,即 $k_1\boldsymbol{\alpha}_1+k_2\boldsymbol{\alpha}_2+l_1\boldsymbol{\beta}_1+l_2\boldsymbol{\beta}_2=0$,所以 k_1,k_2,l_1,l_2 是方程组

$$\begin{cases}k_1-k_2+2l_1+l_2=0\\2k_1+k_2-l_1-l_2=0\\k_1+k_2+3l_2=0\\k_2+l_1+7l_2=0\end{cases}$$

由(1)的阶梯形矩阵,该方程组等价于

$$\begin{cases}k_1-l_2=0\\k_2+4l_2=0\\l_1+3l_2=0\end{cases}$$

令 $l_2=1$,得其基础解系为$(1,-4,-3,1)^{\mathrm T}$,以前两个分量为系数的 $\boldsymbol{\alpha}_1,\boldsymbol{\alpha}_2$ 的线性组合或者以后两个分量为系数的 $\boldsymbol{\beta}_1,\boldsymbol{\beta}_2$ 的线性组合

$$\boldsymbol{\alpha}=\boldsymbol{\alpha}_1-4\boldsymbol{\alpha}_2=-3\boldsymbol{\beta}_1+\boldsymbol{\beta}_2=(5,-2,-3,-4)^{\mathrm T}$$

为 $V_1\cap V_2$ 的基,其维数为1,所以 $V_1\cap V_2$ 中的任意元素可由 $\boldsymbol{\alpha}$ 表示,即 $V_1\cap V_2=\langle\boldsymbol{\alpha}\rangle$.

定理 2.7(维数公式) 设 U,W 是数域 F 上线性空间 V 的子空间,则有

$$\dim(U+W)+\dim(U\cap W)=\dim U+\dim W$$

证明 设 $\dim(U\cap W)=r,\dim U=s,\dim W=t$,由维数就是基中元素个数.设 $U\cap W$ 的一组基为 $\boldsymbol{\alpha}_1,\boldsymbol{\alpha}_2,\cdots,\boldsymbol{\alpha}_r$.由于 $U\cap W$ 是 U 的子空间,及基扩张定理,存在 $\boldsymbol{\alpha}_{r+1},\cdots,\boldsymbol{\alpha}_s$,使得 $\boldsymbol{\alpha}_1,\cdots,\boldsymbol{\alpha}_r,\boldsymbol{\alpha}_{r+1},\cdots,\boldsymbol{\alpha}_s$ 是 U 的基,又由于 $U\cap W$ 也是 W 的子空间,及基扩张定理,存在 $\boldsymbol{\beta}_{r+1},\cdots,\boldsymbol{\beta}_t$,使得 $\boldsymbol{\alpha}_1,\cdots,\boldsymbol{\alpha}_r,\boldsymbol{\beta}_{r+1},\cdots,\boldsymbol{\beta}_t$ 是 W 的基.下面证明

$$\boldsymbol{\alpha}_1,\cdots,\boldsymbol{\alpha}_r,\boldsymbol{\alpha}_{r+1},\cdots,\boldsymbol{\alpha}_s,\boldsymbol{\beta}_{r+1},\cdots,\boldsymbol{\beta}_t$$

是 $U+W$ 的基,由此可得 $\dim(U+W)=s+t-r=\dim U+\dim W-\dim(U\cap W)$.

首先若 $x_1\boldsymbol{\alpha}_1+\cdots x_r\boldsymbol{\alpha}_r+\cdots+x_s\boldsymbol{\alpha}_s+y_{r+1}\boldsymbol{\beta}_{r+1}+\cdots+y_t\boldsymbol{\beta}_t=0(x_i,y_j\in F)$,则

$$x_1\boldsymbol{\alpha}_1+\cdots+x_r\boldsymbol{\alpha}_r+x_{r+1}\boldsymbol{\alpha}_{r+1}+\cdots+x_s\boldsymbol{\alpha}_s=-y_{r+1}\boldsymbol{\beta}_{r+1}-\cdots-y_t\boldsymbol{\beta}_t$$

由于$\boldsymbol{\alpha}_1,\cdots,\boldsymbol{\alpha}_r,\cdots,\boldsymbol{\alpha}_s\in U$，其线性组合均在$U$中，从而有$-y_{r+1}\boldsymbol{\beta}_{r+1}-\cdots-y_t\boldsymbol{\beta}_t\in U$，而$\boldsymbol{\beta}_{r+1},\cdots,\boldsymbol{\beta}_t\in W$，故$-y_{r+1}\boldsymbol{\beta}_{r+1}-\cdots-y_t\boldsymbol{\beta}_t\in W$，从而$-y_{r+1}\boldsymbol{\beta}_{r+1}-\cdots-y_t\boldsymbol{\beta}_t\in U\cap W$，可由$U\cap W$的基表示，即$-y_{r+1}\boldsymbol{\beta}_{r+1}-\cdots-y_t\boldsymbol{\beta}_t=y_1\boldsymbol{\alpha}_1+\cdots y_r\boldsymbol{\alpha}_r$，由此得

$$y_1\boldsymbol{\alpha}_1+\cdots+y_r\boldsymbol{\alpha}_r+y_{r+1}\boldsymbol{\beta}_{r+1}+\cdots+y_t\boldsymbol{\beta}_t=0$$

又$\boldsymbol{\alpha}_1,\cdots,\boldsymbol{\alpha}_r,\boldsymbol{\beta}_{r+1},\cdots,\boldsymbol{\beta}_t$是$W$的基，线性无关组，故$y_1=\cdots=y_r=y_{r+1}=\cdots=y_t=0$，于是

$$x_1\boldsymbol{\alpha}_1+\cdots+x_r\boldsymbol{\alpha}_r+x_{r+1}\boldsymbol{\alpha}_{r+1}+\cdots+x_s\boldsymbol{\alpha}_s=0$$

而$\boldsymbol{\alpha}_1,\cdots,\boldsymbol{\alpha}_r,\boldsymbol{\alpha}_{r+1},\cdots,\boldsymbol{\alpha}_s$是$U$的基，线性无关组，故$x_1=\cdots=x_r=x_{r+1}=\cdots=x_r=0$.

其次对任意$\boldsymbol{\alpha}\in U+W$，则$\boldsymbol{\alpha}=\boldsymbol{\delta}+\boldsymbol{\gamma},\boldsymbol{\delta}\in U,\boldsymbol{\gamma}\in W$，则

$$\boldsymbol{\delta}=x_1\boldsymbol{\alpha}_1+\cdots+x_r\boldsymbol{\alpha}_r+x_{r+1}\boldsymbol{\alpha}_{r+1}+\cdots+x_s\boldsymbol{\alpha}_s$$
$$\boldsymbol{\gamma}=y_1\boldsymbol{\alpha}_1+\cdots+y_r\boldsymbol{\alpha}_r+y_{r+1}\boldsymbol{\beta}_{r+1}+\cdots+y_t\boldsymbol{\beta}_t$$

于是

$$\boldsymbol{\alpha}=(x_1+y_1)\boldsymbol{\alpha}_1+\cdots+(x_r+y)\boldsymbol{\alpha}_r+x_{r+1}\boldsymbol{\alpha}_{r+1}+\cdots+x_s\boldsymbol{\alpha}_s+y_{r+1}\boldsymbol{\beta}_{r+1}+\cdots+y_t\boldsymbol{\beta}_t$$

从而$\boldsymbol{\alpha}_1,\cdots,\boldsymbol{\alpha}_r,\boldsymbol{\alpha}_{r+1},\cdots,\boldsymbol{\alpha}_s,\boldsymbol{\beta}_{r+1},\cdots,\boldsymbol{\beta}_t$是$U+W$的基. □

2.3.4 子空间的直和

设U,W是数域F上线性空间V的子空间，U,W的和中的元素可表示为U中元素和W中元素之和，但这种表示一般不唯一，例如数域F上的向量空间F^3的子空间

$$XY=\{(x,y,0)^{\mathrm{T}}\mid\forall x,y\in F\},\quad YZ=\{(0,y,z)^{\mathrm{T}}\mid\forall y,z\in F\}$$
$$\begin{aligned}XY+YZ&=\{(x,y_1,0)^{\mathrm{T}}+(0,y_2,z)^{\mathrm{T}}\mid\forall x,y_1,y_2,z\in F\}\\&=\{(x,y,z)^{\mathrm{T}}\mid\forall x,y,z\in F\}=F^3\end{aligned}$$

显然$(1,1,1)\in XY+YZ$，但

$$(1,1,1)=(1,0,0)+(0,1,1)=(1,1,0)+(0,0,1)=(1,0.5,0)+(0,0.5,1)=\cdots$$

有无穷多种表示.当表示不唯一时，应用时会带来许多不方便，下面讨论表示唯一的情况.

定义 2.8 设U,W是数域F上线性空间V的子空间，若其和空间$U+W$中的任意元素只能唯一地表示为U的一个元素与W的一个元素之和，即$\forall\boldsymbol{\alpha}\in U+W$，存在唯一的$\boldsymbol{\alpha}_1\in U,\boldsymbol{\alpha}_2\in W$，使得$\boldsymbol{\alpha}=\boldsymbol{\alpha}_1+\boldsymbol{\alpha}_2$，称$U+W$为$U$与$W$的直和，记为$U\oplus W$.

例 2.29 数域F上的向量空间F^3的子空间

$$V_1=\{(x,y,z)^{\mathrm{T}}\mid\forall x,y,z\in F,x+y+z=0\}$$
$$V_2=\{(x,y,z)^{\mathrm{T}}\mid\forall x,y,z\in F,x=y=z\}$$

V_1+V_2是直和，且$V_1\oplus V_2=F^3$.

解 显然对任意$(x,y,z)\in V_1+V_2$，则

$$(x,y,z)=(x_1,y_1,z_1)+(a,a,a),\quad x_1+y_1+z_1=0$$

若又可表示为

$$(x,y,z)=(x_2,y_2,z_2)+(b,b,b),\quad x_2+y_2+z_2=0$$

则

$$(x,y,z)=(x_1+a,y_1+a,z_1+a)=(x_2+b,y_2+b,z_2+b)$$

将三项相加，注意到$x_1+y_1+z_1=0$和$x_2+y_2+z_2=0$，得$3a=3b\Rightarrow a=b$，进一步有$(x_1,y_1,z_1)=(x_2,y_2,z_2)$，即$(x,y,z)$的表示法唯一，$V_1+V_2$是直和.

显然$V_1+V_2\subset F^3$，对任意$(x,y,z)\in F^3$，记

$$x_1 = \frac{2x - y - z}{3}, \quad y_1 = \frac{2y - x - z}{3}, \quad z_1 = \frac{2z - x - y}{3}, \quad a = \frac{x + y + z}{3}$$

则有

$$(x, y, z) = (x_1, y_1, z_1) + (a, a, a) \in V_1 + V_2$$

故 $F^3 \subset V_1 + V_2$，于是 $F^3 = V_1 + V_2$，又 $V_1 + V_2$ 是直和，即 $F^3 = V_1 \oplus V_2$.

定理 2.8　设 U，W 是数域 F 上线性空间 V 的子空间，则下列条件等价：

(1) $U + W$ 是直和；

(2) 零元表法唯一；

(3) $U \cap W = \{0\}$；

(4) $\dim(U + W) = \dim U + \dim W$.

证明　由维数公式，(3)和(4)的等价性是显然的，只要证明前三条等价即可，采用循环证法：(1)→(2)→(3)→(1).

(1)→(2)：$U + W$ 是直和，则 $U + W$ 中每一个元素表示法是唯一的，自然零元的表示法也唯一.

(2)→(3) 对任意 $\boldsymbol{\alpha} \in U \cap W$，则 $\boldsymbol{\alpha} \in U$，$\boldsymbol{\alpha} \in W$，则

$$0 = 0 + 0 = \boldsymbol{\alpha} + (-\boldsymbol{\alpha})$$

零元表法唯一可知 $\boldsymbol{\alpha} = 0$，即 $U \cap W = \{0\}$.

(3)→(1)对任意 $\boldsymbol{\alpha} \in U + W$，则

$$\boldsymbol{\alpha} = \boldsymbol{\alpha}_1 + \boldsymbol{\alpha}_2, \quad \boldsymbol{\alpha}_1 \in U, \boldsymbol{\alpha}_2 \in W$$

若 $\boldsymbol{\alpha}$ 有可表示为

$$\boldsymbol{\alpha} = \boldsymbol{\beta}_1 + \boldsymbol{\beta}_2, \quad \boldsymbol{\beta}_1 \in U, \boldsymbol{\beta}_2 \in W$$

则 $\boldsymbol{\alpha}_1 + \boldsymbol{\alpha}_2 = \boldsymbol{\beta}_1 + \boldsymbol{\beta}_2$，从而 $\boldsymbol{\alpha}_1 - \boldsymbol{\beta}_1 = \boldsymbol{\beta}_2 - \boldsymbol{\alpha}_2$，由于 U，W 是子空间，故 $\boldsymbol{\alpha}_1 - \boldsymbol{\beta}_1 \in U$，$\boldsymbol{\beta}_2 - \boldsymbol{\alpha}_2 \in W$，又这两个元素相等，因而 $\boldsymbol{\alpha}_1 - \boldsymbol{\beta}_1 \in U \cap W$，而 $U \cap W = \{0\}$，故 $\boldsymbol{\alpha}_1 - \boldsymbol{\beta}_1 = 0$，也就是说 $\boldsymbol{\alpha}_1 = \boldsymbol{\beta}_1$，也有 $\boldsymbol{\beta}_2 = \boldsymbol{\alpha}_2$，$\boldsymbol{\alpha}$ 表示法唯一，$U + W$ 是直和. □

子空间的直和的概念可以推广到多个子空间的情形.

定义 2.9　设 $V_1, V_2, \cdots, V_s$ 都是数域 F 上线性空间 V 的子空间，如果和 $V_1 + V_2 + \cdots + V_s$ 中每个向量 $\boldsymbol{\alpha}$ 的分解式

$$\boldsymbol{\alpha} = \boldsymbol{\alpha}_1 + \boldsymbol{\alpha}_2 + \cdots + \boldsymbol{\alpha}_s \quad (\boldsymbol{\alpha}_i \in V_i, i = 1, 2, \cdots, s)$$

是唯一的，称 $V_1 + V_2 + \cdots + V_s$ 是直和，记为 $V_1 \oplus V_2 \oplus \cdots \oplus V_s$.

我们不加证明地给出如下结论：

定理 2.9　设 $V_1, V_2, \cdots, V_s$ 是数域 F 上线性空间 V 的子空间，下列条件是等价的：

(1) $\sum\limits_i V_i = V_1 + V_2 + \cdots + V_s$ 是直和；

(2) 零向量的表法唯一；

(3) $V_i \cap \sum\limits_{j \neq i} V_j = \{0\} (i = 1, 2, \cdots, s)$；

(4) $\dim \sum\limits_i V_i = \sum\limits_i \dim V_i$.

定理 2.10　设 U 是数域 F 上的 n 维线性空间 V 的一个子空间，则一定存在 V 的另一个子空间 W，使得 $V = U \oplus W$.

证明　取 U 的一个基 $\boldsymbol{\alpha}_1, \boldsymbol{\alpha}_2, \cdots, \boldsymbol{\alpha}_r$，由基扩张定理，将其扩充为 V 的一个基

$$\boldsymbol{\alpha}_1, \boldsymbol{\alpha}_2, \cdots, \boldsymbol{\alpha}_r, \boldsymbol{\alpha}_{r+1}, \boldsymbol{\alpha}_{r+2}, \cdots, \boldsymbol{\alpha}_n$$

令 $W=\langle \boldsymbol{\alpha}_{r+1},\boldsymbol{\alpha}_{r+2},\cdots,\boldsymbol{\alpha}_n\rangle$，则 W 即为所求. □

定义 2.10(空间直和分解) 若 $V=U\oplus W$,则称 U 与 W 互补,U 与 W 分别称为 W 与 U 的补空间,并且称 $V=U\oplus W$ 为直和分解,也称为空间分解.

命题 2.5 有限维线性空间的任一非平凡子空间都有补空间.

注意:非平凡子空间的补空间存在,但不唯一,而且有无穷多个.

命题 2.6 设 $V_1,V_2,\cdots,V_s$ 是数域F 上线性空间 V 的子空间,且 $V=V_1\oplus V_2\oplus\cdots\oplus V_s$,则 $V_1,V_2,\cdots,V_s$ 的基的并集为 V 的一组基.

2.4 插 值 法

在第 1 章中,我们证明插值多项式是存在的,但并没有给出求插值多项式的方法,事实上,通过解方程组求多项式的系数的方法是不可行的,本节讨论通过子空间的基的方法给出满足各种的插值方法.

2.4.1 Lagrange 插值多项式

设 $x_0,x_1,\cdots,x_n$ 是区间$[a,b]$内的 $n+1$ 个节点,在没有特别说明的条件下,这些节点不必按大小次序排列.我们称满足下述条件:

$$l_i(x_j)=\begin{cases}0 & (\forall j\neq i)\\ 1 & (i=j)\end{cases}$$

的次数不大于 n 的多项式 $l_i(x)(i=0,1,\cdots,n)$为 Lagrange 基函数.

定理 2.11 Lagrange 基函数 $l_i(x)(i=0,1,\cdots,n)$是次数不大于 n 的多项式构成的$F[x]$的子空间 $F_n[x]$的基.

证明 若

$$a_0l_0(x)+a_1l_1(x)+\cdots+a_nl_n(x)=0$$

在上式中,令 $x=x_i$,则

$$0=a_0l_0(x_i)+a_1l_1(x_i)+\cdots+a_nl_n(x_i)=a_il_i(x_i)=a_i$$

故 $l_i(x)(i=0,1,\cdots,n)$线性无关.

对任意次数不大于 n 的$p(x)$,令

$$L(x)=p(x_0)l_0(x)+p(x_1)l_1(x)+\cdots+p(x_n)l_n(x)$$

由于 $l_i(x)(i=0,1,\cdots,n)$的次数均不大于 n,故 $L(x)$的次数不大于 n.将 $x=x_i$ 代入 $L(x)$,得

$$L(x_i)=p(x_0)l_0(x_i)+p(x_1)l_1(x_i)+\cdots+p(x_n)l_n(x_i)=p(x_i)l_i(x_i)=p(x_i)$$

也就是说,$p(x)$和 $L(x)$在每一个 x_i 均相等,有多项式的理论知

$$p(x)=L(x)=p(x_0)l_0(x)+p(x_1)l_1(x)+\cdots+p(x_n)l_n(x)$$

可由 $l_i(x)(i=0,1,\cdots,n)$线性表出. □

下面我们求 $l_i(x)$的具体表达式.由于 $l_i(x_j)=0(\forall j\neq i)$,故 $l_i(x)$以 $x_j(\forall j\neq i)$为根,有 n 个根,又 $l_i(x)$的次数不大于 n,故

$$l_i(x) = A(x-x_0)\cdots(x-x_{i-1})(x-x_{i+1})\cdots(x-x_n)$$

将 $x=x_i$ 代入上式，再由 $l_i(x_i)=1$，得

$$A = \frac{1}{(x_i-x_0)\cdots(x_i-x_{i-1})(x_i-x_{i+1})\cdots(x_i-x_n)}$$

于是

$$l_i(x) = \frac{(x-x_0)\cdots(x-x_{i-1})(x-x_{i+1})\cdots(x-x_n)}{(x_i-x_0)\cdots(x_i-x_{i-1})(x_i-x_{i+1})\cdots(x_i-x_n)} \quad (i=0,1,\cdots,n)$$

对任意区间 $[a,b]$ 的函数 $f(x)$，令

$$L_n(x) = f(x_0)l_0(x) + f(x_1)l_1(x) + \cdots + f(x_n)l_n(x) = \sum_{i=0}^{n} f(x_i)l_i(x)$$

则 $L_n(x_i)=f(x_i)(i=0,1,\cdots,n)$，即 $L_n(x)$ 是 $f(x)$ 在节点 x_i 处的插值多项式，称 $L_n(x)$ 是 $f(x)$ 的 **Langrange 插值多项式**.

例 2.30　已知函数 $\ln x$ 的数据如下，用二次插值求 $\ln(0.54)$ 的近似值.

x_i	0.5	0.6	0.7
$\ln x_i$	−0.693	−0.511	−0.357

解　在节点 0.5,0.5,0.7 处的二次 Lagrange 基函数为

$$l_0(x) = \frac{(x-x_1)(x-x_2)}{(x_0-x_1)(x_0-x_2)} = \frac{(x-0.6)(x-0.7)}{(0.5-0.6)(0.5-0.7)} = 50x^2 - 65x + 21$$

$$l_1(x) = \frac{(x-x_0)(x-x_2)}{(x_1-x_0)(x_1-x_2)} = \frac{(x-0.5)(x-0.7)}{(0.6-0.5)(0.6-0.7)} = -100x^2 + 120x - 35$$

$$l_2(x) = \frac{(x-x_0)(x-x_1)}{(x_2-x_0)(x_2-x_1)} = \frac{(x-0.5)(x-0.6)}{(0.7-0.5)(0.7-0.6)} = 50x^2 - 55x + 15$$

于是函数 $\ln x$ 的插值多项式为

$$L_2(x) = y_0 l_0(x) + y_1 l_1(x) + y_2 l_2(x) = -1.409x^2 + 3.372x - 2.027$$

将 $x=0.54$，代入，得 $\ln(0.54)\approx L_2(0.54)=-0.617$.

2.4.2　Newton 插值公式

Lagrange 插值多项式的优点是容易求出插值多项式，弱点是原来算出的基函数，若增加些节点或去掉些节点，必须重新计算基函数，则 Newton 插值多项式可以克服这个弱点.

设 $x_0,x_1,\cdots,x_n$ 是区间 $[a,b]$ 内的 $n+1$ 个节点，在没有特别说明的条件下，这些节点不必是按大小次序排列的. 以这些节点构造的多项式

$$1, x-x_0, (x-x_0)(x-x_1), \cdots, (x-x_0)(x-x_1)\cdots(x-x_{n-1})$$

我们称为 Newton 基函数.

定理 2.12　设 $x_0,x_1,\cdots,x_n$ 是区间 $[a,b]$ 内的 $n+1$ 个节点，则

$$1, x-x_0, (x-x_0)(x-x_1), \cdots, (x-x_0)(x-x_1)\cdots(x-x_{n-1})$$

是次数不大于 n 的多项式构成的 $F[x]$ 的子空间 $F_n[x]$ 的基.

证明　若

$$a_0 + a_1(x-x_0) + \cdots + a_n(x-x_0)(x-x_1)\cdots(x-x_{n-1}) = 0$$

在上式中，依次令 $x=x_0,x_1,\cdots,x_{n-1},x_n$，则 $a_0=0,a_1=0,\cdots,a_n=0$，因而线性无关. 又对

任意次数不大于 n 的 $p(x)$，令

$$a_0 = p(x_0)$$
$$a_0 + a_1(x_1 - x_0) = p(x_1)$$
$$\cdots$$
$$a_0 + a_1(x_i - x_0) + \cdots + a_i(x_i - x_0)(x_i - x_1)\cdots(x_i - x_{i-1}) = p(x_i)$$

依次可求得 $a_0, a_1, \cdots, a_n$，使得

$$p(x) = a_0 + a_1(x - x_0) + \cdots + a_n(x - x_0)(x - x_1)\cdots(x - x_{n-1})$$

即 $p(x)$ 可由 $1, x - x_0, (x - x_0)(x - x_1), \cdots, (x - x_0)(x - x_1)\cdots(x - x_{n-1})$ 线性表出. □

先从节点个数较少开始讨论，以 Newton 基函数为基的插值方法：

当节点为 x_0, x_1 时，若多项式 $N_1(x) = a_0 + a_1(x - x_0)$ 为函数 $f(x)$ 的插值公式，则简单计算可得

$$a_0 = f(x_0), \quad a_1 = \frac{f(x_0) - f(x_1)}{x_0 - x_1}$$

当节点为 x_0, x_1, x_2 时，若多项式 $N_2(x) = a_0 + a_1(x - x_0) + a_2(x - x_0)(x - x_1)$，则

$$a_0 = f(x_0), \quad a_1 = \frac{f(x_0) - f(x_1)}{x_0 - x_1}, \quad a_2 = \frac{\dfrac{f(x_0) - f(x_1)}{x_0 - x_1} - \dfrac{f(x_1) - f(x_2)}{x_1 - x_2}}{x_0 - x_2}$$

为了表达方便，为此，引入差商：

定义 2.11 设 $x_0, x_1, \cdots, x_k, \cdots$ 是区间 $[a, b]$ 内的节点，称 $f[x_i, x_j] = \dfrac{f(x_i) - f(x_j)}{x_i - x_j}$ 为函数 $f(x)$ 在节点 x_i, x_j 处的一阶差商；$f[x_i, x_j, x_k] = \dfrac{f[x_i, x_j] - f[x_j, x_k]}{x_i - x_k}$ 为函数 $f(x)$ 在节点 x_i, x_j, x_k 处的二阶差商；$f[x_i, x_j, \cdots, x_k, x_l] = \dfrac{f[x_i, x_j, \cdots, x_k] - f[x_j, \cdots, x_k, x_l]}{x_i - x_l}$ 为函数 $f(x)$ 在节点 $x_i, x_j, \cdots, x_k, x_l$ 处的 t 阶差商，其中共 $t + 1$ 个节点.

容易证明，利用差商，函数 $f(x)$ 的以 Newton 基函数

$$1, x - x_0, (x - x_0)(x - x_1), \cdots, (x - x_0)(x - x_1)\cdots(x - x_{n-1})$$

为基的插值多项式为

$$\begin{aligned} N_n(x) = {} & f(x_0) + f[x_0, x_1](x - x_0) + f[x_0, x_1, x_2](x - x_0)(x - x_1) + \cdots \\ & + f[x_0, x_1, \cdots, x_n](x - x_0)(x - x_1)\cdots(x - x_{n-1}) \end{aligned}$$

称为函数 $f(x)$ 的 Newton 插值公式.

注意，由插值多项式的存在唯一性定理知，Lagrange 插值多项式与 Newton 插值多项式对同一个函数来说，是同样一个多项式.

2.4.3 分段线性插值

当节点越多，插值多项式的次数越高，得到的插值多项式却不一定与被插函数的误差越小，反倒可能越大，这种现象称为 Runge 现象. 为了克服 Runge 现象，日常科研中采用低次分段插值的方法.

设 $a = x_0 < x_1 < \cdots < x_n = b$ 是区间 $[a, b]$ 内的 $n + 1$ 个节点，若分段线性函数 $I(x)$ 满足

$$I(x_i) = f(x_i) \quad (i = 0, 1, 2, \cdots, n)$$

称 $I(x)$ 为函数 $f(x)$ 的分段线性插值函数.我们采用基函数的形式构造分段线性插值函数.称分段线性函数 $I_i(x)$ 满足

$$I_i(x_j) = \begin{cases} 0 & (j \neq i) \\ 1 & (i = j) \end{cases}$$

称 $I_i(x)(i=0,1,\cdots,n)$ 为分段线性插值的基函数.

$I_i(x)$ 的图像如图 2.1 所示,容易得出 $I_i(x)$ 的具体表达式:

$$I_i(x) = \begin{cases} (x - x_{i-1})/(x_i - x_{i-1}) & (x \in [x_{i-1}, x_i](i = 0 \text{ 省略})) \\ (x - x_{i+1})/(x_i - x_{i+1}) & (x \in [x_i, x_{i+1}](i = n \text{ 省略})) \\ 0 & (x \notin [x_{i-1}, x_{i+1}]) \end{cases}$$

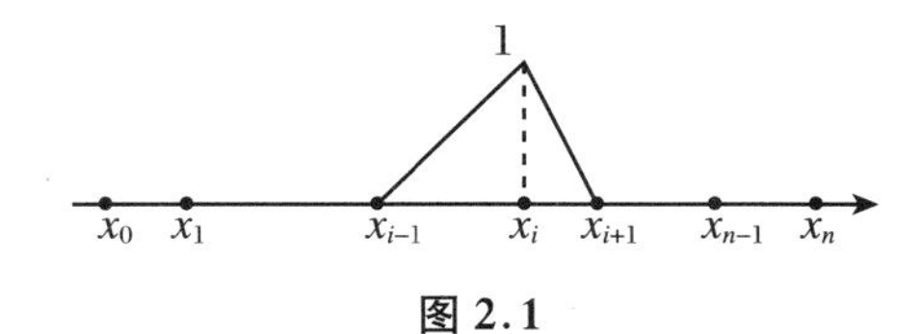

图 2.1

对任意区间 $[a,b]$ 的函数 $f(x)$,$f(x)$ 的分段线性插值函数为

$$I(x) = f(x_0)I_0(x) + f(x_1)I_1(x) + \cdots + f(x_n)I_n(x) = \sum_{i=0}^{n} f(x_i)I_i(x)$$

分段线性插值简单易操作,但插值曲线不光滑,即在内节点处一节导数不连续,这种情况往往不能满足实际应用的需要.有时构造的插值函数还要满足外界条件,需要更为复杂的插值函数,例如三次样条等,这里不做详细介绍了,有兴趣的同学可以在相关书籍中查找.

2.5 内积空间

2.5.1 内积空间

例 2.31 在实向量空间 $\mathbb{R}^3$ 中,任意两个向量

$$\boldsymbol{\alpha} = (a_1, a_2, \cdots, a_n)^{\mathrm{T}}, \quad \boldsymbol{\beta} = (b_1, b_2, \cdots, b_n)^{\mathrm{T}}$$

定义

$$(\boldsymbol{\alpha}, \boldsymbol{\beta}) = a_1 b_1 + a_2 b_2 + \cdots + a_n b_n = \boldsymbol{\alpha}^{\mathrm{T}} \boldsymbol{\beta}$$

是 $\mathbb{R}$ 中的数,且满足

(1) $(\boldsymbol{\alpha},\boldsymbol{\beta}) = (\boldsymbol{\beta},\boldsymbol{\alpha})(\forall \boldsymbol{\alpha},\boldsymbol{\beta} \in \mathbb{R}^n)$;

(2) $(\boldsymbol{\alpha},\boldsymbol{\beta}+\boldsymbol{\gamma}) = (\boldsymbol{\alpha},\boldsymbol{\beta}) + (\boldsymbol{\alpha},\boldsymbol{\gamma})(\forall \boldsymbol{\alpha},\boldsymbol{\beta},\boldsymbol{\gamma} \in \mathbb{R}^n)$,$(\boldsymbol{\alpha},k\boldsymbol{\beta}) = k(\boldsymbol{\alpha},\boldsymbol{\beta})(\forall \boldsymbol{\alpha},\boldsymbol{\beta} \in \mathbb{R}^n, \forall k \in \mathbb{R})$;

(3) $(\boldsymbol{\alpha},\boldsymbol{\alpha}) \geqslant 0(\forall \boldsymbol{\alpha} \in \mathbb{R}^n)$,且 $(\boldsymbol{\alpha},\boldsymbol{\alpha}) = 0$ 的充要条件是 $\boldsymbol{\alpha} = 0$.

证明　(1) $(\boldsymbol{\alpha},\boldsymbol{\beta}) = a_1 b_1 + a_2 b_2 + \cdots + a_n b_n = b_1 a_1 + b_2 a_2 + \cdots + b_n a_n = (\boldsymbol{\beta},\boldsymbol{\alpha})$.

(2) 设 $\boldsymbol{\gamma} = (c_1, c_2, \cdots, c_n)^T$,则 $\boldsymbol{\beta}+\boldsymbol{\gamma} = (b_1 + c_1, b_2 + c_2, \cdots, b_n + c_n)^{\mathrm{T}}$,于是

$$\begin{aligned}(\boldsymbol{\alpha},\boldsymbol{\beta}+\boldsymbol{\gamma}) &= a_1(b_1 + c_1) + a_2(b_2 + c_2) + \cdots + a_n(b_n + c_n) \\ &= a_1 b_1 + a_2 b_2 + \cdots + a_n b_n + a_1 c_1 + a_2 c_2 + \cdots + a_n c_n\end{aligned}$$

$$= (\boldsymbol{\alpha}+\boldsymbol{\beta}) + (\boldsymbol{\alpha}+\boldsymbol{\gamma})$$

$$(\boldsymbol{\alpha}, k\boldsymbol{\beta}) = a_1(kb_1) + a_2(kb_2) + \cdots + a_n(kb_n) = k(a_1b_1 + a_2b_2 + \cdots + a_nb_n)$$
$$= k(\boldsymbol{\alpha}, \boldsymbol{\beta})$$

(3) $\forall \boldsymbol{\alpha} \in \mathbb{R}^n$,显然$(\boldsymbol{\alpha},\boldsymbol{\beta}) = a_1^2 + a_2^2 + \cdots + a_n^2 \geqslant 0$,由于 $a_2^2 \geqslant 0$,因而$(\boldsymbol{\alpha},\boldsymbol{\alpha}) = 0$ 的充要条件是 $a_1^2 + a_2^2 + \cdots + a_n^2 = 0 \Leftrightarrow a_i = 0 \Leftrightarrow \boldsymbol{\alpha} = 0$. 称$(\boldsymbol{\alpha},\boldsymbol{\beta})$是 $\boldsymbol{\alpha},\boldsymbol{\beta}$ 的内积. 这个内积当 $n = 2,3$ 时,就是几何空间中的向量的内积在直角坐标系中的坐标表达式. 同样可以证明在复向量空间 $\mathbb{C}^n$ 中,任意两个向量

$$\boldsymbol{\alpha} = (a_1, a_2, \cdots, a_n)^{\mathrm{T}}, \quad \boldsymbol{\beta} = (b_1, b_2, \cdots, b_n)^{\mathrm{T}}$$

定义

$$(\boldsymbol{\alpha}, \boldsymbol{\beta}) = \bar{a}_1 b_1 + \bar{a}_2 b_2 + \cdots + \bar{a}_n b_n = \boldsymbol{\alpha}^{\mathrm{H}} \boldsymbol{\beta}$$

是 $\mathbb{C}$ 中的数,且满足

(1) $(\boldsymbol{\alpha},\boldsymbol{\beta}) = \overline{(\boldsymbol{\beta},\boldsymbol{\alpha})}$ $(\forall \boldsymbol{\alpha},\boldsymbol{\beta} \in \mathbb{C}^n)$;

(2) $(\boldsymbol{\alpha},\boldsymbol{\beta}+\boldsymbol{\gamma}) = (\boldsymbol{\alpha},\boldsymbol{\beta}) + (\boldsymbol{\alpha},\boldsymbol{\gamma})$ $(\forall \boldsymbol{\alpha},\boldsymbol{\beta},\boldsymbol{\gamma} \in \mathbb{C}^n)$,$(\boldsymbol{\alpha},k\boldsymbol{\beta}) = k(\boldsymbol{\alpha},\boldsymbol{\beta})$ $(\forall \boldsymbol{\alpha},\boldsymbol{\beta} \in \mathbb{C}^n, \forall k \in \mathbb{C})$;

(3) $(\boldsymbol{\alpha},\boldsymbol{\alpha}) \geqslant 0$ $(\forall \boldsymbol{\alpha} \in \mathbb{C}^n)$,且$(\boldsymbol{\alpha},\boldsymbol{\alpha}) = 0$ 的充要条件 $\boldsymbol{\alpha} = 0$.

例 2.32 设 $C_{[a,b]}$是闭区间$[a,b]$上的所有实连续函数所成的集合,是 $\mathbb{R}$ 上线性空间,对于 $C_{[a,b]}$中任意两个函数 $f(x)$,$g(x)$,定义

$$(f(x), g(x)) = \int_a^b f(x)g(x)\mathrm{d}x$$

是 $\mathbb{R}$ 中的数,且满足:

(1) $(f(x),g(x)) = (g(x),f(x))$ $(\forall f(x),g(x) \in C_{[a,b]})$;

(2) $(f(x),g(x)+h(x)) = (f(x),g(x)) + (f(x),h(x))$ $(\forall f(x),g(x),h(x) \in C_{[a,b]})$,$(kf(x),g(x)) = k(f(x),g(x))$ $(\forall f(x),g(x) \in C_{[a,b]}, \forall k \in \mathbb{R})$;

(3) $(f(x),f(x)) \geqslant 0$ $(\forall f(x) \in C_{[a,b]})$,且$(f(x),f(x)) = 0$ 当且仅当 $f(x) = 0$.

证明 (1) 对 $C_{[a,b]}$中任意两个函数 $f(x)$,$g(x)$有

$$(f(x), g(x)) = \int_a^b f(x)g(x)\mathrm{d}x = \int_a^b g(x)f(x)\mathrm{d}x = (g(x), f(x))$$

(2) 对 $C_{[a,b]}$中任意两个函数 $f(x)$,$g(x)$,$h(x)$,及 $k \in \mathbb{R}$,有

$$(f(x), g(x) + h(x)) = \int_a^b f(x)(g(x) + h(x))\mathrm{d}x = \int_a^b f(x)g(x)\mathrm{d}x + \int_a^b f(x)h(x)\mathrm{d}x$$
$$= (f(x), g(x)) + (f(x), h(x))$$

$$(f(x), kg(x)) = \int_a^b f(x)(kg(x))\mathrm{d}x = k\int_a^b f(x)g(x)\mathrm{d}x$$
$$= k(f(x), g(x))$$

(1) 由于$f^2(x) \geqslant 0$ 由积分的不都是性质 $(f(x), f(x)) = \int_a^b f^2(x)\mathrm{d}x \geqslant 0$,当 $f(x) = 0$ 时,显然$(f(x), f(x)) = 0$,当 $f(x) \neq 0$ 时,存在$x_0 \in [a,b]$,使得$f^2(x_0) > 0$,不妨设x_0在开区间内,由保号性,存在x_0的 δ 邻域,使得在该邻域内有 $f(x) > \dfrac{f^2(x_0)}{2}$于是

$$(f(x), f(x)) = \int_a^b f^2(x)\mathrm{d}x = \int_a^{x_0-\delta} f^2(x)\mathrm{d}x + \int_{x_0-\delta}^{x_0+\delta} f^2(x)\mathrm{d}x + \int_{x_0+\delta}^b f^2(x)\mathrm{d}x$$
$$\geqslant \int_{x_0-\delta}^{x_0+\delta} f^2(x)\mathrm{d}x \geqslant f^2(x_0)\delta > 0$$

称$(f(x),g(x))$是函数 $f(x),g(x)$的内积.

定义 2.12　设 V 是数域F 上一个向量空间,对 V 中任意$\boldsymbol{\alpha},\boldsymbol{\beta}$ 均对应一个数域F 上的数,记作$(\boldsymbol{\alpha},\boldsymbol{\beta})$,若满足:

(1) (对称性)$(\boldsymbol{\alpha},\boldsymbol{\beta})=\overline{(\boldsymbol{\beta},\boldsymbol{\alpha})}(\forall\boldsymbol{\alpha},\boldsymbol{\beta}\in V)$;

(2) (线性)$(\boldsymbol{\alpha},\boldsymbol{\beta}+\boldsymbol{\gamma})=(\boldsymbol{\alpha},\boldsymbol{\beta})+(\boldsymbol{\alpha},\boldsymbol{\gamma})(\forall\boldsymbol{\alpha},\boldsymbol{\beta},\boldsymbol{\gamma}\in V)$,$(\boldsymbol{\alpha},k\boldsymbol{\beta})=k(\boldsymbol{\alpha},\boldsymbol{\beta})(\forall\boldsymbol{\alpha},\boldsymbol{\beta}\in V,\forall k\in F)$;

(3) (正定性)$(\boldsymbol{\alpha},\boldsymbol{\alpha})\geqslant 0(\forall\boldsymbol{\alpha}\in V)$,且$(\boldsymbol{\alpha},\boldsymbol{\alpha})=0$ 的充要条件 $\boldsymbol{\alpha}=0$.

称$(\boldsymbol{\alpha},\boldsymbol{\beta})$为$\boldsymbol{\alpha},\boldsymbol{\beta}$ 的内积,定义了内积的线性空间 V 称为内积空间,特别地,定义在实数域 $\mathbb{R}$ 上的内积空间称为实内积空间,也称为 Euclid 空间,简称为欧氏空间(Euclid linear space),记作 $V\in U(\mathbb{R})$.定义在复数域 $\mathbb{C}$ 上的内积空间称为复内积空间,也称为**酉空间**(unitary linear space),记作 $V\in U(\mathbb{C})$.

这里需要注意的是,当 V 是欧氏空间时,对称性变为$(\boldsymbol{\alpha},\boldsymbol{\beta})=(\boldsymbol{\beta},\boldsymbol{\alpha})(\forall\boldsymbol{\alpha},\boldsymbol{\beta}\in V)$.

例如实向量空间 $\mathbb{R}^n$ 关于内积

$$(\boldsymbol{\alpha},\boldsymbol{\beta})=a_1b_1+a_2b_2+\cdots+a_nb_n=\boldsymbol{\alpha}^{\mathrm{T}}\boldsymbol{\beta}$$

$C_{[a,b]}$关于内积

$$(f(x),g(x))=\int_a^b f(x)g(x)\mathrm{d}x$$

都是欧氏空间,而复向量空间 $\mathbb{C}^n$ 关于内积

$$(\boldsymbol{\alpha},\boldsymbol{\beta})=\bar{a}_1b_1+\bar{a}_2b_2+\cdots+\bar{a}_nb_n=\boldsymbol{\alpha}^{\mathrm{H}}\boldsymbol{\beta}$$

是**酉空间**.

例 2.33　在 $\mathbb{R}^n$ 里,任意两个向量

$$\boldsymbol{\alpha}=(a_1,a_2,\cdots,a_n)^{\mathrm{T}},\quad\boldsymbol{\beta}=(b_1,b_2,\cdots,b_n)^{\mathrm{T}}$$

定义

$$(\boldsymbol{\alpha},\boldsymbol{\beta})=a_1b_1+2a_2b_2+\cdots+na_nb_n$$

这里的$(\boldsymbol{\alpha},\boldsymbol{\beta})$也满足定义中的条件,也是内积,这样 $\mathbb{R}^n$ 关于这个内积也成为一个欧氏空间.

事实上,设 $\boldsymbol{A}$ 是正定矩阵,对任意$\boldsymbol{\alpha},\boldsymbol{\beta}\in\mathbb{R}^n$,定义

$$(\boldsymbol{\alpha},\boldsymbol{\beta})=\boldsymbol{\alpha}^{\mathrm{T}}\boldsymbol{A}\boldsymbol{\beta}$$

则利用正定矩阵的性质,容易证明$(\boldsymbol{\alpha},\boldsymbol{\beta})$也是 $\mathbb{R}^n$ 上的内积,$\mathbb{R}^n$ 关于这个内积也构成欧氏空间,但在没有特别说明的条件下,$\mathbb{R}^n$ 的内积就是正常的在例 2.31 中定义的按分量对应乘积的代数和给出的内积.因而对同一个线性空间可以引入不同的内积,使得它构成欧氏空间.

例 2.34　由 n 阶实矩阵构成的集合$M_n(\mathbb{R})$,对于任意两个矩阵

$$\boldsymbol{A}=(a_{ij}),\quad\boldsymbol{B}=(b_{ij})$$

定义

$$(\boldsymbol{A},\boldsymbol{B})=\mathrm{tr}(\boldsymbol{A}^{\mathrm{T}}\boldsymbol{B})=\sum_{i,j=1}^{n}a_{ij}b_{ji}$$

这里的$(\boldsymbol{A},\boldsymbol{B})$满足定义中的条件,这时因为:

(1) $(\boldsymbol{A},\boldsymbol{B})=\mathrm{tr}(\boldsymbol{A}^{\mathrm{T}}\boldsymbol{B})=\mathrm{tr}(\boldsymbol{B}^{\mathrm{T}}\boldsymbol{A})=(\boldsymbol{B},\boldsymbol{A})$;

(2) $(\boldsymbol{A},\boldsymbol{B}+\boldsymbol{C})=\mathrm{tr}(\boldsymbol{A}^{\mathrm{T}}(\boldsymbol{B}+\boldsymbol{C}))=\mathrm{tr}(\boldsymbol{A}^{\mathrm{T}}\boldsymbol{B})+\mathrm{tr}(\boldsymbol{A}^{\mathrm{T}}\boldsymbol{C})=(\boldsymbol{A},\boldsymbol{B})+(\boldsymbol{A},\boldsymbol{C})$,$(\boldsymbol{A},k\boldsymbol{B})=\mathrm{tr}(\boldsymbol{A}^{\mathrm{T}}(k\boldsymbol{B}))=k\,\mathrm{tr}(\boldsymbol{A}^{\mathrm{T}}\boldsymbol{B})=k(A,B)$;

(3) $(\boldsymbol{A},\boldsymbol{A})=\mathrm{tr}(\boldsymbol{A}^{\mathrm{T}}\boldsymbol{A})=\sum a_{ij}^2\geqslant 0$,$(\boldsymbol{A},\boldsymbol{A})=\sum a_{ij}^2=0\Leftrightarrow a_{ij}=0\Leftrightarrow\boldsymbol{A}=\boldsymbol{O}$.

$(\boldsymbol{A},\boldsymbol{B})$是$M_n(\mathbb{R})$上的内积,这样$M_n(\mathbb{R})$关于这个内积也成为一个欧氏空间.

设 $a,b\in\mathbb{R}$,由基本不等式 $2ab\leqslant a^2+b^2$ 可得 $(a+b)^2\leqslant 2(a^2+b^2)$,于是若

$$\sum_{n=1} a_n^2 <+\infty,\quad \sum_{n=1} b_n^2 <+\infty$$

可得

$$\sum_{n=1} a_n b_n \leqslant \sum_{n=1}\frac{1}{2}(a_n^2+b_n^2)=\frac{1}{2}(\sum_{n=1} a_n^2+\sum_{n=1} b_n^2)<+\infty$$

$$\sum_{n=1}(a_n+b_n)^2\leqslant 2(\sum_{n=1} a_n^2+\sum_{n=1} b_n^2)<+\infty$$

例 2.35 令 $H=\{(a_1,a_2,\cdots)\mid a_n\in\mathbb{R},\sum_{n=1}^{\infty} a_n^2<+\infty\}$,即 H 是由所有平方和收敛的数列构成的集合,对任意

$$\boldsymbol{\alpha}=(a_1,a_2,\cdots),\quad \boldsymbol{\beta}=(b_1,b_2,\cdots)$$

及任意 $k\in\mathbb{R}$,作加法和数乘如下:

$$\boldsymbol{\alpha}+\boldsymbol{\beta}=(a_1+b_1,a_2+b_2,\cdots),\quad k\boldsymbol{\alpha}=(kb_1,kb_2,\cdots)$$

由上式可得 $\boldsymbol{\alpha}+\boldsymbol{\beta},k\boldsymbol{\alpha}\in H$,则 H 是 $\mathbb{R}$ 上的线性空间.

对 $\boldsymbol{\alpha},\boldsymbol{\beta}$,定义

$$(\boldsymbol{\alpha},\boldsymbol{\beta})=a_1b_1+a_2b_2+\cdots$$

是一个实数,任意验证则 $(\boldsymbol{\alpha},\boldsymbol{\beta})$ 适合定义中的条件,是内积,即 H 是一个欧氏空间,通常称为希尔伯特(Hilbert)空间.

2.5.2 内积空间的基本性质

设 V 是数域 F 上的内积空间,则通过简单验证可得

(1) $(0,\boldsymbol{\alpha})=(\boldsymbol{\alpha},0)=0(\forall\boldsymbol{\alpha}\in V)$;

(2) $(\boldsymbol{\alpha}+\boldsymbol{\beta},\boldsymbol{\gamma})=(\boldsymbol{\alpha},\boldsymbol{\gamma})+(\boldsymbol{\beta},\boldsymbol{\gamma}),(k\boldsymbol{\alpha},\boldsymbol{\beta})=\bar{k}\boldsymbol{\alpha},\boldsymbol{\beta})$;

(3) $(\boldsymbol{\alpha},\sum_{i=1}^{n}k_i\boldsymbol{\beta}_i)=\sum_{i=1}^{n}k_i(\boldsymbol{\alpha},\boldsymbol{\beta}_i),(\sum_{i=1}^{n}k_i\boldsymbol{\alpha}_i,\boldsymbol{\beta})=\sum_{i=1}^{n}\bar{k}_i(\boldsymbol{\alpha}_i)$.

定义 2.13 对任意 $\boldsymbol{\alpha}\in V$,非负实数 $\sqrt{(\boldsymbol{\alpha},\boldsymbol{\alpha})}$ 称为向量 $\boldsymbol{\alpha}$ 的**模**或**长度**,记为 $|\boldsymbol{\alpha}|$.

柯西-布涅柯夫斯基不等式:设 V 是数域 F 上的内积空间,对任意的向量 $\boldsymbol{\alpha},\boldsymbol{\beta}$ 有

$$|(\boldsymbol{\alpha},\boldsymbol{\beta})|\leqslant|\boldsymbol{\alpha}\|\boldsymbol{\beta}|$$

当且仅当 $\boldsymbol{\alpha},\boldsymbol{\beta}$ 线性相关时,等式才成立.

证明 显然 $\boldsymbol{\alpha}=0$,结论成立.下设 $\boldsymbol{\alpha}\neq 0$,对任意 $k\in F$,均有

$$0\leqslant(k\boldsymbol{\alpha}+\boldsymbol{\beta},k\boldsymbol{\alpha}+\boldsymbol{\beta})=\bar{k}k(\boldsymbol{\alpha},\boldsymbol{\alpha})+\bar{k}(\boldsymbol{\alpha},\boldsymbol{\beta})+k(\boldsymbol{\beta},\boldsymbol{\alpha})+(\boldsymbol{\beta},\boldsymbol{\beta})$$

令 $k=-\dfrac{(\boldsymbol{\alpha},\boldsymbol{\beta})}{(\boldsymbol{\alpha},\boldsymbol{\alpha})}$,代入,注意到 $(\boldsymbol{\alpha},\boldsymbol{\beta})=\overline{(\boldsymbol{\beta},\boldsymbol{\alpha})}$ 得

$$-\frac{(\boldsymbol{\alpha},\boldsymbol{\beta})}{(\boldsymbol{\alpha},\boldsymbol{\alpha})}(\boldsymbol{\beta},\boldsymbol{\alpha})+(\boldsymbol{\beta},\boldsymbol{\beta})\geqslant 0$$

从而有

$$|(\boldsymbol{\alpha},\boldsymbol{\beta})|^2=(\boldsymbol{\alpha},\boldsymbol{\beta})(\boldsymbol{\beta},\boldsymbol{\alpha})\leqslant(\boldsymbol{\alpha},\boldsymbol{\alpha})\mid(\boldsymbol{\beta},\boldsymbol{\beta})$$

两边开方得所证不等式.取等号的充要条件 $(k\boldsymbol{\alpha}+\boldsymbol{\beta},k\boldsymbol{\alpha}+\boldsymbol{\beta})=0$,即 $\boldsymbol{\beta}=-k\boldsymbol{\alpha}$,$\boldsymbol{\alpha},\boldsymbol{\beta}$ 线性相关.

将柯西-布涅柯夫斯基不等式应用于空间 $\mathbb{R}^n$,得柯西不等式

$$|a_1b_1+a_2b_2+\cdots+a_nb_n|\leqslant\sqrt{a_1^2+a_2^2+\cdots+a_n^2}\cdot\sqrt{b_1^2+b_2^2+\cdots+b_n^2}$$

柯西-布涅柯夫斯基不等式应用于空间 $C_{[a,b]}$，柯西-布涅柯夫斯基不等就是

$$\left|\int_a^b f(x)g(x)\mathrm{d}x\right| \leqslant \sqrt{\int_a^b f^2(x)\mathrm{d}x}\sqrt{\int_a^b g^2(x)\mathrm{d}x}$$

下面我们讨论这样定义的向量长度的性质，这些性质和我们熟知的向量长度没有区别：

(1) 对任意 $\boldsymbol{\alpha}\in V$，$|\boldsymbol{\alpha}|\geqslant 0$，并且 $|\boldsymbol{\alpha}|=0$ 的充要条件 $\boldsymbol{\alpha}=0$.

(2) 对任意 $\boldsymbol{\alpha}\in V$，$k\in F$，$|k\boldsymbol{\alpha}|=|k||\boldsymbol{\alpha}|$.

(3) 任意 $\boldsymbol{\alpha},\boldsymbol{\beta}\in V$，有三角不等式

$$|\boldsymbol{\alpha}+\boldsymbol{\beta}|\leqslant|\boldsymbol{\alpha}|+|\boldsymbol{\beta}|$$

成立.

仅需要证明(3)，注意到，对任意复数 $u=a+b\mathrm{i}$，有 $u+\bar{u}=2a\leqslant 2|u|$，于是有

$$\begin{aligned}|\boldsymbol{\alpha}+\boldsymbol{\beta}|^2 &= (\boldsymbol{\alpha}+\boldsymbol{\beta},\boldsymbol{\alpha}+\boldsymbol{\beta}) = (\boldsymbol{\alpha},\boldsymbol{\alpha})+(\boldsymbol{\alpha},\boldsymbol{\beta})+(\boldsymbol{\beta},\boldsymbol{\alpha})+(\boldsymbol{\beta},\boldsymbol{\beta})\\ &\leqslant|\boldsymbol{\alpha}|^2+2|(\boldsymbol{\alpha},\boldsymbol{\beta})|+|\boldsymbol{\beta}|^2\leqslant|\boldsymbol{\alpha}|^2+2|\boldsymbol{\alpha}|\cdot|\boldsymbol{\beta}|+|\boldsymbol{\beta}|^2\\ &=(|\boldsymbol{\alpha}|+|\boldsymbol{\beta}|)^2\end{aligned}$$

两边开方即可.

长度为1的向量叫作单位向量.如果 $\boldsymbol{\alpha}\neq 0$，则向量

$$\frac{1}{|\boldsymbol{\alpha}|}\boldsymbol{\alpha}$$

就是一个单位向量.称将向量 $\boldsymbol{\alpha}$ 的单位化.

定义 2.14　如果向量 $\boldsymbol{\alpha},\boldsymbol{\beta}$ 的内积为零，即

$$(\boldsymbol{\alpha},\boldsymbol{\beta})=0$$

那么 $\boldsymbol{\alpha},\boldsymbol{\beta}$ 称为正交或互相垂直，记为 $\boldsymbol{\alpha}\perp\boldsymbol{\beta}$.

当 V 是欧氏空间时，由于 $-|\boldsymbol{\alpha}||\boldsymbol{\beta}|\leqslant(\boldsymbol{\alpha},\boldsymbol{\beta})|\boldsymbol{\alpha}||\boldsymbol{\beta}|$，故 $-1\leqslant\dfrac{(\boldsymbol{\alpha},\boldsymbol{\beta})}{|\boldsymbol{\alpha}|\cdot|\boldsymbol{\beta}|}\leqslant 1$，存在唯一介于$[0,\pi]$的角 θ，使得 $\cos\theta=\dfrac{(\boldsymbol{\alpha},\boldsymbol{\beta})}{|\boldsymbol{\alpha}|\cdot|\boldsymbol{\beta}|}$，称 θ 为 $\boldsymbol{\alpha},\boldsymbol{\beta}$ 的夹角.这时两个非零向量正交的充要条件是它们的夹角为 $\dfrac{\pi}{2}$.

只有零向量才与自己正交.

勾股定理　当 $\boldsymbol{\alpha}\perp\boldsymbol{\beta}$ 正交时，有 $|\boldsymbol{\alpha}+\boldsymbol{\beta}|^2=|\boldsymbol{\alpha}|^2+|\boldsymbol{\beta}|^2$.

2.5.3　度量矩阵

设 V 是一个数域 F 上的 n 维内积空间，而 $\boldsymbol{\alpha}_1,\boldsymbol{\alpha}_2,\cdots,\boldsymbol{\alpha}_n$ 是 V 的一组基，则基元素两两有内积，记 $a_{ij}=(\boldsymbol{\alpha}_i,\boldsymbol{\alpha}_j)(i,j=1,2,\cdots,n)$，而矩阵 $\boldsymbol{A}$ 是以这些 a_{ij} 为元素构成的矩阵，即

$$\boldsymbol{A}=\begin{pmatrix}a_{11} & a_{12} & \cdots & a_{1n}\\ a_{21} & a_{22} & \cdots & a_{2n}\\ \vdots & \vdots & \ddots & \vdots\\ a_{n1} & a_{n2} & \cdots & a_{nn}\end{pmatrix}$$

由于 $a_{ij}=(\boldsymbol{\alpha}_i,\boldsymbol{\alpha}_j)=\overline{(\boldsymbol{\alpha}_j,\boldsymbol{\alpha}_i)}=\bar{a}_{ji}$，故 $\boldsymbol{A}$ 是 Hermite 矩阵，当 V 是欧氏空间时，$\boldsymbol{A}$ 是对称阵，对于 V 中任意两个向量可唯一表示为

$$\boldsymbol{\alpha}=x_1\boldsymbol{\alpha}+x_2\boldsymbol{\alpha}_2+\cdots+x_n\boldsymbol{\alpha}_n=(\boldsymbol{\alpha}_1,\boldsymbol{\alpha}_2,\cdots,\boldsymbol{\alpha}_n)\boldsymbol{X}$$

$$\boldsymbol{\beta}=y_1\boldsymbol{\alpha}_1+y_2\boldsymbol{\alpha}_2+\cdots+y_n\boldsymbol{\alpha}_n=(\boldsymbol{\alpha}_1,\boldsymbol{\alpha}_2,\cdots,\boldsymbol{\alpha}_n)\boldsymbol{Y}$$

由内积的性质得

$$(\boldsymbol{\alpha},\boldsymbol{\beta}) = \left(\sum_{i=1}^{n} x_i\boldsymbol{\alpha}_i, \sum_{j=1}^{n} y_j\boldsymbol{\alpha}_j\right) = \sum_{i,j=1}^{n} \bar{x}_i\ y_j(\boldsymbol{\alpha}_i,\boldsymbol{\alpha}_j)$$
$$= \boldsymbol{X}^{\mathrm{H}}\boldsymbol{A}\boldsymbol{Y}$$

从而可知，任意两个元素的内积由基元素的内积确定，且可用矩阵形式表示.因而度量矩阵完全确定内积空间的内积.

定义 2.15 设 $\boldsymbol{\alpha}_1,\boldsymbol{\alpha}_2,\cdots,\boldsymbol{\alpha}_n$ 是内积空间 V 的一组基，称以 $a_{ij}=(\boldsymbol{\alpha}_i,\boldsymbol{\alpha}_j)(i,j=1,2,\cdots,n)$ 为元素构成矩阵

$$\boldsymbol{A} = (a_{ij})$$

为 V 关于基 $\boldsymbol{\alpha}_1,\boldsymbol{\alpha}_2,\cdots,\boldsymbol{\alpha}_n$ 的度量矩阵.

上面的讨论表明，一旦度量矩阵 $\boldsymbol{A}$ 及向量 $\boldsymbol{\alpha},\boldsymbol{\beta}$ 在该基下的坐标 $\boldsymbol{X},\boldsymbol{Y}$ 给出，则其的内积就可以通过

$$(\boldsymbol{\alpha},\boldsymbol{\beta}) = \boldsymbol{X}^{\mathrm{H}}\boldsymbol{A}\boldsymbol{Y}$$

计算.

例 2.36 在欧氏空间 $\mathbb{R}^3$ 中求下列基的度量矩阵

$$\boldsymbol{\alpha}_1 = (1,1,-1)^{\mathrm{T}},\quad \boldsymbol{\alpha}_2 = (1,0,2)^{\mathrm{T}},\quad \boldsymbol{\alpha}_3 = (1,-1,-2)^{\mathrm{T}}$$

解 因为

$$(\boldsymbol{\alpha}_1,\boldsymbol{\alpha}_1) = 3,\quad (\boldsymbol{\alpha}_2,\boldsymbol{\alpha}_2) = 5,\quad (\boldsymbol{\alpha}_3,\boldsymbol{\alpha}_3) = 6$$
$$(\boldsymbol{\alpha}_1,\boldsymbol{\alpha}_2) = (\boldsymbol{\alpha}_2,\boldsymbol{\alpha}_1) = -1$$
$$(\boldsymbol{\alpha}_1,\boldsymbol{\alpha}_3) = (\boldsymbol{\alpha}_3,\boldsymbol{\alpha}_1) = 2$$
$$(\boldsymbol{\alpha}_2,\boldsymbol{\alpha}_3) = (\boldsymbol{\alpha}_3,\boldsymbol{\alpha}_2) = -3$$

所以这组基的度量矩阵为

$$\boldsymbol{A} = \begin{pmatrix} 3 & -1 & 2 \\ -1 & 5 & -3 \\ 2 & -3 & 6 \end{pmatrix}$$

例 2.37 设欧氏空间 $\mathbb{R}_2[x]$ 的内积为

$$(f(x),g(x)) = \int_{-1}^{1} f(x)g(x)\mathrm{d}x$$

求基 $1,x,x^2$ 的度量矩阵.

解 因为

$$(1,1) = \int_{-1}^{1}\mathrm{d}x = 2,\quad (x,x) = \int_{-1}^{1}x^2\mathrm{d}x = \frac{2}{3},\quad (x^2,x^2) = \int_{-1}^{1}x^4\mathrm{d}x = \frac{2}{5}$$
$$(1,x) = (x,1) = \int_{-1}^{1}x\mathrm{d}x = 0$$
$$(1,x^2) = (x^2,1) = \int_{-1}^{1}x^2\mathrm{d}x = \frac{2}{3}$$
$$(x,x^2) = (x^2,x) = \int_{-1}^{1}x^3\mathrm{d}x = 0$$

所以这组基的度量矩阵为

$$A=\begin{pmatrix}2 & 0 & \frac{2}{3}\\ 0 & \frac{2}{3} & 0\\ \frac{2}{3} & 0 & \frac{2}{5}\end{pmatrix}$$

下面是内积空间的度量矩阵的重要性质,其正确性是显然的:

定理 2.13　设 $\boldsymbol{A}$ 是数域 F 上的内积空间 V 在基 $\boldsymbol{\alpha}_1,\boldsymbol{\alpha}_2,\cdots,\boldsymbol{\alpha}_n$ 的度量矩阵,则

(1) $\boldsymbol{A}^H=\boldsymbol{A}$,即 $\boldsymbol{A}$ 是 Hermite 矩阵,当 V 是欧氏空间时,$\boldsymbol{A}$ 是实对称阵;

(2) 对任意 n 维列向量 $\boldsymbol{X}\neq 0$,有 $\boldsymbol{X}^{\mathrm{H}}\boldsymbol{A}\boldsymbol{X}>0$;

(3) $\boldsymbol{A}$ 可逆.

若 Hermite 矩阵 $\boldsymbol{A}$ 满足:对任意 n 维列向量 $\boldsymbol{X}\neq 0$,有 $\boldsymbol{X}^{\mathrm{H}}\boldsymbol{A}\boldsymbol{X}>0$,称 $\boldsymbol{A}$ 是**正定阵**.

若 $\boldsymbol{A}$ 是正定阵,$\boldsymbol{\alpha}_1,\boldsymbol{\alpha}_2,\cdots,\boldsymbol{\alpha}_n$ 是数域 F 上线性空间 V 的一组基,V 中任意两个向量 $\boldsymbol{\alpha},\boldsymbol{\beta}$ 在基 $\boldsymbol{\alpha}_1,\boldsymbol{\alpha}_2,\cdots,\boldsymbol{\alpha}_n$ 下的坐标为 $\boldsymbol{X},\boldsymbol{Y}$,令

$$(\boldsymbol{\alpha},\boldsymbol{\beta})=\boldsymbol{X}^{\mathrm{H}}\boldsymbol{A}\boldsymbol{Y}$$

则易证 $(\boldsymbol{\alpha},\boldsymbol{\beta})$ 满足内积定义,即 $(\boldsymbol{\alpha},\boldsymbol{\beta})$ 是内积,线性空间 V 是内积空间,且 $\boldsymbol{A}$ 是 V 在基 $\boldsymbol{\alpha}_1,\boldsymbol{\alpha}_2,\cdots,\boldsymbol{\alpha}_n$ 的度量矩阵.

定理 2.14　$\boldsymbol{A}$ 是正定矩阵的充要条件 $\boldsymbol{A}$ 是内积空间在一组基下的度量矩阵.

设 $\boldsymbol{\alpha}_1,\boldsymbol{\alpha}_2,\cdots,\boldsymbol{\alpha}_n;\boldsymbol{\beta}_1,\boldsymbol{\beta}_2,\cdots,\boldsymbol{\beta}_n$ 是欧氏空间 V 的两组基,$\boldsymbol{A},\boldsymbol{B}$ 分别 V 在两组基下的度量矩阵,从基 $\boldsymbol{\alpha}_1,\boldsymbol{\alpha}_2,\cdots,\boldsymbol{\alpha}_n$ 到基 $\boldsymbol{\beta}_1,\boldsymbol{\beta}_2,\cdots,\boldsymbol{\beta}_n$ 的过渡矩阵为 $\boldsymbol{C}$,即

$$(\boldsymbol{\beta}_1,\boldsymbol{\beta}_2,\cdots,\boldsymbol{\beta}_n)=(\boldsymbol{\alpha}_1,\boldsymbol{\alpha}_2,\cdots,\boldsymbol{\alpha}_n)\boldsymbol{C}$$

于是不难算出,$\boldsymbol{A},\boldsymbol{B}$ 满足

$$\boldsymbol{B}=\boldsymbol{C}^{\mathrm{H}}\boldsymbol{A}\boldsymbol{C}$$

于是得到:

定理 2.15　同一个内积空间上不同基的度量矩阵是合同的.

2.5.4　内积空间的子空间

定义 2.16　设 W 是内积空间 V 的子空间,若 V 中的向量 $\boldsymbol{\alpha}$ 满足:$(\boldsymbol{\alpha},\boldsymbol{\beta})=0(\forall\boldsymbol{\beta}\in W)$,称 $\boldsymbol{\alpha}$ 垂直于子空间 W,记作 $\boldsymbol{\alpha}\perp W$.设 W,U 是 V 的两个子空间,若

$$(\boldsymbol{\alpha},\boldsymbol{\beta})=0\quad(\forall\boldsymbol{\alpha}\in W,\forall\boldsymbol{\beta}\in U)$$

则称 W,U 为正交的,记为 $W\perp U$.

定义 2.17　内积空间 V 的子空间 W,U 满足

$$V=W+U\text{ 且 }W\perp U$$

称 W 为子空间 U 的一个正交补,记作 $W=U^{\perp}$.

定理 2.16　n 维内积空间 V 的每一个真子空间 W 都有唯一的正交补.

证明　取 W 的一组基,扩充为 V 的一组基,即基

$$\boldsymbol{\alpha}_1,\boldsymbol{\alpha}_2,\cdots,\boldsymbol{\alpha}_r,\boldsymbol{\alpha}_{r+1},\boldsymbol{\alpha}_{r+2},\cdots,\boldsymbol{\alpha}_n$$

中 $\boldsymbol{\alpha}_1,\boldsymbol{\alpha}_2,\cdots,\boldsymbol{\alpha}_r$ 是 W 的基,对 V 的这组基正交化,得正交基

$$\boldsymbol{\eta}_1,\boldsymbol{\eta}_2,\cdots,\boldsymbol{\eta}_r,\boldsymbol{\eta}_{r+1},\boldsymbol{\eta}_{r+2},\cdots,\boldsymbol{\eta}_n$$

则 $W=\langle\boldsymbol{\eta}_1,\cdots,\boldsymbol{\eta}_r\rangle$,令 $U=\langle\boldsymbol{\eta}_{r+1},\cdots,\boldsymbol{\eta}_n\rangle$,则 $V=W+U$,且对任意 $\boldsymbol{\alpha}\in W,\boldsymbol{\beta}\in U$,$\boldsymbol{\alpha}=$

$\sum_{i=1}^{r} x_i \boldsymbol{\eta}_i, \boldsymbol{\beta} = \sum_{j=r+1}^{n} x_j \boldsymbol{\eta}_j$，则

$$(\boldsymbol{\alpha},\boldsymbol{\beta}) = \left(\sum_{i=1}^{r} x_i \boldsymbol{\eta}_i, \sum_{j=r+1}^{n} x_j \boldsymbol{\eta}_j\right) = \sum_{i=1}^{r}\sum_{j=r+1}^{n} x_i x_j (\boldsymbol{\eta}_i, \boldsymbol{\eta}_j) = 0$$

故 $W \perp U$，即 U 为 W 的正交补，正交补存在.

下证唯一性，若 U_1, U_2 是 W 的正交补，则

$$V = W + U_1 = W + U_2 \text{ 且 } W \perp U_1, W \perp U_2$$

对任意 $\boldsymbol{\alpha} \in U_1$，则 $\boldsymbol{\alpha} \in V = W + U_2$，$\boldsymbol{\alpha} = \boldsymbol{\beta}_1 + \boldsymbol{\beta}_2$，$\boldsymbol{\beta}_1 \in W$，$\boldsymbol{\beta}_2 \in U_2$，两边与$\boldsymbol{\beta}_1$作内积，注意到 $\boldsymbol{\alpha}$ 与 W 正交，$\boldsymbol{\beta}_2$与 W 正交，故

$$0 = (\boldsymbol{\beta}_1, \boldsymbol{\alpha}) = (\boldsymbol{\beta}_1, \boldsymbol{\beta}_1) + (\boldsymbol{\beta}_1, \boldsymbol{\beta}_2) = (\boldsymbol{\beta}_1, \boldsymbol{\beta}_1) \Rightarrow \boldsymbol{\beta}_1 = 0$$

于是 $\boldsymbol{\alpha} = \boldsymbol{\beta}_2 \in U_2$，$U_1 \subset U_2$，同理可证 $U_2 \subset U_1$，从而 $U_1 = U_2$. □

2.6 标准正交基

2.6.1 标准正交基

定义 2.16 若数域 F 上的内积空间 V 的一组非零向量 $\boldsymbol{\alpha}_1, \boldsymbol{\alpha}_2, \cdots, \boldsymbol{\alpha}_s$ 满足

$$(\boldsymbol{\alpha}_i, \boldsymbol{\alpha}_j) = 0 \quad (\forall 1 \leqslant i \neq j \leqslant s)$$

即 $\boldsymbol{\alpha}_1, \boldsymbol{\alpha}_2, \cdots, \boldsymbol{\alpha}_s$ 是两两正交，则称向量组 $\boldsymbol{\alpha}_1, \boldsymbol{\alpha}_2, \cdots, \boldsymbol{\alpha}_s$ 是 V 的一个正交向量组，简称正交组. 若每个 $\boldsymbol{\alpha}_i$ 是单位向量，即 $|\boldsymbol{\alpha}_i| = 1$，则称 $\boldsymbol{\alpha}_1, \boldsymbol{\alpha}_2, \cdots, \boldsymbol{\alpha}_s$ 是标准正交组或规范组.

例 2.38 $\mathbb{R}^n$ 中 $\boldsymbol{\varepsilon}_1, \boldsymbol{\varepsilon}_2, \cdots, \boldsymbol{\varepsilon}_n$ 是正交组.

例 2.39 由高等数学中 Fourier 级数一章的相关知识可知，在 $C_{[-\pi,\pi]}$ 中，函数组

$$1, \cos x, \sin x, \cos 2x, \sin 2x, \cdots$$

构成正交向量组.

为表述方便，由单个非零向量构成的向量组也是正交向量组.

定理 2.17 正交向量组是线性无关向量组.

证明 设 $\boldsymbol{\alpha}_1, \boldsymbol{\alpha}_2, \cdots, \boldsymbol{\alpha}_s$ 是正交向量组，若其线性组合 $x_1\boldsymbol{\alpha}_1 + x_2\boldsymbol{\alpha}_2 + \cdots + x_3\boldsymbol{\alpha}_s = 0$，对任意 i，与 $\boldsymbol{\alpha}_i$ 做内积，注意到 $i \neq j$，$(\boldsymbol{\alpha}_i, \boldsymbol{\alpha}_j) = 0$，则 $x_i(\boldsymbol{\alpha}_i, \boldsymbol{\alpha}_i) = 0$，而$(\boldsymbol{\alpha}_i, \boldsymbol{\alpha}_i) > 0$，故 $x_i = 0$，$\boldsymbol{\alpha}_1, \boldsymbol{\alpha}_2, \cdots, \boldsymbol{\alpha}_s$ 线性无关.

该结果表明，在 n 维内积空间中，正交组中向量个数不能超过 n 个.

定义 2.18 在内积空间 V 中，由正交向量组构成的基称为 V 的正交基；由标准正交基构成的基称为 V 的标准正交基或规范基.

把例 2.39 的每一向量除以它的长度，就得到 $C_{[-\pi,\pi]}$ 的一个标准正交组：

$$\frac{1}{2\pi}, \frac{\cos x}{\pi}, \frac{\sin x}{\pi}, \frac{\cos 2x}{\pi}, \frac{\sin 2x}{\pi}, \cdots$$

事实上，这个标准正交组为 $C_{[-\pi,\pi]}$ 的标准正交基.

例 2.40 内积空间 $\mathbb{R}^n$（或 $\mathbb{C}^n$）的基 $\boldsymbol{\varepsilon}_1, \boldsymbol{\varepsilon}_2, \cdots, \boldsymbol{\varepsilon}_n$ 是 $\mathbb{R}^n$（或 $\mathbb{C}^n$）的一个标准正交基.

设 $\boldsymbol{\varepsilon}_1,\boldsymbol{\varepsilon}_2,\cdots,\boldsymbol{\varepsilon}_n$ 是 n 维内积空间 V 的标准正交基,由定义,则有

$$(\boldsymbol{\varepsilon}_i,\boldsymbol{\varepsilon}_j)=\begin{cases}0 & (i\neq j)\\ 1 & (i=j)\end{cases}$$

显然,这完全刻画了标准正交基的性质.换句话说,一组基为标准正交基的充要条件是:它的度量矩阵为单位矩阵.因为度量矩阵是正定矩阵,根据正定矩阵合同于单位矩阵,所以在 n 维内积空间中存在一组基,它的度量矩阵是单位矩阵.由此断言,在 n 维内积空间中,标准正交基是存在的.

设 $\boldsymbol{\varepsilon}_1,\boldsymbol{\varepsilon}_2,\cdots,\boldsymbol{\varepsilon}_n$ 是 n 维内积空间 V 的标准正交基,在标准正交基下,V 中的任意向量 $\boldsymbol{\alpha}$ 是这组基的线性组合,即 $\boldsymbol{\alpha}=x_1\boldsymbol{\varepsilon}_1+x_2\boldsymbol{\varepsilon}_2+\cdots+x_n\boldsymbol{\varepsilon}_n$,两边与 $\boldsymbol{\varepsilon}_i$ 作内积,注意到 $i\neq j$,$(\boldsymbol{\varepsilon}_i,\boldsymbol{\varepsilon}_j)=0$,而$(\boldsymbol{\varepsilon}_i,\boldsymbol{\varepsilon}_i)=1$,可得 $x_i=(\boldsymbol{\alpha},\boldsymbol{\varepsilon}_i)$于是

$$\boldsymbol{\alpha}=(\boldsymbol{\alpha},\boldsymbol{\varepsilon}_1)\boldsymbol{\varepsilon}_1+(\boldsymbol{\alpha},\boldsymbol{\varepsilon}_2)\boldsymbol{\varepsilon}_2+\cdots+(\boldsymbol{\alpha},\boldsymbol{\varepsilon}_n)\boldsymbol{\varepsilon}_n$$

在标准正交基下,内积有特别简单的表达式.设

$$\boldsymbol{\alpha}=(\boldsymbol{\varepsilon}_1,\boldsymbol{\varepsilon}_2,\cdots,\boldsymbol{\varepsilon}_n)\boldsymbol{X},\quad \boldsymbol{\beta}=(\boldsymbol{\varepsilon}_1,\boldsymbol{\varepsilon}_2,\cdots,\boldsymbol{\varepsilon}_n)\boldsymbol{Y}$$

则

$$(\boldsymbol{\alpha},\boldsymbol{\beta})=\boldsymbol{X}^{\mathrm{H}}\boldsymbol{Y}$$

这个表达式正是几何中向量的内积在直角坐标系中坐标表达式的推广.

应该指出,内积的这种表达式,对于任一组标准正交基都是一样的.这说明了,所有的标准正交基,在内积空间中有相同的地位.

2.6.2　正变基的存在性及其正交化方法

定理 2.18　对于 n 维内积空间 V 中任意一组线性无关组 $\boldsymbol{\alpha}_1,\boldsymbol{\alpha}_2,\cdots,\boldsymbol{\alpha}_s$,都可以找到一组标准正交组 $\boldsymbol{\varepsilon}_1,\boldsymbol{\varepsilon}_2,\cdots,\boldsymbol{\varepsilon}_s$,使

$$\langle\boldsymbol{\alpha}_1,\boldsymbol{\alpha}_2,\cdots,\boldsymbol{\alpha}_i\rangle=\langle\boldsymbol{\varepsilon}_1,\boldsymbol{\varepsilon}_2,\cdots,\boldsymbol{\varepsilon}_i\rangle\quad(i=1,2,\cdots,s)$$

证明　令

$$\boldsymbol{\beta}_1=\boldsymbol{\alpha}_1\Leftrightarrow\boldsymbol{\alpha}_1=\boldsymbol{\beta}_1$$

$$\boldsymbol{\beta}_2=\boldsymbol{\alpha}_2-\frac{(\boldsymbol{\alpha}_2,\boldsymbol{\beta}_1)}{(\boldsymbol{\beta}_1,\boldsymbol{\beta}_1)}\boldsymbol{\beta}_1\Leftrightarrow\boldsymbol{\alpha}_2=\frac{(\boldsymbol{\alpha}_2,\boldsymbol{\beta}_1)}{(\boldsymbol{\beta}_1,\boldsymbol{\beta}_1)}\boldsymbol{\beta}_1+\boldsymbol{\beta}_2$$

$$\cdots$$

$$\boldsymbol{\beta}_i=\boldsymbol{\alpha}_i-\frac{(\boldsymbol{\alpha}_i,\boldsymbol{\beta}_1)}{(\boldsymbol{\beta}_1,\boldsymbol{\beta}_1)}\boldsymbol{\beta}_1-\cdots-\frac{(\boldsymbol{\alpha}_i,\boldsymbol{\beta}_{i-1})}{(\boldsymbol{\beta}_{i-1},\boldsymbol{\beta}_{i-1})}\boldsymbol{\beta}_{i-1}$$

$$\Leftrightarrow\boldsymbol{\alpha}_i=\frac{(\boldsymbol{\alpha}_i,\boldsymbol{\beta}_1)}{(\boldsymbol{\beta}_1,\boldsymbol{\beta}_1)}\boldsymbol{\beta}_1+\cdots+\frac{(\boldsymbol{\alpha}_i,\boldsymbol{\beta}_{i-1})}{(\boldsymbol{\beta}_{i-1},\boldsymbol{\beta}_{i-1})}\boldsymbol{\beta}_{i-1}+\boldsymbol{\beta}_i\quad(i=1,2,\cdots,s)$$

则 $\boldsymbol{\alpha}_1,\cdots,\boldsymbol{\alpha}_i$ 与 $\boldsymbol{\beta}_1,\cdots,\boldsymbol{\beta}_i$ 等价,即$\langle\boldsymbol{\alpha}_1,\cdots,\boldsymbol{\alpha}_i\rangle=\langle\boldsymbol{\beta}_1,\cdots,\boldsymbol{\beta}_i\rangle$,且 $\boldsymbol{\beta}_1,\cdots,\boldsymbol{\beta}_i$ 两两正交,令 $\boldsymbol{\varepsilon}_i=\boldsymbol{\beta}_i/|\boldsymbol{\beta}|_i$,则 $\boldsymbol{\varepsilon}_1,\cdots,\boldsymbol{\varepsilon}_i$ 是标准正交组,且$\langle\boldsymbol{\alpha}_1,\cdots,\boldsymbol{\alpha}_i\rangle=\langle\boldsymbol{\varepsilon}_1,\cdots,\boldsymbol{\varepsilon}_i\rangle$.

应该注意,定理的证明实际上也就给出了一个具体的由线性无关组求正交向量组的方法.如果从任一个非零向量出发,按证明中的步骤逐个地扩充,最后就得到一组正交基.再单位化,就得到一组标准正交基.这种将线性无关组变成一单位正交向量组的方法称为施密特(Schimidt)正交化过程.

例 2.41　在欧氏空间 $\mathbb{R}^3$ 中,对于基

$$\boldsymbol{\alpha}_1=(1,1,1)^{\mathrm{T}},\quad\boldsymbol{\alpha}_2=(1,1,0)^{\mathrm{T}},\quad\boldsymbol{\alpha}_3=(1,0,0)^{\mathrm{T}}$$

施行正交化方法，求出 $\mathbb{R}^3$ 的一个标准正交基.

解 取 $\boldsymbol{\beta}_1=\boldsymbol{\alpha}_1=(1,1,1)^{\mathrm{T}}$，由施密特正交化方法：

$$\boldsymbol{\beta}_2=\boldsymbol{\alpha}_2-\frac{(\boldsymbol{\alpha}_2,\boldsymbol{\beta}_1)}{(\boldsymbol{\beta}_1,\boldsymbol{\beta}_1)}\boldsymbol{\beta}_1=\left(\frac{1}{3},\frac{1}{3},-\frac{2}{3}\right)^{\mathrm{T}}$$

$$\boldsymbol{\beta}_3=\boldsymbol{\alpha}_3-\frac{(\boldsymbol{\alpha}_3,\boldsymbol{\beta}_1)}{(\boldsymbol{\beta}_1,\boldsymbol{\beta}_1)}\boldsymbol{\beta}_1-\frac{(\boldsymbol{\alpha}_3,\boldsymbol{\beta}_2)}{(\boldsymbol{\beta}_2,\boldsymbol{\beta}_2)}\boldsymbol{\beta}_2=\left(\frac{1}{2},-\frac{1}{2},0\right)^{\mathrm{T}}$$

所以 $\boldsymbol{\beta}_1,\boldsymbol{\beta}_2,\boldsymbol{\beta}_3$ 是 $\mathbb{R}^3$ 的一个正交基；再令

$$\boldsymbol{\eta}_1=\frac{\boldsymbol{\beta}_1}{|\boldsymbol{\beta}_1|}=\left(\frac{1}{\sqrt{3}},\frac{1}{\sqrt{3}},\frac{1}{\sqrt{3}}\right)^{\mathrm{T}}$$

$$\boldsymbol{\eta}_2=\frac{\boldsymbol{\beta}_2}{|\boldsymbol{\beta}_2|}=\left(\frac{1}{\sqrt{6}},\frac{1}{\sqrt{6}},-\frac{2}{\sqrt{6}}\right)^{\mathrm{T}}$$

$$\boldsymbol{\eta}_3=\frac{\boldsymbol{\beta}_3}{|\boldsymbol{\beta}_3|}=\left(\frac{1}{\sqrt{2}},-\frac{1}{\sqrt{2}},0\right)^{\mathrm{T}}$$

则 $\boldsymbol{\eta}_1,\boldsymbol{\eta}_2,\boldsymbol{\eta}_3$ 即为欧氏空间 $\mathbb{R}^3$ 的一个标准正交基.

此例可以看出欧氏空间中的标准正交基不唯一，对 $\mathbb{R}^3$ 而言

$$\boldsymbol{\varepsilon}_1=(1,0,0)^{\mathrm{T}},\quad \boldsymbol{\varepsilon}_2=(0,1,0)^{\mathrm{T}},\quad \boldsymbol{\varepsilon}_3=(0,0,1)^{\mathrm{T}}$$

也是一个标准正交基.

定理 2.19 n 维内积空间中以任意一组线性无关组为基础可以得到一组标准正交基.

上面讨论了标准正交基的求法.由于标准正交基在内积空间中占有特殊的地位，所以有必要来讨论从一组标准正交基到另一组标准正交基的基变换公式.

设 $\boldsymbol{\varepsilon}_1,\boldsymbol{\varepsilon}_2,\cdots,\boldsymbol{\varepsilon}_n$ 与 $\boldsymbol{\eta}_1,\boldsymbol{\eta}_2,\cdots,\boldsymbol{\eta}_n$ 是内积空间 V 中的两组标准正交基，它们之间的过渡矩阵是 $\boldsymbol{A}$，即

$$(\boldsymbol{\eta}_1,\boldsymbol{\eta}_2,\cdots,\boldsymbol{\eta}_n)=(\boldsymbol{\varepsilon}_1,\boldsymbol{\varepsilon}_2,\cdots,\boldsymbol{\varepsilon}_n)\boldsymbol{A}$$

而 $\boldsymbol{A}$ 的 i 列就是 $\boldsymbol{\eta}_i$ 在基 $\boldsymbol{\varepsilon}_1,\boldsymbol{\varepsilon}_2,\cdots,\boldsymbol{\varepsilon}_n$ 下的坐标，设 $\boldsymbol{A}=(\boldsymbol{A}_1,\boldsymbol{A}_2,\cdots,\boldsymbol{A}_n)$ 是 $\boldsymbol{A}$ 的列向量表示，则由于 $\boldsymbol{\eta}_1,\boldsymbol{\eta}_2,\cdots,\boldsymbol{\eta}_n$ 和 $\boldsymbol{\varepsilon}_1,\boldsymbol{\varepsilon}_2,\cdots,\boldsymbol{\varepsilon}_n$ 均是标准正交基，所以

$$(\boldsymbol{\eta}_i,\boldsymbol{\eta}_j)=\begin{cases}1 & (i=j)\\ 0 & (i\neq j)\end{cases}$$

而按标准正交基下向量内积的表示，$(\boldsymbol{\eta}_i,\boldsymbol{\eta}_j)=\boldsymbol{A}_i^{\mathrm{H}}\boldsymbol{A}_j$，故

$$\boldsymbol{A}_i^{\mathrm{H}}\boldsymbol{A}_j=\begin{cases}1 & (i=j)\\ 0 & (i\neq j)\end{cases}$$

即 $\boldsymbol{A}_1,\boldsymbol{A}_2,\cdots,\boldsymbol{A}_n$ 是 $\mathbb{C}^n(\mathbb{R}^n)$ 的标准基，$\boldsymbol{A}$ 是酉（正交）阵.

定理 2.20 内积空间的由标准正交基到标准正交基的过渡矩阵是酉（正交）阵；反过来，如果第一组基是标准正交基，同时过渡矩阵是酉（正交）阵，那么第二组基一定也是标准正交基.

2.7　曲线逼近与拟合与最小二乘法

2.7.1　向量到子空间的最小距离

在解析几何中，两个点 $\boldsymbol{\alpha}$ 和 $\boldsymbol{\beta}$ 间的距离等于向量 $|\boldsymbol{\alpha}-\boldsymbol{\beta}|$ 的长度.

定义 2.19　设 V 是内积空间，对任意 $\boldsymbol{\alpha},\boldsymbol{\beta}\in V$，称 $\boldsymbol{\alpha}-\boldsymbol{\beta}$ 的模 $|\boldsymbol{\alpha}-\boldsymbol{\beta}|$ 为向量 $\boldsymbol{\alpha}$ 和 $\boldsymbol{\beta}$ 的距离，记为 $d(\boldsymbol{\alpha},\boldsymbol{\beta})$.

不难证明距离的三条性质：

(1) $d(\boldsymbol{\alpha},\boldsymbol{\beta})=d(\boldsymbol{\beta},\boldsymbol{\alpha})$；

(2) $d(\boldsymbol{\alpha},\boldsymbol{\beta})\geqslant 0$，并且 $d(\boldsymbol{\alpha},\boldsymbol{\beta})=0$ 仅当 $\boldsymbol{\alpha}=\boldsymbol{\beta}$ 时成立；

(3) $d(\boldsymbol{\alpha},\boldsymbol{\beta})\leqslant d(\boldsymbol{\alpha},\boldsymbol{\gamma})+d(\boldsymbol{\gamma},\boldsymbol{\beta})$，$\boldsymbol{\gamma}\in V$（三角不等式）.

在中学所学几何中知道一个点到一个平面（一条直线）上所有点的距离以垂线最短.下面可以证明一个固定向量和一个子空间中各向量间的距离也是以“垂线最短”.优化理论里，常常需要求向量到子空间的最小距离.

现给定 $\boldsymbol{\beta}$，设 $\boldsymbol{\gamma}$ 是 W 中的向量，满足 $\boldsymbol{\beta}-\boldsymbol{\gamma}$ 垂直于 W，称 $\boldsymbol{\gamma}$ 是 $\boldsymbol{\beta}$ 在 W 上的投影向量，$|\boldsymbol{\beta}-\boldsymbol{\gamma}|$ 称为 $\boldsymbol{\beta}$ 到 W 上的垂线段.要证明 $\boldsymbol{\beta}$ 到 W 中各向量的距离以垂线段最短，就是要证明，对于 W 中任一向量 $\boldsymbol{\delta}$，注意到 $\boldsymbol{\beta}-\boldsymbol{\delta},\boldsymbol{\beta}-\boldsymbol{\gamma},\boldsymbol{\delta}-\boldsymbol{\gamma}$ 构成以 $\boldsymbol{\beta}-\boldsymbol{\gamma},\boldsymbol{\delta}-\boldsymbol{\gamma}$ 为直角边的直角三角形，如图 2.2 所示.

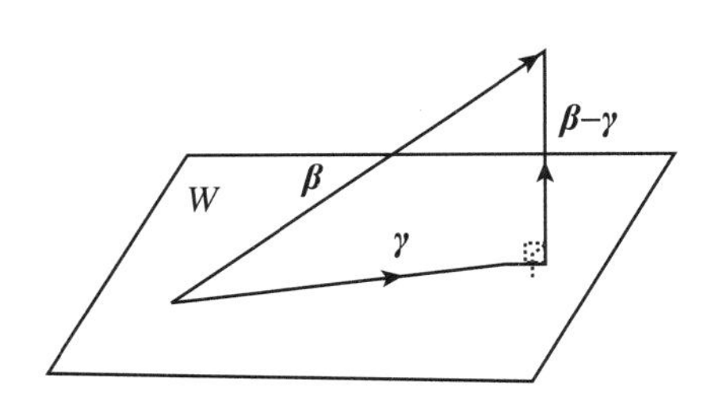

图 2.2

由斜边长大于直角边长，有

$$|\boldsymbol{\beta}-\boldsymbol{\gamma}|\leqslant|\boldsymbol{\beta}-\boldsymbol{\delta}|，即 |\boldsymbol{\beta}-\boldsymbol{\gamma}|=\min_{\forall\boldsymbol{\delta}\in W}\{|\boldsymbol{\beta}-\boldsymbol{\delta}|\}$$

设 W 是由 $\boldsymbol{\alpha}_1,\boldsymbol{\alpha}_2,\cdots,\boldsymbol{\alpha}_s$ 生成的子空间，则 $\boldsymbol{\gamma}=x_1\boldsymbol{\alpha}_1+x_2\boldsymbol{\alpha}_2+\cdots+x_s\boldsymbol{\alpha}_s$，由于 $\boldsymbol{\beta}-\boldsymbol{\gamma}$ 垂直于 W，故 $(\boldsymbol{\beta}-\boldsymbol{\gamma})\perp\boldsymbol{\alpha}_i$（$\forall i=1,2,\cdots,s$）即

$$(\boldsymbol{\beta}-\boldsymbol{\gamma},\boldsymbol{\alpha}_i)=0\Leftrightarrow(\boldsymbol{\gamma},\boldsymbol{\alpha}_i)=(\boldsymbol{\beta},\boldsymbol{\alpha}_i)\quad(\forall i=1,2,\cdots,s)$$

等价于

$$x_1(\boldsymbol{\alpha}_1,\boldsymbol{\alpha}_i)+x_2(\boldsymbol{\alpha}_2,\boldsymbol{\alpha}_i)+\cdots+x_s(\boldsymbol{\alpha}_s\boldsymbol{\alpha}_i)=(\boldsymbol{\beta},\boldsymbol{\alpha}_i)\quad(\forall i=1,2,\cdots,s)$$

记 $\boldsymbol{A}=((\boldsymbol{\alpha}_j,\boldsymbol{\alpha}_i))$，$\boldsymbol{X}=(x_1,x_2,\cdots,x_s)^{\mathrm{T}}$，$\boldsymbol{b}=((\boldsymbol{\beta},\boldsymbol{\alpha}_1),(\boldsymbol{\beta},\boldsymbol{\alpha}_2),\cdots,(\boldsymbol{\beta},\boldsymbol{\alpha}_s))^{\mathrm{T}}$，则 $\boldsymbol{\gamma}$ 的系数 x_1，$x_2,\cdots,x_s$ 是方程

$$\boldsymbol{AX}=\boldsymbol{b}$$

的解.

例 2.42 假设 $V=R[x]_2$ 表示实数域上次数不超过 2 的多项式和零多项式构成的线性空间.在 V 中定义内积:

$$(f(x),g(x))=\int_0^1 f(x)g(x)\mathrm{d}x$$

求 $\eta=x^2+x+1$ 在子空间 $W=L(1,x)$中的正投影 η_0,使得 $\|\eta-\eta_0\|=\min\limits_{\xi\in W}\|\eta-\xi\|$.

解 $W=\langle 1,x\rangle$的基 $\alpha_1=1,\alpha_2=\boldsymbol{x}$ 的度量矩阵为

$$\boldsymbol{A}=\begin{pmatrix}(1,1) & (x,1)\\(1,x) & (x,x)\end{pmatrix}=\begin{pmatrix}1 & 1/2\\1/2 & 1/3\end{pmatrix},\quad \boldsymbol{b}=\begin{pmatrix}(\eta,1)\\(\eta,x)\end{pmatrix}=\begin{pmatrix}11/6\\13/2\end{pmatrix}$$

$\eta=x^2+x+1$ 在子空间 W 为中的正投影 $\eta_0=-\dfrac{17}{6}+2x$ 且 $\|\eta-\eta_0\|=\min\limits_{\xi\in W}\|\eta-\xi\|$.

2.7.2 函数逼近(仅以欧氏空间为例)

某气象仪器厂要在某仪器中设计一种专用计算芯片,以便于计算观测中经常遇到的三角函数等复杂函数.设计要求 x 在区间$[a,b]$中变化时,且在每一点的误差都要小于某一指定的正数 ε.

该例本质上就是求一个的简单函数,以简单函数近似代替观测中遇到的复杂函数,要求 x 在区间$[a,b]$中变化时,而每一点的误差都要小于某一指定的正数 ε.能否找到一个近似函数 $s^*(x)$,比如说,它可以是一个 n 次多项式,$s^*(x)$不一定要在某些点处与 $f(x)$相等,但 $s^*(x)$却在区间$[a,b]$中的每一点处都能“很好”地、“均匀”地逼近 $f(x)$.这里需要解决:① 以什么样的标准表示每一点处都能“很好”地、“均匀”地逼近 $f(x)$;② 找到的近似函数 $s^*(x)$不能复杂,也就是要简单,以便于计算,因而不可能在所有区间$[a,b]$上的连续函数中寻找近似函数 $s^*(x)$,我们希望在$[a,b]$的连续函数空间的某个子空间中寻找.

关于第一个问题,我们采用**平方逼近**(或**均方逼近**),即使

$$\|f(x)-s(x)\|_2=\sqrt{\int_a^b[f(x)-s(x)]^2\mathrm{d}x}$$

最小.

对于第二个问题,我们更一般化一些,设 $\varphi_1(x),\varphi_2(x),\cdots,\varphi_n(x)$是 $C_{[a,b]}$内任意 n 个线性无关组的函数,它们生成的子空间 $\Phi=\langle\varphi_1(x),\varphi_2(x),\cdots,\varphi_n(x)\rangle$,在 Φ 中求$f(x)\in C_{[a,b]}$的逼近函数,就是求一函数 $s^*(x)=\sum\limits_{i=1}^n a_i^0\varphi_i(x)$,使$|f(x)-s^*(x)|$ 最小,若$s^*(x)$存在,则称 $s^*(x)$为 $f(x)$在子空间 Φ 上的**最佳平方逼近函数**.

利用向量到子空间的结论,可以很容易求出 $s^*(x)$.不过,我们下面利用高数的相关结论重新推导一下会发现,得到的结论与应用向量到子空间得出的结论是一致的.Φ 中的任意函数都是$\varphi_1(x),\varphi_2(x),\cdots,\varphi_n(x)$的线性组合,故$\forall\, s(x)\in\Phi$ 可以表示为

$$s(x)=\sum_{i=1}^n a_i\varphi_i(x)$$

显然 $|f(x)-s(x)|^2=\int_a^b(f(x)-\sum\limits_{i=1}^n a_i\varphi_i(x))^2\mathrm{d}x$ 是$a_1,a_2,\cdots,a_n$ 的函数,记

$$F(a_1,a_2,\cdots,a_n)\neq|f(x)-s(x)|^2=\int_a^b\left((f(x)-\sum_{i=1}^n a_i\varphi_i(x)\right)^2\mathrm{d}x$$

由高等数学的关系知识,极值点是驻点,故令

$$\frac{\partial F}{\partial a_k}=0\quad(k=1,2,\cdots,n)$$

得

$$2\int_a^b\left(f(x)-\sum_{i=1}^n a_i\varphi_i(x)\right)(-\varphi_k(x))\mathrm{d}x=0$$

即

$$\sum_{i=1}^n\left(\int_a^b\varphi_k(x)\varphi_i(x)\mathrm{d}x\right)a_i=\int_a^b f(x)\varphi_k(x)\mathrm{d}x$$

进一步地,用内积的记法,有

$$\sum_{i=1}^n(\varphi_k,\varphi_i)a_i=(f,\varphi_k)\quad(k=1,2,\cdots,n)$$

记矩阵 $\boldsymbol{A}=((\varphi_i,\varphi_j))_n$,$\boldsymbol{X}=(a_1,a_2,\cdots,a_n)^{\mathrm{T}}$,$\boldsymbol{b}=((f,\varphi_1),(f,\varphi_2),\cdots,(f,\varphi_n))^{\mathrm{T}}$,可改写为下列矩阵形式:

$$\boldsymbol{AX}=\boldsymbol{b}$$

由于 $\varphi_1(x),\varphi_2(x),\cdots,\varphi_n(x)$ 为线性无关组,故该方程组的系数矩阵可逆,方程组有唯一解 a_i^0.下面我们证明该唯一解对应的函数 $s^*(x)=\sum_{i=1}^n a_i^0\varphi_i(x)$ 就是 $f(x)$ 在 Φ 中的最佳平方逼近.对 Φ 中任意函数 $s(x)=\sum_{i=1}^n a_i\varphi_i(x)$,通过

$$f(x)-s(x)=f(x)-s^*(x)+s(x)^*-s(x)$$

以及内积的性质,有

$$\begin{aligned}&|f(x)-s(x)|^2\\=&|f(x)-s^*(x)|^2+|f(x)-s(x)|^2+2(f(x)-s^*(x),s^*(x)-s(x))\end{aligned}$$

注意到 $s^*(x)$ 的系数 a_i^0 满足方程组,故

$$(\varphi_k,f)=\sum_{i=1}^n(\varphi_k,\varphi_i)a_i^0=(\varphi_k,s^*)\quad(k=1,2,\cdots,n)$$

于是

$$a_k(\varphi_k,f)=a_k(\varphi_k,s^*),\quad a_k^0(\varphi_k,f)=a_k^0(\varphi_k,s^*)\quad(k=1,2,\cdots,n)$$

相加得

$$(s,f)=(s,s^*),\quad(s^*,f)=(s^*,s^*)$$

而

$$\begin{aligned}(f(x)-s^*(x),s^*(x)-s(x))=&(f(x),s^*(x))-(s^*(x),s^*(x))\\&+(s^*(x),s(x))-(f(x),s(x))=0\end{aligned}$$

故

$$\begin{aligned}|f(x)-s(x)|^2=&|f(x)-s^*(x)|^2+|s^*(x)-s(x)|^2\\\geqslant&|f(x)-s^*(x)|^2\end{aligned}$$

即得 $|f(x)-s^*(x)|$ 最小.

注意,方程组 $\boldsymbol{AX}=\boldsymbol{b}$ 不太容易解,而且有时候这个方程是病态方程组.但当函数组 $\varphi_1(x),\varphi_2(x),\cdots,\varphi_n(x)$ 是正交组时,这时方程组的解为

$$a_i^0 = \frac{(\varphi_i, s^*)}{(\varphi_i, \varphi_i)} \quad (i = 1,2,\cdots,n)$$

2.7.3 曲线拟合和最小二乘法

不管在科研还是日常生活中，常常需要对某件事情的发展规律做预测. 例如1801年，意大利天文学家朱赛普・皮亚齐发现了第一颗小行星谷神星. 经过40天的跟踪观测后，由于谷神星运行至太阳背后，使得皮亚齐失去了谷神星的位置. 随后全世界的科学家利用皮亚齐的观测数据开始寻找谷神星，但是根据大多数人计算的结果来寻找谷神星都没有结果. 只有时年24岁的高斯所计算的谷神星的轨道，被奥地利天文学家海因里希・奥尔伯斯的观测所证实，使天文界从此可以预测到谷神星的精确位置. 同样的方法也产生了哈雷彗星等很多天文学成果. 高斯使用的方法就是最小二乘法，该方法发表于1809年他的著作《天体运动论》中. 其实法国科学家勒让德于1806年独立发明"最小二乘法"，但因不为世人所知而默默无闻. 高斯提供了最小二乘法的优化效果强于其他方法的证明. 最小二乘法是一种在误差估计、不确定性、系统辨识及预测、预报等数据处理诸多学科领域得到广泛应用的数学工具. 我们看下面两个例子：

例 2.43 矿井中某处的瓦斯浓度 y 与该处距地面的距离 x 有关，现用仪器测得从地面到井下500 m每隔50 m的瓦斯浓度数据$(x_i, y_i)(i=1,2,\cdots,10)$，根据这些数据完成工作：估计井下600 m处的瓦斯浓度.

根据地面到井下500 m处的数据求出瓦斯浓度与地面到井下距离之间的函数关系 $y=f(x)$，由 $f(x)$求井下600 m处的瓦斯浓度. 但仅仅从已知给出的数据并不能确定 $f(x)$的精确表达式，事实上，$f(x)$的精确表达式也不可能求出来，我们只能退而求其次，根据已知数据，求出 $f(x)$的近似函数表达式 $p(x)$，用近似函数 $p(x)$在600 m的函数值作为 $f(x)$的函数值. 由于不知道 $f(x)$的表达式，自然不可能要求 $p(x)$在整体上与 $f(x)$都接近. 又由于(x_i, y_i)中的y_i也是测量出来的，有一定的误差，要求 $p(x)$与 $f(x)$在节点 x_i 函数值相等也做不到，故也没必要使 $p(x)$与 $f(x)$在节点 x_i处的近似值y_i相等.

例 2.44 已知某种材料在生产过程中的废品率 y 与某种化学成分x 有关. 下列表中记载了某工厂生产中 y 与相应的x 的几次数值：

y	0.35%	0.56%	0.60%	0.81%	0.90%	0.90%	0.10%
x	3.6%	3.7%	3.8%	3.9%	4.0%	4.1%	4.2%

在坐标纸将点(x_i, y_i)标出如图2.3所示，y 与x 存在函数关系式$y=y(x)$是肯定的，但精确表达式仅通过这几个点是确定不出来的. 明显可以看出 y 即不是x 的线性函数，也不是多项式函数，我们希望用一个表达形式为已知的函数近似逼近 $y=y(x)$，从点的分布来看，它们分布在直线两侧，用 $a+bx$ 逼近$y=y(x)$，a，b 不同，直线是不同的，由于直线 $a+bx$ 在由1，x 生成的$\mathbb{R}[x]$的子空间内，也就是在子空间$\langle 1, x\rangle$求一个函数与 $y(x)$最近，但 $y(x)$的表达式不知，这时要求在这些已知点处误差尽量小，即

$$e(a,b) = \sum_{i=1}^{7}(y(x_i) - y_i)^2$$

达到最小值，以最小值点的 a，b 为系数. 为此，我们先做些准备.

设区间$[a,b]$上 n 个不同点 $x_1, x_2, \cdots, x_n$，而函数空间 $C_{[a,b]}$中任意两个函数 $f(x)$，

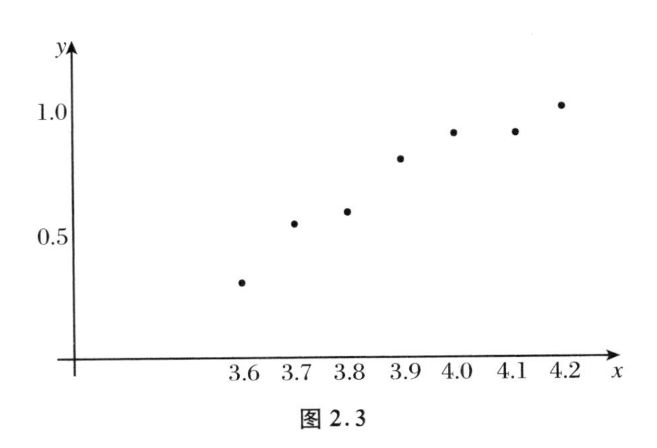

图 2.3

$g(x)$,令

$$(f,g)=\sum_{i=1}^{n}f(x_i)g(x_i)$$

称为 $C_{[a,b]}$中 $f(x)$和 $g(x)$在节点 $x_1,x_2,\cdots,x_n$的离散内积.

注意:$C_{[a,b]}$中函数的离散内积与正常的内积一样,具有对称性、线性、非负性.令

$$|f(x)|=\sqrt{(f(x),f(x))}=\sqrt{\sum_{i=1}^{n}f^2(x_i)}$$

称$|f(x)|$为 $f(x)$在节点 $x_1,x_2,\cdots,x_n$的离散模.

注意:但正定性不一定成立,例如在$[-1,2]$上取 $x_1=0,x_2=1$,而函数

$$f(x)=x(x-1),\quad g(x)=-x(x-1)$$

则 $f(x),g(x)$均不是$[-1,2]$上的零函数,但 $f(x),g(x)$在点 0,1 的离散内积是 0.

我们采用

$$|f(x)-g(x)|_2=\sqrt{(f(x)-g(x),f(x)-g(x))}=\sqrt{\sum_{i=1}^{n}(f(x_i)-g(x_i))^2}$$

作为 $f(x)$与 $g(x)$的接近程度,选取使$|f(x)-g(x)|_2$达到最小的 $g(x)$作为 $f(x)$的近似函数,称 $g(x)$是 $f(x)$的**拟合函数**.

设 $\varphi_1(x),\varphi_2(x),\cdots,\varphi_m(x)$是 $C_{[a,b]}$内给定的 n 个的函数,它们生成的子空间

$$\Phi=\langle\varphi_1(x),\varphi_2(x),\cdots,\varphi_m(x)\rangle$$

我们在 Φ 中求 $f(x)\in C_{[a,b]}$ 的拟合函数,就是求一函数 $g^*(x)=\sum_{i=1}^{m}a_i^0\varphi_i(x)$,使 $|f(x)-g^*(x)|_2$ 在 Φ 中达到最小值.

空间 Φ 中的任意函数都是$\varphi_1(x),\cdots,\varphi_m(x)$的线性组合,故 $g(x)\in\Phi$ 可以表示为

$$g(x)=\sum_{i=1}^{m}a_i\varphi_i(x)$$

显然 $|f(x)-g(x)|_2^2=\left|f(x)-\sum_{i=1}^{m}a_i\varphi_i(x)\right|^2$ 是 $a_1,a_2,\cdots,a_m$ 的函数,记

$$\begin{aligned}F(a_1,a_2,\cdots,a_m)&=\left|f(x)-\sum_{i=1}^{m}a_i\varphi_i(x)\right|^2=\left(f(x)-\sum_{i=1}^{m}a_i\varphi_i(x),f(x)-\sum_{i=1}^{m}a_i\varphi_i(x)\right)\\&=(f(x),f(x))-2\sum_{i=1}^{m}a_i(f(x),\varphi_i(x))+\sum_{i,j=1}^{m}a_ia_j(\varphi_i(x),\varphi_j(x))\end{aligned}$$

由高等数学的关系知识知，极值点是驻点，F 关于 a_k 求偏导数 F'_{a_k}，然后令

$$F'_{a_k} = 0 \quad (k = 1,2,\cdots,m)$$

得

$$\sum_{i=1}^{m}(\varphi_k(x),\varphi_i(x))a_i = (f(x),\varphi_k(x))$$

记矩阵 $\boldsymbol{A}=((\varphi_i,\varphi_j))_m$，$\boldsymbol{X}=(a_1,a_2,\cdots,a_m)^{\mathrm{T}}$，$\boldsymbol{b}=((f,\varphi_1),(f,\varphi_2),\cdots,(f,\varphi_m))^{\mathrm{T}}$，可改写为下列矩阵形式：

$$\boldsymbol{AX} = \boldsymbol{b}$$

在日常要求 $\varphi_1(x),\varphi_2(x),\cdots,\varphi_m(x)$ 是线性无关组，即向量

$$\boldsymbol{\varphi}_i = (\varphi_i(x_1),\varphi_i(x_2),\cdots,\varphi_i(x_n)) \quad (i = 1,2,\cdots,m)$$

是线性无关组，这时该方程组的系数矩阵可逆，方程组有唯一解 a_i^0，可以证明该唯一解对应的函数 $g^*(x) = \sum_{i=1}^{m} a_i^0\varphi_i(x)$ 是 $f(x)$ 在 Φ 中的拟合函数，这种求拟合函数的方法称为**最小二乘法**.

最小二乘法（又称最小平方法）是一种数学优化技术.它通过最小化误差的平方和寻找数据的最佳函数逼近.利用最小二乘法可以简便地求得未知的数据，并使得这些求得的数据与实际数据之间误差的平方和为最小.最小二乘法因其原理简单、收敛速度较快、易于理解和实现而被广泛应用于参数估计中.

若 $\varphi_1(x),\varphi_2(x),\cdots,\varphi_m(x)$ 正交，即

$$(\varphi_i(x),\varphi_j(x)) = \begin{cases} 0 & (i \neq j) \\ \mu_i & (i = j) \end{cases}$$

其中 $\mu_i \neq 0$，这时

$$a_i^0 = \frac{(f(x),\varphi_i(x))}{\mu_i} \quad (i = 1,2,\cdots,m)$$

而在日常中常将 $\varphi_1(x)=1,\varphi_2(x)=x,\cdots,\varphi_m(x)=x^{m-1}$ 称为多项式拟合.

下面由例 2.44 下面的分析，利用曲线拟合，解答例 2.44.这时 $\varphi_1=1,\varphi_2=y,\varphi_3=y^2$ 对应的法方程组为

$$\begin{pmatrix} \sum_i 1 & \sum_i x_i \\ \sum_i x_i & \sum_i x_i^2 \end{pmatrix}\begin{pmatrix} a \\ b \end{pmatrix} = \begin{pmatrix} \sum_i y_i \\ \sum_i x_i y_i \end{pmatrix}$$

代入得

$$\begin{pmatrix} 7 & 27.3 \\ 27.3 & 106.75 \end{pmatrix}\begin{pmatrix} a \\ b \end{pmatrix} = \begin{pmatrix} 2.44 \\ 16.30 \end{pmatrix}$$

解之得 $a=-93.25,b=24.0$，故 $y=y(x)$ 的拟合曲线

$$\tilde{y} = -93.25 + 24.0x$$

2.8　线性空间的同构

我们已经知道，如果在数域 F 上的 n 维线性空间 V 中取定一个基 $\boldsymbol{\alpha}_1,\boldsymbol{\alpha}_2,\cdots,\boldsymbol{\alpha}_n$ 后，V 中的每一个向量 $\boldsymbol{\alpha}$ 有唯一确定的在该基下的坐标 $\boldsymbol{X}=(x_1,x_2,\cdots,x_n)^{\mathrm{T}}$ 与之对应，而向量的坐标就是数域 F 上的 n 元数组，即 $\boldsymbol{X}=(x_1,x_2,\cdots,x_n)^{\mathrm{T}}\in \boldsymbol{F}^n$. 定义从线性空间 V 到线性空间 $\boldsymbol{F}^n$ 的对应如下：

$$A:V\to \boldsymbol{F}^n,\boldsymbol{\alpha}\mapsto\boldsymbol{X}$$

由于 V 中任意向量在基下的坐标是唯一的，因而对应 A 就是从 V 到 $\boldsymbol{F}^n$ 的映射. 由于 V 中不同的向量，在同一组基下的坐标不同，可知 A 是单射，又对任意 $\boldsymbol{F}^n$ 中元素

$$\boldsymbol{X}=(x_1,x_2,\cdots,x_n)^{\mathrm{T}}$$

令

$$\boldsymbol{\alpha}=x_1\boldsymbol{\alpha}_1+x_2\boldsymbol{\alpha}_2+\cdots+x_n\boldsymbol{\alpha}_n$$

显然 $\boldsymbol{\alpha}$ 是 V 中向量，且在基 $\boldsymbol{\alpha}_1,\boldsymbol{\alpha}_2,\cdots,\boldsymbol{\alpha}_n$ 的坐标为 $\boldsymbol{X}$，即

$$A(\boldsymbol{\alpha})=\boldsymbol{X}$$

说明 A 是满射，进一步地，令任意 $\boldsymbol{\alpha},\boldsymbol{\beta}\in V$ 在基 $\boldsymbol{\alpha}_1,\boldsymbol{\alpha}_2,\cdots,\boldsymbol{\alpha}_n$ 的坐标分别是 $\boldsymbol{X},\boldsymbol{Y}$，对任意 $k\in \boldsymbol{F}$，由坐标的性质可知 $\boldsymbol{\alpha}+\boldsymbol{\beta},k\boldsymbol{\alpha}$ 在基 $\boldsymbol{\alpha}_1,\boldsymbol{\alpha}_2,\cdots,\boldsymbol{\alpha}_n$ 下的坐标分别是 $\boldsymbol{X}+\boldsymbol{Y},k\boldsymbol{X}$，因此

$$A(\boldsymbol{\alpha}+\boldsymbol{\beta})=\boldsymbol{X}+\boldsymbol{Y}=A(\boldsymbol{\alpha})+A(\boldsymbol{\beta})$$

$$A(k\boldsymbol{\alpha})=k\boldsymbol{X}=kA(\boldsymbol{\alpha})$$

也就是说向量的和的像等于向量的像之和，向量的数乘的像等于向量的像的数乘. 我们认为 V 与 $\boldsymbol{F}^n$ 作为线性空间有相同的结构，又因为它们存在双射，从而我们进一步认为作为线性空间 V 与 $\boldsymbol{F}^n$ 的区别并不大.

定义 2.20　若数域 F 上线性空间 V 与 W 之间的映射满足 $T:V\to W,\boldsymbol{\alpha}\mapsto T(\boldsymbol{\alpha})$，则

(1) T 是双射；

(2) $T(\boldsymbol{\alpha}+\boldsymbol{\beta})=T(\boldsymbol{\alpha})+T(\boldsymbol{\beta})$　$(\forall\boldsymbol{\alpha},\boldsymbol{\beta}\in V)$；

(3) $T(k\boldsymbol{\alpha})=kT(\boldsymbol{\alpha})(\forall\boldsymbol{\alpha}\in V,\forall k\in F)$，

称 T 为从 V 到 W 的一个同构映射，简称同构. 若线性空间 V 与 W 之间存在一个同构，称 V 与 W 是同构的.

从上面的讨论可知，数域 F 上的任意 n 维线性空间均同构于 $\boldsymbol{F}^n$. 容易证明，线性空间的同构具有如下性质：

(1) 线性空间 V 与 V 同构(自反性)；

(2) 线性空间 V 与 W 同构，则 W 与 V 同构(对称性)；

(3) 线性空间 V 与 W 同构，W 与 U 同构，则 V 与 U 同构(传递性)；

由(3)可知，若数域 F 上的两个线性空间的维数相同，则这两个线性空间是同构的.

注意：同构定义中的(2)，(3)等价于

(4) $T(k\boldsymbol{\alpha}+l\boldsymbol{\beta})=kT(\boldsymbol{\alpha})+lT(\boldsymbol{\beta})(\forall\boldsymbol{\alpha},\boldsymbol{\beta}\in V,\forall k,l\in F)$.

显然在(4)中令 $k=l=1$ 即得(2)，令 $l=0$ 即得(3). 反之，先用(3)，再用(2)，有

$$T(k\boldsymbol{\alpha}+l\boldsymbol{\beta})=T(k\boldsymbol{\alpha})+T(l\boldsymbol{\beta})=kT(\boldsymbol{\alpha})+lT(\boldsymbol{\beta})$$

即得(4).

定理 2.20 设 $T:V\to W,\boldsymbol{\alpha}\mapsto T(\boldsymbol{\alpha})$是数域 F 上线性空间 V 到 W 的同构映射,则

(1) $T(0)=0$;

(2) $T(-\boldsymbol{\alpha})=-T(\boldsymbol{\alpha})$;

(3) $T\left(\sum_{i=1}^{n}k_i\boldsymbol{\alpha}_i\right)=\sum_{i=1}^{n}k_iT(\boldsymbol{\alpha}_i)(\forall\boldsymbol{\alpha}_i\in V,k_i\in F)$;

(4) $\boldsymbol{\alpha}_1,\boldsymbol{\alpha}_2,\cdots,\boldsymbol{\alpha}_n$线性相关的充要条件$T(\boldsymbol{\alpha}_1),T(\boldsymbol{\alpha}_2),\cdots,T(\boldsymbol{\alpha}_n)$线性相关.

证明 (1) $T(0)=T(0\boldsymbol{\alpha})=0T(\boldsymbol{\alpha})=0(\forall\boldsymbol{\alpha}\in V)$.

(2) $0=T(0)=T(\boldsymbol{\alpha}-\boldsymbol{\alpha})=T(\boldsymbol{\alpha})+T(-\boldsymbol{\alpha})$,也就是说,$T(-\boldsymbol{\alpha})$是 $T(\boldsymbol{\alpha})$的负元,由负元的唯一性得 $T(-\boldsymbol{\alpha})=-T(\boldsymbol{\alpha})$.

(3) 由归纳法显然.

(4) $\boldsymbol{\alpha}_1,\boldsymbol{\alpha}_2,\cdots,\boldsymbol{\alpha}_n$线性相关,存在不全为零的 $k_1,k_2,\cdots,k_n$,使得

$$k_1\boldsymbol{\alpha}_1+k_2\boldsymbol{\alpha}_2+\cdots+k_n\boldsymbol{\alpha}_n=0$$

则

$$0=T(0)=T(k_1\boldsymbol{\alpha}_1+k_2\boldsymbol{\alpha}_2+\cdots+k_n\boldsymbol{\alpha}_n)=k_1T(\boldsymbol{\alpha}_1)+k_2T(\boldsymbol{\alpha}_2)+\cdots+k_nT(\boldsymbol{\alpha}_n)$$

于是 $T(\boldsymbol{\alpha}_1),T(\boldsymbol{\alpha}_2),\cdots,T(\boldsymbol{\alpha}_n)$线性相关,反之,若 $T(\boldsymbol{\alpha}_1),T(\boldsymbol{\alpha}_2),\cdots,T(\boldsymbol{\alpha}_n)$线性相关,则存在不全为零的$k_1,k_2,\cdots,k_n$,使得

$$k_1T(\boldsymbol{\alpha}_1)+k_2T(\boldsymbol{\alpha}_2)+\cdots+k_nT(\boldsymbol{\alpha}_n)=0$$

而

$$0=k_1T(\boldsymbol{\alpha}_1)+k_2T(\boldsymbol{\alpha}_2)+\cdots+k_nT(\boldsymbol{\alpha}_n)=T(k_1\boldsymbol{\alpha}_1+k_2\boldsymbol{\alpha}_2+\cdots+k_n\boldsymbol{\alpha}_n)$$

又 $T(0)=0$,由于 T 是同构映射,当然是单射,故

$$k_1\boldsymbol{\alpha}_1+k_2\boldsymbol{\alpha}_2+\cdots+k_n\boldsymbol{\alpha}_n=0$$

即 $\boldsymbol{\alpha}_1,\boldsymbol{\alpha}_2,\cdots,\boldsymbol{\alpha}_n$线性相关. □

前面说两个线性空间的维数相同,则线性空间是同构的,下面进一步地有:

定理 2.21 数域 F 上线性空间 V 与 W 同构的充要条件是 $\dim(V)=\dim(W)$,即维数相同是两个线性空间同构的充要条件.

证明 充分性前面已经讨论过了.必要性.线性空间 V 与 W 同构,同构映射为 T,而 $\boldsymbol{\alpha}_1,\boldsymbol{\alpha}_2,\cdots,\boldsymbol{\alpha}_n$是 V 的基、线性无关组,故 $T(\boldsymbol{\alpha}_1),T(\boldsymbol{\alpha}_2),\cdots,T(\boldsymbol{\alpha}_n)\in W$ 是线性无关组.对任意 $\boldsymbol{\beta}\in W$,由于 T 是满射,存在 $\boldsymbol{\alpha}\in V$,使得 $\boldsymbol{\beta}=T(\boldsymbol{\alpha})$,而 $\boldsymbol{\alpha}_1,\boldsymbol{\alpha}_2,\cdots,\boldsymbol{\alpha}_n$是 V 的基,故 $\boldsymbol{\alpha}$ 可表示为

$$\boldsymbol{\alpha}=k_1\boldsymbol{\alpha}_1+k_2\boldsymbol{\alpha}_2+\cdots+k_n\boldsymbol{\alpha}_n\quad(\exists k_i\in F)$$

于是

$$\boldsymbol{\beta}=T(\boldsymbol{\alpha})=T(k_1\boldsymbol{\alpha}_1+k_2\boldsymbol{\alpha}_2+\cdots+k_n\boldsymbol{\alpha}_n)=k_1T(\boldsymbol{\alpha}_1)+k_2T(\boldsymbol{\alpha}_2)+\cdots+k_nT(\boldsymbol{\alpha}_n)$$

即 $\boldsymbol{\beta}$ 可由 $T(\boldsymbol{\alpha}_1),T(\boldsymbol{\alpha}_2),\cdots,T(\boldsymbol{\alpha}_n)$线性表出,从而 $T(\boldsymbol{\alpha}_1),T(\boldsymbol{\alpha}_2),\cdots,T(\boldsymbol{\alpha}_n)$是 W 的基.于是 $\dim(V)=n=\dim(W)$. □

例 2.45 设 V_1是实数域,看成实线性空间:$V_2=\{x\in\mathbb{R}|x>0\}$是例 2.5 中的线性空间.定义 V_1到 V_2的映射 σ 为

$$a\mapsto 2^a,\quad a\in V_1$$

则 σ 是V_1到V_2的一个同构映射.

例 2.46 设 V_1是复数域,看成实数域 $\mathbb{R}$ 上的线性空间.令

$$\sigma(a+b\mathrm{i})=(a,b)\quad(a,b\in\mathbb{R})$$

则 σ 是 V_1 到 $\mathbb{R}^2$ 的一个同构映射.

在无限维线性空间的情况下,有些与有限维线性空间截然不同的结果.下面举一个例子.

例 2.47　仍用 $F[x]$ 表示数域 F 上全部多项式对多项式的加法及 F 中之数与多项式的乘法所成的线性空间.我们知道,它是一个无限维线性空间.用 V 表示 $F[x]$ 中全部常数项为零的多项式所成的子空间. V 是 $F[x]$ 的一个非平凡子空间,也是一个无限维线性空间.定义 $F[x]$ 到 V 的一个映射 σ:

$$f(x)\mapsto xf(x),\quad f(x)\in P[x]$$

则容易验证 σ 是一个同构映射.

这个例子说明无限维线性空间可以与它的一个非平凡子空间同构.在有限维线性空间的情况,由于非平凡子空间的维数一定小于原线性空间的维数,这种情况是不可能发生的.在线性空间的讨论中,有些问题只涉及线性空间在线性运算下的代数性质,而不考虑线性空间的元素是什么,也不考虑其中运算是怎样定义的,在这种情况下,同构的空间具有相同的性质,因此,定理说明维数是有限维线性空间的一个本质特征.特别地,每个数域 F 上的 n 维线性空间都与线性空间 F^n 同构,而同构的空间具有相同的性质,因此,我们以前讨论的关于 n 维向量的一些结论,在一般线性空间中也都是成立的.而且,由于 F^n 的构造比较具体,关于一般线性空间的问题,如果不牵涉线性空间中元素的特点,也可以在 F^n 中进行讨论.

习　题　2

线性空间

1. 检验以下集合对于所指的线性运算是否构成实数域上的线性空间:

(1) 数域 F 上的由所有 n 阶实对称(反对称,上三角)矩阵构成的集合,对于矩阵的加法和数量乘法.

(2) 平面上不平行于某一向量所成的集合,对于向量的加法和数量乘法.

(3) 平面上全体向量,对于通常的加法和如下定义的数量乘法:

$$k\cdot a=0$$

(4) 在 $C_{[0,2\pi]}$ 的所有形如

$$\frac{a_0}{2}+a_1\sin x+a_2\sin 2x+\cdots+a_n\sin nx$$

的函数构成的集合,关于函数的加法和函数乘以常数.

(5) 定义在 $\mathbb{N}$ 上的全体实值函数关于函数的加法和函数乘以常数.

(6) 由所有形如

$$\begin{pmatrix} a & b \\ -b & a \end{pmatrix}\quad(\forall a,b\in F)$$

的矩阵构成的集合关于矩阵的加法和数乘.

(7) 设$\boldsymbol{A}$是数域F上的一个n阶矩阵,$\boldsymbol{A}$是所有F上矩阵$\boldsymbol{A}$多项式$f(\boldsymbol{A})$构成的集合,对于矩阵的加法和数量乘法.

2. 线性方程组

$$\begin{cases} x_1 - x_2 + 3x_3 - 2x_4 = 0 \\ 2x_1 - x_2 + 4x_3 + 5x_4 = 0 \end{cases}$$

的所有解构成的集合关于向量的加法和数乘是否构成线性空间.

3. 在线性空间中,证明:

(1) $k0=0$;

(2) $(-k)\boldsymbol{\alpha}=-k\boldsymbol{\beta}$.

4. 在线性空间中,证明:

(1) $(k-l)\boldsymbol{\alpha}=k\boldsymbol{\alpha}-l\boldsymbol{\alpha}$;

(2) $k(\boldsymbol{\alpha}-\boldsymbol{\beta})=k\boldsymbol{\alpha}-k\boldsymbol{\beta}$.

5. 计算$3(-1,0,3)-2(0,9,-1)+0.5(2,4,-8)$.

6. 在$C_{[0,2\pi]}$中,证明:$1,\sin x,\cos x$线性无关组.

7. 在$C_{[0,2\pi]}$中,证明:在实函数空间中,$1,\cos^2 t,\cos 2t$线性相关.

8. 如果$f_1(x),f_2(x),f_3(x)$是线性空间$F[x]$中三个互素的多项式,但其中任意两个都不互素,那么他们线性无关.

基,坐标,坐标变换

9. 求数域F上的线性空间$M_n(F)$的一组基和维数.

10. 求数域F上$M_2(F)$的矩阵$\boldsymbol{A}=\begin{pmatrix} 2 & 5 \\ 1 & 3 \end{pmatrix}$在基

$$\boldsymbol{E}_1=\begin{pmatrix} 1 & 1 \\ 1 & 1 \end{pmatrix},\quad \boldsymbol{E}_2=\begin{pmatrix} 1 & 1 \\ 1 & 0 \end{pmatrix},\quad \boldsymbol{E}_3=\begin{pmatrix} 1 & 1 \\ 0 & 0 \end{pmatrix},\quad \boldsymbol{E}_4=\begin{pmatrix} 1 & 0 \\ 0 & 0 \end{pmatrix}$$

下的坐标.

11. 证明:

$$\boldsymbol{E}_1=\begin{pmatrix} 1 & 1 \\ 1 & 1 \end{pmatrix},\quad \boldsymbol{E}_2=\begin{pmatrix} 1 & 1 \\ 0 & 1 \end{pmatrix},\quad \boldsymbol{E}_3=\begin{pmatrix} 1 & 1 \\ 1 & 0 \end{pmatrix},\quad \boldsymbol{E}_4=\begin{pmatrix} 1 & 0 \\ 1 & 1 \end{pmatrix}$$

是数域F上$M_2(F)$的基,求矩阵$\boldsymbol{A}=\begin{pmatrix} a & b \\ c & d \end{pmatrix}$在该基下的坐标.

12. 求数域F上的由所有n阶对称(反对称,上三角)矩阵组成的数域F上的空间的一组基和维数.

13. A是所有F上矩阵$\boldsymbol{A}$多项式$f(\boldsymbol{A})$构成的线性空间,其中

$$\boldsymbol{A}=\begin{pmatrix} 1 & 0 & 0 \\ 0 & \omega & 0 \\ 0 & 0 & \omega^2 \end{pmatrix},\quad \omega=\frac{-1+\sqrt{3}\mathrm{i}}{2}$$

求数域F上的线性空间A的一组基和维数.

14. 设

$$\boldsymbol{\varepsilon}_1=(1,1,1,1)^{\mathrm{T}},\quad \boldsymbol{\varepsilon}_2=(1,1,-1,-1)^{\mathrm{T}}$$
$$\boldsymbol{\varepsilon}_3=(1,-1,1-1)^{\mathrm{T}},\quad \boldsymbol{\varepsilon}_4=(1,-1,-1,1)^{\mathrm{T}}$$

是线性空间F^4中的向量,证明:$\boldsymbol{\varepsilon}_1,\boldsymbol{\varepsilon}_2,\boldsymbol{\varepsilon}_3,\boldsymbol{\varepsilon}_4$是$F^4$的一组基,并求$\boldsymbol{\xi}=(1,2,1,1)^{\mathrm{T}}$在该基下的坐标.

15. 证明:

$$\boldsymbol{\varepsilon}_1=(1,1,0,1)^{\mathrm{T}},\quad \boldsymbol{\varepsilon}_2=(2,1,3,1)^{\mathrm{T}},\quad \boldsymbol{\varepsilon}_3=(1,1,0,0)^{\mathrm{T}},\quad \boldsymbol{\varepsilon}_4=(0,1,-1,-1)^{\mathrm{T}}$$

是向量空间F^4的基,求$\boldsymbol{\xi}=(3,-1,2,1)^{\mathrm{T}}$在$\boldsymbol{\varepsilon}_1,\boldsymbol{\varepsilon}_2,\boldsymbol{\varepsilon}_3,\boldsymbol{\varepsilon}_4$下的坐标.

16. 证明

$$\boldsymbol{\eta}_1=(2,1,-1,1)^{\mathrm{T}},\quad \boldsymbol{\eta}_2=(0,3,1,0)^{\mathrm{T}},\quad \boldsymbol{\eta}_3=(5,3,2,1)^{\mathrm{T}},\quad \boldsymbol{\eta}_4=(6,6,1,3)^{\mathrm{T}}$$

是F^4的一组基,求从基

$$\boldsymbol{\varepsilon}_1=(1,0,0,0)^{\mathrm{T}},\quad \boldsymbol{\varepsilon}_2=(0,1,0,0)^{\mathrm{T}},\quad \boldsymbol{\varepsilon}_3=(0,0,1,0)^{\mathrm{T}},\quad \boldsymbol{\varepsilon}_4=(0,0,0,1)^{\mathrm{T}}$$

到基$\boldsymbol{\eta}_1,\boldsymbol{\eta}_2,\boldsymbol{\eta}_3,\boldsymbol{\eta}_4$的过渡矩阵,以及向量$\boldsymbol{\xi}=(x_1,x_2,x_3,x_4)^{\mathrm{T}}$在基$\boldsymbol{\eta}_1,\boldsymbol{\eta}_2,\boldsymbol{\eta}_3,\boldsymbol{\eta}_4$下的坐标.

17. 证明

$$\boldsymbol{\varepsilon}_1=(1,2,-1,0)^{\mathrm{T}},\quad \boldsymbol{\varepsilon}_2=(1,-1,1,1)^{\mathrm{T}}$$
$$\boldsymbol{\varepsilon}_3=(-1,2,1,1)^{\mathrm{T}},\quad \boldsymbol{\varepsilon}_4=(-1,-1,0,1)^{\mathrm{T}}$$

和

$$\boldsymbol{\eta}_1=(2,1,-0,1)^{\mathrm{T}},\quad \boldsymbol{\eta}_2=(0,1,2,2)^{\mathrm{T}}$$
$$\boldsymbol{\eta}_3=(-2,1,1,2)^{\mathrm{T}},\quad \boldsymbol{\eta}_4=(1,3,1,2)^{\mathrm{T}}$$

均是F^4的一组基,求从基$\boldsymbol{\varepsilon}_1,\boldsymbol{\varepsilon}_2,\boldsymbol{\varepsilon}_3,\boldsymbol{\varepsilon}_4$到基$\boldsymbol{\eta}_1,\boldsymbol{\eta}_2,\boldsymbol{\eta}_3,\boldsymbol{\eta}_4$的过渡矩阵,以及$\boldsymbol{\xi}=(1,0,0,0)^{\mathrm{T}}$在基$\boldsymbol{\varepsilon}_1,\boldsymbol{\varepsilon}_2,\boldsymbol{\varepsilon}_3,\boldsymbol{\varepsilon}_4$下的坐标.

18. 设$a_1,a_2,\cdots,a_n$是数域F上n个互不相同的数,证明:

$$f_i(x)=(x-a_1)\cdots(x-a_{i-1})(x-a_{i+1})\cdots(x-a_n)\quad (i=1,2,\cdots,n)$$

是$F_{n-1}(x)$(由F上所有次数不等于$n-1$的多项式构成的多项式)的基.

19. 设$\omega_1,\omega_2,\cdots,\omega_n$是数域$C$上$n$次单位根(即$x^n-1$的根),求从即$1,x,\cdots,x^{n-1}$到基

$$f_i(x)=(x-\omega_1)\cdots(x-\omega_{i-1})(x-\omega_{i+1})\cdots(x-\omega_n)\quad (i=1,2,\cdots,n)$$

的过渡矩阵.

子空间

20. 判断n维向量空间F^n的所有满足下列条件的所有向量$(x_1,x_2,\cdots,x_n)^{\mathrm{T}}$是否构成$F^n$的子空间,构成的话,给出证明,否则,请给出反例:

(1) $x_1+x_2+\cdots+x_n=0$;

(2) $x_1x_2\cdots x_n=0$;

(3) $x_1+2x_2+\cdots+nx_n=0$;

(4) $(x_1+x_3+\cdots)-(x_2+x_4+\cdots)=0$;

(5) $x_{i+2}=x_i+x_{i+1}(i=1,2,\cdots,n-2)$.

21. 已知F^n的所有满足条件

$$x_1+x_2+\cdots+x_n=0$$

的所有向量$(x_1,x_2,\cdots,x_n)^{\mathrm{T}}$构成$F^n$的子空间.求其一组基和维数.

22. 已知F^n的所有满足条件

$$x_1+x_3+\cdots=x_2+x_4+\cdots$$

的所有向量$(x_1,x_2,\cdots,x_n)^{\mathrm{T}}$构成$F^n$的子空间.求其一组基和维数.

23. 已知 F^n 的所有满足条件

$$x_{i+2} = x_i + x_{i+1} \quad (i = 1,2,\cdots,n-2)$$

的所有向量$(x_1, x_2, \cdots, x_n)^{\mathrm{T}}$ 构成F^n的子空间.求其一组基和维数.

24. 求齐次线性方程组

$$\begin{cases} x_1 + x_2 + x_3 = 0 \\ 2x_1 + x_2 + x_3 + 4x_4 = 0 \\ 3x_1 + 5x_2 - 3x_3 + 7x_4 = 0 \end{cases}$$

的解空间的一组基和维数.

25. 设线性空间 V 的子空间V_1, V_2满足$V_1 \subset V_2$,证明:$V_1 = V_2$的充要条件是V_1, V_2的维数相同.

26. 设 $\boldsymbol{A}$ 是数域F 上的$m \times n$ 矩阵,$\boldsymbol{\alpha}_1, \boldsymbol{\alpha}_2, \cdots, \boldsymbol{\alpha}_n$是$F^n$ 的基,而

$$(\boldsymbol{\beta}_1, \boldsymbol{\beta}_2, \cdots, \boldsymbol{\beta}_m) = \boldsymbol{A}(\boldsymbol{\alpha}_1, \boldsymbol{\alpha}_2, \cdots, \boldsymbol{\alpha}_n)$$

证明:由 $\boldsymbol{\beta}_1, \boldsymbol{\beta}_2, \cdots, \boldsymbol{\beta}_m$ 生成的子空间的维数等于矩阵 $\boldsymbol{A}$ 的秩.

27. 设 $\boldsymbol{A}$ 是数域F 上的n 阶矩阵.

(1) 证明:全体与可交换的矩阵组成的一个子空间,记作 $C(\boldsymbol{A})$(称为 $\boldsymbol{A}$ 的中心化子);

(2) 当 $\boldsymbol{A}=\boldsymbol{E}$(单位矩阵)时,求 $C(\boldsymbol{A})$;

(3) 当 $\boldsymbol{A}=\begin{pmatrix} 1 & \cdots & 0 \\ \vdots & \ddots & \vdots \\ 0 & \cdots & n \end{pmatrix}$时,求 $C(\boldsymbol{A})$的维数和一组基.

28. 设

$$\boldsymbol{A} = \begin{pmatrix} 1 & 0 & 0 \\ 0 & 1 & 0 \\ 3 & 1 & 2 \end{pmatrix}$$

求 $M_3(F)$中全体与可交换的矩阵所成的子空间的维数和一组基.

29. 若 $\boldsymbol{\alpha}, \boldsymbol{\beta}, \boldsymbol{\gamma}$ 满足 $a\boldsymbol{\alpha} + b\boldsymbol{\beta} + c\boldsymbol{\gamma} = 0$ 且 $ac \neq 0$,证明:$L(\boldsymbol{\alpha}, \boldsymbol{\beta}) = L(\boldsymbol{\beta}, \boldsymbol{\gamma})$.

30. 在 F^4 中,求由下面向量组生成的子空间的基与维数,其中

(1) $\boldsymbol{\alpha}_1 = (2,1,3,1)^{\mathrm{T}}, \boldsymbol{\alpha}_2 = (1,2,0,1)^{\mathrm{T}}, \boldsymbol{\alpha}_3 = (-1,1,-3,0)^{\mathrm{T}}, \boldsymbol{\alpha}_4 = (1,1,1,1)^{\mathrm{T}}$;

(2) $\boldsymbol{\alpha}_1 = (2,1,3,-1)^{\mathrm{T}}, \boldsymbol{\alpha}_2 = (-1,1,-3,1)^{\mathrm{T}}, \boldsymbol{\alpha}_3 = (4,5,3,-1)^{\mathrm{T}}, \boldsymbol{\alpha}_4 = (1,5,-3,1)^{\mathrm{T}}$.

31. 设由向量 $\boldsymbol{\alpha}_1, \boldsymbol{\alpha}_2$生成的子空间为$V_1$,由向量 $\boldsymbol{\beta}_1, \boldsymbol{\beta}_2$生成的子空间为$V_2$,分别求$V_1 + V_2$,$V_1 \cap V_2$的交的基与维数,其中

(1) $\boldsymbol{\alpha}_1 = (1,2,1,0)^{\mathrm{T}}, \boldsymbol{\alpha}_2 = (-1,1,1,1)^{\mathrm{T}}, \boldsymbol{\beta}_1 = (2,-1,0,1)^{\mathrm{T}}, \boldsymbol{\beta}_2 = (1,-1,3,7)^{\mathrm{T}}$;

(2) $\boldsymbol{\alpha}_1 = (1,1,0,0)^{\mathrm{T}}, \boldsymbol{\alpha}_2 = (1,0,1,1)^{\mathrm{T}}, \boldsymbol{\beta}_1 = (0,0,1,1)^{\mathrm{T}}, \boldsymbol{\beta}_2 = (0,1,1,0)^{\mathrm{T}}$;

(3) $\boldsymbol{\alpha}_1 = (1,2,-1,-2)^{\mathrm{T}}, \boldsymbol{\alpha}_2 = (3,1,1,1)^{\mathrm{T}}, \boldsymbol{\beta}_1 = (2,5,-6,-5)^{\mathrm{T}}, \boldsymbol{\beta}_2 = (-1,2,-7,3)^{\mathrm{T}}$.

32. 数域 F 上的n 维向量空间F^n中,证明:

(1) 存在子空间 W,其中的所有非零向量的分量全部为0;

(2) 在(1)中的子空间 W 一定是1 维子空间.

33. 设 W 是由$M_n(F)$中所有对称矩阵构成的集合,U 是由$M_n(F)$中所有反对称矩阵构成的集合,则 W, U 均是$M_n(F)$的子空间,且 $M_n(F) = W \oplus U$.

34. 设 V_1与 V_2分别是齐次方程组 $x_1 + x_2 + \cdots + x_n = 0, x_1 = x_2 = \cdots = x_{n-1} = x_n$的解空间,证明:$F^n = V_1 \oplus V_2, P^n = V_1 \oplus V_2$.

插值法

本部分题目中出现的节点 x_i 满足 $x_0<x_1<\cdots<x_n$，不再特别说明.

35. 通过查表，求 $\dfrac{\sin x}{x}$ 在节点 0.1,0.5,1.0 的二次 Lagrange 插值多项式(精确到小数点后三位).

36. 通过查表，求 $\cos\sqrt{x}$ 在节点 0,0.5,1.0 的二次 Newton 插值多项式(精确到小数点后三位).

37. 设 $l_i(x)(i=0,1,\cdots,n)$ 是 Lagrange 基函数，证明：

$$l_0(x)+l_1(x)+\cdots l_n(x)=1\quad(\forall x)$$

38. 证明：k 阶差商

$$f[x_0,x_1,\cdots,x_k]=\sum_{i=0}^{k}\frac{f(x_i)}{(x_i-x_0)\cdots(x_i-x_{i-1})(x_i-x_{i+1})\cdots(x_i-x_n)}$$

进一步地，

$$f[x_0,x_1,\cdots,x_k]=f[x_1,\cdots,x_{k-1},x_k,x_0]=f[x_2,\cdots,x_k,x_0,x_1]$$

事实上，$i_0,i_1,\cdots,i_k$ 是 $0,1,\cdots,k$ 的任意个排列，有

$$f[x_0,x_1,\cdots,x_k]=f[x_{i_0},x_{i_1},\cdots,x_{i_k}]$$

即差商与节点次序无关.

39. 证明：$I_i(x)(i=0,1,\cdots,n)$ 为分段线性插值的基函数是线性无关组.

40. 设 $f(x)$ 在区间 $[a,b]$ 有连续导数，$x_i\in[a,b](i=0,1,\cdots,n)$ 是节点，若次数不大于 $2n+1$ 的多项式 $p(x)$ 满足

$$p(x_i)=f(x_i),\quad p'(x_i)=f'(x_i)\quad(i=0,1,\cdots,n)$$

称 $p(x)$ 是 $f(x)$ 的 Hermite 插值多项式，若次数不大于 $2n+1$ 的多项式 $\alpha_i(x),\beta_i(x)$ 满足

$$\alpha_i(x_j)=\begin{cases}0 & (\forall j\neq i)\\ 1 & (i=j)\end{cases},\quad \beta'_i(x_j)=\begin{cases}0 & (\forall j\neq i)\\ 1 & (i=j)\end{cases}$$

$$\alpha'_i(x_j)=0,\quad \beta_i(x_j)=0\quad(i=0,1,\cdots,n)$$

则称 $\alpha_i(x),\beta_i(x)$ 是 Hermite 基函数

(1) 给出 Hermite 基函数 $\alpha_i(x),\beta_i(x)$ 的表达式；

(2) 使用基函数写出 $f(x)$ 的 Hermite 插值多项式.

内积空间

41. 在欧氏空间 $\mathbb{R}^4$ 中，求两个向量 $\boldsymbol{\alpha},\boldsymbol{\beta}$ 的夹角 $\measuredangle(\boldsymbol{\alpha},\boldsymbol{\beta})$(内积按通常定义)，设

(1) $\boldsymbol{\alpha}=(2,1,3,2),\boldsymbol{\beta}=(1,2,-2,1)$；

(2) $\boldsymbol{\alpha}=(1,2,2,3),\boldsymbol{\beta}=(3,1,-5,1)$；

(3) $\boldsymbol{\alpha}=(1,1,1,2),\boldsymbol{\beta}=(3,2,-1,0)$.

42. 设 $\boldsymbol{A}$ 是一个 n 阶正定 Hermite 矩阵，而

$$\boldsymbol{\alpha}=(x_1,x_2,\cdots,x_n)^{\mathrm{H}},\quad \boldsymbol{\beta}=(y_1,y_2,\cdots,y_n)^{\mathrm{H}}$$

在 $\mathbb{C}^n$ 中定义内积

$$(\boldsymbol{\alpha},\boldsymbol{\beta})=\boldsymbol{\alpha}^{\mathrm{H}}\boldsymbol{A}\boldsymbol{\beta}$$

(1) 证明在这个定义之下，$\mathbb{C}^n$ 是酉空间；

(2) 求单位向量

$$\boldsymbol{\varepsilon}_1=(1,0,\cdots,0),\boldsymbol{\varepsilon}_2=(0,1,\cdots,0),\cdots,\boldsymbol{\varepsilon}_n=(0,0,\cdots,1)$$

的度量矩阵；

(3) 具体写出这个空间中的柯西-布涅柯夫斯基不等式.

43. 设 $\boldsymbol{\alpha},\boldsymbol{\beta}$ 是内积空间 V 中任意两个向量，记 $d(\boldsymbol{\alpha},\boldsymbol{\beta})=|\boldsymbol{\alpha}-\boldsymbol{\beta}|$，通常为 $\boldsymbol{\alpha},\boldsymbol{\beta}$ 的距离，证明：

$$d(\boldsymbol{\alpha},\boldsymbol{\beta})\leqslant d(\boldsymbol{\alpha},\boldsymbol{\beta})+d(\boldsymbol{\beta},\boldsymbol{\gamma})$$

即在内积空间中三角形不等式成立.

44. 在 $\mathbb{R}^4$ 中求一单位向量与 $(1,1,-1,1),(1,-1,-1,1),(2,1,1,3)$ 正交.

45. 设 $\boldsymbol{\alpha}_1,\boldsymbol{\alpha}_2,\cdots,\boldsymbol{\alpha}_n$ 是内积空间 V 的一组基，证明：

(1) 如果 $\boldsymbol{\gamma}\in V$ 满足使 $(\boldsymbol{\gamma},\boldsymbol{\alpha}_i)=0(i=1,2,\cdots,n)$，那么 $\boldsymbol{\gamma}=0$.

(2) 如果 $\boldsymbol{\gamma}_1,\boldsymbol{\gamma}_2\in V$ 满足 $\boldsymbol{\alpha}\in V$ 有 $(\boldsymbol{\gamma}_1,\boldsymbol{\alpha})=(\boldsymbol{\gamma}_2,\boldsymbol{\alpha})$，那么 $\boldsymbol{\gamma}_1=\boldsymbol{\gamma}_2$.

46. 设 $\boldsymbol{\alpha}=(x_1,x_2)^{\mathrm{T}},\boldsymbol{\beta}=(y_1,y_2)^{\mathrm{T}}$ 是 $\mathbb{C}^2$ 中任意两个向量，p,q 是实数. 证明：$\mathbb{C}^2$ 对内积

$$(\boldsymbol{\alpha},\boldsymbol{\beta})=p\bar{x}_1y_1+q\bar{x}_2y_2$$

构成酉空间的充要条件是 $p>0,q>0$.

47. 在 $\mathbb{R}^4$ 的正常内积(即对应分量乘积代数和)下，求基 $\boldsymbol{\eta}_1,\boldsymbol{\eta}_2,\boldsymbol{\eta}_3,\boldsymbol{\eta}_4$ 的度量矩阵：

(1) $\boldsymbol{\eta}_1=(1,2,-1,0)^{\mathrm{T}},\boldsymbol{\eta}_2=(1,-1,1,1)^{\mathrm{T}},\boldsymbol{\eta}_3=(-1,2,1,1)^{T},\boldsymbol{\eta}_4=(-1,-1,0,1)^{T}$；

(2) $\boldsymbol{\eta}_1=(2,1,-0,1)^{\mathrm{T}},\boldsymbol{\eta}_2=(0,1,2,2)^{\mathrm{T}},\boldsymbol{\eta}_3=(-2,1,1,2)^{\mathrm{T}},\boldsymbol{\eta}_4=(1,3,1,2)^{\mathrm{T}}$；

(3) $\boldsymbol{\eta}_1=(2,1,-1,1)^{\mathrm{T}},\boldsymbol{\eta}_2=(0,3,1,0)^{\mathrm{T}},\boldsymbol{\eta}_3=(5,3,2,1)^{\mathrm{T}},\boldsymbol{\eta}_4=(6,6,1,3)^{\mathrm{T}}$.

48. 已知 $\mathbb{R}^3$ 在基

$$\boldsymbol{\eta}_1=(1,1,0)^{\mathrm{T}},\quad \boldsymbol{\eta}_2=(1,-1,1)^{\mathrm{T}},\quad \boldsymbol{\eta}_3=(0,1,1)^{\mathrm{T}}$$

的度量矩阵为

(1) $\boldsymbol{A}=\begin{pmatrix}1&-1&-1\\-1&2&2\\-1&2&7\end{pmatrix}$；　　(2) $\boldsymbol{A}=\begin{pmatrix}1&-\dfrac{1}{2}&-1\\-\dfrac{1}{2}&1&2\\-1&2&5\end{pmatrix}$.

求 $\boldsymbol{\alpha}=(1,2,-1)^{\mathrm{T}},\boldsymbol{\beta}=(2,1,1)^{\mathrm{T}}$ 的内积.

49. 已知 $C_{[0,1]}$ 的内积为函数乘积在区间 $[0,1]$ 上的积分值，求其子空间 $\mathbb{R}_3[x]$ 在基 1，$x,x^2\,x^3$ 的度量矩阵.

50. 设 $\boldsymbol{\alpha}_1,\boldsymbol{\alpha}_2,\cdots,\boldsymbol{\alpha}_n$ 是 n 维内积空间 V 中的一组向量，而

$$\Delta=\begin{vmatrix}(\boldsymbol{\alpha}_1,\boldsymbol{\alpha}_1)&(\boldsymbol{\alpha}_1,\boldsymbol{\alpha}_2)&\cdots&(\boldsymbol{\alpha}_1,\boldsymbol{\alpha}_n)\\(\boldsymbol{\alpha}_2,\boldsymbol{\alpha}_1)&(\boldsymbol{\alpha}_2,\boldsymbol{\alpha}_2)&\cdots&(\boldsymbol{\alpha}_2,\boldsymbol{\alpha}_n)\\\vdots&\vdots&\ddots&\vdots\\(\boldsymbol{\alpha}_n,\boldsymbol{\alpha}_1)&(\boldsymbol{\alpha}_n,\boldsymbol{\alpha}_2)&\cdots&(\boldsymbol{\alpha}_n,\boldsymbol{\alpha}_n)\end{vmatrix}$$

证明：当且仅当 $\Delta\neq0$ 时，$\boldsymbol{\alpha}_1,\boldsymbol{\alpha}_2,\cdots,\boldsymbol{\alpha}_n$ 线性无关.

51. 已知齐次线性方程组

$$\begin{cases}2x_1+x_2-x_3+x_4-3x_5=0\\x_1+x_2-x_3+x_5=0\end{cases}$$

的解空间 W 是 $\mathbb{R}^5$(正常内积)的子空间，求 W 正交补空间.

52. 设 W 是内积空间 V 的非平方子空间，证明：W 的正交补空间存在且唯一.

标准正交基

53. 设$\boldsymbol{\varepsilon}_1,\boldsymbol{\varepsilon}_2,\boldsymbol{\varepsilon}_3$是三维欧氏空间中一组标准正交基,证明:

$$\boldsymbol{\alpha}_1=\frac{1}{3}(2\boldsymbol{\varepsilon}_1+2\boldsymbol{\varepsilon}_2-\boldsymbol{\varepsilon}_3),\quad \boldsymbol{\alpha}_2=\frac{1}{3}(2\boldsymbol{\varepsilon}_1-\boldsymbol{\varepsilon}_2+2\boldsymbol{\varepsilon}_3),\quad \boldsymbol{\alpha}_3=\frac{1}{3}(\boldsymbol{\varepsilon}_1-2\boldsymbol{\varepsilon}_2-2\boldsymbol{\varepsilon}_3)$$

也是一组标准正交基.

54. 利用 Schimidt 正交化方法求$\mathbb{R}^3$的标准正交基:

(1) $\boldsymbol{\eta}_1=(1,1,1)^{\mathrm{T}},\boldsymbol{\eta}_2=(1,1,0)^{\mathrm{T}},\boldsymbol{\eta}_3=(1,0,0)^{\mathrm{T}}$;

(2) $\boldsymbol{\eta}_1=(1,2,-1)^{\mathrm{T}},\boldsymbol{\eta}_2=(1,-1,1)^{\mathrm{T}},\boldsymbol{\eta}_3=(-1,2,1)^{\mathrm{T}}$.

55. 在$\mathbb{R}_3[x]$中定义内积为$(f,g)=\int_{-1}^{1}f(x)g(x)\mathrm{d}x$,求$\mathbb{R}_3[x]$的一组标准正交基(由基$1,x,x^2,x^3$出发作正交化).

56. 求已知齐次线性方程组

$$\begin{cases}x_1+x_2-x_3+x_4-x_5=0\\x_1+x_2+x_3+x_5=0\end{cases}$$

的解空间W(作为正常内积空间$\mathbb{R}^5$的子空间的一组标准正交基.

57. 设$\boldsymbol{\varepsilon}_1,\boldsymbol{\varepsilon}_2,\boldsymbol{\varepsilon}_3,\boldsymbol{\varepsilon}_4,\boldsymbol{\varepsilon}_5$是五维欧氏$V$空间中的一组标准正交基,$V_1=L(\boldsymbol{\alpha}_2,\boldsymbol{\alpha}_2,\boldsymbol{\alpha}_3)$,其中

$$\boldsymbol{\alpha}_1=\boldsymbol{\varepsilon}_1+\boldsymbol{\varepsilon}_5,\quad \boldsymbol{\alpha}_2=\boldsymbol{\varepsilon}_1-\boldsymbol{\varepsilon}_2+\boldsymbol{\varepsilon}_4,\quad \boldsymbol{\alpha}_3=2\boldsymbol{\varepsilon}_1+\boldsymbol{\varepsilon}_2+\boldsymbol{\varepsilon}_3$$

求V_1的一组标准正交基.

58. 已知$\mathbb{R}^3$在基$\boldsymbol{\eta}_1=(1,1,0)^{\mathrm{T}},\boldsymbol{\eta}_2=(1,-1,1)^{\mathrm{T}},\boldsymbol{\eta}_3=(0,1,1)^{\mathrm{T}}$的度量矩阵为

$$\boldsymbol{A}=\begin{pmatrix}1&-1&-1\\-1&2&2\\-1&2&7\end{pmatrix}$$

求$\mathbb{R}^3$的一组标准正交基(由基$\boldsymbol{\varepsilon}_1=(1,0,0)^{\mathrm{T}},\boldsymbol{\varepsilon}_2=(0,1,0)^{\mathrm{T}},\boldsymbol{\varepsilon}_3=(0,0,1)^{\mathrm{T}}$出发作正交化).

曲线逼近与拟合和最小二乘法

59. 求$f(x)=2x^3+x^2+2x-1$在区间$[-1,1]$上的最佳二次逼近多项式.

60. 求$f(x)=\mathrm{e}^x$在区间$[0,1]$上的最佳三次逼近多项式.

61. 求$f(x)=\sqrt{1+x^2}$在区间$[0,1]$上的最佳一次逼近多项式.

62. 观测物体的直线运动,得出以下数据,求运动方程.

时间 t	0	0.9	1.9	3.0	3.9	5.0
距离 s	0	10	30	50	80	110

63. 在某化学反应中,根据实验所得分解物的浓度与时间关系如下,求浓度y与时间t的拟合曲线$y=f(t)$(用指数线型$y=a\mathrm{e}^{-b/x}$拟合).

时间 x	5	10	15	20	25	30	35	40	45	50	55
浓度 y	1.27	2.16	2.86	3.44	3.87	4.15	4.37	4.51	4.58	4.62	4.64

第 3 章　线性映射与线性变换

第 2 章讨论了数域上线性空间，线性空间考虑的是一个集合上的加法与该集合上的元素数乘，并且满足一定的性质.在实际中线性映射是线性空间之间的一种特殊映射，而同一个集合上的映射称为变换，线性变换则是同一个线性空间之间的线性映射. 线性变换是线性空间的一种最基本的变换，是线性代数研究的中心问题之一.

本章主要讨论线性变换的矩阵问题，包括线性变换对于一组基的矩阵表法，同一个线性变换对于不同基的矩阵之间的关系，如何选择线性空间的基使得给定的线性变换在这组基下的矩阵最简单等问题. 这些结论给出了矩阵相似关系的几何背景，提供了解决矩阵相似问题的一种方法. 这一章中介绍的线性变换的特征值及特征向量等概念不仅在讨论线性变换的矩阵时要用到，在处理其他数学问题及应用问题时，也是很有用的数学工具.

3.1　线性映射及其运算

3.3.1　线性映射与线性变换

定义 3.1　设 V,W 是数域 F 上的线性空间，T 是 V 到 W 的一个映射，即对于 V 中的任意元素 $\boldsymbol{\alpha}$，均在 W 存在唯一的元素，记作 $T(\boldsymbol{\alpha})$与之对应，若还满足：

(1) $T(\boldsymbol{\alpha}+\boldsymbol{\beta})=T(\boldsymbol{\alpha})+T(\boldsymbol{\beta})(\forall \boldsymbol{\alpha},\boldsymbol{\beta}\in V)$；

(2) $T(k\boldsymbol{\alpha})=kT(\boldsymbol{\alpha})(\forall \boldsymbol{\alpha}\in V,\forall k\in F)$，

称为线性变换.

注意：在定义中 $\boldsymbol{\alpha}+\boldsymbol{\beta},k\boldsymbol{\alpha}$ 是线性空间 V 中的加法与数乘，而 $T(\boldsymbol{\alpha})+T(\boldsymbol{\beta}),kT(\boldsymbol{\alpha})$是线性空间 W 中的加法与数乘.定义中条件(1)说明线性映射保持向量的加法；条件(2)说明线性映射保持数量乘法.因此，线性空间之间的线性映射就是保持线性运算的映射.

定义中的两条等价于：

$$T(k\boldsymbol{\alpha}+l\boldsymbol{\beta})=kT(\boldsymbol{\alpha})+lT(\boldsymbol{\alpha})\quad(\forall \boldsymbol{\alpha},\boldsymbol{\beta}\in V,\forall k,l\in F)$$

在定义中，若线性空间 $W=V$，这时的线性映射 T 就是 V 到 V 的线性映射，称为线性映射 T 是 V 上的线性变换.若线性空间 $W=F$(将 F 看作 F 上的线性空间)，这时的线性映射 T 就是 V 到 F 的线性映射，称为线性映射 T 是 V 上的线性函数.

线性空间之间的同构就是线性空间之间的线性映射，这时这个线性映射满足是单射，又

是满射.

例 3.1　设 $V=(\mathbb{R},+,\cdot)$, $W=(\mathbb{R}^+,\oplus,\odot)$是实数域 $\mathbb{R}$ 上的线性空间，映射

$$T:V\to W,\quad \boldsymbol{\alpha}\mapsto 2^{\boldsymbol{\alpha}}$$

则任意 $\boldsymbol{\alpha},\boldsymbol{\beta}\in V$ 及 $k\in\mathbb{R}$,有

$$T(\boldsymbol{\alpha}+\boldsymbol{\beta})=2^{\boldsymbol{\alpha}+\boldsymbol{\beta}}=2^{\boldsymbol{\alpha}}2^{\boldsymbol{\beta}}=2^{\boldsymbol{\alpha}}\oplus 2^{\boldsymbol{\beta}}=T(\boldsymbol{\alpha})\oplus T(\boldsymbol{\beta})$$
$$T(k\boldsymbol{\alpha})=2^{k\boldsymbol{\alpha}}=(2^{\boldsymbol{\alpha}})^k=k\odot(2^{\boldsymbol{\alpha}})=k\odot T(\boldsymbol{\alpha})$$

故 T 是从 V 到 W 的线性映射.

例 3.2　设 $V=F[x]$, $W=(F,+,\cdot)$是数域 F 上的线性空间，a 是 F 中给定的数，映射

$$T:V\to W,\quad f(x)\mapsto f(a)$$

则任意 $f(x),g(x)\in V$ 及 $k\in F$,有

$$T(f(x)+g(x))=f(a)+g(a)=T(f(x))+T(g(x))$$
$$T(kf(x))=kf(a)=k\cdot T(f(x))$$

故 T 是从 V 到 W 的线性映射,这是一个线性函数,称为多项式的赋值映射.

例 3.3　线性空间 V 的恒等映射显然是线性变换.恒等变换也称单位变换，记作 E_V，简记为 E，即

$$E_V(\boldsymbol{\alpha})=\boldsymbol{\alpha}\quad(\forall\boldsymbol{\alpha}\in V)$$

线性空间 V 到 W 的零映射 0_{VW},简记为 0,即

$$0(\boldsymbol{\alpha})=0\quad(\forall\boldsymbol{\alpha}\in V)$$

也是线性映射,称为零映射.当 $W=V$,称零变换.

例 3.4　设 V 是数域F 上的一个线性空间，k 是数域F 中一个取定的数，定义 V 的变换如下：

$$\boldsymbol{\alpha}\mapsto k\boldsymbol{\alpha}\quad(\boldsymbol{\alpha}\in V)$$

不难验证，这是 V 的一个线性变换，称为由数 k 决定的数乘变换,记作 kI.当 $k=1$ 时，即得恒等变换；当 $k=0$ 时，即得零变换.因此，恒等变换和零变换都是数乘变换.

例 3.5　平面上向径(即从原点出发的向量)构成实数域 $\mathbb{R}$ 上的一个二维向量空间 $\mathbb{R}^2$ (写成列向量).每一个向量 $\boldsymbol{\alpha}=(x,y)^{\mathrm{T}}$ 绕坐标原点按逆时针方向旋转 θ 角得到向量 $\boldsymbol{\alpha}'=(x',y')^{\mathrm{T}}$,设 $\boldsymbol{\alpha}$ 与 x 轴的夹角为 γ,则 $\boldsymbol{\alpha}'$与 x 轴的夹角为 $\gamma+\theta$,设 $|\boldsymbol{\alpha}|=|\boldsymbol{\alpha}'|=r$,则

$$\begin{cases}x=r\cos\gamma\\ y=r\sin\gamma\end{cases},\quad \begin{cases}x'=r\cos(\gamma+\theta)\\ y'=r\sin(\gamma+\theta)\end{cases}$$

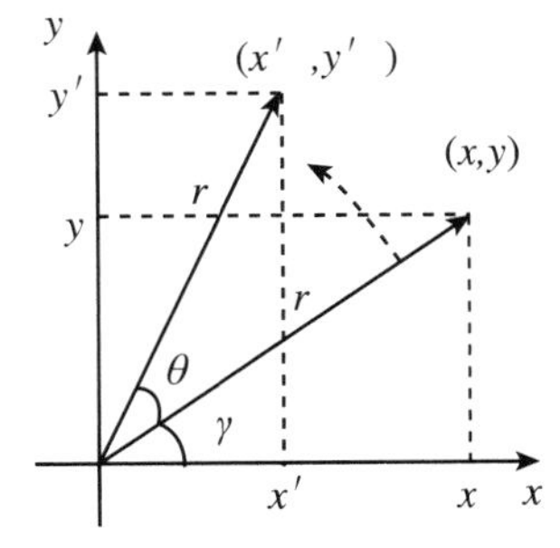

应用两角和的正弦和余弦公式,得

$$\begin{cases} x' = r\cos(\gamma+\theta) = r\cos\gamma\cos\theta - r\sin\gamma\sin\theta = x\cos\theta - y\sin\theta \\ y' = r\sin(\gamma+\theta) = r\sin\gamma\cos\theta + r\cos\gamma\sin\theta = y\cos\theta + x\sin\theta \end{cases}$$

于是

$$\begin{pmatrix} x' \\ y' \end{pmatrix} = \begin{pmatrix} \cos\theta & -\sin\theta \\ \sin\theta & \cos\theta \end{pmatrix} \begin{pmatrix} x \\ y \end{pmatrix}$$

令

$$T_\theta(\boldsymbol{\alpha}) = \boldsymbol{\alpha}'$$

显然 $\boldsymbol{\alpha}$ 绕原点逆时针旋转 θ 角得到的向量 $\boldsymbol{\alpha}'$ 是由 $\boldsymbol{\alpha}$ 唯一确定的,因而 T_θ 是向量空间 $\mathbb{R}^2$ 上的映射,具体表达式为

$$T_\theta(\boldsymbol{\alpha}) = \begin{pmatrix} \cos\theta & -\sin\theta \\ \sin\theta & \cos\theta \end{pmatrix} \boldsymbol{\alpha}$$

对任意 $\boldsymbol{\alpha},\boldsymbol{\beta} \in \mathbb{R}^2, k \in \mathbb{R}$,有

$$\begin{aligned} T_\theta(\boldsymbol{\alpha}+\boldsymbol{\beta}) &= \begin{pmatrix} \cos\theta & -\sin\theta \\ \sin\theta & \cos\theta \end{pmatrix}(\boldsymbol{\alpha}+\boldsymbol{\beta}) = \begin{pmatrix} \cos\theta & -\sin\theta \\ \sin\theta & \cos\theta \end{pmatrix}\boldsymbol{\alpha} + \begin{pmatrix} \cos\theta & -\sin\theta \\ \sin\theta & \cos\theta \end{pmatrix}\boldsymbol{\beta} \\ &= T_\theta(\boldsymbol{\alpha}) + T_\theta(\boldsymbol{\beta}) \end{aligned}$$

$$T_\theta(k\boldsymbol{\alpha}) = \begin{pmatrix} \cos\theta & -\sin\theta \\ \sin\theta & \cos\theta \end{pmatrix}(k\boldsymbol{\alpha}) = k\begin{pmatrix} \cos\theta & -\sin\theta \\ \sin\theta & \cos\theta \end{pmatrix}\boldsymbol{\alpha} = kT_\theta(\boldsymbol{\alpha})$$

即 T_θ 是一个线性变换.

同样地,几何空间(实数域上的三维线性空间)绕轴的旋转也是一个线性变换.

例 3.6 设数域 F 上的多项式构成的集合 $F[x]$ 或 $F_n[x]$ 中的多项式为

$$f(x) = a_n x^n + a_{n-1}x^{n-1} + \cdots + a_1 x + a_0$$

称

$$f'(x) = \begin{cases} na_n x^{n-1} + (n-1)a_{n-1}x^{n-2} + \cdots + a_1 & (n>0) \\ 0 \quad (n=0) \end{cases}$$

为 $f(x)$ 的导式,当 $F=\mathbb{R}$ 时,导式就是导数.我们知道 $F[x]$ 或 $F_n[x]$ 关于多项式的加法和多项式乘以常数的运算是 F 上的线性空间.在 $F[x]$ 或 $F_n[x]$ 中用 D 表示求多项式的导式的变换:

$$Df(x) = f'(x)$$

是一个线性变换,称 D 为 $F[x]$ 或 $F_n[x]$ 上的微分变换或微分算子.

例 3.7 在 n 阶矩阵构成的集合 $M_n(F)$ 中取定一个矩阵 $\boldsymbol{A}$.定义 $M_n(F)$ 的变换 A 为

$$A: M_n(F) \to M_n(F), \quad \boldsymbol{X} \mapsto \boldsymbol{AX}(\forall \boldsymbol{X} \in M_n(F))$$

则 A 是 $M_n(F)$ 的一个线性变换.

例 3.8 在 $M_n(F)$ 中取定一个矩阵 $\boldsymbol{A}$.定义 $M_n(F)$ 的变换 B 为

$$B: M_n(F) \to M_n(F), \boldsymbol{X} \mapsto \boldsymbol{A} + \boldsymbol{X}(\forall \boldsymbol{X} \in M_n(F))$$

当 $\boldsymbol{A} \neq \boldsymbol{O}$ 时,由于

$$B(\boldsymbol{X}+\boldsymbol{Y}) = \boldsymbol{A} + (\boldsymbol{X}+\boldsymbol{Y}) \neq (\boldsymbol{A}+\boldsymbol{X}) + (\boldsymbol{A}+\boldsymbol{Y}) = B(\boldsymbol{X}) + B(\boldsymbol{Y})$$

故 B 不是线性变换;只有当 $\boldsymbol{A}=\boldsymbol{O}$ 时,B 是一个线性变换.

例 3.9 设平面 π 是几何空间 $\mathbb{R}^3$ 内过原点的平面,其单位法向量为 $\boldsymbol{e}, \boldsymbol{e}_1, \boldsymbol{e}_2$ 是 π 内两个垂直的单位向量,则向量 $\boldsymbol{e}, \boldsymbol{e}_1, \boldsymbol{e}_2$ 是两两垂直的单位向量,几何空间 $\mathbb{R}^3$ 内任意向量 $\boldsymbol{a}$ 均可唯一表示为

$$a = xe + ye_1 + ze_2$$

然后两边与 e 作内积,得 $x=(a,e)$,称 $x=(a,e)$ 为 a 在 e 上的投影,而 $xe=(a,e)e$ 为 a 在 e 上的投影向量.而 $a-(a,e)e$ 称 a 在平面 π 上的正投影向量(如图 3.1 所示),令

$$P_\pi:\mathbb{R}^3 \to \pi,\quad a \mapsto a - (a\cdot e)e$$

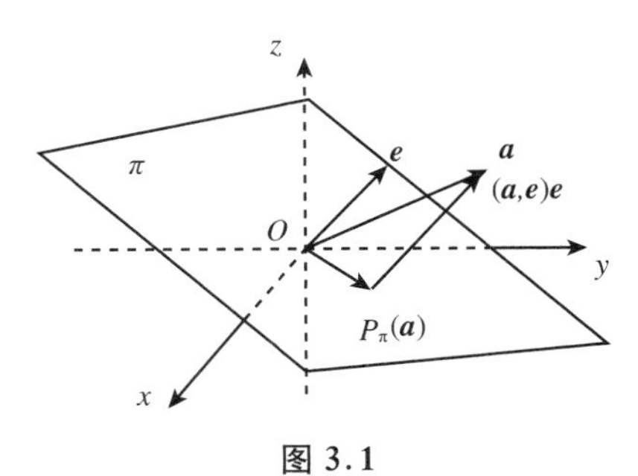

图 3.1

即每个向量 a 对应到 a 在平面 π 上的正投影向量.由于向量在平面上的投影向量由向量唯一确定,因而对应 P_π 是 $\mathbb{R}^3$ 到平面 π 的一个映射.对任意 $a,b\in\mathbb{R}^3$, $k\in\mathbb{R}$,有

$$\begin{aligned}P_\pi(a+b) &= (a+b) - ((a+b)\cdot e)e = a + b - (a\cdot e + b\cdot e)e\\ &= a - (a\cdot e)e + b - (b\cdot e)e = P_\pi(a) + P_\pi(b),\end{aligned}$$

$$P_\pi(ka) = (ka) - ((ka)\cdot e)e = ka + b - k(a\cdot e)e = kP_\pi(a)$$

因而 P_π 是 $\mathbb{R}^3$ 到平面 π 的一个线性映射.

例 3.10　设 $\boldsymbol{A}=\begin{pmatrix}1 & -1 & -2\\ 2 & 5 & 0\end{pmatrix}$,从 F^2 到 F^3(均是行向量空间)的对应为

$$A:F^2 \to F^3,\quad A(\boldsymbol{\alpha}) = \boldsymbol{\alpha}\boldsymbol{A}$$

容易验证 A 是从 F^2 到 F^3 的一个线性映射.

例 3.11　$C_{[a,b]}$ 由区间 $[a,b]$ 上所有连续函数构成的集合,则 $C_{[a,b]}$ 关于函数的加法与函数乘以常数是实数域 $\mathbb{R}$ 上的线性空间. $C_{[a,b]}$ 到 $C_{[a,b]}$ 上的一个映射

$$S:C_{[a,b]} \to C_{[a,b]},\quad S(f(x)) = \int_a^x f(t)\mathrm{d}t$$

由定积分的线性性质可得 S 是 $C_{[a,b]}$ 上的一个线性变换,称为 $C_{[a,b]}$ 上的积分变换或积分算子.

3.3.2　线性映射的性质

设 V,W 是数域 F 上线性空间,而 $T:V\to W$ 是从 V 到 W 的线性映射,则

(1) $T(0)=0$,即线性映射将 V 的零元素变为 W 的零元素;

(2) $T(\boldsymbol{\alpha}) = -T(\boldsymbol{\alpha})(\forall \boldsymbol{\alpha}\in V)$,即线性映射将向量 $\boldsymbol{\alpha}$ 的负元的像为向量 $\boldsymbol{\alpha}$ 的像的负元;

(3) $T(\sum_{i=1}^{n} k_i\boldsymbol{\alpha}_i) = \sum_{i=1}^{n} k_i T(\boldsymbol{\alpha}_i)(\forall \boldsymbol{\alpha}_i \in V, k_i \in F)$;

(4) 若 $\boldsymbol{\alpha}_1,\boldsymbol{\alpha}_2,\cdots,\boldsymbol{\alpha}_n \in V$ 线性相关,则 $T(\boldsymbol{\alpha}_1),T(\boldsymbol{\alpha}_2),\cdots,T(\boldsymbol{\alpha}_n)\in W$ 也线性相关,即线性映射将 V 中的线性相关的向量组变为 W 中线性相关的向量组.

证明　(1),(2),(3)的证明方法与(4)中由 $\boldsymbol{\alpha}_1,\boldsymbol{\alpha}_2,\cdots,\boldsymbol{\alpha}_n$ 推导 $T(\boldsymbol{\alpha}_1),T(\boldsymbol{\alpha}_2),\cdots,T(\boldsymbol{\alpha}_n)$ 线性相关的方法与同构性质的证明方法完全相同,这里就不给出,建议同学们推导一下.

应该注意,线性无关的元素组经过线性映射变换不一定还是线性无关的,变换后的情况

与元素组和线性变换有关.

3.1.3 线性映射和线性变换的运算

设 V,W 是数域 F 上的线性空间，$A,B:V\to W$，若对 V 中任意向量 $\boldsymbol{\alpha}$，均有

$$A(\boldsymbol{\alpha})=B(\boldsymbol{\alpha})$$

称线性映射 A 与 B 相等，记作 $A=B$.

设 V,W 是数域 F 上的线性空间，$A,B:V\to W$ 是从 V 到 W 的线性映射，而 $k\in F$. 对 V 中任意向量 $\boldsymbol{\alpha}$，显然 $A(\boldsymbol{\alpha}),B(\boldsymbol{\alpha})\in W$，故 $A(\boldsymbol{\alpha})+B(\boldsymbol{\alpha}),kA(\boldsymbol{\alpha}),-A(\boldsymbol{\alpha})\in W$，令

$$A+B:V\to W,\boldsymbol{\alpha}\mapsto A(\boldsymbol{\alpha})+B(\boldsymbol{\alpha})=(A+B)(\boldsymbol{\alpha})$$

$$kA:V\to W,\boldsymbol{\alpha}\mapsto kA(\boldsymbol{\alpha})=(kA)(\boldsymbol{\alpha})$$

$$-A:V\to W,\boldsymbol{\alpha}\mapsto -A(\boldsymbol{\alpha})=(-T)(\boldsymbol{\alpha})$$

称 $A+B$ 为 A,B 的加法或和，kA 为 A 与 k 的数乘，$-T$ 为 A 与 k 的负映射.

线性映射 A,B 的和 $A+B$，A 与 k 的数乘 kA，A 的负映射 $-T$ 也是从 V 到 W 的线性映射，这是因为，对 V 中任意向量 $\boldsymbol{\alpha},\boldsymbol{\beta}$，以及 F 中的数 l，有

$$\begin{aligned}(A+B)(\boldsymbol{\alpha}+\boldsymbol{\beta})&=A(\boldsymbol{\alpha}+\boldsymbol{\beta})+B(\boldsymbol{\alpha}+\boldsymbol{\beta})=A(\boldsymbol{\alpha})+A(\boldsymbol{\beta})+B(\boldsymbol{\alpha})+B(\boldsymbol{\beta})\\&=A(\boldsymbol{\alpha})+B(\boldsymbol{\alpha})+A(\boldsymbol{\beta})+B(\boldsymbol{\beta})=(A+B)(\boldsymbol{\alpha})+(A+B)(\boldsymbol{\beta})\\(A+B)(l\boldsymbol{\alpha})&=A(l\boldsymbol{\alpha})+B(l\boldsymbol{\alpha})=lA(\boldsymbol{\alpha})+lB(\boldsymbol{\alpha})\\&=l(A(\boldsymbol{\alpha})+B(\boldsymbol{\alpha}))=k(A+B)(\boldsymbol{\alpha})\end{aligned}$$

和

$$\begin{aligned}(kA)(\boldsymbol{\alpha}+\boldsymbol{\beta})&=kA(\boldsymbol{\alpha}+\boldsymbol{\beta})=kA(\boldsymbol{\alpha})+kA(\boldsymbol{\beta})=(kA)(\boldsymbol{\alpha})+(kA)(\boldsymbol{\beta})\\(kA)(l\boldsymbol{\alpha})&=kA(l\alpha)=klA(\boldsymbol{\alpha})=lkA(\boldsymbol{\alpha})=l(kA)(\boldsymbol{\alpha})\end{aligned}$$

以及

$$\begin{aligned}(-A)(\boldsymbol{\alpha}+\boldsymbol{\beta})&=-A(\boldsymbol{\alpha}+\boldsymbol{\beta})=-(A(\boldsymbol{\alpha})+A(\boldsymbol{\beta}))=(-A)(\boldsymbol{\alpha})+(-A)(\boldsymbol{\beta})\\(-A)(l\boldsymbol{\alpha})&=-A(l\boldsymbol{\alpha})=-lA(\boldsymbol{\alpha})=l(-A(\boldsymbol{\alpha}))=l(-A)(\boldsymbol{\alpha})\end{aligned}$$

设 V,W,U 是数域 F 上的线性空间，$A:V\to W,B:W\to U$ 是线性映射. 对 V 中任意向量 $\boldsymbol{\alpha}$，显然 $A(\boldsymbol{\alpha})\in W$，故 $B(A(\boldsymbol{\alpha}))\in U$，令

$$BA:V\to W,\quad \boldsymbol{\alpha}\mapsto B(A(\boldsymbol{\alpha}))=(BA)(\boldsymbol{\alpha})$$

称 BA 为 A,B 的合成或乘积或简称积.

线性映射 A,B 的乘积 BA 也是从 V 到 U 的线性映射，这是因为，对 V 中任意向量 $\boldsymbol{\alpha}$，以及 F 中的数 l，有

$$\begin{aligned}(BA)(\boldsymbol{\alpha}+\boldsymbol{\beta})&=B(A(\boldsymbol{\alpha}+\boldsymbol{\beta}))=B(A(\boldsymbol{\alpha})+A(\boldsymbol{\beta}))\\&=B(A(\boldsymbol{\alpha}))+B(A(\boldsymbol{\alpha}))=(BA)(\boldsymbol{\alpha})+(BA)(\boldsymbol{\beta})\\(BA)(l\boldsymbol{\alpha})&=B(A(l\boldsymbol{\alpha}))=B(lA(\boldsymbol{\alpha}))=l(B(A(\boldsymbol{\alpha}))=l(BA)(\boldsymbol{\alpha})\end{aligned}$$

注意：(1) 并非所有的线性映射都可以合成. 只有当前一个映射的值域等于后一个映射的定义域时，两个映射才可以合成；

(2) 即使线性映射 A,B 可以合成，B,A 也可以合成，即 AB,BA 都存在，一般地，$AB\neq BA$，也就是说，线性映射的合成不满足交换律；也不满足消去性，即 $A\neq 0,AB=AC$ 或 $BA=CA$，推不出 $B=C$.

(3) 如果 $A,B:V\to V$ 是线性变换，则 A,B 可以乘积，B,A 也可以乘积，这是也不必有 $AB\neq BA$.

例 3.12　设

$$\boldsymbol{A}=\begin{pmatrix}1&-1&-2\\2&5&0\end{pmatrix},\quad \boldsymbol{B}=\begin{pmatrix}-1&2\\3&0\\2&-1\end{pmatrix}$$

从 F^2 到 F^3（均是行向量空间）的线性映射

$$A:F^2\to F^3,\quad A(\boldsymbol{\alpha})=\boldsymbol{\alpha A}$$

从 F^2 到 F^3（均是行向量空间）的线性映射

$$B:F^3\to F^2,\quad B(\boldsymbol{\beta})=\boldsymbol{\beta B}$$

设 $\boldsymbol{\alpha}=(x,y)\in F^2,\boldsymbol{\beta}=(x,y,z)\in F^3$，则

$$BA:F^2\to F^2,\quad BA(x,y)=\boldsymbol{\alpha AB}=(-8x+13y,8x+2y)$$

$$AB:F^3\to F^3,\quad AB(x,y,z)=\boldsymbol{\beta BA}=(2x+3y,11x-3y-7z,2x-6y-4z)$$

故 $AB\neq BA$.

例 3.13　设

$$\boldsymbol{A}=\begin{pmatrix}1&0\\0&0\end{pmatrix},\quad \boldsymbol{B}=\begin{pmatrix}0&1\\0&0\end{pmatrix},\quad \boldsymbol{C}=\begin{pmatrix}0&1\\2&3\end{pmatrix}$$

从 F^2 到 F^2（行向量空间）的线性映射 $A,B,C:F^2\to F^2$，分别为

$$A(\alpha)=\boldsymbol{\alpha A},\quad B(\boldsymbol{\alpha})=\boldsymbol{\alpha B},\quad C(\boldsymbol{\alpha})=\boldsymbol{\alpha C}$$

由于 $A(1,0)=(1.0)\neq(0,0)$，故 $A\neq 0$，而

$$BA(x,y)=(x,y)AB=(0,x)=(x,y)AC=CA(x,y)$$

故 $BA=CA$，但 $B(x,y)=(0,x)\neq C(x,y)=(2y,x+3y)$. 而

$$AB(x,y)=(x,y)BA=(0,0)\neq(0,x)=(x,y)AB=BA(x,y)$$

设 V,W 是数域 F 上线性空间，$A,B,C:V\to W$ 是从 V 到 W 的线性映射，而 $k,l\in F$. 容易验证线性映射的加法，数乘满足：

(1) $A+B=B+A$（加法交换律）；

(2) $(A+B)+C=A+(B+C)$（加法结合律）；

(3) $A+0=A$（加法零元律）；

(4) $A+(-A)=0$（加法负元律）；

(5) $1A=A$（数乘单位元律）；

(6) $k(A+B)=kA+kB$（数乘与加法分配律）；

(7) $(k+l)A=kA+lA$（数加与数乘分配律）；

(8) $(kl)A=k(lA)=l(kA)$（数的乘法与数乘结合律）.

令 $\mathrm{Hom}_F(V,W)$ 是由所有从 V 到 W 的线性映射构成的集合，则 $\mathrm{Hom}_F(V,W)$ 关于线性映射的加法，数乘构成数域 F 上线性空间.

设 V,W,U,X 是数域 F 上线性空间，而映射 $A,A_1,A_2:V\to W,B,B_1,B_2:W\to U,C:U\to X$ 是线性映射. 容易验证线性映射的加法，数乘与乘法还满足：

(9) $(AB)C=A(BC)$（乘法结合律）；

(10) $(A_1+A_2)B=A_1B+A_2B,(B_1+B_2)C=B_1C+B_2C$（乘法对加法的分配律）；

(11) $E_WA=A=AE_V$（乘法单位元律）.

设 V,W 是数域 F 线性空间，$A:V\to W$ 是线性映射，若存在从 W 到 V 的线性映射 $B:W\to V$ 满足

$$BA = E_V, \quad AB = E_W$$

称 B 是 A 的逆变换,也称 A 是可逆的.

注意:容易证明若 A 是可逆,则 A 的逆是唯一的,记作 A^{-1}.

可以证明:线性映射 $A: V \to W$ 可逆的充要条件是 A 是双射.从而 A 是同构的,线性空间 V, W 同构,于是 $\dim(V)=\dim(W)$.

练习 (1) 在逆变换的定义中 $B: W \to V$ 是线性映射可以换成 $B: W \to V$ 是映射.

(2) 证明:线性映射 $A: V \to W$ 可逆的充要条件 A 是双射.

将所有数域 F 上线性空间 V 上的线性变换构成的集合,记作 $\mathrm{Hom}_F(V)$ 或简记为 $\mathrm{Hom}(V)$.则在集合 $\mathrm{Hom}(V)$ 中的元素和线性映射一样,可以进行加法、数乘、乘法、单位变换、零变换,也满足线性映射的性质,除此之外,还可以定义线性变换的幂、多项式:

设 V 是数域 F 线性空间,$A: V \to V$ 是线性变换,由于 A 和 A 可以乘积,其乘积还可以与 A 乘积.故对任意自然数 n,令

$$A^n = AA\cdots A(n \text{ 个 } A)$$

称为 A 的 n 次幂,规定

$$A^0 = E$$

设 F 上的多项式

$$f(x) = a_n x^n + a_{n-1} x^{n-1} + \cdots + a_1 x + a_0$$

将自变量 x 用 A 代入,称

$$f(A) = a_n A^n + a_{n-1} A^{n-1} ++ a_1 A + a_0 E$$

为线性变换 A 的多项式,A 的多项式仍是 V 上的线性变换.

例 3.14 设

$$\boldsymbol{A} = \begin{pmatrix} 1 & -1 \\ 2 & 3 \end{pmatrix}$$

从 F^2 到 F^2(行向量空间)的线性变换

$$A: F^2 \to F^2, \boldsymbol{\alpha} \mapsto \boldsymbol{\alpha A} = A(\boldsymbol{\alpha})$$

设 $\boldsymbol{\alpha}=(x, y)$,则

$$A(x, y) = (x + 2y, -x + 3y)$$
$$A^2(x, y) = (-x + 8y, 2x + 4y)$$
$$A^3(x, y) = (3x + 16y, 7x + 4y)$$

3.2 线性映射和线性变换的矩阵表示

对比矩阵和线性映射的性质,发现它们有许多相似之处,通过下面的讨论,这两者不但相似,本质上是一样的.我们先引入一些记号:

设 $\boldsymbol{\alpha}_1, \boldsymbol{\alpha}_2, \cdots, \boldsymbol{\alpha}_s$ 是线性空间 V 中的向量,T 是从 V 到 W 的线性映射,我们将 $\boldsymbol{\alpha}_1, \boldsymbol{\alpha}_2, \cdots, \boldsymbol{\alpha}_s$ 的像表示为

$$T(\boldsymbol{\alpha}_1, \boldsymbol{\alpha}_2, \cdots, \boldsymbol{\alpha}_s) = (T(\boldsymbol{\alpha}_1), T(\boldsymbol{\alpha}_2), \cdots, T(\boldsymbol{\alpha}_s))$$

设 $\boldsymbol{\alpha}=\sum_{i=1}^{s}x_i\boldsymbol{\alpha}_i=(\boldsymbol{\alpha}_1,\boldsymbol{\alpha}_2,\cdots,\boldsymbol{\alpha}_s)\boldsymbol{X}$,其中 $\boldsymbol{X}=(x_1,x_2,\cdots,x_s)^{\mathrm{T}}$,则

$$\begin{aligned}T(\boldsymbol{\alpha})&=T((\boldsymbol{\alpha}_1,\boldsymbol{\alpha}_2,\cdots,\boldsymbol{\alpha}_n)\boldsymbol{X})=T(\sum_{i=1}^{n}x_i\boldsymbol{\alpha}_i)=\sum_{i=1}^{n}x_iT(\boldsymbol{\alpha}_i)\\&=(T(\boldsymbol{\alpha}_1),T(\boldsymbol{\alpha}_2),\cdots,T(\boldsymbol{\alpha}_n))\boldsymbol{X}=T(\boldsymbol{\alpha}_1,\boldsymbol{\alpha}_2,\cdots,\boldsymbol{\alpha}_n)\boldsymbol{X}\end{aligned}$$

即得到

$$T((\boldsymbol{\alpha}_1,\boldsymbol{\alpha}_2,\cdots,\boldsymbol{\alpha}_n)\boldsymbol{X})=T(\boldsymbol{\alpha}_1,\boldsymbol{\alpha}_2,\cdots,\boldsymbol{\alpha}_n)\boldsymbol{X}$$

相当于向量 $\boldsymbol{X}$ 从左侧提出来.设 $\boldsymbol{P}$ 是 $s\times t$ 矩阵,且 $\boldsymbol{P}_1,\boldsymbol{P}_2,\cdots,\boldsymbol{P}_t$ 是 $\boldsymbol{P}$ 的列,即

$$\boldsymbol{P}=(\boldsymbol{P}_1,\boldsymbol{P}_2,\cdots,\boldsymbol{P}_s)$$

记 $\boldsymbol{\beta}_i=(\boldsymbol{\alpha}_1,\boldsymbol{\alpha}_2,\cdots,\boldsymbol{\alpha}_s)\boldsymbol{P}_i$,则$(\boldsymbol{\alpha}_1,\boldsymbol{\alpha}_2,\cdots,\boldsymbol{\alpha}_s)\boldsymbol{P}=(\boldsymbol{\beta}_1,\boldsymbol{\beta}_2,\cdots,\boldsymbol{\beta}_t)$.

进一步地,有

$$\begin{aligned}T((\boldsymbol{\alpha}_1,\boldsymbol{\alpha}_2,\cdots,\boldsymbol{\alpha}_n)\boldsymbol{P})&=T(\boldsymbol{\beta}_1,\boldsymbol{\beta}_2,\cdots,\boldsymbol{\beta}_t)=(T(\boldsymbol{\beta}_1),T(\boldsymbol{\beta}_2),\cdots,T(\boldsymbol{\beta}_t))\\&=(T((\boldsymbol{\alpha}_1,\boldsymbol{\alpha}_2,\cdots,\boldsymbol{\alpha}_n)\boldsymbol{P}_1),T((\boldsymbol{\alpha}_1,\boldsymbol{\alpha}_2,\cdots,\boldsymbol{\alpha}_n)\boldsymbol{P}_2),\cdots,T((\boldsymbol{\alpha}_1,\boldsymbol{\alpha}_2,\cdots,\boldsymbol{\alpha}_n)\boldsymbol{P}_s))\\&=(T(\boldsymbol{\alpha}_1,\boldsymbol{\alpha}_2,\cdots,\boldsymbol{\alpha}_n)\boldsymbol{P}_1,T(\boldsymbol{\alpha}_1,\boldsymbol{\alpha}_2,\cdots,\boldsymbol{\alpha}_n)\boldsymbol{P}_2,\cdots,T(\boldsymbol{\alpha}_1,\boldsymbol{\alpha}_2,\cdots,\boldsymbol{\alpha}_n)\boldsymbol{P}_s)\\&=T(\boldsymbol{\alpha}_1,\boldsymbol{\alpha}_2,\cdots,\boldsymbol{\alpha}_n)(\boldsymbol{P}_1,\boldsymbol{P}_2,\cdots,\boldsymbol{P}_s)=T(\boldsymbol{\alpha}_1,\boldsymbol{\alpha}_2,\cdots,\boldsymbol{\alpha}_n)\boldsymbol{P}\end{aligned}$$

即

$$T((\boldsymbol{\alpha}_1,\boldsymbol{\alpha}_2,\cdots,\boldsymbol{\alpha}_n)\boldsymbol{P})=T(\boldsymbol{\alpha}_1,\boldsymbol{\alpha}_2,\cdots,\boldsymbol{\alpha}_n)\boldsymbol{P}$$

相当于矩阵 $\boldsymbol{P}$ 从左侧提出来.

3.2.1　线性映射、线性变换的矩阵

设 V,W 是数域 F 上的线性空间,而 T 是从 V 到 W 的线性映射.设 $\boldsymbol{\alpha}_1,\boldsymbol{\alpha}_2,\cdots,\boldsymbol{\alpha}_n$ 是 V 的基,设 $\boldsymbol{\beta}_1,\boldsymbol{\beta}_2,\cdots,\boldsymbol{\beta}_m$ 是 W 的基.则 $T(\boldsymbol{\alpha}_i)\in W$ 可由 W 的基线性表示,于是

$$\begin{cases}T(\boldsymbol{\alpha}_1)=a_{11}\boldsymbol{\beta}_1+a_{21}\boldsymbol{\beta}_2+\cdots+a_{m1}\boldsymbol{\beta}_m\\T(\boldsymbol{\alpha}_2)=a_{12}\boldsymbol{\beta}_1+a_{22}\boldsymbol{\beta}_2+\cdots+a_{m2}\boldsymbol{\beta}_m\\\cdots\cdots\\T(\boldsymbol{\alpha}_n)=a_{1n}\boldsymbol{\beta}_1+a_{2n}\boldsymbol{\beta}_2+\cdots+a_{mn}\boldsymbol{\beta}_m\end{cases}$$

将上式表示成矩阵乘积的形式

$$(T(\boldsymbol{\alpha}_1),T(\boldsymbol{\alpha}_2),\cdots,T(\boldsymbol{\alpha}_n))=(\boldsymbol{\beta}_1,\boldsymbol{\beta}_2,\cdots,\boldsymbol{\beta}_m)\begin{pmatrix}a_{11}&a_{12}&\cdots&a_{1n}\\a_{21}&a_{22}&\cdots&a_{2n}\\\vdots&\vdots&\ddots&\vdots\\a_{m1}&a_{m2}&\cdots&a_{mn}\end{pmatrix}$$

记矩阵 $\boldsymbol{A}=(a_{ij})_{m\times n}$,从上式可以看出矩阵 $\boldsymbol{A}$ 的第 i 列是 V 的基元素 $\boldsymbol{\alpha}_i$ 的像 $T(\boldsymbol{\alpha}_i)$ 在 W 的基 $\boldsymbol{\beta}_1,\boldsymbol{\beta}_2,\cdots,\boldsymbol{\beta}_m$ 下的坐标,由于坐标的唯一性可知,矩阵 $\boldsymbol{A}$ 由线性映射 T,V 的给定基和 W 的给定基唯一确定.称矩阵 $\boldsymbol{A}$ 是线性映射 T 在 V 的基 $\boldsymbol{\alpha}_1,\boldsymbol{\alpha}_2,\cdots,\boldsymbol{\alpha}_n$ 和 W 的基 $\boldsymbol{\beta}_1,\boldsymbol{\beta}_2,\cdots,\boldsymbol{\beta}_m$ 下的矩阵,利用以上记法,则

$$T(\boldsymbol{\alpha}_1,\boldsymbol{\alpha}_2,\cdots,\boldsymbol{\alpha}_n)=(\boldsymbol{\beta}_1,\boldsymbol{\beta}_2,\cdots,\boldsymbol{\beta}_m)\boldsymbol{A}$$

称为线性映射 T 在 V 的基 $\boldsymbol{\alpha}_1,\boldsymbol{\alpha}_2,\cdots,\boldsymbol{\alpha}_n$ 和 W 的基 $\boldsymbol{\beta}_1,\boldsymbol{\beta}_2,\cdots,\boldsymbol{\beta}_m$ 下的矩阵表示.

结论:任意一个线性映射在取定线性空间的基下确定唯一一个矩阵.

对线性空间 V 上的线性变换 T,即 $W=V$.设 $\boldsymbol{\alpha}_1,\boldsymbol{\alpha}_2,\cdots,\boldsymbol{\alpha}_n$ 是 V 的基,线性空间 V 作

为线性变化 T 的值域，其基仍取 $\boldsymbol{\alpha}_1,\boldsymbol{\alpha}_2,\cdots,\boldsymbol{\alpha}_n$，这时线性变换 T 在 V 的基 $\boldsymbol{\alpha}_1,\boldsymbol{\alpha}_2,\cdots,\boldsymbol{\alpha}_n$ 和 V 的基 $\boldsymbol{\alpha}_1,\boldsymbol{\alpha}_2,\cdots,\boldsymbol{\alpha}_n$ 下的矩阵 $\boldsymbol{A}$ 称为 T 在 V 的基 $\boldsymbol{\alpha}_1,\boldsymbol{\alpha}_2,\cdots,\boldsymbol{\alpha}_n$ 下的矩阵，这时线性变换 T 的矩阵表示为

$$T(\boldsymbol{\alpha}_1,\boldsymbol{\alpha}_2,\cdots,\boldsymbol{\alpha}_n)=(\boldsymbol{\alpha}_1,\boldsymbol{\alpha}_2,\cdots,\boldsymbol{\alpha}_n)\boldsymbol{A}$$

注意：(1) 线性变换的矩阵是方阵；

(2) 显然恒等变换 E 在 V 的任意一组基下的矩阵均是单位矩阵 $\boldsymbol{E}$.

例 3.15 设

$$\boldsymbol{A}=\begin{pmatrix}1 & -1 & -2\\ 2 & 5 & 0\end{pmatrix}$$

从 F^2 到 F^3(均是行向量空间)的线性映射

$$A:F^2\to F^3,\quad A(\boldsymbol{\alpha})=\boldsymbol{\alpha}\boldsymbol{A}$$

取 F^2 的基

$$\boldsymbol{\varepsilon}_1^2=(1,0),\quad \boldsymbol{\varepsilon}_2^2=(0,1)$$

以及 F^3 的基

$$\boldsymbol{\varepsilon}_1^3=(1,0,0),\quad \boldsymbol{\varepsilon}_2^3=(0,1,0),\quad \boldsymbol{\varepsilon}_2^3=(0,0,1)$$

则

$$A(\boldsymbol{\varepsilon}_1^2)=(1,-1,-2)=\boldsymbol{\varepsilon}_1^3-\boldsymbol{\varepsilon}_2^3-2\boldsymbol{\varepsilon}_2^3$$
$$A(\boldsymbol{\varepsilon}_2^2)=(2,5,0)=2\boldsymbol{\varepsilon}_1^3+5\boldsymbol{\varepsilon}_2^3+0\boldsymbol{\varepsilon}_2^3$$

故

$$A(\boldsymbol{\varepsilon}_1^2,\boldsymbol{\varepsilon}_2^2)=(\boldsymbol{\varepsilon}_1^3,\boldsymbol{\varepsilon}_2^3,\boldsymbol{\varepsilon}_2^3)\begin{pmatrix}1 & 2\\ -1 & 5\\ -2 & 0\end{pmatrix}$$

线性映射 T 在 F^2 的基 $\boldsymbol{\varepsilon}_1^2,\boldsymbol{\varepsilon}_2^2$ 和 F^3 的基 $\boldsymbol{\varepsilon}_1^3,\boldsymbol{\varepsilon}_2^3,\boldsymbol{\varepsilon}_2^3$ 下的矩阵

$$\boldsymbol{A}=\begin{pmatrix}1 & 2\\ -1 & 5\\ -2 & 0\end{pmatrix}$$

例 3.16 在 $F_n[x]$上的微分变换：

$$Df(x)=f'(x)$$

取 $F_n[x]$的基 $1,x,x^2,\cdots,x^n$，则容易验证

$$D(1,x,x^2,\cdots,x^n)=(1,x,x^2,\cdots,x^n)\begin{pmatrix}0 & 1 & 0 & \cdots & 0\\ 0 & 0 & 2 & \cdots & 0\\ \vdots & \vdots & \ddots & \ddots & \vdots\\ 0 & 0 & 0 & 0 & n\\ 0 & 0 & 0 & \cdots & 0\end{pmatrix}$$

例 3.17 设 $\boldsymbol{A}=\begin{pmatrix}a & b\\ c & d\end{pmatrix}$，$M_2(F)$的线性变换 A 为

$$A:M_2(F)\to M_2(F),\boldsymbol{X}\mapsto\boldsymbol{A}\boldsymbol{X}\quad(\forall\boldsymbol{X}\in M_2(F))$$

取 $M_2(F)$的基 $\boldsymbol{E}_{11},\boldsymbol{E}_{12},\boldsymbol{E}_{21},\boldsymbol{E}_{22}$，则

$$A(\boldsymbol{E}_{11})=\begin{pmatrix}a & b\\ 0 & 0\end{pmatrix}=a\boldsymbol{E}_{11}+b\boldsymbol{E}_{12}+0\boldsymbol{E}_{21}+0\boldsymbol{E}_{22}$$

$$A(\boldsymbol{E}_{12})=\begin{pmatrix}c & d\\0 & 0\end{pmatrix}=c\boldsymbol{E}_{11}+d\boldsymbol{E}_{12}+0\boldsymbol{E}_{21}+0\boldsymbol{E}_{22}$$

$$A(\boldsymbol{E}_{21})=\begin{pmatrix}0 & 0\\a & b\end{pmatrix}=0\boldsymbol{E}_{11}+0\boldsymbol{E}_{12}+a\boldsymbol{E}_{21}+b\boldsymbol{E}_{22}$$

$$A(\boldsymbol{E}_{22})=\begin{pmatrix}0 & 0\\c & d\end{pmatrix}=0\boldsymbol{E}_{11}+0\boldsymbol{E}_{12}+c\boldsymbol{E}_{21}+d\boldsymbol{E}_{22}$$

线性变换 A 在 $M_2(F)$ 的基 $\boldsymbol{E}_{11},\boldsymbol{E}_{12},\boldsymbol{E}_{21},\boldsymbol{E}_{22}$ 下的矩阵表示为

$$A(\boldsymbol{E}_{11},\boldsymbol{E}_{12},\boldsymbol{E}_{21},\boldsymbol{E}_{22})=(\boldsymbol{E}_{11},\boldsymbol{E}_{12},\boldsymbol{E}_{21},\boldsymbol{E}_{22})\begin{pmatrix}a & c & 0 & 0\\b & d & 0 & 0\\0 & 0 & a & c\\0 & 0 & b & d\end{pmatrix}$$

变换用矩阵表示，将抽象的线性变换转化为具体的矩阵形式.

下面我们讨论线性映射，线性变换的运算的矩阵表示：

设 V,W,U 是数域 F 上的线性空间，$A,B:V\to W,C:W\to U$ 是线性映射，$\boldsymbol{A},\boldsymbol{B}$ 分别是线性映射 A,B 在 V 的基 $\boldsymbol{\alpha}_1,\boldsymbol{\alpha}_2,\cdots,\boldsymbol{\alpha}_n$ 和 W 的基 $\boldsymbol{\beta}_1,\boldsymbol{\beta}_2,\cdots,\boldsymbol{\beta}_m$ 下的矩阵，$\boldsymbol{C}$ 是 C 在 W 的基 $\boldsymbol{\beta}_1,\boldsymbol{\beta}_2,\cdots,\boldsymbol{\beta}_m$ 和 U 的基 $\boldsymbol{\gamma}_1,\boldsymbol{\gamma}_2,\cdots,\boldsymbol{\gamma}_p$ 下的矩阵，即

$$A(\boldsymbol{\alpha}_1,\boldsymbol{\alpha}_2,\cdots,\boldsymbol{\alpha}_n)=(\boldsymbol{\beta}_1,\boldsymbol{\beta}_2,\cdots,\boldsymbol{\beta}_m)\boldsymbol{A}$$
$$B(\boldsymbol{\alpha}_1,\boldsymbol{\alpha}_2,\cdots,\boldsymbol{\alpha}_n)=(\boldsymbol{\beta}_1,\boldsymbol{\beta}_2,\cdots,\boldsymbol{\beta}_m)\boldsymbol{B}$$
$$C(\boldsymbol{\beta}_1,\boldsymbol{\beta}_2,\cdots,\boldsymbol{\beta}_m)=(\boldsymbol{\gamma}_1,\boldsymbol{\gamma}_2,\cdots,\boldsymbol{\gamma}_p)\boldsymbol{C}$$

则

$$(A+B)(\boldsymbol{\alpha}_1,\boldsymbol{\alpha}_2,\cdots,\boldsymbol{\alpha}_n)=((A+B)(\boldsymbol{\alpha}_1),(A+B)(\boldsymbol{\alpha}_2),\cdots,(A+B)(\boldsymbol{\alpha}_n))$$

即

$$\begin{aligned}(A+B)(\boldsymbol{\alpha}_1,\boldsymbol{\alpha}_2,\cdots,\boldsymbol{\alpha}_n)&=(A(\boldsymbol{\alpha}_1)+B(\boldsymbol{\alpha}_1),A(\boldsymbol{\alpha}_2)+B(\boldsymbol{\alpha}_2),\cdots,A(\boldsymbol{\alpha}_n)+B(\boldsymbol{\alpha}_n))\\&=(A(\boldsymbol{\alpha}_1),A(\boldsymbol{\alpha}_2),\cdots,A(\boldsymbol{\alpha}_n))+(B(\boldsymbol{\alpha}_1),B(\boldsymbol{\alpha}_2),\cdots,B(\boldsymbol{\alpha}_n))\\&=(\boldsymbol{\beta}_1,\boldsymbol{\beta}_2,\cdots,\boldsymbol{\beta}_m)\boldsymbol{A}+(\boldsymbol{\beta}_1,\boldsymbol{\beta}_2,\cdots,\boldsymbol{\beta}_m)\boldsymbol{B}\\&=(\boldsymbol{\beta}_1,\boldsymbol{\beta}_2,\cdots,\boldsymbol{\beta}_m)(\boldsymbol{A}+\boldsymbol{B})\end{aligned}$$

同理可得

$$(kA)(\boldsymbol{\alpha}_1,\boldsymbol{\alpha}_2,\cdots,\boldsymbol{\alpha}_n)=(\boldsymbol{\beta}_1,\boldsymbol{\beta}_2,\cdots,\boldsymbol{\beta}_m)(k\boldsymbol{A})$$

以及

$$\begin{aligned}(CA)(\boldsymbol{\alpha}_1,\boldsymbol{\alpha}_2,\cdots,\boldsymbol{\alpha}_n)&=C(A(\boldsymbol{\alpha}_1,\boldsymbol{\alpha}_2,\cdots,\boldsymbol{\alpha}_n))\\&=C((\boldsymbol{\beta}_1,\boldsymbol{\beta}_2,\cdots,\boldsymbol{\beta}_m)\boldsymbol{A})=C(\boldsymbol{\beta}_1,\boldsymbol{\beta}_2,\cdots,\boldsymbol{\beta}_m)\boldsymbol{A}\\&=((\boldsymbol{\gamma}_1,\boldsymbol{\gamma}_2,\cdots,\boldsymbol{\gamma}_p)\boldsymbol{C})\boldsymbol{A}=(\gamma_1,\gamma_2,\cdots,\gamma_p)\boldsymbol{CA}\end{aligned}$$

即

$$(CA)(\boldsymbol{\alpha}_1,\boldsymbol{\alpha}_2,\cdots,\boldsymbol{\alpha}_n)=(\boldsymbol{\gamma}_1,\boldsymbol{\gamma}_2,\cdots,\boldsymbol{\gamma}_p)\boldsymbol{CA}$$

设 V,W 是数域 F 上的线性空间，$A:V\to W$ 是可逆线性映射，$\boldsymbol{A}$ 是 A 在 V 的基 $\boldsymbol{\alpha}_1,\boldsymbol{\alpha}_2,\cdots,\boldsymbol{\alpha}_n$ 和 W 的基 $\boldsymbol{\beta}_1,\boldsymbol{\beta}_2,\cdots,\boldsymbol{\beta}_n$ 下的矩阵，$\boldsymbol{B}$ 是 $A^{-1}:W\to V$ 在 W 的基 $\boldsymbol{\beta}_1,\boldsymbol{\beta}_2,\cdots,\boldsymbol{\beta}_n$ 和 V 的基 $\boldsymbol{\alpha}_1,\boldsymbol{\alpha}_2,\cdots,\boldsymbol{\alpha}_n$ 下的矩阵，则

$$A(\boldsymbol{\alpha}_1,\boldsymbol{\alpha}_2,\cdots,\boldsymbol{\alpha}_n)=(\boldsymbol{\beta}_1,\boldsymbol{\beta}_2,\cdots,\boldsymbol{\beta}_n)\boldsymbol{A}$$
$$A^{-1}(\boldsymbol{\beta}_1,\boldsymbol{\beta}_2,\cdots,\boldsymbol{\beta}_n)=(\boldsymbol{\alpha}_1,\boldsymbol{\alpha}_2,\cdots,\boldsymbol{\alpha}_n)\boldsymbol{B}$$

则

$$E_V(\boldsymbol{\alpha}_1,\boldsymbol{\alpha}_2,\cdots,\boldsymbol{\alpha}_n)=A^{-1}A(\boldsymbol{\alpha}_1,\boldsymbol{\alpha}_2,\cdots,\boldsymbol{\alpha}_n)=(\boldsymbol{\alpha}_1,\boldsymbol{\alpha}_2,\cdots,\boldsymbol{\alpha}_n)\boldsymbol{BA}$$

$$E_V(\boldsymbol{\beta}_1,\boldsymbol{\beta}_2,\cdots,\boldsymbol{\beta}_n)=AA^{-1}(\boldsymbol{\beta}_1,\boldsymbol{\beta}_2,\cdots,\boldsymbol{\beta}_n)=(\boldsymbol{\beta}_1,\boldsymbol{\beta}_2,\cdots,\boldsymbol{\beta}_n)\boldsymbol{AB}$$

由线性映射的矩阵的唯一性，得 $BA=\boldsymbol{E}$，$AB=\boldsymbol{E}$，故 $B=A^{-1}$.

于是得到如下定理：

定理 3.1 设 V,W,U 是数域F上的线性空间，$\boldsymbol{A},\boldsymbol{B}$ 分别是线性映射 $A,B:V\to W$ 在 V 的基 $\boldsymbol{\alpha}_1,\boldsymbol{\alpha}_2,\cdots,\boldsymbol{\alpha}_n$ 和 W 的基 $\boldsymbol{\beta}_1,\boldsymbol{\beta}_2,\cdots,\boldsymbol{\beta}_m$ 下的矩阵，$\boldsymbol{C}$ 是线性映射 $C:W\to UC$ 在 W 的基 $\boldsymbol{\beta}_1,\boldsymbol{\beta}_2,\cdots,\boldsymbol{\beta}_m$ 和 U 的基 $\boldsymbol{\gamma}_1,\boldsymbol{\gamma}_2,\cdots,\boldsymbol{\gamma}_p$ 下的矩阵，则

(1) $A+B$ 在 V 的基 $\boldsymbol{\alpha}_1,\boldsymbol{\alpha}_2,\cdots,\boldsymbol{\alpha}_n$ 和 W 的基 $\boldsymbol{\beta}_1,\boldsymbol{\beta}_2,\cdots,\boldsymbol{\beta}_m$ 下的矩阵是 $\boldsymbol{A}+\boldsymbol{B}$；

(2) kA 在 V 的基 $\boldsymbol{\alpha}_1,\boldsymbol{\alpha}_2,\cdots,\boldsymbol{\alpha}_n$ 和 W 的基 $\boldsymbol{\beta}_1,\boldsymbol{\beta}_2,\cdots,\boldsymbol{\beta}_m$ 下的矩阵是 $k\boldsymbol{A}$；

(3) CA 在 V 的基 $\boldsymbol{\alpha}_1,\boldsymbol{\alpha}_2,\cdots,\boldsymbol{\alpha}_n$ 和 U 的基 $\boldsymbol{\gamma}_1,\boldsymbol{\gamma}_2,\cdots,\boldsymbol{\gamma}_p$ 下的矩阵是 $\boldsymbol{CA}$；

(4) 若 A 是可逆线性映射，则 A^{-1}在 W 的基 $\boldsymbol{\beta}_1,\boldsymbol{\beta}_2,\cdots,\boldsymbol{\beta}_n$ 和 V 的基 $\boldsymbol{\alpha}_1,\boldsymbol{\alpha}_2,\cdots,\boldsymbol{\alpha}_n$ 下的矩阵是 $\boldsymbol{A}^{-1}$.

上述结论对线性变换依然成立，即

推论 3.1 设 V 是数域F线性空间，$\boldsymbol{A},\boldsymbol{B}$ 分别是线性映射 $A,B:V\to W$ 在 V 的基 $\boldsymbol{\alpha}_1,\boldsymbol{\alpha}_2,\cdots,\boldsymbol{\alpha}_n$ 下的矩阵. 则

(1) $A+B$ 在 V 的基 $\boldsymbol{\alpha}_1,\boldsymbol{\alpha}_2,\cdots,\boldsymbol{\alpha}_n$ 下的矩阵是 $\boldsymbol{A}+\boldsymbol{B}$；

(2) kA 在 V 的基 $\boldsymbol{\alpha}_1,\boldsymbol{\alpha}_2,\cdots,\boldsymbol{\alpha}_n$ 下的矩阵是 $k\boldsymbol{A}$；

(3) AB 在 V 的基 $\boldsymbol{\alpha}_1,\boldsymbol{\alpha}_2,\cdots,\boldsymbol{\alpha}_n$ 下的矩阵是 $\boldsymbol{AB}$；

(4) 若 A 是可逆线性映射，则 A^{-1}在 V 的基 $\boldsymbol{\alpha}_1,\boldsymbol{\alpha}_2,\cdots,\boldsymbol{\alpha}_n$ 下的矩阵是 $\boldsymbol{A}^{-1}$.

定理 3.2 设 V,W 是数域F线性空间，$\boldsymbol{A}$ 是线性映射 $A:V\to W$ 在 V 的基 $\boldsymbol{\alpha}_1,\boldsymbol{\alpha}_2,\cdots,\boldsymbol{\alpha}_n$ 和 W 的基 $\boldsymbol{\beta}_1,\boldsymbol{\beta}_2,\cdots,\boldsymbol{\beta}_m$ 下的矩阵，对任意 V 中向量 $\boldsymbol{\alpha}$ 在 V 的基 $\boldsymbol{\alpha}_1,\boldsymbol{\alpha}_2,\cdots,\boldsymbol{\alpha}_n$ 的坐标为 $\boldsymbol{X}$，则 $A(\boldsymbol{\alpha})$在 W 的基 $\boldsymbol{\beta}_1,\boldsymbol{\beta}_2,\cdots,\boldsymbol{\beta}_m$ 的坐标是 $\boldsymbol{AX}$，即

$$A(\alpha)=(\boldsymbol{\beta}_1,\boldsymbol{\beta}_2,\cdots,\boldsymbol{\beta}_m)\boldsymbol{AX}$$

证明 由线性映射的矩阵表示的概念可知

$$A(\boldsymbol{\alpha}_1,\boldsymbol{\alpha}_2,\cdots,\boldsymbol{\alpha}_n)=(\boldsymbol{\beta}_1,\boldsymbol{\beta}_2,\cdots,\boldsymbol{\beta}_n)\boldsymbol{A}$$

以及

$$\boldsymbol{\alpha}=(\boldsymbol{\alpha}_1,\boldsymbol{\alpha}_2,\cdots,\boldsymbol{\alpha}_n)\boldsymbol{X}$$

故

$$\begin{aligned}A(\boldsymbol{\alpha})&=A((\boldsymbol{\alpha}_1,\boldsymbol{\alpha}_2,\cdots,\boldsymbol{\alpha}_n)\boldsymbol{X})=A(\boldsymbol{\alpha}_1,\boldsymbol{\alpha}_2,\cdots,\boldsymbol{\alpha}_n)\boldsymbol{X}\\&=(\boldsymbol{\beta}_1,\boldsymbol{\beta}_2,\cdots,\boldsymbol{\beta}_n)\boldsymbol{AX}\end{aligned}$$

由此可知，线性映射和线性变换完全由基元素的像完全确定，尽管线性空间有无穷多个元素，但在一定程度上和有有限个元素的集合本质上没有区别.

3.2.2 矩阵的线性映射和线性变换

设 V,W 是数域F上的线性空间，其基分别是 $\boldsymbol{\alpha}_1,\boldsymbol{\alpha}_2,\cdots,\boldsymbol{\alpha}_n$；$\boldsymbol{\beta}_1,\boldsymbol{\beta}_2,\cdots,\boldsymbol{\beta}_m$. 设 $\boldsymbol{A}$ 是任意给定的数域F上的$m\times n$ 矩阵. 对任意 V 中向量$\boldsymbol{\alpha}$，$\boldsymbol{\alpha}$ 在V 的基 $\boldsymbol{\alpha}_1,\boldsymbol{\alpha}_2,\cdots,\boldsymbol{\alpha}_n$ 的坐标为 $\boldsymbol{X}$ 由 $\boldsymbol{\alpha}$ 唯一确定，从而 $\boldsymbol{AX}$ 也由 $\boldsymbol{\alpha}$ 唯一确定，进一步地，以 $\boldsymbol{AX}$ 为坐标的 W 中的向量

$$\boldsymbol{\beta}=(\boldsymbol{\beta}_1,\boldsymbol{\beta}_2,\cdots,\boldsymbol{\beta}_m)\boldsymbol{AX}$$

由 $\boldsymbol{\alpha}$ 唯一确定，故对应

$$A:V\to W,\boldsymbol{\alpha}\mapsto\boldsymbol{\beta}=(\boldsymbol{\beta}_1,\boldsymbol{\beta}_2,\cdots,\boldsymbol{\beta}_m)\boldsymbol{AX}=A(\boldsymbol{\alpha})$$

是从线性空间 V 到线性空间 W 的映射. 对任意 $\boldsymbol{\alpha},\boldsymbol{\beta}\in V$,以及 $k\in F$,而 $\boldsymbol{X},\boldsymbol{Y}$ 分别是 $\boldsymbol{\alpha},\boldsymbol{\beta}$ 在基 $\boldsymbol{\alpha}_1,\boldsymbol{\alpha}_2,\cdots,\boldsymbol{\alpha}_n$ 的坐标,即

$$\boldsymbol{\alpha}=(\boldsymbol{\alpha}_1,\boldsymbol{\alpha}_2,\cdots,\boldsymbol{\alpha}_n)\boldsymbol{X},\quad \boldsymbol{\beta}=(\boldsymbol{\alpha}_1,\boldsymbol{\alpha}_2,\cdots,\boldsymbol{\alpha}_n)\boldsymbol{Y}$$

由向量的坐标的性质,有

$$\boldsymbol{\alpha}+\boldsymbol{\beta}=(\boldsymbol{\alpha}_1,\boldsymbol{\alpha}_2,\cdots,\boldsymbol{\alpha}_n)(\boldsymbol{X}+\boldsymbol{Y}),\quad k\boldsymbol{\alpha}=(\boldsymbol{\alpha}_1,\boldsymbol{\alpha}_2,\cdots,\boldsymbol{\alpha}_n)(k\boldsymbol{X})$$

则

$$\begin{aligned}A(\boldsymbol{\alpha}+\boldsymbol{\beta})&=(\boldsymbol{\beta}_1,\boldsymbol{\beta}_2,\cdots,\boldsymbol{\beta}_m)A(\boldsymbol{X}+\boldsymbol{Y})=(\boldsymbol{\beta}_1,\boldsymbol{\beta}_2,\cdots,\boldsymbol{\beta}_m)(A\boldsymbol{X}+A\boldsymbol{Y})\\&=(\boldsymbol{\beta}_1,\boldsymbol{\beta}_2,\cdots,\boldsymbol{\beta}_m)A\boldsymbol{X}+(\boldsymbol{\beta}_1,\boldsymbol{\beta}_2,\cdots,\boldsymbol{\beta}_m)A\boldsymbol{Y}\\&=A(\boldsymbol{\alpha})+A(\boldsymbol{\beta})\end{aligned}$$

$$A(k\boldsymbol{\alpha})=(\boldsymbol{\beta}_1,\boldsymbol{\beta}_2,\cdots,\boldsymbol{\beta}_m)A(k\boldsymbol{X})=k(\boldsymbol{\beta}_1,\boldsymbol{\beta}_2,\cdots,\boldsymbol{\beta}_m)A\boldsymbol{X}=kA(\boldsymbol{\alpha})$$

因而 A 是从 V 到 W 的线性映射,又由于 V 的基元素 $\boldsymbol{\alpha}_i$ 在基 $\boldsymbol{\alpha}_1,\boldsymbol{\alpha}_2,\cdots,\boldsymbol{\alpha}_n$ 下的坐标是 $\boldsymbol{e}_i$,且 $\boldsymbol{A}\boldsymbol{e}_i=\boldsymbol{A}_i$ 是矩阵 $\boldsymbol{A}$ 的第 i 列,故

$$A(\boldsymbol{\alpha}_i)=(\boldsymbol{\beta}_1,\boldsymbol{\beta}_2,\cdots,\boldsymbol{\beta}_m)\boldsymbol{A}\boldsymbol{e}_i=(\boldsymbol{\beta}_1,\boldsymbol{\beta}_2,\cdots,\boldsymbol{\beta}_m)\boldsymbol{A}_i$$

于是

$$\begin{aligned}A(\boldsymbol{\alpha}_1,\boldsymbol{\alpha}_2,\cdots,\boldsymbol{\alpha}_n)&=A(\boldsymbol{\alpha}_1),A(\boldsymbol{\alpha}_2),\cdots,A(\boldsymbol{\alpha}_n)\\&=(\boldsymbol{\beta}_1,\boldsymbol{\beta}_2,\cdots,\boldsymbol{\beta}_n)(\boldsymbol{A}_1,\boldsymbol{A}_2,\cdots,\boldsymbol{A}_n)\\&=(\boldsymbol{\beta}_1,\boldsymbol{\beta}_2,\cdots,\boldsymbol{\beta}_n)\boldsymbol{A}\end{aligned}$$

即 A 在 V 的基 $\boldsymbol{\alpha}_1,\boldsymbol{\alpha}_2,\cdots,\boldsymbol{\alpha}_n$ 和 W 的基 $\boldsymbol{\beta}_1,\boldsymbol{\beta}_2,\cdots,\boldsymbol{\beta}_m$ 下的矩阵是 $\boldsymbol{A}$. 也就是说,任何一个矩阵,在取定线性空间的基可以确定一个线性映射,且矩阵是该线性映射在这两组确定的基下的矩阵. 若存在另一个满足条件的线性映射 $B:V\to W$ 满足

$$B(\boldsymbol{\alpha}_1,\boldsymbol{\alpha}_2,\cdots,\boldsymbol{\alpha}_n)=(\boldsymbol{\beta}_1,\boldsymbol{\beta}_2,\cdots,\boldsymbol{\beta}_m)\boldsymbol{A}$$

则对任意 V 中向量 $\boldsymbol{\alpha}$,且 $\boldsymbol{\alpha}$ 在 V 的基 $\boldsymbol{\alpha}_1,\boldsymbol{\alpha}_2,\cdots,\boldsymbol{\alpha}_n$ 的坐标为 $\boldsymbol{X}$,有

$$\begin{aligned}B(\boldsymbol{\alpha})=B((\boldsymbol{\alpha}_1,\boldsymbol{\alpha}_2,\cdots,\boldsymbol{\alpha}_n)\boldsymbol{X})=B(\boldsymbol{\alpha}_1,\boldsymbol{\alpha}_2,\cdots,\boldsymbol{\alpha}_n)\boldsymbol{X}&=(\boldsymbol{\beta}_1,\boldsymbol{\beta}_2,\cdots,\boldsymbol{\beta}_m)\boldsymbol{A}\boldsymbol{X}\\&=A(\boldsymbol{\alpha}_1,\boldsymbol{\alpha}_2,\cdots,\boldsymbol{\alpha}_n)\boldsymbol{X}=A(\boldsymbol{\alpha})\end{aligned}$$

于是 $B=A$.

结论:任何一个 $m\times n$ 矩阵,在取定 n 维线性空间的基和 m 维线性空间的基下可以确定一个线性映射,且这个矩阵是该线性映射在这两组确定的基下的矩阵. 线性映射 A 称是由矩阵 $\boldsymbol{A}$ 确定的线性映射.

对于 n 阶方阵,同样可以确定一个 n 维线性空间到自身的线性变换,证明过程同上推导过程.

任何一个 n 阶矩阵 $\boldsymbol{A}$,在取定线性空间 V 的基 $\boldsymbol{\alpha}_1,\boldsymbol{\alpha}_2,\cdots,\boldsymbol{\alpha}_n$ 下,可以确定唯一一个线性变换

$$A:V\to V$$

且线性变换 A 基 $\boldsymbol{\alpha}_1,\boldsymbol{\alpha}_2,\cdots,\boldsymbol{\alpha}_n$ 下的矩阵是 $\boldsymbol{A}$,即

$$A(\boldsymbol{\alpha}_1,\boldsymbol{\alpha}_2,\cdots,\boldsymbol{\alpha}_n)=(\boldsymbol{\alpha}_1,\boldsymbol{\alpha}_2,\cdots,\boldsymbol{\alpha}_n)\boldsymbol{A}$$

3.2.3　线性映射,线性变换在不同基下的矩阵

设 V,W 是数域 F 上的线性空间,$A:V\to W$ 是线性映射,$\boldsymbol{A}$ 是线性映射 A 在 V 的基 $\boldsymbol{\alpha}_1,\boldsymbol{\alpha}_2,\cdots,\boldsymbol{\alpha}_n$ 和 W 的基 $\boldsymbol{\beta}_1,\boldsymbol{\beta}_2,\cdots,\boldsymbol{\beta}_m$ 下的矩阵,$\boldsymbol{B}$ 是线性映射 A 在 V 的另一组基 $\boldsymbol{\gamma}_1,\boldsymbol{\gamma}_2,\cdots,\boldsymbol{\gamma}_n$ 和 W 的基 $\boldsymbol{\delta}_1,\boldsymbol{\delta}_2,\cdots,\boldsymbol{\delta}_m$ 下的矩阵,则

$$A(\boldsymbol{\alpha}_1,\boldsymbol{\alpha}_2,\cdots,\boldsymbol{\alpha}_n)=(\boldsymbol{\beta}_1,\boldsymbol{\beta}_2,\cdots,\boldsymbol{\beta}_m)\boldsymbol{A},\quad A(\boldsymbol{\gamma}_1,\boldsymbol{\gamma}_2,\cdots,\boldsymbol{\gamma}_n)=(\boldsymbol{\delta}_1,\boldsymbol{\delta}_2,\cdots,\boldsymbol{\delta}_m)\boldsymbol{B}$$

而从 $\boldsymbol{\alpha}_1,\boldsymbol{\alpha}_2,\cdots,\boldsymbol{\alpha}_n$ 到 $\boldsymbol{\gamma}_1,\boldsymbol{\gamma}_2,\cdots,\boldsymbol{\gamma}_n$ 的过渡矩阵为 $\boldsymbol{P}$,从 $\boldsymbol{\beta}_1,\boldsymbol{\beta}_2,\cdots,\boldsymbol{\beta}_m$ 到 $\boldsymbol{\delta}_1,\boldsymbol{\delta}_2,\cdots,\boldsymbol{\delta}_m$ 的过渡矩阵为 $\boldsymbol{Q}$,则

$$(\boldsymbol{\gamma}_1,\boldsymbol{\gamma}_2,\cdots,\boldsymbol{\gamma}_n)=(\boldsymbol{\alpha}_1,\boldsymbol{\alpha}_2,\cdots,\boldsymbol{\alpha}_n)\boldsymbol{P},\quad (\boldsymbol{\delta}_1,\boldsymbol{\delta}_2,\cdots,\boldsymbol{\delta}_m)=(\boldsymbol{\beta}_1,\boldsymbol{\beta}_2,\cdots,\boldsymbol{\beta}_m)\boldsymbol{Q}$$

于是有

$$\begin{aligned}A(\boldsymbol{\gamma}_1,\boldsymbol{\gamma}_2,\cdots,\boldsymbol{\gamma}_n)&=A((\boldsymbol{\alpha}_1,\boldsymbol{\alpha}_2,\cdots,\boldsymbol{\alpha}_n)\boldsymbol{P})=A(\boldsymbol{\alpha}_1,\boldsymbol{\alpha}_2,\cdots,\boldsymbol{\alpha}_n)\boldsymbol{P}\\&=(\boldsymbol{\beta}_1,\boldsymbol{\beta}_2,\cdots,\boldsymbol{\beta}_m)\boldsymbol{AP}=(\boldsymbol{\beta}_1,\boldsymbol{\beta}_2,\cdots,\boldsymbol{\beta}_m)\boldsymbol{QB}\end{aligned}$$

从而 $A(\boldsymbol{\alpha}_1,\boldsymbol{\alpha}_2,\cdots,\boldsymbol{\alpha}_n)=(\boldsymbol{\beta}_1,\boldsymbol{\beta}_2,\cdots,\boldsymbol{\beta}_m)\boldsymbol{QBP}^{-1}$,由线性映射矩阵的唯一性,得

$$\boldsymbol{A}=\boldsymbol{QBP}^{-1}\quad 或\quad \boldsymbol{Q}^{-1}\boldsymbol{AP}=\boldsymbol{B}$$

即 $\boldsymbol{A}$ 与 $\boldsymbol{B}$ 相抵或等价.

若 $A:V\to V$ 是线性变换,$\boldsymbol{A}$ 是线性变换映射 A 在 V 的基 $\boldsymbol{\alpha}_1,\boldsymbol{\alpha}_2,\cdots,\boldsymbol{\alpha}_n$ 下的矩阵,$\boldsymbol{B}$ 是线性变换 A 在 V 的另一组基 $\boldsymbol{\gamma}_1,\boldsymbol{\gamma}_2,\cdots,\boldsymbol{\gamma}_n$ 下的矩阵,同上推导可得

$$\boldsymbol{A}=\boldsymbol{PBP}^{-1}\quad 或\quad \boldsymbol{P}^{-1}\boldsymbol{AP}=\boldsymbol{B}$$

即 $\boldsymbol{A}$ 与 $\boldsymbol{B}$ 相似.

结论:同一个线性映射在两个线性空间不同基下的矩阵是等价的.同一个线性变换在线性空间的不同基下的矩阵是相似的.

设 $m\times n$ 矩阵 $\boldsymbol{A}$ 与 $\boldsymbol{B}$ 等价,存在 n 阶可逆矩阵 $\boldsymbol{P}$ 和 m 阶可逆矩阵 $\boldsymbol{Q}$,使得 $\boldsymbol{Q}^{-1}\boldsymbol{AP}=\boldsymbol{B}$,设线性映射 $\boldsymbol{A}$ 是矩阵 A 在 V 的基 $\boldsymbol{\alpha}_1,\boldsymbol{\alpha}_2,\cdots,\boldsymbol{\alpha}_n$ 和 W 的基 $\boldsymbol{\beta}_1,\boldsymbol{\beta}_2,\cdots,\boldsymbol{\beta}_m$ 下对应的线性映射,即

$$A(\boldsymbol{\alpha}_1,\boldsymbol{\alpha}_2,\cdots,\boldsymbol{\alpha}_n)=(\boldsymbol{\beta}_1,\boldsymbol{\beta}_2,\cdots,\boldsymbol{\beta}_m)\boldsymbol{A}$$

令

$$(\boldsymbol{\gamma}_1,\boldsymbol{\gamma}_2,\cdots,\boldsymbol{\gamma}_n)=(\boldsymbol{\alpha}_1,\boldsymbol{\alpha}_2,\cdots,\boldsymbol{\alpha}_n)\boldsymbol{P},\quad (\boldsymbol{\delta}_1,\boldsymbol{\delta}_2,\cdots,\boldsymbol{\delta}_m)=(\boldsymbol{\beta}_1,\boldsymbol{\beta}_2,\cdots,\boldsymbol{\beta}_m)\boldsymbol{Q}$$

由 $\boldsymbol{P},\boldsymbol{Q}$ 可逆,知 $\boldsymbol{\gamma}_1,\boldsymbol{\gamma}_2,\cdots,\boldsymbol{\gamma}_n$ 是 V 的基,$\boldsymbol{\delta}_1,\boldsymbol{\delta}_2,\cdots,\boldsymbol{\delta}_m$ 是 W 的基,且

$$A(\boldsymbol{\gamma}_1,\boldsymbol{\gamma}_2,\cdots,\boldsymbol{\gamma}_n)=(\boldsymbol{\delta}_1,\boldsymbol{\delta}_2,\cdots,\boldsymbol{\delta}_m)\boldsymbol{B}$$

即 $\boldsymbol{B}$ 是 A 在 V 的基 $\boldsymbol{\gamma}_1,\boldsymbol{\gamma}_2,\cdots,\boldsymbol{\gamma}_n$ 和 W 的基 $\boldsymbol{\delta}_1,\boldsymbol{\delta}_2,\cdots,\boldsymbol{\delta}_m$ 下的矩阵.

结论:两个矩阵等价,它们一定是同一个线性映射在不同基下的矩阵.同样地,两个方阵相似,它们一定是同一个线性变换在不同基下的矩阵.

例 3.18 已知 F^3(列向量空间)上的线性变换

$$A:F^3\to F^3$$

$$A(\boldsymbol{\varepsilon}_1)=(1,-2,1)^{\mathrm{T}},A(\boldsymbol{\varepsilon}_2)=(0,3,-1)^{\mathrm{T}},A(\boldsymbol{\varepsilon}_3)=(3,0,5)^{\mathrm{T}}$$

取 F^3 基 $\boldsymbol{\varepsilon}_1'=(1,1,1)^{\mathrm{T}},\boldsymbol{\varepsilon}_2'=(1,1,0)^{\mathrm{T}},\boldsymbol{\varepsilon}_3'=(1,0,0)^{\mathrm{T}}$,求 A 在基 $\boldsymbol{\varepsilon}_1',\boldsymbol{\varepsilon}_2',\boldsymbol{\varepsilon}_3'$ 下的矩阵.

解 A 在基 $\boldsymbol{\varepsilon}_1,\boldsymbol{\varepsilon}_2,\boldsymbol{\varepsilon}_3$ 下的矩阵为

$$\boldsymbol{A}=\begin{pmatrix}1&0&3\\-2&3&0\\1&-1&5\end{pmatrix}$$

而从 $\boldsymbol{\varepsilon}_1,\boldsymbol{\varepsilon}_2,\boldsymbol{\varepsilon}_3$ 到 $\boldsymbol{\varepsilon}_1',\boldsymbol{\varepsilon}_2',\boldsymbol{\varepsilon}_3'$ 的过渡矩阵

$$\boldsymbol{P}=\begin{pmatrix}1&1&1\\1&1&0\\1&0&0\end{pmatrix}\boldsymbol{P}^{-1}=\begin{pmatrix}0&0&1\\0&1&-1\\1&-1&0\end{pmatrix}$$

设 A 在基 $\boldsymbol{\varepsilon}_1',\boldsymbol{\varepsilon}_2',\boldsymbol{\varepsilon}_3'$ 下的矩阵为 $\boldsymbol{B}$,则

$$\boldsymbol{B}=\boldsymbol{P}^{-1}\boldsymbol{AP}=\begin{pmatrix}0&0&1\\0&1&-1\\1&-1&0\end{pmatrix}\begin{pmatrix}1&0&3\\-2&3&0\\1&-1&5\end{pmatrix}\begin{pmatrix}1&1&1\\1&1&0\\1&0&0\end{pmatrix}=\begin{pmatrix}5&0&1\\-4&1&-3\\3&0&3\end{pmatrix}$$

3.3　线性映射,线性变换及矩阵的值域和核

3.3.1　线性映射,线性变换的值域与核

设 V,W 是数域 F 上线性空间,而 $T:V\to W$ 是从 V 到 W 的线性映射,记 W 中由 V 每一个元素在 T 下的像构成的集合为 $R(T)$ 或 $\mathrm{Im}(T)$,即

$$R(T)=\mathrm{Im}(T)=\{T(\boldsymbol{\alpha})\mid\forall\boldsymbol{\alpha}\in V\}$$

记 V 中在 T 下的像为零的元素构成的集合为 $N(T)$ 或 $\mathrm{Ker}(T)$,即

$$N(T)=\mathrm{Ker}(T)=\{\boldsymbol{\alpha}\in V\mid T(\boldsymbol{\alpha})=0\}$$

则 $R(T)$ 是 W 的子空间,而 $N(T)$ 是 V 的子空间.这是因为:对任意 $\boldsymbol{\alpha},\boldsymbol{\beta}\in N(T)$ 及任意 $k\in F$,由 $N(T)$ 的定义知,$T(\boldsymbol{\alpha})=T(\boldsymbol{\beta})=0$,于是

$$T(\boldsymbol{\alpha}+\boldsymbol{\beta})=T(\boldsymbol{\alpha})+T(\boldsymbol{\beta})=0+0=0,\quad T(k\boldsymbol{\alpha})=kT(\boldsymbol{\alpha})=k0=0$$

故 $\boldsymbol{\alpha}+\boldsymbol{\beta},k\boldsymbol{\alpha}\in N(T)$,即 $N(T)$ 是 V 的子空间.

对任意 $\boldsymbol{\alpha}',\boldsymbol{\beta}'\in R(T)$ 及任意 $k\in F$,由 $R(T)$ 的定义知,在 V 中存在元素 $\boldsymbol{\alpha},\boldsymbol{\beta}$,使得 $\boldsymbol{\alpha}'=T(\boldsymbol{\alpha}),\boldsymbol{\beta}'=T(\boldsymbol{\beta})$,于是

$$\boldsymbol{\alpha}'+\boldsymbol{\beta}'=T(\boldsymbol{\alpha})+T(\boldsymbol{\beta})=T(\boldsymbol{\alpha}+\boldsymbol{\beta}),\quad k\boldsymbol{\alpha}'=kT(\boldsymbol{\alpha})=T(k\boldsymbol{\alpha})$$

由于 V 是线性空间,故 $\boldsymbol{\alpha}+\boldsymbol{\beta},k\boldsymbol{\alpha}\in V$,即 $\boldsymbol{\alpha}'+\boldsymbol{\beta}'$ 是中 V 元素 $\boldsymbol{\alpha}+\boldsymbol{\beta}$ 在 T 下的像,$k\boldsymbol{\alpha}'$ 是中 V 元素 $k\boldsymbol{\alpha}$ 在 T 下的像,于是 $\boldsymbol{\alpha}'+\boldsymbol{\beta}',k\boldsymbol{\alpha}'\in R(T)$,$R(T)$ 是 W 的子空间.

当然,当 T 是 V 上的线性变换时,$R(T)$ 和 $N(T)$ 均是 V 的子空间.

定义 3.2　设 $T:V\to W$ 是从 V 到 W 的线性映射.称 $R(T)$ 是线性映射 T 的像或值域,而 $N(T)$ 是线性映射 T 的核.

定义 3.3　称 $R(T)$ 的维数为线性映射 T 的秩,记作 $r(T)$ 或 $\mathrm{rank}(T)$,称 $N(T)$ 的维数为 T 的零度.

定理 3.3　设 $T:V\to W$ 是从 V 到 W 的线性映射,而 $\boldsymbol{\alpha}_1,\boldsymbol{\alpha}_2,\cdots,\boldsymbol{\alpha}_n$ 是线性空间 V 的基,则

$$R(T)=\langle T(\boldsymbol{\alpha}_1),T(\boldsymbol{\alpha}_2),\cdots,T(\boldsymbol{\alpha}_n)\rangle$$

从而 $T(\boldsymbol{\alpha}_1),T(\boldsymbol{\alpha}_2),\cdots,T(\boldsymbol{\alpha}_n)$ 的极大无关组构成 $R(T)$ 的基.

证明　首先对任意 $\boldsymbol{\beta}\in R(T)$ 是 $\boldsymbol{\alpha}\in V$ 的像,$\boldsymbol{\alpha}$ 可表示为 $\boldsymbol{\alpha}=\sum\limits_{i=1}^{n}x_i\boldsymbol{\alpha}_i$,于是

$$\boldsymbol{\beta}=T(\boldsymbol{\alpha})=\sum_{i=1}^{n}x_iT(\boldsymbol{\alpha}_i)$$

从而 $\boldsymbol{\beta}$ 可由 $T(\boldsymbol{\alpha}_1),T(\boldsymbol{\alpha}_2),\cdots,T(\boldsymbol{\alpha}_n)$ 表示,即 $R(T)=\langle T(\boldsymbol{\alpha}_1),T(\boldsymbol{\alpha}_2),\cdots,T(\boldsymbol{\alpha}_n)\rangle$.

不妨设 $T(\boldsymbol{\alpha}_1),T(\boldsymbol{\alpha}_2),\cdots,T(\boldsymbol{\alpha}_r)$ 是 $T(\boldsymbol{\alpha}_1),T(\boldsymbol{\alpha}_2),\cdots,T(\boldsymbol{\alpha}_n)$ 的极大无关组,故由

$T(\boldsymbol{\alpha}_i)(1\leqslant i\leqslant r)$可由 $T(\boldsymbol{\alpha}_1),T(\boldsymbol{\alpha}_2),\cdots,T(\boldsymbol{\alpha}_r)$线性表示,即 $T(\boldsymbol{\alpha}_j)=\sum\limits_{i=1}^{r}k_{ji}T(\boldsymbol{\alpha}_i)(r+1\leqslant j\leqslant n)$,对任意 $\boldsymbol{\beta}\in R(T)$ 可表为 $\boldsymbol{\beta}=\sum\limits_{i=1}^{n}x_iT(\boldsymbol{\alpha}_i)$, 于是

$$\begin{aligned}\boldsymbol{\beta}&=\sum_{i=1}^{n}x_iT(\boldsymbol{\alpha}_i)=\sum_{i=1}^{r}x_iT(\boldsymbol{\alpha}_i)+\sum_{j=r+1}^{n}x_jT(\boldsymbol{\alpha}_j)\\&=\sum_{i=1}^{r}x_iT(\boldsymbol{\alpha}_i)+\sum_{j=r+1}^{n}x_j\sum_{i=1}^{r}k_{ji}T(\boldsymbol{\alpha}_i)\\&=\sum_{i=1}^{r}x_iT(\boldsymbol{\alpha}_i)+\sum_{i=1}^{r}\sum_{j=r+1}^{n}x_jk_{ji}T(\boldsymbol{\alpha}_i)\\&=\sum_{i=1}^{r}(x_i+\sum_{j=r+1}^{n}x_jk_{ji})T(\boldsymbol{\alpha}_i)\end{aligned}$$

故 $\boldsymbol{\beta}$ 可由 $T(\boldsymbol{\alpha}_1),T(\boldsymbol{\alpha}_2),\cdots,T(\boldsymbol{\alpha}_r)$线性表示,而 $T(\boldsymbol{\alpha}_1),T(\boldsymbol{\alpha}_2),\cdots,T(\boldsymbol{\alpha}_r)$是线性无关组,故是 $R(T)$的基. □

定理 3.4 设矩阵 $\boldsymbol{A}$ 是 $T:V\rightarrow W$ 是在 V 的基 $\boldsymbol{\alpha}_1,\boldsymbol{\alpha}_2,\cdots,\boldsymbol{\alpha}_n$ 和 W 的基 $\boldsymbol{\beta}_1,\boldsymbol{\beta}_2,\cdots,\boldsymbol{\beta}_m$ 下矩阵,则

$$r(T)=r(\boldsymbol{A})$$

证明 首先有 $T(\boldsymbol{\alpha}_1,\cdots,\boldsymbol{\alpha}_n)=(\boldsymbol{\beta}_1,\cdots,\boldsymbol{\beta}_m)\boldsymbol{A}$,且 $\boldsymbol{A}$ 的第 i 列是 $T(\boldsymbol{\alpha}_i)$在 $\boldsymbol{\beta}_1,\cdots,\boldsymbol{\beta}_m$ 下的坐标,即若设 $\boldsymbol{A}$ 的列向量组为 $\boldsymbol{A}_1,\cdots,\boldsymbol{A}_n$,则 $T(\boldsymbol{\alpha}_i)=(\boldsymbol{\beta}_1,\cdots,\boldsymbol{\beta}_m)\boldsymbol{A}_i$.

设 $r(T)=r$,且 $T(\boldsymbol{\alpha}_1),T(\boldsymbol{\alpha}_2),\cdots,T(\boldsymbol{\alpha}_r)$是 $T(\boldsymbol{\alpha}_1),T(\boldsymbol{\alpha}_2),\cdots,T(\boldsymbol{\alpha}_n)$的极大无关组,则当 $j>r$ 时有 $T(\boldsymbol{\alpha}_j)=\sum\limits_{i=1}^{r}k_{ji}T(\boldsymbol{\alpha}_i)$.

下面证明:$\boldsymbol{A}_1,\boldsymbol{A}_2,\cdots,\boldsymbol{A}_r$ 是 $\boldsymbol{A}_1,\boldsymbol{A}_2,\cdots,\boldsymbol{A}_n$ 的极大无关组.若 $x_1\boldsymbol{A}_1+x_2\boldsymbol{A}_2+\cdots+x_r\boldsymbol{A}_r=0$,则

$$0=(\boldsymbol{\beta}_1,\boldsymbol{\beta}_2,\cdots,\boldsymbol{\beta}_m)(x_1\boldsymbol{A}_1+x_2\boldsymbol{A}_2+\cdots+x_r\boldsymbol{A}_r)=x_1T(\boldsymbol{\alpha}_1)+x_2T(\boldsymbol{\alpha}_2)+\cdots+x_rT(\boldsymbol{\alpha}_r)$$

故 $x_1=x_2=\cdots=x_r=0$.当 $j>r$ 时,

$$\begin{aligned}(\boldsymbol{\beta}_1,\boldsymbol{\beta}_2,\cdots,\boldsymbol{\beta}_m)\boldsymbol{A}_j&=T(\boldsymbol{\alpha}_j)=\sum_{i=1}^{r}k_{ji}T(\boldsymbol{\alpha}_i)=\sum_{i=1}^{r}k_{ji}(\boldsymbol{\beta}_1,\boldsymbol{\beta}_2,\cdots,\boldsymbol{\beta}_m)\boldsymbol{A}_i\\&=(\boldsymbol{\beta}_1,\boldsymbol{\beta}_2,\cdots,\boldsymbol{\beta}_m)\sum_{i=1}^{r}k_{ji}\boldsymbol{A}_i\end{aligned}$$

由坐标的唯一性得 $\boldsymbol{A}_j=\sum\limits_{i=1}^{r}k_{ji}\boldsymbol{A}_i$, $\boldsymbol{A}_j$ 可由 $\boldsymbol{A}_1,\boldsymbol{A}_2,\cdots,\boldsymbol{A}_r$ 线性表示.从而 $r(\boldsymbol{A})=r$. □

设矩阵 $\boldsymbol{A}$ 是 $T:V\rightarrow W$ 是在 V 的基 $\boldsymbol{\alpha}_1,\boldsymbol{\alpha}_2,\cdots,\boldsymbol{\alpha}_n$ 和 W 的基 $\boldsymbol{\beta}_1,\boldsymbol{\beta}_2,\cdots,\boldsymbol{\beta}_m$ 下矩阵,即

$$T(\boldsymbol{\alpha}_1,\cdots,\boldsymbol{\alpha}_n)=(\boldsymbol{\beta}_1,\cdots,\boldsymbol{\beta}_m)\boldsymbol{A}$$

对任意 $\boldsymbol{\alpha}\in V$ 在 $\boldsymbol{\alpha}_1,\boldsymbol{\alpha}_2,\cdots,\boldsymbol{\alpha}_n$ 下的坐标为 $\boldsymbol{X}$,则 $\boldsymbol{\alpha}=(\boldsymbol{\alpha}_1,\boldsymbol{\alpha}_2,\cdots,\boldsymbol{\alpha}_n)\boldsymbol{X}$,则

$$T(\boldsymbol{\alpha})=T(\boldsymbol{\alpha}_1,\boldsymbol{\alpha}_2,\cdots,\boldsymbol{\alpha}_n)\boldsymbol{X}=(\boldsymbol{\beta}_1,\cdots,\boldsymbol{\beta}_m)\boldsymbol{A}\boldsymbol{X}$$

由于 $\boldsymbol{\beta}_1,\boldsymbol{\beta}_2,\cdots,\boldsymbol{\beta}_m$ 是 W 的基,故

$$T(\boldsymbol{\alpha})=0\Leftrightarrow\boldsymbol{A}\boldsymbol{X}=0$$

于是得到

定理 3.5 设矩阵 $\boldsymbol{A}$ 是 $T:V\rightarrow W$ 是在 V 的基 $\boldsymbol{\alpha}_1,\boldsymbol{\alpha}_2,\cdots,\boldsymbol{\alpha}_n$ 和 W 的基 $\boldsymbol{\beta}_1,\boldsymbol{\beta}_2,\cdots,\boldsymbol{\beta}_m$ 下矩阵,则

$$N(T)=\{(\boldsymbol{\alpha}_1,\boldsymbol{\alpha}_2,\cdots,\boldsymbol{\alpha}_n)\boldsymbol{X}\mid \boldsymbol{AX}=0\}$$

即 $N(T)$是由 V 中以方程组 $\boldsymbol{AX}=0$ 的解为坐标的向量构成的集合.

从以上定理可知,求线性映射或线性变换的值域和核时,先写出线性映射在基下的矩阵,求出矩阵列向量组的极大无关组,则以极大无关组为坐标的向量组是线性映射的值域的基,求出以矩阵为系数的线性方程组的基础解系,以基础解系为坐标的向量组是线性映射的核的基.

例 3.19　求线性映射

$$T:F^3\to F^4$$

$$T(x,y,z)=(x+2z,3x+y+5z,4x+y+7z,x+y+z)$$

的值域与核的维数和基.

解　取 F^3 的基 $\boldsymbol{e}_1^3,\boldsymbol{e}_2^3,\boldsymbol{e}_3^3$ 和 F^4 的基 $\boldsymbol{e}_1^4,\boldsymbol{e}_2^4,\boldsymbol{e}_3^4,\boldsymbol{e}_4^4$,则 $T:F^3\to F^4$ 在这两组基下的矩阵为

$$\boldsymbol{A}=\begin{pmatrix}1&0&2\\3&1&5\\4&1&7\\1&1&1\end{pmatrix}$$

对 $\boldsymbol{A}$ 通过初等行变换化为行最简阶梯形矩阵

$$\boldsymbol{A}=\begin{pmatrix}1&0&2\\3&1&5\\4&1&7\\1&1&1\end{pmatrix}\to\begin{pmatrix}1&0&2\\0&1&-1\\0&0&0\\0&0&0\end{pmatrix}$$

由于初等行变换前后列间的线性关系不变,而变换后的矩阵的第 1,2 列是极大无关组,故 $\boldsymbol{A}$ 的第 1,2 列是矩阵 $\boldsymbol{A}$ 的列向量组的极大线性无关组,于是 $T(\boldsymbol{e}_1^3)=(1,3,4,1)$, $T(\boldsymbol{e}_2^3)=(0,1,1,1)$是 $T(\boldsymbol{e}_1^3),T(\boldsymbol{e}_2^3),T(\boldsymbol{e}_3^3)$极大无关组,且 $T(\boldsymbol{e}_3^3)=2T(\boldsymbol{e}_1^3)-T(\boldsymbol{e}_2^3)$,进一步可知,$R(T)$的基是 $T(\boldsymbol{e}_1^3),T(\boldsymbol{e}_2^3)$,维数是 2,而 $\boldsymbol{AX}=0$ 的基础解系为 $\boldsymbol{\eta}=(-2,1,1)^{\mathrm{T}}$,$N(T)$的基是$(\boldsymbol{e}_1^3,\boldsymbol{e}_2^3,\boldsymbol{e}_3^3)\boldsymbol{\eta}=(-2,1,1)$,维数是 1.

从该例我们可以看出,$N(T)$的维数,$R(T)$的维数,F^3 的维数满足等式

$$\dim N(T)+\dim R(T)=\dim F^3$$

这不是偶然的.

定理 3.6　设 V,W 是数域F 上的线性空间,V 是有限维的,而 $T:V\to W$ 是从 V 到 W 上的线性映射,则

$$\dim N(T)+\dim R(T)=\dim V$$

证明　设 $\dim V=n$,且 $\dim N(T)=r$,设 $\boldsymbol{\alpha}_1,\boldsymbol{\alpha}_2,\cdots,\boldsymbol{\alpha}_r$ 是$N(T)$的基,扩张为 V 的基,即存在 $\boldsymbol{\alpha}_{r+1},\boldsymbol{\alpha}_{r+2},\cdots,\boldsymbol{\alpha}_n$,使得

$$\boldsymbol{\alpha}_1,\cdots,\boldsymbol{\alpha}_r,\boldsymbol{\alpha}_{r+1},\cdots,\boldsymbol{\alpha}_n$$

是 V 的基,则

$$R(T)=\langle T(\boldsymbol{\alpha}_1),\cdots,T(\boldsymbol{\alpha}_r),T(\boldsymbol{\alpha}_{r+1}),\cdots,T(\boldsymbol{\alpha}_n)\rangle=\langle T(\boldsymbol{\alpha}_{r+1}),\cdots,T(\boldsymbol{\alpha}_n)\rangle$$

即 $R(T)$由 $T(\boldsymbol{\alpha}_{r+1}),\cdots,T(\boldsymbol{\alpha}_n)$生成.下面证明:$T(\boldsymbol{\alpha}_{r+1}),\cdots,T(\boldsymbol{\alpha}_n)$是线性无关组,若

$$x_{r+1}T(\boldsymbol{\alpha}_{r+1})+\cdots+x_nT(\boldsymbol{\alpha}_n)=0$$

则 $0=T(x_{r+1}\boldsymbol{\alpha}_{r+1}+\cdots+x_n\boldsymbol{\alpha}_n)$,从而 $x_{r+1}\boldsymbol{\alpha}_{r+1}+\cdots+x_n\boldsymbol{\alpha}_n\in N(T)$可由 $N(T)$的基 $\boldsymbol{\alpha}_1,\boldsymbol{\alpha}_2,\cdots,\boldsymbol{\alpha}_r$ 线性表示,于是可表示为 $x_{r+1}\boldsymbol{\alpha}_{r+1}+\cdots+x_n\boldsymbol{\alpha}_n=-x_1\boldsymbol{\alpha}_1-\cdots-x_r\boldsymbol{\alpha}_r$,则

$$x_1\boldsymbol{\alpha}_1+\cdots+x_r\boldsymbol{\alpha}_r+x_{r+1}\boldsymbol{\alpha}_{r+1}+\cdots+x_n\boldsymbol{\alpha}_n=0$$

又 $\boldsymbol{\alpha}_1,\cdots,\boldsymbol{\alpha}_r,\boldsymbol{\alpha}_{r+1},\cdots,\boldsymbol{\alpha}_n$ 是 V 的基、线性无关组，故 $x_1=\cdots=x_r=x_{r+1}=\cdots=x_n=0$. 于是

$$\dim R(T)=n-r=\dim V-\dim N(T)$$ □

推论 3.2 设 V 是数域 F 上的有限维线性空间，$T:V\to V$ 是 V 上的线性变换，则

$$\dim N(T)+\dim R(T)=\dim V.$$

推论 3.3 设 V 是数域 F 上的有限维线性空间，$T:V\to V$ 是 V 上的线性变换，则 T 是双射的充要条件 T 是单射.

推论 3.4 设 V 是数域 F 上的有限维线性空间，$T:V\to V$ 是 V 上的线性变换，则 T 是双射的充要条件 T 是满射.

3.3.2 矩阵的值域与核

设 $\boldsymbol{A}$ 是 $m\times n$ 矩阵，$\boldsymbol{A}=(\boldsymbol{A}_1,\boldsymbol{A}_2,\cdots,\boldsymbol{A}_n)$，其中 $\boldsymbol{A}_1,\boldsymbol{A}_2,\cdots,\boldsymbol{A}_n$ 是 $\boldsymbol{A}$ 的列，称

$$R(\boldsymbol{A})=\{y=\boldsymbol{A}\boldsymbol{x}\in F^m\mid\forall\,\boldsymbol{x}\in F^n\}$$

称为矩阵 $\boldsymbol{A}$ 的列空间或 $\boldsymbol{A}$ 的值域. 称

$$N(\boldsymbol{A})=\{\boldsymbol{\alpha}\in F^n\mid\boldsymbol{A}\boldsymbol{\alpha}=0\}$$

是矩阵 $\boldsymbol{A}$ 的核.

事实上，令 $\boldsymbol{A}:F^n\to F^m$，$\boldsymbol{x}\to\boldsymbol{A}\boldsymbol{x}=A(\boldsymbol{x})$ 是从 F^n 到 F^m 的线性映射，矩阵 $\boldsymbol{A}$ 的值域 $R(\boldsymbol{A})$ 就是线性映射的值域 $R(\boldsymbol{A})$，矩阵 $\boldsymbol{A}$ 的核 $N(\boldsymbol{A})$ 就是线性映射的核 $N(\boldsymbol{A})$. $\boldsymbol{A}_1,\boldsymbol{A}_2,\cdots,\boldsymbol{A}_n$ 的极大无关组是 $R(\boldsymbol{A})$ 的基，而 $\boldsymbol{A}\boldsymbol{\alpha}=0$ 的基础解系是 $N(\boldsymbol{A})$ 的基.

例 3.20 设

$$\boldsymbol{A}=\begin{pmatrix}1&3&4&1\\0&1&1&1\\2&5&7&1\end{pmatrix}$$

求 $R(\boldsymbol{A})$ 的基和维数，$N(\boldsymbol{A})$ 的基和维数.

解 矩阵 $\boldsymbol{A}$ 作初等行变换，化为行最简阶梯形矩阵

$$\boldsymbol{A}=\begin{pmatrix}1&3&4&1\\0&1&1&1\\2&5&7&1\end{pmatrix}\to\begin{pmatrix}1&0&1&-2\\0&1&1&1\\0&0&0&0\end{pmatrix}$$

故 $\boldsymbol{A}$ 的第 1,2 列是极大线性无关组，故 $R(\boldsymbol{A})$ 的基是 $(1,0,2)^{\mathrm{T}},(3,1,5)^{\mathrm{T}}$，维数为 2；$\boldsymbol{A}\boldsymbol{x}=0$ 等价于 $\begin{cases}x_1+x_3-2x_4=0\\x_2+x_3+x_4=0\end{cases}$，其基础解系 $\boldsymbol{\eta}_1=(-1,-1,1,0)^{\mathrm{T}},\boldsymbol{\eta}_2=(2,-1,0,1)^{\mathrm{T}}$ 是 $N(\boldsymbol{A})$ 的基，维数为 2.

3.4 线性变换的特征值和特征向量

从现在开始，我们只研究线性变换. 线性变换的特征值和特征向量涉及矩阵化简和线性变换在一组基下的矩阵是否简化问题.

定义 3.4 设 V 是数域 F 上一个线性空间，A 是 V 上的一个线性变换，若存在 V 中的一个非零向量 $\boldsymbol{\alpha}$，及 F 中数 λ_0 满足：

$$A(\boldsymbol{\alpha}) = \lambda_0\boldsymbol{\alpha}$$

则称 λ_0 为线性变换 A 的特征值(特征根)，而 $\boldsymbol{\alpha}$ 称为线性变换 A 的属于特征值 λ_0 的特征向量，简称为(对应于) λ_0 的特征向量.

因此，λ_0 是 A 的特征值的意思是说一定在 V 中找到非零向量 $\boldsymbol{\alpha}$，满足

$$A(\boldsymbol{\alpha}) = \lambda_0\boldsymbol{\alpha}$$

若 $\boldsymbol{\alpha}_1,\boldsymbol{\alpha}_2$ 是线性变换 A 的属于特征值 λ_0 的特征向量，即 $A(\boldsymbol{\alpha}_1)=\lambda_0\boldsymbol{\alpha}_1$，$A(\boldsymbol{\alpha}_2)=\lambda_0\boldsymbol{\alpha}_2$，则对任意 F 中的数 k,l，且 $k\boldsymbol{\alpha}_1+l\boldsymbol{\alpha}_2(\neq 0)$，有

$$A(k\boldsymbol{\alpha}_1+l\boldsymbol{\alpha}_2) = kA(\boldsymbol{\alpha}_1)+lA(\boldsymbol{\alpha}_2) = \lambda_0(k\boldsymbol{\alpha}_1+l\boldsymbol{\alpha}_2)$$

从而 $k\boldsymbol{\alpha}_1+l\boldsymbol{\alpha}_2$ 也 A 的属于 λ_0 的特征向量，即若线性变换 A 有特征向量存在，则有无穷多个.

若数 λ_1,λ_2 是线性变换 A 的特征向量 $\boldsymbol{\alpha}$ 对应的特征值，则 $A(\boldsymbol{\alpha})=\lambda_1\boldsymbol{\alpha}$，$A(\boldsymbol{\alpha})=\lambda_2\boldsymbol{\alpha}$，于是

$$0 = A(\boldsymbol{\alpha})-A(\boldsymbol{\alpha}) = \lambda_1\boldsymbol{\alpha}-\lambda_2\boldsymbol{\alpha} = (\lambda_1-\lambda_2)\boldsymbol{\alpha}$$

又特征向量不为零，必有 $\lambda_1=\lambda_2$，也就是说，线性变换的特征向量对应的特征值是唯一的.

例 3.21 线性空间中任何非零向量既是恒等变换 E 的属于特征值 1 的特征向量，又是零变换 O 的属于特征值 0 的特征向量.

例 3.22 考虑 $F[x]$ 的微分变换 D，对 F 中非零常数 c，有

$$D(c) = 0 = 0c$$

因而 c 是 D 的属于特征值 0 的特征向量. 对任意非常数的多项式 $f(x)$，有 $D(f(x))=f'(x)\neq 0$，对任意 $\lambda_0\neq 0$，$D(f(x))=f'(x)\neq\lambda_0 f(x)$，这时 $f'(x)$ 的次数小于 $\lambda_0 f(x)$ 次数，两个多项式次数不同，则这两个多项式一定不等，因此 $f(x)$ 不是 D 的特征向量，所以 D 只有一个特征值 0，而且 F 中非零常数是 D 的全部特征向量.

例 3.23 设 W 是 $\mathbb{R}^3$ 的一个过原点的平面(是 $\mathbb{R}^3$ 的子空间)，U 是 W 的补空间，则

$$\mathbb{R}^3 = W\oplus U$$

称变换

$$P:\mathbb{R}^3\to\mathbb{R}^3,\boldsymbol{\alpha} = \boldsymbol{\alpha}_1+\boldsymbol{\alpha}_2\mapsto\boldsymbol{\alpha}_1 = P(\boldsymbol{\alpha})(\boldsymbol{\alpha}_1\in W,\boldsymbol{\alpha}_2\in U)$$

为 $\mathbb{R}^3$ 在 W 上的投影变换，则 P 是线性变换，求 P 的特征值及对应的特征向量.

显然对任意的 $0\neq\boldsymbol{\alpha}_1\in W$，有 $P(\boldsymbol{\alpha}_1)=\boldsymbol{\alpha}_1=1\cdot\boldsymbol{\alpha}_1$ 即 W 中每一个非零向量都是 P 的属于特征值 1 的特征向量；对任意的 $0\neq\boldsymbol{\alpha}_2\in U$ 有 $P(\boldsymbol{\alpha}_2)=0=0\cdot\boldsymbol{\alpha}_2$，即 U 中每一个非零向量都是 P 的属于特征值 0 的特征向量.

例 3.24 设 $C^\infty(\mathbb{R})$ 表示定义在全体实数上的可微分任意次的实函数所成的向量空间，D 是求导变换，即

$$D(f(x)) = f'(x)\neq 0$$

则对于任意给定的 λ，都有

$$D(\mathrm{e}^{\lambda x}) = \lambda\mathrm{e}^{\lambda x}$$

所以 λ 是 D 的特征值，$\mathrm{e}^{\lambda x}$ 是属于 λ 的特征向量.

例 3.25 在 $F[x]$ 中，

$$A:F[x]\to F[x],\quad f(x)\mapsto xf(x) = A(f(x))$$

是 $F[x]$的一个线性变换.对非零多项式 $f(x)$，若有常数 $a\in F$，使得

$$A(f(x)) = xf(x) = af(x)$$

注意到因 $f(x)\neq 0$，则 $xf(x)\neq 0$，在等式 $xf(x)=af(x)$，左侧多项式的次数大于 $f(x)$的次数，而右侧多项式的次数等于 $f(x)$的次数或右侧为零，因而等式 $xf(x)=af(x)$不可能成立，也就是说不存在非零多项式 $f(x)$使 $A(f(x))=af(x)$，即 A 没有特征值和特征向量.

下面讨论线性变换的特征值、特征向量求法及其与它的矩阵之间的关系.

设 A 是n 维线性空间V 的一个线性变换.取定 V 的一组基$\boldsymbol{\alpha}_1,\boldsymbol{\alpha}_2,\cdots,\boldsymbol{\alpha}_n$. 设 A 在这组基下的矩阵为 $\boldsymbol{A}$：

$$A(\boldsymbol{\alpha}_1,\boldsymbol{\alpha}_2,\cdots,\boldsymbol{\alpha}_n) = (\boldsymbol{\alpha}_1,\boldsymbol{\alpha}_2,\cdots,\boldsymbol{\alpha}_n)\boldsymbol{A}$$

对任意 $\boldsymbol{\alpha}\in V$ 在基$\boldsymbol{\alpha}_1,\boldsymbol{\alpha}_2,\cdots,\boldsymbol{\alpha}_n$ 下的坐标是 $\boldsymbol{X}$，则 $\boldsymbol{\alpha}\neq 0\Leftrightarrow \boldsymbol{X}\neq 0$. 再设 $\boldsymbol{\alpha}_0$ 是 A 的一个属于特征值λ_0 的特征向量：

$$A(\boldsymbol{\alpha}_0) = \lambda_0\boldsymbol{\alpha}_0$$

如果 $\boldsymbol{\alpha}_0$ 在基 $\boldsymbol{\alpha}_1,\boldsymbol{\alpha}_2,\cdots,\boldsymbol{\alpha}_n$ 下的坐标为 $\boldsymbol{X}_0$，则 $A(\boldsymbol{\alpha}_0)$在基 $\boldsymbol{\alpha}_1,\boldsymbol{\alpha}_2,\cdots,\boldsymbol{\alpha}_n$ 的坐标为 $\boldsymbol{AX}_0$，又因为 $A(\boldsymbol{\alpha}_0)=\lambda_0\boldsymbol{\alpha}_0$，所以 $A(\boldsymbol{\alpha}_0)$对于 $\boldsymbol{\alpha}_1,\boldsymbol{\alpha}_2,\cdots,\boldsymbol{\alpha}_n$ 的坐标又是$\lambda_0\boldsymbol{X}_0$，由坐标的唯一性，因此

$$\boldsymbol{AX}_0 = \lambda_0\boldsymbol{X}_0$$

由于 $\boldsymbol{\alpha}_0$ 是特征向量，不为零，因而 $\boldsymbol{X}_0$ 不是零向量.反之，若非零向量 $\boldsymbol{X}_0$ 满足 $\boldsymbol{AX}_0=\lambda_0\boldsymbol{X}_0$，则以 $\boldsymbol{X}_0$ 为坐标的向量 $\boldsymbol{\alpha}_0$ 满足 $A(\boldsymbol{\alpha}_0)=\lambda_0\boldsymbol{\alpha}_0$，则 $\boldsymbol{\alpha}_0$ 是 $\boldsymbol{A}$ 的一个属于特征值λ_0 的特征向量.

于是我们得出：如果 $\boldsymbol{A}$ 是线性变换 A 在基$\alpha_1,\alpha_2,\cdots,\alpha_n$ 下的矩阵，则 λ_0 是线性变换 A 的特征值的充要条件是λ_0 是 A 的矩阵 $\boldsymbol{A}$ 的特征值. $\boldsymbol{\alpha}_0=(\boldsymbol{\alpha}_1,\boldsymbol{\alpha}_2,\cdots,\boldsymbol{\alpha}_n)\boldsymbol{X}_0$ 是线性变换 A 的属于特征值λ_0 的特征向量当且仅当 $\boldsymbol{X}_0$ 是 A 的矩阵 $\boldsymbol{A}$ 的特征值λ_0 的特征向量.

这样，我们就可以将求线性变换的特征值和特征向量的问题转化为计算线性变换在一组基下的矩阵特征值及特征向量的问题.下面先讨论线性变换的特征值和特征向量的求法.

定义 3.5 设 $\boldsymbol{A}$ 是线性变换 A 在基$\boldsymbol{\alpha}_1,\boldsymbol{\alpha}_2,\cdots,\boldsymbol{\alpha}_n$ 下的矩阵，则称矩阵 $\boldsymbol{A}$ 的特征多项式

$$f_A(\lambda) = |\lambda\boldsymbol{E} - \boldsymbol{A}|$$

为线性变换 A 的特征多项式，记作 $f_A(\lambda)$，称矩阵 $\boldsymbol{A}$ 的特征方程

$$|\lambda\boldsymbol{E} - \boldsymbol{A}| = 0$$

为线性变换 A 的特征方程.若 λ_0 是矩阵 $\boldsymbol{A}$(也是线性变换 A)的特征值，则称矩阵 $\boldsymbol{A}$ 的特征值λ_0 的特征方程组

$$(\lambda_0\boldsymbol{E} - \boldsymbol{A})\boldsymbol{X} = 0$$

为线性变换 A 的特征值λ_0 的特征方程组.

求线性变换的特征值与特征向量的具体步骤如下：设 A 是线性空间 V 的一个线性变换.

(1) 任取 V 的一组基$\boldsymbol{\alpha}_1,\boldsymbol{\alpha}_2,\cdots,\boldsymbol{\alpha}_n$，求出 A 在这组基下的矩阵为$\boldsymbol{A}$；

(2) 计算 $\boldsymbol{A}$ 的特征多项式$f(\lambda)=|\lambda\boldsymbol{E}-\boldsymbol{A}|$；

(3) 求出 $f(\lambda)$的全部根，就是线性变换 A 的全部特征值；

(4) 设对每个特征值 λ_0，解齐次线性方程组

$$(\lambda_0\boldsymbol{E} - \boldsymbol{A})\boldsymbol{X} = 0$$

求出其一个基础解系 $\boldsymbol{\xi}_1,\boldsymbol{\xi}_2,\cdots,\boldsymbol{\xi}_s$ 就是 $\boldsymbol{A}$ 的属于λ_0 的一组线性无关的特征向量，而

$$\boldsymbol{\alpha}_i = (\boldsymbol{\alpha}_1,\boldsymbol{\alpha}_2,\cdots,\boldsymbol{\alpha}_n)\boldsymbol{\xi}_i$$

就是 A 的属于λ_0 的一组线性无关的特征向量. $\boldsymbol{A}$ 的任一个属于λ_0 的特征向量都可表示成

它们的线性组合，即可表成

$$\boldsymbol{\alpha} = k_1\boldsymbol{\alpha}_1 + k_2\boldsymbol{\alpha}_2 + \cdots + k_s\boldsymbol{\alpha}_s$$

其中 $k_1,k_2,\cdots,k_s$ 是数域 F 中 s 个不全为零的数.

例 3.26　已知 3 维线性空间 V 上的线性变换 A 将基 $\boldsymbol{\alpha}_1,\boldsymbol{\alpha}_2,\boldsymbol{\alpha}_3$ 映为

$$A(\boldsymbol{\alpha}_1) = \boldsymbol{\alpha}_1 - 2\boldsymbol{\alpha}_2 + 2\boldsymbol{\alpha}_3,\quad A(\boldsymbol{\alpha}_2) = -2\boldsymbol{\alpha}_1 - 2\boldsymbol{\alpha}_2 + 4\boldsymbol{\alpha}_3$$

$$A(\boldsymbol{\alpha}_3) = 2\boldsymbol{\alpha}_1 + 4\boldsymbol{\alpha}_2 - 2\boldsymbol{\alpha}_3$$

求 A 的特征值与特征向量.

解　线性变换 A 在基 $\boldsymbol{\alpha}_1,\boldsymbol{\alpha}_2,\boldsymbol{\alpha}_3$ 下的矩阵为

$$\boldsymbol{A} = \begin{pmatrix} 1 & -2 & 2 \\ -2 & -2 & 4 \\ 2 & 4 & -2 \end{pmatrix}$$

$\boldsymbol{A}$ 的特征方程为

$$|\lambda\boldsymbol{E} - \boldsymbol{A}| = \begin{vmatrix} \lambda-1 & 2 & -2 \\ 2 & \lambda+2 & -4 \\ -2 & -4 & \lambda+2 \end{vmatrix} = (\lambda-2)^2(\lambda+7)$$

故 $\boldsymbol{A}$ 的特征值为 2(2 重)，-7.

当 $\lambda=2$ 时的特征方程组 $(2\boldsymbol{E}-\boldsymbol{A})\boldsymbol{X}=0$ 的一个基础解系是

$$\boldsymbol{\eta}_1 = (2,0,1)^{\mathrm{T}},\quad \boldsymbol{\eta}_2 = (0,1,1)^{\mathrm{T}}$$

A 的属于 2 的特征向量是 $(\boldsymbol{\alpha}_1,\boldsymbol{\alpha}_2,\boldsymbol{\alpha}_3)(k_1\boldsymbol{\eta}_1 + k_2\boldsymbol{\eta}_2)$（$k_1,k_2$ 不全为 0）.

当 $\lambda=-7$ 时的特征方程组 $(-7\boldsymbol{E}-\boldsymbol{A})\boldsymbol{X}=0$ 的一个基础解系是

$$\boldsymbol{\eta}_3 = (1,2,-2)^{\mathrm{T}}$$

A 的属于 -7 的特征向量是 $k(\boldsymbol{\alpha}_1,\boldsymbol{\alpha}_2,\boldsymbol{\alpha}_3)\boldsymbol{\eta}_3$（$k\neq0$）.

例 3.27　已知线性变换 B 在 3 维线性空间 V 的一组基 $\boldsymbol{\alpha}_1,\boldsymbol{\alpha}_2,\boldsymbol{\alpha}_3$ 下的矩阵为 $\boldsymbol{B}$，求 $\boldsymbol{B}$ 的特征值与特征向量，其中

$$\boldsymbol{B} = \begin{pmatrix} 3 & 1 & 0 \\ -4 & -1 & 0 \\ 4 & -8 & -2 \end{pmatrix}$$

解　$\boldsymbol{B}$ 的特征方程

$$|\lambda\boldsymbol{E} - \boldsymbol{B}| = \begin{vmatrix} \lambda-3 & -1 & 0 \\ 4 & \lambda+1 & 0 \\ -4 & 8 & \lambda+2 \end{vmatrix} = (\lambda+2)(\lambda-1)^2 = 0$$

得特征值为 1(2 重)，-2.

当 $\lambda=1$ 的特征方程组 $(\boldsymbol{E}-\boldsymbol{B})\boldsymbol{X}=0$ 的一个基础解系是

$$\boldsymbol{\eta}_1 = (3,-6,20)^{\mathrm{T}}$$

属于 1 的特征向量是 $k\boldsymbol{\eta}_1$（k 不为 0），$\boldsymbol{B}$ 的属于 1 的特征向量是 $k(\boldsymbol{\alpha}_1,\boldsymbol{\alpha}_2,\boldsymbol{\alpha}_3)\boldsymbol{\eta}_1$.

当 $\lambda=-2$ 的特征方程组 $(-2\boldsymbol{E}-\boldsymbol{B})\boldsymbol{X}=0$ 的一个基础解系是

$$\boldsymbol{\eta}_2 = (0,0,1)^{\mathrm{T}}$$

属于 -2 的特征向量是 $k\boldsymbol{\eta}_2$（$k\neq0$），$\boldsymbol{B}$ 的属于 -21 的特征向量是 $k(\boldsymbol{\alpha}_1,\boldsymbol{\alpha}_2,\boldsymbol{\alpha}_3)\boldsymbol{\eta}_2$.

例 3.28　设 A 是数域 F 上 3 维线性空间 V 的一个线性变换，$\boldsymbol{\varepsilon}_1,\boldsymbol{\varepsilon}_2,\boldsymbol{\varepsilon}_3$ 是 V 的一组基.已知

$$A(\boldsymbol{\varepsilon}_1)=\boldsymbol{\varepsilon}_1+2\boldsymbol{\varepsilon}_2-2\boldsymbol{\varepsilon}_3,\quad A(\boldsymbol{\varepsilon}_2)=2\boldsymbol{\varepsilon}_1+\boldsymbol{\varepsilon}_2-2\boldsymbol{\varepsilon}_3,\quad A(\boldsymbol{\varepsilon}_3)=2\boldsymbol{\varepsilon}_1-2\boldsymbol{\varepsilon}_2+\boldsymbol{\varepsilon}_3$$

求 A 的全部特征值及特征向量.

解 由假设，知 A 在基 $\boldsymbol{\varepsilon}_1,\boldsymbol{\varepsilon}_2,\boldsymbol{\varepsilon}_3$ 下的矩阵是

$$\boldsymbol{A}=\begin{pmatrix}1&2&2\\2&1&-2\\-2&-2&1\end{pmatrix}$$

$\boldsymbol{A}$ 的特征值为 $1,-1,3$.

对 $\lambda=1$，解齐次方程组 $(\boldsymbol{E}-\boldsymbol{A})\boldsymbol{X}=0$ 得基础解系

$$\boldsymbol{\eta}_1=(1,-1,1)^{\mathrm{T}}$$

所以 $\boldsymbol{A}$ 的属于特征值 1 的全部特征向量为 $\boldsymbol{\alpha}=k_1\boldsymbol{\alpha}_1(\forall k_1\neq 0)$，其中 $\boldsymbol{\alpha}_1=\boldsymbol{\varepsilon}_1-\boldsymbol{\varepsilon}_2+\boldsymbol{\varepsilon}_3$.

对 $\lambda=-1$，解齐次方程组 $(-\boldsymbol{E}-\boldsymbol{A})\boldsymbol{X}=0$ 得基础解系

$$\boldsymbol{\eta}_2=(1,-1,0)^{\mathrm{T}}$$

所以 $\boldsymbol{A}$ 的属于特征值 -1 的全部特征向量为 $\boldsymbol{\alpha}=k_2\boldsymbol{\alpha}_2(\forall k_2\neq 0)$，其中 $\boldsymbol{\alpha}_2=\boldsymbol{\varepsilon}_1-\boldsymbol{\varepsilon}_2$.

对 $\lambda=3$，解齐次方程组 $(3\boldsymbol{E}-\boldsymbol{A})\boldsymbol{X}=0$ 得基础解系

$$\boldsymbol{\eta}_3=(0,1,-1)^{\mathrm{T}}$$

所以 $\boldsymbol{A}$ 的属于特征值 3 的全部特征向量为 $\boldsymbol{\alpha}=k_3\boldsymbol{\alpha}_3(\forall k_3\neq 0)$，其中 $\boldsymbol{\alpha}_3=\boldsymbol{\varepsilon}_2-\boldsymbol{\varepsilon}_3$.

由于 $\boldsymbol{A}$ 在不同基下的矩阵都是相似的，而相似矩阵的特征多项式是相同的，所以 $\boldsymbol{A}$ 的特征多项式不依赖于基的选择.

因为复系数多项式在复数域中一定有根，所以在复数域中考虑时，任一矩阵一定都有特征值，自然也有特征向量，由矩阵与线性变换之间的关系知，复数域上有限维线性空间上的线性变换有特征值和特征向量.

3.4.1 特征值、特征向量及特征多项式的性质

定理 3.7 线性变换 A 的不同特征值对应的特征向量线性无关.

证明 设 $\lambda_1,\lambda_2,\cdots,\lambda_m$ 是 A 的两两不同特征值，对应的特征向量分别为 $\boldsymbol{\alpha}_1,\boldsymbol{\alpha}_2,\cdots,\boldsymbol{\alpha}_m$，即

$$A(\boldsymbol{\alpha}_i)=\lambda_i\boldsymbol{\alpha}_i,\quad A^k(\boldsymbol{\alpha}_i)=\lambda_i^k\boldsymbol{\alpha}_i\quad(k=1,2,\cdots,m-1)$$

若 $x_1\boldsymbol{\alpha}_1+x_2\boldsymbol{\alpha}_2+\cdots+x_m\boldsymbol{\alpha}_m=0$，两边分别左乘 $E,A,A^2,\cdots,A^{m-1}$，得

$$\begin{cases}x_1\boldsymbol{\alpha}_1+x_2\boldsymbol{\alpha}_2+\cdots+x_m\boldsymbol{\alpha}_m=0\\x_1\lambda_1\boldsymbol{\alpha}_1+x_2\lambda_2\boldsymbol{\alpha}_2+\cdots+x_m\lambda_m\boldsymbol{\alpha}_m=0\\x_1\lambda_1^2\boldsymbol{\alpha}_1+x_2\lambda_2^2\boldsymbol{\alpha}_2+\cdots+x_m\lambda_m^2\boldsymbol{\alpha}_m=0\\\cdots\cdots\\x_1\lambda_1^{m-1}\boldsymbol{\alpha}_1+x_2\lambda_2^{m-1}\boldsymbol{\alpha}_2+\cdots+x_m\lambda_m^{m-1}\boldsymbol{\alpha}_m=0\end{cases}$$

将上式写为矩阵形式，得

$$\begin{pmatrix}1&1&\cdots&1\\\lambda_1&\lambda_2&\cdots&\lambda_m\\\vdots&\vdots&\ddots&\vdots\\\lambda_1^{m-1}&\lambda_2^{m-1}&\cdots&\lambda_m^{m-1}\end{pmatrix}\begin{pmatrix}x_1\boldsymbol{\alpha}_1\\x_2\boldsymbol{\alpha}_2\\\vdots\\x_m\boldsymbol{\alpha}_m\end{pmatrix}=\begin{pmatrix}0\\0\\\vdots\\0\end{pmatrix}$$

由于 $\lambda_1,\lambda_2,\cdots,\lambda_m$ 两两不同，上方程组的系数行列式是 Vondemone 行列式，不为零. 故

$$x_i\boldsymbol{\alpha}_i=0,\boldsymbol{\alpha}_i\neq 0\Rightarrow x_i=0\quad(i=1,2,\cdots,m)$$

□

推论 3.5　设 $\lambda_1,\lambda_2,\cdots,\lambda_m$ 是 A 的不同的特征值，$\boldsymbol{\alpha}_{i1},\boldsymbol{\alpha}_{i2},\cdots,\boldsymbol{\alpha}_{is_i}$ 是 A 的属于 $\lambda_i(i=1,\cdots,m)$ 的线性无关的特征向量，则向量组

$$\boldsymbol{\alpha}_{11},\boldsymbol{\alpha}_{12},\cdots,\boldsymbol{\alpha}_{1s_1},\boldsymbol{\alpha}_{21},\boldsymbol{\alpha}_{22},\cdots,\boldsymbol{\alpha}_{2s_2},\cdots,\boldsymbol{\alpha}_{m1},\boldsymbol{\alpha}_{m2},\cdots,\boldsymbol{\alpha}_{ms_m}$$

是线性无关的.

证明　假设

$$a_{11}\boldsymbol{\alpha}_{11}+\cdots+a_{1s_1}\boldsymbol{\alpha}_{1s_1}+\cdots+a_{t1}\boldsymbol{\alpha}_{t1}+\cdots+a_{ts_t}\boldsymbol{\alpha}_{ts_t}=0$$

成立. 记 $\boldsymbol{\alpha}_i=a_{i1}\boldsymbol{\alpha}_{i1}+\cdots+a_{is_1}\boldsymbol{\alpha}_{is_i}$，则 $\boldsymbol{\alpha}_1+\cdots+\boldsymbol{\alpha}_t=0$，且 $A^k\boldsymbol{\alpha}_i=\lambda_i^k\boldsymbol{\alpha}_i(\forall k\in N)$，在 $\boldsymbol{\alpha}_1+\boldsymbol{\alpha}_2+\cdots+\boldsymbol{\alpha}_t=0$ 两边左乘以 $\boldsymbol{E},A^k(k=1,2,m-1)$，得

$$\begin{cases}\boldsymbol{\alpha}_1+\boldsymbol{\alpha}_2+\cdots+\boldsymbol{\alpha}_t=0\\ \lambda_1\boldsymbol{\alpha}_1+\lambda_2\boldsymbol{\alpha}_2+\cdots+\lambda_t\boldsymbol{\alpha}_t=0\\ \cdots\cdots\\ \lambda_1^{m-1}\boldsymbol{\alpha}_1+\lambda_2^{m-1}\boldsymbol{\alpha}_2+\cdots+\lambda_t^{m-1}\boldsymbol{\alpha}_t=0\end{cases}\Rightarrow\begin{pmatrix}1&1&\cdots&1\\ \lambda_1&\lambda_2&\cdots&\lambda_t\\ \vdots&\vdots&\ddots&\vdots\\ \lambda_1^{m-1}&\lambda_2^{m-1}&\cdots&\lambda_t^{m-1}\end{pmatrix}\begin{pmatrix}\boldsymbol{\alpha}_1\\ \boldsymbol{\alpha}_2\\ \vdots\\ \boldsymbol{\alpha}_m\end{pmatrix}=0$$

于是 $\boldsymbol{\alpha}_1=0,\boldsymbol{\alpha}_2=0,\cdots,\boldsymbol{\alpha}_m=0$，即 $a_{i1}\boldsymbol{\alpha}_{i1}+\cdots+a_{is_1}\boldsymbol{\alpha}_{is_i}=0$，从而 $a_{ij}=0$.　□

本小节最后我们给出线性变换和矩阵的 Hamilton-Caylay 定理，以矩阵为例，给出证明：

定理 3.8(矩阵的 Hamilton-Caylay 定理)　设 $\boldsymbol{A}$ 是一个 n 阶矩阵，$f(\lambda)=|\lambda\boldsymbol{E}-\boldsymbol{A}|$ 是 $\boldsymbol{A}$ 的特征多项式，则 $f(\boldsymbol{A})=0$.

证明　设 $\boldsymbol{B}(\lambda)$ 是 $\lambda\boldsymbol{E}-\boldsymbol{A}$ 的伴随矩阵，则 $\boldsymbol{B}(\lambda)(\lambda\boldsymbol{E}-\boldsymbol{A})=f(\lambda)\boldsymbol{E}_n$，因为矩阵 $\boldsymbol{B}(\lambda)$ 的元素是 $\lambda\boldsymbol{E}-\boldsymbol{A}$ 的各个代数余子式，都是 λ 的多项式，其次数不超过 $n-1$. 因此由矩阵的运算性质，可以写成

$$\boldsymbol{B}(\lambda)=\boldsymbol{B}_0\lambda^{n-1}+\boldsymbol{B}_1\lambda^{n-2}+\cdots+\boldsymbol{B}_{n-1}$$

其中 $\boldsymbol{B}_0,\boldsymbol{B}_1,\cdots,\boldsymbol{B}_{n-1}\in M_n(F)$. 再设 $f(\lambda)\boldsymbol{E}_n=\lambda^n\boldsymbol{E}+a_{n-1}\lambda^{n-1}\boldsymbol{E}+\cdots+a_1\lambda\boldsymbol{E}+a_0\boldsymbol{E}$，则

$$\begin{aligned}\boldsymbol{B}(\lambda)(\lambda\boldsymbol{E}-\boldsymbol{A})&=(\boldsymbol{B}_0\lambda^{n-1}+\boldsymbol{B}_1\lambda^{n-2}+\cdots+\boldsymbol{B}_{n-1})(\lambda\boldsymbol{E}-\boldsymbol{A})\\&=\boldsymbol{B}_0\lambda^n+(\boldsymbol{B}_1-\boldsymbol{B}_0\boldsymbol{A})\lambda^{n-1}+(\boldsymbol{B}_2-B_1\boldsymbol{A})\lambda^{n-2}+\cdots\\&\quad+(\boldsymbol{B}_{n-1}-\boldsymbol{B}_{n-2}\boldsymbol{A})\lambda-\boldsymbol{B}_{n-1}\boldsymbol{A}\end{aligned}$$

比较两式，得

$$\begin{cases}\boldsymbol{B}_0=\boldsymbol{E}\\ \boldsymbol{B}_1-\boldsymbol{B}_0\boldsymbol{A}=a_{n-1}\boldsymbol{E}\\ \boldsymbol{B}_2-\boldsymbol{B}_1\boldsymbol{A}=a_{n-2}\boldsymbol{E}\\ \cdots\cdots\\ \boldsymbol{B}_{n-1}-\boldsymbol{B}_{n-2}\boldsymbol{A}=a_1\boldsymbol{E}\\ -\boldsymbol{B}_{n-1}\boldsymbol{A}=a_0\boldsymbol{E}\end{cases}$$

用 $\boldsymbol{A}^n,\boldsymbol{A}^{n-1},\boldsymbol{A}^{n-2},\cdots,\boldsymbol{A},\boldsymbol{E}$ 依次从右边乘上式中的第 1 式，第 2 式，第 3 式，…，第 $n-1$ 式，第 n 式，得

$$\begin{cases}\boldsymbol{B}_0\boldsymbol{A}^n=\boldsymbol{A}^n\\ \boldsymbol{B}_1\boldsymbol{A}^{n-1}-\boldsymbol{B}_0\boldsymbol{A}^n=a_{n-1}\boldsymbol{A}^{n-1}\\ \boldsymbol{B}_2\boldsymbol{A}^{n-2}-\boldsymbol{B}_1\boldsymbol{A}^{n-1}=a_{n-2}\boldsymbol{A}^{n-2}\\ \cdots\cdots\\ \boldsymbol{B}_{n-1}\boldsymbol{A}-\boldsymbol{B}_{n-2}\boldsymbol{A}^2=a_1\boldsymbol{A}\\ -\boldsymbol{B}_{n-1}\boldsymbol{A}=a_0\boldsymbol{E}\end{cases}$$

把上式的 n 个式子相加,左边变成零,右边就是

$$0 = f(\boldsymbol{A})$$

□

由线性变换和线性变换的矩阵之间的关系,有

定理 3.9(线性变换的 Hamilton-Caylay 定理) 设 A 是数域F 上有限维线性空间 V 上的线性变换,$f(\lambda)$是 A 的特征多项式, 那么 $f(A)=0$.

3.4.2 线性变换在一组基下的矩阵为对角化的条件

定理 3.10 设 A 是数域F 上 n 维线性空间 V 上的线性变换,A 在一组基下的矩阵为对角矩阵的充分必要条件是A 有 n 个线性无关的特征向量.

证明 必要性 如果 A 在一组基$\boldsymbol{\alpha}_1,\boldsymbol{\alpha}_2,\cdots,\boldsymbol{\alpha}_n$ 下的矩阵为对角矩阵,其对角线元素为$\lambda_1,\lambda_2,\cdots,\lambda_n$,则

$$A(\boldsymbol{\alpha}_1,\boldsymbol{\alpha}_2,\cdots,\boldsymbol{\alpha}_n) = (\boldsymbol{\alpha}_1,\boldsymbol{\alpha}_2,\cdots,\boldsymbol{\alpha}_n)\begin{pmatrix}\lambda_1 & \cdots & 0\\ \vdots & \ddots & \vdots\\ 0 & \cdots & \lambda_n\end{pmatrix}$$

则 $A(\boldsymbol{\alpha}_i)=\lambda_1\boldsymbol{\alpha}_i(i=1,2,\cdots,n)$,即基元素 $\boldsymbol{\alpha}_i$ 是线性变换A 的特征值λ_i 的特征向量,共 n 个,且线性无关组.

充分性 如果 A 有n 个线性无关的特征向量$\boldsymbol{\alpha}_1,\boldsymbol{\alpha}_2,\cdots,\boldsymbol{\alpha}_n$.它们所对应的特征值依次为$\lambda_1,\lambda_2,\cdots,\lambda_n$,则

$$A(\boldsymbol{\alpha}_i) = \lambda_1\boldsymbol{\alpha}_i \quad (i = 1,2,\cdots,n)$$

显然线性无关组的$\boldsymbol{\alpha}_1,\boldsymbol{\alpha}_2,\cdots,\boldsymbol{\alpha}_n$ 是n 维线性空间 V 的基,且 $A(\boldsymbol{\alpha}_i)=\lambda_1\boldsymbol{\alpha}_i$ 在基$\boldsymbol{\alpha}_1,\boldsymbol{\alpha}_2,\cdots,\boldsymbol{\alpha}_n$ 下的坐标为$(0,\cdots,\lambda_i,\cdots,0)^{\mathrm{T}}$,由线性变换在基下的矩阵的定义,有

$$A(\boldsymbol{\alpha}_1,\boldsymbol{\alpha}_2,\cdots,\boldsymbol{\alpha}_n) = (\boldsymbol{\alpha}_1,\boldsymbol{\alpha}_2,\cdots,\boldsymbol{\alpha}_n)\begin{pmatrix}\lambda_1 & \cdots & 0\\ \vdots & \ddots & \vdots\\ 0 & \cdots & \lambda_n\end{pmatrix}$$

A 在一组基$\boldsymbol{\alpha}_1,\boldsymbol{\alpha}_2,\cdots,\boldsymbol{\alpha}_n$ 下的矩阵为对角矩阵. □

定理 3.11 设 A 是数域F 上有限维线性空间 V 上的线性变换,A 在一组基下的矩阵为对角矩阵的充要条件是A 在任意一组基下的矩阵可相似对角化.

证明 如果 A 在一组基$\boldsymbol{\beta}_1,\boldsymbol{\beta}_2,\cdots,\boldsymbol{\beta}_n$ 下的矩阵为对角矩阵$\boldsymbol{\Lambda}$,在基$\boldsymbol{\alpha}_1,\boldsymbol{\alpha}_2,\cdots,\boldsymbol{\alpha}_n$ 下的矩阵为$\boldsymbol{A}$,从基$\boldsymbol{\alpha}_1,\boldsymbol{\alpha}_2,\cdots,\boldsymbol{\alpha}_n$ 到基$\boldsymbol{\beta}_1,\boldsymbol{\beta}_2,\cdots,\boldsymbol{\beta}_n$ 的过渡矩阵为$\boldsymbol{P}$,则由线性变换在两组基下的矩阵相似可得 $\boldsymbol{P}^{-1}\boldsymbol{AP}=\boldsymbol{\Lambda}$,故$\boldsymbol{A}$ 可相似对角化,反之,若 A 在任意一组基下的矩阵可相似对角化,设 A 在基$\boldsymbol{\alpha}_1,\boldsymbol{\alpha}_2,\cdots,\boldsymbol{\alpha}_n$ 下的矩阵为$\boldsymbol{A}$,则$\boldsymbol{A}$ 可相似对角化,即存在可逆阵$\boldsymbol{P}$,使得$\boldsymbol{P}^{-1}\boldsymbol{AP}=\boldsymbol{\Lambda}$,令$(\boldsymbol{\beta}_1,\boldsymbol{\beta}_2,\cdots,\boldsymbol{\beta}_n)=(\boldsymbol{\alpha}_1,\boldsymbol{\alpha}_2,\cdots,\boldsymbol{\alpha}_n)\boldsymbol{P}$,由$\boldsymbol{P}$ 可知,$\boldsymbol{\beta}_1,\boldsymbol{\beta}_2,\cdots,\boldsymbol{\beta}_n$ 是线性空间 V 基,而且在该基下的矩阵为$\boldsymbol{\Lambda}$ 是对角阵. □

推论 3.6 数域 F 上n 维线性空间V 上的线性变换有n 个不同的特征值, 则 A 在一组基下的矩阵为对角矩.

注意,并不是所有有限维线性空间上的线性变换都存在一组基,在该基下的矩阵是对角阵,例如,线性变换

$$A: F^2 \to F^2, \quad (x,y)\mapsto(x+y,y)$$

在基$\boldsymbol{e}_1,\boldsymbol{e}_2$ 下的矩阵为

$$\boldsymbol{A}=\begin{pmatrix}1 & 1\\0 & 1\end{pmatrix}$$

其特征值只有 1(是 2 重根),线性无关组的特征向量只有一个(1,0),不能对角化,对应的线性变换也不可对角化,故 F^2 上的这个线性变换 A 在 F^2 任何基下的矩阵都不是对角阵.

定义 3.6　设 A 是 V 的一个线性变换,λ_0 是 A 的一个特征值. A 的属于 λ_0 的全部特征向量添上零向量组成一个子空间,记作 V_{λ_0},

$$V_{\lambda_0}=\{\boldsymbol{\alpha}\in V\mid \boldsymbol{A\alpha}=\lambda_0\boldsymbol{\alpha}\}$$

则 V_{λ_0} 是一个 A-子空间,称为 A 的一个**特征子空间**. V_{λ_0} 的维数称为 λ_0 的**几何重数**. 称特征值 λ_0 作为特征多项式 $f_A(\lambda)$ 的根的重数为 λ_0 的**代数重数**.

定理 3.12　设 A 是数域 F 上有限维线性空间 V 上的线性变换. λ_0 是 A 的一个特征值. 则 λ_0 的几何重数不大于代数重数.

证明　设 λ_0 的几何重数为 r,即特征子空间 V_{λ_0} 的维数是 r. 设 $\boldsymbol{\alpha}_1,\boldsymbol{\alpha}_2,\cdots,\boldsymbol{\alpha}_r$ 是 V_{λ_0} 的基,由基的扩张定理,存在 $\boldsymbol{\alpha}_{r+1},\boldsymbol{\alpha}_{r+2},\cdots,\boldsymbol{\alpha}_n$,使得

$$\boldsymbol{\alpha}_1,\boldsymbol{\alpha}_2,\cdots,\boldsymbol{\alpha}_r,\boldsymbol{\alpha}_{r+1},\boldsymbol{\alpha}_{r+2},\cdots,\boldsymbol{\alpha}_n$$

是 V 的基,则

$$A(\boldsymbol{\alpha}_i)=\lambda_0\boldsymbol{\alpha}_i(i=1,2,\cdots,r),\quad A(\boldsymbol{\alpha}_i)=\sum_{j=1}^{n}a_{ji}\boldsymbol{\alpha}_j(i=r+1,\cdots,n)$$

于是 A 在该基下的矩阵为

$$A(\boldsymbol{\alpha}_1,\cdots,\boldsymbol{\alpha}_r,\cdots,\boldsymbol{\alpha}_n)=(\boldsymbol{\alpha}_1,\cdots,\boldsymbol{\alpha}_r,\cdots,\boldsymbol{\alpha}_n)\begin{pmatrix}\lambda_0\boldsymbol{E}_r & \boldsymbol{A}_{12}\\0 & \boldsymbol{A}_{22}\end{pmatrix}$$

其中 $\boldsymbol{A}_{12}=\begin{pmatrix}a_{1,r+1} & \cdots & a_{1n}\\\vdots & \ddots & \vdots\\a_{r,r+1} & \cdots & a_{rn}\end{pmatrix}$,$\boldsymbol{A}_{22}=\begin{pmatrix}a_{r+1,r+1} & \cdots & a_{r+1,n}\\\vdots & \ddots & \vdots\\a_{n,r+1} & \cdots & a_{nn}\end{pmatrix}$,$A$ 的特征多项式为

$$\begin{aligned}f_A(\lambda)&=|\lambda\boldsymbol{E}-\boldsymbol{A}|=\begin{vmatrix}\lambda\boldsymbol{E}_r-\lambda_0\boldsymbol{E}_r & -\boldsymbol{A}_{12}\\0 & \lambda\boldsymbol{E}_{n-r}-\boldsymbol{A}_{22}\end{vmatrix}=|\lambda\boldsymbol{E}_r-\lambda_0\boldsymbol{E}_r|\cdot|\lambda\boldsymbol{E}_{n-r}-\boldsymbol{A}_{22}|\\&=(\lambda-\lambda_0)^r\,|\lambda\boldsymbol{E}_{n-r}-\boldsymbol{A}_{22}|\end{aligned}$$

由此可知 λ_0 的重根重数至少是 r,从而代数重数至少是 r. □

定理 3.13　设 A 是数域 F 上有限维线性空间 V 上的线性变换,A 在一组基下的矩阵为对角矩阵的充分必要条件是 A 的每个特征值均在数域在 F 中,且代数重数等于几何重数.

3.5　线性变换的不变子空间

线性变换的不变子空间也是在一定程度上将线性变换的矩阵尽量简化的一种方法.

3.5.1　线性变换的不变子空间

定义 3.7　设 A 是数域 F 上线性空间 V 的一个线性变换,W 是 V 的一个子空间. 如果 W 中的向量在 A 下的像仍在 W 中,即对于 W 中任一个向量 $\boldsymbol{\xi}$,都有 $A(\boldsymbol{\xi})\in W$,就称 W

是A的一个不变子空间.

线性变换A的不变子空间也称A-子空间.

例 3.29 V的平凡子空间：V及零子空间都是V的任一个线性变换的不变子空间.

例 3.30 V的任一个子空间都是数乘变换的不变子空间.

例 3.31 设A是数域F上线性空间V的一个线性变换,而$\boldsymbol{\alpha}_1,\boldsymbol{\alpha}_2,\cdots,\boldsymbol{\alpha}_s$是$A$的特征值$\lambda_0$线性变换$A$的特征向量，则$\langle\boldsymbol{\alpha}_1,\boldsymbol{\alpha}_2,\cdots,\boldsymbol{\alpha}_s\rangle$是一个$A$-子空间.

解 由已知可得$A(\boldsymbol{\alpha}_i)=\lambda_0\boldsymbol{\alpha}_i(i=1,2,\cdots,s)$,对任意$\boldsymbol{\alpha}\in\langle\boldsymbol{\alpha}_1,\boldsymbol{\alpha}_2,\cdots,\boldsymbol{\alpha}_s\rangle$,则$\boldsymbol{\alpha}$是向量组$\boldsymbol{\alpha}_1,\boldsymbol{\alpha}_2,\cdots,\boldsymbol{\alpha}_s$, $\boldsymbol{\alpha}=\sum\limits_{i=1}^{s}k_i\boldsymbol{\alpha}_i$,

$$A(\boldsymbol{\alpha})=A\left(\sum_{i=1}^{s}k_i\boldsymbol{\alpha}_i\right)=\sum_{i=1}^{s}k_iA(\boldsymbol{\alpha}_i)=\sum_{i=1}^{s}k_i\lambda_0\boldsymbol{\alpha}_i\in\langle\boldsymbol{\alpha}_1,\boldsymbol{\alpha}_2,\cdots,\boldsymbol{\alpha}_s\rangle$$

故$\langle\boldsymbol{\alpha}_1,\boldsymbol{\alpha}_2,\cdots,\boldsymbol{\alpha}_s\rangle$是一个$A$-子空间.

特别地，由A的一个特征向量生成的子空间是一个一维A-子空间.进一步地,A的每一个特征子空间是A-子空间.

例 3.32 仍用D表示$F_n[x]$的微分变换.证明:$F_k[x](k\leqslant n)$是D的不变子空间.

证明 由于$\deg(Df(x))=\deg(f(x))-1$,当$\deg(f(x))<1$时,$D(f(x))=0$,由此可见，$F_k[x](k\leqslant n)$都是D-不变子空间.

设W是D的一个不变子空间,若$W\neq\{0\}$,可取W中一个次数最高的多项式，设为

$$f(x)=a_kx^k+a_{k-1}x^{k-1}+\cdots+a_1x+a_0\quad(k\leqslant n,a_k\neq 0)$$

由于W是D的不变子空间，所以$f'(x),f''(x),\cdots,f^{(k)}(x)=a_kk!$都在$W$中,由此可得$1,x,x^2,\cdots,x^k$都在$W$中.所有$1,x,x^2,\cdots,x^k$的组合,即所有次数不大于$k$的多项式均在$W$中,故$W=F_k[x](k\leqslant n)$.从而可知$D$的不变子空间要么为$\{0\}$,要么是形如$F_k[x](k\leqslant n)$的子空间.

从上例得出,可以用子空间的基元素的像是否在子空间内来判断一个子空间是否是不变子空间,即如下命题：

命题 3.1 A是V的一个线性变换，W是V的一个非零子空间,$\boldsymbol{\varepsilon}_1,\boldsymbol{\varepsilon}_2,\cdots,\boldsymbol{\varepsilon}_s$是$W$的一组基，则$W$是$A$-子空间的充分必要条件是$A(\boldsymbol{\varepsilon}_1)$, $A(\boldsymbol{\varepsilon}_2)$,$\cdots$, $A(\boldsymbol{\varepsilon}_s)$全在$W$中.

命题 3.2 A是数域F上线性空间V的一个线性变换，则A-子空间的交与和仍都是A-子空间.

下面介绍如何应用A-子空间来化简A的矩阵.

设A是数域F上n维线性空间V的一个线性变换，W是A的一个非平凡不变子空间.在W中任取一组基$\boldsymbol{\alpha}_1,\boldsymbol{\alpha}_2,\cdots,\boldsymbol{\alpha}_m(0<m\leqslant n)$，把它扩充成$V$的一组基：

$$\boldsymbol{\alpha}_1,\boldsymbol{\alpha}_2,\cdots,\boldsymbol{\alpha}_m,\boldsymbol{\alpha}_{m+1},\boldsymbol{\alpha}_{m+2},\cdots,\boldsymbol{\alpha}_n$$

由$A(\boldsymbol{\alpha}_i)\in W(i\leqslant m)$,故均可由$\boldsymbol{\alpha}_1,\boldsymbol{\alpha}_2,\cdots,\boldsymbol{\alpha}_m$表出,而$A(\boldsymbol{\alpha}_i)(i>m)$不一定在$W$中,但在$V$中可由$V$的基$\boldsymbol{\alpha}_1,\cdots,\boldsymbol{\alpha}_m,\boldsymbol{\alpha}_{m+1},\cdots,\boldsymbol{\alpha}_n$表出,故可设

$$\begin{cases}A(\boldsymbol{\alpha}_1)=a_{11}\boldsymbol{\alpha}_1+\cdots+a_{m1}\boldsymbol{\alpha}_m\\ \cdots\cdots\\ A(\boldsymbol{\alpha}_m)=a_{1m}\boldsymbol{\alpha}_1+\cdots+a_{mm}\boldsymbol{\alpha}_m\\ A(\boldsymbol{\alpha}_{m+1})=a_{1,m+1}\boldsymbol{\alpha}_1+\cdots+a_{m,m+1}\boldsymbol{\alpha}_m+a_{m+1,m+1}\boldsymbol{\alpha}_{m+1}+\cdots+a_{n,m+1}\boldsymbol{\alpha}_n\\ \cdots\cdots\\ A(\boldsymbol{\alpha}_n)=a_{1n}\boldsymbol{\alpha}_1+\cdots+a_{mn}\boldsymbol{\alpha}_m+a_{m+1,n}\boldsymbol{\alpha}_{m+1}+\cdots+a_{nn}\boldsymbol{\alpha}_n\end{cases}$$

因此，$\mathcal{A}$ 在这一组基下的矩阵是

$$\boldsymbol{A}=\begin{pmatrix} a_{11} & \cdots & a_{1m} & a_{1,m+1} & \cdots & a_{1n} \\ \vdots & \ddots & \vdots & \vdots & \ddots & \vdots \\ a_{m1} & \cdots & a_{mm} & a_{m,m+1} & \cdots & a_{mn} \\ 0 & \cdots & 0 & a_{m+1,m+1} & \cdots & a_{m+1,n} \\ \vdots & \ddots & \vdots & \vdots & \ddots & \vdots \\ 0 & \cdots & 0 & a_{n,m+1} & \cdots & a_{nn} \end{pmatrix}$$

可以把 $\boldsymbol{A}$ 写成分块矩阵：

$$\boldsymbol{A}=\begin{pmatrix} \boldsymbol{A}_{11} & \boldsymbol{A}_{12} \\ \boldsymbol{O} & \boldsymbol{A}_{22} \end{pmatrix} \tag{3.1}$$

反之，如果线性变换 $\mathcal{A}$ 在基 $\boldsymbol{\alpha}_1,\cdots,\boldsymbol{\alpha}_m,\boldsymbol{\alpha}_{m+1},\cdots,\boldsymbol{\alpha}_n$ 下的矩阵具有上述形式，其中 $\boldsymbol{A}_{11}$ 是一个 $m(1\leqslant m\leqslant n)$ 阶矩阵，那么由 $\boldsymbol{\alpha}_1,\boldsymbol{\alpha}_2,\cdots,\boldsymbol{\alpha}_m$ 生成的子空间是一个 $\mathcal{A}$-子空间.

更进一步地，如果 V 可以分解成两个非平凡 $\mathcal{A}$-子空间的直和：

$$V=W_1\oplus W_2$$

取 W_1 的一组基 $\boldsymbol{\alpha}_1,\boldsymbol{\alpha}_2,\cdots,\boldsymbol{\alpha}_m$，再取 W_2 的一组基 $\boldsymbol{\alpha}_{m+1},\boldsymbol{\alpha}_{m+2},\cdots,\boldsymbol{\alpha}_n$，则

$$\boldsymbol{\alpha}_1,\boldsymbol{\alpha}_2,\cdots,\boldsymbol{\alpha}_m,\boldsymbol{\alpha}_{m+1},\boldsymbol{\alpha}_{m+2},\cdots,\boldsymbol{\alpha}_n$$

是 V 的一组基. 由于 W_1,W_2 都是 $\mathcal{A}$-子空间，则 $\mathcal{A}$ 在这组基下的矩阵为

$$\boldsymbol{A}=\begin{pmatrix} \boldsymbol{A}_{11} & \boldsymbol{O} \\ \boldsymbol{O} & \boldsymbol{A}_{22} \end{pmatrix} \tag{3.2}$$

这是一个准对角矩阵. 同样地，如果线性变换 $\mathcal{A}$ 在上述一组基下的矩阵具有准对角形式，则

$$W_1=\langle\boldsymbol{\alpha}_1,\boldsymbol{\alpha}_2,\cdots,\boldsymbol{\alpha}_m\rangle,\quad W_2=\langle\boldsymbol{\alpha}_{m+1},\boldsymbol{\alpha}_{m+2},\cdots,\boldsymbol{\alpha}_n\rangle$$

都是 $\mathcal{A}$ 的不变子空间，并且

$$V=W_1\oplus W_2$$

由此可知，线性变换的矩阵的化简与不变子空间有着密切的联系. 为了更进一步应用不变子空间来讨论线性变换，下面这个概念是很有用的.

设 $\mathcal{A}$ 是线性空间 V 的一个线性变换，W 是 $\mathcal{A}$ 的一个不变子空间. 由于 W 中向量在 $\mathcal{A}$ 下的像仍在 W 中，因此，如果只在线性空间 W 中考虑 $\mathcal{A}$ 的作用，就可以把 $\mathcal{A}$ 看成 W 的一个线性变换，这个变换称为 $\mathcal{A}$ 在不变子空间 W 上引起的变换. 为了区别起见，我们用符号 $\mathcal{A}|_W$ 来表示它；但是在不会引起误解的情况下，仍可以用 $\mathcal{A}$ 来表示.

必须在概念上弄清楚 $\mathcal{A}$ 与 $\mathcal{A}|_W$ 的差别：$\mathcal{A}$ 是线性空间 V 的线性变换，$\mathcal{A}$ 中每个向量在 $\mathcal{A}$ 下有确定的像；$\mathcal{A}|_W$ 是线性空间 W 的线性变换，对于 W 中每个向量 $\boldsymbol{\xi}$，有

$$\mathcal{A}|_W(\boldsymbol{\xi})=\mathcal{A}(\boldsymbol{\xi})$$

但是对于 V 中不属于 W 的向量 $\boldsymbol{\eta}$，$\mathcal{A}|_W(\boldsymbol{\eta})$ 是没有意义的.

应用线性变换在不变子空间上所引起的线性变换这个概念，可以更深刻地理解不变子空间与线性变换的矩阵的化简之间的关系. 在前面的讨论中，矩阵(3.1)中左上角的 m 阶矩阵 $\boldsymbol{A}_{11}$ 就是线性变换 $\mathcal{A}|_W$ 在 W 的基 $\boldsymbol{\alpha}_1,\boldsymbol{\alpha}_2,\cdots,\boldsymbol{\alpha}_m$ 下的矩阵. 而在线性空间 V 分解成线性变换 $\mathcal{A}$ 的若干个不变子空间的直和的情形，准对角矩阵(3.2)中的 m_i 阶矩阵 $\boldsymbol{A}_i(i=1,2,\cdots,s)$ 就是线性变换 $\mathcal{A}|_{W_i}$ 在 W_i 的基下的矩阵. 因此把 $\mathcal{A}$ 的矩阵更进一步化简的问题可以归结为化简 W_i 的线性变换 $\mathcal{A}|_{W_i}$ 的矩阵的问题，从而可以在子空间 W_i 中进行讨论.

例 3.33 证明：如果复线性空间 V 的线性变换 A 与 B 可交换，那么它们有公共的特征向量.

证明 因为 V 是一个复数域上的线性空间，所以 A 一定有特征值.设 λ_0 是 A 的一个特征值.现在我们来证 A 的特征子空间 V_{λ_0} 是 B 的一个不变子空间：

任取 $\boldsymbol{\alpha}\in V_{\lambda_0}$，则

$$A(B(\boldsymbol{\alpha})) = AB(\boldsymbol{\alpha}) = BA(\boldsymbol{\alpha}) = B(A(\boldsymbol{\alpha})) = B(\lambda_0\boldsymbol{\alpha}) = \lambda_0(B(\boldsymbol{\alpha}))$$

所以 $B(\boldsymbol{\alpha})\in V_{\lambda_0}$.于是可以考虑 B 在 V_{λ_0} 上引起的线性变换 $B|_{V_{\lambda_0}}$.因为 V_{λ_0} 是一个复线性空间，所以 B 在 V_{λ_0} 中有一个特征向量 $\boldsymbol{\alpha}_0$，而 $\boldsymbol{\alpha}_0$ 也是 A 的特征向量，所以，A，B 有公共的特征向量.

把这个结论应用于矩阵，就得到一个非常有用的结果：如果复系数矩阵 $\boldsymbol{A}$ 与 $\boldsymbol{B}$ 可交换，那么它们有公共特征向量.

3.5.2 空间分解定理

设 A 是数域 F 上 n 维向量空间 V 的线性变换，最后给出向量空间 V 的一个分解定理.我们先从线性变换多项式的核入手，以下所述多项式都属于数域 F 上的多项式.

命题 3.3 若 $h(x)\mid g(x)$，则 $\mathrm{Ker}(h(A))\subseteq\mathrm{Ker}(g(A))$.

证明 由 $h(x)\mid g(x)$可知 $g(x)=t(x)h(x)$，于是对任意 $\boldsymbol{\alpha}\in\mathrm{Ker}(h(A))$，$h(A)(\boldsymbol{\alpha})=0$，故

$$g(A)(\boldsymbol{\alpha}) = t(A)h(A)(\boldsymbol{\alpha}) = t(A)(h(A)(\boldsymbol{\alpha})) = t(A)(0) = 0$$

即 $\boldsymbol{\alpha}\in\mathrm{Ker}(g(A))$.

命题 3.4 设 $d(x)$是 $f(x)$，$g(x)$的一个最大公因式，则

$$\mathrm{Ker}(d(A)) = \mathrm{Ker}(f(A))\cap\mathrm{Ker}(g(A))$$

证明 由命题 3.3，$\mathrm{Ker}(d(A))\subseteq\mathrm{Ker}(f(A))\cap\mathrm{Ker}(g(A))$. $d(x)$是 $f(x)$，$g(x)$的一个最大公因式，存在 $u(x)$，$v(x)$，使得

$$d(x) = u(x)f(x) + v(x)g(x)$$

对任意的 $\boldsymbol{\alpha}\in\mathrm{Ker}(f(A))\cap\mathrm{Ker}(g(A))$，则 $f(A)(\boldsymbol{\alpha})=g(A)(\boldsymbol{\alpha})=0$，于是

$$d(A)(\boldsymbol{\alpha}) = u(A)f(A)(\boldsymbol{\alpha}) + v(A)g(A)(\boldsymbol{\alpha}) = 0$$

故 $\mathrm{Ker}(f(A))\cap\mathrm{Ker}(g(A))\subseteq\mathrm{Ker}(d(A))$. □

命题 3.5 设 $f(x)=g(x)h(x)$.若$(g(x),h(x))=1$，则

$$\mathrm{Ker}(f(A)) = \mathrm{Ker}(g(A))\oplus\mathrm{Ker}(h(A))$$

证明 由命题 3.4 得，$\mathrm{Ker}(g(A))\cap\mathrm{Ker}(h(A))=\{0\}$，这是因为 $\mathrm{Ker}(E_V)=\{0\}$.由命题 3.3 得，$\mathrm{Ker}(g(A))\subseteq\mathrm{Ker}(f(A))$，$\mathrm{Ker}(h(A))\subseteq\mathrm{Ker}(f(A))$，即 $\mathrm{Ker}(g(A))$，$\mathrm{Ker}(h(A))$均是 $\mathrm{Ker}(f(A))$的子空间. 只需要证明 $\mathrm{Ker}(f(A))=\mathrm{Ker}(g(A))+\mathrm{Ker}(h(A))$即可.

由$(g(x),h(x))=1$，故存在 $u(x)$，$v(x)$，使得 $1=u(x)g(x)+v(x)h(x)$，对任意的 $\boldsymbol{\alpha}\in\mathrm{Ker}(f(A))$，即 $f(A)(\boldsymbol{\alpha})=0$，则

$$\boldsymbol{\alpha} = E_V(\boldsymbol{\alpha}) = u(A)g(A)(\boldsymbol{\alpha}) + v(A)h(A)(\boldsymbol{\alpha}) = \boldsymbol{\alpha}_1 + \boldsymbol{\alpha}_2$$

其中 $u(A)g(A)(\boldsymbol{\alpha})=\boldsymbol{\alpha}_2$，$v(A)h(A)(\boldsymbol{\alpha})=\boldsymbol{\alpha}_1$.则

$$\begin{aligned} g(A)(\boldsymbol{\alpha}_1) &= g(A)(v(A)h(A)(\boldsymbol{\alpha})) = v(A)(g(A)h(A)(\boldsymbol{\alpha})) \\ &= v(A)(f(A)(\boldsymbol{\alpha})) = v(A)(0) = 0 \end{aligned}$$

$$h(A)(\boldsymbol{\alpha}_2) = h(A)(u(A)g(A)(\boldsymbol{\alpha})) = u(A)(h(A)g(A)(\boldsymbol{\alpha}))$$

$$= u(A)(f(A)(\boldsymbol{\alpha})) = u(A)(0) = 0$$

即 $\boldsymbol{\alpha}_1 \in \mathrm{Ker}(g(A))$，$\boldsymbol{\alpha}_2 \in \mathrm{Ker}(h(A))$，于是 $\mathrm{Ker}(f(A)) = \mathrm{Ker}(g(A)) + \mathrm{Ker}(h(A))$. □

用数学归纳法可以把命题3.5推广成.

定理3.14 设 $f(x) = f_1(x)f_2(x)\cdots f_s(x)$. 若 $f_1(x), f_2(x), \cdots, f_s(x)$ 两两互素. 则

$$\mathrm{Ker}(f(A)) = \mathrm{Ker}(f_1(A)) \oplus \mathrm{Ker}(f_2(A)) \oplus \cdots \oplus \mathrm{Ker}(f_s(A))$$

设 A 是数域 F 上线性空间 V 上的线性变换，$f(\lambda)$ 是 A 的特征多项式，由线性变换的 Hamilton-Caylay 定理知，$f(A) = 0$，即 $\mathrm{Ker}(f(A)) = V$，若在数域 F 上的标准分解为

$$f(\lambda) = p_1^{r_1}(\lambda)p_2^{r_2}(\lambda)\cdots p_s^{r_s}(\lambda)$$

由定理3.14有

$$V = V_1 \oplus V_2 \oplus \cdots \oplus V_s$$

其中 $V_i = \mathrm{Ker}(p_i^{r_i}(A))$.

若 $f(\lambda)$ 在 F 上可分解为一次因式之积，

$$f(\lambda) = (\lambda - \lambda_1)^{r_1}(\lambda - \lambda_2)^{r_2}\cdots(\lambda - \lambda_t)^{r_t}$$

则

$$V = V_1 \oplus V_2 \oplus \cdots \oplus V_t$$

其中 $V_i = \mathrm{Ker}((A - \lambda_i E)^{r_i})$.

推论3.7(空间第一分解定理) 设数域 F 上 n 维线性空间 V 的线性变换 A 的特征多项式为 $f(\lambda)$ 在 F 上可分解为一次因式之积，

$$f(\lambda) = (\lambda - \lambda_1)^{r_1}(\lambda - \lambda_2)^{r_2}\cdots(\lambda - \lambda_t)^{r_t}$$

其中 $\lambda_1, \lambda_2, \cdots, \lambda_t$ 两两不同，则 V 可分解成不变子空间的直和

$$V = V_1 \oplus V_2 \oplus \cdots \oplus V_t$$

其中 $V_i = \mathrm{Ker}((A - \lambda_i E)^{r_i}) = \{\boldsymbol{\alpha} \mid (A - \lambda_i E)^{r_i}(\boldsymbol{\alpha}) = 0\}$.

定义3.8 称推论中 V 的子空间

$$V_i = \mathrm{Ker}((A - \lambda_i E)^{r_i}) = \{\boldsymbol{\alpha} \mid (A - \lambda_i E)^{r_i}(\boldsymbol{\alpha}) = 0\}$$

为线性变换 A 的特征值 λ_i 的根子空间.

注意到

$$A(A - \lambda_i E) = AA - A\lambda_i E = AA - \lambda_i EA = (A - \lambda_i E)A$$

进一步地，有

$$A(A - \lambda_i E)^k = (A - \lambda_i E)^k A \quad (k \in \mathbb{N})$$

线性变换 A 的特征值 λ_i 的根子空间是 A-不变子空间，因为对任意的 $\boldsymbol{\alpha} \in V_i$，有 $(A - \lambda_i E)^{r_i}(\boldsymbol{\alpha}) = 0$，于是

$$(A - \lambda_i E)^{r_i}(A(\boldsymbol{\alpha})) = A((A - \lambda_i E)^{r_i})(\boldsymbol{\alpha}) = 0$$

从而 $A(\boldsymbol{\alpha}) \in V_i$.

对任何线性空间，给定基后，我们对元素进行线性变换或线性运算时，只需用元素的坐标向量以及线性变换的矩阵即可，因此，在后面的内容中着重研究矩阵和向量.

3.6 内积空间上的线性变换

3.6.1 酉变换与正交变换

酉变换(或正交变换)在现实生活中是随处可见的,例如,在通常的三维空间中绕原点旋转变换或镜面对称变换等,都是重要的酉变换.它们在物理学、化学以及力学中也常用.

定义 3.9 设 V 是酉空间,A 是 V 上的线性变换,若对任意的 $\boldsymbol{\alpha},\boldsymbol{\beta}\in V$,都有

$$(A(\boldsymbol{\alpha}),A(\boldsymbol{\beta}))=(\boldsymbol{\alpha},\boldsymbol{\beta})$$

当 V 是酉空间时,称 A 是 V 上的酉变换;当 V 是欧氏空间时,A 是 V 上的正交变换.

例 3.33 二维向量空间 $\mathbb{R}^2$,把每一个向量 $\boldsymbol{\alpha}$ 绕坐标原点按逆时针方向旋转 θ 角得到旋转变换

$$\boldsymbol{T}_\theta(\boldsymbol{\alpha})=\begin{pmatrix}\cos\theta & -\sin\theta\\ \sin\theta & \cos\theta\end{pmatrix}\boldsymbol{\alpha}$$

是线性变换,对任意 $\boldsymbol{\alpha},\boldsymbol{\beta}\in\mathbb{R}^2$,则

$$\begin{aligned}(\boldsymbol{T}_\theta(\boldsymbol{\alpha}),\boldsymbol{T}_\theta(\boldsymbol{\beta}))&=\boldsymbol{T}_\theta^{\mathrm{T}}(\alpha)\boldsymbol{T}_\theta(\boldsymbol{\beta})=\boldsymbol{\alpha}^{\mathrm{T}}\begin{pmatrix}\cos\theta & \sin\theta\\ -\sin\theta & \cos\theta\end{pmatrix}\begin{pmatrix}\cos\theta & -\sin\theta\\ \sin\theta & \cos\theta\end{pmatrix}\boldsymbol{\beta}\\&=\boldsymbol{\alpha}^{\mathrm{T}}\boldsymbol{\beta}=(\boldsymbol{\alpha},\boldsymbol{\beta})\end{aligned}$$

即 $\boldsymbol{T}_\theta$ 是正交变换.

例 3.33 设平面 π 是几何空间 $\mathbb{R}^3$ 内过原点的平面,其单位法向量为 $\boldsymbol{e}$,对任意 $\boldsymbol{a}\in\mathbb{R}^3$,令 $M_\pi(\boldsymbol{a})$是 $\boldsymbol{a}$ 在平面 π 的镜面像(如图 3.1 所示),则 $M_\pi(\boldsymbol{a})=\boldsymbol{a}-2(\boldsymbol{a}\cdot\boldsymbol{e})\boldsymbol{e}$,令变换

$$M_\pi:\mathbb{R}^3\to\pi,\ \boldsymbol{a}\mapsto\boldsymbol{a}-2(\boldsymbol{a}\cdot\boldsymbol{e})\boldsymbol{e}=M_\pi(\boldsymbol{a})$$

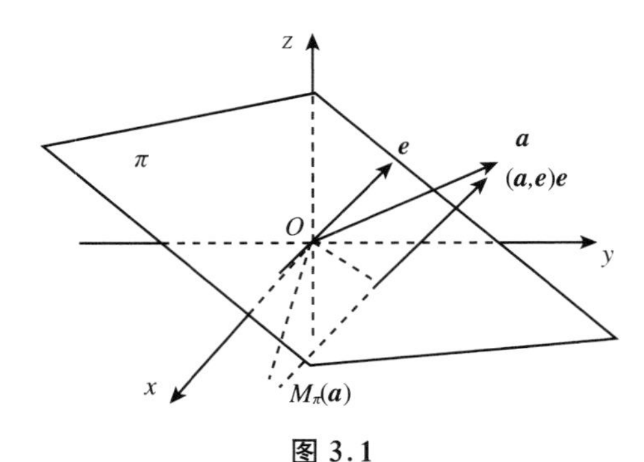

图 3.1

称为关于平面 π 的镜面变换.对任意 $\boldsymbol{a},\boldsymbol{b}\in\mathbb{R}^3$,$k\in\mathbb{R}$,容易验证

$$M_\pi(\boldsymbol{a}+\boldsymbol{b})=M_\pi(\boldsymbol{a})+M_\pi(\boldsymbol{b}),\quad M_\pi(k\boldsymbol{a})=kM_\pi(\boldsymbol{a})$$

即 M_π 是 $\mathbb{R}^3$ 到 $\mathbb{R}^3$ 的一个线性变换,另外任意 $\boldsymbol{a},\boldsymbol{b}\in\mathbb{R}^3$,则

$$\begin{aligned}(M_\pi(\boldsymbol{a}),M_\pi(\boldsymbol{b}))&=(\boldsymbol{a}-2(\boldsymbol{a}\cdot\boldsymbol{e})\boldsymbol{e},\boldsymbol{b}-2(\boldsymbol{b}\cdot\boldsymbol{e})\boldsymbol{e})\\&=(\boldsymbol{a},\boldsymbol{b})+(\boldsymbol{a},-2(\boldsymbol{b}\cdot\boldsymbol{e})\boldsymbol{e})+(-2(\boldsymbol{a}\cdot\boldsymbol{e})\boldsymbol{e},\boldsymbol{b})+(-2(\boldsymbol{a}\cdot\boldsymbol{e})\boldsymbol{e},-2(\boldsymbol{b}\cdot\boldsymbol{e})\boldsymbol{e})\end{aligned}$$

$$= (\boldsymbol{a},\boldsymbol{b}) - 2(\boldsymbol{b}\cdot\boldsymbol{e})(\boldsymbol{a},\boldsymbol{e}) - 2(\boldsymbol{a}\cdot\boldsymbol{e})(\boldsymbol{e},\boldsymbol{b}) + 4(\boldsymbol{a}\cdot\boldsymbol{e})(\boldsymbol{b}\cdot\boldsymbol{e})(\boldsymbol{e},\boldsymbol{e})$$
$$= (\boldsymbol{a},\boldsymbol{b})$$

即 M_θ 是正交变换.

定理 3.15　设 A 是有限维酉空间(或欧氏空间) V 上的线性变换,则下列条件等价:

(1) A 是酉变换(或正交变换);

(2) $|A(\boldsymbol{\alpha})| = |\boldsymbol{\alpha}|(\forall \boldsymbol{\alpha} \in V)$;

(3) A 将 V 的标准正交基变到标准正交基;

(4) A 在标准正交基下的矩阵表示是酉矩阵(或正交矩阵).

证明　设 V 是 n 维酉空间(或欧氏空间),而 $\boldsymbol{\varepsilon}_1,\boldsymbol{\varepsilon}_2,\cdots,\boldsymbol{\varepsilon}_n$ 是 V 的标准正交基,$\boldsymbol{A}$ 是 A 在基 $\boldsymbol{\varepsilon}_1,\boldsymbol{\varepsilon}_2,\cdots,\boldsymbol{\varepsilon}_n$ 下的矩阵,$\boldsymbol{A}_1,\boldsymbol{A}_2,\cdots,\boldsymbol{A}_n$ 是 $\boldsymbol{A}$ 的列,则

$$A(\boldsymbol{\varepsilon}_j) = (\boldsymbol{\varepsilon}_1,\boldsymbol{\varepsilon}_2,\cdots,\boldsymbol{\varepsilon}_n)\boldsymbol{A}_j$$

下面我们仅以酉空间和酉变换为例采用循环论证的方法证明结论,欧氏空间和正交变换可以完全类似给出证明.

(1)→(2) 对任意 $\boldsymbol{\alpha} \in V$,因为 A 是酉变换(或正交变换),故

$$|A(\boldsymbol{\alpha})|^2 = |(A(\boldsymbol{\alpha}),A(\boldsymbol{\alpha}))| = |(\boldsymbol{\alpha},\boldsymbol{\alpha})| = |\boldsymbol{\alpha}|^2$$

于是 $|A(\boldsymbol{\alpha})| = |\boldsymbol{\alpha}|$.

(2)→(3) 由(2)知 $|A(\boldsymbol{\varepsilon}_k)| = |\boldsymbol{\varepsilon}_k| = 1(k=1,2,\cdots,n)$ 故 $A(\boldsymbol{\varepsilon}_k)$ 是单位向量. 当 $k \neq l$ 时,由于 $(A(\boldsymbol{\varepsilon}_k),A(\boldsymbol{\varepsilon}_l))$ 是复数,设

$$(A(\boldsymbol{\varepsilon}_k),A(\boldsymbol{\varepsilon}_l)) = a + b\mathrm{i} \quad (a,b \in \mathbb{R})$$

由(2)知,

$$(A(\boldsymbol{\varepsilon}_k + \boldsymbol{\varepsilon}_l),A(\boldsymbol{\varepsilon}_k + \boldsymbol{\varepsilon}_l)) = (\boldsymbol{\varepsilon}_k + \boldsymbol{\varepsilon}_l,\boldsymbol{\varepsilon}_k + \boldsymbol{\varepsilon}_l)$$

由于 A 线性变换,$A(\boldsymbol{\varepsilon}_k + \boldsymbol{\varepsilon}_l) = A(\boldsymbol{\varepsilon}_k) + A(\boldsymbol{\varepsilon}_l)$,利用内积的线性性质以及 $\boldsymbol{\varepsilon}_1,\boldsymbol{\varepsilon}_2,\cdots,\boldsymbol{\varepsilon}_n$ 是正交组,上式右侧为 $(\boldsymbol{\varepsilon}_k,\boldsymbol{\varepsilon}_k) + (\boldsymbol{\varepsilon}_l,\boldsymbol{\varepsilon}_l)$,左侧为

$$(A(\boldsymbol{\varepsilon}_k),A(\boldsymbol{\varepsilon}_k)) + (A(\boldsymbol{\varepsilon}_l),A(\boldsymbol{\varepsilon}_l)) + (A(\boldsymbol{\varepsilon}_k),A(\boldsymbol{\varepsilon}_l)) + (A(\boldsymbol{\varepsilon}_l),A(\boldsymbol{\varepsilon}_k))$$

由 $(A(\boldsymbol{\varepsilon}_l),A(\boldsymbol{\varepsilon}_k)) = \overline{(A(\boldsymbol{\varepsilon}_k),A(\boldsymbol{\varepsilon}_l))}$,得

$$0 = (A(\boldsymbol{\varepsilon}_k),A(\boldsymbol{\varepsilon}_l)) + (A(\boldsymbol{\varepsilon}_l),A(\boldsymbol{\varepsilon}_k)) = 2a$$

故 $a = 0$,另外

$$(A(\boldsymbol{\varepsilon}_k + \mathrm{i}\boldsymbol{\varepsilon}_l),A(\boldsymbol{\varepsilon}_k + \mathrm{i}\boldsymbol{\varepsilon}_l)) = (\boldsymbol{\varepsilon}_k + \mathrm{i}\boldsymbol{\varepsilon}_l,\boldsymbol{\varepsilon}_k + \mathrm{i}\boldsymbol{\varepsilon}_l)$$

同样上式右侧为 $(\boldsymbol{\varepsilon}_k,\boldsymbol{\varepsilon}_k) + (\boldsymbol{\varepsilon}_l,\boldsymbol{\varepsilon}_l)$,左侧为

$$(A(\boldsymbol{\varepsilon}_k),A(\boldsymbol{\varepsilon}_k)) + (A(\boldsymbol{\varepsilon}_l),A(\boldsymbol{\varepsilon}_l)) + \mathrm{i}(A(\boldsymbol{\varepsilon}_k),A(\boldsymbol{\varepsilon}_l)) - \mathrm{i}(A(\boldsymbol{\varepsilon}_l),A(\boldsymbol{\varepsilon}_k))$$

由 $(A(\boldsymbol{\varepsilon}_l),A(\boldsymbol{\varepsilon}_k)) = \overline{(A(\boldsymbol{\varepsilon}_k),A(\boldsymbol{\varepsilon}_l))}$,得

$$0 = \mathrm{i}(A(\boldsymbol{\varepsilon}_k),A(\boldsymbol{\varepsilon}_l)) - \mathrm{i}(A(\boldsymbol{\varepsilon}_l),A(\boldsymbol{\varepsilon}_k)) = -2b$$

故 $b = 0$,即当 $k \neq l$ 时,$(A(\boldsymbol{\varepsilon}_k),A(\boldsymbol{\varepsilon}_l)) = 0$,$A(\boldsymbol{\varepsilon}_1),A(\boldsymbol{\varepsilon}_2),\cdots,A(\boldsymbol{\varepsilon}_n)$ 是正交组,是 V 的标准正交基.

(3)→(4) 已知 $\boldsymbol{\varepsilon}_1,\boldsymbol{\varepsilon}_2,\cdots,\boldsymbol{\varepsilon}_n$ 是标准正交基,由(3)知,$A(\boldsymbol{\varepsilon}_1),A(\boldsymbol{\varepsilon}_2),\cdots,A(\boldsymbol{\varepsilon}_n)$ 是 V 的标准正交基,而 A 在一组基下的矩阵的第 i 列是 $A(\boldsymbol{\varepsilon}_i)$ 在该基下的坐标,则

$$1 = (A(\boldsymbol{\varepsilon}_k),A(\boldsymbol{\varepsilon}_k)) = \boldsymbol{A}_k^{\mathrm{H}}\boldsymbol{A}_k = (\boldsymbol{A}_k,\boldsymbol{A}_k)$$

故 $\boldsymbol{A}_k$ 是 $\mathbb{C}^n$ 中的单位向量,以及当 $k \neq l$ 时,

$$0 = (A(\boldsymbol{\varepsilon}_k),A(\boldsymbol{\varepsilon}_l)) = \boldsymbol{A}_k^{\mathrm{H}}\boldsymbol{A}_l = (\boldsymbol{A}_k,\boldsymbol{A}_l)$$

则 $\boldsymbol{A}_1,\boldsymbol{A}_2,\cdots,\boldsymbol{A}_n$ 两两正交,是 $\mathbb{C}^n$ 的标准正交阵,于是 $\boldsymbol{A}$ 是酉阵.

(4)→(1) 设 $\boldsymbol{A}$ 是酉阵,即 $\boldsymbol{A}^{\mathrm{H}}\boldsymbol{A}=\boldsymbol{E}$,对任意 $\boldsymbol{\alpha},\boldsymbol{\beta}\in V$ 在 $\boldsymbol{\varepsilon}_1,\boldsymbol{\varepsilon}_2,\cdots,\boldsymbol{\varepsilon}_n$ 的坐标分别为 $\boldsymbol{X},\boldsymbol{Y}$,则 $A(\boldsymbol{\alpha}),A(\boldsymbol{\beta})$ 在 $\boldsymbol{\varepsilon}_1,\boldsymbol{\varepsilon}_2,\cdots,\boldsymbol{\varepsilon}_n$ 的坐标分别为 $\boldsymbol{AX},\boldsymbol{AY}$,则

$$(A(\boldsymbol{\alpha}),A(\boldsymbol{\beta}))=(\boldsymbol{AX})^{\mathrm{H}}\boldsymbol{AY}=\boldsymbol{X}^{\mathrm{H}}\boldsymbol{A}^{\mathrm{H}}\boldsymbol{AY}=\boldsymbol{X}^{\mathrm{H}}\boldsymbol{Y}=(\boldsymbol{\alpha},\boldsymbol{\beta})$$

故 A 是酉变换. □

由(2)知酉变换也可称为等距变换,因为对任意 $\boldsymbol{\alpha},\boldsymbol{\beta}\in V$,

$$d(\boldsymbol{\alpha},\boldsymbol{\beta})=|\boldsymbol{\alpha}-\boldsymbol{\beta}|=|A(\boldsymbol{\alpha}-\boldsymbol{\beta})|=|A(\boldsymbol{\alpha})-A(\boldsymbol{\beta})|=d(A(\boldsymbol{\alpha}),A(\boldsymbol{\beta}))$$

即向量 $\boldsymbol{\alpha},\boldsymbol{\beta}$ 之间的距离在变换下保持不变.

例 3.34 设平面 π 是几何空间 $\mathbb{R}^3$ 内过原点的平面,其单位法向量为 $\boldsymbol{e}$,关于平面 π 的镜面变换

$$M_\pi:R^3\to\pi,\ \boldsymbol{a}\mapsto\boldsymbol{a}-2(\boldsymbol{a}\cdot\boldsymbol{e})\boldsymbol{e}=M_\pi(\boldsymbol{a}).$$

取 $\mathbb{R}^3$ 的标准基 $\boldsymbol{i},\boldsymbol{j},\boldsymbol{k}$,设 $\boldsymbol{e}=(x,y,z)=x\boldsymbol{i}+y\boldsymbol{j}+z\boldsymbol{k},x^2+y^2+z^2=1$,则

$$M_\pi(\boldsymbol{i})=\boldsymbol{i}-2(\boldsymbol{i}\cdot\boldsymbol{e})\boldsymbol{e}=(1-2x^2)\boldsymbol{i}-2xy\boldsymbol{j}-2xz\boldsymbol{k}=(\boldsymbol{i},\boldsymbol{j},\boldsymbol{k})(1-2x^2,-2xy,-2xz)^{\mathrm{T}}$$

$$M_\pi(\boldsymbol{j})=\boldsymbol{j}-2(\boldsymbol{j}\cdot\boldsymbol{e})\boldsymbol{e}=-2xy\boldsymbol{i}+(1-2y^2)\boldsymbol{j}-2yz\boldsymbol{k}=(\boldsymbol{i},\boldsymbol{j},\boldsymbol{k})(-2xy,1-2y^2,-2yz)^{\mathrm{T}}$$

$$M_\pi(\boldsymbol{k})=\boldsymbol{k}-2(\boldsymbol{k}\cdot\boldsymbol{e})\boldsymbol{e}=-2xz\boldsymbol{i}-2yz\boldsymbol{j}+(1-2z^2)\boldsymbol{k}=(\boldsymbol{i},\boldsymbol{j},\boldsymbol{k})(-2xz,-2yz,1-2z^2)^{\mathrm{T}}$$

于是

$$M_\pi(\boldsymbol{i},\boldsymbol{j},\boldsymbol{k})=(\boldsymbol{i},\boldsymbol{j},\boldsymbol{k})\begin{pmatrix}1-2x^2 & -2xy & -2xz\\ -2xy & 1-2y^2 & -2yz\\ -2xz & -2yz & 1-2z^2\end{pmatrix}=(\boldsymbol{i},\boldsymbol{j},\boldsymbol{k})(\boldsymbol{E}_3-2\boldsymbol{e}^{\mathrm{T}}\boldsymbol{e})$$

称 $\boldsymbol{M}=\boldsymbol{E}_3-2\boldsymbol{e}^{\mathrm{T}}\boldsymbol{e}$ 为(Householder)镜像矩阵,是正交矩阵.

可以将 3 维镜像矩阵推广为 n 维的情况.设 $\boldsymbol{u}$ 是实数域(或复数域)上的 n 维(列)单位向量,称

$$\boldsymbol{M}=\boldsymbol{E}_n-2\boldsymbol{u}\boldsymbol{u}^{\mathrm{H}}$$

为 n 阶(Householder)镜像矩阵或反射矩阵,是正交矩阵.对应的 n 维欧氏(酉)空间 V 上的线性变换 M 为 V 上的镜像变换或反射变换.关于反射变换,有如下结论:

定理 3.16(反射定理) 设 $\boldsymbol{\varepsilon}\in\mathbb{C}^n$ 是单位向量,则对任意给定的 $\boldsymbol{v}\in\mathbb{C}^n$,存在镜像变换 M,使得

$$M(\boldsymbol{v})=a\boldsymbol{\varepsilon}$$

其中数 a 满足 $|a|=|\boldsymbol{v}|$.

证明 当 $\boldsymbol{v}=0$ 时,任取单位向量 $\boldsymbol{u}$,令镜像变换

$$M:\mathbb{C}^n\to\mathbb{C}^n,M(\boldsymbol{\alpha})=(I-2\boldsymbol{u}\boldsymbol{u}^{\mathrm{H}})\boldsymbol{\alpha}$$

则 $M(\boldsymbol{v})=(I-2\boldsymbol{u}\boldsymbol{u}^{\mathrm{H}})\boldsymbol{v}=(\boldsymbol{I}-2\boldsymbol{u}\boldsymbol{u}^{\mathrm{H}})0=0\boldsymbol{\varepsilon}$.

当 $\boldsymbol{v}=a\boldsymbol{\varepsilon}\neq0$ 时,取单位向量 $\boldsymbol{u}$ 满足 $\boldsymbol{u}^{\mathrm{H}}\boldsymbol{v}=0$,令镜像变换

$$M:\mathbb{C}^n\to\mathbb{C}^n:M(\boldsymbol{\alpha})=(I-2\boldsymbol{u}\boldsymbol{u}^{\mathrm{H}})\boldsymbol{\alpha}$$

则 $M(\boldsymbol{v})=(\boldsymbol{I}-2\boldsymbol{u}\boldsymbol{u}^{\mathrm{H}})\boldsymbol{v}=\boldsymbol{v}=a\boldsymbol{\varepsilon}$.

当 $\boldsymbol{v}\neq a\boldsymbol{\varepsilon}$ 时,取 $\boldsymbol{u}=\dfrac{\boldsymbol{v}-a\boldsymbol{\varepsilon}}{|\boldsymbol{v}-a\boldsymbol{\varepsilon}|}$,令镜像变换

$$M:\mathbb{C}^n\to\mathbb{C}^n,M(\boldsymbol{\alpha})=(I-2\boldsymbol{u}\boldsymbol{u}^{\mathrm{H}})\boldsymbol{\alpha}$$

首先我们计算 $|\boldsymbol{v}-a\boldsymbol{\varepsilon}|^2$,

$$\begin{aligned}|\boldsymbol{v}-a\boldsymbol{\varepsilon}|^2&=(\boldsymbol{v}-a\boldsymbol{\varepsilon})^{\mathrm{H}}(\boldsymbol{v}-a\boldsymbol{\varepsilon})=\boldsymbol{v}^{\mathrm{H}}\boldsymbol{v}-a\boldsymbol{v}^{\mathrm{H}}\boldsymbol{\varepsilon}-\bar{a}\boldsymbol{\varepsilon}^{\mathrm{H}}\boldsymbol{v}+|a|^2\boldsymbol{\varepsilon}^{\mathrm{H}}\boldsymbol{\varepsilon}\\&=\boldsymbol{v}^{\mathrm{H}}\boldsymbol{v}-(a\boldsymbol{v}^{\mathrm{H}}\boldsymbol{\varepsilon})^{\mathrm{H}}-\bar{a}\boldsymbol{\varepsilon}^{\mathrm{H}}\boldsymbol{v}+|\boldsymbol{v}|^2=2(\boldsymbol{v}^{\mathrm{H}}\boldsymbol{v}-\bar{a}\boldsymbol{\varepsilon}^{\mathrm{H}}\boldsymbol{v})\end{aligned}$$

$$= 2(\boldsymbol{v} - a\boldsymbol{\varepsilon})^{\mathrm{H}}\boldsymbol{v}$$

于是

$$M(\boldsymbol{v}) = (\boldsymbol{I} - 2\boldsymbol{u}\boldsymbol{u}^{\mathrm{H}})\boldsymbol{v} = \left(\boldsymbol{I} - 2\frac{(\boldsymbol{v} - a\boldsymbol{\varepsilon})(\boldsymbol{v} - a\boldsymbol{\varepsilon})^{\mathrm{H}}}{|\boldsymbol{v} - a\boldsymbol{\varepsilon}|^2}\right)\boldsymbol{v}$$

$$= \boldsymbol{v} - 2\frac{(\boldsymbol{v} - a\boldsymbol{\varepsilon})^{\mathrm{H}}\boldsymbol{v}}{(\boldsymbol{v} - a\boldsymbol{\varepsilon})^{\mathrm{H}}(\boldsymbol{v} - a\boldsymbol{\varepsilon})}(\boldsymbol{v} - a\boldsymbol{\varepsilon}) = a\boldsymbol{\varepsilon} \qquad \square$$

推论 3.8　对任意 $\boldsymbol{v}\in\mathbb{C}^n$，存在反射矩阵 $\boldsymbol{H} = \boldsymbol{I} - 2\boldsymbol{u}\boldsymbol{u}^{\mathrm{H}}$，使得 $\boldsymbol{H}\boldsymbol{v} = a\boldsymbol{e}_1$，其中 $|a| = |\boldsymbol{v}|$.

推论 3.9　对任意 $\boldsymbol{v}\in\mathbb{R}^n$，存在反射矩阵 $\boldsymbol{H} = \boldsymbol{I} - 2\boldsymbol{u}\boldsymbol{u}^{\mathrm{T}}$（$\boldsymbol{u}\in\mathbb{R}^n$ 且 $\boldsymbol{u}^{\mathrm{T}}\boldsymbol{u} = 1$），使得 $\boldsymbol{H}\boldsymbol{v} = a\boldsymbol{e}_1$，其中 $a = \pm|\boldsymbol{v}|$.

以上两推论的结果称为用反射变换化向量 $\boldsymbol{v}$ 与 $\boldsymbol{e}_1$ 共线.

例 3.35　用反射变换化向量 $\boldsymbol{v} = (1, -1, \sqrt{2})^{\mathrm{T}}$ 与 $\boldsymbol{e}_1$ 共线.

解　取 $a = |\boldsymbol{v}| = 2$，计算

$$\boldsymbol{u} = \frac{\boldsymbol{v} - a\boldsymbol{e}_1}{|\boldsymbol{v} - a\boldsymbol{e}_1|} = \frac{1}{2}(-1, -1, \sqrt{2})^{\mathrm{T}}$$

于是 $\boldsymbol{H} = \boldsymbol{I} - 2\boldsymbol{u}\boldsymbol{u}^{\mathrm{T}} = \frac{1}{2}\begin{pmatrix} 1 & -1 & \sqrt{2} \\ -1 & 1 & \sqrt{2} \\ \sqrt{2} & \sqrt{2} & 0 \end{pmatrix}$，使得 $\boldsymbol{H}\boldsymbol{v} = 2\boldsymbol{e}_1$.

例 3.36　平面上绕坐标原点逆时针方向旋转 θ 角得到旋转变换

$$\boldsymbol{T}_\theta(\boldsymbol{\alpha}) = \begin{pmatrix} \cos\theta & -\sin\theta \\ \sin\theta & \cos\theta \end{pmatrix}\boldsymbol{\alpha}$$

在标准基 $\boldsymbol{i}, \boldsymbol{j}$ 下的矩阵为

$$\boldsymbol{T} = \begin{pmatrix} \cos\theta & -\sin\theta \\ \sin\theta & \cos\theta \end{pmatrix}$$

同样我们可以推导出在空间 $\mathbb{R}^3$ 中绕 x 轴逆时针方向旋转 θ 角得到旋转变换 $\boldsymbol{T}_\theta$ 在标准基 $\boldsymbol{i}, \boldsymbol{j}, \boldsymbol{k}$ 下的矩阵为

$$\boldsymbol{T} = \begin{pmatrix} 1 & 0 & 0 \\ 0 & \cos\theta & -\sin\theta \\ 0 & \sin\theta & \cos\theta \end{pmatrix}$$

称矩阵 $\boldsymbol{T}$ 为(Given)旋转矩阵.

若复数 c, s 满足 $|c|^2 + |s|^2 = 1$，称 n 阶方阵

$$\boldsymbol{T}_{ij}(c, s) = \begin{pmatrix} \boldsymbol{I} & 0 & 0 & 0 & 0 \\ 0 & \bar{c} & 0 & \bar{s} & 0 \\ 0 & 0 & \boldsymbol{I} & 0 & 0 \\ 0 & -s & 0 & c & 0 \\ 0 & 0 & 0 & 0 & \boldsymbol{I} \end{pmatrix} \begin{matrix} \\ i\text{ 行} \\ \\ \\ j\text{ 行} \end{matrix}$$

$$\qquad\qquad i\text{ 列} \qquad\quad j\text{ 列}$$

为 n 维初等旋转矩阵或 Givens 矩阵.

容易验证，当 $|c|^2 + |s|^2 = 1$ 时，存在实数 α, β, θ，使得 $c = \mathrm{e}^{-\mathrm{i}\alpha}\cos\theta$，$s = \mathrm{e}^{-\mathrm{i}\beta}\sin\theta$. 特别地，当 c, s 为实数且 $c^2 + s^2 = 1$ 时，存在实数 θ，使得 $c = \cos\theta$，$s = \sin\theta$，此时 $\boldsymbol{T}_{pq}$ 可以解释为

$\mathbb{R}^n$ 上由 e_p 和 e_q 构成的平面绕原点旋转 θ 角的矩阵.关于旋转变换,有

定理 3.17(旋转定理) 对任意向量 $\boldsymbol{x}=(x_1,\cdots,x_n)^{\mathrm{T}}\in\mathbb{C}^n$,存在 n 维初等旋转矩阵 $\boldsymbol{T}_{ij}(c,s)$,使得 $\boldsymbol{T}_{ij}(c,s)\boldsymbol{x}$ 的第 j 个分量为零,第 i 个分量为非负实数,其余分量不变.

证明 当 $|x_i|^2+|x_j|^2=0$,则 $x_i=0,x_j=0$,取 $c=1,s=0$,这时 $\boldsymbol{T}_{ij}(c,s)=\boldsymbol{I}$,则

$$\boldsymbol{T}_{ij}(c,s)\boldsymbol{x}=(x_1,\cdots x_{i-1},0,x_{i+1},\cdots,x_{j-1},0,x_{j+1},\cdots,x_n)^{\mathrm{T}}$$

当 $r^2=|x_i|^2+|x_j|^2\neq 0$ 时,取 $c=\dfrac{x_i}{r},s=\dfrac{x_j}{r}$,则

$$\boldsymbol{T}_{ij}(c,s)\boldsymbol{x}=(y_1,y_2,\cdots,y_n)^{\mathrm{T}}$$

其中

$$y_i=\bar{c}x_i+\bar{s}x_j,\quad y_j=-sx_i+cx_j,\quad y_k=x_k\quad(k\neq i,j)$$

而

$$y_i=\frac{\bar{x}_ix_i}{r}+\frac{\bar{x}_jx_j}{r}=\sqrt{\bar{x}_ix_i+\bar{x}_jx_j}=r>0,\quad y_j=\frac{-x_jx_i}{r}+\frac{x_ix_j}{r}=0$$ □

推论 3.10 设 $\boldsymbol{x}=(x_1,x_2,\cdots,x_n)^{\mathrm{T}}\in\mathbb{C}^n$.则存在初等旋转矩阵 $\boldsymbol{T}_{12},\boldsymbol{T}_{13},\cdots,\boldsymbol{T}_{1n}$,使得

$$\boldsymbol{T}_{1n}\cdots\boldsymbol{T}_{13}\boldsymbol{T}_{12}\boldsymbol{x}=|\boldsymbol{x}|\boldsymbol{e}_1$$

称为用初等旋转矩阵化向量 $\boldsymbol{x}$ 与 $\boldsymbol{e}_1$ 同方向.

证明 由定理,存在初等旋转矩阵 $\boldsymbol{T}_{12}$,使得

$$\boldsymbol{T}_{12}\boldsymbol{x}=(\sqrt{|x_1|^2+|x_2|^2},0,x_3,\cdots,x_n)^{\mathrm{T}}$$

对 $\boldsymbol{T}_{12}\boldsymbol{x}$,又初等旋转矩阵 $\boldsymbol{T}_{13}$,使得

$$\boldsymbol{T}_{13}(\boldsymbol{T}_{12}\boldsymbol{x})=(\sqrt{|x_1|^2+|x_2|^2+|x_3|^2},0,0,x_4,\cdots,x_n)^{\mathrm{T}}$$

如此继续下去,最后得

$$\boldsymbol{T}_{1n}\cdots\boldsymbol{T}_{13}\boldsymbol{T}_{12}\boldsymbol{x}=\left(\sqrt{\sum_{k=1}^{n}|x_k|^2},0,\cdots,0\right)^{\mathrm{T}}=|\boldsymbol{x}|\boldsymbol{e}_1$$ □

例 3.37 用初等旋转矩阵化向量 $\boldsymbol{x}=(1,2,2)^{\mathrm{T}}$ 与 $\boldsymbol{e}_1$ 同方向.

解 (1) 取 $c_1=\dfrac{1}{\sqrt{5}},s_1=\dfrac{2}{\sqrt{5}}$,则

$$\boldsymbol{T}_{12}(c_1,s_1)=\frac{1}{\sqrt{5}}\begin{pmatrix}1&2&0\\-2&1&0\\0&0&\sqrt{5}\end{pmatrix}$$

使得 $\boldsymbol{T}_{12}(c_1,s_1)x=(\sqrt{5},0,2)^{\mathrm{T}}$.又取 $c_2=\dfrac{\sqrt{5}}{3},s_2=\dfrac{2}{3}$,则

$$\boldsymbol{T}_{13}(c_2,s_2)=\frac{1}{3}\begin{pmatrix}\sqrt{5}&0&2\\0&3&0\\-2&0&\sqrt{5}\end{pmatrix}$$

使得 $\boldsymbol{T}_{13}(c_2,s_2)\boldsymbol{T}_{12}(c_1,s_1)=(3,0,0)^{\mathrm{T}}=3\boldsymbol{e}_1$.

3.6.2 Hermite 变换,对称变换与反 Hermite 变换,反对称变换

对称性可以用来于研究许多具有对称性的物理系统.例如,分析具有轮换对称性的分子结构、晶体结构或自旋系统时,可以利用这种对称性来简化问题的建模和求解过程.

定义 3.10　设 V 是内积空间，A 是 V 上的一个线性变换，若对任意的 $\boldsymbol{\alpha},\boldsymbol{\beta}\in V$，均有

$(A(\boldsymbol{\alpha}),\boldsymbol{\beta})=(\boldsymbol{\alpha},A(\boldsymbol{\beta}))$（称为线性变换的**对称性**）

（或 $(A(\boldsymbol{\alpha}),\boldsymbol{\beta})=-(\boldsymbol{\alpha},A(\boldsymbol{\beta}))$（称为线性变换的**反对称性**））

当 V 是酉空间时，称 A 是 V 上的 Hermite 变换（或反 Hermite 变换）；当 V 是欧氏空间时，A 是 V 上的对称变换（或反对称变换）.

例 3.38　设 $\mathbb{R}^3$ 上的线性变换

$$A:\mathbb{R}^3\to\mathbb{R}^3,(x,y,z)\mapsto(z,y,x)$$

则对任意 $\boldsymbol{\alpha}=(x_1,y_1,z_1),\boldsymbol{\beta}=(x_2,y_2,z_2)$，有

$$\begin{aligned}(A(\boldsymbol{\alpha}),\boldsymbol{\beta})&=(z_1,y_1,x_1)(x_2,y_2,z_2)^{\mathrm{T}}=z_1x_2+y_1y_2+x_1z_2\\&=(x_1,y_1,z_1)(z_2,y_2,x_2)^{\mathrm{T}}=(\boldsymbol{\alpha},A(\boldsymbol{\beta}))\end{aligned}$$

A 是 $\mathbb{R}^3$ 上的对称变换.

例 3.39　设 W 是内积空间的 V 一个子空间，则 $V=W\oplus W^{\perp}$，其中 $W^{\perp}$ 是 W 的正交补，即 $\forall\,\boldsymbol{x}\in W,\boldsymbol{y}\in W^{\perp}$ 有 $(\boldsymbol{x},\boldsymbol{y})=0$，对任意 $\boldsymbol{\alpha}\in V$ 可唯一表示为

$$\boldsymbol{\alpha}=\boldsymbol{\alpha}_1+\boldsymbol{\alpha}_2\quad(\boldsymbol{\alpha}_1\in W,\boldsymbol{\alpha}_2\in W^{\perp})$$

令 V 上的映射

$$A:V\to V,\quad\boldsymbol{\alpha}=\boldsymbol{\alpha}_1+\boldsymbol{\alpha}_2\mapsto\boldsymbol{\alpha}_1=A(\boldsymbol{\alpha})$$

则 A 是 V 上的线性变换，这是因为，对任意

$$\boldsymbol{\alpha}=\boldsymbol{\alpha}_1+\boldsymbol{\alpha}_2,\quad\boldsymbol{\beta}=\boldsymbol{\beta}_1+\boldsymbol{\beta}_2\in V$$

其中 $\boldsymbol{\alpha}_1,\boldsymbol{\beta}_1\in W,\boldsymbol{\alpha}_2,\boldsymbol{\beta}_2\in W^{\perp},k\in F$，则

$$\boldsymbol{\alpha}+\boldsymbol{\beta}=(\boldsymbol{\alpha}_1+\boldsymbol{\beta}_1)+(\boldsymbol{\alpha}_2+\boldsymbol{\beta}_2),\quad k\boldsymbol{\alpha}=k\boldsymbol{\alpha}_1+k\boldsymbol{\alpha}_2$$

于是

$$A(\boldsymbol{\alpha}+\boldsymbol{\beta})=\boldsymbol{\alpha}_1+\boldsymbol{\beta}_1=A(\boldsymbol{\alpha})+A(\boldsymbol{\beta}),\quad A(k\boldsymbol{\alpha})=k\boldsymbol{\alpha}_1=kA(\boldsymbol{\alpha})$$

且

$$\begin{aligned}(A(\boldsymbol{\alpha}),\boldsymbol{\beta})&=(\boldsymbol{\alpha}_1,\boldsymbol{\alpha}_2+\boldsymbol{\beta}_2)=(\boldsymbol{\alpha}_1,\boldsymbol{\alpha}_2)+(\boldsymbol{\alpha}_1,\boldsymbol{\beta}_2)=(\boldsymbol{\alpha}_1,\boldsymbol{\alpha}_2)=(\boldsymbol{\alpha}_1+\boldsymbol{\beta}_1,\boldsymbol{\alpha}_2)\\&=(\boldsymbol{\alpha},A(\boldsymbol{\beta}))\end{aligned}$$

称 A 是 V 在 W 上的正交投影变换，从上式可知，A 还是一个对称变换.

注意：一般的投影变换不一定是对称变换.

例 3.40　设平面 π 是几何空间 $\mathbb{R}^3$ 内过原点的平面，其单位法向量为 $\boldsymbol{e}$，关于平面 π 的镜面变换

$$M_{\pi}:\mathbb{R}^3\to\pi,\ \boldsymbol{a}\mapsto\boldsymbol{a}-2(\boldsymbol{a}\cdot\boldsymbol{e})\boldsymbol{e}=M_{\pi}(\boldsymbol{a})$$

任意 $\boldsymbol{a},\boldsymbol{b}\in\mathbb{R}^3$，则

$$(M_{\pi}(\boldsymbol{a}),\boldsymbol{b})=(\boldsymbol{a}-2(\boldsymbol{a}\cdot\boldsymbol{e})\boldsymbol{e},\boldsymbol{b})=(\boldsymbol{a},\boldsymbol{b})-2((\boldsymbol{a}\cdot\boldsymbol{e})\boldsymbol{e},\boldsymbol{b})=(\boldsymbol{a},\boldsymbol{b})-2(\boldsymbol{a}\cdot\boldsymbol{e})(\boldsymbol{e},\boldsymbol{b})$$

而

$$(\boldsymbol{a},M_{\pi}(\boldsymbol{b}))=(\boldsymbol{a},\boldsymbol{b}-2(\boldsymbol{b}\cdot\boldsymbol{e})\boldsymbol{e})=(\boldsymbol{a},\boldsymbol{b})-2(\boldsymbol{a},(\boldsymbol{b}\cdot\boldsymbol{e})\boldsymbol{e})=(\boldsymbol{a},\boldsymbol{b})-2(\boldsymbol{e},\boldsymbol{b})(\boldsymbol{a}\cdot\boldsymbol{e})$$

而 $(\boldsymbol{a}\cdot\boldsymbol{e})=(\boldsymbol{a},\boldsymbol{e}),(\boldsymbol{e},\boldsymbol{b})=(\boldsymbol{e}\cdot\boldsymbol{b})$，故 $(M_{\pi}(\boldsymbol{a}),\boldsymbol{b})=(\boldsymbol{a},M_{\pi}(\boldsymbol{b}))$，$M_{\theta}$ 也是对称变换.

引理 3.1　设 $\boldsymbol{A}=(a_{ij})_n$ 是内积空间 V 上线性变换 A 在标准正交基 $\boldsymbol{\varepsilon}_1,\boldsymbol{\varepsilon}_2,\cdots,\boldsymbol{\varepsilon}_n$ 下的矩阵，则

$$(\boldsymbol{\varepsilon}_i,A(\boldsymbol{\varepsilon}_j))=a_{ij}$$

证明　设 $\boldsymbol{A}_j$ 是 $\boldsymbol{A}$ 的第 j 列，则 $\boldsymbol{A}_j=(a_{1j},\cdots,a_{ij},\cdots,a_{nj})^{\mathrm{T}}$，$A(\boldsymbol{\varepsilon}_j)$ 在基 $\boldsymbol{\varepsilon}_1,\boldsymbol{\varepsilon}_2,\cdots,\boldsymbol{\varepsilon}_n$ 下的坐标是 $\boldsymbol{A}_j$，故

$$A(\boldsymbol{\varepsilon}_j) = (\boldsymbol{\varepsilon}_1, \boldsymbol{\varepsilon}_2, \cdots, \boldsymbol{\varepsilon}_n)\boldsymbol{A}_j = \sum_{k=1}^{n} a_{kj}\boldsymbol{\varepsilon}_k$$

由于 $\boldsymbol{\varepsilon}_1, \boldsymbol{\varepsilon}_2, \cdots, \boldsymbol{\varepsilon}_n$ 是标准正交基,将 $A(\boldsymbol{\varepsilon}_j)$代入$(\boldsymbol{\varepsilon}_i, A(\boldsymbol{\varepsilon}_j))$,利用内积得线性性质,得

$$(\boldsymbol{\varepsilon}_i, A(\boldsymbol{\varepsilon}_j)) = \left(\boldsymbol{\varepsilon}_i, \sum_{k=1}^{n} a_{kj}\boldsymbol{\varepsilon}_k\right) = \sum_{k=1}^{n} a_{kj}(\boldsymbol{\varepsilon}_i, \boldsymbol{\varepsilon}_k) = a_{ij}$$ □

定理 3.18 设 $\boldsymbol{A}$ 是内积空间 V 上线性变换 A 在标准正交基 $\boldsymbol{\varepsilon}_1, \boldsymbol{\varepsilon}_2, \cdots, \boldsymbol{\varepsilon}_n$ 下的矩阵.则对任意的 $\boldsymbol{\alpha}, \boldsymbol{\beta} \in V$,

$$(A(\boldsymbol{\alpha}), \boldsymbol{\beta}) = (\boldsymbol{\alpha}, A(\boldsymbol{\beta}))$$

成立的充要条件是

$$\boldsymbol{A}^{\mathrm{H}} = \boldsymbol{A}$$

从而当 V 是酉空间时,A 是 Hermite 变换的充要条件是 $\boldsymbol{A}$ 是 Hermite 矩阵;当 V 是欧氏空间时,A 是对称变换的充要条件是 $\boldsymbol{A}$ 是对称矩阵.

证明 设 $\boldsymbol{A} = (a_{ij})_n$,对任意的 $\boldsymbol{\alpha}, \boldsymbol{\beta} \in V$,$(A(\boldsymbol{\alpha}), \boldsymbol{\beta}) = (\boldsymbol{\alpha}, A(\boldsymbol{\beta}))$,则任意 $1 \leqslant i, j \leqslant n$,令 $\boldsymbol{\alpha} = \boldsymbol{\varepsilon}_i$,$\boldsymbol{\beta} = \boldsymbol{\varepsilon}_j$,由引理得

$$a_{ij} = (\boldsymbol{\varepsilon}_i, A(\boldsymbol{\varepsilon}_j)) = (A(\boldsymbol{\varepsilon}_i), \boldsymbol{\varepsilon}_j) = \overline{(\boldsymbol{\varepsilon}_j, A(\boldsymbol{\varepsilon}_i))} = \bar{a}_{ji}$$

故 $\boldsymbol{A}^{\mathrm{H}} = \boldsymbol{A}$.

反之,若 $\boldsymbol{A}^{\mathrm{H}} = \boldsymbol{A}$,则对任意 $1 \leqslant i, j \leqslant n$,有 $a_{ij} = \bar{a}_{ji}$,由引理知

$$(\boldsymbol{\varepsilon}_i, A(\boldsymbol{\varepsilon}_j)) = a_{ij} = \bar{a}_{ji} = \overline{(\boldsymbol{\varepsilon}_j, A(\boldsymbol{\varepsilon}_i))} = (A(\boldsymbol{\varepsilon}_i), \boldsymbol{\varepsilon}_j)$$

即$(\boldsymbol{\varepsilon}_i, A(\boldsymbol{\varepsilon}_j)) = (A(\boldsymbol{\varepsilon}_i), \boldsymbol{\varepsilon}_j)$.对任意的 $\boldsymbol{\alpha}, \boldsymbol{\beta} \in V$,在 $\boldsymbol{\varepsilon}_1, \boldsymbol{\varepsilon}_2, \cdots, \boldsymbol{\varepsilon}_n$ 下表示为

$$\boldsymbol{\alpha} = \sum_{i=1}^{n} x_i\boldsymbol{\varepsilon}_i, \quad \boldsymbol{\beta} = \sum_{j=1}^{n} y_j\boldsymbol{\varepsilon}_j$$

则

$$\begin{aligned}
(A(\boldsymbol{\alpha}), \boldsymbol{\beta}) &= \left(A\left(\sum_{i=1}^{n} x_i\boldsymbol{\varepsilon}_i\right), \sum_{j=1}^{n} y_j\boldsymbol{\varepsilon}_j\right) = \left(\sum_{i=1}^{n} x_i A(\boldsymbol{\varepsilon}_i), \sum_{j=1}^{n} y_j\boldsymbol{\varepsilon}_j\right) \\
&= \sum_{i,j=1}^{n} x_i\bar{y}_j(A(\boldsymbol{\varepsilon}_i), \boldsymbol{\varepsilon}_j) = \sum_{i,j=1}^{n} x_i\bar{y}_j(\boldsymbol{\varepsilon}_i, A(\boldsymbol{\varepsilon}_j)) \\
&= \left(\sum_{i=1}^{n} x_i\boldsymbol{\varepsilon}_i, \sum_{j=1}^{n} y_j A(\boldsymbol{\varepsilon}_j)\right) = \left(\sum_{i=1}^{n} x_i\boldsymbol{\varepsilon}_i, A\left(\sum_{j=1}^{n} y_j\boldsymbol{\varepsilon}_j\right)\right) \\
&= (\boldsymbol{\alpha}, A(\boldsymbol{\beta}))
\end{aligned}$$

即$(A(\boldsymbol{\alpha}), \boldsymbol{\beta}) = (\boldsymbol{\alpha}, A(\boldsymbol{\beta}))$.

由定义 3.10 可知,对任意实对称矩阵 $\boldsymbol{A}$,在 $\mathbb{R}^n$ 的标准正交基 $\boldsymbol{\varepsilon}_1, \boldsymbol{\varepsilon}_2, \cdots, \boldsymbol{\varepsilon}_n$ 下对应的线性变换

$$A: \mathbb{R}^n \to \mathbb{R}^n, \boldsymbol{\alpha} \mapsto \boldsymbol{A}\boldsymbol{\alpha} = A(\boldsymbol{\alpha})$$ □

是 $\mathbb{R}^n$ 上的对称变换.

用定理 3.18 的证明方法,可以证明如下定理:

定理 3.19 设 $\boldsymbol{A}$ 是内积空间 V 上线性变换 A 在标准正交基 $\boldsymbol{\varepsilon}_1, \boldsymbol{\varepsilon}_2, \cdots, \boldsymbol{\varepsilon}_n$ 下的矩阵.则对任意的 $\boldsymbol{\alpha}, \boldsymbol{\beta} \in V$,

$$(A(\boldsymbol{\alpha}), \boldsymbol{\beta}) = -(\boldsymbol{\alpha}, A(\boldsymbol{\beta}))$$

成立的充要条件是

$$\boldsymbol{A}^{\mathrm{H}} = -\boldsymbol{A}$$

从而当 V 是酉空间时，称 A 是反 Hermite 变换的充要条件是 $\boldsymbol{A}$ 是反 Hermite 矩阵；当 V 是欧氏空间时，A 是反对称变换的充要条件是 A 是反对称变换.

关于 Hermite 变换或对称变换，有如下性质：

定理 3.20　设 A 是内积空间 V 上线性变换，且 A 具有对称性. 若 W 是 A-不变子空间，则 W 的正交补 $W^{\perp}$ 也是 A-不变子空间.

证明　任取 $\boldsymbol{\alpha}\in W^{\perp}$，$W$ 与 $W^{\perp}$ 正交，$\boldsymbol{\alpha}$ 与 W 中每一个元素正交. 要证 $A(\boldsymbol{\alpha})\in W^{\perp}$，需要证明 $A(\boldsymbol{\alpha})$ 与 W 中每个元素正交. 对任意 $\boldsymbol{\beta}\in W$，由 W 是 A-不变子空间可知 $A(\boldsymbol{\beta})\in W$，于是

$$(\boldsymbol{\beta},A(\boldsymbol{\alpha}))=(A(\boldsymbol{\beta}),\boldsymbol{\alpha})=0$$

从而 $A(\boldsymbol{\alpha})\in W^{\perp}$，$W^{\perp}$ 是 A-不变子空间. □

3.6.2　正规变换

定理 3.21　设 V 是一个有限维内积空间，A 为 V 上的一个线性变换，则存在唯一的 V 上的一个线性变换 B，满足对任意的 $\boldsymbol{\alpha},\boldsymbol{\beta}\in V$，有

$$(A(\boldsymbol{\alpha}),\boldsymbol{\beta})=(\boldsymbol{\alpha},B(\boldsymbol{\beta}))$$

证明　存在性：$\boldsymbol{A}$ 是 A 在 V 的标准正交基 $\boldsymbol{\varepsilon}_1,\boldsymbol{\varepsilon}_2,\cdots,\boldsymbol{\varepsilon}_n$ 下的矩阵，对任意 $\boldsymbol{\alpha}\in V$ 在基 $\boldsymbol{\varepsilon}_1,\boldsymbol{\varepsilon}_2,\cdots,\boldsymbol{\varepsilon}_n$ 下的坐标为 $\boldsymbol{X}$，令

$$B:V\rightarrow V,\boldsymbol{\alpha}\mapsto(\boldsymbol{\varepsilon}_1,\boldsymbol{\varepsilon}_2,\cdots,\boldsymbol{\varepsilon}_n)\boldsymbol{A}^{\mathrm{H}}\boldsymbol{X}=B(\boldsymbol{\alpha})$$

即 B 是 V 上由基 $\boldsymbol{\varepsilon}_1,\boldsymbol{\varepsilon}_2,\cdots,\boldsymbol{\varepsilon}_n$ 所对应的线性变换，则任意 $\boldsymbol{\alpha},\boldsymbol{\beta}\in V$ 在基 $\boldsymbol{\varepsilon}_1,\boldsymbol{\varepsilon}_2,\cdots,\boldsymbol{\varepsilon}_n$ 下的坐标分别为 $\boldsymbol{X},\boldsymbol{Y}$，则 $A(\boldsymbol{\alpha})=(\boldsymbol{\varepsilon}_1,\boldsymbol{\varepsilon}_2,\cdots,\boldsymbol{\varepsilon}_n)\boldsymbol{AX}$ 则

$$(A(\boldsymbol{\alpha}),\boldsymbol{\beta})=(\boldsymbol{AX})^{\mathrm{H}}\boldsymbol{Y}=\boldsymbol{X}^{\mathrm{H}}\boldsymbol{A}^{\mathrm{H}}\boldsymbol{Y}=(\boldsymbol{\alpha},B(\boldsymbol{\beta}))$$

线性变换 B 满足条件.

唯一性：若还存在 V 上的一个线性变换 B'，满足对任意的 $\boldsymbol{\alpha},\boldsymbol{\beta}\in V$，有

$$(A(\boldsymbol{\alpha}),\boldsymbol{\beta})=(\boldsymbol{\alpha},B'(\boldsymbol{\beta}))$$

于是，对任意的 $\boldsymbol{\alpha},\boldsymbol{\beta}\in V$，有

$$0=(A(\boldsymbol{\alpha}),\boldsymbol{\beta})-(A(\boldsymbol{\alpha}),\boldsymbol{\beta})=(\boldsymbol{\alpha},B(\boldsymbol{\beta}))-(\boldsymbol{\alpha},B'(\boldsymbol{\beta}))=(\boldsymbol{\alpha},B(\boldsymbol{\beta})-B'(\boldsymbol{\beta}))$$

即

$$(\boldsymbol{\alpha},B(\boldsymbol{\beta})-B'(\boldsymbol{\beta}))=0\quad(\forall\,\boldsymbol{\alpha},\boldsymbol{\beta}\in V)$$

由于 $B(\boldsymbol{\beta})-B'(\boldsymbol{\beta})\in V$，故 $B(\boldsymbol{\beta})-B'(\boldsymbol{\beta})=\sum_{j=1}^{n}x_j\boldsymbol{\varepsilon}_j$；，令 $\boldsymbol{\alpha}=\boldsymbol{\varepsilon}_i(i=1,2,\cdots,n)$，则 $x_i=(\boldsymbol{\varepsilon}_i,B(\boldsymbol{\beta})-B'(\boldsymbol{\beta}))=0$，故 $B(\boldsymbol{\beta})-B'(\boldsymbol{\beta})=0$，即 $B'(\boldsymbol{\beta})=B(\boldsymbol{\beta})(\forall\,\boldsymbol{\beta}\in V)$. □

定义 3.11　设 V 是一个内积空间，A 为 V 上的一个线性变换，称定理中的 V 上的一个线性变换 B 为 A 的伴随变换，记作 A^{H}，即伴随变换 A^{H} 满足条件对任意的 $\boldsymbol{\alpha},\boldsymbol{\beta}\in V$，有

$$(A(\boldsymbol{\alpha}),\boldsymbol{\beta})=(\boldsymbol{\alpha},A^{\mathrm{H}}(\boldsymbol{\beta}))$$

由上面定理的证明可知，内积空间 V 上的任意线性变换的伴随变换是存在的，且是唯一的，其伴随变换与原线性变换在标准正交基的矩阵具有如下关系：

定理 3.22　设 V 是一个有限维内积空间，V 上的线性变换 A,B 在标准正交基下的矩阵分别为 $\boldsymbol{A},\boldsymbol{B}$，则 B 是 A 的伴随变换的充要条件是 $\boldsymbol{B}=\boldsymbol{A}^{\mathrm{H}}$.

定理 3.23　设 A 是内积空间 V 上线性变换，若 W 是 A-不变子空间，则 W 的正交补 $W^{\perp}$ 是 A^{H}-不变子空间.

证明 任取$\boldsymbol{\alpha}\in W^{\perp}$，$W$与$W^{\perp}$正交，$\boldsymbol{\alpha}$与$W$中每一个元素正交. 要证$A^{\mathrm{H}}(\boldsymbol{\alpha})\in W^{\perp}$，需要证明$A(\boldsymbol{\alpha})$与$W$中每个元素正交. 对任意$\boldsymbol{\beta}\in W$，由$W$是$A$-不变子空间可知$A(\boldsymbol{\beta})\in W$，于是

$$(\boldsymbol{\beta},\boldsymbol{A}^{\mathrm{H}}(\boldsymbol{\alpha}))=(A(\boldsymbol{\beta}),\boldsymbol{\alpha})=0$$

从而$A^{\mathrm{H}}(\boldsymbol{\alpha})\in W^{\perp}$，$W^{\perp}$是$A^{\mathrm{H}}$-不变子空间.

对内积空间V，V上的一个具有对称性的线性变换A，即对任意的$\boldsymbol{\alpha},\boldsymbol{\beta}\in V$，均有

$$(A(\boldsymbol{\alpha}),\boldsymbol{\beta})=(\boldsymbol{\alpha},A(\boldsymbol{\beta}))$$

故A的伴随变换是A本身，称A是自伴变换. V上的一个具有反对称性的线性变换A，即对任意的$\boldsymbol{\alpha},\boldsymbol{\beta}\in V$，均有

$$(A(\boldsymbol{\alpha}),\boldsymbol{\beta})=(\boldsymbol{\alpha},A(\boldsymbol{\beta}))$$

故A的伴随变换是$-A$，称A是反自伴变换. V上的一个保内积线性变换A，即对任意的$\boldsymbol{\alpha},\boldsymbol{\beta}\in V$，均有

$$(A(\boldsymbol{\alpha}),A(\boldsymbol{\beta}))=(\boldsymbol{\alpha},\boldsymbol{\beta})$$

则

$$(A(\boldsymbol{\alpha}),\boldsymbol{\beta})=(A(\boldsymbol{\alpha}),AA^{-1}(\boldsymbol{\beta}))=(A(\boldsymbol{\alpha}),A(A^{-1}(\boldsymbol{\beta})))=(\boldsymbol{\alpha},A^{-1}(\boldsymbol{\beta}))$$

故A的伴随变换是A^{-1}. □

下面我们给出线性变换的伴随变换的性质.

命题 3.6 设V是数域F上的内积空间，若A,B是V上的线性变换，k为F上的常数，则

(1) $(A+B)^{\mathrm{H}}=A^{\mathrm{H}}+B^{\mathrm{H}}$；

(2) $(kA)^{\mathrm{H}}=\bar{k}A^{\mathrm{H}}$；

(3) $(AB)^{\mathrm{H}}=B^{\mathrm{H}}A^{\mathrm{H}}$.

证明 (1) 对$\forall\boldsymbol{\alpha},\boldsymbol{\beta}\in V$，有

$$\begin{aligned}((A+B)(\boldsymbol{\alpha}),\boldsymbol{\beta})&=(A(\boldsymbol{\alpha}),\boldsymbol{\beta}(\boldsymbol{\alpha}),\boldsymbol{\beta})=(A(\boldsymbol{\alpha}),\boldsymbol{\beta})+(B(\boldsymbol{\alpha}),\boldsymbol{\beta})\\&=(\boldsymbol{\alpha},A^{\mathrm{H}}(\boldsymbol{\beta}))+(\boldsymbol{\alpha},B^{\mathrm{H}}(\boldsymbol{\beta}))=(\boldsymbol{\alpha},(A^{\mathrm{H}}+B^{\mathrm{H}})(\boldsymbol{\beta}))\end{aligned}$$

所以$(A+B)^{\mathrm{H}}=A^{\mathrm{H}}+B^{\mathrm{H}}$.

(2) 对$\forall\boldsymbol{\alpha},\boldsymbol{\beta}\in V$，有

$$((kA)(\boldsymbol{\alpha}),\boldsymbol{\beta})=(kA(\boldsymbol{\alpha}),\boldsymbol{\beta})=\bar{k}(A(\boldsymbol{\alpha}),\boldsymbol{\beta})=\bar{k}\boldsymbol{\alpha},A^{\mathrm{H}}(\boldsymbol{\beta}))=(\boldsymbol{\alpha},\bar{k}A^{\mathrm{H}}(\boldsymbol{\beta}))$$

所以$(kA)^{\mathrm{H}}=\bar{k}A^{\mathrm{H}}$.

(3) 对$\forall\boldsymbol{\alpha},\boldsymbol{\beta}\in V$，有

$$((AB)(\boldsymbol{\alpha}),\boldsymbol{\beta})=(A(B(\boldsymbol{\alpha})),\boldsymbol{\beta})=(B(\boldsymbol{\alpha}),A^{\mathrm{H}}(\boldsymbol{\beta}))=(\boldsymbol{\alpha},B^{\mathrm{H}}A^{\mathrm{H}}(\boldsymbol{\beta}))$$

所以$(AB)^{\mathrm{H}}=B^{\mathrm{H}}A^{\mathrm{H}}$. □

定义 3.12 设A是内积空间V上的线性变换，若A满足

$$AA^{\mathrm{H}}=A^{\mathrm{H}}A$$

称A是V上的正规变换.

例如，欧氏空间上的正交变换，(反)对称变换，酉空间上的酉变换，(反)Hermite变换都是正规变换.

定理 3.24 设A是有限维内积空间V上的线性变换，$\boldsymbol{A}$是A在V的标准正交基下的矩阵，则A是V上的正规变换的充要条件是

$$\boldsymbol{A}\boldsymbol{A}^{\mathrm{H}}=\boldsymbol{A}^{\mathrm{H}}\boldsymbol{A}$$

即A是V上的正规变换的充要条件是A在V的标准正交基下的矩阵是正规阵.

证明 任取V的一个标准正交基$\boldsymbol{\varepsilon}_1,\boldsymbol{\varepsilon}_2,\cdots,\boldsymbol{\varepsilon}_n$，$\boldsymbol{A}$是$A$在该标准正交基下的矩阵，则其

伴随变换 A^H 在该标准正交基下的矩阵为 $\boldsymbol{A}^H$，由线性变换的运算在同一组基下的矩阵运算之间的关系可知

$$AA^H = A^H A \Leftrightarrow AA^H = A^H A$$ □

由第1章已经证明了：复方阵酉相似于对角矩阵的充要条件是该矩阵是正规矩阵，由此可以得到：

定理 3.25　设 A 是有限维内积空间 V 上的线性变换，则 A 是 V 上的正规变换的充要条件是存在的一个标准正交基，使得 A 在该基下对应的矩阵为对角矩阵.

习　题　3

线性变换

1. 判别下面所定义的变换哪些是线性的，哪些不是：

(1) 在线性空间 V 中，$A(\boldsymbol{\xi})=\boldsymbol{\xi}+\boldsymbol{\alpha}$，其中 $\boldsymbol{\alpha}\in V$ 是一固定的向量；

(2) 在线性空间 V 中，$A(\boldsymbol{\xi})=\boldsymbol{\alpha}$，其中 $\boldsymbol{\alpha}\in V$ 是一固定的向量；

(3) 在 $\boldsymbol{F}^3$ 中，$A(x_1,x_2,x_3)=(x_1^2,x_2+x_3,x_3^2)$；

(4) 在 $\boldsymbol{F}^3$ 中，$A(x_1,x_2,x_3)=(2x_1-x_2,x_2+x_3,x_3)$；

(5) 在 $\boldsymbol{F}[x]$ 中 $A(f(x))=f(x+1)$；

(6) 在 $\boldsymbol{F}[x]$ 中，$A(f(x))=f(x_0)$，其中 x_0 是数域 F 中一固定的数；

(7) 把复数域上看作复数域上的线性空间，$A(\boldsymbol{\xi})=\overline{\boldsymbol{\xi}}$.

(8) 在 $M_n(F)$ 中，$A(\boldsymbol{X})=\boldsymbol{BXC}$，其中 $\boldsymbol{B},\boldsymbol{C}\in M_n(F)$ 是两个固定的矩阵.

2. 在几何空间中，取直角坐标系 $Oxyz$，以 A 表示将空间绕 Ox 轴由 Oy 向 Oz 方向旋转 $90°$ 的变换，以 B 表示绕 Oy 轴向 Ox 方向旋转 $90°$ 的变换，以 C 表示绕 Oz 轴由 Ox 向 Oy 方向旋转 $90°$ 的变换，证明：$A^4=B^4=C^4=E$，$AB\neq BA$，$A^2B^2=B^2A^2$，并检验 $(AB)^2=A^2B^2$ 是否成立.

3. 在 $\boldsymbol{F}[x]$ 中，$A(f(x))=f'(x)$，$B(f(x))=xf(x)$，证明：

(1) $AB\neq BA$；

(2) $AB-BA=E$.

4. 设 $\boldsymbol{C}\in M_n(F)$，定义 $M_n(F)$ 上的变换为

$$A(\boldsymbol{X}) = \boldsymbol{CX} - \boldsymbol{XC}$$

证明：(1) A 是 $M_n(F)$ 上的线性变换；

(2) $\boldsymbol{A},\boldsymbol{B}\in M_n(F)$，有 $A(\boldsymbol{AB})=A(\boldsymbol{A})\boldsymbol{B}+\boldsymbol{A}A(\boldsymbol{B})$.

5. 设 A,B 是线性空间 V 的两个线性变换，如果 $AB-BA=E$. 证明：对任意整数 k，有

$$A^kB - BA^k = kA^{k-1}$$

6. 设 A 是线性空间 V 的一个线性变换，证明下列两个条件是等价的：

(1) A 把 V 中某一组线性无关的向量变成一组线性相关的向量；

(2) A 把 V 中某个非零向量变成零向量.

7. 求 F^3 的一个线性变换 A 满足

$$A(1,-1,-3)=(1,0,1),\quad A(2,1,1)=(2,-1,1),\quad A(1,0,-1)=(1,0,-1)$$

8. 找出 F^3 中把(1,0,0)变成(1,2,3),把(0,1,0)变成(1,-1,0)的两个线性变换.

9. 设线性空间 F^3 的线性变换 A,B 如下:

$$A(x_1,x_2,x_3)=(x_1,x_2,x_1+x_2),\quad B(x_1,x_2,x_3)=(x_1+x_2-x_3,0,-x_1-x_2)$$

(1) 求 $A+B,A-B,2A$;

(2) 求 AB,BA,A^2.

10. 设 A,B,C 都是线性空间 V 的线性变换.试证:

(1) 如果 A,B 都与 C 可交换,则 AB,A^2 也都与 C 可交换;

(2) 如果 A 都与 C 可交换,且 A 可逆,则 A^{-1} 与 C 也可交换;

(3) 如果 A,B 都与 C 可交换,则 $A+B,A-B,kA$ 也与 C 可交换;

(4) 如果 $A+B,A-B$ 都与 C 可交换,则 A,B 也都与 C 可交换.

11. 设 A,B 都是数域 F 上线性空间 V 的线性变换,$f(x)$ 是 $F[x]$ 中一个多项式.试证:如果 A 和 B 可交换,则 $f(A)$ 与 B 也可交换.

12. 设 V 是数域 F 上的一个线性空间,A 是 V 的一个线性变换,用 $L(V)$ 表示 V 的全部线性变换构成的数域 F 上的线性空间.试证:

(1) V 的与 A 可变换的线性变换 X 全体组成 $L(V)$ 的一个线性子空间;

(2) A 的系数在 F 中的多项式全体组成 $L(V)$ 的一个线性子空间;

(3) V 的满足 $AX=0$ 的线性变换全体组成 $L(V)$ 的一个线性子空间.

13. 已知线性空间 F^3 的线性变换 A 为

$$A(x_1,x_2,x_3)=(x_1+x_2+x_3,x_2+x_3,x_3)$$

证明:A 是可逆变换,并求 A^{-1}.

14. 设 $\varepsilon_1,\varepsilon_2,\cdots,\varepsilon_n$ 是线性空间 V 的一组基,A 是 V 上的线性变换.证明:A 是可逆变换当且仅当 $A(\varepsilon_1),A(\varepsilon_2),\cdots,A(\varepsilon_n)$ 线性无关.

线性变换的矩阵

15. 设 F^3 的线性变换 A 定义如下:

$$A(\boldsymbol{x})=(2x_1-x_2,5x_2+x_3,x_2-3x_3)^{\mathrm{T}},\quad \boldsymbol{x}=(x_1,x_2,x_3)^{\mathrm{T}}$$

求 A 在基

$$\boldsymbol{\varepsilon}_1=(1,0,0)^{\mathrm{T}},\quad \boldsymbol{\varepsilon}_2=(0,1,0)^{\mathrm{T}},\quad \boldsymbol{\varepsilon}_3=(0,0,1)^{\mathrm{T}}$$

和基

$$\boldsymbol{\eta}_1=(1,1,0)^{\mathrm{T}},\quad \boldsymbol{\eta}_2=(0,1,1)^{\mathrm{T}},\quad \boldsymbol{\eta}_3=(0,0,1)^{\mathrm{T}}$$

下的矩阵.

16. 在 F^3 中,线性变换 A 定义如下:

$$A(\boldsymbol{\eta}_1)=(-5,0,3)^{\mathrm{T}},\quad A(\boldsymbol{\eta}_2)=(0,-1,6)^{\mathrm{T}},\quad A(\boldsymbol{\eta}_3)=(-5,-1,2)^{\mathrm{T}}$$

其中

$$\boldsymbol{\eta}_1=(-1,0,2)^{\mathrm{T}},\quad \boldsymbol{\eta}_2=(0,1,1)^{\mathrm{T}},\quad \boldsymbol{\eta}_3=(3,-1,0)^{\mathrm{T}}$$

求 A 在基 $\boldsymbol{\eta}_1,\boldsymbol{\eta}_2,\boldsymbol{\eta}_3$ 下的矩阵及 A 在基

$$\boldsymbol{\varepsilon}_1=(1,0,0)^{\mathrm{T}},\quad \boldsymbol{\varepsilon}_2=(0,1,0)^{\mathrm{T}},\quad \boldsymbol{\varepsilon}_3=(0,0,1)^{\mathrm{T}}$$

下的矩阵.

17. 在空间 $F_n[x]$ 中,设变换 A 为 $A(f(x))=f(x+1)-f(x)$,试求 A 在基 $\varepsilon_0,\varepsilon_i=\dfrac{x(x-1)\cdots(x-i+1)}{i!}(i=1,\cdots,n)$ 下的矩阵 $\boldsymbol{A}$.

18. 6 个函数

$$\varepsilon_1 = e^{ax}\cos bx,\quad \varepsilon_2 = e^{ax}\sin bx,\quad \varepsilon_3 = xe^{ax}\cos bx$$
$$\varepsilon_4 = xe^{ax}\sin bx,\quad \varepsilon_5 = \frac{1}{2}x^2e^{ax}\cos bx,\quad \varepsilon_6 = \frac{1}{2}x^2e^{ax}\sin bx$$

的所有实数线性组合构成实数域 $\mathbb{R}$ 上 6 维线性空间 V，求微分变换 D 在基 $\varepsilon_i(i=1,2,\cdots,6)$ 下的矩阵.

19. 已知 F^3 中线性变换 A 在基

$$\boldsymbol{\eta}_1 = (-1,1,1)^{\mathrm{T}},\quad \boldsymbol{\eta}_2 = (1,0,-1)^{\mathrm{T}},\quad \boldsymbol{\eta}_3 = (0,1,1)^{\mathrm{T}}$$

下的矩阵是

$$\boldsymbol{A} = \begin{pmatrix} 1 & 0 & 1 \\ 1 & 1 & 0 \\ -1 & 2 & 1 \end{pmatrix}$$

求 A 在基 $\boldsymbol{\varepsilon}_1=(1,0,0)^{\mathrm{T}},\boldsymbol{\varepsilon}_2=(0,1,0)^{\mathrm{T}},\boldsymbol{\varepsilon}_3=(0,0,1)^{\mathrm{T}}$ 下的矩阵.

20. 在几何空间中，取直角坐标系 $Oxyz$，以 A 表示将空间绕 Ox 轴由 Oy 向 Oz 方向旋转 90°的变换，以 B 表示绕 Oy 轴向 Ox 方向旋转 90°的变换，以 C 表示绕 Oz 轴由 Ox 向 Oy 方向旋转 90°的变换，取其基为

$$\boldsymbol{\varepsilon}_1 = (1,0,0)^{\mathrm{T}},\quad \boldsymbol{\varepsilon}_2 = (0,1,0)^{\mathrm{T}},\quad \boldsymbol{\varepsilon}_3 = (0,0,1)^{\mathrm{T}}$$

求 $A,B,A+B,AB,BA$ 在基 $\boldsymbol{\varepsilon}_1,\boldsymbol{\varepsilon}_2,\boldsymbol{\varepsilon}_3$ 下的矩阵.

21. $[O,\boldsymbol{\varepsilon}_1,\boldsymbol{\varepsilon}_2]$ 是平面上一直角坐标系，A 是平面上的向量对第一和第三象限角的平分线的垂直投影，B 是平面上的向量对 $\boldsymbol{\varepsilon}_2$ 的垂直投影，求 A,B,AB,BA 在基 $\boldsymbol{\varepsilon}_1,\boldsymbol{\varepsilon}_2$ 下的矩阵.

22. 设 F^3 的线性变换 A 为

$$A(\boldsymbol{x}) = (2x_1 - x_2, 5x_2 + x_3, x_2 - 3x_3)^{\mathrm{T}},\quad x = (x_1,x_2,x_3)^{\mathrm{T}}$$

以及线性变换 B 为：

$$B(\boldsymbol{\eta}_1) = (-5,0,3)^{\mathrm{T}},\quad B(\boldsymbol{\eta}_2) = (0,-1,6)^{\mathrm{T}},\quad B(\boldsymbol{\eta}_3) = (-5,-1,2)^{\mathrm{T}}$$

其中

$$\boldsymbol{\eta}_1 = (-1,0,2)^{\mathrm{T}},\quad \boldsymbol{\eta}_2 = (0,1,1)^{\mathrm{T}},\quad \boldsymbol{\eta}_3 = (3,-1,0)^{\mathrm{T}}$$

(1) 证明：A,B 均可逆；

(2) 求 $A^{-1},B^{-1},A+B$ 在基

$$\boldsymbol{\varepsilon}_1 = (1,0,0)^{\mathrm{T}},\quad \boldsymbol{\varepsilon}_2 = (0,1,0)^{\mathrm{T}},\quad \boldsymbol{\varepsilon}_3 = (0,0,1)^{\mathrm{T}}$$

下的矩阵.

23. 在 $M_2(F)$ 中定义线性变换

$$A_1(\boldsymbol{X}) = \begin{pmatrix} a & b \\ c & d \end{pmatrix}\boldsymbol{X},\quad A_2(\boldsymbol{X}) = \boldsymbol{X}\begin{pmatrix} a & b \\ c & d \end{pmatrix},\quad A_3(\boldsymbol{X}) = \boldsymbol{X}\begin{pmatrix} a & b \\ c & d \end{pmatrix}\boldsymbol{X}\quad (\forall \boldsymbol{X} \in M_2(F))$$

求 A_1,A_2,A_3 在基 $\boldsymbol{E}_{11},\boldsymbol{E}_{12},\boldsymbol{E}_{21},\boldsymbol{E}_{22}$ 下的矩阵.

24. 设三维线性空间 V 上的线性变换 A 在基 $\boldsymbol{\varepsilon}_1,\boldsymbol{\varepsilon}_2,\boldsymbol{\varepsilon}_3$ 下的矩阵为

$$\boldsymbol{A} = \begin{pmatrix} a_{11} & a_{12} & a_{13} \\ a_{21} & a_{22} & a_{23} \\ a_{31} & a_{32} & a_{33} \end{pmatrix}$$

(1) 求 A 在基 $\boldsymbol{\varepsilon}_3,\boldsymbol{\varepsilon}_2,\boldsymbol{\varepsilon}_1$ 下的矩阵；

(2) 求 A 在基 $\boldsymbol{\varepsilon}_1+\boldsymbol{\varepsilon}_2,\boldsymbol{\varepsilon}_2,\boldsymbol{\varepsilon}_3$ 下的矩阵.

25. 设 A 是线性空间 V 上的线性变换，如果 $A^{k-1}(\boldsymbol{\varepsilon})\neq 0$，但 $A^k(\boldsymbol{\varepsilon})=0(k>0)$，求证：

$$\boldsymbol{\varepsilon}, A(\boldsymbol{\varepsilon}),\cdots,A^{k-1}(\boldsymbol{\varepsilon})$$

线性无关.

26. 设 V 是数域 F 上的 n 维线性空间, A 是 V 上的线性变换, 如果存在 $\boldsymbol{\varepsilon}\in V$ 使得 $A^{n-1}(\boldsymbol{\varepsilon})\neq 0$, 求证 A 在某组下的矩阵是

$$\boldsymbol{J}=\begin{pmatrix}0 & & & \\ 1 & 0 & & \\ & \ddots & \ddots & \\ & & 1 & 0\end{pmatrix}$$

27. 已知 F^3 的两族基:

$$\boldsymbol{\alpha}_1=(1,0,1)^{\mathrm{T}},\quad \boldsymbol{\alpha}_2=(2,1,0)^{\mathrm{T}},\quad \boldsymbol{\alpha}_3=(1,1,1)^{\mathrm{T}}$$
$$\boldsymbol{\beta}_1=(1,2,-1)^{\mathrm{T}},\quad \boldsymbol{\beta}_2=(2,2,-1)^{\mathrm{T}},\quad \boldsymbol{\beta}_3=(2,-1,-1)^{\mathrm{T}}$$

而 F^3 上线性变换 A 满足

$$A(\boldsymbol{\alpha}_i)=\boldsymbol{\beta}_i\quad (i=1,2,3)$$

(1) 写出从基 $\boldsymbol{\alpha}_1,\boldsymbol{\alpha}_2,\boldsymbol{\alpha}_3$ 到基 $\boldsymbol{\beta}_1,\boldsymbol{\beta}_2,\boldsymbol{\beta}_3$ 的过渡矩阵;

(2) 求出 A 在基 $\boldsymbol{\alpha}_1,\boldsymbol{\alpha}_2,\boldsymbol{\alpha}_3$ 下的矩阵;

(3) 求出 A 在基 $\boldsymbol{\beta}_1,\boldsymbol{\beta}_2,\boldsymbol{\beta}_3$ 下的矩阵.

值域与核

28. 设 F^3 的线性变换 A 如下:

$$A(\boldsymbol{x})=(x_1-x_2+x_3,2x_1+x_2+x_3,3x_1+2x_3)^{\mathrm{T}},\quad \boldsymbol{x}=(x_1,x_2,x_3)^{\mathrm{T}}$$

求 A 的值域和核.

29. 设 F^4 的线性变换 A 如下:

$$A(\boldsymbol{x})=(-x_1+2x_2+x_3+3x_4,3x_1+5x_2+x_3-x_4,2x_1+7x_2+2x_3+2x_4,4x_1+3x_2-4x_4)^{\mathrm{T}}$$

其中 $\forall\,\boldsymbol{x}=(x_1,x_2,x_3,x_4)^{\mathrm{T}}$, 求 A 的值域 $R(A)$ 和核 $N(A)$.

30. 设 F^3 的线性变换 A,B 如下:

$$A(\boldsymbol{x})=(x_1+x_2+x_3,0,0)^{\mathrm{T}},\quad B(\boldsymbol{x})=(x_2,x_3,x_1)^{\mathrm{T}},\quad \boldsymbol{x}=(x_1,x_2,x_3)^{\mathrm{T}}$$

证明: $A+B$ 的值域是 F^3, 即 $R(A+B)=F^3$.

31. $[O,\boldsymbol{\varepsilon}_1,\boldsymbol{\varepsilon}_2]$ 是平面上一直角坐标系, A 是平面上的向量对第一和第三象限角的平分线的垂直投影, 求 A 的值域 $R(A)$ 和核 $N(A)$.

32. 设 $\boldsymbol{\varepsilon}_1,\boldsymbol{\varepsilon}_2,\boldsymbol{\varepsilon}_3,\boldsymbol{\varepsilon}_4$ 是四维线性空间 V 的一组基, 已知线性变换 A 在这组基下的矩阵为

$$\boldsymbol{A}=\begin{pmatrix}1 & 0 & 2 & 1\\ -1 & 2 & 1 & 3\\ 1 & 2 & 5 & 5\\ 2 & -2 & 1 & -2\end{pmatrix}$$

(1) 求 A 在基 $\boldsymbol{\eta}_1=\boldsymbol{\varepsilon}_1-2_2+\boldsymbol{\varepsilon}_4,\boldsymbol{\eta}_2=3\boldsymbol{\varepsilon}_2-\boldsymbol{\varepsilon}_3-\boldsymbol{\varepsilon}_4,\boldsymbol{\eta}_3=\boldsymbol{\varepsilon}_3+\boldsymbol{\varepsilon}_4,\boldsymbol{\eta}_4=2\boldsymbol{\varepsilon}_4$ 下的矩阵;

(2) 求 A 的核与值域;

(3) 在 A 的核中选一组基, 把它扩充为 V 的一组基, 并求 A 在这组基下的矩阵;

(4) 在 A 的值域中选一组基, 把它扩充为 V 的一组基, 并求 A 在这组基下的矩阵.

33. 设 F^3 的线性变换 A 如下:

$$A(\boldsymbol{x})=(0,x_1,x_2)^{\mathrm{T}},\quad \boldsymbol{x}=(x_1,x_2,x_3)^{\mathrm{T}}$$

证明: A^2 的值域 $R(A^2)$ 和核 $N(A^2)$ 的基与维数.

34. 设 F^n 的线性变换 A 如下:

$$A(\boldsymbol{x}) = (0, x_1, x_2, \cdots, x_{n-1})^{\mathrm{T}}, \quad \boldsymbol{x} = (x_1, x_2, \cdots, x_n)^{\mathrm{T}}$$

证明:(1) $A^n = 0$(零变换);

(2) 求 A 的值域 $R(A)$ 和核 $N(A)$ 的基与维数.

35. 设 V 的线性变换 A,B 是幂等变换,即 $A^2 = A, B^2 = B$,证明:

(1) A,B 与 A,B 的值域相同的充要条件是 $AB = B, BA = A$;

(2) A,B 与 A,B 的核相同的充要条件是 $BA = B, AB = A$.

特征值与特征向量

36. 设 F^3 的线性变换 A 如下:

$$A(\boldsymbol{x}) = (x_1 - x_2 + x_3, 2x_1 + x_2 + x_3, 3x_1 + 2x_3)^{\mathrm{T}}, \quad \boldsymbol{x} = (x_1, x_2, x_3)^{\mathrm{T}}$$

求 A 的特征值,特征向量.

37. 设 F^3 的线性变换 A 如下:

$$A(\boldsymbol{x}) = (0, x_1, x_2)^{\mathrm{T}}, \quad \boldsymbol{x} = (x_1, x_2, x_3)^{\mathrm{T}}$$

求 A 的特征值,特征向量.

38. 设 A 是二维实数域上线性空间 V 上的线性变换,在 V 的一组基 $\boldsymbol{\alpha}_1, \boldsymbol{\alpha}_2$ 下的矩阵为:

(1) $\boldsymbol{A} = \begin{pmatrix} 3 & -3 \\ 2 & 4 \end{pmatrix}$; (2) $\boldsymbol{A} = \begin{pmatrix} 0 & a \\ a & 0 \end{pmatrix}$($a$ 是实数).

求 A 的特征值,特征向量.判断 A 是否在一组基下的矩阵为对角阵,若可以,求出从已知基 $\boldsymbol{\alpha}_1, \boldsymbol{\alpha}_2$ 到该基的过渡矩阵.

39. 设 A 是三维实数域上线性空间 V 上的线性变换,求 A 的特征值,特征向量。已知 A 在 V 的一组基 $\boldsymbol{\eta}_1, \boldsymbol{\eta}_2, \boldsymbol{\eta}_3$ 下的矩阵为:

(1) $\boldsymbol{A} = \begin{pmatrix} 0 & 0 & 2 \\ 0 & 2 & 0 \\ 2 & 0 & 0 \end{pmatrix}$; (2) $\boldsymbol{A} = \begin{pmatrix} 3 & 1 & 0 \\ -4 & -1 & 0 \\ 4 & -8 & -1 \end{pmatrix}$;(3) $\boldsymbol{A} = \begin{pmatrix} 5 & 6 & -3 \\ -1 & 0 & 1 \\ 1 & 2 & -1 \end{pmatrix}$.

判断 A 是否在一组基下的矩阵为对角阵,若可以,求出从基 $\boldsymbol{\eta}_1, \boldsymbol{\eta}_2, \boldsymbol{\eta}_3$ 到该基的过渡矩阵.

40. 证明:$F_n[x]$ 上的微分算子 D,即

$$D(f(x)) = f'(x), \quad (\forall f(x) \in F_n[x])$$

在 $F_n[x]$ 的任意一组基下的矩阵都不是对角矩阵.

41. 证明:线性变换的一个特征向量对应的特征值是唯一的,即若 λ_1, λ_2 是线性变换 A 的特征向量 $\boldsymbol{\alpha}$ 对应的特征值,则 $\lambda_1 = \lambda_2$.

42. 若 $\boldsymbol{\alpha}_1, \boldsymbol{\alpha}_2$ 是线性变换 A 的特征值 λ_1, λ_2($\lambda_1 \neq \lambda_2$)的特征向量,证明:$\boldsymbol{\alpha}_1 + \boldsymbol{\alpha}_2$ 不是线性变换 A 的特征向量.

43. 设 A 是有限维线性空间 V 上的可逆线性变换.证明:

(1) A 的特征值均不为零.

(2) 若 λ_0 是 A 的特征值,则 $\dfrac{1}{\lambda_0}$ 是 A^{-1} 的特征值,且特征向量不变.

44. 设 A 是数域 F 上线性空间 V 上的线性变换,且 V 中非零向量 $\boldsymbol{\alpha}$ 和域 F 中数 λ_0 满足 $A(\boldsymbol{\alpha}) = \lambda_0 \boldsymbol{\alpha}$,而 $f(x)$ 是 F 上的多项式,证明:

$$f(A)(\boldsymbol{\alpha}) = f(\lambda_0)\boldsymbol{\alpha}$$

即若 $\boldsymbol{\alpha}$ 是线性变换 A 的特征值 λ_0 的特征向量,则 $\boldsymbol{\alpha}$ 是线性变换 $f(A)$ 的特征值 $f(\lambda_0)$ 的特征向量.

45. 设 A 是数域 F 上 n 维线性空间 V 上的线性变换,证明:

(1) 存在数域 F 上的次数不大于n^2的多项式 $f(x)$,使得 $f(A)=0$(事实上 $f(x)$次数不超过 n).

(2) 若多项式 $f(x),g(x)$,使得 $f(A)=0,g(A)=0$,设 $d(x)$是 $f(x),g(x)$的最大公因式,则 $d(A)=0$.

(3) A 是可逆线性变换的充要条件是存在常数项不为零的多项式$f(x)$,使得 $f(A)=0$.

不变子空间

46. 数域 F 上n 维线性空间 V 上的线性变换A 有 1 维不变子空间的充要条件在 V 存在非零向量$\boldsymbol{\alpha}$,在 F 存在数λ_0,使得 $A(\boldsymbol{\alpha})=\lambda_0\boldsymbol{\alpha}$.

47. 设 A,B 是数域F 上线性空间 V 上的线性变换,且 $AB=BA$,证明:A 的特征子空间均是B 的不变子空间.

48. 设 A,B 是复数域 $\mathbb{C}$ 上线性空间 V 上的线性变换,且 $AB=BA$,证明:A 与 B 至少有一个公共的特征向量.

49. 设 A 是数域F 上线性空间 V 上的线性变换,λ_0是 A 的特征值,

$$V_{\lambda_0}=\{\boldsymbol{\alpha}\in V \mid A(\boldsymbol{\alpha})=\lambda_0\boldsymbol{\alpha}\}$$

称为 A 的对应于λ_0的特征子空间,V_{λ_0}的维数称为特征值 λ_0的几何重数,自然 λ_0作为 A 的特征多项式的根的重数,称为 λ_0的代数重数.

(1) 特征值 λ_0的几何重数不大于其代数重数;

(2) 问特征值 λ_0的几何重数是否可以小于其代数重数.

欧氏空间上的线性变换

50. 欧氏空间上的保持任意两个向量夹角不变的线性变换一定是正交变换吗?若回答是,请证明,若回答不是,请举例子说明.

51. 设 $\boldsymbol{\alpha}_1,\boldsymbol{\alpha}_2,\cdots,\boldsymbol{\alpha}_n$是内积空间 V 的基,若 V 的线性变换A 满足

$$(A(\boldsymbol{\alpha}_i),A(\boldsymbol{\alpha}_i))=(\boldsymbol{\alpha}_i,\boldsymbol{\alpha}_i)\quad(i=1,2,\cdots,n)$$

问 A 一定是酉(正交)变换吗?若回答是,请证明,若回答不是,请举例子说明.

52. 内积空间上的保持任意向量长度不变的变换一定是酉(正交)变换吗?若回答是,请证明,若回答不是,请举例子说明.

53. 证明:内积空间上的酉(正交)变换保持任意两个向量之间的距离不变?举例说明反之不成立,即保持任意两个向量之间的距离的变换不一定是酉(正交)变换.

54. 设 A 是内积空间 V 上的变换,若对任意 $\boldsymbol{\alpha},\boldsymbol{\beta}\in V$,有

$$(A(\boldsymbol{\alpha}),A(\boldsymbol{\beta}))=(\boldsymbol{\alpha},\boldsymbol{\beta})$$

证明:A 是酉(正交)变换.

55. 证明:酉(正交)变换的特征值的模为 1.

56. 设 A 是n 维欧氏空间V 上的线性变换,A 是对称变换的充要条件是A 有n 个两两正交的特征向量.

57. 设 A 是内积空间 V 上的变换,若对任意 $\boldsymbol{\alpha},\boldsymbol{\beta}\in V$,有

$$(A(\boldsymbol{\alpha}),\boldsymbol{\beta})=(\boldsymbol{\alpha},A(\boldsymbol{\beta}))$$

证明:A 是 Hermite(对称)变换.

58. 设 A 是内积空间 V 上的变换,若对任意 $\boldsymbol{\alpha},\boldsymbol{\beta}\in V$,有

$$(A(\boldsymbol{\alpha}),\boldsymbol{\beta})=-(\boldsymbol{\alpha},A(\boldsymbol{\beta}))$$

证明:A 是反 Hermite(对称)变换.

第 4 章　矩阵相似标准形

本章以 λ-矩阵理论为工具讨论矩阵的 Jordan 标准形及相关问题.矩阵的 Jordan 标准形不但在矩阵理论与计算中起着十分重要的作用,而且在工程上的控制理论、系统分析、力学等领域具有广泛的应用.本章主要讨论 λ-矩阵的概念与基本性质,及其 Smith 标准形,然后利用 λ-矩阵的理论导出矩阵的 Jordan 标准形.

实例:我们知道,在经济领域内,产品总成本的变化率又称为边际成本,产品与原料之间的关系是相互的,某种产品的生产需要若干原料,单位产品是这些原料的函数,而这些原料本身也是产品,该产品也有可能是这些原料作为产品的原料,这里涉及若干产品之间的关联关系,自然它们的边际成本也与这些产品相关联.问如何给出这些产品随时间的变化关系?

分析:设有 n 种产品 $x_1,\cdots,x_n$(它们既看作产品,又看作原料),为简化讨论,我们不妨设每个产品的边际成本均是它们的线性关系,因而可设

$$\begin{cases} x'_1(t) = a_{11}x_1 + a_{12}x_2 + \cdots + a_{1n}x_n \\ x'_2(t) = a_{21}x_1 + a_{22}x_2 + \cdots + a_{2n}x_n \\ \cdots\cdots \\ x'_n(t) = a_{n1}x_1 + a_{n2}x_2 + \cdots + a_{nn}x_n \end{cases}$$

其中的系数 a_{ij} 通过一段时间的观察分析得到,现在若在数据清楚的条件下如何通过方程求得 $x_1(t),x_2(t),\cdots,x_n(t)$.为方便起见,令 $\boldsymbol{X}(t)=(x_1(t),x_2(t),\cdots,x_n(t))^{\mathrm{T}}$,则由向量的导数可知

$$\boldsymbol{X}'(t) = (x'_1(t),x'_2(t),\cdots,x'_n(t))^{\mathrm{T}}$$

令矩阵

$$\boldsymbol{A} = \begin{pmatrix} a_{11} & a_{12} & \cdots & a_{1n} \\ a_{21} & a_{22} & \cdots & a_{2n} \\ \vdots & \vdots & \ddots & \vdots \\ a_{n1} & a_{n2} & \cdots & a_{nn} \end{pmatrix}$$

则方程组可化为

$$\boldsymbol{X}'(t) = \boldsymbol{AX}$$

若 n 阶矩阵 $\boldsymbol{P}$ 可逆,令 $\boldsymbol{X}=\boldsymbol{PY}$,由导数的线性性质可知,$\boldsymbol{X}'(t)=\boldsymbol{PY}'(t)$,于是方程 $\boldsymbol{X}'(t)=\boldsymbol{AX}$ 等价于

$$\boldsymbol{Y}'(t) = \boldsymbol{P}^{-1}\boldsymbol{APY}$$

若 $\boldsymbol{P}^{-1}\boldsymbol{AP}$ 是以 $\lambda_1,\lambda_2,\cdots,\lambda_n$ 为对角线元素的对角阵,则

$$y'_i(t) = \lambda_i y_i \Rightarrow y_i = C_i \mathrm{e}^{\lambda_i t} \quad (i = 1,2,\cdots,n)$$

但显然并不是所有的矩阵都可以相似于对角矩阵.现在的问题是若一个矩阵不能相似

于对角矩阵,那么相似的最简单的矩阵是什么样的呢?为了讨论这个问题,我们先从 λ-矩阵入手展开讨论.

4.1 λ-矩阵及相抵标准形

设 F 是数域,λ 是不定元,以 F 中元素为系数的所有 λ 的多项式构成的集合记为 $F[\lambda]$,关于多项式的乘法和加法构成一个环,称为多项式环.

4.1.1 λ-矩阵

定义 4.1 以 λ 的多项式为元素的 $m\times n$ 矩阵 $\boldsymbol{A}(\lambda)$,即

$$\boldsymbol{A}(\lambda)=\begin{pmatrix} a_{11}(\lambda) & a_{12}(\lambda) & \cdots & a_{1n}(\lambda) \\ a_{21}(\lambda) & a_{22}(\lambda) & \cdots & a_{2n}(\lambda) \\ \vdots & \vdots & \ddots & \vdots \\ a_{m1}(\lambda) & a_{m2}(\lambda) & \cdots & a_{mn}(\lambda) \end{pmatrix}$$

其中 $a_{ij}(\lambda)$ 是 F 上的 λ 的多项式,称为数域 F 上的 λ-矩阵,记作 $\boldsymbol{A}(\lambda)=(a_{ij}(\lambda))_{m\times n}$,在不能引起混淆的情况下,也记作 $\boldsymbol{A}(\lambda)=(a_{ij}(\lambda))$. 构成 λ-矩阵 $\boldsymbol{A}(\lambda)$ 的所有元素 $a_{ij}(\lambda)$ 中次数最高的多项式的次数称为 λ-矩阵 $\boldsymbol{A}(\lambda)$ 的次数.

由矩阵相等的定义,我们规定仅当对应位置的元素相等时,两个 λ-矩阵相等.

例 4.1 $\boldsymbol{A}(\lambda)=\begin{pmatrix} 1 & \lambda^2+1 & \lambda^2-\lambda+2 \\ -3 & -2\lambda^3+8\lambda & \lambda^3+2\lambda^2+3\lambda+6 \end{pmatrix}$ 是一个 2×3 的 3 次-λ 矩阵.

显然,数字矩阵 $\boldsymbol{A}=(a_{ij})_{m\times n}$ 是 λ-矩阵的特例(即 0 次 λ-矩阵). n 阶数字矩阵 $\boldsymbol{A}=(a_{ij})$ 的特征矩阵

$$\lambda\boldsymbol{E}-\boldsymbol{A}=\begin{pmatrix} \lambda-a_{11} & -a_{12} & \cdots & -a_{1n} \\ -a_{21} & \lambda-a_{22} & \cdots & -a_{2n} \\ \vdots & \vdots & \ddots & \vdots \\ -a_{n1} & -a_{n2} & \cdots & \lambda-a_{nn} \end{pmatrix}$$

就是 1 次 λ-矩阵.

如果 $m\times n$ 的 k 次 λ-矩阵 $\boldsymbol{A}(\lambda)$,对任意 $0\leqslant l\leqslant k$ 的整数,以 $\boldsymbol{A}(\lambda)$ 的每一个元素的 l 次项的系数为元素按照 $\boldsymbol{A}(\lambda)$ 中的次序构成的 $m\times n$ 矩阵,称为 $\boldsymbol{A}(\lambda)$ 的 l 次项系数矩阵,记作 $\boldsymbol{A}_l$,这时可以将 $\boldsymbol{A}(\lambda)$ 表示为

$$\boldsymbol{A}(\lambda)=\boldsymbol{A}_k\lambda^k+\boldsymbol{A}_{k-1}\lambda^{k-1}+\cdots+\boldsymbol{A}_1\lambda+\boldsymbol{A}_0$$

并且 $\boldsymbol{A}_k\neq\boldsymbol{O}$. 我们称此式为 λ-矩阵 $\boldsymbol{A}(\lambda)$ 的多项式表示法. 例如在例 4.1 中的 λ-矩阵 $\boldsymbol{A}(\lambda)$ 的多项式表示为

$$\boldsymbol{A}(\lambda)=\begin{pmatrix} 0 & 0 & 0 \\ 0 & -2 & 1 \end{pmatrix}\lambda^3+\begin{pmatrix} 0 & 1 & 1 \\ 0 & 0 & 2 \end{pmatrix}\lambda^2+\begin{pmatrix} 0 & 0 & -1 \\ 0 & 8 & 3 \end{pmatrix}\lambda+\begin{pmatrix} 1 & 1 & 2 \\ -3 & 0 & 6 \end{pmatrix}$$

显然,多项式表示法下 λ-矩阵相等,有对应项系数矩阵相等.

我们知道,多项式环 $F[x]$ 中的多项式可以进行加、减、乘三种运算,并且它们与数的运

算有相同的运算规律．因此可以同样定义 λ-矩阵的加法与乘法，它们与数字矩阵的运算有相同的运算规律．

同样可以定义一个 n 阶的λ-矩阵 $\boldsymbol{A}(\lambda)=(a_{ij}(\lambda))$ 的行列式

$$|\boldsymbol{A}(\lambda)|=\sum_{\forall(i_1 i_2\cdots i_n)\in S_n}(-1)^{\tau(i_1 i_2\cdots i_n)}a_{1i_1}(\lambda)a_{2i_2}(\lambda)\cdots a_{ni_n}(\lambda)$$

这里 $\sum\limits_{\forall(i_1 i_2\cdots i_n)\in S_n}$ 表示对所有 n 阶排列求和．

由于构成 $|\boldsymbol{A}(\lambda)|$ 的 $n!$ 项的代数和中每一项 $a_{1i_1}(\lambda)a_{2i_2}(\lambda)\cdots a_{ni_n}(\lambda)$ 均是 λ 的多项式的乘积也是 λ 的多项式，因而 λ-矩阵的行列式是 λ 的一个多项式，它与数字矩阵的行列式有相同的性质．例如

$$\begin{vmatrix} \lambda & \lambda^2+1 \\ 2\lambda+1 & -2\lambda^3+8\lambda \end{vmatrix}=-2\lambda^4-2\lambda^3+7\lambda^2+2\lambda+1$$

也可以定义 λ-矩阵 $\boldsymbol{A}(\lambda)$ 的子式为任取 $\boldsymbol{A}(\lambda)$ 的 k 行，k 列，位于这 k 行，k 列的元素按照它们在 $\boldsymbol{A}(\lambda)$ 构成的 k 阶行列式．

下面利用子式定义 λ-矩阵的秩：

定义 4.2　若 λ-矩阵 $\boldsymbol{A}(\lambda)$ 中有一个 $r(r\geqslant 1)$ 级子式不为零，而所有 $r+1$ 级子式（如果有的话）全为零，则称 $\boldsymbol{A}(\lambda)$ 的秩为 r，记作 $r(\boldsymbol{A}(\lambda))=r$．零矩阵的秩规定为零．

定义 4.3　若 n 阶的λ-矩阵 $\boldsymbol{A}(\lambda)$ 满足：如果有一个 n 阶的λ-矩阵 $\boldsymbol{B}(\lambda)$，使得

$$\boldsymbol{A}(\lambda)\boldsymbol{B}(\lambda)=\boldsymbol{B}(\lambda)\boldsymbol{A}(\lambda)=\boldsymbol{E}$$

这里 $\boldsymbol{E}$ 是 n 阶单位矩阵，称 $\boldsymbol{A}(\lambda)$ 是可逆的或非奇异的，而 $\boldsymbol{B}(\lambda)$ 称为 $\boldsymbol{A}(\lambda)$ 的逆．

容易证明若 $\boldsymbol{A}(\lambda)$ 可逆，则其逆唯一，$\boldsymbol{A}(\lambda)$ 的逆 $\boldsymbol{B}(\lambda)$，记作 $\boldsymbol{A}^{-1}(\lambda)$．

定理 4.1　n 阶的λ-矩阵 $\boldsymbol{A}(\lambda)$ 是可逆的充要条件为行列式 $|\boldsymbol{A}(\lambda)|$ 是非零常数．

证明　矩阵 $\boldsymbol{A}(\lambda)$ 可逆，其逆是 $\boldsymbol{B}(\lambda)$，则 $\boldsymbol{A}(\lambda)\boldsymbol{B}(\lambda)=\boldsymbol{E}$，两边取行列式，利用矩阵乘积的行列式等于其行列式的乘积，得

$$1=|\boldsymbol{E}|=|\boldsymbol{A}(\lambda)|\cdot|\boldsymbol{B}(\lambda)|$$

故 $|\boldsymbol{A}(\lambda)|\neq 0$，$|\boldsymbol{B}(\lambda)|\neq 0$．注意到 $|\boldsymbol{A}(\lambda)|$，$|\boldsymbol{B}(\lambda)|$ 均是 λ 的非零多项式，而非零多项式的乘积的次数等于因子的次数之和，因而 $|\boldsymbol{A}(\lambda)|$ 次数加 $|\boldsymbol{B}(\lambda)|$ 的次数等于 0，故每一个次数为零，即 $|\boldsymbol{A}(\lambda)|$ 是非零常数．

反之，若 $\boldsymbol{A}(\lambda)$ 的行列式 $|\boldsymbol{A}(\lambda)|$ 是非零常数 c，利用矩阵与其伴随矩阵之间的关系可知

$$\boldsymbol{A}(\lambda)\boldsymbol{A}^*(\lambda)=\boldsymbol{A}^*(\lambda)\boldsymbol{A}(\lambda)=|\boldsymbol{A}(\lambda)|\boldsymbol{E}=c\boldsymbol{E}$$

令 $\boldsymbol{B}(\lambda)=c^{-1}\boldsymbol{A}^*(\lambda)$，则 $\boldsymbol{A}(\lambda)\boldsymbol{B}(\lambda)=\boldsymbol{B}(\lambda)\boldsymbol{A}(\lambda)=\boldsymbol{E}$，故 $\boldsymbol{A}(\lambda)$ 可逆，其逆是 $\boldsymbol{B}(\lambda)$．　□

4.1.2　λ-矩阵的初等变换及相抵标准形

λ-矩阵的初等变换与数字矩阵的初等变换类似：

定义 4.4　下面的三种变换叫作 λ-矩阵的初等行（列）变换：

(1) 矩阵的两行（列）互换位置；

(2) 矩阵的某一行（列）乘以非零的常数 a；

(3) 矩阵有某一行（列）加另一行（列）的 $\varphi(\lambda)$ 倍，其中 $\varphi(\lambda)$ 是一个多项式．

注意：λ-矩阵的第 i,j 行互换用 $r_i\leftrightarrow r_j$ 表示，第 i 行乘以 a 用 ar_i 表示，第 i 行加第 j 行的 $\varphi(\lambda)$ 倍用 $r_i+\varphi(\lambda)r_j$ 表示．相应地，第 i,j 列互换用 $c_i\leftrightarrow c_j$ 表示，第 i 列乘以 a 用 ac_i

表示,第 i 列加第 j 列的 $\varphi(\lambda)$ 倍用 $c_i+\varphi(\lambda)c_j$ 表示.

和数字矩阵的初等变换一样,可以引进初等矩阵.例如,将单位矩阵的第 i 行加上第 j 行的 $\varphi(\lambda)$ 倍得到的初等矩阵为

$$\boldsymbol{T}_{ij}(\varphi(\lambda))=\begin{pmatrix} \boldsymbol{E} & & & & \\ & 1 & & \varphi(\lambda) & \\ & & \boldsymbol{E} & & \\ & & & 1 & \\ & & & & \boldsymbol{E} \end{pmatrix}\begin{matrix} \\ i\text{ 行} \\ \\ j\text{ 行} \\ \\ \end{matrix}$$

$$\qquad\qquad\qquad i\text{ 列}\quad j\text{ 列}$$

我们仍用 $\boldsymbol{P}(i,j)$ 表示由单位矩阵经过第 i 行(列)第 j 行(列)互换位置所得的初等矩阵,用 $\boldsymbol{P}(i(c))$ 表示用非零常数 c 乘单位矩阵第 i 行(列)所得的初等矩阵.

同样地,由初等变换与初等矩阵的关系,有:对一个 $m\times n$ 的 λ-矩阵 $\boldsymbol{A}(\lambda)$ 作一次初等变换就相当于在 $\boldsymbol{A}(\lambda)$ 的左边乘上相应的 m 阶初等矩阵;对 $\boldsymbol{A}(\lambda)$ 作一次初等列变换就相当于 $\boldsymbol{A}(\lambda)$ 在的右边乘上相应的 n 阶初等矩阵.

初等矩阵都是可逆的,其逆矩阵也是初等矩阵,并且

$$\boldsymbol{P}(i,j)^{-1}=\boldsymbol{P}(i,j),\quad \boldsymbol{P}(i(c))^{-1}=\boldsymbol{P}(i(-c)),\quad \boldsymbol{T}_{ij}^{-1}(\varphi(\lambda))=\boldsymbol{T}_{ij}(-\varphi(\lambda))$$

由此得出初等变换具有可逆性:设 λ-矩阵 $\boldsymbol{A}(\lambda)$ 用初等变换变成 $\boldsymbol{B}(\lambda)$,其相当于 $\boldsymbol{A}(\lambda)$ 左乘或右乘一个初等矩阵,而这逆矩阵仍是初等矩阵,再用此逆矩阵左乘或右乘 $\boldsymbol{B}(\lambda)$,就是对 $\boldsymbol{B}(\lambda)$ 作初等变换,变回 $\boldsymbol{A}(\lambda)$.

定义 4.5 若 λ-矩阵 $\boldsymbol{A}(\lambda)$ 经过有限次初等变换化为 $\boldsymbol{B}(\lambda)$,我们称为 $\boldsymbol{A}(\lambda)$ 与 $\boldsymbol{B}(\lambda)$ 等价或相抵.

等价是 λ-矩阵之间的一种关系,这个关系显然具有下列三个性质:

(1) 反身性:每一个 λ-矩阵与它自身等价.

(2) 对称性:若 $\boldsymbol{A}(\lambda)$ 与 $\boldsymbol{B}(\lambda)$ 等价,则 $\boldsymbol{B}(\lambda)$ 与 $\boldsymbol{A}(\lambda)$ 等价.

(3) 传递性:若 $\boldsymbol{A}(\lambda)$ 与 $\boldsymbol{B}(\lambda)$ 等价,$\boldsymbol{B}(\lambda)$ 与 $\boldsymbol{C}(\lambda)$ 等价,则 $\boldsymbol{A}(\lambda)$ 与 $\boldsymbol{C}(\lambda)$ 等价.

应用初等变换与初等矩阵的关系即得:矩阵 $\boldsymbol{A}(\lambda)$ 与 $\boldsymbol{B}(\lambda)$ 等价的充要条件为有一系列初等矩阵 $\boldsymbol{P}_1,\boldsymbol{P}_2,\cdots,\boldsymbol{P}_s,\boldsymbol{Q}_1,\boldsymbol{Q}_2,\cdots,\boldsymbol{Q}_s$,使

$$\boldsymbol{A}(\lambda)=\boldsymbol{P}_1\boldsymbol{P}_2\cdots\boldsymbol{P}_s\boldsymbol{B}(\lambda)\boldsymbol{Q}_1\boldsymbol{Q}_2\cdots\boldsymbol{Q}_s$$

下面主要是证明任意一个 λ-矩阵可以经过初等变换化为某种对角矩阵.

引理 4.1 若 λ-矩阵 $\boldsymbol{A}(\lambda)$ 的左上角元素 $a_{11}(\lambda)\neq 0$,并且 $\boldsymbol{A}(\lambda)$ 中至少有一个元素不能被它除尽,则一定可以通过初等变换找到一个与 $\boldsymbol{A}(\lambda)$ 等价的矩阵 $\boldsymbol{B}(\lambda)$,它的左上角(即(1,1)位置)的元素也不为零,且其次数比 $a_{11}(\lambda)$ 的次数低.

证明 设 $\boldsymbol{A}(\lambda)=(a_{ij}(\lambda))$,分三种情况讨论:

(1) 若第 1 行存在元素不是 $a_{11}(\lambda)$ 的倍式,即存在 $a_{1j}(\lambda)(j>1)$ 不被 $a_{11}(\lambda)$ 整除,由带余除法,$a_{1j}(\lambda)$ 可表示为

$$a_{1j}(\lambda)=q(\lambda)a_{11}(\lambda)+b_{11}(\lambda)$$

其中 $b_{11}(\lambda)$ 不为 0,且其次数低于 $a_{11}(\lambda)$,第 j 列减去第 1 列乘以 $q(\lambda)$,则 $(1,j)$ 位置的元素变为 $b_{11}(\lambda)$,然后第 j 列与第 1 列互换得到 λ-矩阵 $\boldsymbol{B}(\lambda)$,而 $\boldsymbol{B}(\lambda)$ 的左上角,即(1,1)元素

为 $b_{11}(\lambda)$次数比 $a_{11}(\lambda)$的次数低，具体过程如下：

$$\boldsymbol{A}(\lambda)=\begin{pmatrix} a_{11}(\lambda) & \cdots & a_{1i}(\lambda) & \cdots \\ * & \cdots & * & \cdots \end{pmatrix}\xrightarrow{c_i+q(\lambda)c_1}\begin{pmatrix} a_{11}(\lambda) & \cdots & b_{11}(\lambda) & \cdots \\ * & \cdots & * & \cdots \end{pmatrix}$$

$$\xrightarrow{c_i\leftrightarrow c_1}\begin{pmatrix} b_{11}(\lambda) & \cdots & a_{11}(\lambda) & \cdots \\ * & \cdots & * & \cdots \end{pmatrix}=\boldsymbol{B}(\lambda)$$

且 $\boldsymbol{A}(\lambda)$与 $\boldsymbol{B}(\lambda)$等价.

(2) 若第 1 列存在元素不是 $a_{11}(\lambda)$的倍式，方法与(1)相同，可以找到一个与 $\boldsymbol{A}(\lambda)$等价的矩阵 $\boldsymbol{B}(\lambda)$，它的左上角元素也不为零，但是次数比 $a_{11}(\lambda)$的次数低.

(3) 若第 1 行第 1 列存在元素均是 $a_{11}(\lambda)$的倍式，存在元素 $a_{ij}(\lambda)$不是 $a_{11}(\lambda)$的倍式，设 $a_{i1}(\lambda)=t(\lambda)a_{11}(\lambda)$，第 i 行减去第 1 行的 $t(\lambda)$倍，将 $\boldsymbol{A}(\lambda)$的$(i,1)$位置元素变为 0，(i,j)位置的元素变为 $a_{ij}(\lambda)-t(\lambda)a_{1j}(\lambda)=a'_{ij}(\lambda)$，然后第 1 行再加上第 i 行，这时第 1 行元素变为 $a'_{ij}(\lambda)+a_{1j}(\lambda)=a'_{1j}(\lambda)$，由于 $a_{1j}(\lambda)$是 $a_{11}(\lambda)$的倍式，而 $a_{ij}(\lambda)$不是 $a_{11}(\lambda)$的倍式，因而 $a'_{1j}(\lambda)$不是 $a_{11}(\lambda)$的倍式，具体过程如下：

$$\boldsymbol{A}(\lambda)=\begin{pmatrix} a_{11}(\lambda) & \cdots & a_{1j}(\lambda) & \cdots \\ \vdots & \ddots & \vdots & \cdots \\ a_{i1}(\lambda) & \cdots & a_{ij}(\lambda) & \cdots \\ * & \cdots & * & \cdots \end{pmatrix}\xrightarrow{r_i-t(\lambda)r_1}\begin{pmatrix} a_{11}(\lambda) & \cdots & a_{1j}(\lambda) & \cdots \\ \vdots & \ddots & \vdots & \cdots \\ 0 & \cdots & a'_{ij}(\lambda) & \cdots \\ * & \cdots & * & \cdots \end{pmatrix}$$

$$\xrightarrow{r_1+r_i}\begin{pmatrix} a_{11}(\lambda) & \cdots & a'_{1j}(\lambda) & \cdots \\ \vdots & \ddots & \vdots & \cdots \\ 0 & \cdots & a'_{ij}(\lambda) & \cdots \\ * & \cdots & * & \cdots \end{pmatrix}$$

化为(1)的情况. □

定理 4.2　任意一个非零的 $m\times n$ 的λ-矩阵 $\boldsymbol{A}(\lambda)$都等价于下列形式的分块矩阵

$$\begin{pmatrix} \boldsymbol{D}(\lambda) & \boldsymbol{O} \\ \boldsymbol{O} & \boldsymbol{O} \end{pmatrix},\quad 而\ \boldsymbol{D}(\lambda)=\begin{pmatrix} d_1(\lambda) & & & \\ & d_2(\lambda) & & \\ & & \ddots & \\ & & & d_r(\lambda) \end{pmatrix}$$

其中 $r\geqslant 1$，$d_i(\lambda)(i=1,2,\cdots,r)$是首项系数为 1 的多项式，且满足

$$d_i(\lambda)\mid d_{i+1}(\lambda)\quad (i=1,2,\cdots,r-1)$$

该矩阵称为 $\boldsymbol{A}(\lambda)$的相抵标准形或 smith 标准形.

证明　由于 $\boldsymbol{A}(\lambda)$不是零矩阵，即 $\boldsymbol{A}(\lambda)$中有元素不为零元 $a_{ij}(\lambda)\neq 0$，若 $a_{11}(\lambda)=0$，可以通过第 $1,i$ 行互换，第 $1,j$ 列互换，则

$$\boldsymbol{A}(\lambda)=\begin{pmatrix} 0 & * & * & * \\ * & * & * & * \\ * & * & a_{ij}(\lambda) & * \\ * & * & * & * \end{pmatrix}\xrightarrow{r_i\leftrightarrow r_1}\begin{pmatrix} * & * & a_{ij}(\lambda) & * \\ * & * & * & * \\ 0 & * & * & * \\ * & * & * & * \end{pmatrix}\xrightarrow{c_j\leftrightarrow c_1}\begin{pmatrix} a_{ij}(\lambda) & * & * & * \\ * & * & * & * \\ * & * & 0 & * \\ * & * & * & * \end{pmatrix}$$

将 $a_{ij}(\lambda)$换到(1,1)位置，因而不妨设 $a_{11}(\lambda)\neq 0$. 若 $\boldsymbol{A}(\lambda)$中有一个元素不能被 $a_{11}(\lambda)$除尽，则由引理找到一个矩阵与 $\boldsymbol{A}(\lambda)$等价，其左上角(1,1)位置的元素 $b_{11}(\lambda)$不为零，且其次数比 $a_{11}(\lambda)$的次数低，若 $b_{11}(\lambda)$仍满足条件，可以继续引理过程，直到(1,1)位置的元素

$b_{11}(\lambda)$不为零且是其他所有元素的因式.

不妨设 $a_{11}(\lambda)$是 $\boldsymbol{A}(\lambda)$的其他所有元素的因式,设第 1 行元素 $a_{1j}(\lambda)$和第 1 列元素 $a_{i1}(\lambda)$可表示为

$$a_{i1}(\lambda) = q_i(\lambda)a_{11}(\lambda)(i = 1,2,\cdots,m) \quad a_{1j}(\lambda) = p_j(\lambda)a_{11}(\lambda)(j = 1,2,\cdots,n)$$

则 $\boldsymbol{A}(\lambda)$的第 i 行减去第 1 行的 $q_i(\lambda)$倍,第 j 列减去第 1 列的 $p_j(\lambda)$倍,

$$\begin{pmatrix} a_{11}(\lambda) & * & a_{1j}(\lambda) & * \\ * & * & * & * \\ a_{i1}(\lambda) & * & * & * \\ * & * & * & * \end{pmatrix} \xrightarrow{r_i - q_i(\lambda)r_1} \begin{pmatrix} a_{11}(\lambda) & * & a_{1j}(\lambda) & * \\ * & * & * & * \\ 0 & * & * & * \\ * & * & * & * \end{pmatrix}$$

$$\xrightarrow{c_j - p_i(\lambda)c_1} \begin{pmatrix} a_{11}(\lambda) & * & 0 & * \\ * & * & * & * \\ 0 & * & * & * \\ * & * & * & * \end{pmatrix}$$

将 $\boldsymbol{A}(\lambda)$变为与之等价的第 i 行,第 j 列的元素变为 0 的矩阵. 记 $a_{11}(\lambda) = d_1(\lambda)$,这时 $\boldsymbol{A}(\lambda)$等价与

$$\begin{pmatrix} d_1(\lambda) & 0 & 0 \\ 0 & b_{22}(\lambda) & * \\ 0 & * & * \end{pmatrix}$$

对其子块 $\boldsymbol{B}(\lambda) = \begin{pmatrix} b_{22}(\lambda) & * \\ * & * \end{pmatrix}$,做同样讨论,直到得到结论. □

例 4.2 用初等变换化 λ-矩阵

$$\boldsymbol{A}(\lambda) = \begin{pmatrix} 1-\lambda & 2\lambda-1 & \lambda \\ \lambda & \lambda^2 & -\lambda \\ 1+\lambda^2 & \lambda^3+\lambda-1 & -\lambda^2 \end{pmatrix}$$

为标准形.

解

$$\boldsymbol{A}(\lambda) = \begin{pmatrix} 1-\lambda & 2\lambda-1 & \lambda \\ \lambda & \lambda^2 & -\lambda \\ 1+\lambda^2 & \lambda^3+\lambda-1 & -\lambda^2 \end{pmatrix} \to \begin{pmatrix} 1-\lambda & 2\lambda-1 & 1 \\ \lambda & \lambda^2 & 0 \\ 1+\lambda^2 & \lambda^3+\lambda-1 & 1 \end{pmatrix}$$

$$\to \begin{pmatrix} 1 & 2\lambda-1 & 1-\lambda \\ 0 & \lambda^2 & \lambda \\ 1 & \lambda^3+\lambda-1 & 1+\lambda^2 \end{pmatrix} \to \begin{pmatrix} 1 & 2\lambda-1 & 1-\lambda \\ 0 & \lambda^2 & \lambda \\ 0 & \lambda^3-\lambda & \lambda+\lambda^2 \end{pmatrix} \to \begin{pmatrix} 1 & 0 & 0 \\ 0 & \lambda^2 & \lambda \\ 0 & \lambda^3-\lambda & \lambda+\lambda^2 \end{pmatrix}$$

$$\to \begin{pmatrix} 1 & 0 & 0 \\ 0 & \lambda & \lambda^2 \\ 0 & \lambda^2+\lambda & \lambda^3-\lambda \end{pmatrix} \to \begin{pmatrix} 1 & 0 & 0 \\ 0 & \lambda & 0 \\ 0 & \lambda^2+\lambda & -\lambda^2-\lambda \end{pmatrix} \to \begin{pmatrix} 1 & 0 & 0 \\ 0 & \lambda & 0 \\ 0 & 0 & \lambda(1+\lambda) \end{pmatrix}$$

4.1.3 不变因子

为了讨论标准形的唯一性,我们引入 λ-矩阵的行列式因子.

定义 4.6 设 $\boldsymbol{A}(\lambda)$是秩为 r 的 λ-矩阵,对于正整数 $k(1 \leqslant k \leqslant r)$,$\boldsymbol{A}(\lambda)$必有非零的 k 阶子式,$\boldsymbol{A}(\lambda)$中全部 k 阶子式的首项系数为 1 的最大公因式 $D_k(\lambda)$称为 $\boldsymbol{A}(\lambda)$的 k 阶行列

式因子.

由定义可知,对于秩为 r 的λ-矩阵,行列式因子一共有 r 个,行列式因子的重要性质是下面定理表达的,初等变换不改变其各阶行列式因子.

定理 4.3　等价的 λ-矩阵的具有相同的秩与相同的各阶行列式因子.

证明　两个 λ-矩阵等价,也就是说一个可经有限次初等变换化为另一个,因而只需证明λ-矩阵经过一次初等变换不改变秩与行列式因子即可,又由于初等行变换与列变换的证法完全类似,我们仅证初等行变换.设 $\boldsymbol{A}(\lambda)$经一次行变换 $\boldsymbol{B}(\lambda)$,设 $f(\lambda)$,$g(\lambda)$分别是$\boldsymbol{A}(\lambda)$,$\boldsymbol{B}(\lambda)$的 k 阶行列式因子,显然 $f(\lambda)$整除 $\boldsymbol{A}(\lambda)$每个的 k 阶子式.要证

$$f(\lambda) = g(\lambda)$$

分三种情况讨论:

(1) $\boldsymbol{A}(\lambda)\xrightarrow{r_i\leftrightarrow r_j}\boldsymbol{B}(\lambda)$,这时 $\boldsymbol{B}(\lambda)$的每个 k 阶子式或者等于$\boldsymbol{A}(\lambda)$的某个 k 阶子式,或者与 $\boldsymbol{A}(\lambda)$的某一个 k 阶子式异号,因此 $f(\lambda)$是 $\boldsymbol{B}(\lambda)$的 k 阶子式的公因式,从而$f(\lambda)|g(\lambda)$.

(2) $\boldsymbol{A}(\lambda)\xrightarrow{cr_i}\boldsymbol{B}(\lambda)(c\neq 0)$,这时,$\boldsymbol{B}(\lambda)$的每个 k 阶子式或者等于$\boldsymbol{A}(\lambda)$的某一个 k 阶子式,或者等于$\boldsymbol{A}(\lambda)$的某一个 k 阶子式的c 倍.因此 $f(\lambda)$是$\boldsymbol{B}(\lambda)$的 k 阶子式的公因式,从而$f(\lambda)|g(\lambda)$.

(3) $\boldsymbol{A}(\lambda)\xrightarrow{r_i+\varphi(\lambda)r_j}\boldsymbol{B}(\lambda)$,这时分三种情况:

① $\boldsymbol{B}(\lambda)$的不包含第 i 行的k 阶子式和$\boldsymbol{A}(\lambda)$的不包含第 i 行的k 阶子式相等.

② $\boldsymbol{B}(\lambda)$的包含第 i 行且含第j 行的k 阶子式,按第 i 行拆成两个行列式之和,其中一个两行成比例,为零,也就是说这样的 k 阶子式与$\boldsymbol{A}(\lambda)$的包含第 i 行且含第j 行的k 阶子式相等.

③ $\boldsymbol{B}(\lambda)$的包含第 i 行但不包含第j 行的k 阶子式,按第 i 行拆成两个行列式之和,其中一个等于$\boldsymbol{A}(\lambda)$的包含第 i 行但不包含第j 行的k 阶子式,另一个等于$\boldsymbol{A}(\lambda)$的包含第 j 行但不包含第 i 行的k 阶子式的$\pm\varphi(\lambda)$倍,也就是说这样的 k 阶子式是$A(\lambda)$的两个 k 阶子式的组合.因此 $f(\lambda)$是$\boldsymbol{B}(\lambda)$的 k 阶子式的公因式, 从而 $f(\lambda)|g(\lambda)$.

总之,如果$\boldsymbol{A}(\lambda)$经过一次初等变换变成$\boldsymbol{B}(\lambda)$,那么 $f(\lambda)|g(\lambda)$.但由初等变换的可逆性,$\boldsymbol{B}(\lambda)$也可以经过一次初等变换变成 $\boldsymbol{A}(\lambda)$.由上面的讨论, 同样应有 $g(\lambda)|f(\lambda)$,于是$f(\lambda) = g(\lambda)$.

当$\boldsymbol{A}(\lambda)$的全部 k 阶子式为零时,$\boldsymbol{B}(\lambda)$的全部 k 阶子式也就等于零;反之亦然,因此,$\boldsymbol{A}(\lambda)$与 $\boldsymbol{B}(\lambda)$有相同的各阶行列式因子和秩. □

现在来计算标准形下的 λ-矩阵的行列式因子.设标准形下的 λ-矩阵为

$$\boldsymbol{A}(\lambda) = \begin{pmatrix} d_1(\lambda) & & & & & & \\ & d_2(\lambda) & & & & & \\ & & \ddots & & & & \\ & & & d_r(\lambda) & & & \\ & & & & 0 & & \\ & & & & & \ddots & \\ & & & & & & 0 \end{pmatrix}$$

其中 $d_1(\lambda)$,$d_2(\lambda)$,$\cdots$,$d_r(\lambda)$是首项系数为 1 的多项式,且

$$d_i(\lambda) \mid d_{i+1}(\lambda) \quad (i = 1,2,\cdots,i-1)$$

不难看出,如果$\boldsymbol{\Lambda}(\lambda)$的某一个$k$阶子式的对角线元素不在$\boldsymbol{\Lambda}(\lambda)$的对角线上,则这个$k$阶子式一定为零.因此,为了计算$k$阶行列式因子,只需要考虑子式的对角线元素全在$\boldsymbol{\Lambda}(\lambda)$的对角线的$k$阶子式,任取第$i_1,i_2,\cdots,i_k$行,第$i_1,i_2,\cdots,i_k$列($i_1<i_2<\cdots<i_k$),由交叉点元素构成的$k$阶子式等于

$$d_{i_1}(\lambda)d_{i_2}(\lambda)\cdots d_{i_k}(\lambda)$$

由$d_i(\lambda)$的性质可知显然,$d_1(\lambda)\mid d_{i_1}(\lambda),d_2(\lambda)\mid d_{i_2}(\lambda),\cdots,d_k(\lambda)\mid d_{i_k}(\lambda)$,故所有$k$阶子式的首1的最大公因式,即$k$阶行列式因子是

$$d_1(\lambda)d_2(\lambda)\cdots d_k(\lambda)$$

定理 4.4 λ-矩阵的相抵标准形是唯一的.

证明 设$\boldsymbol{\Lambda}(\lambda)$是$A(\lambda)$的标准形.由定理知,$\boldsymbol{A}(\lambda)$与$\boldsymbol{\Lambda}(\lambda)$等价,有相同的秩与相同的行列式因子,与所作的初等变换无关.因此,$\boldsymbol{A}(\lambda)$的秩就是标准形的主对角线上非零元素的个数r;$\boldsymbol{A}(\lambda)$的k阶行列式因子等于$\boldsymbol{\Lambda}(\lambda)$的行列式因子,即

$$D_k(\lambda) = d_1(\lambda)d_2(\lambda)\cdots d_k(\lambda) \quad (k = 1,2,\cdots,r)$$

于是

$$d_1(\lambda) = D_1(\lambda),d_2(\lambda) = \frac{D_2(\lambda)}{D_1(\lambda)},\cdots,d_k(\lambda) = \frac{D_k(\lambda)}{D_{k-1}(\lambda)} \quad (k = 2,3,\cdots,r)$$

这就是$\boldsymbol{A}(\lambda)$的标准形$\boldsymbol{\Lambda}(\lambda)$的主对角线上的非零元素是被$\boldsymbol{A}(\lambda)$的行列式因子所唯一决定的,所以$\boldsymbol{A}(\lambda)$的标准形是唯一的. □

定义 4.7 λ-矩阵$\boldsymbol{A}(\lambda)$的相抵标准形中主对角线上非零元素$d_1(\lambda),d_2(\lambda),\cdots,d_r(\lambda)$称为$\lambda$-矩阵$\boldsymbol{A}(\lambda)$的不变因子.

定理 4.5 两个λ-矩阵等价的充要条件是它们有相同的行列式因子,或者它们有相同的不变因子.

由定理的证明可以看出,在λ-矩阵的行列式因子之间,有关系式

$$D_i(\lambda) \mid D_{i+1}(\lambda) \quad (i = 1,2,\cdots,i-1)$$

由此可知,由高阶行列式因子可以大致确定低级行列式因子的范围,而且低阶行列式因子的次数不高于高阶行列式因子的次数.我们知道,可逆的数字矩阵均是有限个初等矩阵之积,下面可以看出可逆的λ-矩阵也是如此.设$\boldsymbol{A}(\lambda)$为一个n阶可逆λ-矩阵,由定理4.1知,其行列式为非零常数,又$\boldsymbol{A}(\lambda)$仅有一个n阶子式,故$\boldsymbol{A}(\lambda)$的n阶行列式因子$\boldsymbol{D}_n(\lambda)=1$,对任意$1\leqslant k\leqslant n$有$\boldsymbol{D}_k(\lambda)=1$,从而

$$d_1(\lambda) = D_k(\lambda) = 1, \quad d_k(\lambda) = \frac{D_k(\lambda)}{D_{k-1}(\lambda)} = 1 \quad (k = 1,2,\cdots,n)$$

因此,可逆λ-矩阵的标准形是单位矩阵$\boldsymbol{E}$,反过来,与单位矩阵等价的矩阵一定是可逆矩阵,因为其行列式是一个非零的数.这就是说,λ-矩阵可逆的充要条件是它与单位矩阵等价.又矩阵$\boldsymbol{A}(\lambda)$与$\boldsymbol{B}(\lambda)$等价的充要条件是存在有限个初等λ-矩阵$\boldsymbol{P}_1,\cdots,\boldsymbol{P}_s,\boldsymbol{Q}_1,\cdots,\boldsymbol{Q}_t$,使

$$\boldsymbol{A}(\lambda) = \boldsymbol{P}_1\cdots\boldsymbol{P}_s\boldsymbol{B}(\lambda)\boldsymbol{Q}_1\cdots\boldsymbol{Q}_t$$

特别地,当$\boldsymbol{B}(\lambda)=\boldsymbol{E}$时,就得到:

定理 4.6 λ-矩阵$\boldsymbol{A}(\lambda)$是可逆的充要条件是它可以表成一些初等矩阵的乘积.

推论 4.1 两个$m\times n$的λ-矩阵$\boldsymbol{A}(\lambda)$与$\boldsymbol{B}(\lambda)$等价的充要条件为,存在m阶可逆矩阵$\boldsymbol{P}(\lambda)$和n阶可逆矩阵$\boldsymbol{Q}(\lambda)$,使得

$$B(\lambda)=P(\lambda)A(\lambda)Q(\lambda)$$

4.1.4 初等因子

设 $d_1(\lambda),d_2(\lambda),\cdots,d_r(\lambda)$ 是 λ-矩阵 $\boldsymbol{A}(\lambda)$ 的首项系数为 1 的不变因子，每一个不为 1 的不变因子 $d_i(\lambda)$ 在数域 $\boldsymbol{F}$ 的标准分解，即将 $d_i(\lambda)$ 分解为 $\boldsymbol{F}$ 的两两不同的不可约多项式的幂，我们称所有不是 1 的不变因子在 $\boldsymbol{F}$ 中标准分解中的那些不可约因式的幂(注意不可约因式的幂相同的，要重复写)称为 $\boldsymbol{A}(\lambda)$ 的初等因子.

例 4.3　已知秩是 4 的 λ-矩阵 $\boldsymbol{A}(\lambda)$ 的不变因子为

$$d_1(\lambda)=1,\quad d_2(\lambda)=\lambda-3,\quad d_3(\lambda)=\lambda(\lambda-3),\quad d_4(\lambda)=\lambda^2(\lambda-3)^3(\lambda+1)^4$$

则 $\boldsymbol{A}(\lambda)$ 的所有初等因子为

$$\lambda-3,\quad \lambda,\quad \lambda-3,\quad \lambda^2,\quad (\lambda-3)^3,\quad (\lambda+1)^4$$

设秩为 r 的 λ-矩阵 $\boldsymbol{A}(\lambda)$ 的首项系数为 1 的不变因子为 $d_1(\lambda),d_2(\lambda),\cdots,d_r(\lambda)$. 设

$$p_1(\lambda),p_2(\lambda),\cdots,p_t(\lambda)$$

是不变因子中两两不同的不可约因式. 若某个不可约因式不是 $d_i(\lambda)$ 的因式，令其次数为零，于是不变因子可写成

$$\begin{cases} d_1(\lambda)=p_1^{l_{11}}(\lambda)p_2^{l_{12}}(\lambda)\cdots p_t^{l_{1t}}(\lambda) \\ d_2(\lambda)=p_1^{l_{21}}(\lambda)p_2^{l_{22}}(\lambda)\cdots p_t^{l_{2t}}(\lambda) \\ \cdots\cdots \\ d_r(\lambda)=p_1^{l_{r1}}(\lambda)p_2^{l_{r2}}(\lambda)\cdots p_t^{l_{rt}} \end{cases}$$

其中 $r_{ij}\geqslant 0$. 当 $j>i$ 时，$d_i(\lambda)\mid d_j(\lambda)$，进一步有

$$p_s^{l_{is}}(\lambda)\mid p_s^{l_{js}}(\lambda)\Rightarrow l_{is}\leqslant l_{js}\quad (s=1,2,\cdots,t)$$

从而有 $l_{1s}\leqslant l_{2s}\leqslant\cdots\leqslant l_{rs}(s=1,2,\cdots,t)$，则 $A(\lambda)$ 的初等因子是由所有 $p_j^{l_{ij}}(\lambda)(l_{ij}>0)$ 构成的. 由此可知，不变因子确定初等因子.

这说明，在秩为 r 的 λ-矩阵中，同一个不可约因式的方幂构成的初等因子中，方次最高的必定出现在 $d_r(\lambda)$ 的分解中，方次次高的必定出现在 $d_{r-1}(\lambda)$ 的分解中. 如此顺次类推下去，可知属于同一个不可约因式的方幂的初等因子在不变因子的分解式中出现的位置是唯一确定的.

反之，若已知 λ-矩阵 $\boldsymbol{A}(\lambda)$ 的所有初等因子和矩阵的秩，不妨令 $\boldsymbol{A}(\lambda)$ 的秩为 r，则 $\boldsymbol{A}(\lambda)$ 的不变因子有 r 个，$d_1(\lambda),d_2(\lambda),\cdots,d_r(\lambda)$. 找出初等因子中所有两两不同的不可约因式，由不变因子的性质知，它们均是 $d_r(\lambda)$ 的因式，而且这些不可约因式中次数最高的幂出现在 $d_r(\lambda)$，写出 $d_r(\lambda)$，将所有初等因子中出现在 $d_r(\lambda)$ 中的不可约因式的幂划去，剩余的初等因子中所有两两不同的不可约因式均是 $d_{r-1}(\lambda)$ 的因式，而且这些不可约因式中次数最高的幂出现在 $d_{r-1}(\lambda)$，写出 $d_{r-1}(\lambda)$，这样一次下来，直到写出 $d_1(\lambda)$，若初等因子用完，还有 $d_i(\lambda)$ 没有写出，则剩余的这些不变因子全为 1，即 $d_i(\lambda)=1$. 由此可知，若已知初等因子和矩阵的秩，可确定所有不变因子.

例 4.4　已知 5×6 λ-矩阵 $A(\lambda)$ 的所有初等因子为

$$\lambda,\quad \lambda^2,\quad \lambda^2,\quad \lambda-1,\quad \lambda-1,\quad \lambda+1,\quad (\lambda+1)^2$$

其秩是 4，则 $\boldsymbol{A}(\lambda)$ 的不变因子有 $d_1(\lambda),d_2(\lambda),d_3(\lambda),d_4(\lambda)$，而两两不同的不可约因式为

$$\lambda,\quad \lambda-1,\quad \lambda+1$$

它们次数最高的幂分别为 $\lambda^2,\lambda-1,(\lambda+1)^2$，则它们的乘积构成 $d_4(\lambda)$，即

$$d_4(\lambda) = \lambda^2(\lambda - 1)(\lambda + 1)^2$$

将它们从初等因子中划去,剩余的初等因子为

$$\lambda,\quad \lambda^2,\quad \lambda - 1,\quad \lambda + 1$$

两两不同的不可约因式为

$$\lambda,\quad \lambda - 1,\quad \lambda + 1$$

剩余的初等因子中,它们次数最高的幂分别为 $\lambda^2, \lambda - 1, \lambda + 1$,则它们的乘积构成 $d_3(\lambda)$,即

$$d_3(\lambda) = \lambda^2(\lambda - 1)(\lambda + 1)$$

将它们从初等因子中划去,剩余的初等因子为 λ,构成 $d_2(\lambda)$,即 $d_2(\lambda) = \lambda$,这样初等因子用完,还有 $d_1(\lambda)$没有写,则 $d_1(\lambda) = 1$,于是 $A(\lambda)$的所有不变因子为

$$d_1(\lambda) = 1,\quad d_2(\lambda) = \lambda,\quad d_3(\lambda) = \lambda^2(\lambda + 1)(\lambda - 1),\quad d_4(\lambda) = \lambda^2(\lambda - 1)(\lambda + 1)^2$$

而 $\boldsymbol{A}(\lambda)$的 Smith 标准形为

$$\begin{pmatrix} 1 & 0 & 0 & 0 & 0 & 0 \\ 0 & \lambda & 0 & 0 & 0 & 0 \\ 0 & 0 & \lambda^2(\lambda + 1)(\lambda - 1) & 0 & 0 & 0 \\ 0 & 0 & 0 & \lambda^2(\lambda - 1)(\lambda + 1)^2 & 0 & 0 \\ 0 & 0 & 0 & 0 & 0 & 0 \end{pmatrix}$$

通过上面的讨论,得到一个事实:如果两个同型等价的 λ-矩阵有相同的初等因子,反之,若初等因子相同以及秩相等,它们的不变因子相同,自然也等价,于是得到:

定理 4.7 两个同型的 λ-矩阵等价的充要条件是它们有相同的初等因子和相等的秩.

引理 4.1 如果多项式 $f_1(\lambda), f_2(\lambda)$都与 $g_1(\lambda), g_2(\lambda)$互素,则 λ-矩阵

$$\boldsymbol{A}(\lambda) = \begin{pmatrix} f_1(\lambda)g_1(\lambda) & 0 \\ 0 & f_2(\lambda)g_2(\lambda) \end{pmatrix} \text{与 } \boldsymbol{B}(\lambda) = \begin{pmatrix} f_2(\lambda)g_1(\lambda) & 0 \\ 0 & f_1(\lambda)g_2(\lambda) \end{pmatrix}$$

等价.

证明 显然 $\boldsymbol{A}(\lambda), \boldsymbol{B}(\lambda)$的秩为 2,且 2 阶行列式因子相同,而 $\boldsymbol{A}(\lambda), \boldsymbol{B}(\lambda)$的 1 阶子式各有 2 个,其首 1 的最大公因式,即 1 阶行列式因子分别为

$$d_1(\lambda) = (f_1(\lambda)g_1(\lambda), f_2(\lambda)g_2(\lambda)) \text{ 和 } d_2(\lambda) = (f_1(\lambda)g_2(\lambda), f_2(\lambda)g_1(\lambda))$$

下面证明 $d_1(\lambda) = d_2(\lambda)$.

对 $d_1(\lambda)$的任意不可约因式的幂 $p^r(\lambda)$,则 $p^r(\lambda) \mid d_1(\lambda)$,从而

$$p^r(\lambda) \mid f_1(\lambda)g_1(\lambda),\quad p^r(\lambda) \mid f_2(\lambda)g_2(\lambda)$$

由于 $f_1(\lambda), g_1(\lambda)$互素,$p^r(\lambda)$只能是其中一个的因式,不妨

$$p^r(\lambda) \mid f_1(\lambda),\quad p^r(\lambda) \nmid g_1(\lambda)$$

又 $f_1(\lambda), g_2(\lambda)$互素,所以 $p^r(\lambda) \nmid g_2(\lambda)$,而 $p^r(\lambda) \mid f_2(\lambda)g_2(\lambda)$,从而 $p^r(\lambda) \mid f_2(\lambda)$,于是

$$p^r(\lambda) \mid f_1(\lambda)g_2(\lambda),\quad p^r(\lambda) \mid f_2(\lambda)g_1(\lambda)$$

进一步地,$p^r(\lambda) \mid d_2(\lambda)$,于是 $d_1(\lambda) \mid d_2(\lambda)$. 同理可证 $d_2(\lambda) \mid d_1(\lambda)$. 于是得到 $d_1(\lambda) = d_2(\lambda)$. 也就是说 $\boldsymbol{A}(\lambda), \boldsymbol{B}(\lambda)$的各阶行列式因子相同,从而 $\boldsymbol{A}(\lambda), \boldsymbol{B}(\lambda)$等价. □

设 $p(\lambda)$是不可约多项式,与 $g_1(\lambda), g_2(\lambda), g_3(\lambda)$互素,自然对任意整数 $k \geqslant 1$,$p^k(\lambda)$与 $g_1(\lambda), g_2(\lambda), g_3(\lambda)$也互素,对三个整数 r, s, t,则由于 $p^r(\lambda), p^s(\lambda), p^t(\lambda)$共有 6 个不同的位置,

$$\begin{pmatrix} p^r(\lambda)g_1(\lambda) & & \\ & p^s(\lambda)g_2(\lambda) & \\ & & p^t(\lambda)g_3(\lambda) \end{pmatrix}$$

$$\begin{pmatrix} p^s(\lambda)g_1(\lambda) & & \\ & p^r(\lambda)g_2(\lambda) & \\ & & p^t(\lambda)g_3(\lambda) \end{pmatrix}$$

$$\begin{pmatrix} p^t(\lambda)g_1(\lambda) & & \\ & p^s(\lambda)g_2(\lambda) & \\ & & p^r(\lambda)g_3(\lambda) \end{pmatrix}$$

这样的对角矩阵有 6 个，由引理可得它们都是等价的.

该引理及上面的讨论告诉我们，只要将 λ-矩阵 $\boldsymbol{A}(\lambda)$ 用初等变换化为对角形式，然后将主对角线上的元素分解成互不相同的一次因式方幂的乘积，则所有这些一次因式的方幂（相同的按出现的次数计算）就是 $\boldsymbol{A}(\lambda)$ 的全部初等因子，从而可得如下定理：

定理 4.8　设

$$\boldsymbol{A}(\lambda)=\begin{pmatrix} \boldsymbol{A}_1(\lambda) & & \\ & \ddots & \\ & & \boldsymbol{A}_s(\lambda) \end{pmatrix}$$

是准对角 λ-矩阵，则 $\boldsymbol{A}_1(\lambda),\cdots,\boldsymbol{A}_s(\lambda)$ 的初等因子放一起构成 $\boldsymbol{A}(\lambda)$ 的初等因子.

4.2　矩阵相似的刻画

设数字矩阵 $\boldsymbol{A}$，我们通过其特征矩阵 $\lambda\boldsymbol{E}-\boldsymbol{A}$（这是一个 λ-矩阵）的等价来刻画数字矩阵的相似，先给出两个引理：

引理 4.2　设 $\boldsymbol{A},\boldsymbol{B}$ 是 n 阶矩阵，若存在 n 阶可逆数字矩阵 $\boldsymbol{P},\boldsymbol{Q}$，使得

$$\lambda\boldsymbol{E}-\boldsymbol{A}=\boldsymbol{P}(\lambda\boldsymbol{E}-\boldsymbol{B})\boldsymbol{Q}$$

则 $\boldsymbol{A},\boldsymbol{B}$ 相似.

证明　显然 $\boldsymbol{P}(\lambda\boldsymbol{E}-\boldsymbol{B})\boldsymbol{Q}=\lambda\boldsymbol{PQ}-\boldsymbol{PBQ}=\lambda\boldsymbol{E}-\boldsymbol{A}$，对比对应项系数，$\boldsymbol{PQ}=\boldsymbol{E}$，故 $\boldsymbol{Q}=\boldsymbol{P}^{-1}$，于是 $\boldsymbol{A}=\boldsymbol{PBQ}=\boldsymbol{PBP}^{-1}$，即 $\boldsymbol{A},\boldsymbol{B}$ 相似.

引理 4.3　对于任何不为零的数字矩阵 $\boldsymbol{A}$ 和任意 λ-矩阵 $\boldsymbol{U}(\lambda)$，存在唯一的 λ-矩阵 $\boldsymbol{Q}(\lambda)$ 及数字矩阵 $\boldsymbol{Q}_0$；也存在唯一的 λ-矩阵 $\boldsymbol{R}(\lambda)$ 以及数字矩阵 $\boldsymbol{R}_0$，使得

$$\boldsymbol{U}(\lambda)=(\lambda\boldsymbol{E}-\boldsymbol{A})\boldsymbol{Q}(\lambda)+\boldsymbol{Q}_0=\boldsymbol{R}(\lambda)(\lambda\boldsymbol{E}-\boldsymbol{A})+\boldsymbol{R}_0$$

证明　仅证第二部分，第一部分的证法类似. 设

$$\boldsymbol{U}(\lambda)=\boldsymbol{A}_n\lambda^n+\boldsymbol{A}_{n-1}\lambda^{n-1}+\cdots+\boldsymbol{A}_1\lambda+\boldsymbol{A}_0$$

则

$$\begin{aligned}\boldsymbol{U}(\lambda)&=\boldsymbol{A}_n\lambda^{n-1}(\lambda\boldsymbol{E}-\boldsymbol{A})+(\boldsymbol{A}_{n-1}+\boldsymbol{A}_n\boldsymbol{A})\lambda^{n-1}+\cdots+\boldsymbol{A}_1\lambda+\boldsymbol{A}_0\\&=\boldsymbol{A}_n\lambda^{n-1}(\lambda\boldsymbol{E}-\boldsymbol{A})+(\boldsymbol{A}_{n-1}+\boldsymbol{A}_n\boldsymbol{A})\lambda^{n-2}(\lambda\boldsymbol{E}-\boldsymbol{A})+(\boldsymbol{A}_{n-1}+\boldsymbol{A}_{n-1}\boldsymbol{A}+\boldsymbol{A}_n\boldsymbol{A}^2)\lambda^{n-2}+\cdots\end{aligned}$$

记$\boldsymbol{R}_i=\boldsymbol{A}_{i+1}\boldsymbol{A}^0+\boldsymbol{A}_{i+2}\boldsymbol{A}+\boldsymbol{A}_{i+3}\boldsymbol{A}^2+\cdots+\boldsymbol{A}_n\boldsymbol{A}^{n-i-1}(i=0,1,2,\cdots,n-1)$,则

$$\boldsymbol{U}(\lambda)=\boldsymbol{R}(\lambda)(\lambda\boldsymbol{E}-\boldsymbol{A})+\boldsymbol{R}_0$$

若$\boldsymbol{U}(\lambda)=\boldsymbol{R}(\lambda)(\lambda\boldsymbol{E}-\boldsymbol{A})+\boldsymbol{R}_0=\boldsymbol{R}'(\lambda)(\lambda\boldsymbol{E}-\boldsymbol{A})+\boldsymbol{R}_0'$,展开,比较对应项系数得

$$\boldsymbol{R}(\lambda)=\boldsymbol{R}'(\lambda),\quad \boldsymbol{R}_0=\boldsymbol{R}'_0$$

□

定理 4.9 设$\boldsymbol{A},\boldsymbol{B}$是$n$阶数字矩阵,则$\boldsymbol{A},\boldsymbol{B}$相似的充要条件是$\boldsymbol{A},\boldsymbol{B}$的特征矩阵

$$\lambda\boldsymbol{E}-\boldsymbol{A},\quad \lambda\boldsymbol{E}-\boldsymbol{B}$$

等价.

证明 必要性是显然的.下面证明充分性:$\lambda\boldsymbol{E}-\boldsymbol{A},\lambda\boldsymbol{E}-\boldsymbol{B}$等价,存在可逆$\lambda$-矩阵$\boldsymbol{P}(\lambda)$,$\boldsymbol{Q}(\lambda)$,使得

$$\boldsymbol{P}(\lambda)(\lambda\boldsymbol{E}-\boldsymbol{A})\boldsymbol{Q}(\lambda)=\lambda\boldsymbol{E}-\boldsymbol{B}\Rightarrow\boldsymbol{P}(\lambda)(\lambda\boldsymbol{E}-\boldsymbol{A})=(\lambda\boldsymbol{E}-\boldsymbol{B})\boldsymbol{Q}^{-1}(\lambda)$$

由引理4.3,对$\boldsymbol{P}(\lambda)$和$\lambda\boldsymbol{E}-\boldsymbol{B}$,存在$\lambda$-矩阵$\boldsymbol{M}(\lambda)$及数字矩阵$\boldsymbol{M}_0$,使得

$$\boldsymbol{P}(\lambda)=(\lambda\boldsymbol{E}-\boldsymbol{B})\boldsymbol{M}(\lambda)+\boldsymbol{M}_0$$

代入得

$$\boldsymbol{M}_0(\lambda\boldsymbol{E}-\boldsymbol{A})=(\lambda\boldsymbol{E}-\boldsymbol{B})(\boldsymbol{Q}^{-1}(\lambda)-\boldsymbol{M}(\lambda)(\lambda\boldsymbol{E}-\boldsymbol{A}))$$

由于$\boldsymbol{M}_0$是数字矩阵,上式左边关于λ是一次的,自然右边λ也是一次的,故

$$\boldsymbol{M}=\boldsymbol{Q}^{-1}(\lambda)-\boldsymbol{M}(\lambda)(\lambda\boldsymbol{E}-\boldsymbol{A})$$

一定是数字矩阵,下面证明$\boldsymbol{M}$可逆.首先上式右乘$\boldsymbol{Q}(\lambda)$得

$$\boldsymbol{M}\boldsymbol{Q}(\lambda)=\boldsymbol{E}-\boldsymbol{M}(\lambda)(\lambda\boldsymbol{E}-\boldsymbol{A})\boldsymbol{Q}(\lambda)$$

对$\boldsymbol{Q}(\lambda)$和$\lambda\boldsymbol{E}-\boldsymbol{B}$,存在$\lambda$-矩阵$\boldsymbol{R}(\lambda)$以及数字矩阵$\boldsymbol{R}_0$,使得

$$\boldsymbol{Q}(\lambda)=\boldsymbol{R}(\lambda)(\lambda\boldsymbol{E}-\boldsymbol{B})+\boldsymbol{R}_0$$

代入,以及$(\lambda\boldsymbol{E}-\boldsymbol{A})\boldsymbol{Q}(\lambda)=\boldsymbol{P}^{-1}(\lambda)(\lambda\boldsymbol{E}-\boldsymbol{B})$,得

$$\boldsymbol{M}\boldsymbol{R}_0=\boldsymbol{E}-(\boldsymbol{M}(\lambda)\boldsymbol{P}^{-1}(\lambda)+\boldsymbol{M}\boldsymbol{R}(\lambda))(\lambda\boldsymbol{E}-\boldsymbol{B})$$

这里$\boldsymbol{M}(\lambda)\boldsymbol{P}^{-1}(\lambda)+\boldsymbol{M}\boldsymbol{R}(\lambda)$一定为零,否则,上式右边关于$\lambda$至少一次,而左边是零次,矛盾,从而$\boldsymbol{M}\boldsymbol{R}_0=\boldsymbol{E}$,即$\boldsymbol{M}$可逆,于是

$$\boldsymbol{M}_0(\lambda\boldsymbol{E}-\boldsymbol{A})=(\lambda\boldsymbol{E}-\boldsymbol{B})\boldsymbol{M}\Rightarrow\boldsymbol{M}_0(\lambda\boldsymbol{E}-\boldsymbol{A})\boldsymbol{M}^{-1}=(\lambda\boldsymbol{E}-\boldsymbol{B})$$

比较系数$\boldsymbol{M}_0\boldsymbol{M}^{-1}=\boldsymbol{E},\boldsymbol{M}_0=\boldsymbol{M},\boldsymbol{M}\boldsymbol{A}\boldsymbol{M}^{-1}=\boldsymbol{B}$. □

我们知道,当两个矩阵不可以相似对角阵时,判断两个矩阵相似在线性代数中是非常困难的,该定理的意义是将这个困难的问题可以通过对其特征矩阵初等变换变得比较容易.

定义 4.8 矩阵$\boldsymbol{A}$的特征矩阵$\lambda\boldsymbol{E}-\boldsymbol{A}$的不变因子,行列式因子,初等因子也称为$\boldsymbol{A}$的不变因子,行列式因子,初等因子.

对任意方阵$\boldsymbol{A}$,它的特征多项式不为零,即$\lambda\boldsymbol{E}-\boldsymbol{A}$的$n$阶子式不为零,没有更高阶的子式,故$\lambda\boldsymbol{E}-\boldsymbol{A}$的秩总是$n$.又因为两个$\lambda$-矩阵等价的充要条件是它们有相同的不变因子,行列式因子,初等因子,因而得到:

推论 4.2 矩阵$\boldsymbol{A}$与$\boldsymbol{B}$相似的充要条件是它们有相同的不变因子、行列式因子、初等因子.

例 4.5 证明方阵$\boldsymbol{A}$与$\boldsymbol{A}^{\mathrm{T}}$相似.

证明 显然$(\lambda\boldsymbol{E}-\boldsymbol{A})^{\mathrm{T}}=\lambda\boldsymbol{E}-\boldsymbol{A}^{\mathrm{T}}$,从而由于$\lambda\boldsymbol{E}-\boldsymbol{A}$的所有子式与$(\lambda\boldsymbol{E}-\boldsymbol{A})^{\mathrm{T}}$的所有子式对应相等,因而$\lambda\boldsymbol{E}-\boldsymbol{A}$与$\lambda\boldsymbol{E}-\boldsymbol{A}^{\mathrm{T}}$的所有子式也对应相等,故$\lambda\boldsymbol{E}-\boldsymbol{A}$与$\lambda\boldsymbol{E}-\boldsymbol{A}^{\mathrm{T}}$有相同的行列式因子,$\lambda\boldsymbol{E}-\boldsymbol{A}$与$\lambda\boldsymbol{E}-\boldsymbol{A}^{\mathrm{T}}$等价,从而$\boldsymbol{A}$与$\boldsymbol{A}^{\mathrm{T}}$有相同的行列式因子,$\boldsymbol{A}$与$\boldsymbol{A}^{\mathrm{T}}$相似. □

4.3　矩阵的 Jordan 标准形的理论

4.3.1　Jordan 块与 Jordan 矩阵

设 $\lambda_1,\lambda_2,\cdots,\lambda_s$ 均是复数，称以 λ_i 为对角线元素的如下上三角矩阵：

$$\boldsymbol{J}_{\lambda_i}=\begin{pmatrix}\lambda_i & 1 & & \\ & \lambda_i & \ddots & \\ & & \ddots & 1\\ & & & \lambda_i\end{pmatrix}_{r_i}$$

为 Jordan 块，以 Jordan 块 $\boldsymbol{J}_{\lambda_1},\boldsymbol{J}_{\lambda_2},\cdots,\boldsymbol{J}_{\lambda_s}$ 为对角线的准对角矩阵

$$\boldsymbol{J}=\begin{pmatrix}\boldsymbol{J}_{\lambda_1} & & & \\ & \boldsymbol{J}_{\lambda_2} & & \\ & & \ddots & \\ & & & \boldsymbol{J}_{\lambda_s}\end{pmatrix}$$

为 Jordan 矩阵. 由一个数构成的一阶矩阵我们也认为是一个 Jordan 块，从而对角矩阵也是 Jordan 矩阵，又如

$$\boldsymbol{J}_0=\begin{pmatrix}0 & 1\\ & 0\end{pmatrix},\quad \boldsymbol{J}_1=\begin{pmatrix}i & 1 & \\ & i & 1\\ & & i\end{pmatrix},\quad \boldsymbol{J}_2=\begin{pmatrix}2 & 1\\ & 2\end{pmatrix}$$

都是 Jordan 块，而

$$\boldsymbol{J}=\begin{pmatrix}\boldsymbol{J}_0 & & \\ & \boldsymbol{J}_1 & \\ & & \boldsymbol{J}_2\end{pmatrix}$$

是 Jordan 矩阵.

显然，由于 Jordan 块 $\boldsymbol{J}_{\lambda_k}$ 的特征矩阵

$$\lambda\boldsymbol{E}-\boldsymbol{J}_{\lambda_k}=\begin{pmatrix}\lambda-\lambda_k & -1 & & \\ & \lambda-\lambda_k & \ddots & \\ & & \ddots & -1\\ & & & \lambda-\lambda_k\end{pmatrix}$$

有一个 r_1-1 子式

$$\begin{vmatrix}-1 & & & \\ \lambda-\lambda_k & -1 & & \\ & \ddots & \ddots & \\ & & \lambda-\lambda_k & -1\end{vmatrix}=(-1)^{r_k-1}$$

故其 r_k-1 阶行列式因子为 1，进一步地，$1,2,\cdots,r_k-1$ 阶行列式因子均是 1，只有一个 r_k

阶子式，$|\lambda E-J_{\lambda_k}|=(\lambda-\lambda_k)^{r_k}$，故 r_k 阶行列式因子 $D_{\lambda_k}=(\lambda-\lambda_k)^{r_k}$，从而它的不变因子

$$d_1=d_2=\cdots=d_{r_0-1}=1,\quad d_{\lambda_k}=(\lambda-\lambda_k)^{r_k}$$

初等因子为

$$(\lambda-\lambda_k)^{r_k}$$

设 $\lambda_1,\lambda_2,\cdots,\lambda_s$ 是复数，J_{λ_i} 为 Jordan 块. 根据定理 4.8，Jordan 矩阵

$$\boldsymbol{J}=\begin{pmatrix}\boldsymbol{J}_{\lambda_1} & & & \\ & \boldsymbol{J}_{\lambda_2} & & \\ & & \ddots & \\ & & & \boldsymbol{J}_{\lambda_s}\end{pmatrix}$$

的初等因子为

$$(\lambda-\lambda_1)^{r_1},(\lambda-\lambda_2)^{r_2},\cdots,(\lambda-\lambda_s)^{r_s}$$

这就是说，每个 Jordan 矩阵的全部初等因子就是由它的全部 Jordan 块的初等因子构成的. 由于每个 Jordan 块 J_{λ_k} 完全由它的阶数 r_k 和主对角线上元素 λ_k 所刻画，而这两个数都反映在它的初等因子 $(\lambda-\lambda_k)^{r_k}$ 中. 因此，Jordan 块被它的初等因子唯一决定. 由此可见，Jordan 矩阵除去其中 Jordan 块排列的次序外被它的初等因子唯一决定.

定理 4.10 每个 n 阶的复数矩阵 $\boldsymbol{A}$ 都与一个 Jordan 矩阵相似，这个 Jordan 矩阵除去其中 Jordan 块的排列次序外是被矩阵 $\boldsymbol{A}$ 唯一决定的，它称为 $\boldsymbol{A}$ 的 Jordan 标准形.

证明 设 n 阶矩阵 $\boldsymbol{A}$ 的特征矩阵 $\lambda\boldsymbol{E}-\boldsymbol{A}$ 的初等因子为

$$(\lambda-\lambda_1)^{r_1},(\lambda-\lambda_2)^{r_2},\cdots,(\lambda-\lambda_s)^{r_s}$$

显然初等因子之积等于不变因子之积，等于第 n 阶行列式因子，即 $|\lambda\boldsymbol{E}-\boldsymbol{A}|$，比较次数，得 $r_1+r_2+\cdots+r_r=n$，令 $(\lambda-\lambda_k)^{r_k}$ 对应的 Jordan 块为 $\boldsymbol{J}_{\lambda_k}$，则以 $\boldsymbol{J}_{\lambda_1},\boldsymbol{J}_{\lambda_2},\cdots,\boldsymbol{J}_{\lambda_s}$ 为对角线的 Jordan 矩阵 J 的初等因子也是

$$(\lambda-\lambda_1)^{r_1},(\lambda-\lambda_2)^{r_2},\cdots,(\lambda-\lambda_s)^{r_s}$$

于是 $\lambda\boldsymbol{E}-\boldsymbol{A}$ 与 $\lambda\boldsymbol{E}-\boldsymbol{J}$ 等价，故 $\boldsymbol{A}$ 与 Jordan 矩阵 $\boldsymbol{J}$ 相似. □

例 4.6 求矩阵

$$\boldsymbol{A}=\begin{pmatrix}-1 & -2 & 6\\ -1 & 0 & 3\\ -1 & -1 & 4\end{pmatrix}$$

的 Jordan 标准形.

解 对矩阵 $\boldsymbol{A}$ 的特征矩阵 $\lambda\boldsymbol{E}-\boldsymbol{A}$ 作初等变换：

$$\lambda\boldsymbol{E}-\boldsymbol{A}=\begin{pmatrix}\lambda+1 & 2 & -6\\ 1 & \lambda & -3\\ 1 & 1 & \lambda-4\end{pmatrix}\rightarrow\begin{pmatrix}1 & 1 & \lambda-4\\ 1 & \lambda & -3\\ \lambda+1 & 2 & -6\end{pmatrix}\rightarrow\begin{pmatrix}1 & 0 & 0\\ 0 & \lambda-1 & 1-\lambda\\ 0 & \lambda-1 & \lambda^2-3\lambda+2\end{pmatrix}$$

$$\rightarrow\begin{pmatrix}1 & 0 & 0\\ 0 & \lambda-1 & 0\\ 0 & 0 & (\lambda-1)^2\end{pmatrix}$$

于是 $\boldsymbol{A}$ 的初等因子为 $\lambda-1,(\lambda-1)^2$，于是 $\boldsymbol{A}$ 的 Jordan 标准形为

$$\boldsymbol{J}=\begin{pmatrix}1 & 0 & 0\\ 0 & 1 & 1\\ 0 & 0 & 1\end{pmatrix}$$

例 4.7　求矩阵

$$A=\begin{pmatrix}-4 & 2 & 10\\ -4 & 3 & 7\\ -3 & 1 & 7\end{pmatrix}$$

的 Jordan 标准形.

解　对矩阵 A 的特征矩阵 $\lambda E-A$ 作初等变换

$$\lambda E-A=\begin{pmatrix}\lambda+4 & -2 & -10\\ 4 & \lambda-3 & -7\\ 3 & -1 & \lambda-7\end{pmatrix}\to\begin{pmatrix}1 & 0 & 0\\ 0 & 1 & 0\\ 0 & 0 & (\lambda-2)^3\end{pmatrix}$$

于是 A 的初等因子为 $(\lambda-2)^3$，于是 A 的 Jordan 标准形为

$$J=\begin{pmatrix}2 & 1 & 0\\ 0 & 2 & 1\\ 0 & 0 & 2\end{pmatrix}$$

定理换成线性变换的语言来说就是：

定理 4.11　设 A 是复数域上 n 维线性空间 V 的线性变换，在 V 中必定存在一组基，使 A 在这组基下的矩阵是 Jordan 矩阵，并且这个 Jordan 矩阵除去其中 Jordan 块的排列次序外是被 A 唯一决定的.

应该指出，对角矩阵作为 Jordan 矩阵的特殊情形，那就是由一阶 Jordan 块构成的 Jordan 矩阵，由此即得：

定理 4.12　复数矩阵 A 与对角矩阵相似的充要条件是 A 的初等因子全为一次的.

根据 Jordan 形的求法，可以看出矩阵 A 的最小多项式就是 A 的最后一个不变因子. 因此有如下定理：

定理 4.13　复数矩阵 A 与对角矩阵相似的充要条件是 A 的不变因子都没有重根.

最后指出，如果规定上三角形矩阵

$$\begin{pmatrix}\lambda_i & & & \\ 1 & \lambda_i & & \\ & \ddots & \ddots & \\ & & 1 & \lambda_i\end{pmatrix}_{r_i}$$

为 Jordan 块，应用完全类似的方法，可以证明相应于定理的结论也成立.

4.3.2　变换矩阵

前面我们证明了每个复数矩阵 A 都相似一个 Jordan 形矩阵，并且给出具体求矩阵 A 的 Jordan 标准形的方法，但是并没有谈到如何确定变换矩阵 T，使 $T^{-1}AT=J$ 成 Jordan 标准形的问题，而有许多问题的求解，需要求出变换矩阵，下面我们讨论这个问题. 首先 $AT=TJ$，对 T 作分块，得

$$A(T_1,\cdots,T_s)=(T_1,\cdots,T_s)\begin{pmatrix}J_{\lambda_1} & \cdots & 0\\ \vdots & \ddots & \vdots\\ 0 & \cdots & J_{\lambda_s}\end{pmatrix}\Rightarrow(AT_1,\cdots,AT_s)=(T_1J_{\lambda_1},\cdots,T_sJ_{\lambda_s})$$

于是

$$AT_i = T_iJ_{\lambda_i}$$

进一步地,有

$$A(\boldsymbol{\eta}_{i1},\boldsymbol{\eta}_{i2}\cdots,\boldsymbol{\eta}_{ir_i}) = (\boldsymbol{\eta}_{i1},\boldsymbol{\eta}_{i2}\cdots,\boldsymbol{\eta}_{ir_i})\begin{pmatrix}\lambda_i & 1 & 0 & 0\\ 0 & \lambda_i & \ddots & \vdots\\ \vdots & \vdots & & 1\\ 0 & 0 & & \lambda_i\end{pmatrix}$$

于是得到

$$\begin{cases}A\boldsymbol{\eta}_{i1} = \lambda_i\boldsymbol{\eta}_{i1}\\ A\boldsymbol{\eta}_{i2} = \boldsymbol{\eta}_{i1} + \lambda_i\boldsymbol{\eta}_{i2}\\ \cdots\cdots\\ A\boldsymbol{\eta}_{ir_i} = \boldsymbol{\eta}_{i,r_i-1} + \lambda_i\boldsymbol{\eta}_{ir_i}\end{cases}\Rightarrow\begin{cases}(A-\lambda_iE)\boldsymbol{\eta}_{i1} = 0\\ (A-\lambda_iE)\boldsymbol{\eta}_{i2} = \boldsymbol{\eta}_{i1}\\ \cdots\cdots\\ (A-\lambda_iE)\boldsymbol{\eta}_{ir_i} = \boldsymbol{\eta}_{i,r_i-1}\end{cases}$$

也就是 T 的第 i 个子块的第 1 列是矩阵 A 的特征值 λ_i 的特征向量 $\boldsymbol{\eta}_{i1}$,第 2 列是以特征向量 $\boldsymbol{\eta}_{i1}$ 为常数项的方程组

$$(A-\lambda_iE)X = \boldsymbol{\eta}_{i1}$$

的解,……,第 k 列是以特征向量 $\boldsymbol{\eta}_{i,k-1}$ 为常数项的方程组

$$(A-\lambda_iE)X = \boldsymbol{\eta}_{i,k-1}$$

的解.这样,一一求解即可,注意这些线性方程组必须保证都有解,所以在解前一个方程组时,必须选择适当的解,保证后一个方程组有解.

例 4.8 已知矩阵

$$A = \begin{pmatrix}-1 & -2 & 6\\ -1 & 0 & 3\\ -1 & -1 & 4\end{pmatrix}$$

的 Jordan 标准形为

$$J = \begin{pmatrix}1 & 0 & 0\\ 0 & 1 & 1\\ 0 & 0 & 1\end{pmatrix}$$

求可逆矩阵 P,使得 $P^{-1}AP=J$.

解 令 $P=(P_1,P_2,P_3)$,则 $AP=PJ\Rightarrow(AP_1,AP_2,AP_3)=(P_1,P_2,P_2+P_3)$,于是 P_1,P_2 是 A 的特征值 1 的特征向量,而 P_3 满足 $AP_3=P_2+P_3$,我们先求特征向量

$$(E-A)X = \begin{pmatrix}2 & 2 & -6\\ 1 & 1 & -3\\ 1 & 1 & -3\end{pmatrix}\begin{pmatrix}x_1\\ x_2\\ x_3\end{pmatrix} = \begin{pmatrix}0\\ 0\\ 0\end{pmatrix}\Leftrightarrow x_1 + x_2 - 3x_3 = 0$$

线性无关解(即特征值 1 对应的线性无关组的特征向量)为

$$\boldsymbol{\alpha}_1 = (-1,1,0)^{\mathrm{T}},\quad \boldsymbol{\alpha}_2 = (3,0,1)^{\mathrm{T}}$$

取 $P_1=\boldsymbol{\alpha}_1$,为保证 $AX=P_2+X$ 中可以解出 P_3,令

$$P_2 = k\boldsymbol{\alpha}_1 + l\boldsymbol{\alpha}_2 = (3l-k,k,l)^{\mathrm{T}}$$

其中 k,l 不全为零,这时

$$AX = P_2 + X\Leftrightarrow\begin{pmatrix}-2 & -2 & 6\\ -1 & -1 & 3\\ -1 & -1 & 3\end{pmatrix}\begin{pmatrix}x_1\\ x_2\\ x_3\end{pmatrix} = \begin{pmatrix}3l-k\\ k\\ l\end{pmatrix}$$

从中可以知道 $k=l$，令之为 1，于是

$$P_2=(2,1,1)^{\mathrm{T}}$$

而上面方程组等价于 $x_1+x_2-3x_3=-1$，其一个解为 $P_3=(-1,0,0)^{\mathrm{T}}$，于是

$$P=(P_1,P_2,P_3)=\begin{pmatrix}-1&2&-1\\1&1&0\\0&1&0\end{pmatrix}$$

则 $P^{-1}AP=J$.

例 4.9　已知矩阵

$$A=\begin{pmatrix}-4&2&10\\-4&3&7\\-3&1&7\end{pmatrix}$$

的 Jordan 标准形为

$$J=\begin{pmatrix}2&1&0\\0&2&1\\0&0&2\end{pmatrix}$$

求可逆矩阵 P，使得 $P^{-1}AP=J$.

解　令 $P=(P_1,P_2,P_3)$，则 $AP=PJ\Rightarrow(AP_1,AP_2,AP_3)=(P_1,P_1+2P_2,P_2+2P_3)$，于是 P_1 是 A 的特征值 2 的特征向量，而 P_2 满足 $AP_2=P_1+2P_2$ 以及 P_3 满足 $AP_3=P_2+2P_3$，我们先求特征向量

$$(2E-A)X=\begin{pmatrix}6&-2&-10\\4&-1&-7\\3&-1&-5\end{pmatrix}\begin{pmatrix}x_1\\x_2\\x_3\end{pmatrix}=\begin{pmatrix}0\\0\\0\end{pmatrix}\Leftrightarrow\begin{cases}x_1-2x_3=0\\x_2-x_3=0\end{cases}$$

线性无关解(即特征值 2 对应的线性无关组的特征向量)为

$$\alpha_1=(2,1,1)^{\mathrm{T}}$$

取 $P_1=\alpha_1$，将 P_1 代入 $AX=P_1+2X$，这等价于

$$\begin{cases}x_1-2x_3=0\\x_2-x_3=1\end{cases}$$

其通解为 $\alpha=(2k,k+1,k)^{\mathrm{T}}$，取 $P_2=\alpha$，代入 $AX=P_2+2X$，等价于

$$\begin{pmatrix}-6&2&10\\-4&1&7\\-3&1&5\end{pmatrix}\begin{pmatrix}x_1\\x_2\\x_3\end{pmatrix}=\begin{pmatrix}-2k\\-k-1\\-k\end{pmatrix}$$

其增广矩阵

$$\begin{pmatrix}-6&2&10&-2k\\-4&1&7&-k-1\\-3&1&5&-k\end{pmatrix}\to\begin{pmatrix}1&0&-2&1\\0&1&-1&3-k\\0&0&0&0\end{pmatrix}$$

无论 k 取何值，方程组总有解，因而令 $k=0$，得 $P_2=(0,1,0)^{\mathrm{T}}$，这时 $AX=P_2+2X$，等价于

$$\begin{cases}x_1-2x_3=1\\x_2-x_3=3\end{cases}$$

令 $x_3=0$,得 $\boldsymbol{P}_3=(1,3,0)^{\mathrm{T}}$,于是

$$\boldsymbol{P}=(\boldsymbol{P}_1,\boldsymbol{P}_2,\boldsymbol{P}_3)=\begin{pmatrix}2&0&1\\1&1&3\\1&0&0\end{pmatrix}$$

则 $\boldsymbol{P}^{-1}\boldsymbol{A}\boldsymbol{P}=\boldsymbol{J}$.

4.3.3 矩阵的最小多项式

由 Hamilton-Caylay 定理,数域 F 上任意方阵 $\boldsymbol{A}$,而 $f_{\boldsymbol{A}}(\lambda)=|\lambda\boldsymbol{E}-\boldsymbol{A}|$ 是 $\boldsymbol{A}$ 的特征多项式,则 $f_{\boldsymbol{A}}(\boldsymbol{A})=\boldsymbol{O}$,也就是说均存在 F 上的一个多项式 $f(\lambda)$,使得 $f(\boldsymbol{A})=\boldsymbol{O}$.若 F 上的多项式 $f(\lambda)$,使得 $f(\boldsymbol{A})=\boldsymbol{O}$,我们就称 $f(\lambda)$ 以 $\boldsymbol{A}$ 为根.若 $f(\lambda)$ 以 $\boldsymbol{A}$ 为根,则 $f(\lambda)$ 的任何倍式也以 $\boldsymbol{A}$ 为根,从而可知以 $\boldsymbol{A}$ 为根的多项式是很多的.

定义 4.9 设 $\boldsymbol{A}$ 是数域 F 上的方阵,称以 $\boldsymbol{A}$ 为根的次数最低的首项系数为 1 的多项式为 $\boldsymbol{A}$ 的最小多项式.

本节讨论方阵的最小多项式是否存在,若存在,如何确定最小多项式.

引理 4.4 设 $\boldsymbol{A}$ 是数域 F 上的方阵,则矩阵 $\boldsymbol{A}$ 的最小多项式是唯一的.

证明 令集合

$$\Sigma=\{m\mid 存在数域\ F\ 上\ m\ 次多项式\ g(\lambda),使得\ g(\boldsymbol{A})=\boldsymbol{O}\}$$

也就是说 Σ 是由数域 F 上的以 $\boldsymbol{A}$ 为根的所有多项式的次数构成的集合,显然 Σ 不是空集,设 $\boldsymbol{A}$ 的阶是 n,则 $\boldsymbol{A}$ 的特征多项式 $f_{\boldsymbol{A}}(\lambda)$ 是 n 次多项式,由 $f_{\boldsymbol{A}}(\boldsymbol{A})=\boldsymbol{O}$ 可知 $n\in\Sigma$.注意到 0 是没有次数的多项式,也就是说次数为零的多项式一定是非零常数,对任意 $f(\lambda)=c\neq 0$,故 $f(\boldsymbol{A})=c\boldsymbol{E}\neq\boldsymbol{O}$,故 $0\notin\Sigma$.由非空的自然数集有最小元,设 r 是 Σ 中的最小自然数,则存在以 $\boldsymbol{A}$ 为根的,次数是 r 的,首项系数为 1 的多项式 $p(\lambda)$.显然 $p(\lambda)$ 是 Σ 中以 $\boldsymbol{A}$ 为根的次数最低的多项式,因而 $p(\lambda)$ 是矩阵 $\boldsymbol{A}$ 的最小多项式.

下面证明最小多项式的唯一性,若还存在首项系数为 1 的以 $\boldsymbol{A}$ 为根的多项式 $g(\lambda)\neq 0$ 是 $\boldsymbol{A}$ 的最小多项式,则 $g(\lambda)\in\Sigma$,而 $g(\lambda)$ 的次数也是 r,令

$$h(\lambda)=p(\lambda)-g(\lambda)\neq 0$$

由于 $p(\lambda)$ 和 $g(\lambda)$ 都是次数是 r,首项系数是 1,两个多项式相减,消去首项,因而 $h(\lambda)$ 的次数小于 r,又 $p(\lambda)$ 和 $g(\lambda)$ 都以 $\boldsymbol{A}$ 为根,于是

$$h(\boldsymbol{A})=p(\boldsymbol{A})-g(\boldsymbol{A})=\boldsymbol{O}$$

也就是说 $h(\lambda)$ 以 $\boldsymbol{A}$ 为根的多项式,从而 $h(\lambda)\in\Sigma$,这与 $p(\lambda)$ 是 Σ 中以 $\boldsymbol{A}$ 为根的次数最低的多项式矛盾,即 $p(\lambda)$ 和 $g(\lambda)$ 是同一个多项式. □

引理 4.5 设 $\boldsymbol{A}$ 是数域 F 上的方阵,则任何一个以 $\boldsymbol{A}$ 为根的非零多项式都是最小多项式的倍式.

证明 设 $p(\lambda)$ 是矩阵 $\boldsymbol{A}$ 的最小多项式,对任何一个以 $\boldsymbol{A}$ 为根的非零多项式 $f(\lambda)$,用 $p(\lambda)$ 去除 $f(\lambda)$,商和余式分别为 $q(\lambda)$ 和 $s(\lambda)$,即

$$f(\lambda)=q(\lambda)p(\lambda)+s(\lambda)$$

这里 $s(\lambda)$ 是零多项式,如若不是零多项式,就是一个次数低于 $p(\lambda)$ 的多项式.若 $s(\lambda)$ 不是零多项式,则

$$s(\boldsymbol{A})=f(\boldsymbol{A})-q(\boldsymbol{A})p(\boldsymbol{A})=\boldsymbol{O}-q(\boldsymbol{A})\boldsymbol{O}=\boldsymbol{O}$$

即 $s(\lambda)$ 是以 $\boldsymbol{A}$ 为根的次数低于 $p(\lambda)$ 的次数的多项式,与 $p(\lambda)$ 的次数最低性矛盾.因而

$s(\lambda)$是零多项式，于是

$$f(\lambda) = q(\lambda)p(\lambda)$$

□

例 4.10　设

$$J = \begin{pmatrix} \lambda_0 & 1 & 0 & \cdots & 0 \\ 0 & \ddots & \ddots & \ddots & \vdots \\ 0 & \ddots & \ddots & \ddots & 0 \\ \vdots & \ddots & \ddots & \ddots & 1 \\ 0 & \cdots & 0 & 0 & \lambda_0 \end{pmatrix}_d$$

是以 λ_0 为对角线元素的，d 阶 Jordan 块，求 J 的最小多项式.

解　显然 $\lambda_0\boldsymbol{E}-\boldsymbol{J}$ 的对角线元素为零，于是

$$\lambda_0\boldsymbol{E}-\boldsymbol{J} = \begin{pmatrix} 0 & -1 & 0 & \cdots & 0 \\ 0 & \ddots & \ddots & \ddots & \vdots \\ 0 & \ddots & \ddots & \ddots & 0 \\ \vdots & \ddots & \ddots & \ddots & -1 \\ 0 & \cdots & 0 & 0 & 0 \end{pmatrix}, \quad (\lambda_0\boldsymbol{E}-\boldsymbol{J})^2 = \begin{pmatrix} 0 & 0 & -1 & \cdots & 0 \\ 0 & \ddots & \ddots & \ddots & \vdots \\ 0 & \ddots & \ddots & \ddots & -1 \\ \vdots & \ddots & \ddots & \ddots & 0 \\ 0 & \cdots & 0 & 0 & 0 \end{pmatrix}, \cdots$$

$$(\lambda_0\boldsymbol{E}-\boldsymbol{J})^{d-2} = \begin{pmatrix} 0 & \cdots & 0 & -1 & 0 \\ 0 & \ddots & \ddots & 0 & -1 \\ 0 & \ddots & \ddots & \ddots & 0 \\ \vdots & \ddots & \ddots & \ddots & \vdots \\ 0 & \cdots & 0 & 0 & 0 \end{pmatrix}, \quad (\lambda_0\boldsymbol{E}-\boldsymbol{J})^{d-1} = \begin{pmatrix} 0 & \cdots & 0 & 0 & -1 \\ 0 & \ddots & \ddots & 0 & 0 \\ 0 & \ddots & \ddots & \ddots & 0 \\ \vdots & \ddots & \ddots & \ddots & \vdots \\ 0 & \cdots & 0 & 0 & 0 \end{pmatrix}$$

而$(\lambda_0\boldsymbol{E}-\boldsymbol{J})^d=\boldsymbol{O}$，于是 $\boldsymbol{J}$ 的最小多项式为$(\lambda\boldsymbol{E}-\boldsymbol{J})^d$.

引理 4.6　若数域 F 上的方阵 $\boldsymbol{A}$ 与 $\boldsymbol{B}$ 相似，则 $\boldsymbol{A}$ 与 $\boldsymbol{B}$ 的最小多项式相等.

证明　存在可逆矩阵 $\boldsymbol{P}$，使得 $\boldsymbol{B}=\boldsymbol{P}^{-1}\boldsymbol{AP}$，对任一多项式 $f(\lambda)$，则

$$f(\boldsymbol{B}) = P^{-1}f(\boldsymbol{A})\boldsymbol{P}$$

由 $\boldsymbol{P}$ 可逆，有

$$f(\boldsymbol{B}) = \boldsymbol{O} \iff f(\boldsymbol{A}) = \boldsymbol{O}$$

因此 $\boldsymbol{A}$ 与 $\boldsymbol{B}$ 的最小多项式相等.　□

相似矩阵有相同的最小多项式.但是需要注意，这个条件并不是充分的，即最小多项式相同的矩阵不一定是相似的.

例 4.11　求矩阵

$$\boldsymbol{A} = \begin{pmatrix} 1 & 0 & 0 & 0 \\ 0 & 1 & 0 & 0 \\ 0 & 0 & 1 & 1 \\ 0 & 0 & 0 & 1 \end{pmatrix} \text{与 } \boldsymbol{B} = \begin{pmatrix} 1 & 1 & 0 & 0 \\ 0 & 1 & 0 & 0 \\ 0 & 0 & 1 & 1 \\ 0 & 0 & 0 & 1 \end{pmatrix}$$

的最小多项式.

解　显然 $\boldsymbol{A}$ 与 $\boldsymbol{B}$ 的特征值只有 1(四重)，

$$\boldsymbol{E}-\boldsymbol{A} = \begin{pmatrix} 0 & 0 & 0 & 0 \\ 0 & 0 & 0 & 0 \\ 0 & 0 & 0 & -1 \\ 0 & 0 & 0 & 0 \end{pmatrix}, \quad (\boldsymbol{E}-\boldsymbol{A})^2 = \begin{pmatrix} 0 & 0 & 0 & 0 \\ 0 & 0 & 0 & 0 \\ 0 & 0 & 0 & 0 \\ 0 & 0 & 0 & 0 \end{pmatrix}$$

而

$$E-B=\begin{pmatrix}0&-1&0&0\\0&0&0&0\\0&0&0&-1\\0&0&0&0\end{pmatrix},\quad (E-B)^2=\begin{pmatrix}0&0&0&0\\0&0&0&0\\0&0&0&0\\0&0&0&0\end{pmatrix}$$

于是 $\boldsymbol{A}$ 与 $\boldsymbol{B}$ 的最小多项式均是$(\lambda-1)^2$,但 $\boldsymbol{A}$ 与 $\boldsymbol{B}$ 不相似,因为 $\boldsymbol{A}$ 是由 3 个 Jordan 块

$$J_1=1,\quad J_2=1,\quad J_3=\begin{pmatrix}1&1\\0&1\end{pmatrix}$$

构成的矩阵,而 $\boldsymbol{B}$ 是由 2 个 Jordan 块

$$\begin{pmatrix}1&1\\0&1\end{pmatrix},\quad \begin{pmatrix}1&1\\0&1\end{pmatrix}$$

构成的矩阵. Jordan 块不全相同,不相似.

下面的引理告诉我们,准对角矩阵的对角线上的子矩阵的最小多项式决定整个矩阵的最小多项式.

引理 4.7 设 $\boldsymbol{A}$ 是一个准对角矩阵

$$\boldsymbol{A}=\begin{pmatrix}\boldsymbol{A}_1&\boldsymbol{O}\\\boldsymbol{O}&\boldsymbol{A}_2\end{pmatrix}$$

设 $g_1(\lambda)$是矩阵 $\boldsymbol{A}_1$ 的最小多项式,$g_2(\lambda)$是矩阵 $\boldsymbol{A}_2$ 的最小多项式,令 $g(\lambda)$是多项式 $g_1(\lambda)$ 和 $g_2(\lambda)$的最小公倍式,则 $g(\lambda)$是矩阵 $\boldsymbol{A}$ 的最小多项式.

证明 设 $h(\lambda)$是矩阵 $\boldsymbol{A}$ 的最小多项式,则

$$\boldsymbol{O}=h(\boldsymbol{A})=\begin{pmatrix}h(\boldsymbol{A}_1)&\boldsymbol{O}\\\boldsymbol{O}&h(\boldsymbol{A}_2)\end{pmatrix}\Rightarrow h(\boldsymbol{A}_1)=\boldsymbol{O},\quad h(\boldsymbol{A}_2)=\boldsymbol{O}$$

由最小多项式的性质知,$g_1(\lambda)$是 $h(\lambda)$的因子,$g_2(\lambda)$是 $h(\lambda)$的因子,$h(\lambda)$是 $g_1(\lambda)$,$g_2(\lambda)$的公倍式,于是 $g(\lambda)\mid h(\lambda)$.

另一方面,由 $g(\lambda)$是 $g_1(\lambda)$和 $g_2(\lambda)$的最小公倍式,存在多项式 $t_1(\lambda)$和 $t_2(\lambda)$,使得

$$g(\lambda)=t_1(\lambda)g_1(\lambda),\quad g(\lambda)=t_2(\lambda)g_2(\lambda)$$

于是

$$g(\boldsymbol{A})=\begin{pmatrix}g(\boldsymbol{A}_1)&\boldsymbol{O}\\\boldsymbol{O}&g(\boldsymbol{A}_2)\end{pmatrix}=\begin{pmatrix}t_1(\boldsymbol{A}_1)g_1(\boldsymbol{A}_1)&O\\O&t_2(\boldsymbol{A}_2)g_2(\boldsymbol{A}_2)\end{pmatrix}=\begin{pmatrix}\boldsymbol{O}&\boldsymbol{O}\\\boldsymbol{O}&\boldsymbol{O}\end{pmatrix}$$

由此可知 $g(\lambda)$以 $\boldsymbol{A}$ 为根,由最小多项式的性质,$h(\lambda)\mid g(\lambda)$,从而可知 $h(\lambda)=g(\lambda)$. □

这个结论可以推广到 $\boldsymbol{A}$ 为若干个矩阵组成的准对角矩阵的情形. 即如果

$$\boldsymbol{A}=\begin{pmatrix}\boldsymbol{A}_1&\cdots&0\\\vdots&\ddots&\vdots\\0&\cdots&\boldsymbol{A}_s\end{pmatrix}$$

则 $\boldsymbol{A}_i(i=1,2,\cdots s)$的最小多项式 $g_i(\lambda)(i=1,2,\cdots s)$的最小公倍式 $g(\lambda)$是矩阵 $\boldsymbol{A}$ 的最小多项式.

于是相似矩阵的最小多项式相同,而任何一个矩阵相似于 Jordan 矩阵,上述引理告诉我们只要求出矩阵的 Jordan 标准形中所有 Jordan 块的最小多项式的最小公倍式即可,从前面例子可知,Jordan 块的最小多项式就是该 Jordan 块初等因子,而矩阵相似,它们初等因子相同,因而只要求出矩阵的所有初等因子的最小公倍式即可,又若干初等因子之积构成不

变因子，进一步只要求出不变因子的最小公倍式即可，由不变因子的性质（即前一个是有一个的因子），不变因子的最小公倍式就是不变因子中最后一个 $d_n(\lambda)$.

定理 4.14　设 $d_1(\lambda), d_2(\lambda), \cdots, d_n(\lambda)$ 是 n 阶矩阵 A 的不变因子，则 A 的最小多项式是 $d_n(\lambda)$.

4.3.4　矩阵的 Jordan 标准形的应用

下面通过几个例子看矩阵的 Jordan 标准形的简单应用.

例 4.12　已知矩阵

$$\boldsymbol{A} = \begin{pmatrix} -4 & 2 & 10 \\ -4 & 3 & 7 \\ -3 & 1 & 7 \end{pmatrix}$$

求矩阵的幂 $\boldsymbol{A}^4$.

解　由例 4.9 我们知道，$\boldsymbol{P}^{-1}\boldsymbol{AP} = \boldsymbol{J}$ 是 Jordan 矩阵，于是 $\boldsymbol{A} = \boldsymbol{PJP}^{-1}$，其中

$$\boldsymbol{J} = \begin{pmatrix} 2 & 1 & 0 \\ 0 & 2 & 1 \\ 0 & 0 & 2 \end{pmatrix}, \quad \boldsymbol{P} = \begin{pmatrix} 2 & 0 & 1 \\ 1 & 1 & 3 \\ 1 & 0 & 0 \end{pmatrix}, \quad \boldsymbol{P}^{-1} = \begin{pmatrix} 0 & 0 & 1 \\ -3 & 1 & 3 \\ 1 & 0 & -2 \end{pmatrix}$$

则

$$\boldsymbol{A}^4 = \boldsymbol{PJ}^4\boldsymbol{P}^{-1} = \begin{pmatrix} 2 & 0 & 1 \\ 1 & 1 & 3 \\ 1 & 0 & 0 \end{pmatrix} \begin{pmatrix} 16 & 32 & 24 \\ 0 & 16 & 32 \\ 0 & 0 & 16 \end{pmatrix} \begin{pmatrix} 0 & 0 & 1 \\ -3 & 1 & 3 \\ 1 & 0 & -2 \end{pmatrix} = \begin{pmatrix} 128 & 64 & 96 \\ 0 & 48 & -48 \\ -72 & 32 & 64 \end{pmatrix}$$

下面我们回到本章开始时讨论的问题：我们知道，在经济领域内，常常需要解线性常系数微分方程组，前面已经讨论了，可以表示为矩阵形式

$$\boldsymbol{X}'(t) = \boldsymbol{AX}$$

其中 $\boldsymbol{X}(t) = (x_1(t), x_2(t), \cdots, x_n(t))^{\mathrm{T}}$，而 $\boldsymbol{A}$ 是由每个方程等式右边的未知数的系数构成的矩阵，而且一旦令 $\boldsymbol{X} = \boldsymbol{PY}$，其中 $\boldsymbol{P}$ 可逆. 方程 $\boldsymbol{X}'(t) = \boldsymbol{AX}$ 等价于

$$\boldsymbol{Y}'(t) = \boldsymbol{P}^{-1}\boldsymbol{APY}$$

前面讨论了，若 $\boldsymbol{A}$ 相似于对角矩阵时的求解. 现在 $\boldsymbol{A}$ 相似于对角矩阵，本节讨论，总可以相似于 Jordan 矩阵 $\boldsymbol{J}$，即可设 $\boldsymbol{P}^{-1}\boldsymbol{AP} = \boldsymbol{J}$，则

$$\boldsymbol{Y}'(t) = \frac{\mathrm{d}\boldsymbol{Y}(t)}{\mathrm{d}t} = \boldsymbol{JY}$$

这时求解也不困难.

例 4.13　求线性微分方程组

$$\begin{cases} \dfrac{\mathrm{d}x_1}{\mathrm{d}t} = 4x_1 + 5x_2 - 2x_3 \\ \dfrac{\mathrm{d}x_2}{\mathrm{d}t} = -2x_1 - 2x_2 + x_3 \\ \dfrac{\mathrm{d}x_3}{\mathrm{d}t} = -x_1 - x_2 + x_3 \end{cases}$$

的通解.

解　令 $\boldsymbol{X}(t) = \begin{pmatrix} x_1(t) \\ x_2(t) \\ x_3(t) \end{pmatrix}$，矩阵 $\boldsymbol{A} = \begin{pmatrix} 4 & 5 & -2 \\ -2 & -2 & 1 \\ -1 & -1 & 1 \end{pmatrix}$，则微分方程组为 $\dfrac{\mathrm{d}\boldsymbol{X}}{\mathrm{d}t} = \boldsymbol{AX}$.

$$\lambda\boldsymbol{E}-\boldsymbol{A}=\begin{pmatrix}\lambda-4 & -5 & 2\\ 2 & \lambda+2 & -1\\ 1 & 1 & \lambda-1\end{pmatrix}\to\begin{pmatrix}1 & 0 & 0\\ 0 & 1 & 0\\ 0 & 0 & (\lambda-1)^3\end{pmatrix}$$

$\boldsymbol{A}$ 的 Jordan 矩阵为

$$\boldsymbol{J}=\begin{pmatrix}1 & 1 & 0\\ 0 & 1 & 1\\ 0 & 0 & 1\end{pmatrix}$$

令 $\boldsymbol{P}=(\boldsymbol{P}_1,\boldsymbol{P}_2,\boldsymbol{P}_3)$，代入得 $\boldsymbol{P}_2$ 是矩阵 $\boldsymbol{A}$ 的特征值为 1 的特征向量，而 $\boldsymbol{P}_2$ 满足 $\boldsymbol{AP}_2=\boldsymbol{P}_1+\boldsymbol{P}_2$ 以及 $\boldsymbol{P}_3$ 满足 $\boldsymbol{AP}_3=\boldsymbol{P}_2+\boldsymbol{P}_3$，我们先求特征向量，即先解如下线性方程组：

$$(\boldsymbol{E}-\boldsymbol{A})\boldsymbol{X}=\begin{pmatrix}-3 & -5 & 2\\ 2 & 3 & -1\\ 1 & 1 & 0\end{pmatrix}\begin{pmatrix}x_1\\ x_2\\ x_3\end{pmatrix}=\begin{pmatrix}0\\ 0\\ 0\end{pmatrix}\Leftrightarrow\begin{cases}x_1+x_2=0\\ x_2-x_3=0\end{cases}$$

线性无关解（即特征值 1 对应的线性无关组的特征向量）为

$$\boldsymbol{\alpha}_1=(-1,1,1)^{\mathrm{T}}$$

取 $\boldsymbol{P}_1=\boldsymbol{\alpha}_1$，将 $\boldsymbol{P}_1$ 代入 $\boldsymbol{AX}=\boldsymbol{P}_1+\boldsymbol{X}$，这等价于

$$\begin{cases}x_1+x_2=-1\\ x_2-x_3=1\end{cases}$$

其解为 $\boldsymbol{\alpha}_2=(-1,0,-1)^{\mathrm{T}}$，取 $\boldsymbol{P}_2=\boldsymbol{\alpha}_2$，代入 $\boldsymbol{AX}=\boldsymbol{P}_2+\boldsymbol{X}$，等价于

$$\begin{cases}x_1+x_2=-1\\ x_2-x_3=2\end{cases}$$

令 $x_2=0$，得其解，即 $\boldsymbol{P}_3=(-1,0,-2)^{\mathrm{T}}$，于是

$$\boldsymbol{P}=(\boldsymbol{P}_1,\boldsymbol{P}_2,\boldsymbol{P}_3)=\begin{pmatrix}-1 & -1 & -1\\ 1 & 0 & 0\\ 1 & -1 & -2\end{pmatrix}$$

则 $\boldsymbol{P}^{-1}\boldsymbol{AP}=\boldsymbol{J}$.

令 $\boldsymbol{X}=\boldsymbol{PY}$，则微分方程组化为 $\dfrac{\mathrm{d}\boldsymbol{Y}}{\mathrm{d}t}=\boldsymbol{P}^{-1}\boldsymbol{APY}=\boldsymbol{JY}=\begin{pmatrix}1 & 1 & 0\\ 0 & 1 & 1\\ 0 & 0 & 1\end{pmatrix}\begin{pmatrix}y_1\\ y_2\\ y_3\end{pmatrix}$，即

$$\begin{cases}y_1'=y_1+y_2\\ y_2'=y_2+y_3\\ y_3'=y_3\end{cases}\to\begin{cases}y_1=(C_1t^2+C_2t+C_3)\mathrm{e}^t\\ y_2=(C_1t+C_2)\mathrm{e}^t\\ y_3=C_1\mathrm{e}^t\end{cases}$$

从而

$$\begin{pmatrix}x_1\\ x_2\\ x_3\end{pmatrix}=\boldsymbol{PY}=\begin{pmatrix}-1 & -1 & -1\\ 1 & 0 & 0\\ 1 & -1 & -2\end{pmatrix}\begin{pmatrix}(C_1t^2+C_2t+C_3)\mathrm{e}^t\\ (C_1t+C_2)\mathrm{e}^t\\ C_1\mathrm{e}^t\end{pmatrix}$$

习　题　4

λ-的相抵

1. 下列哪些 λ-矩阵是满秩的，可逆的，可逆时，求出其逆.

(1) $\begin{pmatrix} \lambda & 2\lambda+1 & 1 \\ 1 & \lambda+1 & \lambda^2+1 \\ \lambda-1 & \lambda & -\lambda^2 \end{pmatrix}$；(2) $\begin{pmatrix} 1 & 0 & 1 \\ 0 & \lambda-1 & \lambda \\ \lambda & 1 & \lambda^2 \end{pmatrix}$；(3) $\begin{pmatrix} 1 & \lambda & 0 \\ 2 & \lambda & 1 \\ \lambda^2+1 & 2 & \lambda^2+1 \end{pmatrix}$.

2. 化下列 λ-矩阵为相抵标准形：

(1) $\begin{pmatrix} \lambda^3-\lambda & 2\lambda^2 \\ \lambda^2+5\lambda & 3\lambda \end{pmatrix}$；　　(2) $\begin{pmatrix} 1-\lambda & \lambda^2 & \lambda \\ \lambda & \lambda & -\lambda \\ 1+\lambda^2 & \lambda^2 & -\lambda^2 \end{pmatrix}$；

(3) $\begin{pmatrix} \lambda^2+\lambda & 0 & 0 \\ 0 & \lambda & 0 \\ 0 & 0 & (\lambda+1)^2 \end{pmatrix}$；　　(4) $\begin{pmatrix} 0 & 0 & 0 & \lambda^2 \\ 0 & 0 & \lambda^2-\lambda & 0 \\ 0 & (\lambda-1)^2 & 0 & 0 \\ \lambda^2-\lambda & 0 & 0 & 0 \end{pmatrix}$；

(5) $\begin{pmatrix} 3\lambda^2+2\lambda-3 & 2\lambda-1 & \lambda^2+2\lambda-3 \\ 4\lambda^2+3\lambda-5 & 3\lambda-2 & \lambda^2+3\lambda-4 \\ \lambda^2+\lambda-4 & \lambda-2 & \lambda-1 \end{pmatrix}$.

3. 求下列 λ-矩阵的不变因子：

(1) $\begin{pmatrix} \lambda-2 & -1 & 0 \\ 0 & \lambda-2 & -1 \\ 0 & 0 & \lambda-2 \end{pmatrix}$；　　(2) $\begin{pmatrix} \lambda & -1 & 0 & 0 \\ 0 & \lambda & -1 & 0 \\ 0 & 0 & \lambda & -1 \\ 5 & 4 & 3 & \lambda+2 \end{pmatrix}$；

(3) $\begin{pmatrix} \lambda+1 & 0 & 0 & 0 \\ 0 & \lambda+2 & 0 & 0 \\ 0 & 0 & \lambda-1 & 0 \\ 0 & 0 & 0 & \lambda-2 \end{pmatrix}$；　　(4) $\begin{pmatrix} 0 & 0 & 1 & \lambda+2 \\ 0 & 1 & \lambda+2 & 0 \\ 1 & \lambda+2 & 0 & 0 \\ \lambda+2 & 0 & 0 & 0 \end{pmatrix}$.

4. 求下列 λ-矩阵的初等因子：

(1) $\begin{pmatrix} 1-\lambda & 2\lambda-1 & \lambda \\ \lambda & \lambda^2 & -\lambda \\ 1+\lambda^2 & \lambda^2+\lambda-1 & -\lambda^2 \end{pmatrix}$；　　(2) $\begin{pmatrix} \lambda & 1 & 0 & 0 \\ 0 & \lambda & 1 & 0 \\ 0 & 1 & \lambda & 0 \\ 0 & 0 & 1 & \lambda \end{pmatrix}$.

5. 求下列 λ-矩阵的初等因子和不变因子：

(1) $\begin{pmatrix} \lambda(1+\lambda) & 0 & 0 \\ 0 & \lambda & 0 \\ 0 & 0 & (\lambda+1)^2 \end{pmatrix}$； (2) $\begin{pmatrix} \lambda & 1 & 0 & 0 \\ 0 & \lambda & 0 & 0 \\ 0 & 0 & \lambda & 0 \\ 0 & 0 & 0 & \lambda-1 \end{pmatrix}$；

(3) $\begin{pmatrix} 0 & \lambda^3(\lambda-2)^3 & 0 & 0 & 0 \\ \lambda(\lambda-2)^2 & 0 & 0 & 0 & 0 \\ 0 & 0 & 0 & 0 & \lambda-2 \\ 0 & 0 & \lambda(\lambda+1) & 0 & 0 \\ 0 & 0 & 0 & \lambda-2 & 0 \end{pmatrix}$.

6. 若多项式 $f(x)$,$g(x)$互素,证明:

$$\begin{pmatrix} f(x) & 0 \\ 0 & g(x) \end{pmatrix} 与 \begin{pmatrix} 1 & 0 \\ 0 & f(x)g(x) \end{pmatrix}$$

相抵(或等价).

7. 若多项式 $f_1(x)$,$g_1(x)$互素,多项式 $f_2(x)$,$g_2(x)$互素,证明:

$$\begin{pmatrix} f_1(x)g_1(x) & 0 \\ 0 & f_2(x)g_2(x) \end{pmatrix} 与 \begin{pmatrix} f_1(x)g_2(x) & 0 \\ 0 & f_2(x)g_1(x) \end{pmatrix}$$

相抵(或等价).

矩阵相似的刻画

8. 求矩阵的特征矩阵的不变因子和初等因子:

(1) $\begin{pmatrix} -1 & 1 & 0 \\ -4 & 3 & 0 \\ 1 & 0 & 2 \end{pmatrix}$； (2) $\begin{pmatrix} 4 & 6 & 0 \\ -3 & -5 & 0 \\ -3 & -6 & 1 \end{pmatrix}$； (3) $\begin{pmatrix} 3 & 1 & -3 \\ -7 & -2 & 9 \\ -2 & -1 & 4 \end{pmatrix}$.

9. 判断下列哪些矩阵相似,哪些不相似:

$\boldsymbol{A}=\begin{pmatrix} -1 & 1 & 0 \\ -4 & 3 & 0 \\ 1 & 0 & 2 \end{pmatrix}$； $\boldsymbol{B}=\begin{pmatrix} 3 & 0 & 8 \\ 3 & -1 & 6 \\ -2 & 0 & -5 \end{pmatrix}$； $\boldsymbol{C}=\begin{pmatrix} 2 & 0 & 0 \\ 0 & 1 & 1 \\ 0 & 0 & 1 \end{pmatrix}$.

10. 证明下列矩阵两两不相似:

$\boldsymbol{A}=\begin{pmatrix} 2 & 0 & 0 \\ 0 & 2 & 0 \\ 0 & 0 & 2 \end{pmatrix}$； $\boldsymbol{B}=\begin{pmatrix} 2 & 0 & 0 \\ 0 & 2 & 1 \\ 0 & 0 & 2 \end{pmatrix}$； $\boldsymbol{C}=\begin{pmatrix} 2 & 1 & 0 \\ 0 & 2 & 1 \\ 0 & 0 & 2 \end{pmatrix}$.

11. 设 $\boldsymbol{A}$ 是数域 $\boldsymbol{F}$ 上一个 n 阶矩阵,证明:$\boldsymbol{A}$ 与 $\boldsymbol{A}^{\mathrm{T}}$ 相似.

12. 证明:矩阵

$$\begin{pmatrix} \lambda & 0 & \cdots & 0 & a_n \\ -1 & \lambda & \ddots & \vdots & a_{n-1} \\ 0 & \ddots & \ddots & 0 & \vdots \\ 0 & \ddots & -1 & \lambda & a_2 \\ 0 & 0 & 0 & -1 & \lambda+a_1 \end{pmatrix}$$

的不变因子是

$$1,\cdots,1,f(\lambda)$$

其中 $f(\lambda)=\lambda^n+a_1\lambda^{n-1}+\cdots+a_{n-1}\lambda+a_n$.

最小多项式

13. 求矩阵的最小多项式：

(1) $\begin{pmatrix}3&0&8\\3&-1&6\\-2&0&-5\end{pmatrix}$；　　(2) $\begin{pmatrix}13&16&16\\-5&-7&-6\\-6&-8&-7\end{pmatrix}$.

14. 设矩阵

$$A=\begin{pmatrix}1&2&0\\0&2&0\\-2&-2&-1\end{pmatrix}$$

计算 $2A^8-3A^5+A^4-A^2-A+2E$.

15. 设矩阵

$$A=\begin{pmatrix}2&-1\\1&3\end{pmatrix}$$

计算 $A^4-5A^3+6A^2+6A-8E$ 的逆.

16. 已知3阶矩阵 A 的特征值为 $1,-1,2$，试将 A^{2n} 表示为 A 二次多项式的形式.

17. 试举出一个例子说明两个矩阵的特征多项式，最小多项式相同，它们不一定相似.

矩阵的 Jordan 标准形的理论

18. 求下列复系数矩阵的若尔当标准形：

(1) $\begin{pmatrix}1&2&0\\0&2&0\\-2&-2&-1\end{pmatrix}$；　　(2) $\begin{pmatrix}13&16&16\\-5&-7&-6\\-6&-8&-7\end{pmatrix}$；

(3) $\begin{pmatrix}3&0&8\\3&-1&6\\-2&0&-5\end{pmatrix}$；　　(4) $\begin{pmatrix}4&5&-2\\-2&-2&1\\-1&-1&1\end{pmatrix}$；

(5) $\begin{pmatrix}3&7&-3\\-2&-5&2\\-4&-10&3\end{pmatrix}$；　　(6) $\begin{pmatrix}1&-1&2\\3&-3&6\\2&-2&4\end{pmatrix}$；

(7) $\begin{pmatrix}1&1&-1\\-3&-3&3\\-2&-2&2\end{pmatrix}$；　　(8) $\begin{pmatrix}-4&2&10\\-4&3&7\\-3&1&7\end{pmatrix}$；

(9) $\begin{pmatrix}0&3&3\\-1&8&6\\2&-14&-10\end{pmatrix}$；　　(10) $\begin{pmatrix}1&2&3\\0&1&4\\0&0&1\end{pmatrix}$；

(11) $\begin{pmatrix}3&1&0&0\\-4&-1&0&0\\7&1&2&1\\-7&-6&-1&0\end{pmatrix}$；　　(12) $\begin{pmatrix}1&-3&0&3\\-2&6&0&13\\0&-3&1&3\\-1&2&0&8\end{pmatrix}$.

19. 求可逆矩阵 P，使得 $P^{-1}AP$ 是若尔当标准形矩阵：

(1) $\begin{pmatrix} 1 & 2 & 0 \\ 0 & 2 & 0 \\ -2 & -2 & -1 \end{pmatrix}$；　　(2) $\begin{pmatrix} 13 & 16 & 16 \\ -5 & -7 & -6 \\ -6 & -8 & -7 \end{pmatrix}$；

(3) $\begin{pmatrix} 3 & 0 & 8 \\ 3 & -1 & 6 \\ -2 & 0 & -5 \end{pmatrix}$；　　(4) $\begin{pmatrix} 1 & 1 & -1 \\ -3 & -3 & 3 \\ -2 & -2 & 2 \end{pmatrix}$；

(5) $\begin{pmatrix} 0 & 3 & 3 \\ -1 & 8 & 6 \\ 2 & -14 & -10 \end{pmatrix}$；　　(6) $\begin{pmatrix} -4 & 2 & 10 \\ -4 & 3 & 7 \\ -3 & 1 & 7 \end{pmatrix}$；

(7) $\begin{pmatrix} 3 & 1 & 0 & 0 \\ -4 & -1 & 0 & 0 \\ 7 & 1 & 2 & 1 \\ -7 & -6 & -1 & 0 \end{pmatrix}$；　　(8) $\begin{pmatrix} 1 & -3 & 0 & 3 \\ -2 & 6 & 0 & 13 \\ 0 & -3 & 1 & 3 \\ -1 & 2 & 0 & 8 \end{pmatrix}$.

20. 解下列微分方程组：

(1) $\begin{cases} x_1'(t) = 4x_1 + 5x_2 - 2x_3 \\ x_2'(t) = -2x_1 - 2x_2 + x_3 \\ x_3'(t) = -1x_1 - 15x_2 + x_3 \end{cases}$；　　(2) $\begin{cases} x_1'(t) = 13x_1 + 16x_2 + 16x_3 \\ x_2'(t) = -5x_1 - 7x_2 - 6x_3 \\ x_3'(t) = -6x_1 - 8x_2 - 7x_3 \end{cases}$；

(3) $\begin{cases} \dfrac{\mathrm{d}x_1}{\mathrm{d}t} = -4x_1 + 2x_2 + 10x_3 \\ \dfrac{\mathrm{d}x_2}{\mathrm{d}t} = -4x_1 + 3x_2 + 7x_3 \\ \dfrac{\mathrm{d}x_3}{\mathrm{d}t} = -3x_1 + x_2 + 7x_3 \end{cases}$；　　(4) $\begin{cases} \dfrac{\mathrm{d}x_1}{\mathrm{d}t} = x_1 - 3x_2 + 3x_4 \\ \dfrac{\mathrm{d}x_2}{\mathrm{d}t} = -2x_1 + 6x_2 + 13x_4 \\ \dfrac{\mathrm{d}x_3}{\mathrm{d}t} = -3x_2 + x_3 + 3x_4 \\ \dfrac{\mathrm{d}x_2}{\mathrm{d}t} = -x_1 + 2x_2 + 8x_4 \end{cases}$.

第 5 章　矩阵分解与广义逆

在第 1 章，我们知道 Hermite 矩阵 $\boldsymbol{A}$ 是正定矩阵的充要条件是存在可逆矩阵 $\boldsymbol{Q}$，使得 $\boldsymbol{A}=\boldsymbol{Q}^{\mathrm{H}}\boldsymbol{Q}$，或存在上三角可逆矩阵 $\boldsymbol{R}$，使得 $\boldsymbol{A}=\boldsymbol{R}^{\mathrm{H}}\boldsymbol{R}$. 本章我们讨论矩阵的各种分解方法及其应用.

5.1　矩阵的三角分解

我们知道三角矩阵的行列式等于对角线元素之积，又若矩阵 $\boldsymbol{A}=\boldsymbol{L}\boldsymbol{U}$，其中 $\boldsymbol{L}=(l_{ij})$ 是对角元素不为零的下三角矩阵，而 $\boldsymbol{U}=(u_{ij})$ 是对角元素不为零的上三角矩阵，则线性方程组

$$\boldsymbol{A}\boldsymbol{X}=\boldsymbol{b}$$

等价于

$$\boldsymbol{L}\boldsymbol{Y}=\boldsymbol{b},\quad \boldsymbol{U}\boldsymbol{X}=\boldsymbol{Y}$$

而

$$y_1=\frac{1}{l_{11}}b_1,\quad y_i=\frac{1}{l_{ii}}\left(b_i-\sum_{j=1}^{i-1}l_{ij}y_j\right)\quad (i=2,3,\cdots,n)$$

以及

$$x_n=\frac{1}{u_{nn}}y_n,\quad x_i=\frac{1}{u_{ii}}\left(y_i-\sum_{j=i+1}^{n}l_{ij}x_j\right)\quad (i=n-1,n-2,\cdots,1)$$

也就是说求解线性方程组是很方便的，因此矩阵的三角分解是很重要的.

5.1.1　三角分解及其存在性

定义 5.1　设 $\boldsymbol{A}$ 是 n 阶矩阵，如果存在 n 阶下三角矩阵 $\boldsymbol{L}$ 和 n 阶上三角矩阵 $\boldsymbol{U}$，使得

$$\boldsymbol{A}=\boldsymbol{L}\boldsymbol{U}$$

则称 $\boldsymbol{L}\boldsymbol{U}$ 为 $\boldsymbol{A}$ 的**三角分解**或 **$\boldsymbol{L}\boldsymbol{U}$ 分解**.

关于三角分解的存在性有如下一些结论.

定理 5.1　设 $\boldsymbol{A}$ 是 n 阶可逆矩阵，则 $\boldsymbol{A}$ 可以作三角分解的充要条件是 $\boldsymbol{A}$ 的所有顺序主子式均不为零.

证明　已知 $\boldsymbol{A}$ 存在三角分解，即 $\boldsymbol{A}=\boldsymbol{L}\boldsymbol{U}$，其中

$$\boldsymbol{L}=(l_{ij})(l_{ij}=0,j>i),\quad \boldsymbol{U}=(u_{ij})(u_{ij}=0,j<i)$$

由于 $\boldsymbol{A}$ 可逆，故

$$0 \neq |\boldsymbol{A}| = |\boldsymbol{LU}| = |\boldsymbol{L}| \cdot |\boldsymbol{U}| = \left(\prod_{i=1}^{n} l_{ii}\right)\left(\prod_{i=1}^{n} u_{ii}\right)$$

故 $l_{ii} \neq 0, u_{ii} \neq 0 (i = 1,2,\cdots,n)$. 对 $\boldsymbol{A},\boldsymbol{L},\boldsymbol{U}$ 作适当分块，得

$$\begin{pmatrix} \boldsymbol{A}_k & \boldsymbol{A}_{12} \\ \boldsymbol{A}_{21} & \boldsymbol{A}_{22} \end{pmatrix} = \begin{pmatrix} \boldsymbol{L}_k & \boldsymbol{O} \\ \boldsymbol{L}_{21} & \boldsymbol{L}_{22} \end{pmatrix} \begin{pmatrix} \boldsymbol{U}_k & \boldsymbol{U}_{12} \\ \boldsymbol{O} & \boldsymbol{U}_{22} \end{pmatrix}$$

这里 $\boldsymbol{A}_k, \boldsymbol{L}_k, \boldsymbol{U}_k$ 分别是 $\boldsymbol{A},\boldsymbol{L},\boldsymbol{U}$ 的 $k(k = 1,2,\cdots,n)$ 阶顺序主子阵，且 $\boldsymbol{L}_k$ 是下三角矩阵，$\boldsymbol{U}_k$ 是上三角矩阵，且

$$|\boldsymbol{L}_k| = \prod_{i=1}^{k} l_{ii} \neq 0, \quad |\boldsymbol{U}_k| = \prod_{i=1}^{k} u_{ii} \neq 0$$

由矩阵的分块乘法运算，得

$$\boldsymbol{A}_k = \boldsymbol{L}_k \boldsymbol{U}_k$$

于是 $|\boldsymbol{A}_k| = |\boldsymbol{L}_k| \cdot |\boldsymbol{U}_k| \neq 0$.

反之. 对矩阵 $\boldsymbol{A}$ 的阶数 n 用归纳法. 当 $n = 1$ 时，由于 $\boldsymbol{A}$ 的顺序主子式不为零，1 阶矩阵是一个数，不为零，故 $\boldsymbol{A} = (a_{11}) = (1)(a_{11})$，结论成立. 假设结论对所有顺序主子式均不为零的 $n-1$ 阶矩阵结论成立，即若 $n-1$ 阶矩阵 $\boldsymbol{A}'$ 的顺序主子式均不为零，则

$$\boldsymbol{A}' = \boldsymbol{L}'\boldsymbol{U}'$$

其中 $\boldsymbol{L}'$ 是上三角矩阵，$\boldsymbol{U}'$ 是下三角矩阵. 对顺序主子式均不为零的 n 阶矩阵 $\boldsymbol{A}$，对 $\boldsymbol{A}$ 作分块

$$\boldsymbol{A} = \begin{pmatrix} \boldsymbol{A}_{n-1} & \boldsymbol{\alpha} \\ \boldsymbol{\beta} & a_{nn} \end{pmatrix}$$

其中 $\boldsymbol{A}_{n-1}$ 是 $\boldsymbol{A}$ 的 $n-1$ 阶顺序主子阵，由 $\boldsymbol{A}$ 的 $n-1$ 阶顺序主子式不为零，故 $\boldsymbol{A}_{n-1}$ 可逆，则

$$\begin{bmatrix} \boldsymbol{I}_{n-1} & 0 \\ -\boldsymbol{\beta}\boldsymbol{A}_{n-1}^{-1} & 1 \end{bmatrix} \boldsymbol{A} = \begin{bmatrix} \boldsymbol{A}_{n-1} & \boldsymbol{\alpha} \\ 0 & a_{nn} - \boldsymbol{\beta}\boldsymbol{A}_{n-1}^{-1}\boldsymbol{\alpha} \end{bmatrix} \Rightarrow \boldsymbol{A} = \begin{bmatrix} \boldsymbol{I}_{n-1} & 0 \\ \boldsymbol{\beta}\boldsymbol{A}_{n-1}^{-1} & 1 \end{bmatrix} \begin{pmatrix} \boldsymbol{A}_{n-1} & \boldsymbol{\alpha} \\ 0 & u_{nn} \end{pmatrix}$$

其中 $u_{nn} = a_{nn} - \boldsymbol{\beta}\boldsymbol{A}_{n-1\,n-1}^{-1}\boldsymbol{\alpha}$. 显然 $\boldsymbol{A}_{n-1}$ 所有顺序主子式均为 $\boldsymbol{A}$ 的顺序主子式，不为零，由归纳假设，$\boldsymbol{A}_{n-1}$ 可以三角分解，即 $\boldsymbol{A}_{n-1} = \boldsymbol{L}_{n-1}\boldsymbol{U}_{n-1}$，其中 $\boldsymbol{L}_{n-1}$ 是上三角矩阵，$\boldsymbol{U}_{n-1}$ 是下三角矩阵，则

$$\begin{aligned} \boldsymbol{A} &= \begin{bmatrix} \boldsymbol{I}_{n-1} & 0 \\ \boldsymbol{\beta}\boldsymbol{A}_{n-1\ n-1}^{-1} & 1 \end{bmatrix} \begin{pmatrix} \boldsymbol{L}_{n-1}\boldsymbol{U}_{n-1} & \alpha \\ 0 & u_{nn} \end{pmatrix} = \begin{bmatrix} \boldsymbol{I}_{n-1} & 0 \\ \boldsymbol{\beta}\boldsymbol{A}_{n-1}^{-1} & 1 \end{bmatrix} \begin{pmatrix} \boldsymbol{L}_{n-1} & 0 \\ 0 & 1 \end{pmatrix} \begin{bmatrix} \boldsymbol{U}_{n-1} & \boldsymbol{L}_{n-1}^{-1}\boldsymbol{\alpha} \\ 0 & u_{nn} \end{bmatrix} \\ &= \begin{bmatrix} \boldsymbol{L}_{n-1} & 0 \\ \boldsymbol{\beta}\boldsymbol{A}_{n-1}^{-1}L_{n-1} & 1 \end{bmatrix} \begin{bmatrix} \boldsymbol{U}_{n-1} & \boldsymbol{L}_{n-1}^{-1}\boldsymbol{\alpha} \\ 0 & u_{nn} \end{bmatrix} \end{aligned}$$

这里

$$\boldsymbol{L} = \begin{bmatrix} \boldsymbol{L}_{n-1} & 0 \\ \boldsymbol{\beta}\boldsymbol{A}_{n-1}^{-1}\boldsymbol{L}_{n-1} & 1 \end{bmatrix}, \quad \boldsymbol{U} = \begin{bmatrix} \boldsymbol{U}_{n-1} & \boldsymbol{L}_{n-1}^{-1}\boldsymbol{\alpha} \\ 0 & u_{nn} \end{bmatrix}$$

分别是上三角矩阵和下三角矩阵. □

注意：(1) 并不是每个可逆矩阵都可以作三角分解. 如矩阵 $\boldsymbol{A} = \begin{pmatrix} 0 & 2 \\ 1 & 1 \end{pmatrix}$ 不能作三解分解.

(2) 对一般的矩阵的三角分解问题，有：秩为 r 的 n 阶矩阵 $\boldsymbol{A}$ 的前 r 个顺序主子式不为零，则 $\boldsymbol{A}$ 可以作三角分解(这里不作证明).

(3) 从证明的充分性中可以看出，第 1 步中的下三角矩阵是对角线元素是 1 的下三角阵(称为单位下三角阵)，同样对 $\boldsymbol{A}_{n-1}$ 进行三角分解时也可以要求下三角阵为单位下三角阵，

进一步与第1步的单位下三角矩阵的乘积也是单位下三角阵,也就是说,$\boldsymbol{A}$ 的三角分解中 $\boldsymbol{A}=\boldsymbol{LU}$ 的下三角阵可以是单位下三角阵,这样的三角分解称为矩阵的 **Doolittle 分解**. 同样也可以做到三角分解中的上三角阵是单位上三角阵,这样的三角分解称为 **Crout 分解**. 因而三角分解不唯一.

设 $\boldsymbol{A}=\boldsymbol{LU}$ 是 $\boldsymbol{A}$ 的 Doolittle 分解,这里 $\boldsymbol{L}$ 是单位下三角阵,$\boldsymbol{U}$ 是对角线元素不为零的上三角矩阵,则

$$\boldsymbol{U}=\begin{pmatrix} u_{11} & \cdots & c_{1n} \\ \vdots & \ddots & \vdots \\ 0 & \cdots & u_{nn} \end{pmatrix}=\begin{pmatrix} u_{11} & \cdots & 0 \\ \vdots & \ddots & \vdots \\ 0 & \cdots & u_{nn} \end{pmatrix}\begin{pmatrix} 1 & \cdots & u_{1n} \\ \vdots & \ddots & \vdots \\ 0 & \cdots & 1 \end{pmatrix}=\boldsymbol{D}\hat{\boldsymbol{U}}$$

其中 $u_{ij}=\dfrac{c_{ij}}{u_{ii}}(i<j)$,从而

$$\boldsymbol{A}=\hat{\boldsymbol{L}}\boldsymbol{D}\hat{\boldsymbol{U}}$$

这里 $\hat{\boldsymbol{L}}=\boldsymbol{L}$ 是单位下三角阵,$\hat{\boldsymbol{U}}$ 是单位上三角矩阵,$\boldsymbol{D}$ 是对角阵,这也称为 $\boldsymbol{A}$ 的三角分解或 $\hat{\boldsymbol{L}}\boldsymbol{D}\hat{\boldsymbol{U}}$分解. 尽管矩阵的三角分解不唯一,但矩阵的 $\hat{\boldsymbol{L}}\boldsymbol{D}\hat{\boldsymbol{U}}$是唯一的,这是因为,若

$$\boldsymbol{A}=\hat{\boldsymbol{L}}\boldsymbol{D}\hat{\boldsymbol{U}}=\hat{\boldsymbol{L}}'\boldsymbol{D}'\hat{\boldsymbol{U}}'\Rightarrow(\hat{\boldsymbol{L}}')^{-1}\hat{\boldsymbol{L}}=\boldsymbol{D}'\hat{\boldsymbol{U}}'\hat{\boldsymbol{U}}^{-1}\boldsymbol{D}^{-1}$$

由上三角阵之积为三角阵,且对角线相乘,比较对角线元素,可得 $\boldsymbol{D}'=\boldsymbol{D}$,等式左边为单位下三角矩阵,右边是单位上三角,进一步均是单位阵,于是 $\hat{\boldsymbol{L}}=\hat{\boldsymbol{L}}'$,$\hat{\boldsymbol{U}}=\hat{\boldsymbol{U}}'$.

5.1.2 三角分解的算法

以下总假设 n 阶矩阵 $\boldsymbol{A}=(a_{ij})$可以三角分解,即 $\boldsymbol{A}$ 的所有顺序主子式不为零. 由 $\boldsymbol{A}$ 的 Doolittle 分解 $\boldsymbol{A}=\boldsymbol{LU}$,得

$$\begin{pmatrix} a_{11} & a_{12} & \cdots & a_{1n} \\ a_{21} & a_{22} & \cdots & a_{2n} \\ \vdots & \vdots & \ddots & \vdots \\ a_{n1} & a_{n2} & \cdots & a_{nn} \end{pmatrix}=\begin{pmatrix} 1 & 0 & \cdots & 0 \\ l_{21} & 1 & \cdots & 0 \\ \vdots & \vdots & \ddots & \vdots \\ l_{n1} & l_{n2} & \cdots & 1 \end{pmatrix}\begin{pmatrix} u_{11} & u_{12} & \cdots & u_{1n} \\ 0 & u_{22} & \cdots & u_{2n} \\ \vdots & \vdots & \ddots & \vdots \\ 0 & 0 & \cdots & u_{nn} \end{pmatrix}$$

于是

$$\begin{cases} a_{1j}=u_{1j} \quad (j=1,2,\cdots,n) \\ a_{i1}=l_{i1}u_{11} \quad (i=2,3,\cdots n) \\ a_{kj}=\sum\limits_{s=1}^{k-1} l_{ks}u_{sj}+u_{kj} \quad (j=k,k+1,\cdots,n;k=2,3,\cdots,n) \\ a_{ik}=\sum\limits_{s=1}^{k-1} l_{is}u_{sk}+l_{ik}u_{kk} \quad (j=k,k+1,\cdots,n;k=2,3,\cdots,n) \end{cases}$$

由上式可求得 $\boldsymbol{A}$ 的 Doolittle 分解的计算法为

$$\begin{cases} u_{1j}=a_{1j} \quad (j=1,2,\cdots,n) \\ l_{i1}=u_{11}^{-1}a_{i1} \quad (i=2,3,\cdots,n) \\ u_{kj}=a_{kj}-\sum\limits_{s=1}^{k-1} l_{ks}u_{sj} \quad (j=k,k+1,\cdots,n;k=2,3,\cdots,n) \\ l_{ik}=u_{kk}^{-1}\left(a_{ik}-\sum\limits_{s=1}^{k-1} l_{is}u_{sk}\right) \quad (j=k,k+1,\cdots,n;k=2,3,\cdots,n) \end{cases}$$

与上面的推导类似,可以得到 Crout 分解的计算公式:

$$\begin{cases} l_{i1} = a_{i1} \quad (j = 1,2,\cdots,n) \\ u_{1j} = l_{11}^{-1}a_{1j} \quad (i = 2,3,\cdots n) \\ l_{kik} = a_{ik} - \sum_{s=1}^{k-1} l_{is}u_{sk} \quad (i = k,k+1,\cdots,n;k = 2,3,\cdots,n) \\ u_{ikj} = l_{kk}^{-1}(a_{kj} - \sum_{s=1}^{k-1} l_{ks}u_{sj}) \quad (j = k,k+1,\cdots,n;k = 2,3,\cdots,n) \end{cases}$$

例 5.1 求矩阵 $\boldsymbol{A}=\begin{pmatrix} 1 & 2 & -1 \\ 2 & 6 & 3 \\ 2 & 5 & 3 \end{pmatrix}$ 的 Doolittle 分解.

解 由 Doolittle 分解的计算公式得

$$u_{11} = a_{11} = 1, \quad u_{12} = a_{12} = 2, \quad u_{13} = u_{13} = -1$$
$$l_{21} = u_{11}^{-1}a_{21} = 2, \quad l_{31} = u_{11}^{-1}a_{31} = 2$$
$$u_{22} = a_{22} - l_{21}u_{12} = 2, \quad u_{23} = a_{23}a_{22} - l_{21}u_{13} = 5$$
$$l_{32} = u_{22}^{-1}(a_{32} - l_{31}u_{12}) = \frac{1}{2}, \quad u_{33} = a_{33} - l_{31}u_{13} - l_{32}u_{23} = \frac{5}{2}$$

故 $\boldsymbol{A}$ 的 Doolittle 分解为

$$\boldsymbol{A} = \begin{pmatrix} 1 & 0 & 0 \\ 2 & 1 & 0 \\ 2 & \frac{1}{2} & 1 \end{pmatrix}\begin{pmatrix} 1 & 2 & -1 \\ 0 & 2 & 5 \\ 0 & 0 & \frac{5}{2} \end{pmatrix}$$

下面我们从初等行变换的角度给出三角分解具体操作:

将 $\boldsymbol{A}=(a_{ij})$ 的元素记作 $a_{ij}^{(1)}$,设 n 阶矩阵 $\boldsymbol{A}$ 可以三角分解,则 $a_{11}\neq 0$ 对 $\boldsymbol{A}$ 作分块 $\boldsymbol{A}=\begin{pmatrix} a_{11} & \boldsymbol{\alpha}_1 \\ \boldsymbol{\beta}_1 & \boldsymbol{A}_2^1 \end{pmatrix}$,则

$$\begin{pmatrix} 1 & 0 \\ -a_{11}^{-1}\boldsymbol{\beta}_1 & \boldsymbol{I} \end{pmatrix}\boldsymbol{A} = \begin{pmatrix} a_{11} & \boldsymbol{\alpha}_1 \\ 0 & \boldsymbol{A}_2^1 - a_{11}^{-1}\boldsymbol{\beta}_1\boldsymbol{\alpha} \end{pmatrix} \Rightarrow \boldsymbol{A} = \begin{pmatrix} 1 & 0 \\ a_{11}^{-1}\boldsymbol{\beta}_1 & \boldsymbol{I} \end{pmatrix}\begin{pmatrix} a_{11} & \boldsymbol{\alpha}_1 \\ 0 & \boldsymbol{A}_2^1 - a_{11}^{-1}\boldsymbol{\beta}_1\boldsymbol{\alpha}_1 \end{pmatrix}$$

其中 $\boldsymbol{A}_2^{(2)}=\boldsymbol{A}_2^1 - a_{11}^{-1}\boldsymbol{\beta}\boldsymbol{\alpha}=(a_{ij}^{(2)})$,而 $a_{ij}^{(2)} = a_{ij} - a_{11}^{-1}a_{i1}a_{1j}$,这样将 $\boldsymbol{A}$ 分解为下三角阵与准上三角阵之积,下面 $\boldsymbol{A}_2^{(2)}$,作与 $\boldsymbol{A}$ 相似的分块,$\boldsymbol{A}_2^{(2)} = \begin{pmatrix} a_{22}^{(2)} & \boldsymbol{\alpha}_2 \\ \boldsymbol{\beta}_2 & \boldsymbol{A}_2^2 \end{pmatrix}$,用同样的方法可将 $\boldsymbol{A}_2^{(2)}$ 分解为下三角阵与准上三角阵之积,而且这时的计算过程中与 $a_{11}^{-1}\boldsymbol{\beta}_1$ 和 $\boldsymbol{\alpha}_1$ 均无关,也就是 $\boldsymbol{A}_2^{(2)}$ 的三角分解的计算过程中 $a_{11}^{-1}\boldsymbol{\beta}_1$ 和 $\boldsymbol{\alpha}_1$ 中的元素不再使用,而且它们是三角分解中相同位置的元素,因而可设

$$u_{1j} = a_{1j}^{(1)}(j = 1,2,\cdots,n), \quad l_{i1} = u_{11}^{-1}a_{i1}^{(1)}(i = 2,\cdots,n)$$

放在 $\boldsymbol{A}$ 的相应元素的位置上. 于是

$$\boldsymbol{A} \rightarrow \begin{pmatrix} u_{11} & \cdots & u_{1j} & \cdots & \\ \vdots & \vdots & \vdots & \vdots & \vdots \\ l_{i1} & \cdots & \cdots & a_{ij}^{(2)} & \cdots \\ \vdots & \vdots & \vdots & \vdots & \vdots \end{pmatrix}, \quad a_{ij}^{(2)} = a_{ij}^{(1)} - l_{i1}u_{1j} \quad (i,j > 1)$$

其中 $\begin{vmatrix} \vdots & \vdots & \vdots \\ \cdots & a_{ij}^{(2)} & \cdots \\ \vdots & \vdots & \vdots \end{vmatrix} = \boxed{A_2^{(2)}}$,设

$$u_{2j} = a_{2j}^{(2)}(j = 2,3,\cdots,n), \quad l_{i2} = u_{22}^{-1} a_{i2}^{(2)}(i = 3,\cdots,n)$$

则

$$A_2^{(2)} \to \begin{pmatrix} u_{22} & \cdots & u_{2j} & \cdots \\ \vdots & \vdots & \vdots & \vdots \\ l_{i2} & \cdots & a_{ij}^{(3)} & \cdots \\ \vdots & \vdots & \vdots & \vdots \end{pmatrix}, \quad a_{ij}^{(3)} = a_{ij}^{(2)} - l_{i2}u_{2j} \quad (i,j > 2)$$

这样下来,于是我们得到如下算法:设矩阵 $A = (a_{ij})$,记 $a_{ij}^{(1)} = a_{ij}$,令

$$u_{ij} = a_{ij}^{(i)}, \quad l_{j+1,i} = u_{ii}^{-1}a_{j+1,i}^{(i)} \quad (i = 1,2,\cdots,n, j = i,i+1,\cdots,n)$$

$$l_{ji} = u_{ii}^{-1}a_{ji}^{(i)} \quad (i = 1,2,\cdots,n-1, j = i+1,\cdots,n)$$

$$a_{ij}^{(k+1)} = a_{ij}^{(k)} - l_{ik}u_{kj} \quad (i,j > k)$$

$$\begin{pmatrix} u_{11} & \cdots & u_{1k} & \cdots & u_{1j} & \cdots \\ \vdots & \ddots & \vdots & \vdots & \vdots & \vdots \\ l_{k1} & \cdots & u_{kk} & \cdots & u_{kj} & \cdots \\ \vdots & \cdots & \vdots & \vdots & \vdots & \vdots \\ l_{k1} & \cdots & l_{ik} & \cdots & a_{ij}^{(k+1)} & \cdots \\ \vdots & \cdots & \vdots & \vdots & \vdots & \vdots \end{pmatrix}$$

直到 $k = n-1$,将 A 变换为

$$\begin{pmatrix} u_{11} & u_{12} & \cdots & u_{1n} \\ l_{21} & u_{22} & \ddots & \vdots \\ \vdots & \ddots & \ddots & u_{n-1,n} \\ l_{n2} & \cdots & l_{n,n-1} & u_{nn} \end{pmatrix}$$

则对角线以上(含对角线元素)构成上三角矩阵为 A 的三角分解中的上三角阵,对角线以下(不含对角线元素),加上对角线元素为 1 构成下三角矩阵为 A 的三角分解中的下三角阵.

例 5.2　求矩阵 $A = \begin{pmatrix} 1 & 2 & -1 \\ 2 & 6 & 3 \\ 2 & 5 & 3 \end{pmatrix}$ 的 Doolittle 分解.

解　$A \Rightarrow \begin{pmatrix} 1 & 2 & -1 \\ 2 & 2 & 5 \\ 2 & 1 & 5 \end{pmatrix} \Rightarrow \begin{pmatrix} 1 & 2 & -1 \\ 2 & 2 & 5 \\ 2 & \frac{1}{2} & \frac{5}{2} \end{pmatrix}$,则 A 的 Doolittle 分解为

$$A = \begin{pmatrix} 1 & 0 & 0 \\ 2 & 1 & 0 \\ 2 & \frac{1}{2} & 1 \end{pmatrix} \begin{pmatrix} 1 & 2 & -1 \\ 0 & 2 & 5 \\ 0 & 0 & \frac{5}{2} \end{pmatrix}$$

例 5.3　求解线性方程组 $Ax = b$,其中

$$A = \begin{pmatrix} 1 & 2 & -1 \\ 2 & 6 & 3 \\ 2 & 5 & 3 \end{pmatrix}, \quad b = \begin{pmatrix} -1 \\ 2 \\ 3 \end{pmatrix}$$

解 由于

$$A = LU = \begin{pmatrix} 1 & 0 & 0 \\ 2 & 1 & 0 \\ 2 & \frac{1}{2} & 1 \end{pmatrix} \begin{pmatrix} 1 & 2 & -1 \\ 0 & 2 & 5 \\ 0 & 0 & \frac{5}{2} \end{pmatrix}$$

$\boldsymbol{Ax}=\boldsymbol{b}$ 等价于 $\boldsymbol{LY}=\boldsymbol{b}, \boldsymbol{UX}=\boldsymbol{Y}$，即

$$\begin{cases} y_1 = -1 \\ 2y_1 + y_2 = 2 \\ 2y_1 + \frac{1}{2}y_2 + y_3 = 3 \end{cases}, \quad \begin{cases} x_1 + 2x_2 - x_3 = y_1 \\ 2x_2 + 5x_3 = y_2 \\ \frac{5}{2}x_3 = y_3 \end{cases}$$

解得 $y_1=-1, y_2=4, y_3=3, x_3=\frac{6}{5}, x_2=-1, x_1=\frac{11}{5}$.

下面我们讨论三线形矩阵

$$A = \begin{pmatrix} a_1 & b_1 & 0 & 0 \\ c_2 & a_2 & \ddots & 0 \\ 0 & \ddots & \ddots & b_{n-1} \\ 0 & 0 & c_n & a_n \end{pmatrix}$$

的 Crout 分解，其中$|a_1|>|b_1|, |a_n|>|c_n|, |a_i|>|b_i|+|c_i| (i=2,\cdots,n-1)$.很容易证明，满足条件的三线形矩阵的三角分解存在，

$$\begin{pmatrix} a_1 & b_1 & 0 & 0 \\ c_2 & a_2 & \ddots & 0 \\ 0 & \ddots & \ddots & b_{n-1} \\ 0 & 0 & c_n & a_n \end{pmatrix} = \begin{pmatrix} d_1 & 0 & 0 & 0 \\ c_2 & d_2 & \ddots & 0 \\ 0 & \ddots & \ddots & 0 \\ 0 & 0 & c_n & d_n \end{pmatrix} \begin{pmatrix} 1 & u_1 & 0 & 0 \\ 0 & 1 & \ddots & 0 \\ 0 & \ddots & \ddots & u_{n-1} \\ 0 & 0 & 0 & 1 \end{pmatrix}$$

比较两边：

$$l_i = c_i, \quad d_1 = a_1, \quad u_i = d_i^{-1}b_i, \quad d_i = a_i - l_i u_{i-1} (i = 2,\cdots,n)$$

于是三线形方程组可转化为

$$AX = b \Rightarrow \begin{pmatrix} d_1 & 0 & 0 & 0 \\ c_2 & d_2 & \ddots & 0 \\ 0 & \ddots & \ddots & 0 \\ 0 & 0 & c_n & d_n \end{pmatrix} \begin{pmatrix} y_1 \\ y_2 \\ \vdots \\ y_n \end{pmatrix} = \begin{pmatrix} f_1 \\ f_2 \\ \vdots \\ f_n \end{pmatrix}, \begin{pmatrix} 1 & u_1 & 0 & 0 \\ 0 & 1 & \ddots & 0 \\ 0 & \ddots & \ddots & u_{n-1} \\ 0 & 0 & 0 & 1 \end{pmatrix} \begin{pmatrix} x_1 \\ x_2 \\ \vdots \\ x_n \end{pmatrix} = \begin{pmatrix} y_1 \\ y_2 \\ \vdots \\ y_n \end{pmatrix}$$

等价于

$$\begin{cases} d_1 y_1 = f_1 \\ c_i y_{i-1} + d_i y_i = f_i \end{cases} \Rightarrow \begin{cases} y_1 = d_1^{-1} f_1 \\ y_i = d_i^{-1}(f_i - c_i y_{i-1}) \end{cases} \quad (i = 2,\cdots,n)$$

$$\begin{cases} x_n = y_n \\ x_i + u_i x_{i+1} = y_i \end{cases} \Rightarrow \begin{cases} x_n = y_n \\ x_i = y_i - u_i x_{i+1} \end{cases} \quad (i = n-1,\cdots,1)$$

这种求三线形方程组的方法称为追赶法.

5.1.3 正定阵的 Cholesky 分解

设 $\boldsymbol{A}$ 是正定矩阵，其顺序主子式均不为零，可以三角分解，即

$$A = \hat{L}D\hat{U}$$

这里 $\hat{\boldsymbol{L}}$ 是单位下三角阵，$\hat{\boldsymbol{U}}$ 是单位上三角矩阵，$\boldsymbol{D}$ 是对角阵. 则 $\boldsymbol{D}=\boldsymbol{dd}$，令

$$\boldsymbol{L} = \hat{\boldsymbol{L}}\boldsymbol{d},\quad \boldsymbol{U} = \boldsymbol{d}\hat{\boldsymbol{U}}$$

$\boldsymbol{L}$ 是下三角阵，$\boldsymbol{U}$ 是上三角矩阵，则

$$\boldsymbol{A} = \boldsymbol{LU} \Rightarrow \boldsymbol{A}^{\mathrm{T}} = \boldsymbol{U}^{\mathrm{T}}\boldsymbol{L}^{\mathrm{T}} = \boldsymbol{LU} \Rightarrow \boldsymbol{U}^{\mathrm{T}} = \boldsymbol{L},\quad \boldsymbol{L}^{\mathrm{T}} = \boldsymbol{U}$$

故 $\boldsymbol{A}=\boldsymbol{LL}^{\mathrm{T}}$，称为正定阵的 Cholesky 分解.

设 $\boldsymbol{A}=(a_{ij})$，$\boldsymbol{L}=(l_{ij})$，其中 $j>i$，$l_{ij}=0$，代入比较对应位置元素，得

$$l_{11} = (a_{11})^{\frac{1}{2}},\quad l_{1j} = \frac{1}{l_{11}}a_{1j}$$

$$l_{ii} = \left(a_{ii} - \sum_{k=1}^{i-1} l_{ik}^2\right)^{\frac{1}{2}},\quad l_{ij} = \frac{1}{l_{ii}}\left(a_{ij} - \sum_{k=1}^{j-1} l_{ik}^2\right)(i>j),\quad l_{ij} = 0(i<j)$$

5.2　矩阵的满秩分解

5.2.1　满秩分解的存在性

定理 5.2　设 $m\times n$ 矩阵 $\boldsymbol{A}$ 的秩是 r，则 $\boldsymbol{A}$ 可表示为

$$\boldsymbol{A} = \boldsymbol{FG}$$

其中 $\boldsymbol{F}$ 是秩为 r 的 $m\times r$ 矩阵，$\boldsymbol{G}$ 是秩为 r 的 $r\times n$ 矩阵.

证明　由于 $\boldsymbol{A}$ 的秩是 r，存在 m 阶可逆矩阵 $\boldsymbol{P}$，和 n 阶可逆矩阵 $\boldsymbol{Q}$，使得

$$\boldsymbol{A} = \boldsymbol{P}\begin{pmatrix} \boldsymbol{E}_r & 0 \\ 0 & 0 \end{pmatrix}\boldsymbol{Q}$$

对 $\boldsymbol{P}$，$\boldsymbol{Q}$ 分块，$\boldsymbol{P}=(\boldsymbol{F},\boldsymbol{F}_1)$，$\boldsymbol{Q}=\begin{pmatrix} \boldsymbol{G} \\ \boldsymbol{G}_1 \end{pmatrix}$，其中 $\boldsymbol{F}$ 是 $\boldsymbol{P}$ 的前 r 列构成的矩阵，$\boldsymbol{G}$ 是 $\boldsymbol{Q}$ 的前 r 行构成的矩阵，则

$$\boldsymbol{A} = (\boldsymbol{F},\boldsymbol{F}_1)\begin{pmatrix} \boldsymbol{E}_r & 0 \\ 0 & 0 \end{pmatrix}\begin{pmatrix} \boldsymbol{G} \\ \boldsymbol{G}_1 \end{pmatrix} = (\boldsymbol{F},0)\begin{pmatrix} \boldsymbol{G} \\ \boldsymbol{G}_1 \end{pmatrix} = \boldsymbol{FG}$$

由于 $\boldsymbol{P}$，$\boldsymbol{Q}$ 可逆，$\boldsymbol{P}$ 是列线性无关组，进而 $\boldsymbol{F}$ 是列线性无关组，其秩是 r，$\boldsymbol{Q}$ 是行线性无关组，进而 $\boldsymbol{G}$ 是行线性无关组，其秩是 r. □

由于 $\boldsymbol{F}$ 的秩与其列数相同，称 $\boldsymbol{F}$ 是列满秩矩阵，$\boldsymbol{G}$ 的秩与其行数相同，称 $\boldsymbol{G}$ 是行满秩矩阵.

定义 5.2　若秩是 r 的 $m\times n$ 矩阵 $\boldsymbol{A}$ 表示为 $\boldsymbol{A}=\boldsymbol{FG}$，其中 $\boldsymbol{F}$ 是 $m\times r$ 列满秩矩阵，$\boldsymbol{G}$ 是 $r\times n$ 行满秩矩阵. 称 $\boldsymbol{A}=\boldsymbol{FG}$ 是 $\boldsymbol{A}$ 的满秩分解.

上述定理表明，矩阵的满秩分解是存在的. 注意，满秩分解不唯一，这是因为若 $\boldsymbol{A}=\boldsymbol{FG}$ 是 $\boldsymbol{A}$ 的满秩分解，对任意 r 阶可逆矩阵 $\boldsymbol{C}$，则 $\boldsymbol{A}=\boldsymbol{FCC}^{-1}\boldsymbol{G}$，令 $\boldsymbol{F}'=\boldsymbol{FC}$，$\boldsymbol{G}'=\boldsymbol{C}^{-1}\boldsymbol{G}$，则 $\boldsymbol{A}=\boldsymbol{F}'\boldsymbol{G}'$ 也是 $\boldsymbol{A}$ 的满秩分解.

定理 5.3　矩阵 $\boldsymbol{A}$ 的两个满秩分解

$$\boldsymbol{A} = \boldsymbol{FG} = \boldsymbol{F}'\boldsymbol{G}'$$

则存在可逆矩阵 $\boldsymbol{D}$，使得 $\boldsymbol{F}'=\boldsymbol{F}\boldsymbol{D},\boldsymbol{G}'=\boldsymbol{D}^{-1}\boldsymbol{G}$.

证明 设矩阵 $\boldsymbol{A}$ 是 $m\times n$ 矩阵，其秩为 r，则 $\boldsymbol{F},\boldsymbol{F}'$ 是秩为 r 的 $m\times r$ 矩阵，$\boldsymbol{G},\boldsymbol{G}'$ 是秩为 r 的 $r\times m$ 矩阵，则 $\boldsymbol{F}\boldsymbol{G}\boldsymbol{G}^{\mathrm{H}}=\boldsymbol{F}'\boldsymbol{G}'\boldsymbol{G}^{\mathrm{H}}$，令 $\boldsymbol{\theta}_1=\boldsymbol{G}\boldsymbol{G}^{\mathrm{H}}$，则 $\boldsymbol{\theta}_1$ 是 r 阶矩阵，易证明 $\boldsymbol{\theta}_1$ 的秩是 r，故可逆. 于是 $\boldsymbol{F}=\boldsymbol{F}'\boldsymbol{G}'\boldsymbol{G}^{\mathrm{H}}\boldsymbol{\theta}_1^{-1}$，记 $\boldsymbol{G}'\boldsymbol{G}^{\mathrm{H}}\boldsymbol{\theta}_1^{-1}=\boldsymbol{D}_1$，$\boldsymbol{F}'\boldsymbol{D}_1\boldsymbol{G}=\boldsymbol{F}'\boldsymbol{G}'$，同理 $\boldsymbol{F}^{\mathrm{H}}\boldsymbol{F}\boldsymbol{G}=\boldsymbol{F}^{\mathrm{H}}\boldsymbol{F}'\boldsymbol{G}'$，令 $\boldsymbol{\theta}_2=\boldsymbol{F}^{\mathrm{H}}\boldsymbol{F}$，$\boldsymbol{\theta}_2$ 可逆，$\boldsymbol{G}=\boldsymbol{\theta}_2^{-1}\boldsymbol{F}^{\mathrm{H}}\boldsymbol{F}'\boldsymbol{G}'$，记 $\boldsymbol{\theta}_2^{-1}\boldsymbol{F}^{\mathrm{H}}\boldsymbol{F}'=\boldsymbol{D}_2$，$\boldsymbol{G}=\boldsymbol{D}_2\boldsymbol{G}'$ 代入得 $\boldsymbol{F}'\boldsymbol{D}_1\boldsymbol{D}_2\boldsymbol{G}'=\boldsymbol{F}'\boldsymbol{G}'$，于是

$$\boldsymbol{F}'^{\mathrm{H}}\boldsymbol{F}'\boldsymbol{D}_1\boldsymbol{D}_2\boldsymbol{G}'\boldsymbol{G}'^{\mathrm{H}}=\boldsymbol{F}'^{\mathrm{H}}\boldsymbol{F}'\boldsymbol{G}'\boldsymbol{G}'^{\mathrm{H}}$$

又 $\boldsymbol{F}'^{\mathrm{H}}\boldsymbol{F}',\boldsymbol{G}'\boldsymbol{G}'^{\mathrm{H}}$ 可逆，故 $\boldsymbol{D}_1\boldsymbol{D}_2=\boldsymbol{E}$，令 $\boldsymbol{D}=\boldsymbol{D}_2=\boldsymbol{D}_1^{-1}$，则 $\boldsymbol{F}'=\boldsymbol{F}\boldsymbol{D},\boldsymbol{G}'=\boldsymbol{D}^{-1}\boldsymbol{G}$. □

从上述定理可以看出，尽管满秩分解不唯一，但相差并不大.

5.2.2 满秩分解的计算

从满秩分解的存在证明中得到满秩分解并不是易事. 我们知道，任何一个矩阵可经过有限初等行变换化为行最简阶梯形矩阵，而由初等矩阵与初等变换之间的关系可知，对秩为 r 的 $m\times n$ 矩阵 $\boldsymbol{A}$，存在可逆矩阵 $\boldsymbol{P}$ 使得

$$\boldsymbol{P}^{-1}\boldsymbol{A}=\begin{pmatrix}\boldsymbol{G}\\0\end{pmatrix}$$

是行最简阶梯形矩阵，设 $\boldsymbol{G}$ 的 $i_1,i_2,\cdots,i_r$ 列分别为 $\boldsymbol{e}_1,\boldsymbol{e}_2,\cdots,\boldsymbol{e}_r$（基本单位向量），则将 $\boldsymbol{G}$ 的 $1,2,\cdots,r$ 列与第 $i_1,i_2,\cdots,i_r$ 互换，将 $\boldsymbol{G}$ 化为矩阵 $(\boldsymbol{E}_r,\boldsymbol{B})$，令

$$\boldsymbol{Q}=\boldsymbol{P}(1,i_1)\boldsymbol{P}(2,i_2)\cdots\boldsymbol{P}(r,i_r)$$

则 $\boldsymbol{G}\boldsymbol{Q}=(\boldsymbol{E}_r,\boldsymbol{B})$，于是

$$\boldsymbol{P}^{-1}\boldsymbol{A}\boldsymbol{Q}=\begin{pmatrix}\boldsymbol{G}\\0\end{pmatrix}\boldsymbol{Q}=\begin{pmatrix}\boldsymbol{E}_r & \boldsymbol{B}\\0 & 0\end{pmatrix}\Rightarrow\boldsymbol{A}\boldsymbol{Q}=\boldsymbol{P}\begin{pmatrix}\boldsymbol{G}\\0\end{pmatrix}\boldsymbol{Q}=\boldsymbol{P}\begin{pmatrix}\boldsymbol{E}_r & \boldsymbol{B}\\0 & 0\end{pmatrix}$$

对 $\boldsymbol{P}$ 作分块，$\boldsymbol{P}=(\boldsymbol{F},\boldsymbol{F}_1)$，$\boldsymbol{F}$ 是 $\boldsymbol{P}$ 的前 r 列，对 $\boldsymbol{A}\boldsymbol{Q}$ 作分块，$\boldsymbol{A}\boldsymbol{Q}=(\boldsymbol{A}_1,\boldsymbol{A}_2)$，$\boldsymbol{A}_1$ 是 $\boldsymbol{A}\boldsymbol{Q}$ 的前 r 列，则

$$(\boldsymbol{A}_1,\boldsymbol{A}_2)=\boldsymbol{A}\boldsymbol{Q}=(\boldsymbol{F},\boldsymbol{F}_1)\begin{pmatrix}\boldsymbol{E}_r & \boldsymbol{B}\\0 & 0\end{pmatrix}=(\boldsymbol{F},\boldsymbol{F}\boldsymbol{B})$$

于是 $\boldsymbol{F}=\boldsymbol{A}_1$ 是 $\boldsymbol{A}\boldsymbol{Q}$ 的前 r 列，$\boldsymbol{A}$ 右乘 $\boldsymbol{Q}$ 就是将 $\boldsymbol{A}$ 的 $1,2,\cdots,r$ 列与第 $i_1,i_2,\cdots,i_r$ 互换，得到的矩阵 $\boldsymbol{A}\boldsymbol{Q}$ 的前 r 列就是 $\boldsymbol{A}$ 的第 $i_1,i_2,\cdots,i_r$ 列，因此，$\boldsymbol{F}$ 就是由 $\boldsymbol{A}$ 的第 $i_1,i_2,\cdots,i_r$ 列构成的矩阵. 在 $\boldsymbol{G}$ 中的第 $i_1,i_2,\cdots,i_r$ 列又是 $\boldsymbol{e}_1,\boldsymbol{e}_2,\cdots,\boldsymbol{e}_r$ 所在的列. 又

$$\boldsymbol{P}^{-1}\boldsymbol{A}=\begin{pmatrix}\boldsymbol{G}\\0\end{pmatrix}\Rightarrow\boldsymbol{A}=\boldsymbol{P}\begin{pmatrix}\boldsymbol{G}\\0\end{pmatrix}=(\boldsymbol{F},\boldsymbol{F}_1)\begin{pmatrix}\boldsymbol{G}\\0\end{pmatrix}=\boldsymbol{F}\boldsymbol{G}$$

$\boldsymbol{A}=\boldsymbol{F}\boldsymbol{G}$ 是 $\boldsymbol{A}$ 的满秩分解. 以上给出了求 $\boldsymbol{A}$ 的满秩分解具体方法：先对矩阵 $\boldsymbol{A}$ 作初等行变换，化为行最简阶梯形矩阵，则阶梯形矩阵的非零行构成的矩阵 $\boldsymbol{G}$ 就是满秩分解中的 $\boldsymbol{G}$，行最简阶梯形矩阵中 $\boldsymbol{e}_1,\boldsymbol{e}_2,\cdots,\boldsymbol{e}_r$ 所在的列数 $i_1,i_2,\cdots,i_r$，其对应 $\boldsymbol{A}$ 的第 $i_1,i_2,\cdots,i_r$ 列构成的矩阵 $\boldsymbol{F}$ 是满秩分解中的 $\boldsymbol{F}$，$\boldsymbol{A}=\boldsymbol{F}\boldsymbol{G}$.

例 5.4 $\boldsymbol{A}=\begin{pmatrix}1 & 2 & 3 & 0\\0 & 2 & 1 & -1\\1 & 0 & 2 & 1\end{pmatrix}$ 求其满秩分解.

解 对 $\boldsymbol{A}$ 作初等行变换，

$$A=\begin{pmatrix}1&2&3&0\\0&2&1&-1\\1&0&2&1\end{pmatrix}\rightarrow\begin{pmatrix}1&0&2&1\\0&1&\frac{1}{2}&-\frac{1}{2}\\0&0&0&0\end{pmatrix}$$

则 $G=\begin{pmatrix}1&0&2&1\\0&1&\frac{1}{2}&-\frac{1}{2}\end{pmatrix}$，由于 $\boldsymbol{\varepsilon}_1,\boldsymbol{\varepsilon}_2$ 在第 1，2 列，对应 A 的第 1，2 列构成的矩阵 $F=\begin{pmatrix}1&2\\0&2\\1&0\end{pmatrix}$，则

$$A=FG=\begin{pmatrix}1&2\\0&2\\1&0\end{pmatrix}\begin{pmatrix}1&0&2&1\\0&1&\frac{1}{2}&-\frac{1}{2}\end{pmatrix}$$

是 A 的满秩分解.

例 5.5　矩阵 $A=\begin{pmatrix}0&0&1\\2&1&1\\2\mathrm{i}&\mathrm{i}&0\end{pmatrix}$ 的满秩分解，其中 $\mathrm{i}=\sqrt{-1}$ 为虚数单位.

解　对 A 作初等行变换，

$$A=\begin{pmatrix}0&0&1\\2&1&1\\2\mathrm{i}&\mathrm{i}&0\end{pmatrix}\rightarrow\begin{pmatrix}1&\frac{1}{2}&0\\0&0&1\\0&0&0\end{pmatrix}$$

则 $G=\begin{pmatrix}1&\frac{1}{2}&0\\0&0&1\end{pmatrix}$，由于 e_1,e_2 在第 1，3 列，对应 A 的第 1，3 列构成的矩阵 $F=\begin{pmatrix}0&1\\2&1\\2i&0\end{pmatrix}$，则

$$A=FG=\begin{pmatrix}0&1\\2&1\\2\mathrm{i}&0\end{pmatrix}\begin{pmatrix}1&\frac{1}{2}&0\\0&0&1\end{pmatrix}$$

是 A 的满秩分解.

5.3　矩阵谱分解

5.3.1　可相似对角化矩阵的谱分解

定义 5.3　设 A 是方阵，而 $\lambda_1,\lambda_2,\cdots,\lambda_n$ 是矩阵 A 的特征值，称由矩阵 A 的特征值构成的集合

$$\{\lambda_1,\lambda_2,\cdots,\lambda_n\}$$

为矩阵 A 的**谱**，所有特征值的绝对值中最大值的，即

$$\max\{\lambda_1|,\cdots,|\lambda_n|\}$$

称为矩阵 $\boldsymbol{A}$ 的**谱半径**，记作 $\rho(\boldsymbol{A})$，于是

$$\rho(\boldsymbol{A})=\max\{|\lambda_1|,\cdots,|\lambda_n|\}$$

设 $\boldsymbol{A}$ 是可对角化矩阵，即存在可逆矩阵 $\boldsymbol{P}$，使得

$$\boldsymbol{P}^{-1}\boldsymbol{A}\boldsymbol{P}=\begin{pmatrix}\lambda_1 & \cdots & 0\\ \vdots & \ddots & \vdots\\ 0 & \cdots & \lambda_n\end{pmatrix}$$

其中 $\lambda_1,\cdots,\lambda_n$ 是矩阵 $\boldsymbol{A}$ 特征值，若设 $\boldsymbol{P}=(\boldsymbol{P}_1,\cdots,\boldsymbol{P}_n)$，其中 $\boldsymbol{P}_1,\cdots,\boldsymbol{P}_n$ 是矩阵 $\boldsymbol{P}$ 的列，也是矩阵 $\boldsymbol{A}$ 的特征值 $\lambda_1,\cdots,\lambda_n$ 对应的特征向量. 设 $\boldsymbol{P}^{-1}=\begin{pmatrix}\boldsymbol{Q}_1^{\mathrm{T}}\\ \vdots\\ \boldsymbol{Q}_n^{\mathrm{T}}\end{pmatrix}$，其中 $\boldsymbol{Q}_1^{\mathrm{T}},\cdots,\boldsymbol{Q}_n^{\mathrm{T}}$ 是矩阵 $\boldsymbol{P}^{-1}$ 的行，则

$$\boldsymbol{A}=\boldsymbol{P}\begin{pmatrix}\lambda_1 & \cdots & 0\\ \vdots & \ddots & \vdots\\ 0 & \cdots & \lambda_n\end{pmatrix}\boldsymbol{P}^{-1}=\lambda_1\boldsymbol{P}_1\boldsymbol{Q}_1^{\mathrm{T}}+\cdots+\lambda_n\boldsymbol{P}_n\boldsymbol{Q}_n^{\mathrm{T}}$$

称上式为可对角化矩阵 $\boldsymbol{A}$ 的**谱分解**.

注意：(1) 由于 $\boldsymbol{E}=\boldsymbol{P}\boldsymbol{P}^{-1}$ 故 $\boldsymbol{P}_1\boldsymbol{Q}_1^{\mathrm{T}}+\cdots+\boldsymbol{P}_n\boldsymbol{Q}_n^{\mathrm{T}}=\boldsymbol{E}$，以及由 $\boldsymbol{E}=\boldsymbol{P}^{-1}\boldsymbol{P}$ 可得

$$\boldsymbol{Q}_i^{\mathrm{T}}\boldsymbol{P}_j=\delta_{ij}=\begin{cases}1 & (i=j)\\ 0 & (i\neq j)\end{cases}$$

(2) 设 $\lambda_1,\cdots,\lambda_s$ 是矩阵 $\boldsymbol{A}$ 的两两不同的特征值，且 λ_i 的重数是 r_i，有 $r_1+\cdots+r_s=n$，通过调整 $\boldsymbol{P}_1,\cdots,\boldsymbol{P}_n$ 和 $\lambda_1,\cdots,\lambda_n$ 的次序，在对角阵中将相同的 λ_i 移到一起，且对应的特征向量也移在一起，设 $\boldsymbol{P}$ 的由 λ_i 的所有特征向量构成的矩阵为 $\boldsymbol{G}_i$，而 $\boldsymbol{G}_i^{\mathrm{T}}$ 是由 $\boldsymbol{G}_i$ 所对应 $\boldsymbol{P}^{-1}$ 的行构成的矩阵，则

$$\boldsymbol{A}=(\boldsymbol{G}_1,\cdots,\boldsymbol{G}_s)\begin{pmatrix}\lambda_1\boldsymbol{E}_{r_1} & \cdots & 0\\ \vdots & \ddots & \vdots\\ 0 & \cdots & \lambda_s\boldsymbol{E}_{r_s}\end{pmatrix}\begin{pmatrix}\boldsymbol{G}_1^{\mathrm{T}}\\ \vdots\\ \boldsymbol{G}_s^{\mathrm{T}}\end{pmatrix}=\lambda_1\boldsymbol{G}_1\boldsymbol{G}_1^{\mathrm{T}}+\cdots+\lambda_s\boldsymbol{G}_s\boldsymbol{G}_s^{\mathrm{T}}$$

其中 $\boldsymbol{G}_1\boldsymbol{G}_1^{\mathrm{T}}+\cdots+\boldsymbol{G}_s\boldsymbol{G}_s^{\mathrm{T}}=\boldsymbol{E}$，以及

$$\boldsymbol{G}_i^{\mathrm{T}}\boldsymbol{G}_j=\begin{cases}\boldsymbol{E}_{r_i} & (i=j)\\ \boldsymbol{O} & (i\neq j)\end{cases}$$

记不妨 $\boldsymbol{A}_i=\boldsymbol{G}_i\boldsymbol{G}_i^{\mathrm{T}}(i=1,\cdots,s)$，则

$$\boldsymbol{A}_i^2=\boldsymbol{G}_i\boldsymbol{G}_i^{\mathrm{T}}\boldsymbol{G}_i\boldsymbol{G}_i^{\mathrm{T}}=\boldsymbol{G}_i(\boldsymbol{G}_i^{\mathrm{T}}\boldsymbol{G}_i)\boldsymbol{G}_i^{\mathrm{T}}=\boldsymbol{G}_i\boldsymbol{E}_{r_i}\boldsymbol{G}_i^{\mathrm{T}}=\boldsymbol{G}_i\boldsymbol{G}_i^{\mathrm{T}}=\boldsymbol{A}_i\quad(i\neq j)$$

$$\boldsymbol{A}_i\boldsymbol{A}_j=\boldsymbol{G}_i\boldsymbol{G}_i^{\mathrm{T}}\boldsymbol{G}_j\boldsymbol{G}_j^{\mathrm{T}}=\boldsymbol{G}_i(\boldsymbol{G}_i^{\mathrm{T}}\boldsymbol{G}_j)\boldsymbol{G}_j^{\mathrm{T}}=\boldsymbol{G}_i\boldsymbol{O}\boldsymbol{G}_j^{\mathrm{T}}=\boldsymbol{O}$$

定理 5.4 设 $\boldsymbol{A}$ 是可对角化矩阵，而 $\lambda_1,\cdots,\lambda_s$ 是 $\boldsymbol{A}$ 的两两不同的特征值，λ_i 的代数重数是 r_i，则存在 s 个 n 阶矩阵 $\boldsymbol{A}_i(i=1,2,\cdots,s)$，使得

(1) $\boldsymbol{A}=\lambda_1\boldsymbol{A}_1+\cdots+\lambda_s\boldsymbol{A}_s$；

(2) $\boldsymbol{A}_i^2=\boldsymbol{A}_i$；

(3) $\boldsymbol{A}_i\boldsymbol{A}_j=\boldsymbol{O}(i\neq j)$；

(4) $\boldsymbol{A}_1+\cdots+\boldsymbol{A}_s=\boldsymbol{E}$；

(5) $r(\boldsymbol{A}_i)=r_i(i=1,2,\cdots,s)$；

(6) 满足条件(1)～(4)的 $\boldsymbol{A}_i$ 是唯一的.

证明　由前面的讨论知，s 个 n 阶矩阵 $\boldsymbol{A}_i$ 是存在的，且满足(1)～(4)，(5)由于 $\boldsymbol{G}_i$ 来自可逆矩阵 $\boldsymbol{P}$ 的 r_i 列，故其是列线性无关组，故 $r(\boldsymbol{G}_i)=r_i$，而 $\boldsymbol{A}_i=\boldsymbol{G}_i\boldsymbol{G}_i^{\mathrm{T}}$，故

$$r(\boldsymbol{A}_i) = r(\boldsymbol{G}_i\boldsymbol{G}_i^{\mathrm{T}}) \leqslant r(\boldsymbol{G}_i) = r_i$$

由 $\boldsymbol{A}_1+\cdots+\boldsymbol{A}_s=\boldsymbol{E}$，得

$$n = r(\boldsymbol{E}) = r(\boldsymbol{A}_1+\cdots+\boldsymbol{A}_s) \leqslant r(\boldsymbol{A}_1)+\cdots+r(\boldsymbol{A}_s) \leqslant r_1+\cdots+r_s = n$$

故 $r(\boldsymbol{A}_i)=r_i$.

对于(6)，首先若 s 个 n 阶矩阵 $\boldsymbol{A}_i$ 满足(1)～(4)，则

$$\boldsymbol{A}_i\boldsymbol{A} = \boldsymbol{A}_i(\lambda_1\boldsymbol{A}_1+\cdots+\lambda_s\boldsymbol{A}_s) = \lambda_i\boldsymbol{A}_i\boldsymbol{A}_i = \lambda_i\boldsymbol{A}_i$$
$$\boldsymbol{A}\boldsymbol{A}_i = (\lambda_1\boldsymbol{A}_1+\cdots+\lambda_s\boldsymbol{A}_s)\boldsymbol{A}_i = \lambda_i\boldsymbol{A}_i\boldsymbol{A}_i = \lambda_i\boldsymbol{A}_i$$

故 $\boldsymbol{A}\boldsymbol{A}_i=\lambda_i\boldsymbol{A}_i=\boldsymbol{A}_i\boldsymbol{A}$，同样若 s 个 n 阶矩阵 $\widetilde{\boldsymbol{A}}_i$ 也满足(1)～(4)，则 $\boldsymbol{A}\widetilde{\boldsymbol{A}}_i=\lambda_i\widetilde{\boldsymbol{A}}_i=\widetilde{\boldsymbol{A}}_i\boldsymbol{A}$，于是当 $i\neq j$ 时，

$$\lambda_i\boldsymbol{A}_i\widetilde{\boldsymbol{A}}_j = \boldsymbol{A}_i\boldsymbol{A}\widetilde{\boldsymbol{A}}_j = \boldsymbol{A}_i\lambda_j\widetilde{\boldsymbol{A}}_j = \lambda_j\boldsymbol{A}_i\widetilde{\boldsymbol{A}}_j$$

故 $(\lambda_i-\lambda_j)\boldsymbol{A}_i\widetilde{\boldsymbol{A}}_j=\boldsymbol{O}$，但 $(\lambda_i-\lambda_j)\neq 0$，于是得到 $\boldsymbol{A}_i\widetilde{\boldsymbol{A}}_j=\boldsymbol{O}$. 对任意 $1\leqslant i\leqslant s$，有

$$\boldsymbol{A}_i = \boldsymbol{A}_i\boldsymbol{E} = \boldsymbol{A}_i(\widetilde{\boldsymbol{A}}_1+\cdots+\widetilde{\boldsymbol{A}}_s) = \boldsymbol{A}_i\widetilde{\boldsymbol{A}}_i = (\boldsymbol{A}_1+\cdots+\boldsymbol{A}_s)\widetilde{\boldsymbol{A}}_i = \boldsymbol{E}\widetilde{\boldsymbol{A}}_i = \widetilde{\boldsymbol{A}}_i$$ □

即满足条件(1)～(4)的 $\boldsymbol{A}_i$ 是唯一的.

我们常称定理中矩阵 $\boldsymbol{A}_1,\boldsymbol{A}_2,\cdots,\boldsymbol{A}_s$ 为矩阵 $\boldsymbol{A}$ 的**投影矩阵**.

推论 5.1　设 $\boldsymbol{A}$ 是实(反)对称阵、(反)Hermite 矩阵、正交阵、酉阵和正规阵，则矩阵 $\boldsymbol{A}$ 存在谱分解.

5.3.2　谱分解的计算

求可对角化矩阵的谱分解步骤：

(1) 先求出矩阵 $\boldsymbol{A}$ 的特征值与特征向量，不妨设 $\boldsymbol{A}$ 的两两不同特征值为 $\lambda_1,\cdots,\lambda_s$，而特征值 λ_i 所对应的线性无关特征向量 $\boldsymbol{\eta}_{i1},\cdots,\boldsymbol{\eta}_{ir_i}$，于是

$$\boldsymbol{P} = (\boldsymbol{G}_1,\cdots,\boldsymbol{G}_s)$$

而 $\boldsymbol{G}_i=(\boldsymbol{\eta}_{i1},\cdots,\boldsymbol{\eta}_{ir_i})$ 从上的讨论可知，$\boldsymbol{A}_i$ 是矩阵 $\boldsymbol{G}_i,\boldsymbol{G}_i^{\mathrm{T}}$ 的乘积，而 $\boldsymbol{G}_i^{\mathrm{T}}$ 来自 $\boldsymbol{P}^{-1}$ 对应的行，当 $\boldsymbol{A}$ 是正规阵时，可以将 λ_i 所对应的线性无关特征向量正交化、单位化，这时得到的矩阵 $\boldsymbol{P}$ 是酉阵或正交阵.

(2) 若 $\boldsymbol{P}$ 是酉阵或正交阵，取转置，若 $\boldsymbol{P}$ 是一般的可逆矩阵，求其逆，设为

$$\boldsymbol{P}^{-1} = \begin{pmatrix} \boldsymbol{G}_1^{\mathrm{T}} \\ \vdots \\ \boldsymbol{G}_s^{\mathrm{T}} \end{pmatrix}$$

其中 $\boldsymbol{G}_i^{\mathrm{T}}=\begin{pmatrix} \boldsymbol{\alpha}_{i1}^{\mathrm{T}} \\ \vdots \\ \boldsymbol{\alpha}_{ir_i}^{\mathrm{T}} \end{pmatrix}$，注意到，若 $\boldsymbol{P}$ 是酉阵或正交阵，$\boldsymbol{G}_i=(\boldsymbol{\eta}_{i1},\cdots,\boldsymbol{\eta}_{ir_i})$，则 $\boldsymbol{G}_i^{\mathrm{T}}=\begin{pmatrix} \boldsymbol{\eta}_{i1}^{\mathrm{T}} \\ \vdots \\ \boldsymbol{\eta}_{ir_i}^{\mathrm{T}} \end{pmatrix}$.

(3) 令

$$\boldsymbol{A}_i = \boldsymbol{G}_i\boldsymbol{G}_i^{\mathrm{T}} = \boldsymbol{\eta}_{i1}\boldsymbol{\alpha}_{i1}^{\mathrm{T}}+\cdots+\boldsymbol{\eta}_{ir_i}\boldsymbol{\alpha}_{ir_i}^{\mathrm{T}}$$

则

$$A = \lambda_1 A_1 + \cdots + \lambda_s A_s$$

例 5.6 求矩阵

$$A = \begin{pmatrix} 0 & \mathrm{i} & -1 \\ -\mathrm{i} & 0 & \mathrm{i} \\ -1 & -\mathrm{i} & 0 \end{pmatrix}$$

的谱分解.

解 显然矩阵 A 是 Hermite 矩阵可以酉对角化,首先

$$|\lambda E - A| = \begin{vmatrix} \lambda & -\mathrm{i} & 1 \\ \mathrm{i} & \lambda & -\mathrm{i} \\ 1 & \mathrm{i} & \lambda \end{vmatrix} = (\lambda+1)^2(\lambda-2)$$

则 A 的特征值为 $\lambda=-1$(2 重),$\lambda=2$.

当 $\lambda=-1$ 时,特征方程组

$$(-1E-A)X = \begin{pmatrix} -1 & -\mathrm{i} & 1 \\ \mathrm{i} & -1 & -\mathrm{i} \\ 1 & \mathrm{i} & -1 \end{pmatrix}\begin{pmatrix} x_1 \\ x_2 \\ x_3 \end{pmatrix} = \begin{pmatrix} 0 \\ 0 \\ 0 \end{pmatrix}$$

等价于 $x_1+\mathrm{i}x_2-x_3=0$,其基础解系为 $\boldsymbol{\alpha}_1=(-\mathrm{i},1,0)^{\mathrm{T}}$,$\boldsymbol{\alpha}_2=(1,0,1)^{\mathrm{T}}$(即特征值 -1 的线性无关组的特征向量),对其正交化、单位化,得标准正交组为

$$\boldsymbol{\eta}_1 = \left(-\frac{\mathrm{i}}{\sqrt{2}},\frac{1}{\sqrt{2}},0\right)^{\mathrm{T}}, \quad \boldsymbol{\eta}_2 = \left(\frac{1}{\sqrt{6}},\frac{\mathrm{i}}{\sqrt{6}},\frac{2}{\sqrt{6}}\right)^{\mathrm{T}}$$

当 $\lambda=2$ 时,特征方程组

$$(2E-A)X = \begin{pmatrix} 2 & -\mathrm{i} & 1 \\ \mathrm{i} & 2 & -\mathrm{i} \\ 1 & \mathrm{i} & 2 \end{pmatrix}\begin{pmatrix} x_1 \\ x_2 \\ x_3 \end{pmatrix} = \begin{pmatrix} 0 \\ 0 \\ 0 \end{pmatrix}$$

等价于 $x_1+x_3=0$,$x_2-\mathrm{i}x_3=0$,对其基础解系 $\boldsymbol{\alpha}_3=(-1,\mathrm{i},1)^{\mathrm{T}}$(即特征值 2 的线性无关组的特征向量)单位化,得标准正交组为

$$\boldsymbol{\eta}_3 = \left(-\frac{1}{\sqrt{3}},\frac{\mathrm{i}}{\sqrt{3}},\frac{1}{\sqrt{3}}\right)^{\mathrm{T}}$$

则酉阵

$$P = (\boldsymbol{\eta}_1,\boldsymbol{\eta}_2,\boldsymbol{\eta}_3)$$

其逆也是其转置:

$$P^{-1} = \frac{1}{\sqrt{6}}\begin{pmatrix} \sqrt{3}\mathrm{i} & \sqrt{3} & 0 \\ 1 & -\mathrm{i} & 2 \\ -\sqrt{2} & -\mathrm{i}\sqrt{2} & \sqrt{2} \end{pmatrix}$$

进一步地,有

$$A_1 = \begin{pmatrix} -\frac{\mathrm{i}}{\sqrt{2}} \\ \frac{1}{\sqrt{2}} \\ 0 \end{pmatrix}\left(\frac{\mathrm{i}}{\sqrt{2}},\frac{1}{\sqrt{2}},0\right)^{\mathrm{T}} + \begin{pmatrix} \frac{1}{\sqrt{6}} \\ -\frac{\mathrm{i}}{\sqrt{6}} \\ \frac{2}{\sqrt{6}} \end{pmatrix}\left(\frac{1}{\sqrt{6}},\frac{\mathrm{i}}{\sqrt{6}},\frac{2}{\sqrt{6}}\right)^{\mathrm{T}} = \begin{pmatrix} \frac{2}{3} & -\frac{\mathrm{i}}{3} & \frac{1}{3} \\ \frac{\mathrm{i}}{3} & -\frac{2}{3} & -\frac{\mathrm{i}}{3} \\ \frac{1}{3} & \frac{\mathrm{i}}{3} & \frac{2}{3} \end{pmatrix}$$

$$\boldsymbol{A}_2=\begin{pmatrix}-\frac{1}{\sqrt{3}}\\ \frac{\mathrm{i}}{\sqrt{3}}\\ \frac{1}{\sqrt{3}}\end{pmatrix}\left(-\frac{1}{\sqrt{3}},-\frac{\mathrm{i}}{\sqrt{3}},\frac{1}{\sqrt{3}}\right)^{\mathrm{T}}=\begin{pmatrix}\frac{1}{3}&\frac{\mathrm{i}}{3}&-\frac{1}{3}\\ -\frac{\mathrm{i}}{3}&\frac{1}{3}&\frac{\mathrm{i}}{3}\\ -\frac{1}{3}&-\frac{\mathrm{i}}{3}&\frac{1}{3}\end{pmatrix}$$

于是

$$\boldsymbol{A}=-\boldsymbol{A}_1+2\boldsymbol{A}_2$$

例 5.7　求矩阵

$$\boldsymbol{A}=\begin{pmatrix}1&1&1&1\\1&1&-1&-1\\1&-1&1&-1\\1&-1&-1&1\end{pmatrix}$$

的谱分解.

解　矩阵 $\boldsymbol{A}$ 的特征方程

$$|\lambda\boldsymbol{E}-\boldsymbol{A}|=\begin{vmatrix}\lambda-1&-1&-1&-1\\-1&\lambda-1&1&1\\-1&1&\lambda-1&1\\-1&1&1&\lambda-1\end{vmatrix}=(\lambda-2)^3(\lambda+2)=0$$

则 $\boldsymbol{A}$ 的特征值为 $\lambda=2$(3 重),$\lambda=-2$.

当 $\lambda=2$ 时,特征方程组 $(2\boldsymbol{E}-\boldsymbol{A})\boldsymbol{X}=0$ 等价于 $x_1=x_2+x_3+x_4$,其基础解系为

$$\boldsymbol{\alpha}_1=(1,1,0,0)^{\mathrm{T}},\quad \boldsymbol{\alpha}_2=(1,0,1,0)^{\mathrm{T}},\quad \boldsymbol{\alpha}_3=(1,0,0,1)^{\mathrm{T}}$$

即是特征值为 2 的线性无关组的特征向量.

当 $\lambda=-2$ 时,特征方程组 $(-2\boldsymbol{E}-\boldsymbol{A})\boldsymbol{X}=0$ 等价于

$$x_1+x_4=0,\quad x_2-x_4=0,\quad x_3-x_4=0$$

其基础解系为 $\boldsymbol{\alpha}_4=(-1,1,1,1)^{\mathrm{T}}$,即特征值为 -2 的线性无关组的特征向量.则可逆阵

$$\boldsymbol{P}=(\boldsymbol{\alpha}_1,\boldsymbol{\alpha}_2,\boldsymbol{\alpha}_3,\boldsymbol{\alpha}_4)$$

其逆为

$$\boldsymbol{P}^{-1}=\begin{pmatrix}\frac{1}{4}&\frac{3}{4}&-\frac{1}{4}&-\frac{1}{4}\\ \frac{1}{4}&-\frac{1}{4}&\frac{3}{4}&-\frac{1}{4}\\ \frac{1}{4}&\frac{1}{4}&-\frac{1}{4}&\frac{3}{4}\\ -\frac{1}{4}&-\frac{1}{4}&\frac{1}{4}&\frac{1}{4}\end{pmatrix}$$

进一步地,有

$$A_1 = \begin{pmatrix} 1 & 1 & 1 \\ 1 & 0 & 0 \\ 0 & 1 & 0 \\ 0 & 0 & 1 \end{pmatrix} \begin{pmatrix} \frac{1}{4} & \frac{3}{4} & -\frac{1}{4} & -\frac{1}{4} \\ \frac{1}{4} & -\frac{1}{4} & \frac{3}{4} & -\frac{1}{4} \\ \frac{1}{4} & \frac{1}{4} & -\frac{1}{4} & \frac{3}{4} \end{pmatrix} = \begin{pmatrix} \frac{3}{4} & \frac{3}{4} & \frac{1}{4} & \frac{1}{4} \\ \frac{1}{4} & \frac{3}{4} & -\frac{1}{4} & -\frac{1}{4} \\ \frac{1}{4} & -\frac{1}{4} & \frac{3}{4} & -\frac{1}{4} \\ \frac{1}{4} & \frac{1}{4} & -\frac{1}{4} & \frac{3}{4} \end{pmatrix}$$

$$A_2 = \begin{pmatrix} -1 \\ 1 \\ 1 \\ 1 \end{pmatrix} \left(-\frac{1}{4}, -\frac{1}{4}, \frac{1}{4}, \frac{1}{4}\right) = \begin{pmatrix} \frac{1}{4} & \frac{1}{4} & -\frac{1}{4} & \frac{1}{4} \\ -\frac{1}{4} & -\frac{1}{4} & \frac{1}{4} & \frac{1}{4} \\ -\frac{1}{4} & -\frac{1}{4} & \frac{1}{4} & \frac{1}{4} \\ -\frac{1}{4} & -\frac{1}{4} & \frac{1}{4} & \frac{1}{4} \end{pmatrix}$$

于是

$$A = -2A_1 + 2A_2$$

5.4 矩阵的奇异值分解

5.4.1 矩阵的奇异值与奇异值分解

由线性代数知识,我们知道 n 个未知数的线性方程组 $AX=0$ 的基础解系中向量个数等于未知数个数减去矩阵的秩,即 $n-r(A)$,下面我们利用这个结论证明如下引理中的第(1)条.

引理 5.1 设 A 是 $m\times n$(复)矩阵,则

(1) $r(A^HA)=r(AA^H)=r(A)$;

(2) A^HA 和 AA^H 是半正定 Hermite 矩阵;

(3) A^HA 和 AA^H 的非零特征值相同.

证明 (1) 由于 $r(A)=r(A^H)$,则 $r(A)=r(A^HA)$与 $r(A^H)=r(AA^H)$的证明方法完全一样,仅证明 $r(A)=r(A^HA)$.

由线性方程组的相关结论知,齐次线性方程组 $AX=0$ 的基础解系中向量个数(即解空间的维数)等于 A 的列数 n 减去 $r(A)$,同理 $A^HAX=0$ 的基础解系中向量个数等于 A^HA 的列数 n 减去 $r(A^HA)$,若证明齐次线性方程组 $AX=0$ 与 $A^HAX=0$ 同解,则它们的基础解系中向量个数相同,即 $n-r(A)=n-r(A^HA)$,从而 $r(A)=r(A^HA)$. 下面证明 $AX=0$ 与 $A^HAX=0$ 同解.

显然 $AX=0$ 的解是 $A^HAX=0$ 的解. 反之,对 $A^HAX=0$ 的任意解 α,即 $A^HA\alpha=0$,则 $0=\alpha^HA^HA\alpha=(A\alpha)^HA\alpha$,记 $A\alpha=(x_1,x_2,\cdots,x_n)^T$,则

$$(\boldsymbol{A\alpha})^{\mathrm{H}}\boldsymbol{A\alpha} = \bar{x}_1x_1 + \bar{x}_2x_2 + \cdots + \bar{x}_nx_n = 0$$

由于 $\bar{x}_ix_i$ 总是非负数，故 $\bar{x}_ix_i=0\Rightarrow x_i=0$，故 $\boldsymbol{A\alpha}=0$，即 $\boldsymbol{A}^{\mathrm{H}}\boldsymbol{AX}=0$ 的解是 $\boldsymbol{AX}=0$ 的解. 于是得到 $\boldsymbol{AX}=0$ 与 $\boldsymbol{A}^{\mathrm{H}}\boldsymbol{AX}=0$ 同解.

(2) $\boldsymbol{A}^{\mathrm{H}}\boldsymbol{A}$ 和 $\boldsymbol{AA}^{\mathrm{H}}$ 是 Hermite 矩阵是显然的. $\boldsymbol{A}^{\mathrm{H}}\boldsymbol{A}$ 与 $\boldsymbol{AA}^{\mathrm{H}}$ 的半正定的证明方法相同，仅证 $\boldsymbol{A}^{\mathrm{H}}\boldsymbol{A}$ 是半正定，对任意向量 $\boldsymbol{X}$，令 $\boldsymbol{AX}=(x_1,\cdots,x_n)^{\mathrm{T}}$，则

$$\boldsymbol{X}^{\mathrm{H}}\boldsymbol{A}^{\mathrm{H}}\boldsymbol{AX} = \bar{x}_1x_1 + \cdots\bar{x}_nx_n \geqslant 0$$

故 $\boldsymbol{A}^{\mathrm{H}}\boldsymbol{A}$ 是半正定.

(3) 设 λ_0 是矩阵 $\boldsymbol{A}^{\mathrm{H}}\boldsymbol{A}$ 的非零特征值，对应的特征向量为 $\boldsymbol{\alpha}$，即 $\boldsymbol{A}^{\mathrm{H}}\boldsymbol{A\alpha}=\lambda_0\boldsymbol{\alpha}$，于是有

$$\boldsymbol{AA}^{\mathrm{H}}\boldsymbol{A\alpha} = \lambda_0\boldsymbol{A\alpha}$$

若我们验证 $\boldsymbol{A\alpha}\neq0$，则根据特征值和特征向量的定义可知，$\lambda_0$ 是矩阵 $\boldsymbol{AA}^{\mathrm{H}}$ 的特征值，且其对应的特征向量为 $\boldsymbol{A\alpha}$，从而矩阵 $\boldsymbol{A}^{\mathrm{H}}\boldsymbol{A}$ 的非零特征值也是 $\boldsymbol{AA}^{\mathrm{H}}$ 的特征值. 用反证法，若 $\boldsymbol{A\alpha}=0$，则 $\boldsymbol{A}^{\mathrm{H}}\boldsymbol{A\alpha}=0$，进一步地，有 $\lambda_0\boldsymbol{\alpha}=\boldsymbol{A}^{\mathrm{H}}\boldsymbol{A\alpha}=0$，但 $\lambda_0\neq0,\boldsymbol{\alpha}\neq0$，从而 $\lambda_0\boldsymbol{\alpha}\neq0$，矛盾，因此 $\boldsymbol{A\alpha}\neq0$.

同理可证矩阵 $\boldsymbol{AA}^{\mathrm{H}}$ 的非零特征值也是 $\boldsymbol{A}^{\mathrm{H}}\boldsymbol{A}$ 的特征值.

定义 5.4　设 $\boldsymbol{A}$ 是秩为 r 的 $m\times n$(复)矩阵，矩阵 $\boldsymbol{A}^{\mathrm{H}}\boldsymbol{A}$ 的特征值为

$$\lambda_1 \geqslant \lambda_2 \geqslant \cdots \geqslant \lambda_r > \lambda_{r+1} = 0,\cdots,\lambda_n = 0$$

称 $\sigma_i=\sqrt{\lambda_i}(i=1,2,\cdots,n)$ 为 $\boldsymbol{A}$ 的**奇异值**.

例 5.8　求矩阵 $\boldsymbol{A}=\begin{pmatrix}-1 & \mathrm{i}\\ \mathrm{i} & 0\\ 0 & -1\end{pmatrix}$ 的奇异值.

解　显然 $\boldsymbol{A}$ 的秩为 2，先计算 $\boldsymbol{A}^{\mathrm{H}}\boldsymbol{A}$：

$$\boldsymbol{A}^{\mathrm{H}}\boldsymbol{A} = \begin{pmatrix}-1 & -\mathrm{i} & 0\\ -\mathrm{i} & 0 & -1\end{pmatrix}\begin{pmatrix}-1 & \mathrm{i}\\ \mathrm{i} & 0\\ 0 & -1\end{pmatrix} = \begin{pmatrix}2 & -\mathrm{i}\\ \mathrm{i} & 2\end{pmatrix}$$

计算 $\boldsymbol{A}^{\mathrm{H}}\boldsymbol{A}$ 的特征值

$$|\lambda\boldsymbol{E} - \boldsymbol{A}^{\mathrm{H}}\boldsymbol{A}| = \begin{vmatrix}\lambda-2 & \mathrm{i}\\ -\mathrm{i} & \lambda-2\end{vmatrix} = \lambda^2 - 4\lambda + 3 = 0$$

得非零特征值 $\lambda_1=3,\lambda_2=1$，故 $\boldsymbol{A}$ 的奇异值为

$$\sigma_1 = \sqrt{3},\quad \sigma_2 = 1$$

定理 5.5　设 $\boldsymbol{A}$ 是秩为 r 的 $m\times n$(复)矩阵，存在 m 阶酉矩阵 $\boldsymbol{U}$ 及 n 阶酉矩阵 $\boldsymbol{V}$，使

$$\boldsymbol{U}^{\mathrm{H}}\boldsymbol{AV} = \begin{pmatrix}\boldsymbol{\Sigma} & \boldsymbol{O}\\ \boldsymbol{O} & \boldsymbol{O}\end{pmatrix}$$

其中 $\boldsymbol{\Sigma}=\begin{pmatrix}\sigma_1 & \cdots & 0\\ \vdots & \ddots & \vdots\\ 0 & \cdots & \sigma_r\end{pmatrix}$，而 $\sigma_i=\sqrt{\lambda_i}(i=1,2,\cdots,r)$ 为 $\boldsymbol{A}$ 的非零奇异值. 将上式改写为

$$\boldsymbol{A} = \boldsymbol{U}\begin{pmatrix}\boldsymbol{\Sigma} & \boldsymbol{O}\\ \boldsymbol{O} & \boldsymbol{O}\end{pmatrix}\boldsymbol{V}^{\mathrm{H}}$$

称之为 $\boldsymbol{A}$ 的奇异值分解.

证明　由于 $\boldsymbol{A}^{\mathrm{H}}\boldsymbol{A}$ 半正定 Hermite 矩阵，其奇异值 $\sigma_i=\sqrt{\lambda_i}(i=1,2,\cdots,r)$，存在 n 阶酉矩阵 $\boldsymbol{V}$，使

$$\boldsymbol{V}^{\mathrm{H}}(\boldsymbol{A}^{\mathrm{H}}\boldsymbol{A})\boldsymbol{V} = \begin{pmatrix} \boldsymbol{\Sigma}^2 & \boldsymbol{O} \\ \boldsymbol{O} & \boldsymbol{O} \end{pmatrix}$$

对酉矩阵 $\boldsymbol{V}$ 作分块 $\boldsymbol{V}=(\boldsymbol{V}_1,\boldsymbol{V}_2)$，其中 $\boldsymbol{V}_1$ 是 $\boldsymbol{V}$ 的前 r 列，则

$$\begin{pmatrix} \boldsymbol{\Sigma}^2 & \boldsymbol{O} \\ \boldsymbol{O} & \boldsymbol{O} \end{pmatrix} = \begin{bmatrix} \boldsymbol{V}_1^{\mathrm{H}} \\ \boldsymbol{V}_2^{\mathrm{H}} \end{bmatrix} \boldsymbol{A}^{\mathrm{H}}\boldsymbol{A}(\boldsymbol{V}_1,\boldsymbol{V}_2) = \begin{bmatrix} \boldsymbol{V}_1^{\mathrm{H}}\boldsymbol{A}^{\mathrm{H}}\boldsymbol{A}\boldsymbol{V}_1 & \boldsymbol{V}_1^{\mathrm{H}}\boldsymbol{A}^{\mathrm{H}}\boldsymbol{A}\boldsymbol{V}_2 \\ \boldsymbol{V}_2^{\mathrm{H}}\boldsymbol{A}^{\mathrm{H}}\boldsymbol{A}\boldsymbol{V}_1 & \boldsymbol{V}_2^{\mathrm{H}}\boldsymbol{A}^{\mathrm{H}}\boldsymbol{A}\boldsymbol{V}_2 \end{bmatrix}$$

对比分块矩阵的对应位置，得

$$\boldsymbol{V}_1^{\mathrm{H}}\boldsymbol{A}^{\mathrm{H}}\boldsymbol{A}\boldsymbol{V}_1 = \boldsymbol{\Sigma}^2,\quad \boldsymbol{V}_1^{\mathrm{H}}\boldsymbol{A}^{\mathrm{H}}\boldsymbol{A}\boldsymbol{V}_2 = \boldsymbol{O},\quad \boldsymbol{V}_2^{\mathrm{H}}\boldsymbol{A}^{\mathrm{H}}\boldsymbol{A}\boldsymbol{V} = \boldsymbol{O},\quad \boldsymbol{V}_2^{\mathrm{H}}\boldsymbol{A}^{\mathrm{H}}\boldsymbol{A}\boldsymbol{V}_2 = \boldsymbol{O}$$

于是由 $\boldsymbol{O}=\boldsymbol{V}_2^{\mathrm{H}}\boldsymbol{A}^{\mathrm{H}}\boldsymbol{A}\boldsymbol{V}_2=(\boldsymbol{A}\boldsymbol{V}_2)^{\mathrm{H}}\boldsymbol{A}\boldsymbol{V}_2$ 可得 $\boldsymbol{A}\boldsymbol{V}_2=0$，又由 $\boldsymbol{V}_1^{\mathrm{H}}\boldsymbol{A}^{\mathrm{H}}\boldsymbol{A}\boldsymbol{V}_1=\boldsymbol{\Sigma}^2$ 可得

$$\boldsymbol{\Sigma}^{-1}\boldsymbol{V}_1^{\mathrm{H}}\boldsymbol{A}^{\mathrm{H}}\boldsymbol{A}\boldsymbol{V}_1\boldsymbol{\Sigma}^{-1} = \boldsymbol{E}_r$$

令

$$\boldsymbol{A}\boldsymbol{V}_1\boldsymbol{\Sigma}^{-1} = \boldsymbol{U}_1 \Rightarrow \boldsymbol{A}\boldsymbol{V}_1 = \boldsymbol{U}_1\boldsymbol{\Sigma}$$

则 $\boldsymbol{U}_1^{\mathrm{H}}\boldsymbol{U}_1=\boldsymbol{E}_r$，从而 $\boldsymbol{U}_1$ 是 r 个两两正交的单位向量，将它们扩张为 $\mathbb{C}^n$ 的标准正交基，这组标准正交基构成酉阵 $\boldsymbol{U}$，即 $\boldsymbol{U}$ 有分块形式 $\boldsymbol{U}=(\boldsymbol{U}_1,\boldsymbol{U}_2)$，$\boldsymbol{U}_1,\boldsymbol{U}_2$ 正交，即 $\boldsymbol{U}_2^{\mathrm{H}}\boldsymbol{U}_1=\boldsymbol{O}$，于是有

$$\boldsymbol{U}^{\mathrm{H}}\boldsymbol{A}\boldsymbol{V} = \begin{bmatrix} \boldsymbol{U}_1^{\mathrm{H}} \\ \boldsymbol{U}_2^{\mathrm{H}} \end{bmatrix}\boldsymbol{A}(\boldsymbol{V}_1,\boldsymbol{V}_2) = \begin{bmatrix} \boldsymbol{U}_1^{\mathrm{H}}\boldsymbol{A}\boldsymbol{V}_1 & \boldsymbol{U}_1^{\mathrm{H}}\boldsymbol{A}\boldsymbol{V}_2 \\ \boldsymbol{U}_2^{\mathrm{H}}\boldsymbol{A}\boldsymbol{V}_1 & \boldsymbol{U}_2^{\mathrm{H}}\boldsymbol{A}\boldsymbol{V}_2 \end{bmatrix} = \begin{bmatrix} \boldsymbol{U}_1^{\mathrm{H}}\boldsymbol{A}\boldsymbol{V}_1 & \boldsymbol{O} \\ \boldsymbol{U}_2^{\mathrm{H}}\boldsymbol{A}\boldsymbol{V}_1 & \boldsymbol{O} \end{bmatrix}$$

注意到

$$\boldsymbol{U}_1^{\mathrm{H}}\boldsymbol{A}\boldsymbol{V}_1 = \boldsymbol{U}_1^{\mathrm{H}}\boldsymbol{A}\boldsymbol{V}_1\boldsymbol{\Sigma}^{-1}\boldsymbol{\Sigma} = \boldsymbol{U}_1^{\mathrm{H}}\boldsymbol{U}_1\boldsymbol{\Sigma} = \boldsymbol{E}_r\boldsymbol{\Sigma} = \boldsymbol{\Sigma}$$

$$\boldsymbol{U}_2^{\mathrm{H}}\boldsymbol{A}\boldsymbol{V}_1 = \boldsymbol{U}_2^{\mathrm{H}}\boldsymbol{A}\boldsymbol{V}_1\boldsymbol{\Sigma}^{-1}\boldsymbol{\Sigma} = \boldsymbol{U}_2^{\mathrm{H}}\boldsymbol{U}_1\boldsymbol{\Sigma} = \boldsymbol{O}\boldsymbol{\Sigma} = \boldsymbol{O}$$

于是

$$\boldsymbol{U}^{\mathrm{H}}\boldsymbol{A}\boldsymbol{V} = \begin{pmatrix} \boldsymbol{\Sigma} & \boldsymbol{O} \\ \boldsymbol{O} & \boldsymbol{O} \end{pmatrix}$$

□

注意：在矩阵 $\boldsymbol{A}$ 的奇异值分解 $\boldsymbol{A}=\boldsymbol{U}\boldsymbol{D}\boldsymbol{V}^{\mathrm{T}}$ 中，称 $\boldsymbol{V}$ 的列向量为 $\boldsymbol{A}$ 的右奇异向量，而 $\boldsymbol{U}$ 的列向量为 $\boldsymbol{A}$ 的左奇异向量.

5.4.2 奇异值分解的计算

从上述证明过程中可以提炼出求矩阵的奇异值分解的步骤：

(1) 求 $\boldsymbol{A}^{\mathrm{H}}\boldsymbol{A}$ 的特征值 $\lambda_1 \geqslant \cdots \geqslant \lambda_r > \lambda_{r+1}=0,\cdots,\lambda_n=0$，以其奇异值 $\sigma_i=\sqrt{\lambda_i}$ 为对角元构成的对角阵为 $\boldsymbol{\Sigma}$；

(2) 求相应于特征值 $\lambda_1,\cdots,\lambda_r,\cdots,\lambda_n$ 的两两正交的单位特征向量构成 $\boldsymbol{V}=(\boldsymbol{V}_1,\boldsymbol{V}_2)$；

(3) 令 $\boldsymbol{U}_1=\boldsymbol{A}\boldsymbol{V}_1\boldsymbol{\Sigma}^{-1}$，并求 $\boldsymbol{U}_2$，使得 $\boldsymbol{U}=(\boldsymbol{U}_1,\boldsymbol{U}_2)$ 为 m 阶酉矩阵；

(4) $\boldsymbol{A}=\boldsymbol{U}\begin{pmatrix} \boldsymbol{\Sigma} & \boldsymbol{O} \\ \boldsymbol{O} & \boldsymbol{O} \end{pmatrix}\boldsymbol{V}^{\mathrm{H}}$ 或者 $\boldsymbol{A}=\boldsymbol{U}_1\boldsymbol{\Sigma}\boldsymbol{V}_1^{\mathrm{H}}$.

例 5.9 求矩阵 $\boldsymbol{A}=\begin{bmatrix} -1 & \mathrm{i} \\ \mathrm{i} & 0 \\ 0 & -1 \end{bmatrix}$ 的奇异值分解.

解 在例 5.8 中 $\boldsymbol{A}$ 的秩 2，以及 $\boldsymbol{A}^{\mathrm{H}}\boldsymbol{A}=\begin{pmatrix} 2 & -\mathrm{i} \\ \mathrm{i} & 2 \end{pmatrix}$，其非零特征值 $\lambda_1=3,\lambda_2=1$，$\boldsymbol{A}$ 的奇异值为 $\sigma_1=\sqrt{3},\sigma_2=1$，故

$$\boldsymbol{\Sigma} = \begin{bmatrix} \sqrt{3} & 0 \\ 0 & 1 \end{bmatrix}$$

当 $\lambda=3$ 时，其线性无关组的特征向量 $\boldsymbol{\alpha}_1=(-\mathrm{i},1)^{\mathrm{T}}$，单位化得 $\boldsymbol{\eta}_1=\frac{1}{\sqrt{2}}(-\mathrm{i},1)^{\mathrm{T}}$，当 $\lambda=1$ 时，其线性无关组的特征向量 $\boldsymbol{\alpha}_2=(\mathrm{i},1)^{\mathrm{T}}$，单位化得 $\boldsymbol{\eta}_1=\frac{1}{\sqrt{2}}(\mathrm{i},1)^{\mathrm{T}}$. 令

$$\boldsymbol{V}=\begin{pmatrix}-\frac{\mathrm{i}}{\sqrt{2}} & \frac{\mathrm{i}}{\sqrt{2}}\\ \frac{1}{\sqrt{2}} & \frac{1}{\sqrt{2}}\end{pmatrix}$$

计算

$$\boldsymbol{U}_1=\boldsymbol{AV\Sigma}^{-1}=\begin{pmatrix}\frac{2\mathrm{i}}{\sqrt{6}} & 0\\ \frac{1}{\sqrt{6}} & -\frac{1}{\sqrt{2}}\\ -\frac{1}{\sqrt{6}} & -\frac{1}{\sqrt{2}}\end{pmatrix}$$

令 $\boldsymbol{U}_2=\left(\frac{1}{\sqrt{3}},\frac{\mathrm{i}}{\sqrt{3}},-\frac{\mathrm{i}}{\sqrt{3}}\right)^{\mathrm{T}}$，则 $\boldsymbol{U}_1^{\mathrm{H}}\boldsymbol{U}_2=0$，令

$$\boldsymbol{U}=(\boldsymbol{U}_1,\boldsymbol{U}_2)=\begin{pmatrix}\frac{2\mathrm{i}}{\sqrt{6}} & 0 & \frac{1}{\sqrt{3}}\\ \frac{1}{\sqrt{6}} & -\frac{1}{\sqrt{2}} & \frac{\mathrm{i}}{\sqrt{3}}\\ -\frac{1}{\sqrt{6}} & -\frac{1}{\sqrt{2}} & -\frac{\mathrm{i}}{\sqrt{3}}\end{pmatrix}$$

则

$$\boldsymbol{A}=\boldsymbol{U}\begin{pmatrix}\boldsymbol{\Sigma} & \boldsymbol{O}\\ \boldsymbol{O} & \boldsymbol{O}\end{pmatrix}\boldsymbol{V}^{\mathrm{H}}=\begin{pmatrix}\frac{2\mathrm{i}}{\sqrt{6}} & 0 & \frac{1}{\sqrt{3}}\\ \frac{1}{\sqrt{6}} & -\frac{1}{\sqrt{2}} & \frac{\mathrm{i}}{\sqrt{3}}\\ -\frac{1}{\sqrt{6}} & -\frac{1}{\sqrt{2}} & -\frac{\mathrm{i}}{\sqrt{3}}\end{pmatrix}\begin{pmatrix}\sqrt{3} & 0\\ 0 & 1\\ 0 & 0\end{pmatrix}\begin{pmatrix}\frac{\mathrm{i}}{\sqrt{2}} & \frac{1}{\sqrt{2}}\\ -\frac{\mathrm{i}}{\sqrt{2}} & \frac{1}{\sqrt{2}}\end{pmatrix}$$

例 5.10　求矩阵 $\boldsymbol{A}=\begin{pmatrix}1 & -1 & 0\\ 1 & -1 & 0\end{pmatrix}$ 的奇异值分解.

解　显然 $\mathbf{A}^{\mathrm{H}}\mathbf{A}=\begin{pmatrix}2 & -2 & 0\\ -2 & 2 & 0\\ 0 & 0 & 0\end{pmatrix}$，其的特征值为 $\lambda_1=4,\lambda_2=\lambda_3=0$，故 $\mathbf{A}$ 的正奇异值 $\sigma_1=\sqrt{4}=2$. 故 $\boldsymbol{\Sigma}$ 是 1 阶矩阵，即 $\boldsymbol{\Sigma}=2$，而 $\mathbf{A}^{\mathrm{H}}\mathbf{A}$ 关于特征值 $\lambda_1=4$ 线性无关组的特征向量 $\boldsymbol{\alpha}_1=(1,-1,0)^{\mathrm{T}}$，从而其单位特征向量

$$\boldsymbol{\eta}_1=\left(\frac{1}{\sqrt{2}},-\frac{1}{\sqrt{2}},0\right)^{\mathrm{T}}$$

关于特征值 $\lambda_2=\lambda_3=0$ 的两个线性无关正交的单位特征向量是

$$\boldsymbol{\alpha}_2=(1,1,0),\quad \boldsymbol{\alpha}_3=(0,0,1)$$

正交化、单位化得其正交单位特征向量

$$\boldsymbol{\eta}_2 = \left(\frac{1}{\sqrt{2}},\frac{1}{\sqrt{2}},0\right)^{\mathrm{T}}, \quad \boldsymbol{\eta}_3 = (0,0,1)^{\mathrm{T}}$$

故正交矩阵

$$\boldsymbol{V} = \begin{pmatrix} \frac{1}{\sqrt{2}} & \frac{1}{\sqrt{2}} & 0 \\ -\frac{1}{\sqrt{2}} & \frac{1}{\sqrt{2}} & 0 \\ 0 & 0 & 1 \end{pmatrix} = (\boldsymbol{V}_1,\boldsymbol{V}_2)$$

其中 $\boldsymbol{V}_1 = \boldsymbol{\eta}_1 = \left(\frac{1}{\sqrt{2}},-\frac{1}{\sqrt{2}},0\right)^{\mathrm{T}}$. 计算

$$\boldsymbol{U}_1 = \boldsymbol{A}\boldsymbol{V}_1\boldsymbol{\Sigma}^{-1} = \boldsymbol{A} = \begin{pmatrix} 1 & -1 & 0 \\ 1 & -1 & 0 \end{pmatrix}\begin{pmatrix} \frac{1}{\sqrt{2}} \\ -\frac{1}{\sqrt{2}} \\ 0 \end{pmatrix}\frac{1}{2} = \begin{pmatrix} \frac{1}{\sqrt{2}} \\ \frac{1}{\sqrt{2}} \end{pmatrix}$$

取 $\boldsymbol{U}_2 = \left(\frac{1}{\sqrt{2}},-\frac{1}{\sqrt{2}}\right)$，则 $\boldsymbol{U} = (\boldsymbol{U}_1,\boldsymbol{U}_2)$ 是正交矩阵，$\boldsymbol{A}$ 的奇异值分解

$$\boldsymbol{A} = \boldsymbol{U}\begin{pmatrix} \boldsymbol{\Sigma} & \boldsymbol{O} \\ \boldsymbol{O} & \boldsymbol{O} \end{pmatrix}\boldsymbol{V}^{\mathrm{H}} = \begin{pmatrix} \frac{1}{\sqrt{2}} & \frac{1}{\sqrt{2}} \\ \frac{1}{\sqrt{2}} & -\frac{1}{\sqrt{2}} \end{pmatrix}\begin{pmatrix} 2 & 0 & 0 \\ 0 & 0 & 0 \end{pmatrix}\begin{pmatrix} \frac{1}{\sqrt{2}} & -\frac{1}{\sqrt{2}} & 0 \\ \frac{1}{\sqrt{2}} & \frac{1}{\sqrt{2}} & 0 \\ 0 & 0 & 1 \end{pmatrix}$$

5.4.3 奇异值分解与图形压缩

所谓像素就是将图像分成不能分解的小矩形，小矩形的个数就是像素数，每一个小矩形内放置一个色素（就是不同颜色赋予不同的数），也就是不同小矩形放置不同的数字，就是说一个图形就是一个矩阵，例如，手机是 4800 万的像素，就是 8000×6000 的矩阵，如果用手机录像然后传输，会占用很大流量，也会很慢，而现实中，我们先压缩，收到后解压即可，图像压缩采用奇异值分解.

设要传输的数据为 $n \times n$ 矩阵，其奇异值分解为 $\boldsymbol{A} = \boldsymbol{U}\boldsymbol{D}\boldsymbol{V}^{\mathrm{T}}$，其中 $\boldsymbol{D}$ 是按照奇异值从大到小排列的，为了尽量保真又使传输数据少，将特别小的奇异值忽略，不妨用前 m 个奇异值 $\sigma_i(i = 1,2,\cdots,m)$ 和他们的左右奇异向量分别为 $\boldsymbol{u}_i, \boldsymbol{v}_i(i = 1,2,\cdots,m)$，我们只需要传输这些奇异值和左右奇异向量，共传输 $m + 2mn = m(2n+1)$ 个数字即可，这样几乎可以还原原矩阵，称

$$\frac{n^2}{m(2n+1)}$$

为图形压缩比，其倒数称为图形压缩率. 以 512×512（约为 26 万像素）为例，我们取前 50 个奇异值及其左右奇异向量，共传输 51250 数据，压缩比大于 5，可以达到很好的保真性.

5.5　矩阵的 QR 分解

矩阵的 QR 分解在解决最小二乘问题、特征值计算等方面，都是十分重要的.

5.5.1　矩阵的 QR 分解

定义 5.5　对 n 阶复矩阵 $\boldsymbol{A}$，如果存在 n 阶酉矩阵 $\boldsymbol{Q}$ 和 n 阶上三角矩阵 $\boldsymbol{R}$，使得

$$\boldsymbol{A} = \boldsymbol{Q}\boldsymbol{R}$$

则称为 $\boldsymbol{A}$ 的 QR 分解或酉三角分解. 当 $\boldsymbol{A}$ 是实矩阵时，称为 $\boldsymbol{A}$ 的正交三角分解.

定理 5.6　设 $\boldsymbol{A}$ 是 n 可逆复矩阵. 则 $\boldsymbol{A}$ 可唯一地分解为

$$\boldsymbol{A} = \boldsymbol{Q}\boldsymbol{R}$$

其中 $\boldsymbol{Q}$ 是 n 阶酉矩阵，$\boldsymbol{R}$ 是对角元为正的上三角矩阵(称为正线上三角矩阵).

证明　存在性　将矩阵 $\boldsymbol{A}$ 按列分块为 $\boldsymbol{A}=(\boldsymbol{A}_1,\boldsymbol{A}_2,\cdots,\boldsymbol{A}_n)$. 由于 $\boldsymbol{A}$ 可逆，所以 $\boldsymbol{A}_1,\boldsymbol{A}_2,\cdots,\boldsymbol{A}_n$ 线性无关. 用 Schmidt 正交化方法将其正交化：

$$\begin{cases} \boldsymbol{p}_1 = \boldsymbol{A}_1 \\ \boldsymbol{p}_2 = \boldsymbol{A}_2 - \lambda_{12}\boldsymbol{p}_1 \\ \cdots\cdots \\ \boldsymbol{p}_n = \boldsymbol{A}_n - \lambda_{1n}\boldsymbol{p}_1 - \cdots - \lambda_{n-1,n}\boldsymbol{p}_{n-1} \end{cases}$$

其中 $\lambda_{ji}=\dfrac{(\boldsymbol{A}_i,\boldsymbol{p}_j)}{(\boldsymbol{p}_j,\boldsymbol{p}_j)}$. 再将 $\boldsymbol{p}_i(i=1,2,\cdots,n)$ 单位化得

$$\boldsymbol{\eta}_i = \frac{\boldsymbol{p}_i}{|\boldsymbol{p}_i|} \quad (i = 1,2,\cdots,n)$$

记 $a_{ii}=|\boldsymbol{p}_i|, a_{ji}=\lambda_{ji}|\boldsymbol{p}_j|(j=1,\cdots,i-1)$，则有

$$\begin{cases} \boldsymbol{a}_1 = \boldsymbol{p}_1 = a_{11}\boldsymbol{\eta}_1 \\ \boldsymbol{a}_2 = \lambda_{12}\boldsymbol{p}_1 + \boldsymbol{p}_2 = a_{12}\boldsymbol{\eta}_1 + a_{22}\boldsymbol{\eta}_2 \\ \cdots\cdots \\ \boldsymbol{a}_n = \lambda_{1n}\boldsymbol{p}_1 + \cdots + \lambda_{n-1,n}\boldsymbol{p}_{n-1} + \boldsymbol{p}_n = a_{1n}\boldsymbol{\eta}_1 + \cdots + a_{n-1,n}\boldsymbol{\eta}_{n-1} + a_{nn}\boldsymbol{\eta}_n \end{cases}$$

故

$$\boldsymbol{A} = (\boldsymbol{A}_1,\boldsymbol{A}_2,\cdots,\boldsymbol{A}_n) = (\boldsymbol{\eta}_1,\boldsymbol{\eta}_2,\cdots,\boldsymbol{\eta}_n)\begin{pmatrix} a_{11} & a_{12} & \cdots & a_{1n} \\ 0 & a_{22} & \cdots & a_{2n} \\ \vdots & \vdots & \ddots & \vdots \\ 0 & 0 & \cdots & a_{nn} \end{pmatrix} = \boldsymbol{Q}\boldsymbol{R}$$

其中 $\boldsymbol{Q}=(\boldsymbol{\eta}_1,\boldsymbol{\eta}_2,\cdots,\boldsymbol{\eta}_n)$ 是酉矩阵，$\boldsymbol{R}$ 是具有正对角元的上三角矩阵.

唯一性　设 $\boldsymbol{A}$ 有两个 QR 分解

$$\boldsymbol{A} = \boldsymbol{Q}\boldsymbol{R} = \boldsymbol{Q}_1\boldsymbol{R}_1$$

其中 $\boldsymbol{Q},\boldsymbol{Q}_1$ 是酉矩阵，$\boldsymbol{R},\boldsymbol{R}_1$ 是正线上三角矩阵. 于是

$$\boldsymbol{Q} = \boldsymbol{Q}_1\boldsymbol{R}_1\boldsymbol{R}^{-1} = \boldsymbol{Q}_1\boldsymbol{D}$$

式中 $\boldsymbol{D}=\boldsymbol{R}_1\boldsymbol{R}^{-1}$ 仍是正线上三角矩阵.由于

$$\boldsymbol{I} = \boldsymbol{Q}^{\mathrm{H}}\boldsymbol{Q} = (\boldsymbol{Q}_1\boldsymbol{D})^{\mathrm{H}}(\boldsymbol{Q}_1\boldsymbol{D}) = \boldsymbol{D}^{\mathrm{H}}\boldsymbol{D}$$

即 $\boldsymbol{D}$ 还是酉矩阵,所以 $\boldsymbol{D}$ 是单位矩阵(请读者证明之),故

$$\boldsymbol{Q} = \boldsymbol{Q}_1\boldsymbol{D} = \boldsymbol{Q}_1,\quad \boldsymbol{R}_1 = \boldsymbol{D}\boldsymbol{R} = \boldsymbol{R}$$

即这种 QR 分解是唯一的. □

在定理中,如果不要求 $\boldsymbol{R}$ 是正线上三角矩阵,则矩阵 $\boldsymbol{A}$ 的不同 QR 分解仅在于酉矩阵 $\boldsymbol{Q}$ 的列和上三角矩阵 $\boldsymbol{R}$ 的对应行相差模为 1 的因子.这是因为 $\boldsymbol{D}=\boldsymbol{R}_1\boldsymbol{R}^{-1}$ 只保证是可逆的上三角矩阵,已知 $\boldsymbol{D}$ 是酉矩阵,从而 $\boldsymbol{D}$ 是对角元素的模为 1 的对角矩阵.于是

$$\boldsymbol{Q}_1 = \boldsymbol{Q}\boldsymbol{D}^{-1},\quad \boldsymbol{R}_1 = \boldsymbol{D}\boldsymbol{R}$$

可见 $\boldsymbol{Q}_1$ 与 $\boldsymbol{Q}$ 的列,且 $\boldsymbol{R}_1$ 与 $\boldsymbol{R}$ 的对应行相差模为 1 的因子.

定理 5.6 的推证过程,给出了用 Schmidt 正交化方法求可逆矩阵 QR 分解的方法.

例 5.11 已知矩阵 $\boldsymbol{A}=\begin{pmatrix}0 & 3 & 1\\ 0 & 4 & -2\\ 2 & 1 & 2\end{pmatrix}$,求 $\boldsymbol{A}$ 的 QR 分解.

解 利用 Schmidt 正交化方法.设

$$\boldsymbol{A}_1 = (0,0,2)^{\mathrm{T}},\quad \boldsymbol{A}_2 = (3,4,1)^{\mathrm{T}},\quad \boldsymbol{A}_3 = (1,-2,2)^{\mathrm{T}}$$

是 $\boldsymbol{A}$ 的列向量组,$\boldsymbol{A}_1,\boldsymbol{A}_2,\boldsymbol{A}_3$ 线性无关.正交化得

$$\boldsymbol{p}_1 = \boldsymbol{A}_1 = (0,0,2)^{\mathrm{T}},\quad \boldsymbol{p}_2 = \boldsymbol{A}_2 - \frac{1}{2}\boldsymbol{p}_1 = (3,4,0)^{\mathrm{T}}$$

$$\boldsymbol{p}_3 = \boldsymbol{A}_3 - \boldsymbol{p}_1 + \frac{1}{5}\boldsymbol{p}_2 = \left(\frac{8}{5},-\frac{6}{5},0\right)^{\mathrm{T}}$$

再单位化

$$\boldsymbol{\eta}_1 = \frac{1}{2}\boldsymbol{p}_1 = (0,0,1)^{\mathrm{T}},\quad \boldsymbol{\eta}_2 = \frac{1}{5}p_2 = \left(\frac{3}{5},\frac{4}{5},0\right)^{\mathrm{T}}$$

$$\boldsymbol{\eta}_3 = \frac{1}{2}\boldsymbol{p}_3 = \left(\frac{4}{5},-\frac{3}{5},0\right)^{\mathrm{T}}$$

于是

$$\boldsymbol{A}_1 = \boldsymbol{p}_1 = 2\boldsymbol{\eta}_1,\quad \boldsymbol{A}_2 = \frac{1}{2}\boldsymbol{p}_1 + \boldsymbol{p}_2 = \boldsymbol{\eta}_1 + 5\boldsymbol{\eta}_2$$

$$\boldsymbol{A}_3 = \boldsymbol{p}_1 - \frac{1}{5}\boldsymbol{p}_2 + \boldsymbol{p}_3 = 2\boldsymbol{\eta}_1 - \boldsymbol{\eta}_2 + 2\boldsymbol{\eta}_3$$

故 $\boldsymbol{A}$ 的 QR 分解为

$$\boldsymbol{A} = \begin{pmatrix}0 & \frac{3}{5} & \frac{4}{5}\\ 0 & \frac{4}{5} & -\frac{3}{5}\\ 1 & 0 & 0\end{pmatrix}\begin{pmatrix}2 & 1 & 2\\ 0 & 5 & -1\\ 0 & 0 & 2\end{pmatrix}$$

QR 分解有许多应用,例如由于 $\boldsymbol{Q}^{\mathrm{H}}$ 是酉矩阵,向量左乘矩阵 $\boldsymbol{Q}$ 得到的向量的范数与原向量的范数相同,因而可控制计算过程中的误差积累.所以 QR 分解在数值计算中是常用的工具之一.

定理中可逆的条件可以改为列满秩矩阵,证明方法与定理的证明完全相同,这里仅列出结论,请读者自证.

定理 5.7　设 $\boldsymbol{A}$ 是秩为 n 的 $m\times n$ 复矩阵，则 $\boldsymbol{A}$ 可唯一分解为

$$\boldsymbol{A}=\boldsymbol{Q}\boldsymbol{R}$$

其中 $\boldsymbol{Q}$ 是满足 $\boldsymbol{Q}^{\mathrm{H}}\boldsymbol{Q}=\boldsymbol{I}$ 的 $m\times n$ 矩阵，$\boldsymbol{R}$ 是正线上三角矩阵.

下面利用旋转或反射变换，证明任意复方阵均可 QR 分解.

定理 5.8　任意 n 阶复矩阵 $\boldsymbol{A}$ 都可以作 QR 分解.

证明　**证法 1**　将矩阵 $\boldsymbol{A}$ 按列分块为 $\boldsymbol{A}=(\boldsymbol{A}_1,\boldsymbol{A}_2,\cdots,\boldsymbol{A}_n)$，由定理 3.16 知，存在 n 阶旋转矩阵 $\boldsymbol{H}_1$，使得 $\boldsymbol{H}_1\boldsymbol{A}_1=a_1\boldsymbol{e}_1=(a_1,0)^{\mathrm{T}}\in\mathbb{C}^n$，于是

$$\boldsymbol{H}_1\boldsymbol{A}=(\boldsymbol{H}_1\boldsymbol{A}_1,\boldsymbol{H}_1\boldsymbol{A}_2,\cdots,\boldsymbol{H}_1\boldsymbol{A}_n)=\begin{pmatrix}a_1 & * \\ 0 & \boldsymbol{B}_{n-1}\end{pmatrix}$$

其中 $\boldsymbol{B}_{n-1}$ 是 $n-1$ 阶复矩阵.再将 $\boldsymbol{B}_{n-1}$ 按列分块为 $\boldsymbol{B}_{n-1}=(\boldsymbol{B}_2,\cdots,\boldsymbol{B}_n)$，则存在 $n-1$ 阶反射矩阵 $\widetilde{\boldsymbol{H}}_2$，使得 $\widetilde{\boldsymbol{H}}_2\boldsymbol{B}_2=a_2\widetilde{\boldsymbol{e}}_1=(a_2,0,\cdots,0)^{\mathrm{T}}\in\mathbb{C}^{n-1}$.记

$$\boldsymbol{H}_2=\begin{pmatrix}1 & 0^{\mathrm{T}} \\ 0 & \widetilde{\boldsymbol{H}}_2\end{pmatrix}$$

则 $\boldsymbol{H}_2$ 是 n 阶反射矩阵，且有

$$\boldsymbol{H}_2\boldsymbol{H}_1\boldsymbol{A}=\begin{pmatrix}a_1 & * \\ 0 & \boldsymbol{B}_{n-1}\end{pmatrix}=\begin{pmatrix}a_1 & * & * \\ 0 & a_2 & * \\ 0 & 0 & \boldsymbol{C}_{n-2}\end{pmatrix}$$

其中 $\boldsymbol{C}_{n-2}$ 是 $n-2$ 阶复矩阵.继续这一步骤，在第 $n-1$ 步得

$$\boldsymbol{H}_{n-1}\cdots\boldsymbol{H}_2\boldsymbol{H}_1\boldsymbol{A}=\begin{pmatrix}a_1 & & * \\ & \ddots & \\ & & a_n\end{pmatrix}=\boldsymbol{R}$$

其中 $\boldsymbol{H}_k\ (k=1,2,\cdots,n-1)$ 都是 n 阶反射矩阵.注意到 $\boldsymbol{H}_k$ 均是酉阵，则有

$$\boldsymbol{A}=\boldsymbol{H}_1^{\mathrm{H}}\boldsymbol{H}_2^{\mathrm{H}}\cdots\boldsymbol{H}_{n-1}^{\mathrm{H}}\boldsymbol{R}=\boldsymbol{Q}\boldsymbol{R}$$

这里 $\boldsymbol{Q}=\boldsymbol{H}_1^{\mathrm{H}}\boldsymbol{H}_2^{\mathrm{H}}\cdots\boldsymbol{H}_{n-1}^{\mathrm{H}}$ 是酉矩阵，$\boldsymbol{R}$ 是上三角矩阵.

证法 2　将矩阵 $\boldsymbol{A}$ 按列分块 $\boldsymbol{A}=(\boldsymbol{A}_1,\boldsymbol{A}_2,\cdots,\boldsymbol{A}_n)$，由旋转定理 3.17 的推论知，存在 n 阶旋转矩阵 $\boldsymbol{T}_{12},\cdots,\boldsymbol{T}_{1n}$，使得

$$\boldsymbol{T}_{1n}\cdots\boldsymbol{T}_{12}\boldsymbol{A}_1=|\boldsymbol{A}_1|\boldsymbol{e}_1$$

记 $\boldsymbol{T}_1=\boldsymbol{T}_{1n}\cdots\boldsymbol{T}_{12}$ 于是

$$\boldsymbol{T}_1\boldsymbol{A}=(\boldsymbol{T}_1\boldsymbol{A}_1,\boldsymbol{T}_1\boldsymbol{A}_2,\cdots,\boldsymbol{T}_1\boldsymbol{A}_n)=\begin{pmatrix}|\boldsymbol{A}_1| & * \\ 0 & \boldsymbol{B}_{n-1}\end{pmatrix}$$

其中 $\boldsymbol{B}_{n-1}$ 是 $n-1$ 阶复矩阵.再将 $\boldsymbol{B}_{n-1}$ 按列分块为 $\boldsymbol{B}_{n-1}=(\boldsymbol{B}_2,\cdots,\boldsymbol{B}_n)$，则存在 $n-1$ 阶旋转矩阵 $\boldsymbol{T}_{23},\cdots,\boldsymbol{T}_{2n}$，使得 $\boldsymbol{T}_{23},\cdots,\boldsymbol{T}_{2n}\boldsymbol{B}_2=|\boldsymbol{B}_2|\widetilde{\boldsymbol{e}}_1=(|\boldsymbol{B}_2|,0,\cdots,0)^{\mathrm{T}}\in\mathbb{C}^{n-1}$.记

$$\boldsymbol{T}_2=\begin{pmatrix}1 & 0^{\mathrm{T}} \\ 0 & \boldsymbol{T}_{23}\cdots\boldsymbol{T}_{2n}\end{pmatrix}$$

则 $\boldsymbol{T}_2$ 是 n 阶旋转矩阵，且有

$$\boldsymbol{T}_2\boldsymbol{T}_1\boldsymbol{A}=\begin{pmatrix}|\boldsymbol{A}_1| & * \\ 0 & \boldsymbol{B}_{n-1}\end{pmatrix}=\begin{pmatrix}|\boldsymbol{A}_1| & * & * \\ 0 & |\boldsymbol{B}_2| & * \\ 0 & 0 & \boldsymbol{C}_{n-2}\end{pmatrix}$$

其中 $\boldsymbol{C}_{n-2}$ 是 $n-2$ 阶复矩阵.继续这一步骤，在第 $n-1$ 步得

$$T_{n-1}\cdots T_2T_1A=\begin{pmatrix}|A_1| & & * \\ & \ddots & \\ & & a_n\end{pmatrix}=R$$

其中 $T_k(k=1,2,\cdots,n-1)$都是 n 阶旋转矩阵.注意到 T_k 均是酉阵,则有

$$A=T_1^{\mathrm{H}}T_2^{\mathrm{H}}\cdots T_{n-1}^{\mathrm{H}}R=QR$$

这里 $Q=T_1^{\mathrm{H}}T_2^{\mathrm{H}}\cdots T_{n-1}^{\mathrm{H}}$是酉矩阵,$R$ 是上三角矩阵. □

例 5.12 已知矩阵 $A=\begin{pmatrix}0 & 3 & 1\\ 0 & 4 & -2\\ 2 & 1 & 2\end{pmatrix}$,求 A 的 QR 分解.

解法 1 利用反射变换.因为 $a_1=(0,0,2)^{\mathrm{T}}$,取 $\alpha_1=\|a_1\|_2=2$,作单位向量

$$u_1=\frac{a_1-\alpha_1e_1}{\|a_1-\alpha_1e_1\|_2}=\frac{1}{\sqrt{2}}(-1,0,1)^{\mathrm{T}}$$

于是

$$H_1=I-2u_1u_1^{\mathrm{T}}=\begin{pmatrix}0 & 0 & 1\\ 0 & 1 & 0\\ 1 & 0 & 0\end{pmatrix},\quad H_1A=\begin{pmatrix}2 & 1 & 2\\ 0 & 4 & -2\\ 0 & 3 & 1\end{pmatrix}$$

又因 $b_2=(4,3)^{\mathrm{T}}$,取 $\alpha_2=\|b_2\|_2=5$,作单位向量

$$\tilde{u}_2=\frac{b_2-\alpha_2e_1}{\|b_2-\alpha_2e_1\|_2}=\frac{1}{\sqrt{10}}(-1,3)^{\mathrm{T}}$$

于是 $\tilde{H}_2=I-2\tilde{u}_2\tilde{u}_2^{\mathrm{T}}=\frac{1}{5}\begin{pmatrix}4 & 3\\ 3 & -4\end{pmatrix}$,记

$$H_2=\begin{pmatrix}1 & 0^{\mathrm{T}}\\ 0 & \tilde{H}_2\end{pmatrix},\quad H_2H_1A=\begin{pmatrix}2 & 1 & 2\\ 0 & 5 & -1\\ 0 & 0 & -2\end{pmatrix}=R$$

故 A 的 QR 分解为

$$A=(H_1H_2)R=\begin{pmatrix}0 & \frac{3}{5} & -\frac{4}{5}\\ 0 & \frac{4}{5} & \frac{3}{5}\\ 1 & 0 & 0\end{pmatrix}\begin{pmatrix}2 & 1 & 2\\ 0 & 5 & -1\\ 0 & 0 & -2\end{pmatrix}$$

解法 2 利用旋转变换.取 $c_1=0,s_1=1$,则

$$T_{13}=\begin{pmatrix}0 & 0 & 1\\ 0 & 1 & 0\\ -1 & 0 & 0\end{pmatrix},\quad T_{13}A=\begin{pmatrix}2 & 1 & 2\\ 0 & 4 & -2\\ 0 & -3 & -1\end{pmatrix}$$

又取 $c_2=\frac{4}{5},s_2=-\frac{3}{5}$,则

$$T_{23}=\begin{pmatrix}1 & 0 & 0\\ 0 & \frac{4}{5} & -\frac{3}{5}\\ 0 & \frac{3}{5} & \frac{4}{5}\end{pmatrix},\quad T_{23}T_{13}A=\begin{pmatrix}2 & 1 & 2\\ 0 & 5 & -1\\ 0 & 0 & -2\end{pmatrix}=R$$

故 $\boldsymbol{A}$ 的 QR 分解为

$$\boldsymbol{A}=(\boldsymbol{T}_{13}^{\mathrm{T}}\boldsymbol{T}_{23}^{\mathrm{T}})\boldsymbol{R}=\begin{pmatrix}0 & \frac{3}{5} & -\frac{4}{5}\\ 0 & \frac{4}{5} & \frac{3}{5}\\ 1 & 0 & 0\end{pmatrix}\begin{pmatrix}2 & 1 & 2\\ 0 & 5 & -1\\ 0 & 0 & -2\end{pmatrix}$$

5.5.2　方阵特征值的 QR 方法

作为本节结论的应用，给出计算一般方阵求全部特征值的 QR 方法，该方法由 J. G. F. Francis 于 1961 年首先提出，至今被认为是求全部特征值和特征向量非常有效的方法.

设 n 阶矩阵 $\boldsymbol{A}$. 记 $\boldsymbol{A}_1=\boldsymbol{A}$，求 $\boldsymbol{A}_1$ 的 QR 分解 $\boldsymbol{A}_1=\boldsymbol{Q}_1\boldsymbol{R}_1$，则 $\boldsymbol{A}_1=\boldsymbol{Q}_1\boldsymbol{R}_1\boldsymbol{Q}_1\boldsymbol{Q}_1^{-1}$，则 $\boldsymbol{A}_1$ 与 $\boldsymbol{A}_2=\boldsymbol{R}_1\boldsymbol{Q}_1$ 酉相似，再求出 $\boldsymbol{A}_2$ 的 $\boldsymbol{QR}$ 分解 $\boldsymbol{A}_2=\boldsymbol{Q}_2\boldsymbol{R}_2$，同理可得 $\boldsymbol{A}_2$ 与 $\boldsymbol{A}_3=\boldsymbol{R}_2\boldsymbol{Q}_2$ 酉相似，也与 $\boldsymbol{A}_1$ 酉相似；如此一直做下去，一般的迭代格式为

$$\boldsymbol{A}_k=\boldsymbol{Q}_k\boldsymbol{R}_k,\quad \boldsymbol{A}_{k+1}=\boldsymbol{R}_k\boldsymbol{Q}_k\quad(k=1,2,\cdots)$$

其中 $\boldsymbol{Q}_k$ 为酉矩阵，$\boldsymbol{R}_k$ 是上三角矩阵. 这就是 QR 方法. 由上述讨论知，由 QR 方法生成的矩阵序列 $\{\boldsymbol{A}_k\}$ 中每一矩阵都与 $\boldsymbol{A}$ 酉相似，且在一定条件下，当 $k\to+\infty$ 时，$\boldsymbol{A}_k$ 将收敛于一个上三角矩阵，此上三角矩阵的对角元素即为 $\boldsymbol{A}$ 的全部特征值.

5.6　矩阵的广义逆

在大学本科阶段，我们知道只有满足一定条件（即行列式不为零）的方阵才有逆矩阵. 本节的目的是推广逆矩阵概念为广义逆，使得每个矩阵都有广义逆.

5.6.1　广义逆

我们先证明如下定理.

定理 5.9　设 $\boldsymbol{A}$ 是数域 F 上的 $m\times n$ 矩阵，则矩阵方程

$$\boldsymbol{AXA}=\boldsymbol{A}$$

恒有解.

证明　设 $\boldsymbol{A}$ 的秩是 r，则存在 m 阶可逆矩阵 $\boldsymbol{P}$ 和 n 阶可逆矩阵 $\boldsymbol{Q}$，使得

$$\boldsymbol{A}=\boldsymbol{P}\begin{pmatrix}\boldsymbol{E}_r & \boldsymbol{O}\\ \boldsymbol{O} & \boldsymbol{O}\end{pmatrix}\boldsymbol{Q}$$

将之代入矩阵方程 $\boldsymbol{AXA}=\boldsymbol{A}$，得

$$\boldsymbol{P}\begin{pmatrix}\boldsymbol{E}_r & \boldsymbol{O}\\ \boldsymbol{O} & \boldsymbol{O}\end{pmatrix}\boldsymbol{QXP}\begin{pmatrix}\boldsymbol{E}_r & \boldsymbol{O}\\ \boldsymbol{O} & \boldsymbol{O}\end{pmatrix}\boldsymbol{Q}=\boldsymbol{P}\begin{pmatrix}\boldsymbol{E}_r & \boldsymbol{O}\\ \boldsymbol{O} & \boldsymbol{O}\end{pmatrix}\boldsymbol{Q}$$

对 $\boldsymbol{QXP}$ 作分块，以及 $\boldsymbol{P},\boldsymbol{Q}$ 可逆，于是矩阵方程等价于

$$\begin{pmatrix}\boldsymbol{E}_r & \boldsymbol{O}\\ \boldsymbol{O} & \boldsymbol{O}\end{pmatrix}\begin{pmatrix}\boldsymbol{X}_{11} & \boldsymbol{X}_{12}\\ \boldsymbol{X}_{21} & \boldsymbol{X}_{22}\end{pmatrix}\begin{pmatrix}\boldsymbol{E}_r & \boldsymbol{O}\\ \boldsymbol{O} & \boldsymbol{O}\end{pmatrix}=\begin{pmatrix}\boldsymbol{X}_{11} & \boldsymbol{O}\\ \boldsymbol{O} & \boldsymbol{O}\end{pmatrix}=\begin{pmatrix}\boldsymbol{E}_r & \boldsymbol{O}\\ \boldsymbol{O} & \boldsymbol{O}\end{pmatrix}$$

于是 $\boldsymbol{X}_{11}=\boldsymbol{E}_r$,即

$$\boldsymbol{X}=\boldsymbol{Q}^{-1}\begin{pmatrix}\boldsymbol{E}_r & \boldsymbol{X}_{12}\\ \boldsymbol{X}_{21} & \boldsymbol{X}_{22}\end{pmatrix}\boldsymbol{P}^{-1}$$

就是矩阵方程 $\boldsymbol{AXA}=\boldsymbol{A}$ 的解,这里 $\boldsymbol{X}_{12}$是任意 $r\times(m-r)$矩阵,$\boldsymbol{X}_{21}$是任意$(n-r)\times r$ 矩阵,以及 $\boldsymbol{X}_{22}$是任意$(n-r)\times(m-r)$矩阵. □

从定理的证明可以看出:

(1) 当矩阵 $\boldsymbol{A}$ 是方阵且可逆时,$\boldsymbol{E}_r=\boldsymbol{E}$,从而 $\boldsymbol{A}=\boldsymbol{PQ}$,$\boldsymbol{X}=\boldsymbol{Q}^{-1}\boldsymbol{P}^{-1}=\boldsymbol{A}^{-1}$;

(2) 证明过程给出如何求解矩阵方程 $\boldsymbol{AXA}=\boldsymbol{A}$;

(3) $\boldsymbol{A}$ 不是行满秩或列满秩矩阵时,$\boldsymbol{AXA}=\boldsymbol{A}$ 的解 $\boldsymbol{X}$ 有无穷个.

例 5.13 设

$$\boldsymbol{A}=\begin{pmatrix}1 & 2 & 1\\ -1 & -3 & 1\end{pmatrix}$$

解矩阵方程 $\boldsymbol{AXA}=\boldsymbol{A}$.

解 显然 $\boldsymbol{A}$ 的秩是 2,下面求可逆矩阵 $\boldsymbol{P},\boldsymbol{Q}$.

$$(\boldsymbol{A},\boldsymbol{E})=\begin{pmatrix}1 & 2 & 1 & 1 & 0\\ -1 & -3 & 1 & 0 & 1\end{pmatrix}\Rightarrow\begin{pmatrix}1 & 0 & 5 & 3 & 2\\ 0 & 1 & -2 & -1 & -1\end{pmatrix}$$

以及

$$\begin{pmatrix}1 & 0 & 5\\ 0 & 1 & -2\\ 1 & 0 & 0\\ 0 & 1 & 0\\ 0 & 0 & 1\end{pmatrix}\Rightarrow\begin{pmatrix}1 & 0 & 0\\ 0 & 1 & 0\\ 1 & 0 & -5\\ 0 & 1 & 2\\ 0 & 0 & 1\end{pmatrix}$$

于是

$$\boldsymbol{P}^{-1}=\begin{pmatrix}3 & 2\\ -1 & -1\end{pmatrix},\quad \boldsymbol{Q}^{-1}=\begin{pmatrix}1 & 0 & -5\\ 0 & 1 & 2\\ 0 & 0 & 1\end{pmatrix}$$

则

$$\boldsymbol{A}=\boldsymbol{P}\begin{pmatrix}1 & 0 & 0\\ 0 & 1 & 0\end{pmatrix}\boldsymbol{Q}$$

矩阵方程 $\boldsymbol{AXA}=\boldsymbol{A}$ 的解

$$\boldsymbol{X}=\boldsymbol{Q}^{-1}\begin{pmatrix}1 & 0\\ 0 & 1\\ x & y\end{pmatrix}\boldsymbol{P}^{-1}=\begin{pmatrix}3-15x+5y & 2-10x+5y\\ -2+6x-2y & -1+4x-2y\\ x & y\end{pmatrix}$$

于是引出如下的定义.

定义 5.6 设 $\boldsymbol{A}$ 是数域F 上的 $m\times n$ 矩阵,则矩阵方程 $\boldsymbol{AXA}=\boldsymbol{A}$ 的解 $\boldsymbol{X}$ 称为矩阵$\boldsymbol{A}$ 的广义逆或$\boldsymbol{A}$ 的减逆,记为 $\boldsymbol{A}^-$有无穷多个.

由上定理可知,任意矩阵 $\boldsymbol{A}$ 的广义逆$\boldsymbol{A}^-$总是存在的,从定理的证明中可以看出,在一般情况下矩阵 $\boldsymbol{A}$ 的广义逆$\boldsymbol{A}^-$有无穷多个.

例 5.14 设 $\boldsymbol{A}$ 是$m\times n$ 矩阵,$\boldsymbol{B}$ 是$m\times s$ 矩阵,证明:线性方程组 $\boldsymbol{AX}=\boldsymbol{B}$ 有解的充要条件 $\boldsymbol{B}=\boldsymbol{AA}^-\boldsymbol{B}$,其中 $\boldsymbol{A}^-$ 是 $\boldsymbol{A}$ 的广义逆.

证明　设方程 $\boldsymbol{AX}=\boldsymbol{B}$ 有解，其解为 $\boldsymbol{X}_0$，即 $\boldsymbol{B}=\boldsymbol{AX}_0$，又 $\boldsymbol{A}$ 的广义逆 $\boldsymbol{A}^-$ 满足等式 $\boldsymbol{AXA}=\boldsymbol{A}$，即 $\boldsymbol{AA}^-\boldsymbol{A}=\boldsymbol{A}$，于是

$$\boldsymbol{B}=\boldsymbol{AX}_0=\boldsymbol{AA}^-\boldsymbol{AX}_0=\boldsymbol{AA}^-\boldsymbol{B}$$

反之，设 $\boldsymbol{B}=\boldsymbol{AA}^-\boldsymbol{B}$，显然 $\boldsymbol{X}=\boldsymbol{A}^-\boldsymbol{B}$ 是方程组 $\boldsymbol{AX}=\boldsymbol{B}$.

从上题的证明中可知：非齐次线性方程组 $\boldsymbol{AX}=\boldsymbol{B}(\boldsymbol{B}\neq\boldsymbol{O})$ 有解时，若设 $\boldsymbol{A}^-$ 是 $\boldsymbol{A}$ 的广义逆，则 $\boldsymbol{X}=\boldsymbol{A}^-\boldsymbol{B}$ 是方程组的解，下面我们说，方程组的通解可表示为 $\boldsymbol{X}=\boldsymbol{A}^-\boldsymbol{B}$，这里 $\boldsymbol{A}^-$ 是矩阵 $\boldsymbol{A}$ 的任意一个广义逆. 事实上，设 $\boldsymbol{AX}_0=\boldsymbol{B}$ 的任意给定解 $\boldsymbol{X}_0$，下面将 $\boldsymbol{X}_0$ 表示为 $\boldsymbol{X}=\boldsymbol{A}^-\boldsymbol{B}$ 的形式. 设 $\boldsymbol{A}$ 的秩为 r，存在可逆矩阵 $\boldsymbol{P},\boldsymbol{Q}$，使得 $\boldsymbol{A}=\boldsymbol{P}\begin{pmatrix}\boldsymbol{E}_r & \boldsymbol{O}\\ \boldsymbol{O} & \boldsymbol{O}\end{pmatrix}\boldsymbol{Q}$，代入，可得

$$\begin{pmatrix}\boldsymbol{E}_r & \boldsymbol{O}\\ \boldsymbol{O} & \boldsymbol{O}\end{pmatrix}\boldsymbol{QX}_0=\boldsymbol{P}^{-1}\boldsymbol{B}$$

作适当分块，令 $\boldsymbol{QX}_0=\begin{pmatrix}\boldsymbol{Y}_1\\ \boldsymbol{Y}_2\end{pmatrix}$，$\boldsymbol{P}^{-1}\boldsymbol{B}=\begin{pmatrix}\boldsymbol{Z}_1\\ \boldsymbol{Z}_2\end{pmatrix}$，于是有 $\boldsymbol{Y}_1=\boldsymbol{Z}_1$，$\boldsymbol{Z}_2=\boldsymbol{O}$，注意到，$\boldsymbol{B}\neq\boldsymbol{O}$，而 $\boldsymbol{P}$ 可逆，因而 $\boldsymbol{P}^{-1}\boldsymbol{B}\neq\boldsymbol{O}\Rightarrow\boldsymbol{Z}_1\neq\boldsymbol{O}$，设 $\boldsymbol{Z}_1$ 的第 i 个分量 $\boldsymbol{c}_i$ 不为零，令

$$\boldsymbol{C}=(\cdots,\boldsymbol{c}_i^{-1}\boldsymbol{Y}_2,\cdots)$$

的 $(m-r)\times r$ 的第 i 列是 $\boldsymbol{c}_i^{-1}\boldsymbol{Y}_2$，其余列为 0 的矩阵，令

$$\boldsymbol{A}^-=\boldsymbol{Q}^{-1}\begin{pmatrix}\boldsymbol{E}_r & \boldsymbol{O}\\ \boldsymbol{C} & \boldsymbol{O}\end{pmatrix}\boldsymbol{P}^{-1}$$

则

$$\boldsymbol{A}^-\boldsymbol{B}=\boldsymbol{Q}^{-1}\begin{pmatrix}\boldsymbol{E}_r & \boldsymbol{O}\\ \boldsymbol{C} & \boldsymbol{O}\end{pmatrix}\boldsymbol{P}^{-1}\boldsymbol{B}=\boldsymbol{Q}^{-1}\begin{pmatrix}\boldsymbol{E}_r & \boldsymbol{O}\\ \boldsymbol{C} & \boldsymbol{O}\end{pmatrix}\begin{pmatrix}\boldsymbol{Z}_1\\ \boldsymbol{Z}_2\end{pmatrix}=\boldsymbol{Q}^{-1}\begin{pmatrix}\boldsymbol{Z}_1\\ \boldsymbol{Y}_2\end{pmatrix}=\boldsymbol{Q}^{-1}\begin{pmatrix}\boldsymbol{Y}_1\\ \boldsymbol{Y}_2\end{pmatrix}=\boldsymbol{Q}^{-1}\boldsymbol{QX}_0=\boldsymbol{X}_0$$

从以上讨论可知，利用矩阵的广义逆来讨论线性方程组的解是非常方便的，而且通解的形式特别简洁.

5.6.2　Moore-Penrose 广义逆

矩阵的广义逆不只是上面所说的一种类型. 还有许多其他类型的广义逆. 下面讨论矩阵的 Moore-Penrose 广义逆.

定理 5.10　对任意给定的 $m\times n$ 矩阵 $\boldsymbol{A}$，下列方程组：

$$(\text{Penrose})\begin{cases}\boldsymbol{AXA}=\boldsymbol{A} & (1)\\ \boldsymbol{XAX}=\boldsymbol{X} & (2)\\ (\boldsymbol{AX})^{\mathrm{H}}=\boldsymbol{AX} & (3)\\ (\boldsymbol{XA})^{\mathrm{H}}=\boldsymbol{XA} & (4)\end{cases}$$

有唯一解.

证明　设 $\boldsymbol{A}$ 的秩是 r，则存在 m 阶可逆矩阵 $\boldsymbol{P}$ 和 n 阶可逆矩阵 $\boldsymbol{Q}$，使得

$$\boldsymbol{A}=\boldsymbol{P}\begin{pmatrix}\boldsymbol{E}_r & \boldsymbol{O}\\ \boldsymbol{O} & \boldsymbol{O}\end{pmatrix}\boldsymbol{Q}=\boldsymbol{FG}$$

其中 $\boldsymbol{A}=\boldsymbol{FG}$ 是 $\boldsymbol{A}$ 的满秩分解，$\boldsymbol{P}=(\boldsymbol{F},\boldsymbol{F}_1)$，$\boldsymbol{Q}=\begin{pmatrix}\boldsymbol{G}\\ \boldsymbol{G}_1\end{pmatrix}$. 对 $\boldsymbol{QXP}$，$\boldsymbol{P}^{\mathrm{T}}\boldsymbol{P}$，$\boldsymbol{QQ}^{\mathrm{T}}$ 作适当分块，以便可以和 $\begin{pmatrix}\boldsymbol{E}_r & \boldsymbol{O}\\ \boldsymbol{O} & \boldsymbol{O}\end{pmatrix}$ 作分块矩阵乘法，令

$$\boldsymbol{QXP}=\begin{bmatrix}\boldsymbol{X}_{11} & \boldsymbol{X}_{12}\\ \boldsymbol{X}_{21} & \boldsymbol{X}_{22}\end{bmatrix},\quad \boldsymbol{P}^{\mathrm{T}}\boldsymbol{P}=\begin{bmatrix}\boldsymbol{R}_{11} & \boldsymbol{R}_{12}\\ \boldsymbol{R}_{21} & \boldsymbol{R}_{22}\end{bmatrix},\quad \boldsymbol{QQ}^{\mathrm{T}}=\begin{bmatrix}\boldsymbol{S}_{11} & \boldsymbol{S}_{12}\\ \boldsymbol{S}_{21} & \boldsymbol{S}_{22}\end{bmatrix}$$

经简单计算,$\boldsymbol{R}_{11}=\boldsymbol{F}^{\mathrm{H}}\boldsymbol{F},\boldsymbol{S}_{11}=\boldsymbol{GG}^{\mathrm{H}}$.由于 $r(\boldsymbol{F}^{\mathrm{H}}\boldsymbol{F})=r(\boldsymbol{F})=r$,故 $\boldsymbol{R}_{11}$ 可逆,同样 $\boldsymbol{S}_{11}$ 可逆,代入经计算得

$$\begin{pmatrix}\boldsymbol{X}_{11} & \boldsymbol{O}\\ \boldsymbol{O} & \boldsymbol{O}\end{pmatrix}=\begin{pmatrix}\boldsymbol{E}_r & \boldsymbol{O}\\ \boldsymbol{O} & \boldsymbol{O}\end{pmatrix}\Rightarrow\boldsymbol{X}_{11}=\boldsymbol{E}_r$$

$$\begin{bmatrix}\boldsymbol{E}_r & \boldsymbol{X}_{12}\\ \boldsymbol{X}_{21} & \boldsymbol{X}_{21}\boldsymbol{X}_{12}\end{bmatrix}=\begin{bmatrix}\boldsymbol{X}_{11} & \boldsymbol{X}_{12}\\ \boldsymbol{X}_{21} & \boldsymbol{X}_{22}\end{bmatrix}\Rightarrow\boldsymbol{X}_{21}\boldsymbol{X}_{12}=\boldsymbol{X}_{22}$$

$$\begin{bmatrix}\boldsymbol{R}_{11} & \boldsymbol{R}_{12}\\ \boldsymbol{X}_{12}^{\mathrm{T}}\boldsymbol{R}_{11} & \boldsymbol{X}_{12}^{\mathrm{T}}\boldsymbol{R}_{21}\end{bmatrix}=\begin{bmatrix}\boldsymbol{R}_{11} & \boldsymbol{R}_{11}\boldsymbol{X}_{12}\\ \boldsymbol{R}_{21} & \boldsymbol{R}_{21}\boldsymbol{X}_{12}\end{bmatrix}\Rightarrow\boldsymbol{X}_{12}=\boldsymbol{R}_{11}^{-1}R_{12}$$

$$\begin{bmatrix}\boldsymbol{S}_{11} & \boldsymbol{S}_{11}\boldsymbol{X}_{21}^{\mathrm{T}}\\ \boldsymbol{S}_{21} & \boldsymbol{S}_{21}\boldsymbol{X}_{21}^{\mathrm{T}}\end{bmatrix}=\begin{bmatrix}\boldsymbol{S}_{11} & \boldsymbol{S}_{12}\\ \boldsymbol{X}_{21}\boldsymbol{S}_{11} & \boldsymbol{X}_{21}\boldsymbol{S}_{12}\end{bmatrix}\Rightarrow\boldsymbol{X}_{21}=\boldsymbol{S}_{21}\boldsymbol{S}_{11}^{-1}$$

于是

$$\begin{aligned}\boldsymbol{X}&=\boldsymbol{Q}^{-1}\begin{bmatrix}\boldsymbol{E}_r & \boldsymbol{R}_{11}^{-1}\boldsymbol{R}_{12}\\ \boldsymbol{S}_{21}\boldsymbol{S}_{11}^{-1} & \boldsymbol{S}_{21}\boldsymbol{S}_{11}^{-1}\boldsymbol{R}_{11}^{-1}\boldsymbol{R}_{12}\end{bmatrix}\boldsymbol{P}^{-1}=\boldsymbol{Q}^{-1}\begin{bmatrix}\boldsymbol{E}_r\\ \boldsymbol{S}_{21}\boldsymbol{S}_{11}^{-1}\end{bmatrix}(\boldsymbol{E}_r,\boldsymbol{R}_{11}^{-1}\boldsymbol{R}_{12})\boldsymbol{P}^{-1}\\
&=\boldsymbol{Q}^{-1}\begin{pmatrix}\boldsymbol{S}_{11}\\ \boldsymbol{S}_{21}\end{pmatrix}\boldsymbol{S}_{11}^{-1}\boldsymbol{R}_{11}^{-1}(\boldsymbol{R}_{11},\boldsymbol{R}_{12})\boldsymbol{P}^{-1}=\boldsymbol{Q}^{-1}\begin{bmatrix}\boldsymbol{S}_{11} & \boldsymbol{S}_{12}\\ \boldsymbol{S}_{21} & \boldsymbol{S}_{22}\end{bmatrix}\begin{pmatrix}\boldsymbol{E}_r\\ \boldsymbol{O}\end{pmatrix}\boldsymbol{S}_{11}^{-1}\boldsymbol{R}_{11}^{-1}(\boldsymbol{E}_r,\boldsymbol{O})\begin{bmatrix}\boldsymbol{R}_{11} & \boldsymbol{R}_{12}\\ \boldsymbol{R}_{21} & \boldsymbol{R}_{22}\end{bmatrix}\boldsymbol{P}^{-1}\\
&=\boldsymbol{Q}^{-1}(\boldsymbol{QQ}^{\mathrm{H}})\begin{pmatrix}\boldsymbol{E}_r\\ \boldsymbol{O}\end{pmatrix}\boldsymbol{S}_{11}^{-1}\boldsymbol{R}_{11}^{-1}(\boldsymbol{E}_r,\boldsymbol{O})(\boldsymbol{P}^{\mathrm{H}}\boldsymbol{P})\boldsymbol{P}^{-1}=\boldsymbol{Q}^{\mathrm{T}}\begin{pmatrix}\boldsymbol{E}_r\\ \boldsymbol{O}\end{pmatrix}\boldsymbol{S}_{11}^{-1}\boldsymbol{R}_{11}^{-1}(\boldsymbol{E}_r,\boldsymbol{O})\boldsymbol{P}^{\mathrm{T}}\\
&=\boldsymbol{G}^{\mathrm{H}}(\boldsymbol{GG}^{\mathrm{H}})^{-1}(\boldsymbol{F}^{\mathrm{H}}\boldsymbol{F})^{-1}\boldsymbol{F}^{\mathrm{H}}\end{aligned}$$

从而满足方程组的解存在.

如果 $\boldsymbol{X}_1,\boldsymbol{X}_2$ 均是方程组(Penrose)的解,则

$$\begin{aligned}\boldsymbol{X}_1^{(2)}&=\boldsymbol{X}_1\boldsymbol{AX}_1^{(1)}=\boldsymbol{X}_1(\boldsymbol{AX}_2\boldsymbol{A})\boldsymbol{X}_1=\boldsymbol{X}_1(\boldsymbol{AX}_2)(\boldsymbol{AX}_1)^{(3)}=\boldsymbol{X}_1(\boldsymbol{AX}_2)^{\mathrm{H}}(\boldsymbol{AX}_1)^{\mathrm{H}}\\
&=\boldsymbol{X}_1(\boldsymbol{AX}_1\boldsymbol{AX}_2)^{\mathrm{H}}=\boldsymbol{X}_1((\boldsymbol{AX}_1\boldsymbol{A})\boldsymbol{X}_2)^{\mathrm{H}(1)}=\boldsymbol{X}_1(\boldsymbol{AX}_2)^{\mathrm{H}}=\boldsymbol{X}_1\boldsymbol{AX}_2\end{aligned}$$

以及

$$\begin{aligned}\boldsymbol{X}_1^{(2)}&=\boldsymbol{X}_2\boldsymbol{AX}_2^{(1)}=\boldsymbol{X}_2(\boldsymbol{AX}_1\boldsymbol{A})\boldsymbol{X}_2=(\boldsymbol{X}_2\boldsymbol{A})(\boldsymbol{X}_1\boldsymbol{A})\boldsymbol{X}_2^{(4)}=(\boldsymbol{X}_2\boldsymbol{A})^{\mathrm{H}}(\boldsymbol{X}_1\boldsymbol{A})^{\mathrm{H}}\boldsymbol{X}_2\\
&=(\boldsymbol{X}_1\boldsymbol{AX}_2\boldsymbol{A})^{\mathrm{H}}\boldsymbol{X}_2=(\boldsymbol{X}_1(\boldsymbol{AX}_2\boldsymbol{A}))^{\mathrm{H}}\boldsymbol{X}_2^{(1)}=(\boldsymbol{X}_1\boldsymbol{A})^{\mathrm{H}}\boldsymbol{X}_2^{(4)}=\boldsymbol{X}_1\boldsymbol{AX}_2\end{aligned}$$

从而 $\boldsymbol{X}_1=\boldsymbol{X}_2$. □

定义 5.7 对任意给定的 $m\times n$ 矩阵 $\boldsymbol{A}$,称 Penrose 方程组的解 $\boldsymbol{X}$ 称为矩阵 $\boldsymbol{A}$ 的 Moore-Penrose 广义逆,记为 $\boldsymbol{A}^+$.

注意:(1) 显然当 $\boldsymbol{A}$ 为 n 阶可逆方阵时,Penrose 方程组的解就是 $\boldsymbol{A}^{-1}$,故此时 $\boldsymbol{A}^+=\boldsymbol{A}^{-1}$.

(2) 上定理表明,对任意给定的 $m\times n$ 矩阵 $\boldsymbol{A}$,它的 Moore-Penrose 广义逆 $\boldsymbol{A}^+$ 总是存在且唯一.

(3) 定理的证明中给出 Moore-Penrose 广义逆 $\boldsymbol{A}^+$,即若 $\boldsymbol{A}=\boldsymbol{FG}$ 是 $\boldsymbol{A}$ 的满秩分解,则 Moore-Penrose 广义逆 $\boldsymbol{A}^+$ 为

$$\boldsymbol{A}^+=\boldsymbol{G}^{\mathrm{H}}(\boldsymbol{GG}^{\mathrm{H}})^{-1}(\boldsymbol{F}^{\mathrm{H}}\boldsymbol{F})^{-1}\boldsymbol{F}^{\mathrm{H}}$$

广义逆的概念早在 1920 年即已出现.1935 年,E. H. Moore 做了系统的研究.但是,由于当时应用不广,故有湮没的危险.直到 1955 年,R. Penrose 又重新研究了广义逆.由于近

年来广义逆的应用日趋广泛，特别是在数理统计和计算数学等的应用，它才引起普遍重视.有兴趣的读者可以参阅有关专著(例如，I. Ben 的名著 *Generalized Inverses*)，这里就不深入介绍了.

另外：设 $\boldsymbol{A}$ 是 $m\times n$ 矩阵，而

$$\boldsymbol{A}=\boldsymbol{U}\begin{pmatrix}\boldsymbol{\Sigma} & \boldsymbol{O}\\ \boldsymbol{O} & \boldsymbol{O}\end{pmatrix}\boldsymbol{V}$$

是矩阵 $\boldsymbol{A}$ 的奇异值分解，其中 $\boldsymbol{U}$ 是 m 阶酉阵，$\boldsymbol{V}$ 是 n 阶酉阵，则容易验证

$$\boldsymbol{A}^{+}=\boldsymbol{V}^{\mathrm{H}}\begin{pmatrix}\boldsymbol{\Sigma}^{-1} & \boldsymbol{O}\\ \boldsymbol{O} & \boldsymbol{O}\end{pmatrix}\boldsymbol{U}^{\mathrm{H}}$$

也是 $\boldsymbol{A}$ 的 Moore-Penrose 广义逆 $\boldsymbol{A}^{+}$. 由于 Moore-Penrose 广义逆是唯一的，也就是说，用奇异值分解得到的 Moore-Penrose 广义逆与用满秩分解得到的 Moore-Penrose 广义逆是同一个矩阵.

习　题　5

三角分解

1. 判断下列矩阵可否三角分解，并说明理由：

(1) $\boldsymbol{A}=\begin{pmatrix}1&3\\1&1\end{pmatrix}$；　(2) $\boldsymbol{B}=\begin{pmatrix}0&1&2\\3&3&3\\1&5&1\end{pmatrix}$；　(3) $\boldsymbol{A}=\begin{pmatrix}2&3&-2\\-1&0&0\\-1&2&0\end{pmatrix}$.

2. 求下列矩阵的 Doolittle 分解：

(1) $\boldsymbol{B}=\begin{pmatrix}1&1&2\\3&5&3\\1&5&0\end{pmatrix}$；　(2) $\boldsymbol{A}=\begin{pmatrix}2&3&-2\\-1&5&0\\-1&2&0\end{pmatrix}$；　(3) $\boldsymbol{A}=\begin{pmatrix}1&2&3&-1\\2&-1&9&-7\\-3&4&-3&19\\4&-1&6&-21\end{pmatrix}$.

3. 求下列矩阵的 Crout 分解：

(1) $\boldsymbol{A}=\begin{pmatrix}1&3\\2&1\end{pmatrix}$；　(2) $\boldsymbol{B}=\begin{pmatrix}1&1&2\\3&5&3\\1&5&0\end{pmatrix}$；　(3) $\boldsymbol{A}=\begin{pmatrix}2&3&-2\\-1&5&0\\-1&2&0\end{pmatrix}$.

4. 求下列矩阵的 Cholesky 分解：

(1) $\boldsymbol{A}=\begin{pmatrix}1&2\\2&5\end{pmatrix}$；　(2) $\boldsymbol{B}=\begin{pmatrix}4&2&-1\\2&7&3\\-1&3&5\end{pmatrix}$；　(3) $\boldsymbol{A}=\begin{pmatrix}2&-1&-2\\-1&5&0\\-2&0&7\end{pmatrix}$.

5. 用矩阵的 Doolittle 分解的方法解线性方程组 $\boldsymbol{AX}=\boldsymbol{b}$：

(1) $\boldsymbol{A}=\begin{pmatrix}1&1&2\\3&5&3\\1&5&0\end{pmatrix}$，$\boldsymbol{b}=\begin{pmatrix}2\\-1\\3\end{pmatrix}$；　(2) $\boldsymbol{A}=\begin{pmatrix}1&2&3&-1\\2&-1&9&-7\\-3&4&-3&19\\4&-1&6&-21\end{pmatrix}$，$\boldsymbol{b}=\begin{pmatrix}0\\1\\4\\-3\end{pmatrix}$.

6. 用追赶法解三线形方程组：

(1) $\begin{cases} 2x_1+x_2=2 \\ 4x_1+4x_2+x_3=8 \\ 4x_2+4x_3+x_4=15 \\ 4x_3+4x_4=20 \end{cases}$；　　(2) $\begin{cases} 2x_1+0.5x_2=3.5 \\ 0.2x_1+2x_2+0.8x_3=2.2 \\ 0.4x_2+2x_3+0.6x_4=1.5 \\ 0.3x_3+2x_4+0.6x_5=3.2 \\ 0.3x_4+x_5=1.2 \end{cases}$.

满秩分解

7. 求下列矩阵的满秩分解：

(1) $\boldsymbol{A}=\begin{pmatrix} 1 & 1 & 2 & 2 \\ -1 & 1 & 2 & -4 \\ 1 & 4 & 8 & 2 \end{pmatrix}$；　　(2) $\boldsymbol{A}=\begin{pmatrix} 1 & 4 & -1 & 5 & 6 \\ 2 & 0 & 0 & 0 & -14 \\ -1 & 2 & -4 & 0 & 1 \\ 2 & 6 & -5 & 5 & -7 \end{pmatrix}$.

8. 求下列矩阵的满秩分解：

(1) $\boldsymbol{A}=\begin{pmatrix} 1 & -1 & 2 & 3 \\ -1 & 0 & -1 & 0 \\ 3 & 2 & -1 & -6 \\ 0 & -1 & 1 & 3 \end{pmatrix}$；　　(2) $\boldsymbol{A}=\begin{pmatrix} 1 & 1 & -2 & 3 & 1 \\ 2 & 5 & -1 & 4 & 1 \\ 1 & 3 & -1 & 2 & 1 \end{pmatrix}$.

9. 求下列矩阵的满秩分解：

(1) $\boldsymbol{A}=\begin{pmatrix} 1 & 3 & 2 & 1 & 4 \\ 2 & 6 & 1 & 0 & 7 \\ 3 & 9 & 3 & 1 & 11 \end{pmatrix}$；　　(2) $\boldsymbol{A}=\begin{pmatrix} 1 & 2 & 0 & 1 & 1 & 10 \\ 3 & 6 & 1 & 4 & 2 & 36 \\ 2 & 4 & 0 & 2 & 2 & 27 \\ 5 & 10 & 1 & 5 & 7 & 62 \end{pmatrix}$.

10. 设 $\boldsymbol{A}=\boldsymbol{BC}$ 是矩阵 $\boldsymbol{A}$ 的满秩分解，证明：方程组

$$\boldsymbol{AX}=0 \text{ 与 } \boldsymbol{CX}=0$$

同解.

11. 设分块矩阵

$$\boldsymbol{A}=\begin{pmatrix} \boldsymbol{X} & \boldsymbol{Y} \\ \boldsymbol{Z} & \boldsymbol{W} \end{pmatrix}$$

中 $\boldsymbol{X}$ 可逆，且 $r(\boldsymbol{A})=r(\boldsymbol{X})$，证明：$\boldsymbol{A}$ 的满秩分解可以为

$$\boldsymbol{A}=\begin{pmatrix} \boldsymbol{X} \\ \boldsymbol{Z} \end{pmatrix}(\boldsymbol{I},\boldsymbol{X}^{-1}\boldsymbol{Y})=\begin{pmatrix} \boldsymbol{I} \\ \boldsymbol{Z}\boldsymbol{X}^{-1} \end{pmatrix}(\boldsymbol{X},\boldsymbol{Y})$$

12. 设矩阵 $\boldsymbol{A}$ 满足 $\boldsymbol{A}^2=\boldsymbol{A}$，且 $\boldsymbol{A}$ 的满秩分解 $\boldsymbol{A}=\boldsymbol{BC}$，证明：$\boldsymbol{CB}=\boldsymbol{I}$.

13. 设 $\boldsymbol{A}$ 是 $m\times n$ 矩阵，$\boldsymbol{B}$ 是 $n\times m$ 矩阵，若 $\boldsymbol{BA}=\boldsymbol{I}$，称 $\boldsymbol{A}$ 是左可逆矩阵. 证明：$\boldsymbol{A}$ 左可逆的充要条件是 $\boldsymbol{A}$ 是列满秩矩阵.

谱分解

14. 验证下列矩阵是正规矩阵，并求其谱分解表达式：

(1) $\boldsymbol{A}=\begin{pmatrix} 3 & -1 & 0 \\ -1 & 2 & -1 \\ 0 & -1 & 3 \end{pmatrix}$；　　(2) $\boldsymbol{B}=\begin{pmatrix} 0 & 1 & 1 \\ 1 & 0 & 1 \\ 1 & 1 & 0 \end{pmatrix}$.

15. 证明下列矩阵是否是可相似对角化矩阵，并求其谱分解表达式：

(1) $\boldsymbol{A}=\begin{pmatrix}0 & 2 & 4\\ \frac{1}{2} & 0 & 2\\ \frac{1}{4} & \frac{1}{2} & 0\end{pmatrix}$；　(2) $\boldsymbol{B}=\begin{pmatrix}1 & 1 & 1 & 1\\ 1 & 1 & -1 & -1\\ 1 & -1 & 1 & -1\\ 1 & -1 & -1 & 1\end{pmatrix}$.

16. 验证下列矩阵是否正规矩阵，并求其谱分解表达式：

(1) $\boldsymbol{A}=\begin{pmatrix}0 & \mathrm{i} & 1\\ -\mathrm{i} & 0 & 0\\ 1 & 0 & 0\end{pmatrix}$；　(2) $\boldsymbol{B}=\begin{pmatrix}-1 & \mathrm{i} & 0\\ -\mathrm{i} & 0 & \mathrm{i}\\ 0 & -\mathrm{i} & -1\end{pmatrix}$；

(3) $\boldsymbol{C}=\begin{pmatrix}-2\mathrm{i} & 4 & -2\\ -4 & -2\mathrm{i} & -2\mathrm{i}\\ 2 & -2\mathrm{i} & -5\mathrm{i}\end{pmatrix}$；　(4) $\boldsymbol{D}=\begin{pmatrix}\frac{1}{2} & 0 & \frac{3}{2}\mathrm{i}\\ 0 & 2 & 0\\ -\frac{3}{2}\mathrm{i} & 0 & \frac{1}{2}\end{pmatrix}$.

17. 设 n 阶可相似对角化矩阵 $\boldsymbol{A}$ 有 r 个相异特征值 $\lambda_1,\lambda_2,\cdots,\lambda_r$，$\boldsymbol{G}_1,\boldsymbol{G}_2,\cdots,\boldsymbol{G}_r$ 为其投影矩阵，而 $f(\lambda)$ 是 λ 的多项式，则

$$f(\boldsymbol{A})=f(\lambda_1)\boldsymbol{G}_1+f(\lambda_2)\boldsymbol{G}_2+\cdots+f(\lambda_r)\boldsymbol{G}_r$$

奇异值分解

18. 求下列矩阵的奇异值分解：

(1) $\boldsymbol{A}=\begin{pmatrix}1 & 0\\ 0 & 1\\ 1 & 1\end{pmatrix}$；　(2) $\boldsymbol{A}=\begin{pmatrix}0 & 1\\ -1 & 0\\ 0 & 2\\ 1 & 0\end{pmatrix}$.

19. 求矩阵 $\boldsymbol{A}=\begin{pmatrix}2 & 0 & 1\\ 1 & 2 & 0\end{pmatrix}$ 的奇异值分解.

20. 求矩阵 $\boldsymbol{A}=\begin{pmatrix}1 & 0 & 0 & -1\\ 0 & 1 & 0 & 1\\ 0 & 0 & 0 & 0\end{pmatrix}$ 的奇异值分解.

21. 求矩阵 $\boldsymbol{A}=\begin{pmatrix}0 & 1\\ -1 & 0\\ 0 & 2\\ 1 & 0\end{pmatrix}$ 的奇异值分解.

22. 求矩阵 $\boldsymbol{A}$ 的奇异值分解：

(1) $\boldsymbol{A}=\begin{pmatrix}0 & 1 & 1\\ 1 & 1 & 0\\ 1 & 0 & 0\end{pmatrix}$；　(2) $\boldsymbol{A}=\begin{pmatrix}2 & 2 & 1\\ 0 & 2 & 2\\ 2 & 1 & 2\end{pmatrix}$.

23. 已知秩为 r 的 $m\times n$ 复矩阵的奇异值分解为

$$\boldsymbol{A}=\boldsymbol{U}\begin{pmatrix}\boldsymbol{\Sigma} & 0\\ 0 & 0\end{pmatrix}\boldsymbol{V}^{\mathrm{H}}$$

试求矩阵 $\boldsymbol{B}=\begin{pmatrix}\boldsymbol{A}\\ \boldsymbol{A}\end{pmatrix}$ 的奇异值分解.

24. 设 $\boldsymbol{A}=\boldsymbol{UDV}^{\mathrm{H}}$ 是矩阵 $\boldsymbol{A}$ 的一个奇异值分解.

(1) 证明:$\boldsymbol{U}$ 的列向量为 $\boldsymbol{AA}^{\mathrm{H}}$ 的特征向量,称为矩阵 $\boldsymbol{A}$ 的左奇异向量.

(2) 证明:$\boldsymbol{V}$ 的行向量为 $\boldsymbol{A}^{\mathrm{H}}\boldsymbol{A}$ 的特征向量,称为矩阵 $\boldsymbol{A}$ 的右奇异向量.

(3) 举反例说明由(1),(2)所确定的酉阵 $\boldsymbol{U},\boldsymbol{V}$ 不一定是 $\boldsymbol{A}$ 的奇异值分解.

25. 设 $m\times n$ 复矩阵 $\boldsymbol{A},\boldsymbol{B}$,若存在 m 阶酉阵 $\boldsymbol{U}$,n 阶酉阵 $\boldsymbol{V}$,使得 $\boldsymbol{B}=\boldsymbol{UAV}$,称 $\boldsymbol{A},\boldsymbol{B}$ 是酉相抵,证明:

(1) 矩阵的酉相抵是一种等价关系;

(2) 若 $\boldsymbol{A},\boldsymbol{B}$ 是酉相抵,则 $\boldsymbol{A}$ 和 $\boldsymbol{B}$ 有相同的奇异值.

26. 设 $m\times n$ 复矩阵 $\boldsymbol{A}$,以及 m 阶酉阵 $\boldsymbol{U}$,n 阶酉阵 $\boldsymbol{V}$,证明:$\boldsymbol{UA}$ 和 $\boldsymbol{AV}$ 的奇异值与 $\boldsymbol{A}$ 的奇异值相同.

正交三角或酉三角分解(又称 QR 分解)

27. 求矩阵的正交三角分解,其中

$$\boldsymbol{A}=\begin{pmatrix}0&1&1\\1&1&0\\1&0&1\end{pmatrix}$$

28. 求矩阵的 QR 分解,其中

$$\boldsymbol{A}=\begin{pmatrix}1&1&5\\1&-1&2\\-1&1&-2\\1&-3&0\end{pmatrix}$$

29. 用反射矩阵求矩阵的 QR 分解,其中

$$\boldsymbol{A}=\begin{pmatrix}2&2&1\\0&2&2\\2&1&2\end{pmatrix}$$

30. 用旋转矩阵法求矩阵的 QR 分解,其中

$$\boldsymbol{A}=\begin{pmatrix}0&4&1\\1&1&1\\0&3&2\end{pmatrix}$$

31. 分别用反射矩阵和旋转矩阵法求矩阵的 QR 分解,其中

$$\boldsymbol{A}=\begin{pmatrix}1&-2&6&0\\2\mathrm{i}&-4\mathrm{i}&0&0\\-2\mathrm{i}&4\mathrm{i}&0&15\\0&0&3&0\end{pmatrix}$$

32. 用正交化求矩阵的 QR 分解,其中

$$\boldsymbol{A}=\begin{pmatrix}0&1&1\\1&1&0\\1&0&1\end{pmatrix}$$

广义逆

33. 求矩阵的减逆 $\boldsymbol{A}^{-}$，其中

(1) $\boldsymbol{A}=\begin{pmatrix}1&1&2\\1&2&2\\2&2&4\\1&1&2\end{pmatrix}$；　　(2) $\boldsymbol{A}=\begin{pmatrix}2&1&0&1\\2&0&2&2\\3&0&3&3\end{pmatrix}$.

34. 已知

$$\boldsymbol{A}=\begin{pmatrix}0&1&-1&-1&1\\0&1&-1&-2&3\\0&-2&2&-2&6\end{pmatrix}$$

求矩阵的一个减逆 $\boldsymbol{A}^{-}$.

35. 解方程组 $\boldsymbol{AX}=\boldsymbol{b}$，其中

(1) $\boldsymbol{A}=\begin{pmatrix}1&0&2\\0&1&0\\1&0&2\\1&0&2\end{pmatrix}$，$\boldsymbol{b}=\begin{pmatrix}1\\0\\1\\1\end{pmatrix}$；　(2) $\boldsymbol{A}=\begin{pmatrix}2&1&0&1\\1&0&1&1\\1&0&1&1\end{pmatrix}$，$\boldsymbol{b}=\begin{pmatrix}2\\1\\1\end{pmatrix}$.

36. 求矩阵的 Moore-Penrose 广义逆 $\boldsymbol{A}^{+}$，其中

(1) $\boldsymbol{A}=\begin{pmatrix}1&1\\2&2\end{pmatrix}$；　(2) $\boldsymbol{A}=\begin{pmatrix}1&0&-1\\2&0&-2\end{pmatrix}$.

37. 求矩阵

$$\boldsymbol{A}=\begin{pmatrix}1&0&0&1\\1&1&0&0\\0&1&1&0\\0&0&1&1\end{pmatrix}$$

的 Moore-Penrose 广义逆 $\boldsymbol{A}^{+}$ 和减逆 $\boldsymbol{A}^{-}$，其中

38. 求矩阵的 Moore-Penrose 广义逆 $\boldsymbol{A}^{+}$，其中

(1) $\boldsymbol{A}=\begin{pmatrix}1&2&0\\0&0&1\\1&2&2\end{pmatrix}$；　　(2) $\boldsymbol{A}=\begin{pmatrix}1&0&-1&1\\0&2&2&2\\-1&4&5&3\end{pmatrix}$.

第6章 函数矩阵微积分

向量(或矩阵)范数本质上就是向量(或矩阵)范数或长度,是向量(或矩阵)范数的特征,利用范数可以考察两个向量(或矩阵)范数的远近,考虑两个向量或矩阵与第三个向量(或矩阵)之间的关系时,范数是衡量这种关系的工具之一,除此之外,它在研究序列、级数、极限范围内起到基本的作用.

6.1 向量范数

特别强调的是,本章中的数域 F 均是实数域或复数域,所讨论的矩阵也均是实数域或复数域上的矩阵,我们常常将实数域看成复数域的子域,即全是由虚部为零的元素构成的数域,因而方阵均有 Jordan 标准形.

6.1.1 向量范数

第 2 章我们将解析几何及力学中讨论的向量的数量积推广到实数域或复数域上的一般线性空间 V,得到欧氏空间和酉空间,有了内积以后,向量的模定义为

$$|\boldsymbol{\alpha}| = \sqrt{(\boldsymbol{\alpha},\boldsymbol{\alpha})} \quad (\forall \boldsymbol{\alpha} \in V)$$

向量的模满足如下性质:

(1) $\forall \boldsymbol{\alpha}\in V, |\boldsymbol{\alpha}|\geqslant 0$ 且 $|\boldsymbol{\alpha}|=0$ 当且仅当 $\boldsymbol{\alpha}=0$;

(2) $|k\boldsymbol{\alpha}|=|k|\,|\boldsymbol{\alpha}|(\forall k\in F, \forall \boldsymbol{\alpha}\in V)$;

(3) $|\boldsymbol{\alpha}+\boldsymbol{\beta}|\leqslant|\alpha|+|\beta|(\forall \boldsymbol{\alpha},\boldsymbol{\beta}\in V)$.

这样定义的向量的模,我们称为由内积导出的模,向量的模也称向量的范数,由内积导出的向量范数的性质启发我们给出更一般的向量范数的概念:

定义 6.1 设 V 是定义在数域F(实数域或复数域)上的线性空间,V 中任何一个向量$\boldsymbol{\alpha}$ 对应一个实数,记作$|\boldsymbol{\alpha}|$,且满足

(1) (非负性) $\forall \boldsymbol{\alpha}\in V, |\boldsymbol{\alpha}|\geqslant 0$,且 $|\boldsymbol{\alpha}|=0$ 当且仅当 $\boldsymbol{\alpha}=0$;

(2) (齐次性) $|k\boldsymbol{\alpha}|=|k|\,|\boldsymbol{\alpha}|(\forall k\in F, \forall \boldsymbol{\alpha}\in V)$;

(3) (三角不等式) $|\boldsymbol{\alpha}+\boldsymbol{\beta}|\leqslant|\boldsymbol{\alpha}|+|\boldsymbol{\beta}|(\forall \boldsymbol{\alpha},\boldsymbol{\beta}\in V)$,

则称实数$|\boldsymbol{\alpha}|$是向量 $\boldsymbol{\alpha}$ 的范数.定义了范数的线性空间称为赋范空间.

在现实三维空间(是一个欧氏空间,有距离,向量有模)我们知道,在三角形中满足两边

之和大于第三边,两边之差小于第三边.事实上,在一般的赋范空间中,首先由(2)可知

$$|-\boldsymbol{\alpha}|=|\boldsymbol{\alpha}| \quad (\forall \boldsymbol{\alpha}\in V)$$

以及由(3)和(2),对$\forall \boldsymbol{\alpha},\boldsymbol{\beta}\in V$,有

$$|\boldsymbol{\alpha}-\boldsymbol{\beta}|=|\boldsymbol{\alpha}+(-\boldsymbol{\beta})|\leqslant|\boldsymbol{\alpha}|+|-\boldsymbol{\beta}|=|\boldsymbol{\alpha}|+|\boldsymbol{\beta}|$$

$$|\boldsymbol{\alpha}-\boldsymbol{\beta}|\leqslant|\boldsymbol{\alpha}|+|\boldsymbol{\beta}| \quad (\forall \boldsymbol{\alpha},\boldsymbol{\beta}\in V)$$

以上和定义的第三条合在一起就是“两边之和大于第三边”.下面推导“两边之差小于第三边”:对$\forall \boldsymbol{\alpha},\boldsymbol{\beta}\in V$,有

$$|\boldsymbol{\alpha}|=|\boldsymbol{\alpha}+\boldsymbol{\beta}+(-\boldsymbol{\beta})|\leqslant|\boldsymbol{\alpha}+\boldsymbol{\beta}|+|\boldsymbol{\beta}|\Rightarrow|\boldsymbol{\alpha}+\boldsymbol{\beta}|\geqslant|\boldsymbol{\alpha}|-|\boldsymbol{\beta}|$$

下面定理告诉我们任意范数都是连续的.

定理6.1(范数的连续性)　设V是数域F(实数域或复数域)上的n维线性空间,而$|\cdot|$是V上向量范数,则$|\cdot|$关于任何给定一组基下的坐标分量是连续的,即取定一组基,对任意给定向量$\boldsymbol{\alpha}$在该基下的坐标为$\boldsymbol{X}_0=(x_1^0,\cdots,x_n^0)$,对任意$\varepsilon>0$,存在$\delta>0$,对任意$\boldsymbol{X}=(x_1,\cdots,x_n)$满足不等式$|x_i-x_i^0|<\delta(1\leqslant i\leqslant n)$,以$\boldsymbol{X}$的向量$\boldsymbol{\beta}$有$|\boldsymbol{\beta}-\boldsymbol{\alpha}|<\varepsilon$.

证明　设V的给定的基为$\boldsymbol{\alpha}_1,\cdots,\boldsymbol{\alpha}_n$,则$\boldsymbol{\alpha}_i\neq 0$,由范数定义知$|\boldsymbol{\alpha}_i|>0$,记$M=\max\{|\boldsymbol{\alpha}_i|\}$,令$\delta=\dfrac{\varepsilon}{nM}$,则对任意$\boldsymbol{X}=(x_1,\cdots,x_n)$满足不等式$|x_i-x_i^0|<\delta$,以$\boldsymbol{X}$的向量$\boldsymbol{\beta}$,有

$$\begin{aligned}|\boldsymbol{\beta}-\boldsymbol{\alpha}|&=\left|\sum_{i=1}^{n}(x_i-x_i^0)\boldsymbol{\alpha}_i\right|\leqslant\sum_{i=1}^{n}|x_i-x_i^0||\boldsymbol{\alpha}_i|\\&\leqslant\sum_{i=1}^{n}|x_i-x_i^0|M\leqslant\sum_{i=1}^{n}\frac{\varepsilon}{nM}M\\&<\varepsilon\end{aligned}$$

□

6.1.2　向量空间的范数

为了给出具体的一些范数表达式,我们首先证明下面的著名不等式:

Young不等式　设正实数p,q满足$\dfrac{1}{p}+\dfrac{1}{q}=1$,则对任意非负实数$a,b$,不等式

$$\frac{a^p}{p}+\frac{b^q}{q}\geqslant ab$$

成立.

Young不等式的证明方法很多,下面我们利用函数的凹凸性给出其证明.

证明　若$a=0$或$b=0$,不等式显然成立,因而可设$ab\neq 0$,要证的不等式等价于

$$\ln\left(\frac{a^p}{p}+\frac{b^q}{q}\right)\geqslant\ln(ab)=\ln a+\ln b$$

因而令函数$f(x)=\ln x$,显然$f'(x)=\dfrac{1}{x}$,$f''(x)=-\dfrac{1}{x^2}<0$,从而$f(x)=\ln x$是凸函数,对任何$0<\lambda<1$,以及$x,y>0$有

$$f(\lambda x+(1-\lambda)y)\geqslant\lambda f(x)+(1-\lambda)f(y)$$

由于$\dfrac{1}{p}+\dfrac{1}{q}=1$,令$\dfrac{1}{p}=\lambda$,$\dfrac{1}{q}=1-\lambda$,令$x=a^p$,$y=b^q$,则

$$\ln\left(\frac{a^p}{p}+\frac{b^q}{q}\right)\geqslant\frac{1}{p}\ln(a^p)+\frac{1}{q}\ln(b^q)=\ln a+\ln b=\ln(ab)$$

从而所证不等式成立.

利用 Young 不等式证明 Holder 不等式：

Holder 不等式 设 $a_1,a_2,\cdots,a_n,b_1,b_2,\cdots,b_n$ 是正实数，且 $p,q>1$ 是正实数，满足 $\frac{1}{p}+\frac{1}{q}=1$，则不等式

$$\sum_{i=1}^{n} a_i b_i \leqslant \left(\sum_{i=1}^{n} a_i^p\right)^{\frac{1}{p}} \left(\sum_{i=1}^{n} b_i^q\right)^{\frac{1}{q}}$$

成立.

证明 记 $x=\left(\sum_{i=1}^{n} a_i^p\right)^{\frac{1}{p}}, y=\left(\sum_{i=1}^{n} b_i^q\right)^{\frac{1}{q}}$，由 Young 不等式，有

$$\frac{a_i}{x}\frac{b_i}{y} \leqslant \frac{1}{p}\left(\frac{a_i}{x}\right)^p+\frac{1}{q}\left(\frac{b_i}{y}\right)^q=\frac{1}{p}\frac{a_i^p}{x^p}+\frac{1}{q}\frac{b_i^q}{y^q}$$

两边求和

$$\frac{\sum_{i=1}^{n} a_i b_i}{xy} \leqslant \frac{1}{p}\frac{\sum_{i=1}^{n} a_i^p}{x^p}+\frac{1}{q}\frac{\sum_{i=1}^{n} b_i^q}{y^q}=\frac{1}{p}+\frac{1}{q}=1$$

于是

$$\sum_{i=1}^{n} a_i b_i \leqslant xy=\left(\sum_{i=1}^{n} a_i^p\right)^{\frac{1}{p}} \left(\sum_{i=1}^{n} b_i^q\right)^{\frac{1}{q}}$$

等号成立条件是 $a_1^p b_1^q=a_2^p b_2^q=\cdots=a_n^p b_n^q$

注意到，当 $p=q=2$ 时，Holder 不等式就是 Schwaz 不等式

$$\sum_{i=1}^{n} a_i b_i \leqslant \left(\sum_{i=1}^{n} a_i^2\right)^{\frac{1}{2}} \left(\sum_{i=1}^{n} b_i^2\right)^{\frac{1}{2}}$$

Minkowski 不等式 设 $a_1,a_2,\cdots,a_n,b_1,b_2,\cdots,b_n$ 是实数，对任何 $p\geqslant 1$，有

$$\left(\sum_{i=1}^{n} |a_i+b_i|^p\right)^{\frac{1}{p}} \leqslant \left(\sum_{i=1}^{n} |a_i|^p\right)^{\frac{1}{p}}+\left(\sum_{i=1}^{n} |b_i|^p\right)^{\frac{1}{p}}$$

证明 当 $p=1$ 时，结论显然成立，当 $p>1$，令 $q=\frac{p}{p-1}$，可得 $\frac{1}{p}+\frac{1}{q}=1$，这时

$$\begin{aligned}
\sum_{i=1}^{n} |a_i+b_i|^p &= \sum_{i=1}^{n} |a_i+b_i||a_i+b_i|^{p-1} \\
&\leqslant \sum_{i=1}^{n} (|a_i|+|b_i|)|a_i+b_i|^{p-1} \\
&= \sum_{i=1}^{n} |a_i||a_i+b_i|^{\frac{p}{q}}+\sum_{i=1}^{n} |b_i||a_i+b_i|^{\frac{p}{q}} \\
&\leqslant \left(\sum_{i=1}^{n} |a_i|^p\right)^{\frac{1}{p}} \left(\sum_{i=1}^{n} |a_i+b_i|^p\right)^{\frac{1}{q}} \\
&\quad + \left(\sum_{i=1}^{n} |b_i|^p\right)^{\frac{1}{p}} \left(\sum_{i=1}^{n} |a_i+b_i|^p\right)^{\frac{1}{q}} \\
&= \left(\left(\sum_{i=1}^{n} |a_i|^p\right)^{\frac{1}{p}}+\left(\sum_{i=1}^{n} |b_i|^p\right)^{\frac{1}{p}}\right)\left(\sum_{i=1}^{n} |a_i+b_i|^p\right)^{1-\frac{1}{p}}
\end{aligned}$$

于是

$$\sum_{i=1}^{n} |a_i+b_i|^p \leqslant \left(\left(\sum_{i=1}^{n} |a_i|^p\right)^{\frac{1}{p}}+\left(\sum_{i=1}^{n} |b_i|^p\right)^{\frac{1}{p}}\right)\left(\sum_{i=1}^{n} |a_i+b_i|^p\right)^{1-\frac{1}{p}}$$

两边同除以 $\left(\sum_{i=1}^{n}|a_i+b_i|^p\right)^{1-\frac{1}{p}}$，得结论.

显然对任意向量 $\boldsymbol{\alpha}=(a_1,a_2,\cdots,a_n)$ 及数 k，对任何 $p\geqslant 1$，有

$$\left(\sum_{i=1}^{n}|a_i|^p\right)^{\frac{1}{p}}\geqslant 0,\text{且}\left(\sum_{i=1}^{n}|a_i|^p\right)^{\frac{1}{p}}=0\Leftrightarrow a_i=0\Leftrightarrow\boldsymbol{\alpha}=0$$

以及

$$\left(\sum_{i=1}^{n}|ka_i|^p\right)^{\frac{1}{p}}=|k|\left(\sum_{i=1}^{n}|ka_i|^p\right)^{\frac{1}{p}}$$

再由 Minkowski 不等式可知

$$|\boldsymbol{\alpha}|_p=\left(\sum_{i=1}^{n}|a_i|^p\right)^{\frac{1}{p}}$$

满足向量范数定义的所有性质，故我们引入：

定义 6.2　对任何给定的 $p\geqslant 1$，设 $\boldsymbol{\alpha}=(a_1,a_2,\cdots,a_n)$ 是 F^n 中向量，称

$$|\boldsymbol{\alpha}|_p=\left(\sum_{i=1}^{n}|a_i|^p\right)^{\frac{1}{p}}$$

为向量 $\boldsymbol{\alpha}$ 的 p-范数.

显然 $p=1,2$ 有：

(1) $|\boldsymbol{\alpha}|_l=\sum_{i=1}^{n}|a_i|$ 称为向量 $\boldsymbol{\alpha}$ 的 1-范数；

(2) $|\boldsymbol{\alpha}|_2=\left(\sum_{i=1}^{n}|a_i|^2\right)^{\frac{1}{2}}$ 称为向量 $\boldsymbol{\alpha}$ 的 2-数，也称为 $\boldsymbol{\alpha}$ 的欧氏范数.

欧氏范数可以由 $\mathbb{R}^n$（或 $\mathbb{C}^n$）中的内积导出，注意，这里满足范数定义的性质的推导过程不依赖于内积的性质.

设 $a=\max(a_1,a_2,\cdots,a_n)$，则

$$a=(a^p)^{\frac{1}{p}}\leqslant\left(\sum_{i=1}^{n}|a_i|^p\right)^{\frac{1}{p}}\leqslant(na^p)^{\frac{1}{p}}=a\sqrt[p]{n}$$

注意到 $\lim\limits_{p\to+\infty}\sqrt[p]{n}=1$，由夹逼准则，两边关于 $p\to+\infty$，取极限，得

$$\lim_{p\to+\infty}\left(\sum_{i=1}^{n}|a_i|^p\right)^{\frac{1}{p}}=a=\max\{a_i\}$$

(3) $|\boldsymbol{\alpha}|_\infty=\max_i(|a_i|)$ 称为向量 $\boldsymbol{\alpha}$ 的 ∞-范数.

例如 $\boldsymbol{\alpha}=(-1,3,-5,0)$，则

$$|\boldsymbol{\alpha}|_1=9,\quad|\boldsymbol{\alpha}|_2=\sqrt{35},\quad|\boldsymbol{\alpha}|_\infty=5$$

尽管向量的范数不同，下面定理表明，这些范数本质上是等价的.

定理 6.2(范数的等价性)　设 V 是数域 F（实数域或复数域）上的 n 维线性空间，对 V 上任意给定的两种向量范数 $|\cdot|_p$ 与 $|\cdot|_q$，则存在常数 c_1,c_2，对任意向量 $\boldsymbol{\alpha}\in V$，都有

$$c_1|\boldsymbol{\alpha}|_p\leqslant|\boldsymbol{\alpha}|_q\leqslant c_2|\boldsymbol{\alpha}|_p$$

证明　令 $S=\{\boldsymbol{\alpha}\in V\,\|\,\boldsymbol{\alpha}|_p=1\}$，容易验证 S 是有界闭集. 记函数

$$f(\boldsymbol{\alpha})=|\boldsymbol{\alpha}|_q\quad(\forall\boldsymbol{\alpha}\in S)$$

是定义在 S 上的函数，由范数的连续性可知，$f(\boldsymbol{\alpha})$ 是在 S 上的连续函数，而 S 是有界闭集，由有界闭集上连续函数的性质，$f(\boldsymbol{\alpha})$ 在 S 上有最大最小值定理，即存在

$$c_1 = \min_{\boldsymbol{\alpha}\in S} f(\boldsymbol{\alpha}), \quad c_2 = \max_{\boldsymbol{\alpha}\in S} f(\boldsymbol{\alpha})$$

对任意 $\boldsymbol{\alpha}\in S \Rightarrow c_1 \leqslant f(\boldsymbol{\alpha}) \leqslant c_2$，于是对任意 $\boldsymbol{\alpha}\in V$，当 $\boldsymbol{\alpha}=0$ 时，由于 $|0|_p = |0|_q = 0$，这时所证不等式自然成立. 下面设 $\boldsymbol{\alpha}\neq 0$，令 $\boldsymbol{\beta} = \dfrac{\boldsymbol{\alpha}}{|\boldsymbol{\alpha}|_p}$，则 $\boldsymbol{\beta} = \dfrac{\boldsymbol{\alpha}}{|\boldsymbol{\alpha}|_p} \in S$，有 $c_1 \leqslant f(\boldsymbol{\beta}) \leqslant c_2$，即

$$c_1 \leqslant \left| \frac{\boldsymbol{\alpha}}{|\boldsymbol{\alpha}|_p} \right|_q \leqslant c_2$$

注意到由范数定义中的(2)及 $\dfrac{1}{|\boldsymbol{\alpha}|_p}$ 是一个数，知 $\left|\dfrac{\boldsymbol{\alpha}}{|\boldsymbol{\alpha}|_p}\right|_q = \dfrac{1}{|\boldsymbol{\alpha}|_p}|\boldsymbol{\alpha}|_q$，于是

$$c_1 \leqslant \frac{1}{|\boldsymbol{\alpha}|_p}|\boldsymbol{\alpha}|_q \leqslant c_2 \Rightarrow c_1|\boldsymbol{\alpha}|_p \leqslant |\boldsymbol{\alpha}|_q \leqslant c_2|\boldsymbol{\alpha}|_p$$

□

6.2 矩阵范数

可以将数域 F 上的 $m\times n$ 矩阵可以看作是 mn 维向量空间 F^{mn} 中向量，所以向量范数同样适合于矩阵，但向量只有加法，数乘，而矩阵除了加法，数乘，满足一定条件的两个矩阵有乘法，矩阵与维数等于该矩阵的列数的向量可以相乘，因而矩阵范数必须与其乘法相容，因此我们引入矩阵范数.

6.2.1 矩阵范数

定义 6.3 设 F 是数域(实数域或复数域)，而对任意 F 上的矩阵 $\boldsymbol{A}$ 对应一个实数，记作 $\|\boldsymbol{A}\|$，且满足

(1) (非负性)对任意矩阵 $\boldsymbol{A}$，$\|\boldsymbol{A}\| \geqslant 0$，且 $\|\boldsymbol{A}\| = 0$ 当且仅当 $\boldsymbol{A}=\boldsymbol{O}$；

(2) (齐次性)对任意 $k\in F$ 及矩阵 $\boldsymbol{A}$，$\|k\boldsymbol{A}\| = |k|\cdot\|\boldsymbol{A}\|$；

(3) (三角不等式)对任意同型矩阵 $\boldsymbol{A},\boldsymbol{B}$，$\|\boldsymbol{A}+\boldsymbol{B}\| \leqslant \|\boldsymbol{A}\| + \|\boldsymbol{B}\|$；

(4) (乘法相容性)对任意 $m\times s$ 矩阵 $\boldsymbol{A}$ 和 $s\times n$ 矩阵 $\boldsymbol{B}$ 有 $\|\boldsymbol{AB}\| \leqslant \|\boldsymbol{A}\|\cdot\|\boldsymbol{B}\|$. 则称实数 $\|\boldsymbol{A}\|$ 是矩阵 $\boldsymbol{A}$ 的范数.

注意：任意 $m\times n$ 矩阵 $\boldsymbol{A}$ 和 n 维列向量 $\boldsymbol{\alpha}$，则 $\boldsymbol{\alpha}$ 是 $n\times 1$ 矩阵，故有 $|\boldsymbol{A\alpha}| \leqslant \boldsymbol{A}\|\boldsymbol{\alpha}|$，也就是说不必强调范数的矩阵与向量的乘积的相容性，但是，这里的 $|\boldsymbol{A}|$，$|\boldsymbol{\alpha}|$ 均是矩阵范数.

例 6.1 设 $\boldsymbol{A} = (a_{ij})_{m\times n}$，令

$$\|\boldsymbol{A}\| = \sum_{i=1}^{n}\sum_{j=1}^{m}|a_{ij}|$$

则 $\|\boldsymbol{A}\|$ 是矩阵范数. 首先 $\|\boldsymbol{A}\|$ 满足定义中(1)，(2)是显然的. 设 $\boldsymbol{B} = (b_{ij})_{m\times n}$，则

$$\begin{aligned}
\|\boldsymbol{A}+\boldsymbol{B}\| &= \sum_{i=1}^{m}\sum_{j=1}^{n}|a_{ij}+b_{ij}| \leqslant \sum_{i=1}^{m}\sum_{j=1}^{n}(|a_{ij}|+|b_{ij}|) \\
&\leqslant \sum_{i=1}^{m}\sum_{j=1}^{n}|a_{ij}| + \sum_{i=1}^{m}\sum_{j=1}^{n}|b_{ij}| \\
&= \|\boldsymbol{A}\| + \|\boldsymbol{B}\|
\end{aligned}$$

因而定义中的(3)成立. 设 $\boldsymbol{A} = (a_{ij})_{m\times n}$，$\boldsymbol{B} = (b_{ij})_{n\times s}$，则

$$\|AB\| = \sum_{i=1}^{m}\sum_{j=1}^{s}\left|\sum_{l=1}^{n}a_{il}b_{lj}\right| \leqslant \sum_{i=1}^{m}\sum_{j=1}^{s}\sum_{l=1}^{n}|a_{il}||b_{lj}| \leqslant \sum_{i=1}^{m}\sum_{j=1}^{s}\left(\sum_{l=1}^{n}|a_{il}|\right)\left(\sum_{l=1}^{n}|b_{ij}|\right)$$

$$= \left(\sum_{i=1}^{m}\sum_{l=1}^{n}|a_{il}|\right)\left(\sum_{j=1}^{s}\sum_{l=1}^{n}|b_{lj}|\right) = \|A\|\cdot\|B\|$$

从而定义的(4)成立.显然这个矩阵范数是通过对向量的1-范数的推广而来的.

例6.2　设$A=(a_{ij})_{m\times n}$,令

$$\|A\|_F = \left(\sum_{i=1}^{m}\sum_{j=1}^{n}|a_{ij}|^2\right)^{\frac{1}{2}}$$

则$\|A\|_F$是矩阵范数.首先$\|A\|_F$满足定义中(1),(2)是显然的.设$B=(b_{ij})_{m\times n}$,由Minkowsk不等式得

$$\|A+B\|_F = \left(\sum_{i=1}^{m}\sum_{j=1}^{n}|a_{ij}+b_{ij}|^2\right)^{\frac{1}{2}} \leqslant \left(\sum_{i=1}^{m}\sum_{j=1}^{n}|a_{ij}|^2\right)^{\frac{1}{2}} + \left(\sum_{i=1}^{m}\sum_{j=1}^{n}|b_{ij}|^2\right)^{\frac{1}{2}}$$

$$= \|A\|_F + \|B\|_F$$

因而定义中的(3)成立.设$A=(a_{ij})_{m\times n}$,$B=(b_{ij})_{n\times s}$,由Holder不等式

$$\|AB\|_F^2 = \sum_{i=1}^{m}\sum_{j=1}^{s}\left(\sum_{l=1}^{n}a_{il}b_{lj}\right)^2 \leqslant \sum_{i=1}^{m}\sum_{j=1}^{s}\left(\sum_{l=1}^{n}|a_{il}|^2\right)\left(\sum_{l=1}^{n}|b_{lj}|^2\right)$$

$$= \left(\sum_{i=1}^{m}\sum_{l=1}^{n}|a_{il}|^2\right)\left(\sum_{j=1}^{s}\sum_{l=1}^{n}|b_{lj}|^2\right) = \|A\|_F^2\cdot\|B\|_F^2$$

从而定义的(4)成立,称$\|A\|_F$为矩阵A的Frobenius范数.

矩阵的Frobenius范数是对向量的2-范数推广而来的.

我们知道,设$\boldsymbol{\alpha}=(a_1,\cdots,a_n)$,$|\boldsymbol{\alpha}|_\infty=\max\{|a_i|\}$是向量的∞-范数,对$A=(a_{ij})$,若定义$\|A\|=\max\{|a_{ij}|\}$,这时的$\|A\|_\infty$不满足矩阵乘法的相容性,例如

$$A = \begin{pmatrix}1 & 1\\1 & 1\end{pmatrix},\quad B = \begin{pmatrix}1 & 1\\1 & 1\end{pmatrix},\quad AB = \begin{pmatrix}2 & 2\\2 & 2\end{pmatrix}$$

则$\|AB\|=2$,$\|A\|=1$,$\|B\|=1$,$\|AB\|>\|A\|\|B\|$,而不是相容性所要满足$\|AB\|\leqslant\|A\|\|B\|$.

用与向量范数的等价性的证明方法可以证明矩阵范数的等价性:

定理6.3(范数的等价性)　设$\|\cdot\|_p$与$\|\cdot\|_q$两个矩阵范数,则存在常数c_1,c_2,对任意矩阵A,都有

$$c_1\|A\|_p \leqslant \|A\|_q \leqslant c_2\|A\|_p$$

6.2.2　算子范数

对任意给定的$m\times n$矩阵A,以及给定向量范数$|\cdot|_q$,对任意n维列向量x,由于$|Ax|_q$,$|x|_q$都是关于向量x的连续函数,且当$x\neq 0$时,$|x|_q>0$,又对任意数$k\in F$,由于

$$\frac{|kAx|_q}{|kx|_q} = \frac{|Ax|_q}{|x|_q}$$

在讨论$|Ax|_q$与$|x|_q$的比值时,不妨令$|x|_q=1$,而集合$S=\{x\,|\,|x|_q=1\}$是一个有界闭集,$|Ax|_q$是向量x的连续函数,由有界闭集上连续函数的性质知,$|Ax|_q$在有界闭集$S=\{x\,|\,|x|_q=1\}$上有最大值,记作$\|A\|_q$,即

$$\|A\|_q = \max_{|x|_q=1}|Ax|_q = \max_{|x|_q\neq 0}\frac{|Ax|_q}{|x|_q}$$

显然对任意 $\boldsymbol{x}\neq 0$,有$\dfrac{|\boldsymbol{Ax}|_q}{|\boldsymbol{x}|_q}\leqslant\|\boldsymbol{A}\|_q$,我们下面证明$\|\boldsymbol{A}\|_q$是矩阵范数.

首先,$\|\boldsymbol{A}\|_q\geqslant 0$,当$\boldsymbol{A}\neq\boldsymbol{O}$,则 A 有一列不为零,不妨第 i 列 A_i 不为零,则 $\boldsymbol{Ae}_i=\boldsymbol{A}_i$,由向量范数性质$|\boldsymbol{Ae}_i|_q=|\boldsymbol{A}_i|_q>0$,而$|\boldsymbol{e}_i|_q>0$,故

$$\frac{|\boldsymbol{Ae}_i|_q}{|\boldsymbol{e}_i|_q}>0,\quad \|\boldsymbol{A}\|_q=\max_{|\boldsymbol{x}|_q=1}\frac{|\boldsymbol{Ax}|_q}{|\boldsymbol{x}|_q}\geqslant\frac{|\boldsymbol{Ae}_i|_q}{|\boldsymbol{e}_i|_q}>0$$

于是$\|\boldsymbol{A}\|_q$满足矩阵范数的非负性.

其次,对任意矩阵 $\boldsymbol{A}$ 及数 k,有

$$\|k\boldsymbol{A}\|_q=\max_{|\boldsymbol{x}|_q=1}|k\boldsymbol{Ax}|_q=|k|\cdot\max_{|\boldsymbol{x}|_q=1}|\boldsymbol{Ax}|_q=|k|\cdot\|\boldsymbol{A}\|_q$$

$\|\boldsymbol{A}\|_q$ 满足矩阵范数的齐次性.

再次,对任意同型矩阵 $\boldsymbol{A},\boldsymbol{B}$,则

$$\begin{aligned}\|\boldsymbol{A}+\boldsymbol{B}\|_q&=\max_{|\boldsymbol{x}|_q=1}|(\boldsymbol{A}+\boldsymbol{B})\boldsymbol{x}|_q=\max_{|\boldsymbol{x}|_q=1}|\boldsymbol{Ax}+\boldsymbol{Bx}|_q\leqslant\max_{|\boldsymbol{x}|_q=1}(|\boldsymbol{Ax}|_q+|\boldsymbol{Bx}|_q)\\&\leqslant\max_{|\boldsymbol{x}|_q=1}(|\boldsymbol{Ax}|_q)+\max_{|\boldsymbol{x}|_q=1}(|\boldsymbol{Bx}|_q)=\|\boldsymbol{A}\|_q+\|\boldsymbol{B}\|_q\end{aligned}$$

$\|\boldsymbol{A}\|_q$ 满足矩阵范数的三角不等式性.

最后,对任意可乘矩阵 $\boldsymbol{A},\boldsymbol{B}$,当 $\boldsymbol{B}=\boldsymbol{O}$ 时,$\boldsymbol{AB}=\boldsymbol{O}$,则

$$\|\boldsymbol{AB}\|_q=0,\quad \|\boldsymbol{B}\|_q=0,\quad \|\boldsymbol{AB}\|_q\leqslant\|\boldsymbol{A}\|_q\cdot\|\boldsymbol{B}\|_q$$

自然成立,故不妨设 $\boldsymbol{B}\neq\boldsymbol{O}$,则存在 $\boldsymbol{x}\neq 0$,使 $\boldsymbol{Bx}\neq 0\Rightarrow|\boldsymbol{Bx}|_q\neq 0$,于是

$$\frac{|\boldsymbol{ABx}|_q}{|\boldsymbol{x}|_q}=\frac{|\boldsymbol{A}(\boldsymbol{Bx})|_q}{|\boldsymbol{x}|_q}=\frac{|\boldsymbol{A}(\boldsymbol{Bx})|_q}{|\boldsymbol{Bx}|_q}\cdot\frac{|\boldsymbol{Bx}|_q}{|\boldsymbol{x}|_q}$$

于是

$$\begin{aligned}\|\boldsymbol{AB}\|_q&=\max_{|\boldsymbol{x}|_q=1}\frac{|\boldsymbol{ABx}|_q}{|\boldsymbol{x}|_q}=\max_{|\boldsymbol{x}|_q=1}\frac{|\boldsymbol{A}(\boldsymbol{Bx})|_q}{|\boldsymbol{x}|_q}=\max_{|\boldsymbol{x}|_q=1}\left(\frac{|\boldsymbol{A}(\boldsymbol{Bx})|_q}{|\boldsymbol{Bx}|_q}\cdot\frac{|\boldsymbol{Bx}|_q}{|\boldsymbol{x}|_q}\right)\\&\leqslant\|\boldsymbol{A}\|_q\max_{|\boldsymbol{x}|_q=1}\left(\frac{|\boldsymbol{Bx}|_q}{|\boldsymbol{x}|_q}\right)=\|\boldsymbol{A}\|_q\cdot\|\boldsymbol{B}\|_q\end{aligned}$$

$\|\boldsymbol{A}\|_q$ 满足矩阵乘法的相容性.从而我们证明了$\|\boldsymbol{A}\|_q$ 是矩阵范数.

定义 6.4 设 $\boldsymbol{A}$ 是矩阵,称

$$\|\boldsymbol{A}\|_q=\max_{|\boldsymbol{x}|_q=1}|\boldsymbol{Ax}|_q=\max_{|\boldsymbol{x}|_q\neq 0}\frac{|\boldsymbol{Ax}|_q}{|\boldsymbol{x}|_q}$$

是由向量范数$|\boldsymbol{x}|_q$诱导的算子范数,也称诱导范数.

注意,(1) 单位矩阵的算子范数总是 1.

(2) 对任意向量 $\boldsymbol{x}$,当 $\boldsymbol{x}=0$ 时,$|\boldsymbol{Ax}|_q=0$,于是$|\boldsymbol{Ax}|_q=0\leqslant\|\boldsymbol{A}\|_q|x|_q=0$,当 $\boldsymbol{x}\neq 0$ 时有

$$\frac{|\boldsymbol{Ax}|_q}{|\boldsymbol{x}|_q}\leqslant\|\boldsymbol{A}\|_q\Rightarrow|\boldsymbol{Ax}|_q\leqslant\|\boldsymbol{A}\|_q|\boldsymbol{x}|_q$$

总之,对任意向量 $\boldsymbol{x}$,有

$$|\boldsymbol{Ax}|_q\leqslant\|\boldsymbol{A}\|_q|\boldsymbol{x}|_q$$

称矩阵范数$\|\boldsymbol{A}\|_q$与向量范数$|\boldsymbol{x}|_q$是相容的.于是我们有任意个向量范数,都存在一个与之相容的矩阵范数.

设$\|\boldsymbol{A}\|_q$是一种矩阵范数.取 $\boldsymbol{\alpha}=(1,1)^{\mathrm{T}}$,对任意 n 维向量 $\boldsymbol{x}$,则 $\boldsymbol{x\alpha}^{\mathrm{H}}$ 是矩阵,令

$$|\boldsymbol{x}|_q=\|\boldsymbol{x\alpha}^{\mathrm{T}}\|_q$$

已验证 $|\boldsymbol{x}|_q$ 是一个向量范数，且对任意 $m\times n$ 矩阵 $\boldsymbol{A}$，有

$$\|\boldsymbol{Ax}\|_q = \|\boldsymbol{Ax\alpha}^{\mathrm{T}}\|_q \leqslant \|\boldsymbol{A}\|_q \cdot \|\boldsymbol{x\alpha}^{\mathrm{T}}\|_q = \|\boldsymbol{A}\|_q \cdot \|\boldsymbol{x}\|_q$$

因而向量范数 $|\boldsymbol{x}|_q$ 与矩阵范数 $\|\boldsymbol{A}\|_q$ 是相容的. 于是，我们有：

定理 6.4　对任意一种向量范数 $|\boldsymbol{x}|_q$ 诱导一种矩阵范数 $\|\boldsymbol{A}\|_q$ 与之相容，反之亦然.

下面我们讨论由常见的向量范数诱导的算子范数：

(1) 对于向量的 1-范数. 对任意向量 $\boldsymbol{x}=(x_1,x_2,\cdots,x_n)^{\mathrm{T}}\neq 0$，而任意 $m\times n$ 矩阵 $\boldsymbol{A}$，对矩阵行分块，即 $\boldsymbol{A}=(a_{ij})=(\boldsymbol{A}_1,\cdots,\boldsymbol{A}_n)$，其中 $\boldsymbol{A}_1,\cdots,\boldsymbol{A}_m$ 是 $\boldsymbol{A}$ 的列，记

$$a = \max\{|\boldsymbol{A}_1|_1, |\boldsymbol{A}_2|_1, \cdots, |\boldsymbol{A}_n|_1\} = \max_{1\leqslant j\leqslant n}\left\{\sum_{i=1}^{m}|a_{ij}|\right\}$$

则

$$\begin{aligned}|\boldsymbol{Ax}|_1 &= |x_1\boldsymbol{A}_1 + x_2\boldsymbol{A}_2 + \cdots + x_n\boldsymbol{A}_n|_1 \leqslant |x_1\boldsymbol{A}_1|_1 + |x_2\boldsymbol{A}_2|_1 + \cdots + |x_n\boldsymbol{A}_n|_1 \\ &\leqslant |x_1\|\boldsymbol{A}_1|_1 + |x_2\|\boldsymbol{A}_2|_1 + \cdots + |x_n\|\boldsymbol{A}_n|_1 \leqslant (|x_1| + |x_2| + \cdots + |x_n|)a \\ &= a|x|_1\end{aligned}$$

于是

$$\frac{|\boldsymbol{Ax}|_1}{|\boldsymbol{x}|_1} \leqslant a(\forall \boldsymbol{x}\neq 0) \Rightarrow \|\boldsymbol{A}\|_1 \leqslant a$$

设 $|\boldsymbol{A}_k|_1 = a$，则

$$\|\boldsymbol{A}\|_1 = \max_{\forall x\neq 0}\frac{|\boldsymbol{Ax}|_1}{|\boldsymbol{x}|_1} \geqslant \frac{|\boldsymbol{Ae}_k|_1}{|\boldsymbol{e}_k|_1} = |\boldsymbol{Ae}_k|_1 = |\boldsymbol{A}_k|_1 = a$$

故 $\|\boldsymbol{A}\|_1 = a$，于是向量的 1-范数对应的算子范数，也称矩阵的 1-范数或列范数，即

矩阵的 1-范数或列范数　$\|\boldsymbol{A}\|_1 = \max\limits_{1\leqslant j\leqslant n}\left\{\sum\limits_{i=1}^{m}|a_{ij}|\right\}$.

(2) 对于向量的 2-范数. 对任意向量 $\boldsymbol{x}\neq 0$，而任意 $m\times n$ 矩阵 $\boldsymbol{A}$，有

$$\frac{|\boldsymbol{Ax}|_2^2}{|\boldsymbol{x}|_2^2} = \frac{\boldsymbol{x}^{\mathrm{H}}\boldsymbol{A}^{\mathrm{H}}\boldsymbol{Ax}}{\boldsymbol{x}^{\mathrm{H}}\boldsymbol{x}}$$

由于 $\boldsymbol{A}^{\mathrm{H}}\boldsymbol{A}$ 是半正定 Hermite 矩阵，故存在酉阵 $\boldsymbol{P}$，使得 $\boldsymbol{A}^{\mathrm{H}}\boldsymbol{A}=\boldsymbol{P}^{\mathrm{H}}\boldsymbol{\Lambda P}$，其中 $\boldsymbol{\Lambda}$ 是由 $\boldsymbol{A}^{\mathrm{H}}\boldsymbol{A}$ 的特征值 $\lambda_1,\cdots,\lambda_n$ 构成的对角矩阵，记 $\lambda=\max\{\lambda_1,\cdots,\lambda_n\}$，以及 $\boldsymbol{PX}=\boldsymbol{Y}=(y_1,\cdots,y_n)^{\mathrm{T}}$，则 $\boldsymbol{Y}^{\mathrm{H}}\boldsymbol{Y}=\boldsymbol{X}^{\mathrm{H}}\boldsymbol{P}^{\mathrm{H}}\boldsymbol{PX}=\boldsymbol{X}^{\mathrm{H}}\boldsymbol{X}$，则

$$\begin{aligned}\boldsymbol{x}^{\mathrm{H}}\boldsymbol{A}^{\mathrm{H}}\boldsymbol{Ax} &= \boldsymbol{x}^{\mathrm{H}}\boldsymbol{P}^{\mathrm{H}}\boldsymbol{\Lambda Px} = \boldsymbol{Y}^{\mathrm{H}}\boldsymbol{\Lambda Y} = \lambda_1\bar{y}_1 y_1 + \cdots + \lambda_n\bar{y}_n y_n \\ &\leqslant \lambda\bar{y}_1 y_1 + \cdots + \lambda\bar{y}_n y_n = \lambda\boldsymbol{Y}^{\mathrm{H}}\boldsymbol{Y} = \lambda\boldsymbol{X}^{\mathrm{H}}\boldsymbol{X}\end{aligned}$$

于是

$$\frac{|\boldsymbol{Ax}|_2^2}{|\boldsymbol{x}|_2^2} = \frac{\boldsymbol{x}^{\mathrm{H}}\boldsymbol{A}^{\mathrm{H}}\boldsymbol{Ax}}{\boldsymbol{x}^{\mathrm{H}}\boldsymbol{x}} \leqslant \lambda(\forall \boldsymbol{x}\neq 0) \Rightarrow \|\boldsymbol{A}\|_2 \leqslant \sqrt{\lambda}$$

设 $\lambda_k=\lambda$，其特征向量为 $\boldsymbol{\alpha}$，则

$$\boldsymbol{A}^{\mathrm{H}}\boldsymbol{A\alpha} = \lambda\boldsymbol{\alpha} \Rightarrow \boldsymbol{\alpha}^{\mathrm{H}}\boldsymbol{A}^{\mathrm{H}}\boldsymbol{A\alpha} = \lambda\boldsymbol{\alpha}^{\mathrm{H}}\boldsymbol{\alpha} \Rightarrow \lambda = \frac{\boldsymbol{\alpha}^{\mathrm{H}}\boldsymbol{A}^{\mathrm{H}}\boldsymbol{A\alpha}}{\boldsymbol{\alpha}^{\mathrm{H}}\boldsymbol{\alpha}} = \frac{|\boldsymbol{A\alpha}|_2^2}{|\boldsymbol{\alpha}|_2^2} \leqslant \left(\frac{|\boldsymbol{A\alpha}|_2}{|\boldsymbol{\alpha}|_2}\right)^2 \leqslant \|\boldsymbol{A}\|_2^2$$

从而 $\sqrt{\lambda}\leqslant\|\boldsymbol{A}\|_2$，于是得 $\|\boldsymbol{A}\|_2=\sqrt{\lambda}=\sqrt{\max\{\lambda_1,\cdots,\lambda_n\}}$ 是向量的 2-范数对应的算子范数，也称矩阵的 2-范数或谱范数，即

矩阵的 2-范数或谱范数　$\|\boldsymbol{A}\|_2=\sqrt{\max\limits_{1\leqslant i\leqslant n}\{\lambda_i\}}$，其中 $\lambda_1,\cdots,\lambda_n$ 是 $\boldsymbol{A}^{\mathrm{H}}\boldsymbol{A}$ 的特征值.

(3) 对于向量的 ∞-范数. 对任意向量 $\boldsymbol{x}=(x_1,\cdots,x_n)\neq 0$，而任意 $m\times n$ 矩阵 $\boldsymbol{A}$，对矩阵行

分块，即 $\boldsymbol{A}=(a_{ij})=(\boldsymbol{A}_1^{\mathrm{T}},\cdots,\boldsymbol{A}_m^{\mathrm{T}})^{\mathrm{T}}$，其中 $\boldsymbol{A}_1,\cdots,\boldsymbol{A}_m$ 是 $\boldsymbol{A}$ 的行，记 $b=\max\limits_{1\leqslant i\leqslant m}\left\{\sum\limits_{j=1}^{n}|a_{ij}|\right\}$，则

$$\boldsymbol{Ax}=(\boldsymbol{A}_1\boldsymbol{x},\boldsymbol{A}_2\boldsymbol{x},\cdots,\boldsymbol{A}_n\boldsymbol{x})^{\mathrm{T}}$$

注意到

$$|\boldsymbol{A}_j\boldsymbol{x}|=\left|\sum_{i=1}^{n}a_{ij}x_i\right|\leqslant\sum_{i=1}^{n}|a_{ij}||x_i|\leqslant|x|_\infty\sum_{i=1}^{n}|a_{ij}|,\ |x|_\infty=\max_i\{|x_i|\}$$

则

$$\begin{aligned}|\boldsymbol{Ax}|_\infty&=\max\{|\boldsymbol{A}_1\boldsymbol{x}|,|\boldsymbol{A}_2\boldsymbol{x}|,\cdots,|\boldsymbol{A}_n\boldsymbol{x}|\}\\&\leqslant\max\left\{|\boldsymbol{x}|_\infty\sum_{i=1}^{n}|a_{i1}|,|\boldsymbol{x}|_\infty\sum_{i=1}^{n}|a_{i2}|,\cdots,|\boldsymbol{x}|_\infty\sum_{i=1}^{n}|a_{in}|\right\}=b|\boldsymbol{x}^{\mathrm{T}}|_\infty\end{aligned}$$

从而

$$\frac{|\boldsymbol{Ax}|_\infty}{|\boldsymbol{x}^{\mathrm{T}}|_\infty}\leqslant b(\forall\boldsymbol{x}\neq0)\Rightarrow\|\boldsymbol{A}\|_\infty=\max_{\forall x\neq0}\frac{|\boldsymbol{Ax}|_\infty}{|\boldsymbol{x}^{\mathrm{T}}|_\infty}\leqslant b$$

设 $b=\sum\limits_{i=1}^{n}|a_{ik}|$，记 n 维列向量 $\boldsymbol{e}$ 是所有元素由 1 或 -1 构成的向量，当 $a_{ik}\geqslant0$ 时，$\boldsymbol{e}$ 的第 i 个元素为 1，当 $a_{ik}<0$ 时，$\boldsymbol{e}$ 的第 i 个元素为 -1，于是 $|\boldsymbol{e}|_\infty=1$，而

$$|\boldsymbol{A}_k\boldsymbol{x}|=\sum_{i=1}^{n}|a_{ik}|=b\quad(\forall j\neq i)$$

有

$$|\boldsymbol{A}_j\boldsymbol{x}|=\left|\sum_{i=1}^{n}a_{ij}x_i\right|\leqslant\sum_{i=1}^{n}|a_{ij}||x_i|=\sum_{i=1}^{n}|a_{ij}|\leqslant\sum_{i=1}^{n}|a_{ik}|=b$$

即 $|\boldsymbol{Ae}|_\infty=\max\{|\boldsymbol{A}_1\boldsymbol{e}|,|\boldsymbol{A}_2\boldsymbol{e}|,\cdots,|\boldsymbol{A}_n\boldsymbol{e}|\}=b$ 于是

$$\|\boldsymbol{A}\|_\infty=\max_{\forall x\neq0}\frac{|\boldsymbol{Ax}|_\infty}{|\boldsymbol{x}|_\infty}\geqslant\frac{|\boldsymbol{Ae}|_\infty}{|\boldsymbol{e}|_\infty}=|\boldsymbol{Ae}|_\infty=b$$

故 $\|\boldsymbol{A}\|_{x_0}=b$，于是向量的 ∞-范数对应的算子范数，也称矩阵的 ∞-范数或行范数，即

矩阵的 ∞-范数或行范数　$\|\boldsymbol{A}\|_\infty=\max\limits_{1\leqslant i\leqslant m}\left\{\sum\limits_{j=1}^{n}|a_{ij}|\right\}$.

例 6.3　已知矩阵

$$\boldsymbol{A}=\begin{pmatrix}2&\mathrm{i}\\-1&3\\2-\mathrm{i}&-\mathrm{i}\end{pmatrix}$$

求 $\|\boldsymbol{A}\|_1,\|\boldsymbol{A}\|_2,\|\boldsymbol{A}\|_\infty$.

解　$\|\boldsymbol{A}\|_1=\max\{3,4,\sqrt{5}+1\}=4$，$\|\boldsymbol{A}\|_\infty=\max\{3+\sqrt{5},5\}=3+\sqrt{5}$，计算

$$\boldsymbol{A}^{\mathrm{H}}\boldsymbol{A}=\begin{pmatrix}2&-1&2+\mathrm{i}\\-\mathrm{i}&3&\mathrm{i}\end{pmatrix}\begin{pmatrix}2&\mathrm{i}\\-1&3\\2-\mathrm{i}&-\mathrm{i}\end{pmatrix}=\begin{pmatrix}10&-2\\-2&11\end{pmatrix}$$

于是

$$|\lambda\boldsymbol{E}-\boldsymbol{A}^{\mathrm{H}}\boldsymbol{A}|=\begin{vmatrix}\lambda-10&2\\2&\lambda-11\end{vmatrix}=\lambda^2-21\lambda+106\Rightarrow\lambda_{1,2}=\frac{21\pm\sqrt{17}}{2}$$

故 $\|\boldsymbol{A}\|_2=\sqrt{\dfrac{21+\sqrt{17}}{2}}$.

需要注意的是,矩阵范数与向量范数相容的并不是一一对应的,例如,矩阵的2-范数与矩阵的Frobenius范数都与向量的2-范数相容.

最后需要注意的是,单位矩阵的范数在不同意义下是不同的,例如

$$\|\boldsymbol{E}_n\|_* = n, \quad \|\boldsymbol{E}_n\|_F = \sqrt{n}$$

但其任何算子范数总是1.

6.2.3 矩阵范数在方程组的误差分析中的应用

定义6.5 若初始数据的微小误差都会对最终的计算结果产生极大的影响,则称这种问题为病态问题(坏条件问题),反之称其为良态问题.

例6.4 已知线性方程组

$$\begin{pmatrix} 10 & 7 & 8 & 7 \\ 7 & 5 & 6 & 5 \\ 8 & 6 & 10 & 9 \\ 7 & 5 & 9 & 10 \end{pmatrix}\begin{pmatrix} x_1 \\ x_2 \\ x_3 \\ x_4 \end{pmatrix} = \begin{pmatrix} 32 \\ 23 \\ 33 \\ 31 \end{pmatrix}$$

方程组的解为

$$\boldsymbol{X} = \begin{pmatrix} 1 \\ 1 \\ 1 \\ 1 \end{pmatrix}$$

现将方程组的常数项做一个微小变化,具体如下:

$$\begin{pmatrix} 10 & 7 & 8 & 7 \\ 7 & 5 & 6 & 5 \\ 8 & 6 & 10 & 9 \\ 7 & 5 & 9 & 10 \end{pmatrix}\begin{pmatrix} x_1 \\ x_2 \\ x_3 \\ x_4 \end{pmatrix} = \begin{pmatrix} 32.1 \\ 22.9 \\ 33.1 \\ 30.9 \end{pmatrix}$$

方程组的解变为

$$\boldsymbol{X} = \begin{pmatrix} 9.2 \\ -12.6 \\ 4.5 \\ -1.1 \end{pmatrix}$$

将方程组的系数矩阵做一个微小变化,具体如下:

$$\begin{pmatrix} 10 & 7 & 8.1 & 7.2 \\ 7.08 & 5.04 & 6 & 5 \\ 8 & 5.98 & 9.89 & 9 \\ 6.99 & 4.99 & 9 & 9.98 \end{pmatrix}\begin{pmatrix} x_1 \\ x_2 \\ x_3 \\ x_4 \end{pmatrix} = \begin{pmatrix} 32 \\ 23 \\ 33 \\ 31 \end{pmatrix}$$

方程组的解变为

$$\boldsymbol{X} = \begin{pmatrix} -81 \\ 137 \\ -34 \\ 22 \end{pmatrix}$$

发现其解与原方程解相比发生了很大的变化.这表明此方程组为病态方程组.哪些因素引起这些变化的呢?我们先做一下准备.

定理 6.5 设 $\boldsymbol{A}$ 是任意方阵,对任意矩阵范数,总有 $\rho(\boldsymbol{A})\leqslant\|\boldsymbol{A}\|$,即矩阵的谱半径总不大于该矩阵任意范数.

证明 设λ_0是矩阵 $\boldsymbol{A}$ 的任意一个特征值,$\boldsymbol{\alpha}$ 是 $\boldsymbol{A}$ 的特征值λ_0对应的特征向量,则 $\boldsymbol{A\alpha}=\lambda_0\boldsymbol{\alpha}$,由矩阵范数的性质,等式两边取矩阵范数,得

$$|\lambda_0|\cdot\|\boldsymbol{\alpha}\|=\|\boldsymbol{A\alpha}\|\leqslant\|\boldsymbol{A}\|\cdot\|\boldsymbol{\alpha}\|$$

注意到特征向量 $\boldsymbol{\alpha}$ 不为零向量,故 $\|\boldsymbol{\alpha}\|\neq 0$,两边除以 $\|\boldsymbol{\alpha}\|$,得

$$|\lambda_0|\leqslant\|\boldsymbol{A}\|\Rightarrow\rho(\boldsymbol{A})\leqslant\|\boldsymbol{A}\|$$ □

定理 6.6 若 $\|\boldsymbol{B}\|<1$,则 $\boldsymbol{I}\pm\boldsymbol{B}$ 可逆,且 $\|(\boldsymbol{I}\pm\boldsymbol{B})^{-1}\|\leqslant\dfrac{1}{1-\|\boldsymbol{\beta}\|}$.

证明 若 $\boldsymbol{I}\pm\boldsymbol{B}$ 不可逆,即 $|\boldsymbol{I}\pm\boldsymbol{B}|=0$,$(\boldsymbol{I}\pm\boldsymbol{B})x=0$ 有非零解,亦即有 $\boldsymbol{x}_0\neq 0$,使 $(\boldsymbol{I}\pm\boldsymbol{B})x_0=0$,$\boldsymbol{x}_0=\pm Bx_0$,$\|\boldsymbol{x}_0\|=\|\boldsymbol{Bx}_0\|\leqslant\|\boldsymbol{B}\|\|\boldsymbol{x}_0\|$,$\|\boldsymbol{B}\|\geqslant 1$,矛盾,故 $\boldsymbol{I}\pm\boldsymbol{B}$ 可逆.

$$(\boldsymbol{I}\pm\boldsymbol{B})(\boldsymbol{I}\pm\boldsymbol{B})^{-1}=\boldsymbol{I},\quad(\boldsymbol{I}\pm\boldsymbol{B})^{-1}=\boldsymbol{I}\mp\boldsymbol{B}(\boldsymbol{I}\pm\boldsymbol{B})^{-1}$$

$\|(\boldsymbol{I}\pm\boldsymbol{B})^{-1}\|=\|\boldsymbol{I}\mp\boldsymbol{B}(\boldsymbol{I}\pm\boldsymbol{B})^{-1}\|\leqslant\|\boldsymbol{I}\|+\|\boldsymbol{B}\|\|(\boldsymbol{I}\pm\boldsymbol{B})^{-1}\|$,得 $\|(\boldsymbol{I}\pm\boldsymbol{B})^{-1}\|\leqslant\dfrac{1}{1-\|\boldsymbol{B}\|}$. □

下面我们讨论当线性方程组 $\boldsymbol{AX}=\boldsymbol{b}$ 的系数矩阵和常数项发生微小变化

$$(\boldsymbol{A}+\Delta\boldsymbol{A})\boldsymbol{X}=(\boldsymbol{b}+\Delta\boldsymbol{b})$$

引起解的变化的因素,这里我们总假设线性方程组的系数矩阵是可逆的.注意到从方程组 $\boldsymbol{AX}=\boldsymbol{b}$ 到 $(\boldsymbol{A}+\Delta\boldsymbol{A})\boldsymbol{X}=(\boldsymbol{b}+\Delta\boldsymbol{b})$,可以作两步变化得到:

$$\boldsymbol{AX}=\boldsymbol{b}\Rightarrow\boldsymbol{AX}=(\boldsymbol{b}+\Delta\boldsymbol{b})\Rightarrow(\boldsymbol{A}+\Delta\boldsymbol{A})\boldsymbol{X}=(\boldsymbol{b}+\Delta\boldsymbol{b})$$

第一次变化中系数矩阵没有变化,而从第一次变化结果到第二次变化,常数项没有发生变化,因而我们分两种情况讨论:

(1) 右端向量误差对解的影响:设 $\boldsymbol{AX}=\boldsymbol{b}$ 的右端向量有误差 $\delta\boldsymbol{b}$,相应的解为 $\boldsymbol{X}+\delta\boldsymbol{X}$,则

$$\boldsymbol{A}(\boldsymbol{X}+\delta\boldsymbol{X})=\boldsymbol{b}+\delta\boldsymbol{b},\boldsymbol{A}\delta\boldsymbol{X}=\delta\boldsymbol{b},\delta\boldsymbol{X}=\boldsymbol{A}^{-1}\delta\boldsymbol{b}\Rightarrow\|\delta\boldsymbol{X}\|=\|\boldsymbol{A}^{-1}\delta\boldsymbol{b}\|\leqslant\|\boldsymbol{A}^{-1}\|\|\delta\boldsymbol{b}\|$$

又 $\|\boldsymbol{b}\|=\|\boldsymbol{AX}\|\leqslant\|\boldsymbol{A}\|\|\boldsymbol{X}\|$,故

$$\frac{\|\delta\boldsymbol{X}\|}{\|\boldsymbol{X}\|}\leqslant\|\boldsymbol{A}\|\|\boldsymbol{A}^{-1}\|\frac{\|\delta\boldsymbol{b}\|}{\|\boldsymbol{b}\|}$$

(2) 系数矩阵误差对解的影响:设 $\boldsymbol{AX}=\boldsymbol{b}$ 的系数矩阵有误差 $\delta\boldsymbol{A}$,相应的解为 $\boldsymbol{X}+\delta\boldsymbol{X}$,由于 $\boldsymbol{A}$ 可逆,$\delta\boldsymbol{A}$ 很微小,可以假设 $\|\boldsymbol{A}^{-1}\delta\boldsymbol{A}\|<1$,由定理 6.6 知 $\boldsymbol{I}+\boldsymbol{A}^{-1}\delta\boldsymbol{A}$ 可逆,于是

$$(\boldsymbol{A}+\delta\boldsymbol{A})(\boldsymbol{X}+\delta\boldsymbol{X})=\boldsymbol{b},(\boldsymbol{A}+\delta\boldsymbol{A})\delta\boldsymbol{X}=-\delta\boldsymbol{A}\cdot\boldsymbol{X},\boldsymbol{A}(\boldsymbol{I}+\boldsymbol{A}^{-1}\delta\boldsymbol{A})\delta\boldsymbol{X}=-\delta\boldsymbol{A}\cdot\boldsymbol{X}$$

故 $\delta\boldsymbol{X}=-(\boldsymbol{I}+\boldsymbol{A}^{-1}\delta\boldsymbol{A})^{-1}\boldsymbol{A}^{-1}(\delta\boldsymbol{A})\boldsymbol{X}$,由范数性质得

$$\|\delta\boldsymbol{X}\|=\|(\boldsymbol{I}+\boldsymbol{A}^{-1}\delta\boldsymbol{A})^{-1}\boldsymbol{A}^{-1}(\delta\boldsymbol{A})\boldsymbol{X}\|\leqslant\|(\boldsymbol{I}+\boldsymbol{A}^{-1}\delta\boldsymbol{A})^{-1}\|\|\boldsymbol{A}^{-1}\|\|(\delta\boldsymbol{A})\|\|\boldsymbol{X}\|$$

由定理 6.6,进一步地,有

$$\|\delta\boldsymbol{X}\|\leqslant\frac{\|\boldsymbol{A}^{-1}\|\|\delta\boldsymbol{A}\|\|\boldsymbol{X}\|}{1-\|\boldsymbol{A}^{-1}\delta\boldsymbol{A}\|}\leqslant\frac{\|\boldsymbol{A}^{-1}\|\|\delta\boldsymbol{A}\|\|\boldsymbol{X}\|}{1-\|\boldsymbol{A}^{-1}\|\|\delta\boldsymbol{A}\|}$$

故

$$\frac{\|\delta\boldsymbol{X}\|}{\|\boldsymbol{X}\|}\leqslant\frac{\|\boldsymbol{A}^{-1}\|\|\boldsymbol{A}\|}{1-\|\boldsymbol{A}^{-1}\|\|\boldsymbol{A}\|\dfrac{\|\delta\boldsymbol{A}\|}{\|\boldsymbol{A}\|}}$$

$$= \frac{\|A^{-1}\|\ \|A\|}{1-\|A^{-1}\|\ \|A\|\ \frac{\|\delta A\|}{\|A\|}}\frac{\|\delta A\|}{\|A\|} \sim \|A^{-1}\|\ \|A\|\ \frac{\|\delta A\|}{\|A\|}$$

这里用到$\frac{\|\delta A\|}{\|A\|}$比较微小,而～表示大体上近似.

从以上讨论可知,不管是常数项 $\boldsymbol{b}$ 发生微小变化,还是系数矩阵 A 发生微小变化,解的相对误差$\frac{\|\delta X\|}{\|X\|}$比对应项的相对误差放大了 $\|A^{-1}\|\ \|A\|$ 倍.

定义 6.6　设 A 非奇异,则称 $\operatorname{cond}(A)=\|A\|\cdot\|A^{-1}\|$ 为矩阵 A 的条件数.

常用条件数:

(1) $\operatorname{cond}(A)=\|A\|_{\infty}\cdot\|A^{-1}\|_{\infty}$;

(2) $\operatorname{cond}(A)=\|A\|_2\cdot\|A^{-1}\|_2=\sqrt{\frac{\lambda_{\max}(A^{T}A)}{\lambda_{\min}(A^{T}A)}}$.

6.3　矩 阵 序 列

6.3.1　矩阵序列的极限

定义 6.7　设 $A^{(1)},A^{(2)},\cdots,A^{(n)},\cdots$是由 $s\times t$ 矩阵构成的矩阵序列(简称为矩阵序列 $A^{(n)}$),而 A 是$s\times t$ 矩阵,若对任意 $\varepsilon>0$,均存在 N,对所有 $n>N$ 有

$$\|A^{(n)}-A\|_{*}<\varepsilon$$

称 A 是当$n\to\infty$时矩阵序列 $A^{(n)}$ 的极限,记作

$$\lim_{n\to\infty}A^{(n)}=A$$

若矩阵序列有极限,我们也称该矩阵序列收敛,否则称矩阵序列发散.

例 6.5　已知 $A^{(n)}=\begin{pmatrix}2-\frac{1}{n} & \sqrt[n]{n}\\ \frac{2n-1}{3n+2} & 3\end{pmatrix}$,证明:$\lim_{n\to\infty}A^{(n)}=\begin{pmatrix}2 & 1\\ \frac{2}{3} & 3\end{pmatrix}=A$.

证明　由高等数学的相关知识可知

$$\lim_{n\to\infty}2-\frac{1}{n}=2,\quad \lim_{n\to\infty}\sqrt[n]{n}=1,\quad \lim_{n\to\infty}\frac{2n-1}{3n+2}=\frac{2}{3}$$

则任意 $\varepsilon>0$,均存在 N_1,对所有 $n>N_1$ 有

$$\left|2-\frac{1}{n}-2\right|<\frac{\varepsilon}{3}$$

存在 N_2,对所有 $n>N_2$ 有

$$\left|\sqrt[n]{n}-1\right|<\frac{\varepsilon}{3}$$

存在 N_3,对所有 $n>N_3$ 有

$$\left|\frac{2n-1}{3n+2}-\frac{2}{3}\right|<\frac{\varepsilon}{3}$$

取 $N=\max\{N_1.N_2,N_3\}$，对所有 $n>N_2$，有

$$\|\boldsymbol{A}^{(n)}-\boldsymbol{A}\|_*=\left|2-\frac{1}{n}-2\right|+|\sqrt[n]{n}-1|+\left|\frac{2n-1}{3n+2}-\frac{2}{3}\right|<\varepsilon$$

故 $\lim\limits_{n\to\infty}\boldsymbol{A}^{(n)}=\boldsymbol{A}$.

定理 6.7 对任意给定的矩阵范数 $\|\cdot\|_q$，$\lim\limits_{n\to\infty}\boldsymbol{A}^{(n)}=\boldsymbol{A}$ 的充要条件是对任意 $\varepsilon>0$，均存在 N，对所有 $n>N$ 有

$$\|\boldsymbol{A}^{(n)}-\boldsymbol{A}\|_q<\varepsilon$$

证明 由矩阵范数的等价性知，存在 $M_1,M_2,M_1',M_2'>0$，使得对任意矩阵 $\boldsymbol{B}$，有

$$M_1\|\boldsymbol{B}\|_q\leqslant\|\boldsymbol{B}\|_*\leqslant M_2\|\boldsymbol{B}\|_q,\quad M'_1\|\boldsymbol{B}\|_*\leqslant\|\boldsymbol{B}\|_q\leqslant M'_2\|\boldsymbol{B}\|_*$$

从而，对任意矩阵 $\boldsymbol{B}$，有 $\|\boldsymbol{B}\|_*\leqslant M_2\|\boldsymbol{B}\|_q$，$\|\boldsymbol{B}\|_q\leqslant M_2'\|\boldsymbol{B}\|_*$.

已知 $\lim\limits_{n\to\infty}\boldsymbol{A}^{(n)}=\boldsymbol{A}$，对任意 $\varepsilon>0$，均存在 N，对所有 $n>N$ 有 $\|\boldsymbol{A}^{(n)}-\boldsymbol{A}\|_*<\dfrac{\varepsilon}{M_2'}$，于是

$$\|\boldsymbol{A}^{(n)}-\boldsymbol{A}\|_q\leqslant M'_2\|\boldsymbol{A}^{(n)}-\boldsymbol{A}\|_*<\varepsilon$$

反之，对任意 $\varepsilon>0$，由 ε 的任意性，ε 可换为 $\dfrac{\varepsilon}{M_2}$，均存在 N，对所有 $n>N$ 有 $\|\boldsymbol{A}^{(n)}-\boldsymbol{A}\|_q<\dfrac{\varepsilon}{M_2}$，于是

$$\|\boldsymbol{A}^{(n)}-\boldsymbol{A}\|_*\leqslant M_2\|\boldsymbol{A}^{(n)}-\boldsymbol{A}\|_q<\varepsilon$$

即 $\lim\limits_{n\to\infty}\boldsymbol{A}^{(n)}=\boldsymbol{A}$. □

从该定理可知，矩阵序列收敛的定义与选取的特定范数无关.

定理 6.8 矩阵序列 $\boldsymbol{A}^{(n)}=(a_{ij}^{(n)})_{s\times t}$，而 $\boldsymbol{A}=(a_{ij})_{s\times t}$，则 $\lim\limits_{n\to\infty}\boldsymbol{A}^{(n)}=\boldsymbol{A}$ 的充要条件为

$$\lim_{n\to\infty}a_{ij}^{(n)}=a_{ij}\quad(\forall 1\leqslant i\leqslant s,1\leqslant j\leqslant t)$$

即矩阵序列收敛的充要条件是对应位置的元素收敛.

证明 因为 $\lim\limits_{n\to\infty}\boldsymbol{A}^{(n)}=\boldsymbol{A}$，所以对任意 $\varepsilon>0$，均存在 N，对所有 $n>N$ 有 $\|\boldsymbol{A}^{(n)}-\boldsymbol{A}\|_*<\varepsilon$，则

$$\forall 1\leqslant i\leqslant s,1\leqslant j\leqslant t,|a_{ij}^{n}-a_{ij}|\leqslant\sum_{k=1}^{s}\sum_{l=1}^{t}|a_{kl}^{(n)}-a_{kl}|=\|\boldsymbol{A}^{(n)}-\boldsymbol{A}\|_*<\varepsilon$$

故 $\lim\limits_{n\to\infty}a_{ij}^{(n)}=a_{ij}(\forall 1\leqslant i\leqslant s,1\leqslant j\leqslant t)$.

若 $\forall 1\leqslant i\leqslant s,1\leqslant j\leqslant t$，有 $\lim\limits_{n\to\infty}a_{ij}^{(n)}=a_{ij}$，则对任意 $\varepsilon>0$，均存在 N_{ij}，对所有 $n>N_{ij}$ 有

$$|a_{ij}^{(n)}-a_{ij}|<\frac{\varepsilon}{st}$$

取 $N=\max\limits_{i,j}\{N_{ij}\}$，对所有 $n>N$，一定有 $n>N_{ij}$，则

$$\|\boldsymbol{A}^{(n)}-\boldsymbol{A}\|_*=\sum_{k=1}^{s}\sum_{l=1}^{t}|a_{kl}^{(n)}-a_{kl}|<\sum_{k=1}^{s}\sum_{l=1}^{t}\varepsilon=\varepsilon$$

故 $\lim\limits_{n\to\infty}\boldsymbol{A}^{(n)}=\boldsymbol{A}$. □

该定理将矩阵序列的极限转化为数列极限.另外由该定理及数列极限的 Cauchy 收敛准则，容易得到矩阵序列的 Cauchy 收敛准则：

Cauchy 收敛准则 设同型矩阵序列 $\boldsymbol{A}^{(n)}$，则 $\boldsymbol{A}^{(n)}$ 收敛的充要条件是对任意 $\varepsilon>0$，均存在 N，对任意 $n,m>N$ 有

$$\| \boldsymbol{A}^{(n)} - \boldsymbol{A}^{(m)} \|_{*} < \varepsilon$$ □

下列矩阵序列极限的性质，由数列极限的性质容易得到.

定理 6.9 （1）收敛矩阵序列的极限唯一；

（2）若 $\lim\limits_{n\to\infty}\boldsymbol{A}^{(n)}=\boldsymbol{A}$，$\lim\limits_{n\to\infty}\boldsymbol{B}^{(n)}=\boldsymbol{B}$，则 $\lim\limits_{n\to\infty}(a\boldsymbol{A}^{(n)}+b\boldsymbol{B}^{(n)})=a\boldsymbol{A}+b\boldsymbol{B}$；

（3）若 $\lim\limits_{n\to\infty}\boldsymbol{A}^{(n)}=\boldsymbol{A}$，$\lim\limits_{n\to\infty}\boldsymbol{B}^{(n)}=\boldsymbol{B}$，$\boldsymbol{A}^{(n)}\in M_{s\times t}(F)$，$\boldsymbol{B}^{(n)}\in M_{t\times r}(F)$，则

$$\lim_{n\to\infty}\boldsymbol{A}^{(n)}\boldsymbol{B}^{(n)} = \boldsymbol{AB}$$

（4）若 $\lim\limits_{n\to\infty}\boldsymbol{A}^{(n)}=\boldsymbol{A}$，$\boldsymbol{A}^{(n)}\in M_{s\times t}(F)$，对任何 $\boldsymbol{P}\in M_{s\times s}(F)$，$\boldsymbol{Q}\in M_{t\times t}(F)$，有

$$\lim_{n\to\infty}\boldsymbol{PA}^{(n)}\boldsymbol{Q} = \boldsymbol{PAQ}$$

（5）设 $\lim\limits_{n\to\infty}\boldsymbol{A}^{(n)}=\boldsymbol{A}$，若 $\boldsymbol{A}$ 可逆，则存在 N，当 $n>N$ 时，$\boldsymbol{A}^{(n)}$ 可逆，且

$$\lim_{n\to\infty}(\boldsymbol{A}^{(n)})^{-1} = \boldsymbol{A}^{-1}$$ □

下面讨论方阵的幂的极限，这在线性方程组的迭代法中起至关重要的作用.

定理 6.10 设 $\boldsymbol{A}$ 是方阵，若对某种范数，$\|\boldsymbol{A}\|<1$，则 $\lim\limits_{n\to\infty}\boldsymbol{A}^n=\boldsymbol{O}$.

证明 由范数的定义知 $\|\boldsymbol{A}^n\|\leqslant\|\boldsymbol{A}\|^n$，由 $\|\boldsymbol{A}\|<1$ 可知 $\lim\limits_{n\to\infty}\|\boldsymbol{A}\|^n=0$，对任意 $\varepsilon>0$，存在 N，对任意 $n>N$ 有 $\|\boldsymbol{A}\|^n<\varepsilon$，于是

$$\|\boldsymbol{A}^n-\boldsymbol{O}\| = \|\boldsymbol{A}^n\| \leqslant \|\boldsymbol{A}\|^n < \varepsilon$$

故 $\lim\limits_{n\to\infty}\boldsymbol{A}^n=\boldsymbol{O}$. □

定理 6.11 设 $\boldsymbol{A}$ 是方阵，则 $\lim\limits_{n\to\infty}\boldsymbol{A}^n=\boldsymbol{O}$ 的充要条件是 $\boldsymbol{A}$ 的谱半径满足 $\rho(\boldsymbol{A})<1$.

证明 存在可逆矩阵 $\boldsymbol{P}$，使得 $\boldsymbol{P}^{-1}\boldsymbol{AP}=\boldsymbol{J}$，即 $\boldsymbol{A}=\boldsymbol{PJP}^{-1}$，从而 $\boldsymbol{A}^n=\boldsymbol{PJ}^n\boldsymbol{P}^{-1}$，而 $\boldsymbol{J}$ 是 $\boldsymbol{A}$ 的 Jordan 标准形，设

$$\boldsymbol{J} = \begin{pmatrix} \boldsymbol{J}_1 & 0 & 0 \\ 0 & \ddots & 0 \\ 0 & 0 & \boldsymbol{J}_s \end{pmatrix} \Rightarrow \boldsymbol{J}^n = \begin{pmatrix} \boldsymbol{J}_1^n & 0 & 0 \\ 0 & \ddots & 0 \\ 0 & 0 & \boldsymbol{J}_s^n \end{pmatrix}$$

其中

$$\boldsymbol{J}_i = \begin{pmatrix} \lambda_i & 1 & \cdots & 0 \\ 0 & \ddots & \ddots & \vdots \\ \vdots & \ddots & \lambda_i & 1 \\ 0 & \cdots & 0 & \lambda_i \end{pmatrix}_{r_i}$$

经计算

$$\boldsymbol{J}_i^n = \begin{pmatrix} \lambda_i^n & \mathrm{C}_n^1\lambda_i^{n-1} & \mathrm{C}_n^2\lambda_i^{n-2} & \cdots & \mathrm{C}_n^{r_i-1}\lambda_i^{n-r_i+1} \\ 0 & \lambda_i^n & \mathrm{C}_n^1\lambda_i^{n-1} & \cdots & \mathrm{C}_n^{r_i-2}\lambda_i^{n-r_i+2} \\ 0 & 0 & \ddots & \ddots & \vdots \\ \vdots & \vdots & \ddots & \ddots & \mathrm{C}_n^1\lambda_i^{n-1} \\ 0 & 0 & \cdots & 0 & \lambda_i^n \end{pmatrix}$$

当 $k\geqslant n$ 时，$\mathrm{C}_n^k=0$.

显然 $\lim\limits_{n\to\infty}\boldsymbol{A}^n=\boldsymbol{O}\Leftrightarrow\lim\limits_{n\to\infty}\boldsymbol{J}^n=\boldsymbol{O}\Leftrightarrow\lim\limits_{n\to\infty}\boldsymbol{J}_i^n=\boldsymbol{O}\Leftrightarrow\lim\limits_{n\to\infty}\lambda_i^n=0\Leftrightarrow|\lambda_i|<1(1\leqslant i\leqslant s)$，故 $\rho(\boldsymbol{A})=\max\limits_i\{|\lambda_i|\}<1$. □

由上述定理的证明可知：若 $\boldsymbol{J}$ 是 $\boldsymbol{A}$ 的 Jordan 标准形，$\lim\limits_{n\to\infty}\boldsymbol{A}^n$ 存在当且仅当 $\lim\limits_{n\to\infty}\boldsymbol{J}^n$ 存在

当且仅当其每一个 Jordan 块 $\boldsymbol{J}_i$ 的 $\lim\limits_{n\to\infty}\boldsymbol{J}_i^n$ 存在，这时 $\boldsymbol{J}_i$ 的对角元素 λ_i 的 $\lim\limits_{n\to\infty}\lambda_i^n$ 存在，也就是 $\lambda_i=1$ 或 $|\lambda_i|<1$，当 $|\lambda_i|<1$ 时 $\lim\limits_{n\to\infty}\boldsymbol{J}_i^n=\boldsymbol{O}$；而当 $\lambda_i=1$ 时，而 $\boldsymbol{J}_i$ 不是一阶矩阵时，则 $\boldsymbol{J}_i^n$ 的对角线上方的次对角线元素均是 n，故 $\lim\limits_{n\to\infty}\boldsymbol{J}_i^n$ 不存在极限，即当 $\lambda_i=1$ 且 $\boldsymbol{J}_i$ 是一阶矩阵时，$\lim\limits_{n\to\infty}\boldsymbol{J}_i^n$ 才存在.

例 6.6 考察下列方阵的幂的极限是否存在：

(1) $\boldsymbol{A}=\begin{pmatrix}1&1&0\\0&1&0\\0&1&1\end{pmatrix}$；(2) $\boldsymbol{A}=\begin{pmatrix}5.5&8\\-4.5&-6.5\end{pmatrix}$.

解 (1) $\boldsymbol{A}$ 的特征值为 1,1 对应线性无关的特征向量为 $\boldsymbol{\alpha}_1=(1,0,0)^{\mathrm{T}}$，$\boldsymbol{\alpha}_2=(0,0,1)^{\mathrm{T}}$，因而 $\boldsymbol{A}$ 不能相似对角化，$\boldsymbol{A}$ 的 Jordan 标准形 $\boldsymbol{J}=\begin{pmatrix}1&1&0\\0&1&0\\0&0&1\end{pmatrix}$，从而 $\lim\limits_{n\to\infty}\boldsymbol{A}^n$ 不存在.

(2) $\boldsymbol{A}$ 的特征值为 0.5,0.5 对应线性无关的特征向量为 $\boldsymbol{\alpha}_1=(8,-5)^{\mathrm{T}}$，因而 $\boldsymbol{A}$ 不能相似对角化，$\boldsymbol{A}$ 的 Jordan 标准形 $\boldsymbol{J}=\begin{pmatrix}0.5&1\\0&0.5\end{pmatrix}$，故 $\lim\limits_{n\to\infty}\boldsymbol{A}^n=\boldsymbol{O}$.

注意，若 $\lim\limits_{n\to\infty}\boldsymbol{A}^n=\boldsymbol{O}$，则容易验证

$$(\boldsymbol{E}-\boldsymbol{A})(\boldsymbol{E}+\boldsymbol{A}+\boldsymbol{A}^2+\boldsymbol{A}^3+\cdots)=\boldsymbol{E}$$

即 $\boldsymbol{E}+\boldsymbol{A}+\boldsymbol{A}^2+\boldsymbol{A}^3+\cdots=(\boldsymbol{E}-\boldsymbol{A})^{-1}$.

6.3.2 解线性方程组的迭代法

对于线性方程组 $\boldsymbol{Ax}=\boldsymbol{b}$（注意这里考察的方程组总是有解，而且解是唯一的），若未知数个数比较大，用直接解法求方程组的解是比较慢的，特别当系数矩阵的条件数比较大时，得到的解的误差很大，超出允许范围. 下面讨论用迭代法求解方程组的近似解.

将线性方程组 $\boldsymbol{Ax}=\boldsymbol{b}$ 恒等变形为 $\boldsymbol{x}=\boldsymbol{Jx}+\boldsymbol{b}_J$ 的形式，给定初始向量 $\boldsymbol{x}^{(0)}$，得到迭代公式

$$\begin{cases}\boldsymbol{x}^{(0)}\\ \boldsymbol{x}^{(n+1)}=\boldsymbol{Jx}^{(n)}+\boldsymbol{b}_J\end{cases}$$

生成向量序列 $\boldsymbol{x}^{(1)},\boldsymbol{x}^{(2)},\cdots,\boldsymbol{x}^{(n)},\cdots$，其中矩阵 $\boldsymbol{J}$ 称为迭代矩阵.

下面需要讨论：

(1) 由迭代公式生成的向量序列何时收敛，收敛速度如何；

(2) 若该序列收敛，其极限 $\lim\limits_{n\to\infty}\boldsymbol{x}^{(n)}=\boldsymbol{x}^*$ 是否是方程组 $\boldsymbol{Ax}=\boldsymbol{b}$ 的解.

首先若上述迭代公式产生向量序列 $\{\boldsymbol{x}^{(n)}\}$ 收敛，即 $\lim\limits_{n\to\infty}\boldsymbol{x}^{(n)}=\boldsymbol{x}^*$，则在公式

$$\boldsymbol{x}^{(n+1)}=\boldsymbol{Jx}^{(n)}+\boldsymbol{b}_J$$

两边取极限

$$\boldsymbol{x}^*=\lim_{n\to\infty}\boldsymbol{x}^{(n+1)}=\boldsymbol{J}(\lim_{n\to\infty}\boldsymbol{x}^{(n)})+\boldsymbol{b}_J=\boldsymbol{Jx}^*+\boldsymbol{b}_J$$

故迭代公式产生向量序列 $\{\boldsymbol{x}^{(n)}\}$，若收敛，其极限就是方程组 $\boldsymbol{Ax}=\boldsymbol{b}$ 的解.

定理 6.12 对任意初始向量 $\boldsymbol{x}^{(0)}$，由迭代公式

$$\begin{cases}\boldsymbol{x}^{(0)}\\ \boldsymbol{x}^{(n+1)}=\boldsymbol{Jx}^{(n)}+\boldsymbol{b}_J\end{cases}$$

得到的迭代序列 $\boldsymbol{x}^{(1)},\boldsymbol{x}^{(2)},\cdots,\boldsymbol{x}^{(k)},\cdots$收敛的充要条件是迭代矩阵 $\boldsymbol{J}$ 的谱半径

$$\rho(\boldsymbol{J})<0$$

证明　设$\{\boldsymbol{x}^{(n)}\}$是由迭代公式所产生向量序列,令 $\boldsymbol{x}^*$ 为方程组的解,则

$$\boldsymbol{x}^* = \boldsymbol{J}\boldsymbol{x}^* + \boldsymbol{b}_J,\quad \boldsymbol{x}^{(n+1)} = \boldsymbol{J}\boldsymbol{x}^{(n)} + \boldsymbol{b}_J$$

两式两边分别作差,得

$$\boldsymbol{x}^{(n)} - \boldsymbol{x}^* = \boldsymbol{J}(\boldsymbol{x}^{(n-1)} - \boldsymbol{x}^*) = \cdots = \boldsymbol{J}^n(\boldsymbol{x}^{(0)} - \boldsymbol{x}^*)$$

从中可知

$$\lim_{n\to\infty}(\boldsymbol{x}^{(n)} - \boldsymbol{x}^*) = 0 \Leftrightarrow \lim_{n\to\infty}\boldsymbol{J}^n(\boldsymbol{x}^{(0)} - \boldsymbol{x}^*) = \boldsymbol{O}$$

由 $\boldsymbol{x}^{(0)}$可以任取,故可取 $\boldsymbol{x}^{(0)}\neq\boldsymbol{x}^*$,$\lim\limits_{n\to\infty}\boldsymbol{J}^n=\boldsymbol{O}$,由定理 $\rho(\boldsymbol{J})=0$. □

注:要检验一个矩阵的谱半径小于1是比较困难的,所以我们希望用别的办法判断迭代格式是否收敛.

定理 6.13　若迭代公式 $\boldsymbol{x}^{(n+1)}=\boldsymbol{J}\boldsymbol{x}^{(n)}+\boldsymbol{b}_J$ 的迭代矩阵满足 $\|\boldsymbol{J}\|<1$(矩阵范数),则迭代公式

$$\begin{cases}\boldsymbol{x}^{(0)} \\ \boldsymbol{x}^{(n+1)} = \boldsymbol{J}\boldsymbol{x}^{(n)} + \boldsymbol{b}_J\end{cases}$$

产生的向量序列 $\boldsymbol{x}^{(n)}$收敛于 $\boldsymbol{x}=\boldsymbol{J}\boldsymbol{x}+\boldsymbol{b}_J$ 的精确解 $\boldsymbol{x}^*$,且有误差估计式

$$\|\boldsymbol{x}^{(n)} - \boldsymbol{x}^*\| \leqslant \frac{\|\boldsymbol{B}\|}{1-\|\boldsymbol{B}\|}\|\boldsymbol{x}^{(n)} - \boldsymbol{x}^{(n+1)}\|$$

$$\|\boldsymbol{x}^{(n)} - \boldsymbol{x}^*\| \leqslant \frac{\|\boldsymbol{B}\|^n}{1-\|\boldsymbol{B}\|}\|\boldsymbol{x}^{(1)} - \boldsymbol{x}^{(0)}\|$$

证明　由于 $\rho(\boldsymbol{J})\leqslant\|\boldsymbol{J}\|<1$,故迭代公式产生的序列收敛于 $\boldsymbol{x}=\boldsymbol{J}\boldsymbol{x}+\boldsymbol{b}_J$ 的精确解 $\boldsymbol{x}^*$,且

$$\|\boldsymbol{x}^{(n+1)} - \boldsymbol{x}^*\| = \|\boldsymbol{B}(\boldsymbol{x}^{(n)} - \boldsymbol{x}^*)\| \leqslant \|\boldsymbol{B}\|\cdot\|\boldsymbol{x}^{(n)} - \boldsymbol{x}^*\|$$

$$\|\boldsymbol{x}^{(n+1)} - \boldsymbol{x}^{(n)}\| \leqslant \|\boldsymbol{B}\|\cdot\|\boldsymbol{x}^{(n)} - \boldsymbol{x}^{(n-1)}\|$$

从而

$$\|\boldsymbol{x}^{(n)} - \boldsymbol{x}^{(n-1)}\| \leqslant \|\boldsymbol{B}\|\cdot\|\boldsymbol{x}^{(n-1)} - \boldsymbol{x}^{(n-2)}\| \leqslant\cdots\leqslant \|\boldsymbol{B}\|^{n-1}\|\boldsymbol{x}^{(1)} - \boldsymbol{x}^{(0)}\|$$

故

$$\begin{aligned}\|\boldsymbol{x}^{(n)} - \boldsymbol{x}^*\| &\leqslant \|\boldsymbol{x}^{(n)} - \boldsymbol{x}^{(n+1)} + \boldsymbol{x}^{(n+1)} - \boldsymbol{x}^*\| \leqslant \|\boldsymbol{x}^{(n)} - \boldsymbol{x}^{(n+1)}\| + \|\boldsymbol{x}^{(n+1)} - \boldsymbol{x}^*\| \\ &\leqslant \|\boldsymbol{B}\|\cdot\|\boldsymbol{x}^{(n)} - \boldsymbol{x}^{(n+1)}\| + \|\boldsymbol{B}\|\cdot\|\boldsymbol{x}^{(n)} - \boldsymbol{x}^*\|\end{aligned}$$

从中求出 $\|\boldsymbol{x}^{(n)}-\boldsymbol{x}^*\|$ 即可. □

注:(1) 用该定理,容易判别迭代法的收敛性.但该定理的条件只是充分的,而不是必要的,例如以 $\boldsymbol{J}=\begin{pmatrix}0.5 & 1\\ 0 & 0.5\end{pmatrix}$为迭代矩阵的迭代公式是收敛的,但 $\|\boldsymbol{J}\|_1=\|\boldsymbol{J}\|_\infty=1.5>1$,此时需要用前一个定理来判定迭代法的敛散性.

(2) 迭代公式的收敛速度与初始值 $\boldsymbol{x}^{(0)}$有关,同时也迭代矩阵 $\boldsymbol{J}$ 的范数 $\|\boldsymbol{J}\|$ 和谱半径 $\rho(\boldsymbol{J})$有关,一般来说,$\|\boldsymbol{J}\|$ 和 $\rho(\boldsymbol{J})$越小,收敛速度越快.

6.4 矩阵级数与矩阵函数

6.4.1 一般矩阵级数

定义 6.8 设 $\boldsymbol{A}^{(n)}(n=1,2,\cdots)$均是数域 F 上的$s\times t$ 矩阵,若称

$$\boldsymbol{A}^{(1)}+\boldsymbol{A}^{(2)}+\cdots+\boldsymbol{A}^{(n)}+\cdots$$

为一个矩阵级数,其中 $\boldsymbol{A}^{(n)}$为该矩阵级数的通项.将上述矩阵级数记作

$$\sum_{n=1}^{\infty}\boldsymbol{A}^{(n)}$$

由矩阵级数 $\sum\limits_{n=1}^{\infty}\boldsymbol{A}^{(n)}$ 的前 n 项的矩阵之和

$$\boldsymbol{S}^{(n)}=\sum_{k=1}^{n}\boldsymbol{A}^{(k)}$$

称矩阵级数 $\sum\limits_{n=1}^{\infty}\boldsymbol{A}^{(n)}$ 的部分和(矩阵).显然矩阵级数的部分和 $\boldsymbol{S}^{(n)}$是一个矩阵序列,可以讨论其收敛性.

定义 6.9 若矩阵级数 $\sum\limits_{n=1}^{\infty}\boldsymbol{A}^{(n)}$ 的部分和序列 $\boldsymbol{S}^{(n)}$收敛于矩阵 $\boldsymbol{S}$,即

$$\lim_{n\to\infty}\boldsymbol{S}^{(n)}=\boldsymbol{S}$$

称矩阵级数 $\sum\limits_{n=1}^{\infty}\boldsymbol{A}^{(n)}$ 是收敛的或收敛于矩阵 $\boldsymbol{S}$,矩阵 $\boldsymbol{S}$ 称为$\sum\limits_{n=1}^{\infty}\boldsymbol{A}^{(n)}$ 的和(矩阵),记作

$$\sum_{n=1}^{\infty}\boldsymbol{A}^{(n)}=\boldsymbol{S}$$

否则,即部分和序列 $\boldsymbol{S}^{(n)}$是发散的,称矩阵级数 $\sum\limits_{n=1}^{\infty}\boldsymbol{A}^{(n)}$ 是发散的或没有和.

设矩阵级数 $\sum\limits_{n=1}^{\infty}\boldsymbol{A}^{(n)}$ 收敛于矩阵 $\boldsymbol{S}$,即$\lim\limits_{n\to\infty}\boldsymbol{S}^{(n)}=\boldsymbol{S}$, 令

$$\boldsymbol{R}^{(m)}=\boldsymbol{S}-\boldsymbol{S}^{(m)}=\sum_{n=1}^{\infty}\boldsymbol{A}^{(n)}-\boldsymbol{S}^{(m)}=\sum_{n=m+1}^{\infty}\boldsymbol{A}^{(n)}$$

称为用 $\boldsymbol{S}^{(m)}$代替 $\boldsymbol{S}$ 的余项矩阵或误差矩阵.

显然,矩阵级数 $\sum\limits_{n=1}^{\infty}\boldsymbol{A}^{(n)}$ 收敛的充要条件是余项矩阵的极限为零矩阵 $\boldsymbol{O}$,即

$$\lim_{n\to\infty}\boldsymbol{R}^{(n)}=\boldsymbol{S}$$

从而可知,若矩阵级数 $\sum\limits_{n=1}^{\infty}\boldsymbol{A}^{(n)}$ 收敛,则有$\lim\limits_{n\to\infty}\boldsymbol{A}^{(n)}=\boldsymbol{O}$.

对矩阵级数 $\sum\limits_{n=1}^{\infty}\boldsymbol{A}^{(n)}$,若$\sum\limits_{n=1}^{\infty}\|\boldsymbol{A}^{(n)}\|_{*}$ 收敛,称矩阵级数$\sum\limits_{n=1}^{\infty}\boldsymbol{A}^{(n)}$ 是绝对收敛,若矩阵级

数$\sum_{n=1}^{\infty} \boldsymbol{A}^{(n)}$是收敛,但$\sum_{n=1}^{\infty} \| \boldsymbol{A}^{(n)} \|_*$发散,称$\sum_{n=1}^{\infty} \boldsymbol{A}^{(n)}$是条件收敛.

由于矩阵的加法就是对应位置的元素求和,故若设$\boldsymbol{A}^{(n)} = (a_{ij}^{(n)})$,则

$$\sum_{n=1}^{\infty} \boldsymbol{A}^{(n)} = \left(\sum_{n=1}^{\infty} a_{ij}^{(n)}\right), \quad \boldsymbol{S}^{(n)} = \sum_{k=1}^{n} \boldsymbol{A}^{(k)} = \left(\sum_{k=1}^{n} a_{ij}^{(k)}\right)$$

定理 6.14　设$\boldsymbol{A}^{(n)} = (a_{ij}^{(n)})(n=1,2,\cdots)$均是数域$F$上的$s \times t$矩阵.则$\sum_{n=1}^{\infty} \boldsymbol{A}^{(n)}$收敛的充要条件是对任意$1 \leqslant i \leqslant s, 1 \leqslant j \leqslant t$,级数$\sum_{n=1}^{\infty} a_{ij}^{(n)}$均收敛,且若$\sum_{n=1}^{\infty} a_{ij}^{(n)} = a_{ij}$,令$\boldsymbol{S} = (a_{ij})$,有

$$\sum_{n=1}^{\infty} \boldsymbol{A}^{(n)} = \boldsymbol{S}$$

进而,$\sum_{n=1}^{\infty} \boldsymbol{A}^{(n)}$绝对收敛的充要条件是对任意$1 \leqslant i \leqslant s, 1 \leqslant j \leqslant t$,级数$\sum_{n=1}^{\infty} a_{ij}^{(n)}$均绝对收敛.

证明　设矩阵级数$\sum_{n=1}^{\infty} \boldsymbol{A}^{(n)}$收敛于矩阵$\boldsymbol{S}$,而$\boldsymbol{S} = (a_{ij})$,则该矩阵级数的部分和$\boldsymbol{S}^{(n)}$满足$\lim\limits_{n \to \infty} \boldsymbol{S}^{(n)} = \boldsymbol{S}$,即对任意$\varepsilon > 0$,存在$N$,对所有$n > N$,有$\| \boldsymbol{S}^{(n)} - \boldsymbol{S} \|_* < \varepsilon$,于是对任意$1 \leqslant i \leqslant s, 1 \leqslant j \leqslant t$,有

$$\left| \sum_{k=1}^{n} a_{ij}^{(k)} - a_{ij} \right| \leqslant \sum_{j=1}^{t} \sum_{i=1}^{s} \left| \sum_{k=1}^{n} a_{ij}^{(k)} - a_{ij} \right| = \| \boldsymbol{S}^{(n)} - \boldsymbol{S} \|_* < \varepsilon$$

即

$$\lim_{n \to \infty} \sum_{k=1}^{n} a_{ij}^{(k)} = a_{ij} \Rightarrow \sum_{n=1}^{\infty} a_{ij}^{(n)} = a_{ij}$$

反之,若对任意$1 \leqslant i \leqslant s, 1 \leqslant j \leqslant t$,均有

$$\sum_{n=1}^{\infty} a_{ij}^{(n)} = a_{ij}, \quad \text{即} \lim_{n \to \infty} \sum_{k=1}^{n} a_{ij}^{(k)} = a_{ij}$$

则对任意$\varepsilon > 0$,存在N_{ij},对所有$n > N_{ij}$,有

$$\left| \sum_{k=1}^{n} a_{ij}^{(k)} - a_{ij} \right| < \frac{\varepsilon}{st}$$

取$N = \max\limits_{i,j} \{N_{ij}\}$,对所有$n > N$,自然有$n > N_{ij}$,于是

$$\| \boldsymbol{S}^{(n)} - \boldsymbol{S} \|_* = \sum_{j=1}^{t} \sum_{i=1}^{s} \left| \sum_{k=1}^{n} a_{ij}^{(k)} - a_{ij} \right| < \varepsilon$$

则$\sum_{n=1}^{\infty} \boldsymbol{A}^{(n)}$收敛于$\boldsymbol{S} = (a_{ij})$.

进一步地,若$\sum_{n=1}^{\infty} \boldsymbol{A}^{(n)}$绝对收敛,即$\sum_{n=1}^{\infty} \| \boldsymbol{A}^{(n)} \|_*$收敛,注意到$\| \boldsymbol{A}^{(n)} \|_*$是一个数列,故$\sum_{n=1}^{\infty} \| \boldsymbol{A}^{(n)} \|_*$是数项级数,由 Cauchy 收敛准则,即对任意$\varepsilon > 0$,存在$N$,对所有$n, m > N$,不妨$m \geqslant n$,有$\sum_{k=n}^{m} \| \boldsymbol{A}^{(k)} \|_* < \varepsilon$,对任意固定$1 \leqslant i \leqslant s, 1 \leqslant j \leqslant t$,而$| a_{ij}^{(k)} | \leqslant \| \boldsymbol{A}^{(k)} \|_1$,从而

$$\sum_{k=n}^{m} |a_{ij}^{(k)}| \leqslant \sum_{k=n}^{m} \|A^{(k)}\|_{*} < \varepsilon$$

于是级数 $\sum_{n=1}^{\infty} a_{ij}^{(n)}$ 均绝对收敛.反之,若级数 $\sum_{n=1}^{\infty} a_{ij}^{(n)}$ 均绝对收敛于 a_{ij},即

$$\sum_{n=1}^{\infty} |a_{ij}^{(k)}| = |a_{ij}|$$

从而

$$\sum_{n=1}^{\infty} \|S^{(n)}\|_{*} = \sum_{n=1}^{\infty} \left(\sum_{j=1}^{t}\sum_{i=1}^{s} |a_{ij}^{(k)}|\right) = \sum_{j=1}^{t}\sum_{i=1}^{s}\left(\sum_{n=1}^{\infty} |a_{ij}^{(k)}|\right) = \sum_{j=1}^{t}\sum_{i=1}^{s} |a_{ij}| = \|S\|_{*}$$ □

由矩阵范数的等价性,容易证明:

定理 6.15 矩阵序列的范数构成的数项级数 $\sum_{n=1}^{\infty} \|A^{(n)}\|_{*}$ 收敛当且仅当对任意矩阵范数 $\|\cdot\|_q$,数项级数 $\sum_{n=1}^{\infty} \|A^{(n)}\|_q$ 均收敛. 也就是说,绝对收敛与矩阵范数的选择无关.

由级数的绝对收敛与收敛之间的关系及矩阵加法的定义可以得出:

定理 6.16 若 $\sum_{n=1}^{\infty} A^{(n)}$ 绝对收敛,则矩阵级数 $\sum_{n=1}^{\infty} A^{(n)}$ 一定收敛.

证明 由 $\sum_{n=1}^{\infty} \|A^{(n)}\|_{*}$ 收敛和 Cauchy 收敛准则,即对任意 $\varepsilon > 0$,存在 N,对所有 $n, m > N$,不妨 $m \geqslant n$,有 $\sum_{k=n}^{m} \|A^{(k)}\|_{*} < \varepsilon$, 于是

$$\left\|\sum_{k=n}^{m} A^{(k)}\right\|_{*} \leqslant \sum_{k=n}^{m} \|A^{(k)}\|_{*} < \varepsilon$$

由 Cauchy 收敛准则,矩阵级数 $\sum_{n=1}^{\infty} A^{(n)}$ 收敛. □

例 6.7 讨论矩阵级数

$$\sum_{n=2}^{\infty} \begin{pmatrix} (-1)^n \dfrac{1}{n} & \dfrac{1}{n^2} \\ (-1)^n \dfrac{1}{\ln n} & \dfrac{1}{2^n} \end{pmatrix}$$

的收敛性.

解 因为交错级数收敛的 Leibniz 判别法可知

$$\sum_{n=2}^{\infty} (-1)^n \frac{1}{n}, \quad \sum_{n=2}^{\infty} (-1)^n \frac{1}{\ln n}$$

条件收敛,而

$$\sum_{n=2}^{\infty} \frac{1}{n^2}, \quad \sum_{n=2}^{\infty} \frac{1}{2^n}$$

绝对收敛,因而给定的矩阵级数是条件收敛的.

收敛矩阵级数的性质和数项级数的性质类似:

设 $\sum_{n=1}^{\infty} A^{(n)} = S, \sum_{n=1}^{\infty} B^{(n)} = T$, 则

(1) 对任意常数 $a, b \in F$,有

$$\sum_{n=1}^{\infty}(a\boldsymbol{A}^{(n)}+b\boldsymbol{B}^{(n)})=a\boldsymbol{S}+b\boldsymbol{T}$$

(2) 当 $\sum_{n=1}^{\infty}\boldsymbol{A}^{(n)}$，$\sum_{n=1}^{\infty}\boldsymbol{B}^{(n)}$ 绝对收敛时，令 $\boldsymbol{C}^{(n)}=\sum_{i+j=n}\boldsymbol{A}^{(i)}\boldsymbol{B}^{(j)}$，有

$$\sum_{n=2}^{\infty}\boldsymbol{C}^{(n)}=\boldsymbol{ST}$$

6.4.2　矩阵幂级数

下面我们讨论特殊的矩阵级数，矩阵幂级数：

定义 6.10　设 $\boldsymbol{A}$ 是数域 F 上的方阵，而 $a_n(n=0,1,2,\cdots)$ 是 F 上数，以 a_n 与方阵 $\boldsymbol{A}$ 的 n 次幂 $\boldsymbol{A}^n$ 的数乘 $a_n\boldsymbol{A}^n$ 为通项构成的矩阵级数

$$\sum_{n=0}^{\infty}a_n\boldsymbol{A}^n=a_0\boldsymbol{E}+a_1\boldsymbol{A}+a_2\boldsymbol{A}^2+\cdots+a_n\boldsymbol{A}^n+\cdots$$

为矩阵幂级数.

例如

$$\begin{pmatrix}1 & 0.3\\ -0.2 & 1\end{pmatrix}-2\begin{pmatrix}1 & 0.3\\ -0.2 & 1\end{pmatrix}^2+3\begin{pmatrix}1 & 0.3\\ -0.2 & 1\end{pmatrix}^3+\cdots+(-1)^{n-1}n\begin{pmatrix}1 & 0.3\\ -0.2 & 1\end{pmatrix}^n+\cdots$$

是一个矩阵幂级数.

由定理 6.15 以及幂级数的性质，立刻可得矩阵幂项级数的如下结论：

定理 6.17　设幂级数

$$\sum_{n=0}^{\infty}a_nx^n=a_0+a_1x+a_2x^2+\cdots+a_nx^n+\cdots$$

的收敛半径为 R，则当方阵 $\boldsymbol{A}$ 的某种范数 $\|\boldsymbol{A}\|<R$ 时，矩阵幂级数

$$\sum_{n=0}^{\infty}a_n\boldsymbol{A}^n=a_0\boldsymbol{E}+a_1\boldsymbol{A}+a_2\boldsymbol{A}^2+\cdots+a_n\boldsymbol{A}^n+\cdots$$

绝对收敛.

例 6.8　由于当 $|x|<1$ 时，幂级数

$$1+x+x^2+\cdots+x^n+\cdots$$

是收敛的，因而当矩阵 $\boldsymbol{A}$ 的某个范数 $\|\boldsymbol{A}\|<1$ 时，

$$\boldsymbol{E}+\boldsymbol{A}+\boldsymbol{A}^2+\cdots+\boldsymbol{A}^n+\cdots$$

收敛，我们知道

$$1+x+x^2+\cdots+x^n+\cdots=\frac{1}{1-x}$$

下面我们证明

$$\boldsymbol{E}+\boldsymbol{A}+\boldsymbol{A}^2+\cdots+\boldsymbol{A}^n+\cdots=(\boldsymbol{E}-\boldsymbol{A})^{-1}$$

设

$$\boldsymbol{E}+\boldsymbol{A}+\boldsymbol{A}^2+\cdots+\boldsymbol{A}^n+\cdots=\boldsymbol{B}$$

则

$$\begin{aligned}(\boldsymbol{E}-\boldsymbol{A})\boldsymbol{B}&=(\boldsymbol{E}-\boldsymbol{A})(\boldsymbol{E}+\boldsymbol{A}+\boldsymbol{A}^2+\cdots+\boldsymbol{A}^n+\cdots)\\&=\boldsymbol{E}+\boldsymbol{A}+\boldsymbol{A}^2+\cdots+\boldsymbol{A}^n+\cdots-(\boldsymbol{A}+\boldsymbol{A}^2+\cdots+\boldsymbol{A}^n+\cdots)=\boldsymbol{E}\end{aligned}$$

故 $\boldsymbol{B}=(\boldsymbol{E}-\boldsymbol{A})^{-1}$，即

$$\boldsymbol{E}+\boldsymbol{A}+\boldsymbol{A}^2+\cdots+\boldsymbol{A}^n+\cdots=(\boldsymbol{E}-\boldsymbol{A})^{-1}$$

定理 6.18 设幂级数 $\sum_{n=0}^{\infty} a_n x^n$ 的收敛半径为R，在收敛区间内收敛于 $f(x)$，则当$\boldsymbol{A}$的谱半径$\rho(\boldsymbol{A})<R$时，矩阵幂级数$\sum_{n=0}^{\infty} a_n \boldsymbol{A}^n$ 绝对收敛，且收敛于 $f(\boldsymbol{A})$，当 $\rho(\boldsymbol{A})>R$ 时，矩阵幂级数$\sum_{n=0}^{\infty} a_n \boldsymbol{A}^n$ 发散.

证明 首先由幂级数的性质可知，由于幂级数的各阶构成的幂级数的收敛半径与原幂级数的收敛半径相同，因而 $\sum_{n=0}^{\infty} a_n x^n$ 的收敛半径为R，而

$$\sum_{n=0}^{\infty} a_n \mathrm{C}_n^k x^{n-k}=\frac{1}{k!}\left(\sum_{n=0}^{\infty} a_n x^n\right)^{(k)}$$

这里当 $k\geqslant n$ 时，记 $\mathrm{C}_n^k=0$，故 $\sum_{n=0}^{\infty} a_n \mathrm{C}_n^k \lambda_i^{n-k}$ 的收敛半径为R.

下面应用矩阵的 Jordan 标准形证明结论. 对$\boldsymbol{A}$，存在可逆矩阵$\boldsymbol{P}$，使得

$$\boldsymbol{A}=\boldsymbol{P}\boldsymbol{J}\boldsymbol{P}^{-1},\quad \boldsymbol{J}=\begin{pmatrix}\boldsymbol{J}_1 & \cdots & 0\\ \vdots & \ddots & \vdots\\ 0 & \cdots & \boldsymbol{J}_s\end{pmatrix}$$

则 $\sum_{n=0}^{\infty} a_n \boldsymbol{A}^n=\boldsymbol{P}\left(\sum_{n=0}^{\infty} a_n \boldsymbol{J}^n\right)P^{-1}$，再准对角阵相乘等于对应块相乘，准对角阵相加等于对应块相加，于是

$$\sum_{n=0}^{\infty} a_n \boldsymbol{A}^n=\boldsymbol{P}\left(\sum_{n=0}^{\infty} a_n \boldsymbol{J}^n\right)\boldsymbol{P}^{-1}=\boldsymbol{P}\begin{pmatrix}\sum_{n=0}^{\infty} a_n \boldsymbol{J}_1^n & \cdots & 0\\ \vdots & \ddots & \vdots\\ 0 & \cdots & \sum_{n=0}^{\infty} a_n \boldsymbol{J}_s^n\end{pmatrix}\boldsymbol{P}^{-1}$$

因而 $\sum_{n=0}^{\infty} a_n \boldsymbol{A}^n$ 收敛的充要条件是对任意 $1\leqslant i\leqslant s$，$\sum_{n=0}^{\infty} a_n \boldsymbol{J}_i^n$ 均收敛. 设Jordan 块 $\boldsymbol{J}_i$ 的对角线元素为 λ_i，阶数为 r_i，现在计算 $\boldsymbol{J}_i^n$，

$$\boldsymbol{J}_i=\begin{pmatrix}\lambda_i & 1 & 0 & \cdots & 0\\ 0 & \lambda_i & 1 & \ddots & \vdots\\ 0 & 0 & \ddots & \ddots & 0\\ \vdots & \vdots & \ddots & \ddots & 1\\ 0 & 0 & \cdots & 0 & \lambda_i\end{pmatrix},\quad \boldsymbol{J}_i^n=\begin{pmatrix}\lambda_i^n & n\lambda_i^{n-1} & \mathrm{C}_n^2\lambda_i^{n-2} & \cdots & \mathrm{C}_n^{r_i-1}\lambda_i^{n-r_i+1}\\ 0 & \lambda_i^2 & n\lambda_i^{n-1} & \ddots & \vdots\\ 0 & 0 & \ddots & \ddots & \mathrm{C}_n^2\lambda_i^{n-2}\\ \vdots & \vdots & \ddots & \ddots & n\lambda_i^{n-1}\\ 0 & 0 & \cdots & 0 & \lambda_i^2\end{pmatrix}$$

其中规定当 $k>n$ 时，$\mathrm{C}_n^k=0$，于是

$$\sum_{n=0}^{\infty} a_n \boldsymbol{J}_i^n = \begin{pmatrix} \sum\limits_{n=0}^{\infty} a_n \lambda_i^n & \sum\limits_{n=0}^{\infty} a_n \mathrm{C}_n^1 \lambda_i^{n-1} & \sum\limits_{n=0}^{\infty} a_n \mathrm{C}_n^2 \lambda_i^{n-2} & \cdots & \sum\limits_{n=0}^{\infty} a_n \mathrm{C}_n^{r_i-1} \lambda_i^{n-r_i+1} \\ 0 & \sum\limits_{n=0}^{\infty} a_n \lambda_i^n & \sum\limits_{n=0}^{\infty} a_n \mathrm{C}_n^1 \lambda_i^{n-1} & \cdots & \sum\limits_{n=0}^{\infty} a_n \mathrm{C}_n^{r_i-2} \lambda_i^{n-r_i+2} \\ 0 & 0 & \ddots & \ddots & \vdots \\ \vdots & \vdots & \ddots & \ddots & \sum\limits_{n=0}^{\infty} a_n \mathrm{C}_n^1 \lambda_i^{n-1} \\ 0 & 0 & \cdots & 0 & \sum\limits_{n=0}^{\infty} a_n \lambda_i^n \end{pmatrix}$$

当 $\boldsymbol{A}$ 的谱半径 $\rho(A)<R$ 时，$\boldsymbol{A}$ 的每一个特征值 λ_i 的模 $|\lambda_i|\leqslant\rho(\boldsymbol{A})<\boldsymbol{R}$，对任意正整数 k，$\sum\limits_{n=0}^{\infty} a_n \mathrm{C}_n^k \lambda_i^{n-k}$ 收敛，故 $\sum\limits_{n=0}^{\infty} a_n \boldsymbol{J}_i^n$ 收敛，从而 $\sum\limits_{n=0}^{\infty} a_n \boldsymbol{A}^n$ 收敛. 而

$$\sum_{n=0}^{\infty} a_n \mathrm{C}_n^k \lambda_i^{n-k} = \frac{1}{k!}\left(\sum_{n=0}^{\infty} a_n \lambda_i^n\right)^{(k)} = \frac{1}{k!} f^{(k)}(\lambda_i) \quad (k = 1,2,\cdots,n-r_i+1)$$

进一步地，有

$$\sum_{n=0}^{\infty} a_n \boldsymbol{J}_i^n = \begin{pmatrix} f(\lambda_i) & f'(\lambda_i) & \frac{1}{2} f''(\lambda_i) & \cdots & \frac{1}{(r_i-1)!} f^{(r_i-1)}(\lambda_i) \\ 0 & f(\lambda_i) & f'(\lambda_i) & \ddots & \vdots \\ 0 & 0 & \ddots & \ddots & \frac{1}{2} f''(\lambda_i) \\ \vdots & \ddots & \ddots & \ddots & f'(\lambda_i) \\ 0 & \cdots & 0 & 0 & f(\lambda_i) \end{pmatrix} = f(\boldsymbol{J}_i)$$

于是有

$$\sum_{n=0}^{\infty} a_n \boldsymbol{A}^n = \boldsymbol{P}\left(\sum_{n=0}^{\infty} a_n \boldsymbol{J}^n\right)\boldsymbol{P}^{-1} = \boldsymbol{P}\begin{pmatrix} \sum\limits_{n=0}^{\infty} a_n \boldsymbol{J}_1^n & \cdots & 0 \\ \vdots & \ddots & \vdots \\ 0 & \cdots & \sum\limits_{n=0}^{\infty} a_n \boldsymbol{J}_s^n \end{pmatrix}\boldsymbol{P}^{-1}$$

$$= \boldsymbol{P}\begin{pmatrix} f(\boldsymbol{J}_1) & \cdots & 0 \\ \vdots & \ddots & \vdots \\ 0 & \cdots & f(\boldsymbol{J}_s) \end{pmatrix}\boldsymbol{P}^{-1} = \boldsymbol{P}(f(\boldsymbol{J}))\boldsymbol{P}^{-1} = f(\boldsymbol{A})$$

当 $\boldsymbol{A}$ 的谱半径 $\rho(\boldsymbol{A})>R$ 时，存在 $\boldsymbol{A}$ 的一个特征值 λ_k 的模 $|\lambda_k|=\rho(\boldsymbol{A})>R$，则对任意正整数 k，$\sum\limits_{n=0}^{\infty} a_n \mathrm{C}_n^k \lambda_i^{n-k}$ 发散，故 $\sum\limits_{n=0}^{\infty} a_n \boldsymbol{J}_i^n$ 发散，从而 $\sum\limits_{n=0}^{\infty} a_n \boldsymbol{A}^n$ 发散. □

例 6.9　判断下列矩阵幂级数的收敛性：

(1) $\sum\limits_{n=0}^{\infty} \frac{n}{6^n}\begin{pmatrix} 1 & -8 \\ -2 & 1 \end{pmatrix}^n$；(2) $\sum\limits_{n=0}^{\infty} \frac{1}{n}\begin{pmatrix} 1 & -1 \\ -5 & -3 \end{pmatrix}^n$；(3) $\sum\limits_{n=0}^{\infty} \frac{1}{n^2 5^n}\begin{pmatrix} 1 & 4 \\ 1 & 1 \end{pmatrix}^n$.

解　(1) 首先幂级数 $\sum\limits_{n=0}^{\infty} \frac{n}{6^n} x^n$ 的收敛半径为 6，设矩阵

$$\boldsymbol{A}=\begin{pmatrix}1 & -8\\ -2 & 1\end{pmatrix},\quad |\lambda\boldsymbol{E}-\boldsymbol{A}|=\begin{vmatrix}\lambda-1 & 8\\ 2 & \lambda-1\end{vmatrix}=(\lambda-5)(\lambda+3)$$

则 $\boldsymbol{A}$ 的特征值为 $-3,5$,故 $\boldsymbol{A}$ 的谱半径 $\rho(\boldsymbol{A})=5<6$,故 $\sum\limits_{n=0}^{\infty}\frac{n}{6^n}\boldsymbol{A}^n$ 收敛.

(2) 幂级数 $\sum\limits_{n=0}^{\infty}\frac{1}{n}x^n$ 的收敛半径为 1,设矩阵

$$\boldsymbol{B}=\begin{pmatrix}1 & -1\\ -5 & -3\end{pmatrix},\quad |\lambda\boldsymbol{E}-\boldsymbol{B}|=\begin{vmatrix}\lambda-1 & 1\\ 5 & \lambda+3\end{vmatrix}=(\lambda+4)(\lambda-2)$$

则 $\boldsymbol{B}$ 的特征值为 $-4,2$,故 $\boldsymbol{B}$ 的谱半径 $\rho(\boldsymbol{A})=4>1$,故 $\sum\limits_{n=0}^{\infty}\frac{1}{n}\boldsymbol{B}^n$ 发散.

(3) 幂级数 $\sum\limits_{n=0}^{\infty}\frac{1}{n^2 5^n}x^n$ 的收敛半径为 5, 设矩阵

$$\boldsymbol{C}=\begin{pmatrix}1 & 4\\ 1 & 1\end{pmatrix},\quad |\lambda\boldsymbol{E}-\boldsymbol{C}|=\begin{vmatrix}\lambda-1 & -4\\ -1 & \lambda-1\end{vmatrix}=(\lambda-3)(\lambda+1)$$

则 $\boldsymbol{C}$ 的特征值为 $3,-1$,故 $\boldsymbol{A}$ 的谱半径 $\rho(\boldsymbol{C})=3<5$,故 $\sum\limits_{n=0}^{\infty}\frac{1}{n^2 5^n}\boldsymbol{C}^n$ 收敛.

例 6.10 判断下列矩阵幂级数的收敛性:

(1) $\sum\limits_{n=1}^{\infty}\frac{1}{n}\begin{pmatrix}2 & -1\\ 1 & 0\end{pmatrix}^n$;(2) $\sum\limits_{n=1}^{\infty}\frac{1}{n^2}\begin{pmatrix}1 & 1\\ 0 & 1\end{pmatrix}^n$;(3) $\sum\limits_{n=1}^{\infty}\frac{1}{n^2}\begin{pmatrix}-1 & 1\\ 0 & -1\end{pmatrix}^n$.

解 首先幂级数 $\sum\limits_{n=1}^{\infty}\frac{1}{n}x^n,\sum\limits_{n=1}^{\infty}\frac{1}{n^2}x^n$ 的收敛半径为 1.

(1) 设矩阵

$$\boldsymbol{A}=\begin{pmatrix}2 & -1\\ 1 & 0\end{pmatrix},\quad |\lambda\boldsymbol{E}-\boldsymbol{A}|=\begin{vmatrix}\lambda-2 & 1\\ -1 & \lambda\end{vmatrix}=(\lambda-1)^2$$

则 $\boldsymbol{A}$ 的特征值为 1,又

$$(\boldsymbol{E}-\boldsymbol{A})\boldsymbol{X}=\begin{pmatrix}-1 & 1\\ -1 & 1\end{pmatrix}\begin{pmatrix}x_1\\ x_2\end{pmatrix}=\begin{pmatrix}0\\ 0\end{pmatrix}\Leftrightarrow x_1-x_2=0$$

有一个线性无关的特征向量,因而 $\boldsymbol{A}\sim\begin{pmatrix}1 & 1\\ 0 & 1\end{pmatrix}$,而

$$\sum_{n=1}^{\infty}\frac{1}{n}\begin{pmatrix}2 & -1\\ 1 & 0\end{pmatrix}^n=\sum_{n=1}^{\infty}\frac{1}{n}\begin{pmatrix}1 & 1\\ 0 & 1\end{pmatrix}^n=\begin{pmatrix}\sum\limits_{n=1}^{\infty}\frac{1}{n} & \sum\limits_{n=1}^{\infty}1\\ 0 & \sum\limits_{n=1}^{\infty}\frac{1}{n}\end{pmatrix}$$

由于 $\sum\limits_{n=1}^{\infty}\frac{1}{n}$ 和 $\sum\limits_{n=1}^{\infty}1$ 均发散,故 $\sum\limits_{n=1}^{\infty}\frac{1}{n}\begin{pmatrix}2 & -1\\ 1 & 0\end{pmatrix}^n$ 发散.

(2) 注意到

$$\sum_{n=1}^{\infty}\frac{1}{n^2}\begin{pmatrix}1 & 1\\ 0 & 1\end{pmatrix}^n=\begin{pmatrix}\sum\limits_{n=1}^{\infty}\frac{1}{n^2} & \sum\limits_{n=1}^{\infty}\frac{1}{n}\\ 0 & \sum\limits_{n=1}^{\infty}\frac{1}{n^2}\end{pmatrix}$$

由于 $\sum_{n=1}^{\infty}\frac{1}{n}$ 发散,故$\sum_{n=1}^{\infty}\frac{1}{n^2}\begin{pmatrix}1 & 1\\0 & 1\end{pmatrix}^n$ 发散.

(3) 注意到

$$\sum_{n=1}^{\infty}\frac{1}{n^2}\begin{pmatrix}-1 & 1\\0 & -1\end{pmatrix}^n=\begin{pmatrix}\sum_{n=1}^{\infty}\frac{1}{n^2} & \sum_{n=1}^{\infty}(-1)^{n-1}\frac{1}{n}\\0 & \sum_{n=1}^{\infty}\frac{1}{n^2}\end{pmatrix}$$

由于 $\sum_{n=1}^{\infty}\frac{1}{n^2}$ 和$\sum_{n=1}^{\infty}(-1)^{n-1}\frac{1}{n}$ 均收敛,故$\sum_{n=1}^{\infty}\frac{1}{n^2}\begin{pmatrix}-1 & 1\\0 & -1\end{pmatrix}^n$ 收敛. 而且

$$\sum_{n=1}^{\infty}\frac{1}{n^2}=\frac{\pi^2}{6},\quad \sum_{n=1}^{\infty}(-1)^{n-1}\frac{1}{n}=-\ln2$$

于是

$$\sum_{n=1}^{\infty}\frac{1}{n^2}\begin{pmatrix}-1 & 1\\0 & -1\end{pmatrix}^n=\begin{pmatrix}\frac{\pi^2}{6} & -\ln2\\0 & \frac{\pi^2}{6}\end{pmatrix}$$

6.4.3 矩阵函数

矩阵函数肯定不可以像函数一样定义,从上一节我们知道,可以用矩阵幂级数定义矩阵函数,由于任意一个矩阵相似于一个 Jordan 矩阵,对 n 阶矩阵函数而言,通过 Jordan 矩阵理论可以定义矩阵函数.

定义 6.11　设幂级数 $\sum_{n=0}^{\infty}a_nx^n$ 在收敛区间$(-R,R)$内收敛于 $f(x)$,当 $\boldsymbol{A}$ 的谱半径 $\rho(\boldsymbol{A})<R$ 时,矩阵 $\boldsymbol{A}$ 的函数$f(\boldsymbol{A})$定义为

$$f(\boldsymbol{A})=\sum_{n=0}^{\infty}a_n\boldsymbol{A}^n=\boldsymbol{E}+a_1\boldsymbol{A}+a_2\boldsymbol{A}^2+\cdots+a_n\boldsymbol{A}^n+\cdots$$

显然,在高等数学中,我们知道下列级数的收敛性结论:

(1) $1+x+x^2+\cdots+x^n+\cdots=\frac{1}{1-x}$　　$(|x|<1)$

(2) $x-\frac{x^2}{2}+\frac{x^3}{3}-\cdots+(-1)^{n-1}\frac{x^n}{n}+\cdots=\ln(1+x)$　　$(|x|<1)$

(3) $1+x+\frac{x^2}{2}+\cdots+\frac{x^n}{n!}+\cdots=\mathrm{e}^x$　　$(\forall x)$

(4) $1-\frac{x^2}{2}+\frac{x^4}{4!}-\frac{x^6}{6!}+\cdots+(-1)^n\frac{x^{2n}}{(2n)!}+\cdots=\cos x$　　$(\forall x)$

(5) $x-\frac{x^3}{3!}+\frac{x^5}{5!}-\frac{x^7}{7!}+\cdots+(-1)^n\frac{x^{2n+1}}{(2n+1)!}+\cdots=\sin x$　　$(\forall x)$

将满足定理 6.17 的矩阵代入等式左边,令

(1) $(\boldsymbol{E}-\boldsymbol{A})^{-1}=\boldsymbol{E}+\boldsymbol{A}+\boldsymbol{A}^2+\cdots+\boldsymbol{A}^n+\cdots$　　$(\rho(\boldsymbol{A})<1)$

(2) $\boldsymbol{A}-\frac{\boldsymbol{A}^2}{2}+\frac{\boldsymbol{A}^3}{3}-\cdots+(-1)^{n-1}\frac{\boldsymbol{A}^n}{n}+\cdots=\ln(\boldsymbol{E}+\boldsymbol{A})$　　$(\rho(\boldsymbol{A})<1)$

(3) $\mathrm{e}^{\boldsymbol{A}}=\boldsymbol{E}+\boldsymbol{A}+\frac{\boldsymbol{A}^2}{2}+\cdots+\frac{\boldsymbol{A}^n}{n!}+\cdots$　　$(\forall \boldsymbol{A})$

(4) $\cos\boldsymbol{A}=\boldsymbol{E}-\frac{\boldsymbol{A}^2}{2}+\frac{\boldsymbol{A}^4}{4!}-\frac{\boldsymbol{A}^6}{6!}+\cdots+(-1)^n\frac{\boldsymbol{A}^{2n}}{(2n)!}+\cdots\qquad(\forall\boldsymbol{A})$

(5) $\sin\boldsymbol{A}=\boldsymbol{A}-\frac{\boldsymbol{A}^3}{3!}+\frac{\boldsymbol{A}^5}{5!}-\frac{\boldsymbol{A}^7}{7!}+\cdots+(-1)^n\frac{\boldsymbol{A}^{2n+1}}{(2n+1)!}+\cdots\qquad(\forall\boldsymbol{A})$

例 6.11 设矩阵 $\boldsymbol{A}=\begin{pmatrix}1&1\\-1&3\end{pmatrix}$,计算 $e^{\boldsymbol{A}}$,$\sin\boldsymbol{A}$.

解 先求 $\boldsymbol{A}$ 的 Jordan 标准形:

$$|\lambda\boldsymbol{E}-\boldsymbol{A}|=\begin{vmatrix}\lambda-1&-1\\1&\lambda-3\end{vmatrix}=(\lambda-2)^2$$

特征值 $\lambda=2$ 对应的特征向量 $\boldsymbol{\alpha}_1=(1,1)^{\mathrm{T}}$,$\boldsymbol{A}\boldsymbol{\alpha}_2=\boldsymbol{\alpha}_1+2\boldsymbol{\alpha}_2$,得一个解 $\boldsymbol{\alpha}_2=(2,3)^{\mathrm{T}}$,令

$$\boldsymbol{P}=\begin{pmatrix}1&2\\1&3\end{pmatrix},\quad \boldsymbol{P}^{-1}\boldsymbol{A}\boldsymbol{P}=\begin{pmatrix}2&1\\0&2\end{pmatrix}$$

于是

$$\begin{aligned}e^{\boldsymbol{A}}&=\boldsymbol{E}+\boldsymbol{A}+\frac{\boldsymbol{A}^2}{2}+\cdots+\frac{\boldsymbol{A}^n}{n!}+\cdots\\&=\boldsymbol{P}\left[\begin{pmatrix}1&0\\0&1\end{pmatrix}+\begin{pmatrix}2&2\times2\\0&2\end{pmatrix}+\frac{1}{2}\begin{pmatrix}2^3&3\times2^2\\0&2^3\end{pmatrix}+\cdots+\frac{1}{n!}\begin{pmatrix}2^n&n2^{n-1}\\0&2^n\end{pmatrix}+\cdots\right]\boldsymbol{P}^{-1}\\&=\begin{pmatrix}1&2\\1&3\end{pmatrix}\begin{pmatrix}\sum_{n=0}^{\infty}\frac{1}{n!}2^n&\sum_{n=1}^{\infty}\frac{1}{(n-1)!}2^{n-1}\\0&\sum_{n=0}^{\infty}\frac{1}{n!}2^n\end{pmatrix}\begin{pmatrix}3&-2\\-1&1\end{pmatrix}=\begin{pmatrix}0&e^2\\-e^2&2e^2\end{pmatrix}\end{aligned}$$

$$\begin{aligned}\sin\boldsymbol{A}&=\boldsymbol{A}-\frac{\boldsymbol{A}^3}{3!}+\frac{\boldsymbol{A}^5}{5!}-\frac{\boldsymbol{A}^7}{7!}+\cdots+(-1)^n\frac{\boldsymbol{A}^{2n+1}}{(2n+1)!}+\cdots\\&=\boldsymbol{P}\left[\begin{pmatrix}2&1\\0&2\end{pmatrix}-\frac{1}{3!}\begin{pmatrix}2^3&3\times2^2\\0&2^3\end{pmatrix}+\cdots+(-1)^n\frac{1}{(2n+1)!}\begin{pmatrix}2^{2n+1}&(2n+1)2^{2n}\\0&2^{2n+1}\end{pmatrix}+\cdots\right]\boldsymbol{P}^{-1}\\&=\begin{pmatrix}1&2\\1&3\end{pmatrix}\begin{pmatrix}\sum_{n=0}^{\infty}(-1)^n\frac{2^{2n+1}}{(2n+1)!}&1+\sum_{n=0}^{\infty}(-1)^n\frac{2^{2n}(2n+1)}{(2n+1)!}\\0&\sum_{n=0}^{\infty}(-1)^n\frac{2^{2n+1}}{(2n+1)!}\end{pmatrix}\begin{pmatrix}3&-2\\-1&1\end{pmatrix}\\&=\begin{pmatrix}1&2\\1&3\end{pmatrix}\begin{pmatrix}\sin2&\cos2\\0&\sin2\end{pmatrix}\begin{pmatrix}3&-2\\-1&1\end{pmatrix}=\begin{pmatrix}\sin2-\cos2&\cos2\\-\cos2&\sin2+\cos2\end{pmatrix}\end{aligned}$$

通过这个例子,计算像 $e^{\boldsymbol{A}}$,$\sin\boldsymbol{A}$,$\cos\boldsymbol{A}$ 这样简单函数在某个矩阵处的值不是一件易事. 从定理 6.18 的证明中:对 $\boldsymbol{A}$,存在可逆矩阵 $\boldsymbol{P}$,使得 $\boldsymbol{P}^{-1}\boldsymbol{A}\boldsymbol{P}$ 为 Jordan 矩阵,即

$$\boldsymbol{A}=\boldsymbol{P}\begin{pmatrix}\boldsymbol{J}_1&\cdots&0\\\vdots&\ddots&\vdots\\0&\cdots&\boldsymbol{J}_s\end{pmatrix}\boldsymbol{P}^{-1},\quad f(\boldsymbol{A})=\sum_{n=0}^{\infty}a_n\boldsymbol{A}^n=\boldsymbol{P}\begin{pmatrix}f(\boldsymbol{J}_1)&\cdots&0\\\vdots&\ddots&\vdots\\0&\cdots&f(\boldsymbol{J}_s)\end{pmatrix}\boldsymbol{P}^{-1}$$

而

$$f(\boldsymbol{J}_i)=\begin{pmatrix} f(\lambda_i) & f'(\lambda_i) & \frac{1}{2}f''(\lambda_i) & \cdots & \frac{1}{(r_i-1)!}f^{(r_i-1)}(\lambda_i) \\ 0 & f(\lambda_i) & f'(\lambda_i) & \ddots & \vdots \\ 0 & 0 & \ddots & \ddots & \frac{1}{2}f''(\lambda_i) \\ \vdots & \ddots & \ddots & \ddots & f'(\lambda_i) \\ 0 & \cdots & 0 & 0 & f(\lambda_i) \end{pmatrix}$$

在上式子中可以看出，设矩阵 $\boldsymbol{A}$ 的最大 Jordan 块的阶数为 s，矩阵函数的定义不必拘泥于幂级数的收敛域，只需要矩阵的谱半径落在函数 $f(x)$ 以及直到 $f(x)$ 的 $s-1$ 导数 $f^{(s-1)}(x)$ 的定义域内就可以了.

由此可知，只要知道一个矩阵的 Jordan 矩阵的 Jordan 块的最大阶数，就可求出矩阵的 Jordan 矩阵的函数，从而求出矩阵函数在该矩阵的函数值.具体求法：

设 $f(\lambda)$ 是一个有 n 阶导数的函数，而 $\boldsymbol{A}$ 是 n 阶矩阵.

(1) 求出 $\boldsymbol{A}$ 的 Jordan 标准形 $\boldsymbol{J}$ 及变换矩阵 $\boldsymbol{P}$，其中

$$\boldsymbol{J}=\begin{pmatrix} \boldsymbol{J}_1 & \cdots & 0 \\ \vdots & \ddots & \vdots \\ 0 & \cdots & \boldsymbol{J}_t \end{pmatrix}$$

则

$$f(\boldsymbol{J})=\begin{pmatrix} f(\boldsymbol{J}_1) & \cdots & 0 \\ \vdots & \ddots & \vdots \\ 0 & \cdots & f(\boldsymbol{J}_t) \end{pmatrix}$$

(2) 不妨设 $\boldsymbol{A}$ 的 Jordan 标准形 $\boldsymbol{J}$ 中最大的 Jordan 块的阶数为 s，求出 $f(\lambda)$ 的直到 $s-1$ 阶导数.

(3) 求出每一个 $f(\boldsymbol{J}_i)$，则

$$f(\boldsymbol{A})=\boldsymbol{P}f(\boldsymbol{J})\boldsymbol{P}^{-1}=\boldsymbol{P}\begin{pmatrix} f(\boldsymbol{J}_1) & \cdots & 0 \\ \vdots & \ddots & \vdots \\ 0 & \cdots & f(\boldsymbol{J}_t) \end{pmatrix}\boldsymbol{P}^{-1}$$

例 6.12　设矩阵 $\boldsymbol{A}=\begin{pmatrix} -4 & 2 & 10 \\ -4 & 3 & 7 \\ -3 & 1 & 7 \end{pmatrix}$，计算 $\ln\boldsymbol{A}$.

解　$\lambda\boldsymbol{E}-\boldsymbol{A}=\begin{pmatrix} \lambda+4 & -2 & -10 \\ 4 & \lambda-3 & -7 \\ 3 & -1 & \lambda-7 \end{pmatrix}\to\begin{pmatrix} 1 & 0 & 0 \\ 0 & 1 & 0 \\ 0 & 0 & (\lambda-2)^3 \end{pmatrix}$，故 $\boldsymbol{A}$ 的 Jordan 标准形 $\boldsymbol{J}$ 为

$$\boldsymbol{J}=\begin{pmatrix} 2 & 1 & 0 \\ 0 & 2 & 1 \\ 0 & 0 & 2 \end{pmatrix}$$

解线性方程组 $(\lambda\boldsymbol{E}-\boldsymbol{A})=0$，其线性无关组解 $\boldsymbol{\alpha}_1=(2,1,1)^{\mathrm{T}}$，而 $\boldsymbol{\alpha}_2,\boldsymbol{\alpha}_3$ 满足方程组

$$\begin{cases} \boldsymbol{AX}=2\boldsymbol{X}+\boldsymbol{\alpha}_1 \\ \boldsymbol{AX}=2\boldsymbol{X}+\boldsymbol{\alpha}_2 \end{cases}$$

解之 $\boldsymbol{\alpha}_2=(0,1,0)^{\mathrm{T}}$，$\boldsymbol{\alpha}_3=(-1,3,0)^{\mathrm{T}}$，于是变换矩阵

$$\boldsymbol{P}=\begin{pmatrix}2&0&-1\\1&1&3\\1&0&0\end{pmatrix},\quad \boldsymbol{P}^{-1}=\begin{pmatrix}0&0&1\\3&1&-7\\-1&0&2\end{pmatrix}$$

而 $f'(\lambda)=\dfrac{1}{\lambda},f''(\lambda)=-\dfrac{1}{\lambda^2}$,于是

$$\ln\boldsymbol{A}=\boldsymbol{P}\begin{pmatrix}\ln2&\frac{1}{2}&-\frac{1}{8}\\0&\ln2&\frac{1}{2}\\0&0&\ln2\end{pmatrix}\boldsymbol{P}^{-1}=\begin{pmatrix}\frac{13}{4}+\ln3&1&-\frac{15}{2}\\\frac{9}{8}&\ln2+\frac{1}{2}&-\frac{11}{4}\\\frac{13}{8}&\frac{1}{2}&\ln2-\frac{15}{4}\end{pmatrix}$$

注意,若 $f(\lambda)$的 k 阶导数($k\leqslant s$)在 $\boldsymbol{A}$ 的某个特征值处没有定义,则 $f(\lambda)$在 $\boldsymbol{A}$ 处没有定义,也就是说 $f(\boldsymbol{A})$没有意义.

6.4.4 矩阵指数函数与矩阵三角函数

由上面讨论可知,对任意方阵 $\boldsymbol{A}$,有

$$\mathrm{e}^{\boldsymbol{A}t}=\boldsymbol{E}+\boldsymbol{A}t+\frac{\boldsymbol{A}^2t^2}{2!}+\frac{\boldsymbol{A}^3t^3}{3!}+\cdots+\frac{\boldsymbol{A}^nt^n}{n!}+\cdots=\sum_{n=0}^{\infty}\frac{\boldsymbol{A}^nt^n}{n!}$$

$$\sin\boldsymbol{A}t=\boldsymbol{A}t-\frac{\boldsymbol{A}^3t^3}{3!}+\frac{\boldsymbol{A}^5t^5}{5!}+\cdots+(-1)^n\frac{\boldsymbol{A}^{2n+1}t^{2n+1}}{(2n+1)!}+\cdots=\sum_{n=0}^{\infty}(-1)^n\frac{\boldsymbol{A}^{2n+1}t^{2n+1}}{(2n+1)!}$$

$$\cos\boldsymbol{A}t=\boldsymbol{E}-\frac{\boldsymbol{A}^2t^2}{2!}+\frac{\boldsymbol{A}^4t^4}{4!}+\cdots+(-1)^n\frac{\boldsymbol{A}^{2n}t^{2n}}{(2n)!}+\cdots=\sum_{n=0}^{\infty}(-1)^n\frac{\boldsymbol{A}^{2n}t^{2n}}{(2n)!}$$

且以上三个级数对任意的参数 t 都是绝对收敛.

令 $t=\mathrm{i}$ 代入 $\mathrm{e}^{\boldsymbol{A}t}$,由于级数绝对收敛,可以交换项间的次序,不影响收敛性和函数,于是得

$$\begin{aligned}\mathrm{e}^{\boldsymbol{A}\mathrm{i}}&=\boldsymbol{E}+\boldsymbol{A}\mathrm{i}+\frac{\boldsymbol{A}^2\mathrm{i}^2}{2!}+\frac{\boldsymbol{A}^3\mathrm{i}^3}{3!}+\cdots+\frac{\boldsymbol{A}^n\mathrm{i}^n}{n!}+\cdots\\&=\left(\boldsymbol{E}-\frac{\boldsymbol{A}^2}{2!}+\frac{\boldsymbol{A}^4}{4!}+\cdots+(-1)^k\frac{\boldsymbol{A}^{2k}}{(2k)!}+\cdots\right)\\&\quad+\left(A-\frac{\boldsymbol{A}^3}{3!}+\frac{\boldsymbol{A}^5}{5!}+\cdots+(-1)^k\frac{\boldsymbol{A}^{2k+1}}{(2k+1)!}+\cdots\right)\\&=\cos\boldsymbol{A}+\mathrm{i}\sin\boldsymbol{A}\end{aligned}$$

现在我们计算 $\mathrm{e}^{\boldsymbol{A}s}\cdot\mathrm{e}^{\boldsymbol{A}t}$,由幂级数乘法法则可知

$$\mathrm{e}^{\boldsymbol{A}s}\cdot\mathrm{e}^{\boldsymbol{A}t}=\left(\sum_{k=0}^{\infty}\frac{\boldsymbol{A}^ks^k}{k!}\right)\left(\sum_{l=0}^{\infty}\frac{\boldsymbol{A}^lt^l}{l!}\right)=\left(\sum_{k=0}^{\infty}\frac{s^k}{k!}\boldsymbol{A}^k\right)\left(\sum_{l=0}^{\infty}\frac{t^l}{l!}\boldsymbol{A}^l\right)=\sum_{n=0}^{\infty}C_n\boldsymbol{A}^n$$

其中

$$\begin{aligned}C_n&=\sum_{k+l=n}\frac{s^k}{k!}\frac{t^l}{l!}=\sum_{k=0}^{n}\frac{1}{k!(n-k)!}s^kt^{n-k}=\frac{1}{n!}\sum_{k=0}^{n}\frac{n!}{k!(n-k)!}s^kt^{n-k}\\&=\frac{1}{n!}\sum_{k=0}^{n}\mathrm{C}_n^ks^kt^{n-k}=\frac{(s+t)^n}{n!}\end{aligned}$$

于是

$$e^{As}\cdot e^{At}=\sum_{n=0}^{\infty}\frac{(s+t)^n}{n!}A^n=\sum_{n=0}^{\infty}\frac{A^n(s+t)^n}{n!}=e^{A(s+t)}$$

下面我们应用Jordan标准形导出 e^A 的行列式的表达式，对 $\boldsymbol{A}$，存在可逆矩阵 $\boldsymbol{P}$，使得

$$\boldsymbol{A}=\boldsymbol{PJP}^{-1}$$

其中 $\boldsymbol{J}$ 是 $\boldsymbol{A}$ 的Jordan标准形，$\mathrm{tr}(\boldsymbol{A})=\mathrm{tr}(\boldsymbol{J})$. 由

$$e^{A}=\sum_{n=0}^{\infty}\frac{A^n}{n!}=P\sum_{n=0}^{\infty}\frac{J^n}{n!}P^{-1}=Pe^{J}P^{-1}$$

于是 $\det(e^A)=\det(Pe^JP^{-1})=\det(P)\det(e^J)\det(P^{-1})=\det(e^J)$，设

$$J=\begin{pmatrix}J_{\lambda_1}&\cdots&0\\ \vdots&\ddots&\vdots\\ 0&\cdots&J_{\lambda_t}\end{pmatrix}\Rightarrow e^J=\begin{pmatrix}e^{J_{\lambda_1}}&\cdots&0\\ \vdots&\ddots&\vdots\\ 0&\cdots&e^{J_{\lambda_t}}\end{pmatrix}\Rightarrow\det(e^J)=\det(e^{J_{\lambda_1}})\cdots\det(e^{J_{\lambda_t}})$$

而 $\mathrm{tr}(J)=\mathrm{tr}(J_{\lambda_1})+\cdots+\mathrm{tr}(J_{\lambda_t})$，又设

$$J_{\lambda_i}=\begin{pmatrix}\lambda_i&1&\cdots&0\\ 0&\ddots&\ddots&\vdots\\ \vdots&\ddots&\lambda_i&1\\ 0&\cdots&0&\lambda_i\end{pmatrix}_{r_i}\Rightarrow e^{J_{\lambda_i}}=\begin{pmatrix}e^{\lambda_i}&*&*\\ \vdots&\ddots&*\\ 0&\cdots&e^{\lambda_i}\end{pmatrix}_{r_i}\Rightarrow\det(e^{J_{\lambda_i}})=e^{\lambda_i}\cdots e^{\lambda_i}=e^{r_i\lambda_i}$$

注意到 $\mathrm{tr}(J_{\lambda_i})=r_i\lambda_i$，$\mathrm{tr}(J)=r_1\lambda_1+\cdots+r_t\lambda_t$. 进一步地，有

$$\det(e^J)=\det(e^{J_{\lambda_1}})\cdots\det(e^{J_{\lambda_t}})=e^{r_1\lambda_1}\cdots e^{r_t\lambda_t}=e^{r_1\lambda_1+\cdots r_t\lambda_t}=e^{\mathrm{tr}(J)}$$

于是

$$\det(e^A)=e^{\mathrm{tr}(J)}=e^{\mathrm{tr}(A)}$$

关于矩阵幂函数，我们有如下公式：

(1) $e^{Ai}=\cos A+i\sin A$；

(2) $e^{As}\cdot e^{At}=e^{A(s+t)}$；

(3) 对任意的方阵 $\boldsymbol{A}$，e^A 总可逆，且

$$(e^A)^{-1}=e^{-A}$$

(4) 若方阵 $\boldsymbol{A},\boldsymbol{B}$ 满足交换性，即 $\boldsymbol{AB}=\boldsymbol{BA}$，

$$e^A\cdot e^B=e^{A+B}$$

(5) $\dfrac{d}{dt}(e^{At})=Ae^{At}$；

(6) $\det(e^A)=e^{\mathrm{tr}(J)}=e^{\mathrm{tr}(A)}$.

其中(1),(2),(6)，我们在上面已经给出推导过程，在(2)中令 $s=1$，$t=-1$，立刻得到(3)，由(2)的推导方法完全一样，只是注意到 $\boldsymbol{A},\boldsymbol{B}$ 交换，可得(4)，而(5)由幂级数的性质和矩阵函数的定义容易得到.

由上面的(1),(2)，我们有

$$e^{Ai}=\cos A+i\sin A,\quad e^{-Ai}=\cos A-i\sin A$$

由两式相加，减可得

$$\cos A=\frac{e^{Ai}+e^{-Ai}}{2},\quad \sin A=\frac{e^{Ai}-e^{-Ai}}{2i}$$

类似地，有

$$\cos At=\frac{e^{iAt}+e^{-iAt}}{2},\quad \sin At=\frac{e^{iAt}-e^{-iAt}}{2i}$$

应用以上两式,可以得到与矩阵三角函数有关的公式:

(1) 对任意方阵 $\boldsymbol{A}$,有

$$\sin^2\boldsymbol{A}+\cos^2\boldsymbol{A}=\boldsymbol{E}$$
$$\sin(-\boldsymbol{A})=-\sin\boldsymbol{A}$$
$$\cos(-\boldsymbol{A})=\cos\boldsymbol{A}$$

(2) 若方阵 $\boldsymbol{A},\boldsymbol{B}$ 满足交换性,即 $\boldsymbol{AB}=\boldsymbol{BA}$,有

$$\cos(\boldsymbol{A}+\boldsymbol{B})=\cos\boldsymbol{A}\cos\boldsymbol{B}-\sin\boldsymbol{A}\sin\boldsymbol{B}$$
$$\cos(\boldsymbol{A}-\boldsymbol{B})=\cos\boldsymbol{A}\cos\boldsymbol{B}+\sin\boldsymbol{A}\sin\boldsymbol{B}$$
$$\sin(\boldsymbol{A}+\boldsymbol{B})=\sin\boldsymbol{A}\cos\boldsymbol{B}+\cos\boldsymbol{A}\sin\boldsymbol{B}$$
$$\sin(\boldsymbol{A}-\boldsymbol{B})=\sin\boldsymbol{A}\cos\boldsymbol{B}-\cos\boldsymbol{A}\sin\boldsymbol{B}$$

(3) 对任意方阵 $\boldsymbol{A}$,有

$$\frac{\mathrm{d}}{\mathrm{d}t}(\sin\boldsymbol{A}t)=\boldsymbol{A}\cos\boldsymbol{A}t=(\cos\boldsymbol{A}t)\boldsymbol{A}$$
$$\frac{\mathrm{d}}{\mathrm{d}t}(\cos\boldsymbol{A}t)=-\boldsymbol{A}\sin\boldsymbol{A}t=-(\sin\boldsymbol{A}t)\boldsymbol{A}$$

6.5 函数矩阵微积分

函数矩阵、函数向量既有与常数矩阵相同的地方,如加法、乘法、行列式等,也有常数矩阵所没有的地方,例如导数、微分、积分等.本节我们介绍函数矩阵(包括函数向量)的基本运算、函数矩阵的导数与积分、函数向量线性相关性的判别法则,最后作为应用简单介绍矩阵微分方程.

6.5.1 函数矩阵的极限与连续

定义 6.12 设 $a_{ij}(t)(i=1,2,\cdots,m;j=1,2,\cdots,n)$ 是定义在同一个实数(或复数)集合上的函数,称以 $a_{ij}(t)$ 为元素的矩阵

$$\boldsymbol{A}(t)=\begin{pmatrix} a_{11}(t) & a_{12}(t) & \cdots & a_{1n}(t)\\ a_{21}(t) & a_{22}(t) & \cdots & a_{2n}(t)\\ \vdots & \vdots & \ddots & \vdots\\ a_{m1}(t) & a_{m2}(t) & \cdots & a_{mn}(t)\end{pmatrix}$$

为一元函数矩阵,简称函数矩阵,简记为

$$\boldsymbol{A}(t)=(a_{ij}(t))_{m\times n}$$

或者,在不能引起混淆的情况下,直接记作

$$\boldsymbol{A}(t)=(a_{ij}(t))$$

设 $\boldsymbol{X}=(t_1,t_2,\cdots,t_s)$ 是 s 维实向量空间 $\mathbb{R}^s$ 内的任意向量,而 $a_{ij}(\boldsymbol{X})$ 是 $\boldsymbol{X}$ 的函数(常称为 s 元函数),称以 $a_{ij}(\boldsymbol{X})$ 为元素的矩阵

$$A(X)=\begin{pmatrix} a_{11}(X) & a_{12}(X) & \cdots & a_{1n}(X) \\ a_{21}(X) & a_{22}(X) & \cdots & a_{2n}(X) \\ \vdots & \vdots & \ddots & \vdots \\ a_{m1}(X) & a_{m2}(X) & \cdots & a_{mn}(X) \end{pmatrix}$$

为 s 元函数矩阵，当 $s\geqslant 2$ 时，也简称多元函数矩阵.

从 λ-矩阵的讨论可知，λ-矩阵就是一个函数矩阵，只是矩阵中的每一个元素都是多项式，而不是一般的函数.事实上函数矩阵中每一个函数也可以是多元函数，例如，已知向量函数(是一个多元向量函数)

$$\boldsymbol{v}=(f_1(X),f_2(X),\cdots,f_n(X))^{\mathrm{T}}$$

中的每一个分量均有连续偏导数，其中 $X=(x_1,x_2,\cdots,x_m)^{\mathrm{T}}$. 由其所有偏导数构成的Jacobi矩阵

$$J(\boldsymbol{v})=\left(\frac{\partial f_i(X)}{\partial x_j}\right)$$

是一个 $n\times m$ 函数矩阵，其中 $\dfrac{\partial f_i(X)}{\partial x_j}$ 位于矩阵的第 i 行，第 j 列，均是 m 元函数. 又如设 $z=f(x_1,x_2,\cdots,x_n)$ 在定义域有二阶连续偏导数，又二阶偏导数构成的Hessian矩阵

$$H(f)=\left(\frac{\partial^2 f}{\partial x_i \partial x_j}\right)_n$$

是函数矩阵，只不过是每一个 $\dfrac{\partial^2 f}{\partial x_i\partial x_j}$ 均是 n 元函数. 本书我们仅以一元函数为例讨论，所得结论，再结合多元微积分的相关知识，可以很容易地推广到多元函数矩阵上去.

和数字矩阵一样可以定义函数矩阵的加法、数乘、乘法、转置等.

设 $A(t)=(a_{ij}(t))_{m\times n}$，$B(t)=(b_{ij}(t))_{m\times n}$，以及 $k(t)$ 是实函数，则其加法，数乘定义如下：

$$A(t)+B(t)=(a_{ij}(t)+b_{ij}(t))$$
$$k(t)A(t)=(k(t)a_{ij}(t))$$

设 $A(t)=(a_{ij}(t))_{m\times n}$，$B(t)=(b_{ij}(t))_{n\times s}$，称 $C(t)=(c_{ij}(t))_{m\times s}$ 是 $A(t)$ 与 $B(t)$ 的乘积，其中

$$c_{ij}(t)=\sum_{k=1}^{n}a_{ik}(t)b_{kj}(t)\quad(\forall 1\leqslant i\leqslant m;1\leqslant j\leqslant s)$$

而 $A(t)$ 的转置为

$$A^{\mathrm{T}}(t)=\begin{pmatrix} a_{11}(t) & a_{21}(t) & \cdots & a_{m1}(t) \\ a_{12}(t) & a_{22}(t) & \cdots & a_{m2}(t) \\ \vdots & \vdots & \ddots & \vdots \\ a_{1n}(t) & a_{2n}(t) & \cdots & a_{mn}(t) \end{pmatrix}$$

方阵 $A(t)$ 的行列式为

$$|A(t)|=|a_{ij}(t)|=\sum_{\forall(i_1i_2\cdots i_n)\in S_n}(-1)^{\tau(i_1i_2\cdots i_n)}a_{1i_1}(t)a_{2i_2}(t)\cdots a_{ni_n}(t)$$

对于定义在区间 I 上的方阵 $A(t)$，若存在区间 I 上的方阵 $B(t)$，使得对任意 $t\in I$，有

$$A(t)B(t)=B(t)A(t)=E$$

称 $A(t)$ 在 I 上可逆，$B(t)$ 称为 $A(t)$ 的逆，可以证明，若 $A(t)$ 可逆，其逆唯一，记 $A(t)$ 的逆

为 $\boldsymbol{A}^{-1}(t)$.

和数字矩阵一样可以定义区间 I 上的方阵 $\boldsymbol{A}(t)=(a_{ij}(t))$ 的伴随矩阵

$$\boldsymbol{A}^*(t) = (A_{ji}(t))$$

其中 $A_{ji}(t)$ 是 $\boldsymbol{A}(t)$ 的元素 $a_{ji}(t)$ 的代数余子式.

利用伴随矩阵容易证明:区间 I 上的方阵 $\boldsymbol{A}(t)$ 可逆的充要条件是对任意 $t\in \boldsymbol{I}$, $|\boldsymbol{A}(t)|$ 均不为零,由于 $|\boldsymbol{A}(t)|$ 是定义在区间 I 的函数,则区间 I 的函数的性质对 $|\boldsymbol{A}(t)|$ 均成立,例如,若 $\boldsymbol{A}(t)=(a_{ij}(t))$ 的每一个元素 $a_{ij}(t)$ 在 I 上连续,则 $|\boldsymbol{A}(t)|$ 在 I 上连续,利用介值定理可得,$|\boldsymbol{A}(t)|$ 在 I 上不为零,那么 $|\boldsymbol{A}(t)|$ 一定恒大于零或恒小于零.

定义 6.13 设 $\boldsymbol{A}(t)$ 是定义在 t_0 的某去心邻域上的 $m\times n$ 函数矩阵,而 $\boldsymbol{A}$ 是实数域上的 $m\times n$ 矩阵,若对任意 $\varepsilon>0$,总存在 $\delta>0$,对任意 t 满足 $0<|t-t_0|<\delta$,均有

$$\|\boldsymbol{A}(t)-\boldsymbol{A}\|_*<\varepsilon$$

称矩阵 $\boldsymbol{A}$ 是函数矩阵 $\boldsymbol{A}(t)$ 当 $t\to t_0$ 时的极限,或当 $t\to t_0$ 时,函数矩阵 $\boldsymbol{A}(t)$ 收敛于矩阵 $\boldsymbol{A}$. 记作

$$\lim_{t\to t_0}\boldsymbol{A}(t) = \boldsymbol{A}$$

注意:(1) 可以证明,函数矩阵的极限的定义与矩阵范数的选择无关,也就是说,$\|\boldsymbol{A}(t)-\boldsymbol{A}\|_*<\varepsilon$ 可以换成任意其他矩阵范数 $\|\boldsymbol{A}(t)-\boldsymbol{A}\|_q<\varepsilon$ 不影响任何关于函数矩阵的极限的结论.

(2) 若函数矩阵的极限存在,则其极限唯一.

定理 6.19 设 $\boldsymbol{A}(t)=(a_{ij}(t))$ 是函数矩阵,而 $\boldsymbol{A}=(a_{ij})$ 是矩阵,则 $\lim\limits_{t\to t_0}\boldsymbol{A}(t)=\boldsymbol{A}$ 的充要条件是

$$\lim_{t\to t_0}a_{ij}(t) = a_{ij}\quad(\forall 1\leqslant i\leqslant m;1\leqslant j\leqslant n)$$

即函数矩阵收敛的充要条件是对应位置的元素均收敛,而且极限矩阵就是由分量的极限放在对应位置上得到的矩阵.

证明 由 $\lim\limits_{t\to t_0}\boldsymbol{A}(t)=\boldsymbol{A}$ 可证,对任意 $\varepsilon>0$,总存在 $\delta>0$,对任意 t 满足 $0<|t-t_0|<\delta$,均有 $\|\boldsymbol{A}(t)-\boldsymbol{A}\|_*<\varepsilon$. 于是,对 $\forall 1\leqslant i\leqslant m, 1\leqslant j\leqslant n$,有

$$|a_{ij}(t)-a_{ij}|\leqslant\sum_{k=1}^{m}\sum_{l=1}^{n}|a_{kl}(t)-a_{kl}| = \|\boldsymbol{A}(t)-\boldsymbol{A}\|_*<\varepsilon$$

即 $\lim\limits_{t\to t_0}a_{ij}(t)=a_{ij}$.

反之,对 $\forall 1\leqslant i\leqslant m, 1\leqslant j\leqslant n$,有 $\lim\limits_{t\to t_0}a_{ij}(t)=a_{ij}$,对任意 $\varepsilon>0$,总存在 $\delta_{ij}>0$,对任意 t 满足 $0<|t-t_0|<\delta_{ij}$,均有 $|a_{ij}(t)-a_{ij}|<\dfrac{\varepsilon}{mn}$,取 $\delta=\min\{\delta_{ij}\}$,对任意

$$0<|t-t_0|<\delta\Rightarrow 0<|t-t_0|<\delta_{ij}$$

于是

$$\|\boldsymbol{A}(t)-\boldsymbol{A}\|_* = \sum_{k=1}^{m}\sum_{l=1}^{n}|a_{kl}(t)-a_{kl}|<\sum_{k=1}^{m}\sum_{l=1}^{n}\frac{\varepsilon}{mn} = \varepsilon$$

即 $\lim\limits_{t\to t_0}A(t)=A$. □

该定理告诉我们,设 $\boldsymbol{A}(t)=(a_{ij}(t))$,若 $\lim\limits_{t\to t_0}\boldsymbol{A}(t)$ 存在,则

$$\lim_{t\to t_0}\boldsymbol{A}(t) = \lim_{t\to t_0}(a_{ij}(t)) = (\lim_{t\to t_0}a_{ij}(t)) = (a_{ij})$$

例 6.13 讨论函数矩阵

$$A(t)=\begin{pmatrix}\dfrac{\sin t-t}{t^3} & \dfrac{1-\cos t}{t^2}\\ \mathrm{e}^t & \sqrt{|t|}\end{pmatrix}$$

在 $t\to 0$ 是否收敛.

解 由于

$$\lim_{t\to 0}\frac{\sin t-t}{t^3}=\lim_{t\to 0}\frac{\cos t-1}{3t^2}=-\frac{1}{6},\quad \lim_{t\to 0}\frac{1-\cos t}{t^2}=\frac{1}{2}$$

$$\lim_{t\to 0}\mathrm{e}^t=1,\quad \lim_{t\to 0}\sqrt{|t|}=0$$

故

$$\lim_{t\to 0}\begin{pmatrix}\dfrac{\sin t-t}{t^3} & \dfrac{1-\cos t}{t^2}\\ \mathrm{e}^t & \sqrt{|t|}\end{pmatrix}=\begin{pmatrix}-\dfrac{1}{6} & \dfrac{1}{2}\\ 1 & 0\end{pmatrix}$$

函数矩阵的极限与函数极限一样具有如下性质:若 $\lim\limits_{t\to t_0}\boldsymbol{A}(t)=\boldsymbol{A}$, $\lim\limits_{t\to t_0}\boldsymbol{B}(t)=\boldsymbol{B}$,以及 $\lim\limits_{t\to t_0}k(t)=k$,则

(1) $\lim\limits_{t\to t_0}(\boldsymbol{A}(t)\pm\boldsymbol{B}(t))=\boldsymbol{A}\pm\boldsymbol{B}$(可加乘条件下);

(2) $\lim\limits_{t\to t_0}(\boldsymbol{A}(t)\boldsymbol{B}(t))=\boldsymbol{AB}$(可乘条件下);

(3) $\lim\limits_{t\to t_0}(k(t)\boldsymbol{A}(t))=k\boldsymbol{A}$;

(4) $\lim\limits_{t\to t_0}\boldsymbol{A}^{\mathrm{T}}(t)=\boldsymbol{A}^{\mathrm{T}}$;

(5) $\left|\lim\limits_{t\to t_0}\boldsymbol{A}(t)\right|=\lim\limits_{t\to t_0}|\boldsymbol{A}(t)|=|\boldsymbol{A}|$.

定义 6.14 设 $\boldsymbol{A}(t)$ 是定义在区间 $\boldsymbol{I}$ 上的函数矩阵,而 $t_0\in\boldsymbol{I}$,若 $\boldsymbol{A}(t)$ 满足

$$\lim_{t\to t_0}\boldsymbol{A}(t)=\boldsymbol{A}(t_0)$$

则称函数矩阵 $\boldsymbol{A}(t)$ 在 t_0 连续.

若函数矩阵 $\boldsymbol{A}(t)$ 在定义域内每一点均连续,则称 $\boldsymbol{A}(t)$ 是连续的函数矩阵.

由函数矩阵的极限可以分量求极限的性质得到函数矩阵连续的如下性质:

结论:设 $\boldsymbol{A}(t)=(a_{ij}(t))$ 是函数矩阵,则函数矩阵 $\boldsymbol{A}(t)$ 在 t_0 连续充要条件是 $a_{ij}(t)$ 在 t_0 连续,其中 $1\leqslant i\leqslant m$;$1\leqslant j\leqslant n$,即函数矩阵连续的充要条件是对应位置的元素均连续.

例 6.14 由于函数矩阵

$$\boldsymbol{A}(t)=\begin{pmatrix}t^2+2t & \cos t & \mathrm{e}^{-t^2}\\ \tan t & \ln(1+t) & \sqrt{\mathrm{e}^t}\end{pmatrix}$$

的每一个分量都是定义域上的连续函数,故 $\boldsymbol{A}(t)$ 是连续的.

若函数矩阵 $\boldsymbol{A}(t)$,$\boldsymbol{B}(t)$,以及函数 $k(t)$ 均在 t_0 连续,则

(1) $\boldsymbol{A}(t)\pm\boldsymbol{B}(t)$ 在 t_0 连续(可加条件下);

(2) $\boldsymbol{A}(t)\boldsymbol{B}(t)$ 在 t_0 连续(可乘条件下);

(3) $k(t)\boldsymbol{A}(t)$ 在 t_0 连续;

(4) 若 $\boldsymbol{A}(t)$ 是方阵时,$|\boldsymbol{A}(t)|$ 在 t_0 连续.

由极限保号性,若 $|\boldsymbol{A}(t_0)|\neq 0$,则存在 t_0 的一个邻域,在该邻域内每一个 t,$|\boldsymbol{A}(t)|\neq 0$.

6.5.2 函数矩阵的导数与微分

定义 6.15 设 $\boldsymbol{A}(t)$是定义在区间 I 上的函数矩阵，而 $t_0\in I$，若下述极限

$$\lim_{t\to t_0}\frac{\boldsymbol{A}(t)-\boldsymbol{A}(t_0)}{t-t_0}$$

存在，则称该极限为函数矩阵 $\boldsymbol{A}(t)$在 t_0 的导数，记作 $\boldsymbol{A}'(t_0)$或$\frac{\mathrm{d}\boldsymbol{A}(t_0)}{\mathrm{d}t}$或$\frac{\mathrm{d}}{\mathrm{d}t}(\boldsymbol{A}(t_0))$或$\left.\frac{\mathrm{d}\boldsymbol{A}(t)}{\mathrm{d}t}\right|_{t_0}$，即

$$\frac{\mathrm{d}\boldsymbol{A}(t_0)}{\mathrm{d}t}=\left.\frac{\mathrm{d}\boldsymbol{A}(t)}{\mathrm{d}t}\right|_{t_0}=\lim_{t\to t_0}\frac{\boldsymbol{A}(t)-\boldsymbol{A}(t_0)}{t-t_0}$$

若记 $\Delta t=t-t_0$，$\Delta\boldsymbol{A}=\boldsymbol{A}(t_0+\Delta t)-\boldsymbol{A}(t_0)$，则

$$\frac{\mathrm{d}\boldsymbol{A}(t_0)}{\mathrm{d}t}=\left.\frac{\mathrm{d}\boldsymbol{A}(t)}{\mathrm{d}t}\right|_{t_0}=\lim_{\Delta t\to 0}\frac{\Delta\boldsymbol{A}}{\Delta t}$$

若函数矩阵 $\boldsymbol{A}(t)$在区间 I 内每一点均可导，称 $\boldsymbol{A}(t)$是区间 I 内的可导函数矩阵，对任意 $x\in I$ 对应$\boldsymbol{A}(t)$在 t 处的导数$\frac{\mathrm{d}\boldsymbol{A}(t)}{\mathrm{d}t}$，称为函数矩阵的导函数，简称为矩阵导数，记

$$\boldsymbol{A}'(t)=\frac{\mathrm{d}\boldsymbol{A}(t)}{\mathrm{d}t}=\frac{\mathrm{d}}{\mathrm{d}t}\boldsymbol{A}(t)=\lim_{\Delta t\to 0}\frac{\boldsymbol{A}(t+\Delta t)-\boldsymbol{A}(t)}{\Delta t}$$

定理 6.20 设 $\boldsymbol{A}(t)=(a_{ij}(t))$是函数矩阵，则函数矩阵 $\boldsymbol{A}(t)$在 t_0 可导充要条件是 $a_{ij}(t)$在 t_0 可导，其中 $1\leqslant i\leqslant m$；$1\leqslant j\leqslant n$，即函数矩阵可导的充要条件是对应位置的元素均可导，且由它们的导数放在对应位置上得到的矩阵就是函数矩阵的导数.

证明 设 $\boldsymbol{A}(t)=(a_{ij}(t))$，若函数矩阵 $\boldsymbol{A}(t)$在 t_0 可导，其导数为 $\boldsymbol{A}=(a_{ij})$，即

$$\lim_{t\to t_0}\frac{\boldsymbol{A}(t)-\boldsymbol{A}(t_0)}{t-t_0}=\boldsymbol{A}\Leftrightarrow\lim_{t\to t_0}\frac{\boldsymbol{A}(t)-\boldsymbol{A}(t_0)}{t-t_0}-\boldsymbol{A}=\boldsymbol{O}$$

而

$$\frac{\boldsymbol{A}(t)-\boldsymbol{A}(t_0)}{t-t_0}-\boldsymbol{A}=\frac{1}{t-t_0}(a_{ij}(t)-a_{ij}(t_0))-(a_{ij})=\left(\frac{a_{ij}(t)-a_{ij}(t_0)}{t-t_0}-a_{ij}\right)$$

由定理 6.17 知

$$\lim_{t\to t_0}\frac{\boldsymbol{A}(t)-\boldsymbol{A}(t_0)}{t-t_0}-\boldsymbol{A}=\left(\lim_{t\to t_0}\left(\frac{a_{ij}(t)-a_{ij}(t_0)}{t-t_0}-a_{ij}\right)\right)=(0)$$

于是有

$$\lim_{t\to t_0}\left(\frac{a_{ij}(t)-a_{ij}(t_0)}{t-t_0}-a_{ij}\right)=0\Leftrightarrow\lim_{t\to t_0}\frac{a_{ij}(t)-a_{ij}(t_0)}{t-t_0}=a_{ij}$$ □

若函数矩阵 $\boldsymbol{A}(t)$，$\boldsymbol{B}(t)$，以及函数 $k(t)$均在 t 可导，则

(1) $\boldsymbol{A}(t)\pm\boldsymbol{B}(t)$在 t 连续(可加条件下)，且$(\boldsymbol{A}(t)\pm\boldsymbol{B}(t))'=\boldsymbol{A}'(t)\pm\boldsymbol{B}'(t)$；

(2) $\boldsymbol{A}(t)\boldsymbol{B}(t)$在 t 可导(可乘条件下)，且$(\boldsymbol{A}(t)\boldsymbol{B}(t))'=\boldsymbol{A}'(t)\boldsymbol{B}(t)+\boldsymbol{A}(t)\boldsymbol{B}'(t)$；

(3) $k(t)\boldsymbol{A}(t)$在 t 可导，且$(k(t)\boldsymbol{B}(t))'=k(t)\boldsymbol{A}'(t)+k'(t)\boldsymbol{A}(t)$；

(4) 若 $\boldsymbol{A}(t)=(\boldsymbol{A}_1(t),\boldsymbol{A}_2(t),\cdots,\boldsymbol{A}_n(t))$是方阵，在 t 可导，其中 $\boldsymbol{A}_i(t)$是 $\boldsymbol{A}(t)$的第 i 列，则$|\boldsymbol{A}(t)|$在 t 也可导，且

$$|\boldsymbol{A}'(t)|=\sum_{i=1}^{n}|\boldsymbol{A}_1(t),\cdots\boldsymbol{A}_{i-1}(t),\boldsymbol{A}'(t)_i,\boldsymbol{A}_{i+1}(t),\cdots,\boldsymbol{A}_n(t)|$$

例 6.15 已知

$$A(t)=\begin{pmatrix} t^2+2t & \cos t & e^{-t^2} \\ \tan t & \ln(1+t) & \sqrt{e^t} \end{pmatrix}$$

则 $\boldsymbol{A}(t)$ 的导数为

$$A'(t)=\begin{pmatrix} 2t+2 & -\sin t & -2te^{-t^2} \\ \sec^2 t & \dfrac{1}{1+t} & \dfrac{1}{2}e^{\frac{t}{2}} \end{pmatrix}$$

当 $\boldsymbol{A}(\boldsymbol{X})$ 是 $\boldsymbol{X}=(t_1,t_2,\cdots,t_s)$ 的多元函数时，对任意固定的 t_k，$\boldsymbol{A}(\boldsymbol{X})$ 可以对 t_k 求偏导数，注意这时其余变量看作常数，关于 t_k 求导数

$$\frac{\partial \boldsymbol{A}(\boldsymbol{X})}{\partial t_k}=\left(\frac{\partial a_{ij}(\boldsymbol{X})}{\partial t_k}\right)$$

称

$$\frac{\mathrm{d}\boldsymbol{A}}{\mathrm{d}\boldsymbol{X}}=\left(\frac{\partial \boldsymbol{A}(\boldsymbol{X})}{\partial t_1},\frac{\partial \boldsymbol{A}(\boldsymbol{X})}{\partial t_2},\cdots,\frac{\partial \boldsymbol{A}(\boldsymbol{X})}{\partial t_s}\right)$$

为 $\boldsymbol{A}(\boldsymbol{X})$ 对向量 $\boldsymbol{X}$ 的导数.

例 6.16　已知三元函数 $\boldsymbol{u}=f(\boldsymbol{X})$，$\boldsymbol{X}=(x,y,z)$，则 $\boldsymbol{u}=f(\boldsymbol{X})$ 对向量 X 的导数

$$\frac{\mathrm{d}\boldsymbol{u}}{\mathrm{d}\boldsymbol{X}}=\left(\frac{\partial u}{\partial x},\frac{\partial u}{\partial y},\frac{\partial u}{\partial z}\right)$$

就是函数 $\boldsymbol{u}=f(\boldsymbol{X})$ 的梯度.

例 6.17　已知二元函数矩阵

$$\boldsymbol{A}(\boldsymbol{X})=\begin{pmatrix} e^{x+y} & x^3y \\ \sin xy & x^y \end{pmatrix},\quad \boldsymbol{X}=(x,y)$$

计算 $\dfrac{\mathrm{d}\boldsymbol{A}}{\mathrm{d}\boldsymbol{X}}$.

解　由 $\boldsymbol{A}(\boldsymbol{X})$ 对向量 $\boldsymbol{X}$ 的导数，有

$$\frac{\mathrm{d}\boldsymbol{A}}{\mathrm{d}\boldsymbol{X}}=\left(\frac{\partial \boldsymbol{A}}{\partial x},\frac{\partial \boldsymbol{A}}{\partial y}\right)=\begin{pmatrix} e^{x+y} & 3x^2y & e^{x+y} & x^3 \\ y\cos xy & yx^{y-1} & x\cos xy & x^y\ln x \end{pmatrix}$$

设 D 是实矩阵向量空间 $\mathbb{R}^{s\times t}$ 内的区域，而函数矩阵

$$\boldsymbol{A}(\boldsymbol{X})=\begin{pmatrix} a_{11}(\boldsymbol{X}) & a_{12}(\boldsymbol{X}) & \cdots & a_{1n}(\boldsymbol{X}) \\ a_{21}(\boldsymbol{X}) & a_{22}(\boldsymbol{X}) & \cdots & a_{2n}(\boldsymbol{X}) \\ \vdots & \vdots & \ddots & \vdots \\ a_{m1}(\boldsymbol{X}) & a_{m2}(\boldsymbol{X}) & \cdots & a_{mn}(\boldsymbol{X}) \end{pmatrix}$$

中每一个元素 $a_{ij}(\boldsymbol{X})$ 都是以 $\boldsymbol{X}=(t_{kl})(\forall \boldsymbol{X}\in D)$ 为变量的函数. 对任意固定的 t_{kl}，$\boldsymbol{A}(\boldsymbol{X})$ 可以对 t_{kl} 求偏导数

$$\frac{\partial \boldsymbol{A}(\boldsymbol{X})}{\partial t_{kl}}=\left(\frac{\partial a_{ij}(\boldsymbol{X})}{\partial t_{kl}}\right)$$

以导数矩阵 $\dfrac{\partial \boldsymbol{A}(\boldsymbol{X})}{\partial t_{kl}}$ 为对应子矩阵的矩阵

$$\frac{\mathrm{d}\boldsymbol{A}}{\mathrm{d}\boldsymbol{X}}=\left(\frac{\partial \boldsymbol{A}(\boldsymbol{X})}{\partial t_{kl}}\right)_{s\times t}$$

称为函数矩阵 $\boldsymbol{A}(\boldsymbol{X})$ 对矩阵 $\boldsymbol{X}$ 的导数.

例 6.18　已知函数矩阵

$$A(X)=\begin{pmatrix}\ln(x_1+x_2+x_3-x_4) & x_1^2x_3+x_2x_4^2\\ x_1^{\ x_1}+x_2^{\ x_3x_4} & 2^{x_1x_2x_3x_4}\end{pmatrix},\quad X=\begin{pmatrix}x_1 & x_2\\ x_3 & x_4\end{pmatrix}$$

计算$\dfrac{dA}{dX}$.

解 由$A(X)$对向量X的导数,有

$$\frac{dA}{dX}=\begin{pmatrix}A_{x_1} & A_{x_2}\\ A_{x_3} & A_{x_4}\end{pmatrix}$$

$$=\begin{pmatrix}\dfrac{1}{x_1+x_2+x_3-x_4} & 2x_1x_3 & \dfrac{1}{x_1+x_2+x_3-x_4} & x_4^2\\ x_1^{x_1}(\ln x_1+1) & 2^{x_1x_2x_3x_4}x_2x_3x_4\ln 2 & x_3x_4\cdot x_2^{x_3x_4-1} & 2^{x_1x_2x_3x_4}x_1x_3x_4\ln 2\\ \dfrac{1}{x_1+x_2+x_3-x_4} & x_1^2 & -\dfrac{1}{x_1+x_2+x_3-x_4} & 2x_2x_4\\ x_2^{x_3x_4}\cdot x_4\ln x_2 & 2^{x_1x_2x_3x_4}x_1x_2x_4\ln 2 & x_2^{x_3x_4}\cdot x_3\ln x_2 & 2^{x_1x_2x_3x_4}x_1x_2x_3\ln 2\end{pmatrix}$$

值得注意的是,例 6.17 中求$\dfrac{dA}{dX}$和$\dfrac{dA}{dX^{\mathrm{T}}}$是不同的,而

$$\frac{dA}{dX^{\mathrm{T}}}=\begin{pmatrix}\dfrac{\partial A}{\partial x}\\ \dfrac{\partial A}{\partial y}\end{pmatrix}=\begin{pmatrix}e^{x+y} & 3x^2y\\ y\cos xy & yx^{y-1}\\ e^{x+y} & x^3\\ x\cos xy & x^y\ln x\end{pmatrix}$$

不难函数矩阵$A(X)$对矩阵X_{pq}的导数有如下性质:

(1) $\dfrac{d(A+B)}{dX}=\dfrac{dA}{dX}+\dfrac{dB}{dX}$;

(2) $\dfrac{d(AB)}{dX}=\dfrac{dA}{dX}(E_q\otimes B)+(E_p\otimes A)\dfrac{dB}{dX}$;

(3) $\dfrac{d(A\otimes B)}{dX}=\dfrac{dA}{dX}\otimes B+A\otimes\dfrac{dB}{dX}$;

(4) $\left(\dfrac{dA}{dX}\right)^{\mathrm{H}}=\dfrac{dA^{\mathrm{H}}}{dX^{\mathrm{H}}}$.

定义 6.16 设$A(t)$是定义在区间I上的函数矩阵,若在$t_0\in I$给t一个增量Δt,引起函数矩阵$A(t)$的增量ΔA可表成:

$$\Delta A=A(t)-A(t_0)=A\Delta t+\rho(\Delta t)$$

其中A是与Δt无关,与t_0有关的常数矩阵,而$\|\rho(\Delta t)\|_*=o(\Delta t)$,称$A(t)$在$t_0$可微,$A\Delta t$为函数矩阵$A(t)$在$t_0$处的微分,记作$dA|_{t_0}$,即

$$dA|_{t_0}=A\Delta t$$

函数矩阵$A(t)$在定义域内每一点均可微,称$A(t)$是可微函数矩阵,在$t\in I$处的微分记作dA.

容易证明关于函数矩阵的可微性,有如下结论:

(1) 函数矩阵$A(t)$在t_0处可微,则$A(t)$在t_0处连续.

(2) 函数矩阵$A(t)$在t_0处可微的充要条件是$A(t)$在t_0处可导,且在微分中的常数矩阵A是$A(t)$在t_0处的导数$A'(t_0)$,于是

$$dA|_{t_0}=A'(t_0)\Delta t$$

同样有 $\Delta t = \mathrm{d}t$，若函数矩阵 $\boldsymbol{A}(t)$ 是可微函数矩阵，则

$$\mathrm{d}\boldsymbol{A} = \boldsymbol{A}'(t)\mathrm{d}t$$

6.5.3　函数矩阵的积分

定义 6.17　设 $\boldsymbol{A}(t)$ 是定义在区间 $[a,b]$ 上的函数矩阵，在 $[a,b]$ 插入 $n-1$ 个点

$$a = t_0 < t_1 < \cdots < t_{n-1} < t_n = b$$

记 $\Delta t_i = t_i - t_{i-1}(i=1,2,\cdots,n)$ 以及 $\pi = \max\limits_{1\leqslant i\leqslant n}\{\Delta t_i\}$，在每个子区间 $[t_{i-1},t_i]$ 取一点 ξ_i，作数乘积 $\boldsymbol{A}(\xi_i)\Delta t_i$，求和 $\sum\limits_{i=1}^{n}\boldsymbol{A}(\xi_i)\Delta t_i$，若无论 $[a,b]$ 中的点 t_i 如何插入，也无论子区间 $[t_{i-1},t_i]$ 的点 ξ_i 如何取，只要 $\pi\to 0$，$\sum\limits_{i=1}^{n}\boldsymbol{A}(\xi_i)\Delta t_i$ 均收敛于同一个矩阵 $\boldsymbol{A}$，称函数矩阵 $\boldsymbol{A}(t)$ 在区间 $[a,b]$ 可积，称和式的极限 $\boldsymbol{A}$ 为函数矩阵 $\boldsymbol{A}(t)$ 在区间 $[a,b]$ 上的积分，记作 $\int_a^b\boldsymbol{A}(t)\mathrm{d}t$，即

$$\int_a^b\boldsymbol{A}(t)\mathrm{d}t = \lim_{\pi\to 0}\sum_{i=1}^{n}\boldsymbol{A}(\xi_i)\Delta t_i$$

注意：(1) 和定积分一样，若 $\boldsymbol{A}(t)$ 在区间 $[a,b]$ 可积，则积分 $\int_a^b\boldsymbol{A}(t)\mathrm{d}t$ 与 $[a,b]$ 中的点 t_i 如何插入，子区间 $[t_{i-1},t_i]$ 的点 ξ_i 如何取均无关.

(2) 若 $\boldsymbol{A}(t)$ 在区间 $[a,b]$ 上连续，则 $\boldsymbol{A}(t)$ 在区间 $[a,b]$ 上可积.

(3) 若函数矩阵 $\boldsymbol{A}(t)$，$\boldsymbol{B}(t)$ 在区间 $[a,b]$ 上可积，以及 k 常数，则 $\boldsymbol{A}(t)+\boldsymbol{B}(t)$，$k\boldsymbol{A}(t)$ 在区间 $[a,b]$ 上可积(可加条件下)，且

$$\int_a^b(\boldsymbol{A}(t)+\boldsymbol{B}(t))\mathrm{d}t = \int_a^b\boldsymbol{A}(t)\mathrm{d}t + \int_a^b\boldsymbol{B}(t)\mathrm{d}t$$

$$\int_a^b k\boldsymbol{A}(t)\mathrm{d}t = k\int_a^b\boldsymbol{A}(t)\mathrm{d}t$$

容易证明下述结论：

定理 6.21　设 $\boldsymbol{A}(t)=(a_{ij}(t))$ 是函数矩阵，则 $\boldsymbol{A}(t)$ 在区间 $[a,b]$ 上可积的充要条件是 $a_{ij}(t)$ 在区间 $[a,b]$ 上均可积的，其中 $1\leqslant i\leqslant m$；$1\leqslant j\leqslant n$，即函数矩阵可积的充要条件是对应位置的元素均可积，且由它们的积分放在对应位置上得到的矩阵就是函数矩阵的积分.

该定理告诉我们，求函数矩阵在闭区间上的积分可以通过分量求积分的方式求解，即

$$\int_a^b\boldsymbol{A}(t)\mathrm{d}t = \left(\int_a^b a_{ij}(t)\mathrm{d}t\right)$$

由此，利用实函数的变限导数的结论，有：

若 $\boldsymbol{A}(t)$ 在区间 $[a,b]$ 上连续，则对任意 $x\in[a,b]$，有

$$\frac{\mathrm{d}}{\mathrm{d}x}\left(\int_a^x k\boldsymbol{A}(t)\mathrm{d}t\right) = \boldsymbol{A}(x)$$

定理 6.22(Newton-Leibniz 公式)　设 $\boldsymbol{A}(t)$，$\boldsymbol{B}(t)$ 是区间 $[a,b]$ 上函数矩阵，且 $\boldsymbol{B}'(t)=\boldsymbol{A}(t)$. 则

$$\int_a^b\boldsymbol{A}(t)\mathrm{d}t = \boldsymbol{B}(b) - \boldsymbol{B}(a)$$

例 6.19 已知 $\boldsymbol{A}(t)=\begin{pmatrix} 2t+2 & -\sin t & -2t\mathrm{e}^{-t^2} \\ \sec^2 t & \dfrac{1}{1+t} & \dfrac{1}{2}\mathrm{e}^{\frac{t}{2}} \end{pmatrix}$，求 $\int_0^3 \boldsymbol{A}(t)\mathrm{d}t$.

解方法 1 由定理 6.22 知

$$\int_0^3 \boldsymbol{A}(t)\mathrm{d}t=\begin{pmatrix} \int_0^3 (2t+2)\mathrm{d}t & -\int_0^3 \sin t\mathrm{d}t & -2\int_0^3 t\mathrm{e}^{-t^2}\mathrm{d}t \\ \int_0^3 \sec^2 t\mathrm{d}t & \int_0^3 \dfrac{1}{1+t}\mathrm{d}t & \dfrac{1}{2}\int_0^3 \mathrm{e}^{\frac{t}{2}}\mathrm{d}t \end{pmatrix}=\begin{pmatrix} 15 & \cos 3-1 & \mathrm{e}^{-9}-1 \\ \tan 3 & 2\ln 2 & \mathrm{e}^{\frac{3}{2}}-1 \end{pmatrix}$$

方法 2 令 $\boldsymbol{B}(t)=\begin{pmatrix} t^2+2t & \cos t & \mathrm{e}^{-t^2} \\ \tan t & \ln(1+t) & \sqrt{\mathrm{e}^t} \end{pmatrix}$，则 $\boldsymbol{B}'(t)=\boldsymbol{A}(t)$. 由定理 6.20，有

$$\int_0^3 \boldsymbol{A}(t)\mathrm{d}t=\boldsymbol{B}(3)-\boldsymbol{B}(0)=\begin{pmatrix} 15 & \cos 3 & \mathrm{e}^{-9} \\ \tan 3 & \ln 4 & \mathrm{e}^{\frac{3}{2}} \end{pmatrix}-\begin{pmatrix} 0 & 1 & 1 \\ 0 & 0 & 1 \end{pmatrix}$$

$$=\begin{pmatrix} 15 & \cos 3-1 & \mathrm{e}^{-9}-1 \\ \tan 3 & 2\ln 2 & \mathrm{e}^{\frac{3}{2}}-1 \end{pmatrix}$$

例 6.20 已知 $\boldsymbol{A}(t)=\begin{pmatrix} \sin t^2 & \sqrt{1+t} \\ \mathrm{e}^{-t^2} & \arctan t \end{pmatrix}$，求 $\dfrac{\mathrm{d}}{\mathrm{d}x}\left(\int_0^{\cos x} \boldsymbol{A}(t)\mathrm{d}t\right)$.

解 由变限导数的结论，有

$$\frac{\mathrm{d}}{\mathrm{d}x}\left(\int_0^{\cos x} \boldsymbol{A}(t)\mathrm{d}t\right)=-\boldsymbol{A}(\cos x)\sin x=\begin{pmatrix} \sin x\cdot\sin\cos^2 x & \sin x\cdot\sqrt{1+\cos x} \\ \sin x\cdot\mathrm{e}^{-\cos^2 x} & \sin x\cdot\arctan\cos x \end{pmatrix}$$

6.6 矩阵微分方程

6.6.1 矩阵微分方程

我们先看两个例子.

例 6.21(复杂弹簧振子问题) 我们以三个分别以 k_1,k_2,k_3 为倔强系数的弹簧，中间连接分别以质量为 m_1,m_2 的质点分别在外力 $F_1(t),F_2(t)$，做振动(图 6.1)，在 t 时刻，以 $x_1(t)$表示振子 m_1 的位置，以 $x_2(t)$表示振子 m_2 的位置，在初始时刻 $x_1=0,x_2=0$，对振子 m_1 受到弹簧 k_1，弹簧 k_2 的弹力和拉力 $F_1(t)$，振子 m_2 受到弹簧 k_2，弹簧 k_3 的弹力和拉力 $F_2(t)$，在 t 时刻，振子 m_1 被拉长 $x_1(t)$，到弹簧 k_3 压缩了 $x_2(t)$，弹簧 k_3 被拉长 $x_2(t)-x_1(t)$，由 Newton 第二定律可得

$$\begin{cases} m_1\dfrac{\mathrm{d}^2 x_1}{\mathrm{d}t^2}=k_2(x_2(t)-x_1(t))-k_1x_1(t)+F_1(t) \\ m_2\dfrac{\mathrm{d}^2 x_2}{\mathrm{d}t^2}=-k_2(x_2(t)-x_1(t))-k_2x_2(t)+F_2(t) \end{cases}$$

对上式，加上初始条件，整理得得

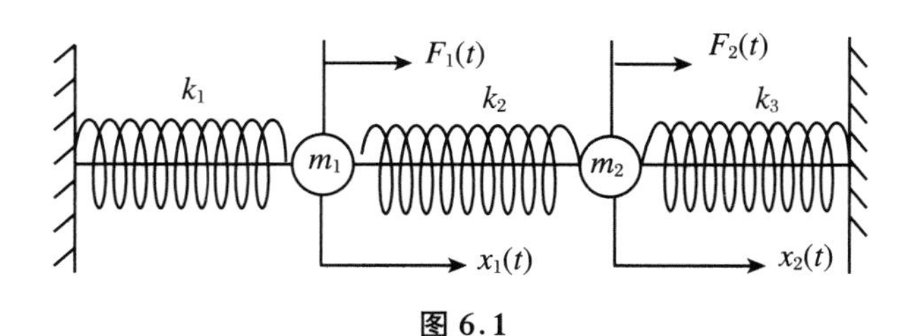

图 6.1

$$\begin{cases}\dfrac{d^2x_1}{dt^2}=-\dfrac{k_1+k_2}{m_1}x_1(t)+\dfrac{k_2}{m_1}x_2(t)+\dfrac{1}{m_1}F_1(t)\\\dfrac{d^2x_2}{dt^2}=\dfrac{k_2}{m_2}x_1(t)-\dfrac{k_2+k_3}{m_2}x_2(t)+\dfrac{1}{m_2}F_2(t)\\x_1(0)=0,x_2(0)=0,x'_1(0)=0,x'_2(0)=0\end{cases}$$

记

$$\boldsymbol{X}(t)=(x_1(t),x_2(t))^{\mathrm{T}},\quad \boldsymbol{A}(t)=\begin{pmatrix}-\dfrac{k_1+k_2}{m_1} & \dfrac{k_2}{m_1}\\\dfrac{k_2}{m_2} & -\dfrac{k_2+k_3}{m_2}\end{pmatrix},\quad \boldsymbol{B}(t)=\begin{pmatrix}\dfrac{1}{m_1}F_1(t)\\\dfrac{1}{m_2}F_2(t)\end{pmatrix}$$

则上面方程组化为

$$\frac{d^2\boldsymbol{X}}{dt^2}=\boldsymbol{A}(t)\boldsymbol{X}+\boldsymbol{B}(t)$$

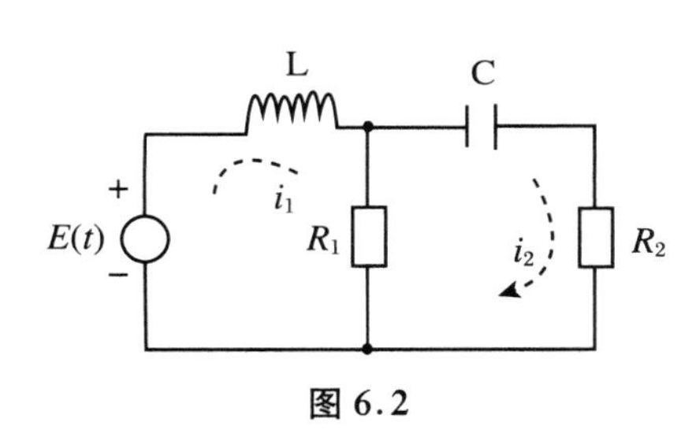

图 6.2

例 6.22（复杂电路问题）　我们仅以两个回路为例考察这类问题.如图 6.2 所示，L 是电感，C 是电容，R_1,R_2 是两个电阻，$E(t)$外界电源.设通过电感的电流为 $i_1(t)$，通过电阻 R_2 的电流为$i_2(t)$，由电路的 Kirchhoff 定律、电磁感应的 Lenzs 定律和电容电压积分定理知，$i_1(t),i_2(t)$满足

$$\begin{cases}L\dfrac{di_1}{dt}+R_1(i_1-i_2)=E(t)\\R_1(i_2-i_1)+R_2i_2+\dfrac{1}{C}\displaystyle\int_0^t i_2(s)ds=0\end{cases}$$

第二个等式两边求导，再与第一个等式联立，整理得

$$\begin{cases}\dfrac{di_1}{dt}=-\dfrac{R_1}{L}i_1+\dfrac{R_1}{L}i_2+\dfrac{1}{L}E(t)\\\dfrac{di_2}{dt}=\dfrac{-R_1^2}{L(R_2+R_1)}i_1+\left(\dfrac{CR_1^2-L}{LC(R_2+R_1)}\right)i_2+\dfrac{R_1}{L(R_2+R_1)}E(t))\end{cases}$$

记

$$\boldsymbol{X}(t)=(i_1(t),i_2(t))^{\mathrm{T}}$$

$$\boldsymbol{A}(t)=\begin{pmatrix}-\dfrac{R_1}{L} & \dfrac{R_1}{L}\\\dfrac{-R_1^2}{L(R_2+R_1)} & \dfrac{CR_1^2-L}{LC(R_2+R_1)}\end{pmatrix}$$

$$\boldsymbol{B}(t)=\begin{pmatrix}\dfrac{1}{L}E(t)\\ \dfrac{R_1}{L(R_2+R_1)}E(t)\end{pmatrix}$$

则上面方程组化为

$$\frac{\mathrm{d}\boldsymbol{X}}{\mathrm{d}t}=\boldsymbol{A}(t)\boldsymbol{X}+\boldsymbol{B}(t)$$

以上是微分方程组的例子,一般地,设函数 $x_1(t),x_2(t),\cdots,x_n(t)$有直到 k 阶导数的函数,若 $x_i(t)$和它们的 k 阶导数满足如下等式:

$$\begin{cases}F_1(x_i^{(k)},x_i^{(k-1)},\cdots,x_i',x_i)=0\\ F_2(x_i^{(k)},x_i^{(k-1)},\cdots,x_i',x_i)=0\\ \cdots\cdots\\ F_n(x_i^{(k)},x_i^{(k-1)},\cdots,x_i',x_i)=0\end{cases}$$

称上式为由 n 个未知函数构成的微分方程组,其中 k 为微分方程组的阶.记

$$\boldsymbol{X}(t)=(x_1(t),x_2(t),\cdots,x_n(t))^{\mathrm{T}}$$

如果微分方程组中可以写成如下形式:

$$\boldsymbol{X}^{(k)}(t)=\boldsymbol{A}_{k-1}(t)\boldsymbol{X}^{(k-1)}(t)+\cdots+\boldsymbol{A}_2(t)\boldsymbol{X}''(t)+\boldsymbol{A}_1(t)\boldsymbol{X}'(t)+\boldsymbol{A}_0(t)\boldsymbol{X}(t)+\boldsymbol{F}(t)$$

其中 $\boldsymbol{A}_{k-1}(t),\cdots\boldsymbol{A}_2(t),\boldsymbol{A}_1(t),\boldsymbol{A}_0(t)$是函数矩阵,$\boldsymbol{F}(t)=(f_1(t),f_2(t),\cdots,f_n(t))^{\mathrm{T}}$,$f_i(t)$是连续函数,则称微分方程组是线性微分方程组.若 $\boldsymbol{A}_{k-1}(t),\cdots\boldsymbol{A}_2(t),\boldsymbol{A}_1(t),\boldsymbol{A}_0(t)$是常数矩阵,称微分方程组是常系数线性微分方程组.若微分方程组中的函数满足

$$x_i^{(j)}(t_0)=x_{i0}^{(j)}(i=1,2,\cdots,n)$$

$$\Rightarrow\boldsymbol{X}^{(j)}(t_0)=\boldsymbol{X}_0^j=(x_{10}^{(j)},x_{20}^{(j)},\cdots,x_{n0}^{(j)})^{\mathrm{T}}\quad(j=0,1,2,\cdots,k-1)$$

称上条件为微分方程组的初始条件.满足初始条件的线性微分方程组可表示为

$$\begin{cases}\boldsymbol{X}^{(k)}(t)=\boldsymbol{A}_{k-1}(t)\boldsymbol{X}^{(k-1)}(t)+\cdots+\boldsymbol{A}_2(t)\boldsymbol{X}''(t)+\boldsymbol{A}_1(t)\boldsymbol{X}'(t)+\boldsymbol{A}_0(t)\boldsymbol{X}(t)+\boldsymbol{F}(t)\\ \boldsymbol{X}^{(j)}(t_0)=\boldsymbol{X}_0^j(j=0,1,2,\cdots,k-1)\end{cases}$$

令

$$\boldsymbol{Y}(t)=(\boldsymbol{X}(t),\boldsymbol{X}'(t),\cdots,\boldsymbol{X}^{(k-2)}(t),\boldsymbol{X}^{(k-1)}(t))^{\mathrm{T}}$$

则 $\boldsymbol{Y}'(t)=(\boldsymbol{X}'(t),\boldsymbol{X}''(t),\cdots,\boldsymbol{X}^{(k-1)}(t),\boldsymbol{X}^{(k)}(t))^{\mathrm{T}}$,记

$$\boldsymbol{G}(t)=\begin{pmatrix}\boldsymbol{O}&\boldsymbol{E}&\cdots&\boldsymbol{O}\\ \vdots&\vdots&\ddots&\vdots\\ \boldsymbol{O}&\boldsymbol{O}&\cdots&\boldsymbol{E}\\ \boldsymbol{A}_0(t)&\boldsymbol{A}_1(t)&\cdots&\boldsymbol{A}_{k-1}(t)\end{pmatrix},\quad \boldsymbol{U}(t)=\begin{pmatrix}0\\ \vdots\\ 0\\ \boldsymbol{F}(t)\end{pmatrix},\quad \boldsymbol{Y}(t_0)=\begin{pmatrix}\boldsymbol{X}_0^{k-1}\\ \vdots\\ \boldsymbol{X}_0^1\\ \boldsymbol{X}_0^0\end{pmatrix}=\boldsymbol{Y}_0$$

满足初始条件的高阶线性微分方程组可化为

$$\begin{cases}\dfrac{\mathrm{d}\boldsymbol{Y}(t)}{\mathrm{d}t}=\boldsymbol{G}(t)\boldsymbol{Y}(t)+\boldsymbol{U}(t)\\ \boldsymbol{Y}(t_0)=\boldsymbol{Y}_0\end{cases}$$

是一个满足初始条件的一阶微分方程组.

6.6.2 矩阵微分方程的解的存在性

我们可以像微分方程一样定义方程组的解、通解、特解,有兴趣的同学可以在相关教材

中查看，这里就不再一一给出了.由于高阶线性微分方程组可以化为一阶微分方程组，因而，关于微分方程组的解的存在性与唯一性，我们只给出一阶的情况.

定理6.23　设一阶微分方程组

$$\frac{\mathrm{d}\boldsymbol{X}(t)}{\mathrm{d}t}=\boldsymbol{A}(t)\boldsymbol{X}(t)+\boldsymbol{F}(t)$$

中$\boldsymbol{A}(t)$，$\boldsymbol{F}(t)$在区间$[a,b]$连续，则对任意给定的$t_0\in(a,b)$，方程在初始条件$\boldsymbol{X}(t_0)=\boldsymbol{X}_0$下有唯一解.

证明　首先由$\boldsymbol{A}(t)$在区间$[a,b]$连续，可知$\|\boldsymbol{A}(t)\|$也在区间$[a,b]$连续，由闭区间上连续函数的性质，$\|\boldsymbol{A}(t)\|$在区间$[a,b]$有界，即存在$M>0$，对任意$t\in[a,b]$，有$\|\boldsymbol{A}(t)\|<M$，又记$|\boldsymbol{X}_0|=L$.

其次构造函数向量序列

$$\begin{cases}\boldsymbol{X}_{n+1}(t)=\boldsymbol{X}_0+\displaystyle\int_{t_0}^{t}(\boldsymbol{A}(u)\boldsymbol{X}_n(u)+\boldsymbol{F}(u))\mathrm{d}u\\ \boldsymbol{X}_0(t)=\boldsymbol{X}_0\end{cases}$$

若序列收敛于$\boldsymbol{Z}(t)$，即$\lim\limits_{n\to\infty}\boldsymbol{X}_n(t)=\boldsymbol{Z}(t)$，递推公式两边求极限，得

$$\begin{aligned}\boldsymbol{Z}(t)&=\lim_{n\to\infty}\boldsymbol{X}_{n+1}(t)=\lim_{n\to\infty}\left(\boldsymbol{X}_0+\int_{t_0}^{t}(\boldsymbol{A}(u)\boldsymbol{X}_n(u)+\boldsymbol{F}(u))\mathrm{d}u\right)\\&=\boldsymbol{X}_0+\int_{t_0}^{t}(\boldsymbol{A}(u)\lim_{n\to\infty}\boldsymbol{X}_n(u)+\boldsymbol{F}(u))\mathrm{d}u=\boldsymbol{X}_0+\int_{t_0}^{t}(\boldsymbol{A}(u)\boldsymbol{Z}(u)+\boldsymbol{F}(u))\mathrm{d}u\end{aligned}$$

即$\boldsymbol{Z}(t)=\boldsymbol{X}_0+\displaystyle\int_{t_0}^{t}(\boldsymbol{A}(u)\boldsymbol{Z}(u)+\boldsymbol{F}(u))\mathrm{d}u$，两边求导得

$$\frac{\mathrm{d}\boldsymbol{Z}(t)}{\mathrm{d}t}=\boldsymbol{A}(t)\boldsymbol{Z}(t)+\boldsymbol{F}(t)\text{ 且 }\boldsymbol{Z}(t_0)=\boldsymbol{X}_0+\int_{t_0}^{t_0}(\boldsymbol{A}(u)\boldsymbol{Z}(u)+\boldsymbol{F}(u))\mathrm{d}u=\boldsymbol{X}_0$$

也就是说$\boldsymbol{Z}(t)$是满足初始条件的微分方程组的解.下面证明序列收敛.对任意n，由于通项$\boldsymbol{X}_n(t)$是级数$\boldsymbol{X}_0+\sum\limits_{n=1}^{\infty}(\boldsymbol{X}_n(t)-\boldsymbol{X}_{n-1}(t))$的部分和，若级数收敛，则$\boldsymbol{X}_n(t)$也收敛.对任意$t_0<t<b$，显然

$$\boldsymbol{X}_{n+1}(t)-\boldsymbol{X}_n(t)=\int_{t_0}^{t}\boldsymbol{A}(u)(\boldsymbol{X}_n(u)-\boldsymbol{X}_{n-1}(u))\mathrm{d}u$$

当$n=1,2,\cdots,n$时，有

$$\begin{aligned}|\boldsymbol{X}_1(t)-\boldsymbol{X}_0(t)|&=\left|\int_{t_0}^{t}\boldsymbol{A}(u)(\boldsymbol{X}_n(u)-\boldsymbol{X}_{n-1}(u))\mathrm{d}u\right|\\&\leqslant\int_{t_0}^{t}\|\boldsymbol{A}(u)\|\cdot|(\boldsymbol{X}_0(u)|\mathrm{d}u\\&\leqslant ML(t-t_0)\leqslant ML(b-t_0)\\|\boldsymbol{X}_2(t)-\boldsymbol{X}_1(t)|&\leqslant\int_{t_0}^{t}\|\boldsymbol{A}(u)\|\cdot|\boldsymbol{X}_n(u)-\boldsymbol{X}_{n-1}(u)|\mathrm{d}u\\&\leqslant\frac{M^2L}{2}(t-t_0)^2\leqslant\frac{M^2L}{2}(b-t_0)^2\end{aligned}$$

……

$$\|\boldsymbol{X}_n(t)-\boldsymbol{X}_{n-1}(t)\|\leqslant\int_{t_0}^{t}\|\boldsymbol{A}(u)\|\cdot|\boldsymbol{X}_{n-1}(u)-\boldsymbol{X}_{n-2}(u)|\mathrm{d}u$$

$$\leqslant \frac{LM^n}{n!}(t-t_0)^n \leqslant \frac{LM^n}{n!}(b-t_0)^n$$

注意到,数项级数 $\sum_{n=0}^{\infty}\frac{LM^n}{n!}(b-t_0)^n = L\mathrm{e}^{M(b-t_0)}$ 收敛,由优级数判别法,级数

$$\boldsymbol{X}_0 + \sum_{n=1}^{\infty}(\boldsymbol{X}_n(t)-\boldsymbol{X}_{n-1}(t))$$

收敛,进而序列 $\boldsymbol{X}_n(t)$收敛,从而微分方程组有解.同理可证当 $a<t<t_0$ 时,$\boldsymbol{X}_n(t)$也收敛.

下面证明唯一性,若 $\boldsymbol{X}(t)$,$\boldsymbol{Z}(t)$都是微分方程组的解,令 $g(t)=|\boldsymbol{X}(t)-\boldsymbol{Z}(t)|$则

$$g(t) = \left|\int_{t_0}^{t}\boldsymbol{A}(u)(\boldsymbol{X}(u)-\boldsymbol{Z}(u))\mathrm{d}u\right| \leqslant M\int_{t_0}^{t}|\boldsymbol{X}(u)-\boldsymbol{Z}(u)|\mathrm{d}u = M\int_{t_0}^{t}g(u)\mathrm{d}u$$

由此容易得到 $g(t)=0\Rightarrow\boldsymbol{X}(t)=\boldsymbol{Z}(t)$. □

6.6.3 矩阵微分方程的解法

由于在日常科研领域中,我们遇到的线性微分方程组的系数矩阵都是常数,即常系数微分方程组,所以我们下面仅讨论常系数线性微分方程组

$$\begin{cases}\boldsymbol{X}'(t) = \boldsymbol{A}\boldsymbol{X}(t)+\boldsymbol{F}(t)\\ \boldsymbol{X}(t_0) = \boldsymbol{X}_0\end{cases}$$

的解法:

(1) 当 $\boldsymbol{F}(t)=0$ 时,则

$$\boldsymbol{X}'(t) = \boldsymbol{A}\boldsymbol{X}(t),\boldsymbol{X}''(t) = \boldsymbol{A}^2\boldsymbol{X}(t),\boldsymbol{X}'''(t) = \boldsymbol{A}^3\boldsymbol{X}(t),\cdots,\boldsymbol{X}^{(n)}(t) = \boldsymbol{A}^n\boldsymbol{X}(t),\cdots$$

对 $\boldsymbol{X}(t)$在 t_0 处 Taylor 展开,有

$$\begin{aligned}\boldsymbol{X}(t) &= \boldsymbol{X}(t_0)+\boldsymbol{X}'(t_0)(t-t_0)+\frac{\boldsymbol{X}''(t_0)}{2!}(t-t_0)^2+\cdots+\frac{\boldsymbol{X}^{(n)}(t_0)}{n!}(t-t_0)^n+\cdots\\ &= \boldsymbol{X}(t_0)+\boldsymbol{A}(t-t_0)+\frac{\boldsymbol{A}^2}{2!}(t-t_0)^2+\cdots+\frac{\boldsymbol{A}^n}{n!}(t-t_0)^n+\cdots\\ &= \mathrm{e}^{\boldsymbol{A}(t-t_0)}\boldsymbol{X}(t_0)\end{aligned}$$

于是得到满足初始条件 $\boldsymbol{X}(t_0)=\boldsymbol{X}_0$ 的方程 $\boldsymbol{X}'(t)=\boldsymbol{A}\boldsymbol{X}(t)$的解为

$$\boldsymbol{X}(t) = \mathrm{e}^{\boldsymbol{A}(t-t_0)}\boldsymbol{X}(t_0)$$

例 6.23 求解微分方程组

$$\begin{cases}\boldsymbol{X}'(t) = \boldsymbol{A}\boldsymbol{X}(t)\\ \boldsymbol{X}(t_0) = \boldsymbol{X}_0\end{cases}$$

其中

$$\boldsymbol{A} = \begin{pmatrix}3 & 0 & 8\\ 3 & -1 & 6\\ -2 & 0 & -5\end{pmatrix},\quad \boldsymbol{X}(0) = \begin{pmatrix}1\\1\\1\end{pmatrix}$$

解 先计算 $\boldsymbol{A}$ 的初等因子

$$\lambda\boldsymbol{E}-\boldsymbol{A} = \begin{pmatrix}\lambda-3 & 0 & -8\\ -3 & \lambda+1 & -6\\ 2 & 0 & \lambda+5\end{pmatrix}\to\begin{pmatrix}1 & 0 & 0\\ 0 & \lambda+1 & 0\\ 0 & 0 & (\lambda+1)^2\end{pmatrix}$$

故 $\boldsymbol{A}$ 的初等因子为$\lambda+1$,$(\lambda+1)^2$,故 $\boldsymbol{A}$ 的 Jordan 标准形为

$$\boldsymbol{J}=\begin{pmatrix}-1&0&0\\0&-1&1\\0&0&-1\end{pmatrix}\Rightarrow \mathrm{e}^{\boldsymbol{J}t}=\begin{pmatrix}\mathrm{e}^{-t}&0&0\\0&\mathrm{e}^{-t}&-\mathrm{e}^{-t}\\0&0&\mathrm{e}^{-t}\end{pmatrix}$$

其次求变换矩阵 $\boldsymbol{P}=(\boldsymbol{P}_1,\boldsymbol{P}_2,\boldsymbol{P}_3)$，$\boldsymbol{A}$ 的特征值 -1 的线性无关的特征向量

$$\boldsymbol{\alpha}_1=(0,1,0)^{\mathrm{T}},\quad \boldsymbol{\alpha}_2=(-2,0,1)^{\mathrm{T}}$$

取 $\boldsymbol{P}_1=\boldsymbol{\alpha}_1=(0,1,0)^{\mathrm{T}}$，$\boldsymbol{P}_2=x\boldsymbol{\alpha}_1+y\boldsymbol{\alpha}_2$，而 $\boldsymbol{P}_3$ 满足 $\boldsymbol{A}\boldsymbol{P}_3=\boldsymbol{P}_2-\boldsymbol{P}_3$，等价于 $(\boldsymbol{A}+\boldsymbol{E})\boldsymbol{P}_3=\boldsymbol{P}_2$，也就是 $(\boldsymbol{A}+\boldsymbol{E})\boldsymbol{X}=\boldsymbol{P}_2$ 的解，而

$$(\boldsymbol{A}+\boldsymbol{E},\boldsymbol{P}_2)=\begin{pmatrix}4&0&8&-2y\\3&0&6&x\\-2&0&-4&y\end{pmatrix}\to\begin{pmatrix}1&0&2&y\\0&0&0&x+1.5y\\0&0&0&1\end{pmatrix}$$

取 $y=2$，$x=-3$，于是 $\boldsymbol{P}_2=(-6,-3,2)^{\mathrm{T}}$，$\boldsymbol{P}_3=(1,0,0)^{\mathrm{T}}$，于是

$$\boldsymbol{P}=\begin{pmatrix}0&-6&1\\1&-3&0\\0&2&0\end{pmatrix},\quad \boldsymbol{P}^{-1}=\begin{pmatrix}0&1&\dfrac{3}{2}\\0&0&\dfrac{1}{2}\\1&0&3\end{pmatrix}$$

以及

$$\boldsymbol{A}=\boldsymbol{P}\boldsymbol{J}\boldsymbol{P}^{-1},\quad \boldsymbol{X}(t)=\mathrm{e}^{\boldsymbol{A}t}\boldsymbol{X}(0)=\boldsymbol{P}\mathrm{e}^{\boldsymbol{J}t}\boldsymbol{P}^{-1}\boldsymbol{X}(0)=(25\mathrm{e}^{-t},13\mathrm{e}^{-t},-7\mathrm{e}^{-t})^{\mathrm{T}}$$

(2) 对一般的 $\boldsymbol{F}(t)$，对 $\boldsymbol{X}'(t)=\boldsymbol{A}\boldsymbol{X}(t)+\boldsymbol{F}(t)$ 做变形

$$\boldsymbol{X}'(t)-\boldsymbol{A}\boldsymbol{X}(t)=\boldsymbol{F}(t)$$

两边同乘 $\mathrm{e}^{-\boldsymbol{A}t}$，得

$$\mathrm{e}^{-\boldsymbol{A}t}\boldsymbol{X}'(t)-\boldsymbol{A}\mathrm{e}^{-\boldsymbol{A}t}\boldsymbol{X}(t)=\mathrm{e}^{-\boldsymbol{A}t}\boldsymbol{F}(t)\Rightarrow(\mathrm{e}^{-\boldsymbol{A}t}\boldsymbol{X}(t))'=\mathrm{e}^{-\boldsymbol{A}t}\boldsymbol{F}(t)$$

两边积分，应用积分与积分变量用什么字母无关，

$$\mathrm{e}^{-\boldsymbol{A}t}\boldsymbol{X}(t)-\mathrm{e}^{-\boldsymbol{A}t_0}\boldsymbol{X}(t_0)=\int_{t_0}^{t}\mathrm{e}^{-\boldsymbol{A}s}\boldsymbol{F}(s)\mathrm{d}s$$

然后同乘以 $\mathrm{e}^{\boldsymbol{A}t}$，得到满足初始条件 $\boldsymbol{X}(t_0)=\boldsymbol{X}_0$ 的方程 $\boldsymbol{X}'(t)=\boldsymbol{A}\boldsymbol{X}(t)+\boldsymbol{F}(t)$ 的解为

$$\boldsymbol{X}(t)=\mathrm{e}^{\boldsymbol{A}(t-t_0)}\boldsymbol{X}(t_0)+\mathrm{e}^{\boldsymbol{A}t}\int_{t_0}^{t}\mathrm{e}^{-\boldsymbol{A}s}\boldsymbol{F}(s)\mathrm{d}s=\mathrm{e}^{\boldsymbol{A}(t-t_0)}\boldsymbol{X}(t_0)+\int_{t_0}^{t}\mathrm{e}^{\boldsymbol{A}(t-s)}\boldsymbol{F}(s)\mathrm{d}s$$

例 6.24　求解微分方程组

$$\begin{cases}\boldsymbol{X}'(t)=\boldsymbol{A}\boldsymbol{X}(t)+\boldsymbol{F}(t)\\\boldsymbol{X}(t_0)=\boldsymbol{X}_0\end{cases}$$

其中 $\boldsymbol{A}$，$\boldsymbol{X}(0)$ 与例 6.23 相同，而 $\boldsymbol{F}(t)=(t,t,2t)^{\mathrm{T}}$.

解　由公式及例 6.23 知，只需要计算 $\mathrm{e}^{\boldsymbol{A}t}\int_0^t\mathrm{e}^{-\boldsymbol{A}s}\boldsymbol{F}(s)\mathrm{d}s$ 即可. 经计算

$$\mathrm{e}^{-\boldsymbol{A}s}\boldsymbol{F}(s)=(-43s\mathrm{e}^{-s},6s\mathrm{e}^{-s},12s\mathrm{e}^{-s})$$

而 $\int_0^t s\mathrm{e}^{-s}\mathrm{d}s=1-(t+1)\mathrm{e}^{-t}$，于是

$$\mathrm{e}^{\boldsymbol{A}t}\int_0^t\mathrm{e}^{-\boldsymbol{A}s}\boldsymbol{F}(s)\mathrm{d}s=(-85(1-(t+1)\mathrm{e}^{-t}),-15(1-(t+1)\mathrm{e}^{-t}),18(1-(t+1)\mathrm{e}^{-t}))^{\mathrm{T}}$$

方程的解为

$$\begin{aligned} X(t) &= e^{A(t)}X(0) + e^{At}\int_{t_0}^{t} e^{-As}F(s)ds \\ &= (-85,-15,+18)^T + e^{-t}(85t+110,15t+28,-18t-25)^T \end{aligned}$$

习　题　6

向量范数

1. 计算下列向量的1-范数$\|\cdot\|_1$,2-范数$\|\cdot\|_2$,无穷范数$\|\cdot\|_\infty$:

(1) $\boldsymbol{\alpha}=(1,-1,-1)^T$;(2) $\boldsymbol{\alpha}=(-2,-i,-3+3i,4)^T$.

2. 已知$\boldsymbol{\alpha}=(1,2,-1,2)^T$,$\boldsymbol{\beta}=(3,0,2,-3)^T$,分别计算$\boldsymbol{\alpha},\boldsymbol{\beta},\boldsymbol{\alpha}+\boldsymbol{\beta},\boldsymbol{\alpha}-\boldsymbol{\beta},2\boldsymbol{\alpha}$的1-范数$\|\cdot\|_1$,2-范数$\|\cdot\|_2$,无穷范数$\|\cdot\|_\infty$.

3. 对任意$\boldsymbol{\alpha}\in\mathbb{C}^n$,已知$\|\boldsymbol{\alpha}\|_a$,$\|\boldsymbol{\alpha}\|_b$是向量$\boldsymbol{\alpha}$的两个范数,而$k_1,k_2$是给定的正常数.证明:

(1) $\|\boldsymbol{\alpha}\|=\max\{\|\boldsymbol{\alpha}\|_a,\|\boldsymbol{\alpha}\|_b\}$是$\mathbb{C}^n$上的范数;

(2) $\|\boldsymbol{\alpha}\|=k_1\|\boldsymbol{\alpha}\|_a+k_2\|\boldsymbol{\alpha}\|_b$是$\mathbb{C}^n$上的范数.

4. 已知$A=\begin{pmatrix} 2 & 0 & 1+i \\ 3-i & 3 & 1+i \\ 3 & 1 & i \end{pmatrix}$,$X=(-1,2,-i)^T$,计算$AX$的1-范数$\|\cdot\|_1$,2-范数$\|\cdot\|_2$,无穷范数$\|\cdot\|_\infty$.

5. 设$X=(x_1,x_2,\cdots,x_n)\in\mathbb{R}^n$,证明

$$\|X\|=(x_1^2+2x_2^2+\cdots+x_n^2)^{\frac{1}{2}}$$

是$\mathbb{R}^n$的范数.

6. 设$X=(x_1,x_2)\in\mathbb{R}^2$,证明

$$\|X\|=\max\left(|x_1|,|x_2|,\frac{3}{4}|x_1|+\frac{2}{3}|x_2|\right)$$

是$\mathbb{R}^2$的范数,并画出$\|X\|\leqslant 1$的图形.

7. 设$X=(x_1,x_2)\in\mathbb{R}^2$,问

$$\|X\|=(|x_1|^{\frac{2}{3}}+|x_2|^{\frac{2}{3}})^{\frac{3}{2}}$$

是$\mathbb{R}^2$的范数吗?

8. 设$X=(x_1,x_2)\in\mathbb{R}^2$,问

$$\|X\|=(|x_1|^{\frac{3}{2}}+|x_2|^{\frac{3}{2}})^{\frac{2}{3}}$$

是$\mathbb{R}^2$的范数吗?

9. 设$X=(x_1,x_2)\in\mathbb{R}^2$,问

$$\|X\|=(|x_1|^{\frac{1}{2}}+|x_2|^{\frac{1}{2}})^2$$

是$\mathbb{R}^2$的范数吗?

10. 设A是正定Hermite矩阵,$X\in\mathbb{C}^n$,证明

$$|X| = \sqrt{X^H AX}$$

是 $\mathbb{C}^n$ 的范数.

11. 求一组数(M,m),使得,对任意 $X\in\mathbb{R}^n$,

$$m|X|_2 \leqslant |X|_1 \leqslant M|X|_2$$

12. 在线性空间$C_{[a,b]}$上,对任意一个 $f(x)\in C_{[a,b]}$上,定义数

(1) $|f(x)|_1 = \int_a^b |f(x)|\mathrm{d}x$;

(2) $|f(x)|_2 = \int_a^b f^2(x)\mathrm{d}x$;

(3) $|f(x)|_\infty = \max\limits_{x\in[a,b]} |f(x)|$.

验证以上均是$C_{[a,b]}$上的范数.

13. 在线性空间$C_{[-1,1]}$上,对任意一个 $f(x)\in C_{[-1,1]}$上,定义数

$$|f(x)| = \int_{-1}^1 \frac{1}{\sqrt{1-x^2}} f^2(x)\mathrm{d}x$$

验证 $f(x)$是$C_{[a,b]}$上的范数.

14. 设 A 是$m\times n$ 复矩阵,$|\cdot|$是 $\mathbb{C}^n$ 上的一种范数,证明:对任意 $\alpha\in\mathbb{C}^n$,

$$|\alpha| = |A\alpha|_a$$

是 $\mathbb{C}^n$ 上的一种范数的充要条件 A 是列满秩矩阵.

15. 设 V 是 n 维复线性空间,$\alpha_1,\alpha_2,\cdots,\alpha_n$ 是 V 的一组基,对任意 $\alpha\in V$ 在该基下的坐标为 X,而$|\cdot|$是 $\mathbb{C}^n$ 上的一种范数,则

$$|\alpha| = |X|_a$$

是线性空间 V 上的一种范数.

16. 设 A 是正定 Hermite 矩阵,对任意 $\alpha\in\mathbb{C}^n$,令

$$|\alpha|_A = \sqrt{\alpha^H A\alpha}$$

证明:$|\alpha|_A$ 是 $\mathbb{C}^n$ 上的一种范数,进一步证明 $\mathbb{C}^n$ 上的范数$|\cdot|_A$ 与$|\cdot|_2$是等价的.

矩阵范数

17. 计算矩阵

(1) $A=(2+\mathrm{i},-\mathrm{i},1-3\mathrm{i})$;　　　(2) $B=\begin{pmatrix}2-3\mathrm{i} & 1+\mathrm{i} & 2\\ 2-\mathrm{i} & 3+\mathrm{i} & \mathrm{i}\end{pmatrix}$.

的各种范数 $\|*\|_1$, $\|*\|_2$, $\|*\|_\infty$, $\|*\|_F$.

18. 计算 $A=\begin{pmatrix}2 & -1 & 0\\ 1 & 2 & -2\\ 0 & 3 & 1\end{pmatrix}$的各种范数 $\|*\|_1$, $\|*\|_2$, $\|*\|_\infty$, $\|*\|_F$.

19. 设 $A=(a_{ij})_n$,说明 $\max\limits_{1\leqslant i,j\leqslant n}\{|a_{ij}|\}$不是矩阵 A 的范数.

20. 设 P 是 n 阶可逆矩阵,又已知$|\alpha| = |P^{-1}\alpha|_1$是 $\mathbb{R}^n$ 中的向量范数,试求 A 的从属于该向量范数$|\alpha|$的矩阵范数 $\|A\|$.

21. 设 P 是 n 阶复可逆矩阵,已知$M_n(\mathbb{C})$中有矩阵范数 $\|*\|_M$,对于 $A\in M_n(\mathbb{C})$,定义实数

$$\|A\| = \|P^{-1}AP\|_M$$

证明：$\|A\|$是$M_n(\mathbb{C})$中的一种矩阵范数.

22. 给定$M_n(\mathbb{C})$中的两种矩阵范数$\|*\|_a$和$\|*\|_b$，对于$A\in M_n(\mathbb{C})$，定义实数

(1) $\|A\|=\max\{\|A\|_a,\|A\|_b\}$；

(2) $\|A\|=\|A\|_a+C\|A\|_b$，其中C是正常数.

证明：$\|A\|$是$M_n(\mathbb{C})$中的一种矩阵范数.

23. 设A是n阶矩阵.证明：

$$\frac{1}{\sqrt{n}}\|A\|_F\leqslant\|A\|_2\leqslant\|A\|_F$$

24. 设A,B是n阶可逆矩阵，在矩阵的算子范数意义下.证明：

(1) $\|E\|=1$；

(2) $\|A^{-1}\|\geqslant\dfrac{1}{\|A\|}$；

(3) $\|A^{-1}-B^{-1}\|\leqslant\|A^{-1}\|\cdot\|B^{-1}\|\cdot\|A-B\|$.

25. 求矩阵$A=\begin{pmatrix}1 & 0.2\\0 & 10^{-2}\end{pmatrix}$的2条件数$\text{cond}_2(A)$.

26. 求矩阵$A=\begin{pmatrix}1 & 2\\1.001 & 1,9999\end{pmatrix}$的1条件数$\text{cond}_1(A)$.

27. 求矩阵$A=\begin{pmatrix}0.99 & 2.01\\1.01 & 1,99\end{pmatrix}$的$\infty$条件数$\text{cond}_\infty(A)$.

28. 求矩阵A的∞条件数$\text{cond}_\infty(A)$，其中

$$A=\begin{pmatrix}1 & \frac{1}{2} & \frac{1}{3}\\ \frac{1}{2} & \frac{1}{3} & \frac{1}{4}\\ \frac{1}{3} & \frac{1}{4} & \frac{1}{5}\end{pmatrix}$$

29. 已知线性方程组

$$\begin{pmatrix}1 & \frac{1}{2} & \frac{1}{3}\\ \frac{1}{2} & \frac{1}{3} & \frac{1}{4}\\ \frac{1}{3} & \frac{1}{4} & \frac{1}{5}\end{pmatrix}\begin{pmatrix}x_1\\x_2\\x_3\end{pmatrix}=\begin{pmatrix}\frac{11}{6}\\ \frac{13}{12}\\ \frac{47}{60}\end{pmatrix}$$

的解为$X=(1,1,1)^{\mathrm{T}}$，用Guass消元法解线性方程组

$$\begin{pmatrix}1 & 0.50 & 0.33\\0.33 & 0.33 & 0.25\\0.33 & 0.25 & 0.20\end{pmatrix}\begin{pmatrix}x_1\\x_2\\x_3\end{pmatrix}=\begin{pmatrix}1.83\\1.08\\0.78\end{pmatrix}$$

并与上方程组得解比较.

矩阵库列

30. 若同型矩阵序列$A^{(n)},B^{(n)}$均收敛，即$\lim\limits_{n\to\infty}A^{(n)}=A,\lim\limits_{n\to\infty}B^{(n)}=B$，设$\alpha,\beta\in F$，则$\lim\limits_{n\to\infty}(\alpha A^{(n)}+\beta B^{(n)})=\alpha A+\beta B$.

31. 若 $s\times m$ 矩阵序列 $\boldsymbol{A}^{(n)}$ 和 $m\times t$ 矩阵序列 $\boldsymbol{B}^{(n)}$ 均收敛，即 $\lim\limits_{n\to\infty}\boldsymbol{A}^{(n)}=\boldsymbol{A}$，$\lim\limits_{n\to\infty}\boldsymbol{B}^{(n)}=\boldsymbol{B}$，则

$$\lim_{n\to\infty}(\boldsymbol{A}^{(n)}\boldsymbol{B}^{(n)})=\boldsymbol{AB}$$

32. 若矩阵向量 $\boldsymbol{A}^{(n)}$ 收敛于矩阵 $\boldsymbol{A}$，证明：对任意矩阵范数，均有

$$\lim_{n\to\infty}\|\boldsymbol{A}^{(n)}\|=\|\boldsymbol{A}\|$$

33. 判断 $\boldsymbol{A}^n$ 是否收敛？其中

(1) $\boldsymbol{A}=\begin{pmatrix}0.2&0.1&0.2\\0.5&0.5&0.4\\0.1&0.3&0.2\end{pmatrix}$；　　(2) $\boldsymbol{A}=\begin{pmatrix}\frac{1}{6}&-\frac{4}{3}\\-\frac{1}{3}&\frac{1}{6}\end{pmatrix}$.

34. 设 $\boldsymbol{A}=\begin{pmatrix}0&\lambda\\\lambda&0\end{pmatrix}$，讨论实数 a 取何值时，$\boldsymbol{A}^n$ 收敛？

矩阵级数与矩阵函数

35. 计算 $\sum\limits_{n=0}^{\infty}\boldsymbol{A}^n$，其中

(1) $\boldsymbol{A}=\begin{pmatrix}0.1&0.2\\0.8&0.1\end{pmatrix}$；　　(2) $\boldsymbol{A}=\begin{pmatrix}0.6&0.1&0\\0.1&0.3&0.2\\0&0.2&0.6\end{pmatrix}$.

36. 讨论矩阵级数的收敛性：

(1) $(n)\sum\limits_{n=0}^{\infty}\frac{1}{n!}\begin{pmatrix}3&-9\\4&3\end{pmatrix}^n$；(2) $\sum\limits_{n=0}^{\infty}\frac{1}{n^3}\begin{pmatrix}-1&-3\\1&7\end{pmatrix}^n$；(3) $\sum\limits_{n=0}^{\infty}\frac{n^2}{7^n}\begin{pmatrix}1&-3\\-5&3\end{pmatrix}^n$.

37. 若方阵 $\boldsymbol{A},\boldsymbol{B}$ 满足交换性，即 $\boldsymbol{AB}=\boldsymbol{BA}$，证明：

$$e^{\boldsymbol{A}}\cdot e^{\boldsymbol{B}}=e^{\boldsymbol{A}+\boldsymbol{B}}$$

38. 对任意的方阵 $\boldsymbol{A}$，证明：

$$\frac{d}{dt}(e^{\boldsymbol{A}t})=\boldsymbol{A}e^{\boldsymbol{A}t}$$

39. 对任意方阵 $\boldsymbol{A}$，证明：

(1) $\sin^2\boldsymbol{A}+\cos^2\boldsymbol{A}=\boldsymbol{E}$；

(2) $\sin(-\boldsymbol{A})=-\sin\boldsymbol{A}$；

(3) $\cos(-\boldsymbol{A})=\cos\boldsymbol{A}$.

40. 若方阵 $\boldsymbol{A},\boldsymbol{B}$ 满足交换性，即 $\boldsymbol{AB}=\boldsymbol{BA}$，证明：

(1) $\cos(\boldsymbol{A}+\boldsymbol{B})=\cos\boldsymbol{A}\cos\boldsymbol{B}-\sin\boldsymbol{A}\sin\boldsymbol{B}$；

(2) $\cos(\boldsymbol{A}-\boldsymbol{B})=\cos\boldsymbol{A}\cos\boldsymbol{B}+\sin\boldsymbol{A}\sin\boldsymbol{B}$；

(3) $\sin(\boldsymbol{A}+\boldsymbol{B})=\sin\boldsymbol{A}\cos\boldsymbol{B}+\cos\boldsymbol{A}\sin\boldsymbol{B}$；

(4) $\sin(\boldsymbol{A}-\boldsymbol{B})=\sin\boldsymbol{A}\cos\boldsymbol{B}-\cos\boldsymbol{A}\sin\boldsymbol{B}$.

41. 对任意方阵 $\boldsymbol{A}$，证明：

(1) $\frac{d}{dt}(\sin\boldsymbol{A}t)=\boldsymbol{A}\cos\boldsymbol{A}t=(\cos\boldsymbol{A}t)\boldsymbol{A}$；

(2) $\frac{d}{dt}(\cos\boldsymbol{A}t)=-\boldsymbol{A}\sin\boldsymbol{A}t=-(\sin\boldsymbol{A}t)\boldsymbol{A}$.

42. 对任意方阵 $\boldsymbol{A}$,证明:

(1) $\cos(2\boldsymbol{A})=\cos^2\boldsymbol{A}-\sin^2\boldsymbol{A}=2\cos^2\boldsymbol{A}-\boldsymbol{E}=\boldsymbol{E}-2\sin^2\boldsymbol{A}$;

(2) $\sin(2\boldsymbol{A})=2\sin\boldsymbol{A}\cos\boldsymbol{A}$.

43. 对任意方阵 $\boldsymbol{A}$,证明:

(1) $e^{2\pi i\boldsymbol{E}}=\boldsymbol{E}, e^{2\pi i\boldsymbol{E}+\boldsymbol{A}}=e^{\boldsymbol{A}}$;

(2) $\cos2\pi\boldsymbol{E}=\boldsymbol{E}, \sin2\pi\boldsymbol{E}=\boldsymbol{O}$;

(3) $\sin(2\pi\boldsymbol{E}+\boldsymbol{A})=\sin\boldsymbol{A}, \cos(2\pi\boldsymbol{E}+\boldsymbol{A})=\cos\boldsymbol{A}$.

44. 计算 $e^{\boldsymbol{A}}, e^{\boldsymbol{A}t}, \arctan\dfrac{\boldsymbol{A}}{4}$,其中

(1) $\boldsymbol{A}=\begin{pmatrix}1&0&0\\-1&2&-1\\0&0&2\end{pmatrix}$; (2) $\boldsymbol{A}=\begin{pmatrix}0&-1\\2&-3\end{pmatrix}$; (3) $\boldsymbol{A}=\begin{pmatrix}2&-2&3\\1&1&1\\1&3&-1\end{pmatrix}$.

45. 已知

(1) $\boldsymbol{A}=\begin{pmatrix}2&1&0&0\\0&2&0&0\\0&0&1&1\\0&0&0&1\end{pmatrix}$; (2) $\boldsymbol{A}=\begin{pmatrix}2&1&0&0\\0&2&1&0\\0&0&2&0\\0&0&0&2\end{pmatrix}$.

计算 $e^{\boldsymbol{A}t}, \cos\pi\boldsymbol{A}, \sin\dfrac{\pi}{2}\boldsymbol{A}$.

函数矩阵微积分

46. 计算 $\boldsymbol{A}(x)\boldsymbol{B}(x)$,其中

$$\boldsymbol{A}(x)=\begin{pmatrix}xe^{-x}&\sin x\\\ln x&x\cos^2x\end{pmatrix},\quad \boldsymbol{B}(x)=\begin{pmatrix}2&x\\x^2&\tan x\end{pmatrix}$$

47. 已知 $\boldsymbol{A}(x)=\begin{pmatrix}\sin^2x&\ln^2x\\xe^{2x}&\sin2x\end{pmatrix}$,求 $\boldsymbol{A}(x)$的行列式$|\boldsymbol{A}(x)|$.

48. 证明函数矩阵:

$$\begin{pmatrix}x&1\\1&x\end{pmatrix}$$

在区间[2,3]可逆,但在[0,2]不可逆.

49. 函数矩阵的极限$\lim\limits_{x\to0}\boldsymbol{A}(x)$,其中

(1) $\boldsymbol{A}(x)=\begin{pmatrix}\sin x&\dfrac{1-\cos x}{x^2}\\\dfrac{xe^x-x}{x^2}&\tan x\end{pmatrix}$; (2) $\boldsymbol{A}(x)=\begin{pmatrix}\dfrac{\tan3x}{\sin2x}&\dfrac{\tan x-\sin x}{\sin^3x}&\dfrac{\sqrt[3]{1+x}-x}{x}\\(1-x)^{\frac{1}{x}}&\dfrac{1-\cos2x}{x\sin x}&x\csc x\\x\cot x&\left(\dfrac{1+x}{x}\right)^{\frac{1}{x}}&\sqrt[x^2]{\cos x}\end{pmatrix}$.

50. 已知函数矩阵

$$\boldsymbol{A}(x)=\begin{pmatrix}2x-1&e^x\\\dfrac{x}{x-1}&\sin x\end{pmatrix}$$

(1) 证明:$\boldsymbol{A}(x)$在 $x=0$ 处连续;

(2) 证明:$\boldsymbol{A}(x)$在 $x=1$ 处不连续.

51. 求函数矩阵

$$\boldsymbol{A}(x)=\begin{pmatrix} x & 1 \\ 1 & x \end{pmatrix}$$

在区间$[-0.5,0.5]$上的逆,并求 $\lim\limits_{x\to 0}\boldsymbol{A}(x)$,$\dfrac{\mathrm{d}}{\mathrm{d}x}\boldsymbol{A}^{-1}(x)$,$\displaystyle\int_{-0.5}^{0.5}\boldsymbol{A}^{-1}(x)\mathrm{d}x$.

52. 设函数矩阵

$$\boldsymbol{A}(t)=\begin{pmatrix} \cos t & \sin t \\ 2+t & 0 \end{pmatrix}$$

(1) 求$\dfrac{\mathrm{d}}{\mathrm{d}t}\boldsymbol{A}(t)$;

(2) $\displaystyle\int_0^{\pi}\boldsymbol{A}(t)\mathrm{d}t$.

53. 已知函数矩阵

$$\boldsymbol{A}(x)=\begin{bmatrix} \sin x & \cos x & x \\ \dfrac{\sin x}{x} & \mathrm{e}^x & x^2 \\ 1 & 0 & x^3 \end{bmatrix}$$

其中 $x\neq 0$,试求$\lim\limits_{x\to 0}\boldsymbol{A}(x)$,$\dfrac{\mathrm{d}\boldsymbol{A}(x)}{\mathrm{d}x}$,$\dfrac{\mathrm{d}^2\boldsymbol{A}(x)}{\mathrm{d}x^2}$,$\left|\dfrac{\mathrm{d}\boldsymbol{A}(x)}{\mathrm{d}x}\right|$.

54. 已知函数矩阵

$$\boldsymbol{A}(x)=\begin{bmatrix} \mathrm{e}^{2x} & x\mathrm{e}^x & x \\ \mathrm{e}^{-x} & 2\mathrm{e}^{2x} & x^2 \\ 3x & 0 & x^3 \end{bmatrix}$$

试求$\displaystyle\int_0^1\boldsymbol{A}(x)\mathrm{d}x$,$\dfrac{\mathrm{d}\boldsymbol{A}(x)}{\mathrm{d}x}$,$\dfrac{\mathrm{d}}{\mathrm{d}x}\left(\displaystyle\int_0^{x^2}\boldsymbol{A}(t)\mathrm{d}t\right)$.

55. 设 $\boldsymbol{A}(t)=\begin{pmatrix} \cos t & \sin t \\ -\sin t & \cos t \end{pmatrix}$,求$\dfrac{\mathrm{d}\boldsymbol{A}(t)}{\mathrm{d}t}$,$\dfrac{\mathrm{d}\boldsymbol{A}^{-1}(t)}{\mathrm{d}t}$,$\dfrac{\mathrm{d}^2\boldsymbol{A}(t)}{\mathrm{d}t^2}$,$\dfrac{\mathrm{d}}{\mathrm{d}t}|\boldsymbol{A}(t)|$,$\left|\dfrac{\mathrm{d}\boldsymbol{A}(t)}{\mathrm{d}t}\right|$.

56. 设 $\boldsymbol{A}(x)$是 n 阶矩阵,m 是正整数,举例说明

$$\frac{\mathrm{d}}{\mathrm{d}x}(\boldsymbol{A}^m(x))=m\boldsymbol{A}^{m-1}(x)\frac{\mathrm{d}\boldsymbol{A}(x)}{\mathrm{d}x}$$

一般不成立.

57. 已知

$$\sin\boldsymbol{A}t=\frac{1}{4}\begin{pmatrix} \sin 5t+3\sin t & 2\sin 5t-2\sin t \\ \sin 5t-\sin t & 2\sin 5t+2\sin t \end{pmatrix}$$

求矩阵 $\boldsymbol{A}$.

58. 已知函数矩阵

$$\mathrm{e}^{\boldsymbol{A}t}=\begin{bmatrix} 2\mathrm{e}^{2t}-\mathrm{e}^t & 2\mathrm{e}^{2t}-\mathrm{e}^t \\ \mathrm{e}^{2t}-\mathrm{e}^t & 2\mathrm{e}^{2t}-\mathrm{e}^t \end{bmatrix}$$

求矩阵 $\boldsymbol{A}$.

59. 求$\int_0^x \boldsymbol{A}(t)\mathrm{d}t$，其中

$$\boldsymbol{A}(x)=\begin{pmatrix} \mathrm{e}^{2x} & x\mathrm{e}^{x} \\ \mathrm{e}^{-2x} & 2\mathrm{e}^{2x} \end{pmatrix}$$

60. 设函数矩阵$\boldsymbol{A}(x)$在区间$[t_0, t]$可积，证明：

$$\left\| \int_{t_0}^{t} \boldsymbol{A}(x)\mathrm{d}x \right\|_1 \leqslant \int_{t_0}^{t} \|\boldsymbol{A}(x)\|_1 \mathrm{d}x$$

61. 设$\boldsymbol{X}=(x_{ij})_n$，计算$\dfrac{\mathrm{d}}{\mathrm{d}\boldsymbol{X}}(\mathrm{tr}(\boldsymbol{X}))$，$\dfrac{\mathrm{d}}{\mathrm{d}\boldsymbol{X}}(\det(\boldsymbol{X}))$.

62. 设$f(\boldsymbol{X})=\|\boldsymbol{X}\|_F^2=\mathrm{tr}(\boldsymbol{X}^{\mathrm{T}}\boldsymbol{X})$，其中$\boldsymbol{X}$是$m\times n$矩阵变量，求$\dfrac{\mathrm{d}f(\boldsymbol{X})}{\mathrm{d}\boldsymbol{X}}$.

63. 设$\boldsymbol{X}=(x_1,x_2,\cdots,x_n)^{\mathrm{T}}$，$\boldsymbol{A}$是$n$阶常数实对称阵，$\boldsymbol{Y}=(y_1,y_2,\cdots,y_n)^{\mathrm{T}}$，试求$f(\boldsymbol{X})=\boldsymbol{X}^{\mathrm{T}}\boldsymbol{A}\boldsymbol{X}-\boldsymbol{Y}^{\mathrm{T}}\boldsymbol{X}+c$（$c$是常数）对于$\boldsymbol{X}$的导数.

64. 设$\boldsymbol{X}$是n维列向量，$\boldsymbol{u}$是n维常数列向量，$\boldsymbol{A}$是n阶常数对称阵，证明：

$$\frac{\mathrm{d}}{\mathrm{d}\boldsymbol{X}}(\boldsymbol{X}-\boldsymbol{u})^{\mathrm{T}}A(\boldsymbol{X}-\boldsymbol{u})=2\boldsymbol{A}(\boldsymbol{X}-\boldsymbol{u})$$

矩阵微分方程

65. 设

$$\boldsymbol{A}=\begin{pmatrix} 1 & 0 & -1 \\ 0 & 1 & 0 \\ -1 & 0 & 1 \end{pmatrix},\quad \boldsymbol{\alpha}=\begin{pmatrix} 1 \\ 0 \\ -1 \end{pmatrix}$$

(1) 求$\mathrm{e}^{\boldsymbol{A}t}$；

(2) 解微分方程组$\begin{cases} \boldsymbol{X}'(t)=\boldsymbol{A}\boldsymbol{X}(t) \\ \boldsymbol{X}(0)=\boldsymbol{\alpha} \end{cases}$.

66. 已知

$$\boldsymbol{A}=\begin{pmatrix} -1 & -2 \\ 2 & 1 \end{pmatrix},\quad \boldsymbol{\alpha}=\begin{pmatrix} 0 \\ 1 \end{pmatrix}$$

解微分方程组$\begin{cases} \boldsymbol{X}'(t)=\boldsymbol{A}\boldsymbol{X}(t) \\ \boldsymbol{X}(0)=\boldsymbol{\alpha} \end{cases}$.

67. 解非齐次微分方程组

$$\begin{cases} \dfrac{\mathrm{d}\boldsymbol{x}(t)}{\mathrm{d}t}=\begin{pmatrix} 3 & 5 \\ -5 & 3 \end{pmatrix}\boldsymbol{x}(t)+\begin{pmatrix} \mathrm{e}^{-t} \\ 0 \end{pmatrix} \\ \boldsymbol{x}(0)=(0,1)^{\mathrm{T}} \end{cases}$$

68. 求微分方程组

$$\begin{cases} x_1'=-2x_1+x_2+1 \\ x_2'=-4x_1+2x_2+2 \\ x_3'=x_1+x_3+\mathrm{e}^t-1 \end{cases}$$

满足初始条件$x_1(0)=1, x_2(0)=1, x_3(0)=-1$的解.

69. 求解三阶齐次线性微分方程

$$\begin{cases} y'''-5y''+7y'-3y=0 \\ y''(0)=0, y'(0)=0, y(0)=0 \end{cases}$$

70. 设$\boldsymbol{Z}(t)$是非齐次常系数微分方程组

$$\boldsymbol{X}'(t)=\boldsymbol{AX}(t)+\boldsymbol{f}(t)$$

的一个解,证明满足初始条件$\boldsymbol{X}(t_0)$的解为

$$\boldsymbol{X}(t)=\boldsymbol{Z}(t)+\mathrm{e}^{\boldsymbol{A}(t-t_0)}(\boldsymbol{X}(t_0)-\boldsymbol{Z}(t_0))$$

71. 设$\boldsymbol{A}$是n阶常数矩阵,证明:线性非齐次微分方程组

$$\frac{\mathrm{d}\boldsymbol{x}(t)}{\mathrm{d}t}=\boldsymbol{Ax}(t)+\boldsymbol{f}(t),\quad \boldsymbol{x}(t_0)=\boldsymbol{x}_0$$

的解为

$$\boldsymbol{x}(t)=\mathrm{e}^{\boldsymbol{A}(t-t_0)}\boldsymbol{x}_0+\int_{t_0}^{t}\mathrm{e}^{\boldsymbol{A}(t-u)}\boldsymbol{f}(u)\mathrm{d}u$$

72. 解微分方程组

$$\begin{cases}\dfrac{\mathrm{d}\boldsymbol{x}(t)}{\mathrm{d}t}=\begin{pmatrix}3&-1&1\\2&0&-1\\1&-1&2\end{pmatrix}\boldsymbol{x}(t)+\begin{pmatrix}0\\0\\\mathrm{e}^{2t}\end{pmatrix}\\ \boldsymbol{x}(0)=(1,1,1)^{\mathrm{T}}\end{cases}$$

73. 设二阶齐次微分方程组

$$\begin{cases}\boldsymbol{X}''(t)+\boldsymbol{A}^2\boldsymbol{X}(t)=0\\ \boldsymbol{X}'(0)=\boldsymbol{X}_1,\boldsymbol{X}(0)=\boldsymbol{X}_0\end{cases}$$

证明:(1) $\sin\boldsymbol{A}t,\cos\boldsymbol{A}t$ 是该方程组的两个解;

(2) 若$\boldsymbol{A}$可逆,则方程组的通解为

$$\boldsymbol{X}=(\sin\boldsymbol{A}t)C_1+(\cos\boldsymbol{A}t)C_2$$

且$\boldsymbol{X}=(\sin\boldsymbol{A}t)\boldsymbol{A}^{-1}\boldsymbol{X}_1+(\cos\boldsymbol{A}t)\boldsymbol{X}_0$是满足初始条件的解.

参 考 文 献

[1] 史荣昌,魏丰.矩阵分析[M].3版.北京:北京理工大学出版社,2010.
[2] 方保镕,周继东,李医民.矩阵论[M].2版.北京:清华大学出版社,2013.
[3] 方保镕,周继东,李医民.矩阵论千题习题详解[M].北京:清华大学出版社,2015.
[4] 张贤达.矩阵分析与应用[M].北京:清华大学出版社,2004.
[5] 黄延祝,钟守铭,李正良.矩阵理论[M].北京:高等教育出版社,2003.
[6] 程云鹏,等.矩阵论[M].2版.西安:西北工业大学出版社,2003.
[7] 董增福.矩阵分析教程[M].哈尔滨:哈尔滨工业大学出版社,2003.
[8] 李庆杨,王能超,易大义.数值分析[M].5版.北京:清华大学出版社,2011.
[9] 周义仓,靳祯,秦军林.常微分方程及其应用[M].3版.北京:科学出版社,2010.
[10] 丘维声.高等代数[M].北京:清华出版社,2010.
[11] Horn R A, Johnson C R. Matrix Analysis[M]. Cambridge:Cambridge University Press,1999.